Löser, Klemm, Hiller

Technische Thermodynamik in ausführlichen Beispielen

Jan Löser,
Marco Klemm,
Andreas Hiller

Technische Thermodynamik in ausführlichen Beispielen

Mit 57 Bildern und einem Anhang mit zahlreichen Tabellen und Diagrammen

Die Lösungen zu den Übungsaufgaben befinden sich unter http://www.hanser-fachbuch.de/9783446442795

fv

Fachbuchverlag Leipzig
im Carl Hanser Verlag

Die Autoren:

Dipl.-Ing. Jan Löser

Technische Universität Dresden, Institut für Energietechnik
Professur für Gebäudeenergietechnik und Wärmeversorgung

Dr.-Ing. Marco Klemm

Deutsches Biomasseforschungszentrum gemeinnützige GmbH, Bereich Bioraffinerien
Arbeitsgruppenleiter Chemische Biomasseveredelungsverfahren

Dr.-Ing. Andreas Hiller

Technische Universität Dresden, Institut für Verfahrenstechnik und Umwelttechnik
Professur für Energieverfahrenstechnik

Bibliografische Information der Deutschen Nationalbibliothek
Die Deutsche Nationalbibliothek verzeichnet diese Publikation in der Deutschen Nationalbibliografie; detaillierte bibliografische Daten sind im Internet über http://dnb.d-nb.de abrufbar.

ISBN 978-3-446-44279-5
E-Book-ISBN 978-3-446-44512-3

Fachbuchverlag Leipzig im Carl Hanser Verlag

www.hanser-fachbuch.de
Lektorat: Ute Eckardt und Volker Herzberg
Copy editing: Klaus Vogelsang
Herstellung: Katrin Wulst
Einbandrealisierung: Stephan Rönigk
Satz: le-tex publishing services GmbH
Druck und Bindung: Hubert&Co, Göttingen

Printed in Germany

Vorwort

Die Energie steht nicht nur als Existenzgrundlage jeder Zivilisation im Mittelpunkt wichtiger aktueller Diskussionen, sie ist als eine der physikalischen Grundgrößen von zentraler Bedeutung für die **naturwissenschaftliche Beschreibung unserer Welt**. Die Gesetzmäßigkeiten der Thermodynamik ermöglichen es, diese physikalische Größe, ihre Wechselwirkungen mit der Materie und die dadurch ausgelösten Vorgänge zu erfassen und zu beschreiben. Damit sind zentrale Bereiche des Lebens, der Naturwissenschaften und Technik berührt. Die Anwendungen sind äußerst vielfältig und ziehen sich von den klassischen Einsatzfeldern in Energiewirtschaft und Energietechnik bis in die verschiedensten Bereiche der Natur- und Ingenieurwissenschaften.

Dabei löst die Thermodynamik bei vielen, die als Studenten oder im Berufsleben erstmalig enger mit ihr in Berührung kommen, ein gewisses Unbehagen aus. Abgesehen davon, dass sicher nicht in jedem Fall die Umstände dieser ersten Berührung ideal sind, ist dies sicher auch in der **Methodik der Thermodynamik** begründet, die sich in vielen von der der klassischen Mechanik als Fundament der Physik und Technik unterscheidet. Während die Größen und Vorgänge der Mechanik mit den menschlichen Sinnen erlebbar sind, trifft dies für die Thermodynamik nur zu einem kleinen Teil zu. Vielmehr ist die Verwendung von Größen unerlässlich, die selbst kaum fassbar, in ihrer Wirkung aber sehr real sind, wie etwa die Energie und die Entropie.

Dies macht zum Einstieg in das Themengebiet einen gewissen Gewöhnungsprozess erforderlich. Deshalb verbindet dieses Buch zur Erleichterung des Selbststudiums kurze einführende Texte mit umfangreich erläuterten Beispielen und Übungsaufgaben. So soll, aufbauend auf begrenzten Vorkenntnissen, ein schnelles Verständnis der Sachlage ermöglicht werden.

Das Buch wendet sich dabei an alle Einsteiger in das Gebiet der technischen Thermodynamik, Studenten im Grundlagenstudium, Nebenfachstudenten, Auszubildende energietechnischer Berufe, aber auch jede Art von „Quereinsteigern“ und Interessierten.

Chemnitz und Dresden im Mai 2018

Jan Löser
Marco Klemm
Andreas Hiller

Inhalt

12 Die Verbrennung als Vorgang der Umwandlung chemischer Energie in thermische Energie 254

1 Einleitung

1.1 Was will dieses Buch? Inhalt und Bedeutung der Thermodynamik

Die **Thermodynamik** ist ein Bereich der Naturwissenschaften, der sich mit der Beschreibung jener Vorgänge beschäftigt, die auf die ungerichtete, statistische Bewegung der Elementarteilchen der Materie zurückzuführen sind. Es besteht ein direkter Zusammenhang zwischen der Bewegungsintensität der Elementarteilchen und der Energieform „thermische Energie". Damit schafft die Thermodynamik eine Verbindung zwischen energetischen Größen und den Eigenschaften der Materie. Sie ermöglicht die Beschreibung der Beeinflussung von Aufbau und Erscheinungsform der Materie durch Energie sowie die Beschreibung der Energieumwandlung. In diesem Sinne steht die Thermodynamik auch an einer Berührungsstelle von Physik und Chemie.

Die Bedeutung der Thermodynamik hängt damit direkt mit der Bedeutung des Energiebegriffes zusammen. Die Energie steht nicht nur als Existenzgrundlage jeder Zivilisation im Mittelpunkt wichtiger historischer, aktueller und sicher auch zukünftiger Diskussionen, sie ist als eine der physikalischen Grundgrößen von zentraler Bedeutung für die naturwissenschaftliche Erklärung unserer Welt. Mit der Benutzung dieser Größe erschließt sich ein neuer Betrachtungshorizont für physikalische und chemische Vorgänge.

Die **technische Thermodynamik** verzichtet auf eine Betrachtung der Vorgänge auf der Ebene der Elementarteilchen und beschreibt ausschließlich die makroskopischen Erscheinungen. Mit der damit erreichten Anwendungsnähe stellt sie somit auch ein Bindeglied zwischen den Naturwissenschaften Physik und Chemie und den Ingenieurwissenschaften dar.

Seit der Beherrschung des Feuers nutzt der Mensch thermodynamische Vorgänge, wobei mit Beispielen wie Metallschmelzöfen oder Hypokaustenheizung bereits in der Antike erste Höhepunkte erreicht wurden. Spätestens seit die Dampfmaschine zum Motor der industriellen Revolution wurde, sind thermodynamische Prozesse und der Fortschritt der Menschheit untrennbar miteinander verbunden. Aus dem Drang zur Optimierung dieser Lösungen entwickelte sich die Thermodynamik als Wissenschaft.

Als Modell der für eine einfache mathematische Beschreibung oft zu komplexen Wirklichkeit betrachtet die Thermodynamik durch vorhandene oder gedachte Grenzen abgetrennte Bereiche, sogenannte Systeme, als Ganzes. Ziel ist es dann, die Eigenschaften des Systems und den Austausch bzw. den Übertrag an den Systemgrenzen zu beschreiben. Für eine Detaillierung der Betrachtung können Systeme in Teilsysteme zerlegt werden. Grundlage der Thermodynamik ist die Betrachtung der Systemeigenschaften für das Gleichgewicht, thermodynamischer Zustand genannt. Eine Änderung eines Zustandes ist im Rahmen dieses Buches immer so zu verstehen, dass sie über eine Folge von Gleichgewichtszuständen erfolgt, dass also zu jedem beliebigen Zeitpunkt einer Zustandsänderung das System in sich im Gleichgewicht ist.

Während die Größen und Vorgänge der Mechanik zum wesentlichen Teil mit den menschlichen Sinnen erlebbar sind, erfordert die Beschreibung der Eigenschaften eines thermodynamischen Systems und der Vorgänge der Änderung dieser Eigenschaften die Verwendung von Größen, die selbst kaum fassbar, in ihrer Wirkung aber sehr real sind, wie etwa die Energie und die Entropie. Dies macht zum Einstieg in das Themengebiet einen gewissen Gewöhnungsprozess erforderlich. Deshalb verbindet dieses Buch kurze einführende Texte, die versuchen, diese Größen verständlich zu machen, mit umfangreich erläuterten Beispielen für das Selbststudium und Übungsaufgaben. Ist diese Gewöhnung erfolgt, so ermöglicht aber gerade diese Betrachtungsweise eine einfache Bearbeitung komplex erscheinender Fragestellungen mit einem überschaubaren und sicheren Handwerkszeug und begrenztem mathematischen Aufwand.

Diese neue Betrachtungsweise mit „abstrakten" Größen ist sicher eine der Hauptursachen dafür, dass die Thermodynamik bei vielen, die als Studenten oder im Berufsleben erstmalig mit ihr enger in Berührung kommen, ein gewisses Unbehagen auslöst. Wenn man sich aber darauf einlässt und sich selbst einen gewissen Gewöhnungsprozess zugesteht, wird sich sicher auch schnell die Begeisterung darüber einstellen, für welch breiten Bereich an Fragestellungen man einen fundamentalen und trotzdem einfachen Zugang gewinnt. Die Autoren jedenfalls hat die Faszination nach einer ersten Hürde niemals wieder losgelassen.

1.2 Wozu brauche ich Thermodynamik?

Schon allein aus der grundlegenden Bedeutung der Energie für alle natürlichen Vorgänge und technischen Prozesse lässt sich die Rolle einer Wissenschaft ableiten, die die Energie zum Gegenstand hat.

In wichtigen Bereichen der Wirtschaft spielt thermische Energie und damit die Thermodynamik die zentrale Rolle. Diese Bereiche sind zum Beispiel: Technik erneuerbarer Energien, Kraftwerkstechnik, Verfahrenstechnik, Energiemaschinenbau, Verbrennungsmotorentechnik, Gebäudetechnik.

Dabei macht die allgegenwärtige, berechtigte Forderung nach Energieeinsparung und danach, erneuerbare Energien zur Basis unseres Lebens und Wirtschaftens zu machen, die Beschäftigung mit der Thermodynamik in keiner Weise weniger als bisher bedeutsam. Vielmehr entstehen dadurch neue und besonders vielfältige Fragestellungen, die nur mit einem breiten, aber grundlagenbasierten Fachwissen angegangen werden können. Für die Anwendung der Solarthermie, der Geothermie, der Nutzung von Ab- und Umgebungswärme und der Energie aus Biomasse stellt die Thermodynamik die wissenschaftliche Grundlage dar.

Auch außerhalb der Bereiche, in deren Zentrum auf die eine oder andere Art und Weise die Umwandlung von Energie steht, sind thermodynamische Fragestellungen in Naturwissenschaften und Technik allgegenwärtig. Dies soll im Folgenden an Beispielen gezeigt werden:

Beispiel 1

Die Auslegung und Konstruktion von Textilmaschinen ist eine typische Fragestellung des klassischen kalten Maschinenbaus. Eine leistungsfähige Variante zur Bildung einer textilen Fläche stellt dabei die Kettenwirktechnik dar. Sie ist von zwei grundlegenden Merkmalen gekennzeichnet: Die Herstellung einer textilen Bindung durch Maschen erfolgt gleichzeitig mit einer Vielzahl paralleler Fäden durch die dafür benötigten technischen Einrichtungen, Wirkwerkzeuge genannt. Sie werden gemeinsam durch sie tragende Schienen, auch Barren genannt, bewegt. Daraus folgt das Problem einer Kombination aus der Bewegung lang gestreckter Bauteile mit der Kollisionsfreiheit der Vielzahl von diesen bewegten Wirkwerkzeugen.

Beispielsweise sind Maschinen mit einer Arbeitsbreite von 213″ (5,41 m) im Einsatz, bei denen auf einem Zentimeter die Wirkwerkzeuge, eine hakenförmige Wirknadel, ein Draht zum Verschließen dieses Hakens (Schließdraht), Haltebleche (Platinen) und eine oder mehrere fadenführende Lochnadeln jeweils 16-mal nebeneinander angeordnet sind (genannt Feinheit 40, d. h. 40 Wirkwerkzeuge pro 1″). Dabei müssen die Lochnadeln mit jeweils einem Faden mehr als 1 000-mal in der Minute die nur wenige Zehntelmillimeter breite Gasse zwischen den Wirknadeln, bei gleichzeitiger Bewegung der Wirknadeln und des Schließdrahtes aneinander entlang, passieren, wobei schon leichtes Touchieren zu fehlerhaftem textilem Produkt und ein Aufeinandertreffen zur Zerstörung der Maschine führt. Die thermische Ausdehnung von metallenen Maschinenteilen übersteigt schon bei Temperaturunterschieden im Bereich weniger Kelvin die Dimension der für die Bewegungen zur Verfügung stehenden Gassen. Dabei erfolgt, etwa über die Reibung in Getrieben oder die Reibung zwischen Faden und Nadel, ein ständiger Wärmeeintrag. Es ist hieraus klar ersichtlich, dass die Berücksichtigung der thermodynamischen Verhältnisse essenziell für eine erfolgreiche Konstruktion ist.

Es wurden Lösungswege entwickelt, die heute in der Regel gemeinsam zur Anwendung kommen. Eine Lösung ist die Vorwärmung der Maschine mit heißem, sie durchströmendem Öl bis in die Nähe der zu erwartenden Temperatur im Betrieb, kombiniert mit einer anschließenden Feineinstellung im warmen Zustand. Da sich der thermische Zustand im Betrieb gegenüber dem Vorwärmzustand wesentlich weniger ändert als gegenüber einer Maschine auf Raumtemperatur, sind auch die thermischen Verformungen im Betriebszustand gegenüber der Feineinstellung geringer. Als Zweites werden heute für die Barren verbreitet Materialien ohne thermische Dehnung in Längsrichtung, wie kohlenstofffaserverstärkte Kunststoffe, eingesetzt. Damit kann aber nur die thermische Dehnung der Barren selbst eliminiert werden, während andere Bauteile, etwa in Getrieben, weiterhin aus Metall bestehen müssen und damit weiterhin einen zu berücksichtigenden Temperaturausdehnungseffekt verursachen. Die dritte Lösung besteht schließlich in einer Auslegung der Maschine, in die thermodynamische Betrachtungen als integraler Bestandteil einfließen.

Dazu werden im Kern die numerische Simulation der Temperaturverteilung in der Maschine und die Simulation der Spannungen und Verformungen miteinander kombiniert. Ausgangspunkt ist ein Modell der Erwärmung, das die Wärmeübertragung von der und an die Umgebung ebenso berücksichtigt wie die innere Erwärmung durch Reibung und natürlich die Vorwärmung. Eine damit erstellbare rechnerische Temperaturverteilung führt in Kombination mit den Temperaturausdehnungskoeffizienten der einzelnen Materialien zu Vorhersagen über die zu erwartende Verschiebung einzelner wesentlicher Punkte gegeneinander. Wichtig für eine Modellvalidierung ist dabei weiterhin ein möglichst exaktes Nachmessen der Temperaturverteilung unter Versuchsbedingungen. Auf Basis des validierten Modells sind dann Optimierungen der Konstruktion, aber auch des Inbetriebnahmeablaufes möglich, bis bei einer erneuten Simulation der Verhältnisse (und in Realität) die temperaturbedingten Verschiebungen an keiner Stelle mehr den maximal tolerablen Wert übersteigen.

Beispiel 2

Funktionsentscheidend ist ein geeignetes Temperatur- und Wärmemanagement auch bei elektronischen Bauteilen. Die Informationsverarbeitung ist mit einer elektrischen Leistungsaufnahme verbunden, die nahezu komplett in Wärme umgesetzt wird. Von besonderer Bedeutung ist dieses Problem bei den Prozessoren in CPUs und Grafikkarten von PCs und Tablets. An den Oberflächen mancher Prozessoren werden Wärmestromdichten erreicht, die beim mehr als Zehnfachen der Wärmestromdichte an der Oberfläche einer handelsüblichen elektrischen Kochplatte liegen [1]. Dabei steigt die Wärmefreisetzung für denselben Prozessor mit der Erhöhung der Taktung und damit der Verarbeitungsgeschwindigkeit. Aufgrund der äußerst geringen Wärmekapazitäten der kleinen Bauteile würden die vorhandenen Wärmeleistungen sehr schnell zu einer Erhitzung bis zur Zerstörung führen. Dieses Problem wird noch dadurch verschärft, dass bei höheren Temperaturen die Halbleitereigenschaften des Siliciums verloren gehen und die Kleinteiligkeit der Strukturen die Anfälligkeit für eine thermische Beanspruchung erhöht. Deshalb ist ein Kühlkonzept unerlässlich, das nicht nur für eine sichere Wärmeabfuhr, sondern auch für eine gleichmäßige Temperaturverteilung sorgt. Weiterhin muss eine solche Kühlung die Forderung nach einem geringen Gewicht und einer geringen Lärmemission erfüllen. Bei der Entwicklung moderner Mikroprozessoren ist deshalb die Entwicklung eines geeigneten Kühlkonzeptes und geeigneter Bauteile für die Kühlung integraler Bestandteil. Die damit zusammenhängenden Fragestellungen beschäftigen auch regelmäßig die universitäre Forschung. Als Lösungen für die Wärmeabfuhr kommen metallische, gut wärmeleitende Kühlrippen mit und ohne aktive Anströmung mit Kühlluft, Heat-Pipes und auch Flüssigkeitsumlaufkühlungen infrage.

Die Liste der Beispiele für Anwendungen der Thermodynamik außerhalb der Energietechnik ließe sich weiterführen, bis hin zu Bereichen wie der Medizintechnik, wo spezielle Behandlungen eine thermodynamische Vorplanung benötigen.

1.3 An wen wendet sich dieses Buch?

Das Buch wendet sich an eine breite Schicht von Nutzern, die in Studium, Ausbildung oder Beruf erstmalig oder auffrischend tiefer in die technische Thermodynamik einsteigen wollen. Dafür baut es auf begrenzten Grundkenntnissen, etwa vergleichbar dem Physik-Grundkurs im Abitur, auf. Es eignet sich als Begleiter für Studenten im Grundlagenstudium, Nebenfachstudenten, Auszubildende energietechnischer Berufe, aber auch für jede Art von „Quereinsteigern". Die enge Verzahnung von erläuternden Texten, Beispielen und Übungsaufgaben soll dabei das Selbststudium erleichtern. Auf sehr umfangreiche Ausführungen und Formelableitungen wurde bewusst verzichtet, vielmehr soll die Kombination aus einer prägnanten Einführung und umfangreich erläuterten Beispielen den Nutzer dazu befähigen, eigenständig die Übungsaufgaben zu lösen und ein grundlegendes Verständnis sowie ein gewisses notwendiges „Gefühl" für die Materie zu entwickeln. Demjenigen, der darüber hinausgehende Erläuterungen sucht, seien die Fachliteratur und Vorlesungen im Fach empfohlen. Das Buch strebt nicht danach, in die wissenschaftliche Tiefe zu führen, es soll vielmehr einer breiten Nutzerschaft ein wichtiges und grundlegendes Handwerkszeug zugänglich machen.

Das vorliegende Buch basiert unter anderem auf dem Werk *Werner Berties, Übungsbeispiele aus der Wärmelehre*, welches zuletzt in seiner 20. Auflage erschien und bis dahin von Roland

Möschwitzer weitergeführt wurde. Dieses Buch ist empfohlene Literatur in verschiedensten Studien- und Ausbildungsgängen sowie akademischen Weiterbildungsangeboten an Universitäten, Fachhochschulen, Fachschulen und Berufsschulen in Deutschland und im deutschsprachigen Ausland. Dabei umfassen die Studiengänge, die auf dieses Buch zurückgreifen, nicht nur Fächer wie Energietechnik, Verfahrenstechnik und Maschinenbau, sondern auch zum Beispiel Rettungsingenieurwesen, Fahrzeugtechnik, Werkstoffwissenschaften, Gebäudemanagement und Lebensmitteltechnologie.

1.4 Wie benutzt man dieses Buch?

Aufbau, einführender Text, Beispiele, Übungsaufgaben

Die Kapitel dieses Buches bauen aufeinander auf. Vorgriffe auf den Stoff nachfolgender Kapitel wurden weitgehend vermieden.

Ein erläuternder Text am Beginn jedes Kapitels soll dem Leser eine rasche Einführung in den Themenbereich vermitteln.

Die relevanten Formeln sind deutlich gekennzeichnet und die dort verwendeten Größen mit ihren praktisch zu verwendenden Einheiten angegeben.

Anhaltswerte bestimmter technischer Größen werden, tabellarisch aufbereitet, dem Leser in den Kapiteln zur Verfügung gestellt.

Die den meisten Kapiteln folgende Sammlung von Beispielen soll die verschiedenen Herangehensweisen an die Lösung der Aufgabenstellung zeigen und die Notwendigkeit eines methodischen Vorgehens verdeutlichen. Oft erschließt sich erst so der Lösungsweg. Sämtliche Beispiele werden in ihrer Lösung ausführlich und Schritt für Schritt dargestellt.

Internationales Einheitensystem (SI), Umrechnung von Einheiten

Im Buch wird mit dem internationalen Einheitensystem (SI) für physikalische Größen gearbeitet. An entsprechender Stelle wird auf früher im deutschsprachigen Raum gebräuchliche, nicht mit dem SI übereinstimmende Einheiten hingewiesen und die jeweilige Umrechnung in SI-Einheiten angegeben. Hierzu wurde auch der Anhang A.6 zusammenfassend erarbeitet.

Die Umrechnung von Einheiten soll immer nachvollziehbar dokumentiert erfolgen, weshalb sich die Verfahrensweise des „Multiplizierens mit 1" bewährt hat. Die „1" steht dabei für die nach 1 umgestellte Größengleichung. Beispiel:

$$1\,\text{t} = 1\,000\,\text{kg}$$

$$1 = \frac{1\,000\,\text{kg}}{1\,\text{t}}$$

Hier ein ausführliches Beispiel der Umrechnung eines Massestromes von $2016\,\frac{\text{t}}{\text{d}}$ in $\frac{\text{kg}}{\text{s}}$.

$$\dot{m} = 2016\frac{\text{t}}{\text{d}} \cdot \frac{1\,000\,\text{kg}}{1\,\text{t}} \cdot \frac{1\,\text{d}}{24\,\text{h}} \cdot \frac{1\,\text{h}}{60\,\text{min}} \cdot \frac{1\,\text{min}}{60\,\text{s}}$$

$$\dot{m} = 23{,}\bar{3}\,\frac{\text{kg}}{\text{s}}$$

Umgang mit zugeschnittenen Größengleichungen

Die zugeschnittenen Größengleichungen, sie kommen hauptsächlich im Kapitel 13 und in der Formelsammlung im Anhang A.5 vor, sind stets so anzuwenden, wie es die jeweilig zur Gleichung gehörende Größen- und Einheitentabelle vorgibt. Werden die Größen in anderen Einheiten oder auch schon anderen Dezimal-Präfixen in der Größengleichung verwendet, so führt das zu falschen Ergebnissen.

Verwendung der Tabellen, Stoffdaten- und Formelsammlung

Die Tabellen in den Kapiteln und die der Stoffdaten- und Formelsammlung sind so aufbereitet, dass sie den praktischen Erfordernissen zur Lösung der hier in diesem Buch gezeigten Beispiele und gestellten Aufgaben genügen. Darüber hinaus enthalten sie eine Vielzahl an Stoff- und Anhaltswerten, die in der täglichen Praxis des Wärmetechnikers nützlich sind. Die Daten entsprechen den Standards von IUPAC, IAPWS, VDI, sind eigene Messwerte bzw. entstammen Sammlungen der Autoren.

Anhaltswerte sind als solche gekennzeichnet, entsprechend gerundet und weisen somit eine gewisse Streubreite im Wert auf, was trotzdem zu hinreichend genauen Ergebnissen führt.

Alle die zur Lösung der Beispiele und Aufgaben notwendigen Stoffwerte und stoffunabhängigen Konstanten sind in der Stoffdatensammlung (Anhang A.4) bzw. im Formelverzeichnis (Anhang A.1) zu finden. Sekundärliteratur ist hier nicht notwendig.

Tabellenwerte und lineare Interpolation

Nicht immer ist es möglich und notwendig, Tabellen so fein aufzulösen, dass genau der gesuchte Wert x in der Tabelle steht und somit der zugehörige Wert y in ihr zu finden ist. Mithilfe der linearen Interpolation und hinreichend dicht liegenden Nachbarwerten von x und y ist man in der Lage, den gesuchten Wert zu finden. Bei der Lösung der Beispiele wird an entsprechender Stelle darauf hingewiesen und es kommt immer folgende lineare Interpolationsgleichung, hier in allgemeiner Form, zum Einsatz:

$$y(x) = \frac{y_2 - y_1}{x_2 - x_1} \cdot (x - x_1) + y_1 ,$$

wobei hier x_1, y_1 und x_2, y_2 ablesbare Wertepaare aus einer Tabelle sind und $y(x)$ der gesuchte Wert zum zwischen den Tabellenwerten x_1 und x_2 liegenden Wert x ist.

Übungsaufgaben

Zum Ende der Kapitel bzw. Abschnitte werden Übungsaufgaben angeboten. Es empfiehlt sich, diese – nach dem Studium der einführenden Texte und dem Nachrechnen der Beispiele – eigenständig zu lösen. Der ausführliche Lösungsweg und ggf. die Diskussion der Ergebnisse, ähnlich der der Beispiele, sind online im Kapitel Lösungen zusammengefasst. Die Lösungen finden Sie in der Kategorie „Extras“ unter *http://www.hanser-fachbuch.de/9783446442795.*

2 System, Zustand und ihre Beschreibung

2.1 Allgemeines und Grundlagen

Worum geht es im Kapitel?

Klärung grundlegender und allgemeiner Begriffe, Definition wichtiger Größen für die weitere Arbeit

Anwendungsgebiete:

Grundlage der weiteren Arbeit mit diesem Buch

Siehe auch:

1.4 Wie benutzt man dieses Buch?, 3. Stoffeigenschaften

2.2 System und Zustand

Für thermodynamische Betrachtungen ist es essentiell, festzulegen, was Gegenstand der Betrachtungen sein soll. So macht es beispielsweise einen bedeutenden Unterschied, ob man bei einer Warmwasserheizung den Heizkessel, den Warmwasserkreislauf oder einen einzelnen Heizkörper untersucht. Deshalb betrachtet man abgrenzbare Bereiche, die durch vorhandene oder gedachte Grenzen von der Umgebung abgetrennt sind. Ein solcher Bereich wird **thermodynamisches System** genannt. Dabei können die gedachten Grenzen im Prinzip willkürlich festgelegt werden. Es ist lediglich erforderlich, sie so zu wählen, dass die Vorgänge an diesen Grenzen bekannt sind und beschrieben werden können. Mitunter ist es auch vorteilhaft, mit beweglichen Systemgrenzen zu arbeiten, so lässt sich etwa ein Kolbenhub einfacher analysieren. Zudem ist es möglich, ein System zur detaillierteren Untersuchung in Teilsysteme zu untergliedern.

Alle folgenden Betrachtungen innerhalb der Thermodynamik beziehen sich auf Eigenschaftsänderungen von thermodynamischen Systemen und auf deren Wechselwirkungen an den Systemgrenzen, den Stoffaustausch und die Energieübertrag. Dabei kann der Energieübertrag mit dem Stoffaustausch gekoppelt oder von diesem unabhängig erfolgen.

Die Eigenschaften eines Systems werden durch bestimmte physikalische (und chemische) Größen beschrieben. Deren Gesamtheit wird **thermodynamischer Zustand** genannt, diese Größen heißen Zustandsgrößen.

Ein für die Betrachtung abgegrenzter Bereich wird System genannt.

Ein System wird durch die Wechselwirkungen über die Systemgrenzen beeinflusst.

Die Gesamtheit der physikalischen Größen, die ein System beschreiben, wird Zustand genannt.

Eine grundlegende Einteilung von Systemen lässt sich danach treffen, welche Wechselwirkungen mit der Umgebung möglich sind. Diese Einteilung erleichtert eine Vielzahl der weiteren Arbeiten.

Ein **offenes System** ist vorhanden, wenn mit der Umgebung ein Energieübertrag und ein Stoffaustausch stattfinden können.

Ein **geschlossenes System** ist vorhanden, wenn mit der Umgebung kein Stoffaustausch, aber ein Energieübertrag stattfinden kann.

Ein **abgeschlossenes (thermisch isoliertes) System** ist vorhanden, wenn mit der Umgebung weder Energieübertrag noch Stoffaustausch stattfinden können.

Beispiele für thermodynamische Systeme:

a) offenes System (massedurchlässig): Verbrennungsmotor (Bild 2.1), gut wärmegedämmte Dampfturbine (Bild 2.2), ein- und austretende Stoffströme, die auch Energie transportieren
b) geschlossenes System (massedicht): druckfester Dampfkochtopf (Bild 2.3), Energietransport ist nur über die Systemgrenze in Form von Wärme möglich
c) abgeschlossenes System: wärmegedämmter Wärmespeicher, z. B. eine Thermoskanne, weder Stoff- noch Energietransport ist über die Systemgrenzen möglich

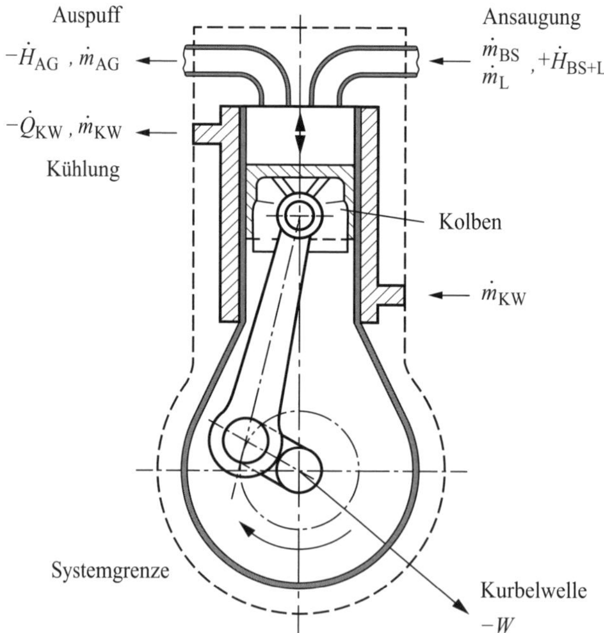

Bild 2.1 Offenes, nicht adiabates System

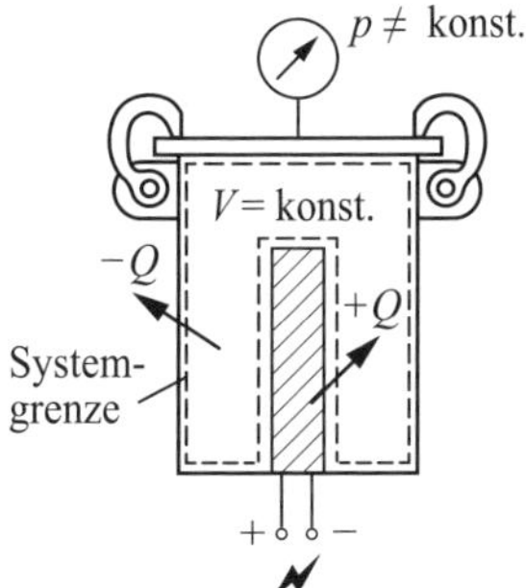

Bild 2.2 Offenes massedurchlässiges, weitgehend adiabates System

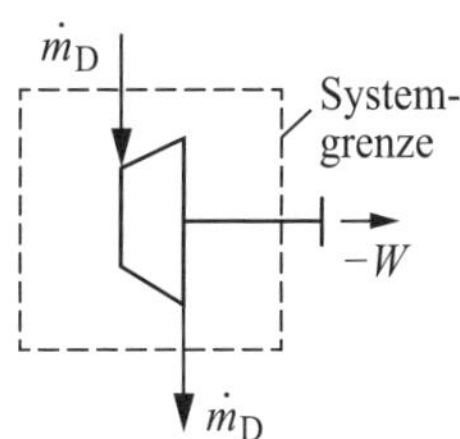

Bild 2.3 Geschlossenes, nicht adiabates System

Die Systembedingungen werden in vielen Fällen nur näherungsweise erfüllt, insbesondere ist es technisch nicht möglich, den Energietransport durch Wärme (siehe Kapitel 13) völlig zu unterbinden.

2.3 Thermodynamisches Gleichgewicht

Die Betrachtungen in der Thermodynamik beziehen sich auf das **thermodynamische Gleichgewicht**. Dieses umfasst das thermische und das chemische Gleichgewicht. Die Beschreibung von Systemen im Gleichgewicht ist im Vergleich zu Systemen, die sich nicht im Gleichgewicht befinden, deutlich vereinfacht.

Ein System befindet sich im thermodynamischen Gleichgewicht, wenn an jedem Ort im System die thermodynamischen Zustandsgrößen zeitlich unveränderlich sind [2].

Nach der Erfahrung streben alle sich selbst überlassenen geschlossenen Systeme einem Gleichgewichtszustand zu, den sie ohne Einwirkung von außen nie wieder verlassen [3].

Bei einem offenen System spricht man vom Beharrungszustand, wenn nur solche Prozesse (siehe Abschnitt 2.6) ablaufen, die sich zeitlich nicht ändern (stationäre Prozesse) [3].

2.4 Zustandsgrößen

Der Zustand eines thermodynamischen Systems wird durch bestimmte physikalische und chemische Größen charakterisiert, diese heißen **Zustandsgrößen**. Ändert sich der Zustand eines Systems, so ändern sich dadurch bestimmte Zustandsgrößen. Die bei der betrachteten Zustandsänderung veränderlichen Zustandsgrößen werden manchmal Zustandsvariablen genannt. Sie sind untereinander durch Zustandsfunktionen verknüpft. Günstigerweise wählt man zur Beschreibung eines Zustandes die Zustandsgrößen, die sich einfach messen oder beeinflussen lassen.

Zustandsgrößen werden nach ihren Eigenschaften in Gruppen eingeteilt:

Extensive Zustandsgrößen sind von der Größe des Systems abhängig, sie gelten nur integral für das ganze System, sie verändern sich, wenn man das System teilt oder ein System durch Vereinigung mit einem anderen gleichartigen System vergrößert. Typische extensive Zustandsgrößen sind die Masse, die Stoffmenge, das Volumen und der Energieinhalt eines Systems.

Intensive Zustandsgrößen sind nicht von der Größe des Systems abhängig, sie gelten lokal und ändern sich beim Teilen des Systems oder der Vereinigung gleichartiger Systeme nicht. Typische intensive Zustandsgrößen sind die Temperatur und der Druck.

Eine **spezifische Zustandsgröße** erhält man, wenn man eine extensive Zustandsgröße auf die Masse bezieht. Ein bekanntes Beispiel ist das spezifische Volumen, welches man erhält, wenn man das Volumen eines Systems auf seine Masse bezieht. Das spezifische Volumen ist der Kehrwert der Dichte und wird in der Thermodynamik häufig stattdessen verwendet.

Eine **molare Zustandsgröße** erhält man, wenn man eine extensive Zustandsgröße auf die Stoffmenge bezieht. Für die Betrachtung von chemischen Vorgängen ist die Nutzung molarer Größen in aller Regel vorteilhaft.

Spezifische und molare Zustandsgrößen sind Sonderfälle der intensiven Zustandsgrößen. Im Folgenden soll eine kleine Einführung zu den wesentlichen Zustandsgrößen gegeben werden.

2.4.1 Stoff, Masse und Stoffmenge

Da eine Vielzahl von Eigenschaften von der **Art des vorliegenden Stoffes** abhängt, ist der im System vorliegende Stoff bzw. sind die vorliegenden Stoffe wesentliches Charakteristikum für das System. Auf Details geht Kapitel 3 ein.

Die **Masse** m ist aus den Grundlagen der allgemeinen Physik als Maß für die Trägheit eines Körpers oder als Ursache der Gravitation bekannt. Die Masse wird durch Wägung, das heißt durch Vergleich mit Vergleichsmassen, bestimmt. Die Maßeinheit der Masse ist das Kilogramm (kg).

Die **Stoffmenge** n ist ein Maß für die Anzahl der Teilchen, aus denen die Menge eines Stoffes besteht. Dabei sind mit Teilchen beispielsweise Moleküle oder Atome gemeint. Diese Teilchenzahlen sind im Allgemeinen so groß, dass sie sehr schwer vorstellbar und benutzbar sind. Deshalb ist als Einheit diejenige Anzahl an Teilchen definiert, aus denen 12 kg des Kohlenstoffisotops ^{12}C bestehen. Diese Einheit heißt Kilomol (kmol). Die Anzahl der in einem Kilomol enthaltenen Teilchen beträgt $6{,}022\,1409 \cdot 10^{26}$. Diese Zahl wird *Avogadro*-Konstante N_A genannt. Die Einheit ein Mol (1 mol) als tausendster Teil des Kilomol (1 kmol) ist ebenfalls üblich und häufig im Gebrauch.

Die Stoffmenge ein Kilomol (1 kmol) entspricht der Anzahl an Teilchen, die in 12 kg des Kohlenstoffisotops ^{12}C enthalten sind. Die Anzahl Teilchen eines Kilomols wird durch die *Avogadro*-Konstante $N_A = 6{,}022\,1409 \cdot 10^{26} \frac{1}{\text{kmol}}$ ausgedrückt.

2

Die Stoffmenge eignet sich besonders zur Beschreibung chemischer Prozesse, da in chemischen Reaktionen die Teilchen und damit die Stoffmengen immer im Verhältnis kleiner ganzer Zahlen miteinander reagieren.

Die Phänomene, die im Rahmen der Thermodynamik betrachtet werden, haben ihre Ursache in den Bewegungen der Teilchen der Stoffe. Theorien, die sich damit beschäftigen, wie etwa die kinetische Gastheorie bzw. die statistische Thermodynamik, werden im Rahmen dieses Buches nicht behandelt.

2.4.2 Volumen

Das **Volumen** V ist ein Maß für den Raumbedarf eines Systems. Auch das Volumen ist aus den Grundlagen der allgemeinen Physik bekannt. Seine Einheit ist der Kubikmeter (m^3).

2.4.3 Dichte und spezifisches Volumen

Die **Dichte** ϱ erhält man, wenn man die Masse eines Systems auf sein Volumen bezieht.

Das **spezifische Volumen** v ergibt sich, wenn man das Volumen eines Systems auf seine Masse bezieht. Es ist damit eine typische spezifische Zustandsgröße und der Kehrwert der Dichte.

$$\varrho = \frac{m}{V} \tag{2.1}$$

ϱ Dichte in $\frac{\text{kg}}{\text{m}^3}$
m Masse in kg
V Volumen in m^3

$$v = \frac{V}{m} \tag{2.2}$$

v spezifisches Volumen in $\frac{\text{m}^3}{\text{kg}}$
V Volumen in m^3
m Masse in kg

Damit gilt auch der Zusammenhang:

$$v = \frac{1}{\varrho} \tag{2.3}$$

v spezifisches Volumen in $\frac{\text{m}^3}{\text{kg}}$
ϱ Dichte in $\frac{\text{kg}}{\text{m}^3}$

2.4.4 Molvolumen und molare Masse

Das auf die Stoffmenge bezogene Volumen heißt **Molvolumen** $\bar{v}$. Die Einheit ist $\frac{m^3}{kmol}$ bzw. $\frac{l}{mol}$.

$$\bar{v} = \frac{V}{n} \tag{2.4}$$

$\bar{v}$ Molvolumen in $\frac{m^3}{kmol}$
V Volumen in m^3
n Stoffmenge in kmol

Für ideale Gase (siehe auch Abschnitt 5.2) gilt: Bei gleichem Druck und gleicher Temperatur sind in gleichen Räumen (d. h. in einem gleichen Volumen) gleich viel kleinste Teilchen (Moleküle) vorhanden (Gesetz von *Avogadro*).

Bei gleichem Druck und gleicher Temperatur sind die Molvolumina aller vollkommenen (idealen) Gase gleich (Gesetz von *Avogadro*).

Es ist das Molvolumen aller (idealen) Gase im Normzustand (0 °C und 1 013,25 mbar) im Mittelwert $\bar{v} = 22{,}41\ \frac{m^3}{kmol}$.

Die auf die Stoffmenge bezogene Masse heißt **molare Masse** M oder auch **Molmasse** M. Ihre Einheit ist $\frac{kg}{kmol}$. Bei der molaren Masse handelt es sich um eine Stoffkonstante, sie hängt ausschließlich von dem vorliegenden Stoff und von keinen anderen Zustandsgrößen ab. Die molare Masse wichtiger Stoffe ist im Anhang A.4.1 tabelliert.

$$M = \frac{m}{n} \tag{2.5}$$

M molare Masse in $\frac{kg}{kmol}$
m Masse in kg
n Stoffmenge in kmol

Zwischen den Größen spezifisches Volumen (Dichte), Molvolumen und molare Masse besteht ein einfacher Zusammenhang.

$$v = \frac{1}{\varrho} = \frac{\bar{v}}{M} \tag{2.6}$$

v spezifisches Volumen in $\frac{m^3}{kg}$
ϱ Dichte in $\frac{kg}{m^3}$
$\bar{v}$ Molvolumen in $\frac{m^3}{kmol}$
M molare Masse in $\frac{kg}{kmol}$

2.4.4.1 Beispiele

2.4.4.1.1 Spezifisches Volumen, Dichte, Molvolumen, Stoffmenge

Im Transportbehälter eines Lastkraftwagens befinden sich 10 m^3 Wasserstoff (H_2) mit einer Einwaage von 0,15 t unter dem Druck von ca. 180 bar bei 20 °C.

Es sind für diese Zustandsbedingungen spezifisches Volumen, Dichte, Molvolumen des Wasserstoffs und die sich im Behälter befindende Stoffmenge zu ermitteln.

gegeben:	Volumen H_2	$V = 10{,}0\,\text{m}^3$
	Masse H_2	$m = 0{,}15\,\text{t} = 150\,\text{kg}$
	molare Masse H_2 (Anhang A.4.1)	$M = 2{,}016\,\frac{\text{kg}}{\text{kmol}}$
gesucht:	spezifisches Volumen	v in $\frac{\text{m}^3}{\text{kg}}$
	Dichte	ϱ in $\frac{\text{kg}}{\text{m}^3}$
	Molvolumen	$\bar{v}$ in $\frac{\text{m}^3}{\text{kmol}}$
	Stoffmenge	n in kmol

Lösung:

Nach Gleichung (2.2) ist das spezifische Volumen definiert als

$$v = \frac{V}{m}$$

$$v = \frac{10{,}0\,\text{m}^3}{150\,\text{kg}} = 0{,}0666\,\frac{\text{m}^3}{\text{kg}} = 66{,}6 \cdot 10^{-3}\,\frac{\text{m}^3}{\text{kg}}$$

Damit ist die Dichte nach Gleichung (2.3)

$$\varrho = \frac{1}{v}$$

$$\varrho = \frac{1}{66{,}6 \cdot 10^{-3}\,\frac{\text{m}^3}{\text{kg}}} = 15{,}0\,\frac{\text{kg}}{\text{m}^3}$$

Aus Gleichung (2.6) ergibt sich für das molare Volumen der Zusammenhang

$$\bar{v} = v \cdot M$$

$$\bar{v} = 66{,}6 \cdot 10^{-3}\,\frac{\text{m}^3}{\text{kg}} \cdot 2{,}016\,\frac{\text{kg}}{\text{kmol}} = 0{,}134\,\frac{\text{m}^3}{\text{kmol}}$$

Schließlich ist die im Behälter eingeschlossene Stoffmenge nach Gleichung (2.5)

$$n = \frac{m}{M}$$

$$n = \frac{150\,\text{kg}}{2{,}016\,\frac{\text{kg}}{\text{kmol}}} = 74{,}41\,\text{kmol}$$

2.4.4.1.2 Berechnen von Dichten aus molaren Größen

Es sind die Dichten von Sauerstoff O_2, Stickstoff N_2 und Kohlenstoffdioxid CO_2 im Normzustand (Index N) aus den jeweiligen molaren Massen zu berechnen, die dem Anhang A.4.1 zu entnehmen sind.

gegeben:	molare Masse O_2	$M_{O_2} = 31{,}999 \frac{kg}{kmol}$
	molare Masse N_2	$M_{N_2} = 28{,}016 \frac{kg}{kmol}$
	molare Masse CO_2	$M_{CO_2} = 44{,}010 \frac{kg}{kmol}$
	Molvolumen i. N. O_2	$\bar{v}_{N,O_2} = 22{,}394 \frac{m^3}{kmol}$
	Molvolumen i. N. N_2	$\bar{v}_{N,N_2} = 22{,}404 \frac{m^3}{kmol}$
	Molvolumen i. N. CO_2	$\bar{v}_{N,CO_2} = 22{,}262 \frac{m^3}{kmol}$
gesucht:	Dichten i. N.	ϱ in $\frac{kg}{m^3}$

Lösung:

Nach Gleichung (2.6) ist die Dichte:

$$\frac{1}{\varrho} = \frac{\bar{v}}{M},$$

also

$$\varrho = \frac{M}{\bar{v}}$$

$$\varrho_{N,O_2} = \frac{M_{O_2}}{\bar{v}_{N,O_2}} = \frac{31{,}999 \frac{kg}{kmol}}{22{,}394 \frac{m^3}{kmol}} = 1{,}429 \frac{kg}{m^3}$$

$$\varrho_{N,N_2} = \frac{M_{N_2}}{\bar{v}_{N,N_2}} = \frac{28{,}016 \frac{kg}{kmol}}{22{,}404 \frac{m^3}{kmol}} = 1{,}251 \frac{kg}{m^3}$$

$$\varrho_{N,CO_2} = \frac{M_{CO_2}}{\bar{v}_{N,CO_2}} = \frac{44{,}010 \frac{kg}{kmol}}{22{,}262 \frac{m^3}{kmol}} = 1{,}977 \frac{kg}{m^3}$$

2.4.5 Druck

Der **Druck** p ist der Quotient aus der senkrecht auf eine Fläche wirkenden Kraft und dieser Fläche, auf die diese Kraft flächig gleich verteilt wirkt. Die Einheit ist das Pascal (Pa). In der Technik ist häufig noch die Einheit bar anzutreffen, in einigen Bereichen wie der Kraftwerks- und der Verfahrenstechnik dominiert diese. Alle anderen Druckeinheiten sind heute als historisch anzusehen. Dabei gilt:

$$1\,\text{Pa} = 1\,\frac{\text{N}}{\text{m}^2}$$
$$1\,\text{bar} = 10^5\,\text{Pa}$$

$$p = \frac{F}{A} = \varrho \cdot g \cdot l \tag{2.7}$$

p Druck in Pa
F Kraft in N
A Fläche in m^2

ϱ Dichte des die Säule bildenden Stoffes in $\frac{kg}{m^3}$
g Fallbeschleunigung in $\frac{m}{s^2}$
l Höhe der Säule in m

Ein Druck kann nicht nur von außen auf ein System wirken, der Druck ist auch eine Zustandsgröße. Der Druck von Flüssigkeiten und Gasen wirkt immer allseitig gleichmäßig.

Der Druck (Absolutdruck) in einem System ist gleich der Summe aus dem Umgebungsdruck und dem Überdruck gegenüber der Umgebung bzw. der Differenz aus dem Umgebungsdruck und dem Unterdruck gegenüber der Umgebung.

$$p = p_b + \Delta p_ü \tag{2.8}$$

p Druck (Absolutdruck) in Pa oder bar
p_b barometrischer Druck (Umgebungsdruck) in Pa oder bar
$\Delta p_ü$ Überdruck in Pa oder bar

$$p = p_b - \Delta p_u \tag{2.9}$$

p Druck (Absolutdruck) in Pa oder bar
p_b barometrischer Druck (Umgebungsdruck) in Pa oder bar
Δp_u Unterdruck in Pa oder bar

Wird nichts Weiteres angegeben, so bedeutet die Bezeichnung Druck in diesem Buch immer den Absolutdruck.

2.4.5.1 Beispiele

2.4.5.1.1 Absolutdruck und Überdruck

Das Manometer eines Dampferzeugers zeigt einen Überdruck von 9,2 bar an. Wie hoch ist der absolute Druck im Kessel, wenn der Luftdruck 1 032 mbar beträgt?

gegeben:	Überdruck	$\Delta p_ü = 9{,}2\,\text{bar}$
	Luftdruck	$p_b = 1\,032\,\text{mbar} = 1{,}032\,\text{bar}$
gesucht:	absoluter Druck	p in bar

Lösung:

Nach Gleichung (2.8) ist der absolute Druck:

$$p = p_b + \Delta p_ü$$
$$p = (1{,}032 + 9{,}2)\,\text{bar} = 10{,}232\,\text{bar}$$

Der absolute Druck bildet sich aus der Summe von Umgebungsdruck und Überdruck. Er beträgt 10,232 bar.

2.4.5.1.2 Wassersäule in einem Sicherheitsstandrohr

Bei einem Luftdruck von 981 mbar soll in einer historischen Industrie-Niederdruckdampfheizung der Überdruck 0,1 bar betragen.

a) Welche Höhe muss die Wassersäule im senkrechten Sicherheitsstandrohr (seinerzeit gebräuchliche Mess- und Kontrolleinrichtung) ohne Sicherheitszuschläge haben?

b) Wie groß ist der absolute Druck?

gegeben:	Überdruck	$\Delta p_ü = 0{,}1\,\text{bar}$
	Luftdruck	$p_b = 981\,\text{mbar} = 0{,}981\,\text{bar}$
	Wassersäule (vgl. Anhang A.6.2)	$10{,}2\,\text{mm WS} = 0{,}001\,\text{bar}$
gesucht:	a) Höhe der Wassersäule	l in m
	b) absoluter Druck	p in bar

Lösung:

a) Höhe der Wassersäule:

Da $10{,}2\,\text{mm WS} = 0{,}001\,\text{bar}$ ist, muss die Höhe der Wassersäule im Sicherheitsstandrohr

$$l = 0{,}1\,\text{bar} \cdot \frac{10{,}2\,\text{mm WS}}{0{,}001\,\text{bar}} = 1020\,\text{mm} = 1{,}02\,\text{m}$$

sein.

Die Höhe der Wassersäule im Sicherheitsstandrohr beträgt somit 1,02 m.

b) absoluter Druck:

Nach Gleichung (2.8) ist der absolute Druck:

$$p = p_b + \Delta p_ü$$

$$p = (0{,}981 + 0{,}1)\,\text{bar} = 1{,}081\,\text{bar}$$

Der absolute Druck bildet sich aus der Summe von Umgebungsdruck und Überdruck. Er beträgt 1,081 bar.

2.4.5.1.3 Druck im Kondensator

In einem Kondensator eines Dampfkreislaufs wurde bei einem Luftdruck von 972 mbar ein Unterdruck von 800 mbar gemessen.

a) Wie groß ist der absolute Druck im Kondensator?

b) Wie groß ist das Vakuum (Zustand eines Raumes beim Druck unterhalb des Atmosphärendrucks) in Prozent vom Luftdruck?

gegeben:	Unterdruck	$\Delta p_u = 800\,\text{mbar} = 0{,}8\,\text{bar}$
	Luftdruck	$p_b = 972\,\text{mbar} = 0{,}972\,\text{bar}$
gesucht:	absoluter Druck	p in bar
	Vakuum in %	$\frac{\text{Unterdruck}}{\text{Luftdruck}} \cdot 100\,\%$

Lösung:

a) absoluter Druck im Kondensator:

Nach Gleichung (2.9) ist der absolute Druck

$$p = p_b - \Delta p_u$$

$$p = (0{,}972 - 0{,}8)\,\text{bar} = 0{,}172\,\text{bar}$$

b) Vakuum in Prozent vom Luftdruck:

Das prozentual angegebene Vakuum definiert sich zu

$$\text{Vakuum in \%} = \frac{\text{Unterdruck}}{\text{Luftdruck}} \cdot 100\,\% = \frac{800\,\text{mbar}}{972\,\text{mbar}} \cdot 100\,\% = 82{,}2\,\%$$

Der absolute Druck beträgt 0,172 bar und das Vakuum 82,2 % vom Luftdruck.

2.4.5.1.4 Wassersäule und Quecksilbersäule

Um in einem Gefäß einen Überdruck zu halten, mussten eine Quecksilbersäule von 60 cm Höhe und eine Wassersäule von 1,6 m Höhe in ein U-Rohr gefüllt werden. Der Luftdruck betrug 1 013 mbar.

Wie groß war der absolute Druck im Gefäß?

gegeben:	Höhe der Wassersäule	$l_W = 1{,}6\,\text{m}$
	Höhe der Quecksilbersäule	$l_Q = 0{,}6\,\text{m}$
	Luftdruck	$p_b = 1\,013\,\text{mbar} = 1{,}013\,\text{bar}$
	Dichte von Quecksilber aus Anhang A.4.19	$\varrho = 13600\,\frac{\text{kg}}{\text{m}^3}$
	Fallbeschleunigung (vgl. Anhang A.1)	$g = 9{,}81\,\frac{\text{m}}{\text{s}^2}$
	Wassersäule (vgl. Anhang A.6.2)	$10{,}2\,\text{mm WS} = 0{,}001\,\text{bar}$
gesucht:	absoluter Druck	p in bar

Lösung:

Nach Gleichung (2.8) ist der absolute Druck:

$$p = p_b + \Delta p_ü = p_b + \Delta p_{ü,W} + \Delta p_{ü,Q}$$

Da 10,2 mm WS = 0,001 bar ist, folgt

$$\Delta p_{ü,W} = 1{,}6\,\text{m} \cdot \frac{0{,}001\,\text{bar}}{10{,}2\,\text{mm WS}} \cdot \frac{1\,000\,\text{mm}}{1\,\text{m}} = 0{,}1569\,\text{bar}$$

Für die Druckdifferenz der Quecksilbersäule gilt Gleichung (2.7):

$$\Delta p_{ü,Q} = \varrho \cdot g \cdot l_Q$$

$$\Delta p_{ü,Q} = 13600\,\frac{\text{kg}}{\text{m}^3} \cdot 9{,}81\,\frac{\text{m}}{\text{s}^2} \cdot 0{,}6\,\text{m} = 80050\,\frac{\text{N}}{\text{m}^2} = 0{,}8005\,\text{bar}$$

Damit ist der absolute Druck:

$$p = p_b + \Delta p_ü = p_b + \Delta p_{ü,W} + \Delta p_{ü,Q}$$

$$p = (1{,}013 + 0{,}1569 + 0{,}8005)\,\text{bar} = 1{,}97\,\text{bar}$$

Der absolute Druck im Gefäß beträgt 1,97 bar.

2.4.5.2 Übungsaufgaben

2.4.5.2.1 Absoluter Druck und Überdruck

Bei einem Luftdruck von 1 000 mbar ist in einer Niederdruck-Erdgasleitung ein Überdruck von 95 mbar vorhanden.

Wie groß ist der absolute Druck in der Gasleitung?

2.4.5.2.2 Überdruck durch Höhe einer Ölsäule

Bei einer Ölpumpe zeigt das Manometer einen Überdruck von 10 bar an.

Wie hoch ist die Ölsäule, die diesem Druck entspricht, wenn die Dichte des Öles 0,9 $\frac{kg}{dm^3}$ beträgt?

2.4.5.2.3 Absoluter Druck und Überdruck

In einer Mitteldruck-Gasleitung herrscht ein Überdruck von 2 kPa bei einem Luftdruck von 1 bar.

a) Wie groß ist der Überdruck in bar?

b) Wie groß ist der absolute Druck in der Gasleitung in bar?

2.4.5.2.4 Unterdruck, Vakuum in %, absoluter Druck

In dem Kondensator des Dampfkreislaufs einer historischen Dampfmaschine soll ein Vakuum von 85 % herrschen. Das Barometer im Maschinenraum zeigt einen Luftdruck von 1 025 mbar an.

a) Welchen Wert muss das Vakuummeter (Unterdruckmesser) anzeigen?

b) Wie groß ist der absolute Druck im Kondensator?

2.4.6 Temperatur

Eine weitere zur Beschreibung von thermodynamischen Zuständen notwendige intensive Zustandsgröße ist die **Temperatur**. Als Grundgröße der Physik ist die Temperatur nicht aus anderen Größen ableitbar, sondern sie muss eigenständig definiert werden. Es sind mehrere Definitionen für die Temperatur üblich, die sich unter anderen auf das Gleichgewicht von Systemen, den Carnot-Prozess oder die kinetische Gastheorie beziehen. So gilt:

Thermodynamische Systeme, die sich im Gleichgewicht befinden, haben die gleiche Temperatur.

Befinden sich zwei Systeme jeweils im Gleichgewicht mit einem dritten System, so befinden sie sich auch untereinander in Gleichgewicht. Alle drei Systeme haben dann dieselbe Temperatur.

Energie in Form von Wärme fließt freiwillig nur von einem System höherer Temperatur zu einem System niedrigerer Temperatur (Nullter Hauptsatz der Thermodynamik). Damit ergibt sich eine Reihenfolge der Temperaturen nach der Richtung des freiwilligen Wärmeflusses.

Je höher die Temperatur, desto höher ist die mittlere Geschwindigkeit der Wärmebewegung (siehe Abschnitt 2.4.1) der Teilchen eines Stoffes.

Eine weitere Möglichkeit, Temperatur zu definieren, ist die Umkehrung der Definition des Carnot-Wirkungsgrades, siehe dazu Abschnitt 6.8.

Eine Messung und damit Quantifizierung der Temperatur kann über die verschiedensten temperaturabhängigen physikalischen Größen, wie die Ausdehnung von Stoffen, den elektrischen Widerstand und viele weitere, geschehen.

Für die Messung der Temperatur sind verschiedene Temperaturskalen definiert. SI-konform ist die Verwendung der **thermodynamischen Temperatur** T mit der Einheit Kelvin (K). Dabei entspricht die Temperatur 0 K der Temperatur am absoluten Nullpunkt.

Ein Kelvin (1 K) ist der 273,16-te Teil der thermodynamischen Temperatur des Tripelpunktes des Wassers, an welchem dessen feste, flüssige und gasförmige Phase im Gleichgewicht vorliegen [3].

Daneben existiert die **Celsius-Temperatur** mit dem Formelzeichen ϑ. Sie ist in ihrer aktuellen Definition nicht mehr die empirische Temperatur der historischen Celsius-Skala, sondern die thermodynamische Temperatur der Kelvin-Skala mit um 273,15 kleineren Zahlenwerten. Die Einheit Grad Celsius (°C) ist somit eine abgeleitete SI-Einheit, wobei gilt:

Die Einheiten ein Kelvin (1 K) und ein Grad Celsius (1 °C) sind gleich groß.

Darüber hinaus sind im angloamerikanischen Raum die Einheiten Grad Rankine (° R) und Grad Fahrenheit (°F) gebräuchlich, wobei die Rankine-Temperatur sich auf den absoluten Nullpunkt bezieht. Auch die Einheiten Grad Rankine (1 °R) und Grad Fahrenheit (1 °F) sind gleich groß.

Wie bei fast jeder physikalischen Größe existieren auch bei der Temperatur historische Skalen und Einheiten, die heute jedoch kaum noch in Gebrauch sind. Eine Übersicht zur Umrechnung von Temperaturen befindet sich im Anhang A6.1.

2.4.7 Energie

Die **Energie** ist eine der wesentlichen Größen der Thermodynamik. Energie ist eine extensive Zustandsgröße. Die Einheit ist das Joule (J). Die physikalische Grundgröße Energie kann nicht abgeleitet werden, sondern ist wie folgt definiert:

Energie ist eine extensive Zustandsgröße die in verschiedenen Energieformen in Erscheinung treten kann.

Energie kann nicht erzeugt werden oder verloren gehen, sie kann nur von einer Energieform in eine andere umgewandelt oder von einem System auf ein anderes übertragen werden.

Die Möglichkeit, Energie umzuwandeln oder zu übertragen, ist Voraussetzung für die Änderung des Zustands eines Systems.

Die theoretische Physik definiert die Energie wie folgt: Nach dem *Noether-Theorem* gehört in der Physik zu jeder Symmetrie eine Erhaltungsgröße. Die Energie ist dabei diejenige Größe, die aufgrund der Zeitinvarianz der Naturgesetze erhalten bleibt.

$$1\,\mathrm{J} = 1\,\mathrm{N}\cdot\mathrm{m}$$

Neben dem Joule existieren noch weitere Einheiten der Energie, so die Kilowattstunde (kWh) in einigen Bereichen der Technik, das Elektronenvolt (eV) in der Kern- und Teilchenphysik und die internationale Tafel-Kalorie ($\mathrm{cal_{IT}}$) als historische Einheit. Die Energiewirtschaft arbeitet gelegentlich mit den Einheiten Rohöleinheit (RÖE) und Steinkohleeinheit (SKE), sie vergleichen Energien mit dem Energiegehalt einer Tonne eines theoretischen Modellbrennstoffs.

Eine Umrechnungstabelle der Einheiten der Energie befindet sich im Anhang A.6.3.

Aufgrund der überragenden Bedeutung der Energie widmet sich ihr das gesamte Kapitel 4 dieses Buches.

2.5 Bezugssysteme, Normbedingungen und Standardbedingungen

Viele der Angaben innerhalb der Thermodynamik sind relativ, zudem hängen Stoffwerte und Kenndaten von den Zustandsgrößen eines Systems, insbesondere von Druck und Temperatur, ab. In vielen Fällen ist es nicht möglich, nicht notwendig oder unhandlich, den absoluten Nullpunkt als Bezugspunkt zu wählen.

Deshalb definiert man über ihre Zustandsgrößen sogenannte **Bezugssysteme**, für die beispielsweise Stoffwerte angegeben werden. Auch ist es üblich, für bestimmte Größen, wie die Energie, keine Absolutwerte, sondern nur die Änderung gegenüber dem Bezugssystem zu betrachten. Theoretisch ist es möglich, individuell ein für die jeweiligen Arbeiten besonders geeignetes Bezugssystem zu definieren. Dies wird für einige komplexe Berechnungen durchaus angewandt. Dabei ist jedoch die Vergleichbarkeit der Ergebnisse gefährdet. Deshalb haben sich einige nahezu universelle Bezugssysteme durchgesetzt.

Die **Normbedingungen** (auch Normalbedingung) nach DIN 1343 sind durch einen Druck von 101,325 kPa und eine Temperatur von 273,15 K (0 °C) gekennzeichnet. Diese Normbedingungen sind weltweit als STP „Standard Temperature and Pressure" genormt.

Größen bei Normbedingung werden mit dem **Index N** versehen.

Daneben findet man häufig, insbesondere in der Chemie, die Bezeichnung „Standardbedingungen". Diese entsprechen nicht den Normbedingungen und sind nicht einheitlich genormt.

Nach IUPAC (International Union of Pure and Applied Chemistry) entsprechen **Standardbedingungen** einem Druck von 1,0 bar und einer Temperatur von 273,15 K (0 °C).

Häufiger werden die SATP-Bedingungen (Standard Ambient Temperature and Pressure) als Standardbedingungen verwendet. Diese sind mit 298,15 K (25 °C) und 101,3 kPa (1,013 bar) definiert. In der Chemie ist oft auch 1,0 bar als Standard gesetzt.

Darüber hinaus werden häufig Begriffe wie Raumtemperatur und Umgebungsdruck als Bezug verwendet. Diese sind jedoch nicht eindeutig definiert, so dominieren in der deutschsprachigen Literatur 20 °C als Raumtemperatur, in der englischen 25 °C (77 °F), wobei es jeweils auch andere verwendete Werte gibt.

Bezugstemperatur der ISO 13443 für Erdgas-Standardbezugsbedingungen ist 15 °C. Mit diesem Bezugssystem wird in diesem Buch nicht gearbeitet.

2.6 Zustandsänderung, Prozess und Prozessgrößen

Wird das Gleichgewicht eines thermodynamischen Systems durch äußere Einwirkungen gestört, so ändern sich seine Zustandsgrößen mit der Zeit, bis das System unter den neuen Bedingungen wieder ein thermodynamisches Gleichgewicht erreicht.

Den zeitlichen Ablauf der Änderung eines thermodynamischen Zustandes nennt man **Prozess**, das Ergebnis des Prozesses ist die **Zustandsänderung**.

Damit ist der Prozess der Weg und das Verfahren der Zustandsänderung [2].

Normalerweise befindet sich ein System während der Änderung seines Zustandes nicht im thermodynamischen Gleichgewicht.

Läuft ein Prozess so langsam ab, dass man ihn mit guter Näherung als Abfolge von Gleichgewichtszuständen betrachten kann, spricht man von einem **quasistatischen Prozess.** Es stellt eine wesentliche Vereinfachung dar, wenn Prozesse als quasistatisch betrachtet werden können.

Der Ablauf der Prozesse hängt vom Ausgangszustand und den herrschenden äußeren Einwirkungen ab.

Als **stationärer Prozess** wird in der Thermodynamik ein Prozess bezeichnet, dessen Zustandsgrößen unabhängig von der Zeit sind. Trotzdem können derartige Prozesse ablaufen, zum Beispiel, wenn sich zwei Teilprozesse gegenseitig aufheben oder offene Systeme vorliegen.

Größen, die nicht einen Zustand, sondern den Weg der Zustandsänderung (d. h. einen Prozess) beschreiben, werden **Prozessgrößen** genannt.

Die wichtigen Prozessgrößen Arbeit und Wärme sind Gegenstand des Kapitels 4.

3 Stoffeigenschaften

3.1 Allgemeines und Grundlagen

Worum geht es im Kapitel?

Beschreibung der für die technische Thermodynamik relevanten Eigenschaften von Stoffen.

Anwendungsgebiete

Grundlage für die Anwendung der Thermodynamik auf reale Stoffe, Enthalpiebilanzen

Siehe auch:

Anhang A.4 Stoffdatensammlung

3.2 Spezifische Wärmekapazität

3.2.1 Allgemeines

Die **spezifische Wärmekapazität** c eines Stoffes ist die Wärme(-menge) in J, die zur Erwärmung von 1 kg dieses Stoffes um 1 K erforderlich ist.

Sie ist eine individuelle Stoffeigenschaft, zählt zu den energetischen Zustandsgrößen wie u. a. Enthalpie, Entropie und Exergie und hängt bei Gasen deutlich von Druck und Temperatur und bei Flüssigkeiten und Feststoffen im Wesentlichen von der Temperatur ab.

$$Q_{12} = m \cdot c \cdot (\vartheta_2 - \vartheta_1) \tag{3.10}$$

Q_{12} Wärme(-menge), die notwendig ist, um dem Stoff eine bestimmte Temperaturdifferenz aufzuprägen, in kJ
m Masse des Stoffes, der eine Temperaturänderung erfährt, in kg
c spezifische Wärmekapazität, Stoffwert in $\frac{\text{kJ}}{\text{kg}\cdot\text{K}}$ (siehe Anhang A.4.6 ff.)

$$(\vartheta_2 - \vartheta_1) = \Delta\vartheta_{21} \tag{3.11}$$

ϑ_2 Endtemperatur (Zustand 2) in °C oder K
ϑ_1 Anfangstemperatur (Zustand 1) in °C oder K
$\Delta\vartheta_{21}$ Temperaturdifferenz zwischen Zustand 2 und Zustand 1 in K

Tabelle 3.1 Anhaltswerte spezifischer Wärmekapazität ausgewählter Stoffe

Anhaltswerte ausgewählter Stoffe:	Pb	Cu	Beton	Luft	Polystyrol	Eis	H_2O	H_2
spez. Wärmekapazität in $\frac{kJ}{kg \cdot K}$	0,129	0,419	0,879	1,006	1,38	2,09	4,185	14,32
Bezugstemperatur in °C	20	20	20	0	20	0	20	20
Bezugsdruck in bar	–	–	–	1	–	–	1	1

3

Hinweise:

- weitere Stoffwerte: siehe Anhang A.4.6 ff.
- feste und flüssige Stoffe: c weitgehend unabhängig vom Druck, jedoch abhängig von der Temperatur
- gasförmige Stoffe: c deutlich abhängig von Druck und Temperatur
- früher häufig gebrauchte, nicht SI-konforme Einheit der Wärme(-menge): Kalorie, $1\,\text{cal}_{IT} = 4{,}1868\,\text{J}$, $1\,\text{cal}_{15} = 4{,}1855\,\text{J}$
- Umrechnungstabellen für Arbeits- bzw. Energieeinheiten: Anhang A.6.3

3.2.2 Mittlere spezifische Wärmekapazität

Da sich die spezifische Wärmekapazität im Allgemeinen mit der Temperatur ändert, ist bei größeren Temperaturdifferenzen zwischen ϑ_1 und ϑ_2 mit der **mittleren spezifischen Wärmekapazität** $c_m|_{\vartheta_1}^{\vartheta_2}$ zu rechnen. Dabei gilt dann:

$$c_m\Big|_{\vartheta_1}^{\vartheta_2} = \frac{c_m\Big|_{\vartheta_0}^{\vartheta_2} \cdot (\vartheta_2 - \vartheta_0) - c_m\Big|_{\vartheta_0}^{\vartheta_1} \cdot (\vartheta_1 - \vartheta_0)}{\vartheta_2 - \vartheta_1} \tag{3.12}$$

c_m mittlere spezifische Wärmekapazität eines Stoffes in $\frac{kJ}{kg \cdot K}$
ϑ_0 Bezugstemperatur in °C
ϑ_2 Endtemperatur (Zustand 2) in °C oder K
ϑ_1 Anfangstemperatur (Zustand 1) in °C oder K

Der Wert $c_m|_{\vartheta_0}^{\vartheta_x}$, also die mittlere spezifische Wärmekapazität eines Stoffes zwischen ϑ_0 (meist 0 °C, so auch hier) und der beliebigen Temperatur ϑ_x, ist in Tabellen, die wie Anhang A.4.6 aufgebaut sind, zu finden. Zwischenwerte von ϑ_x, die nicht explizit aufgeführt sind, können durch Interpolation ermittelt werden.

Werden die Werte aus Anhang A.4.6 eingesetzt, dann ist Gleichung (3.10):

$$Q_{12} = m \cdot \left(c_p\Big|_{\vartheta_0}^{\vartheta_2} \cdot \vartheta_2 - c_p\Big|_{\vartheta_0}^{\vartheta_1} \cdot \vartheta_1 \right) \tag{3.13}$$

Q_{12} Wärme(-menge) in kJ
m Masse des Stoffes, der eine Temperaturänderung erfährt, in kg
c_p wahre spezifische Wärmekapazität eines Stoffes in $\frac{\text{kJ}}{\text{kg·K}}$
ϑ_0 Bezugstemperatur in °C oder K
ϑ_2 Endtemperatur (Zustand 2) in °C oder K
ϑ_1 Anfangstemperatur (Zustand 1) in °C oder K

Die Werte des Anhangs A.4.7 sind auf die wahre spezifische Wärmekapazität bei der jeweiligen Temperatur bezogen.

Für nicht zu große Temperaturdifferenzen kann die wahre spezifische Wärmekapazität nach Anhang A.4.7 für die **mittlere Temperatur** ϑ_m eingesetzt werden.

$$\vartheta_\text{m} = \frac{\vartheta_2 + \vartheta_1}{2} \tag{3.14}$$

ϑ_m mittlere Temperatur in °C oder K
ϑ_2 Endtemperatur (Zustand 2) in °C oder K
ϑ_1 Anfangstemperatur (Zustand 1) in °C oder K

Spezifische Wärmekapazitäten ändern sich nicht immer kontinuierlich mit steigender oder sinkender Temperatur. Auch kommen Anomalien im Werteverlauf vor, so auch beispielsweise bei flüssigem Wasser. Es hat bei ca. 41 °C eine minimale spezifische Wärmekapazität von $c_{p,\text{min}} = 4{,}178\,\frac{\text{kJ}}{\text{kg·K}}$.

Ebenso kommt es bei Phasenwechseln (fest zu flüssig, flüssig zu gasförmig und umgekehrt) zu starken Änderungen der spezifischen Wärmekapazität.

Eis, flüssiges Wasser und Wasserdampf haben im Vergleich zu den meisten anderen festen, flüssigen und gasförmigen Stoffen eine relativ hohe spezifische Wärmekapazität, was sie neben der allgemein hohen Verfügbarkeit und der physiologischen Unbedenklichkeit interessant als Speicher- und Transportmedium in der Versorgungs- und Verfahrenstechnik machen.

3.2.3 Beispiele

3.2.3.1 Erwärmung, spezifische Wärmekapazität, Temperaturdifferenz, Feststoff

Welche Wärmemenge ist erforderlich, um 2 kg Kupfer von 0 °C auf eine Temperatur von 300 °C zu erwärmen?

gegeben:	Masse Kupfer	$m_\text{Cu} = 2{,}0\,\text{kg}$
	Anfangstemperatur	$\vartheta_1 = 0\,°\text{C}$
	Endtemperatur	$\vartheta_2 = 300\,°\text{C}$
gesucht:	Wärmemenge	Q_{12} in kJ

Lösung:

Es gilt nach Gleichung (3.10):

$$Q_{12} = m_\text{Cu} \cdot c_\text{m,Cu} \cdot (\vartheta_2 - \vartheta_1)$$

In Anhang A.4.19 ist die mittlere spezifische Wärmekapazität von Kupfer zu finden:

$$c_{\mathrm{m,Cu}} = 0{,}39\,\frac{\mathrm{kJ}}{\mathrm{kg\cdot K}}$$

Damit ist dann die notwendige Wärmemenge:

$$Q_{12} = 2\,\mathrm{kg}\cdot 0{,}39\,\frac{\mathrm{kJ}}{\mathrm{kg\cdot K}}\cdot(300-0)\,\mathrm{K}$$

$$Q_{12} = 234\,\mathrm{kJ}$$

3.2.3.2 Erwärmung, spezifische Wärmekapazität, Temperaturdifferenz, Flüssigkeit

Welche Wärme(-menge) muss 1 m^3 Wasser von 20 °C zugeführt werden, damit seine Temperatur auf 92 °C ansteigt?

gegeben:	Volumen Wasser	$V_{\mathrm{H_2O}} = 1{,}0\,\mathrm{m^3}$
	Anfangstemperatur	$\vartheta_1 = 20\,°\mathrm{C}$
	Endtemperatur	$\vartheta_2 = 92\,°\mathrm{C}$
gesucht:	Wärmemenge	Q_{12} in kJ

Lösung:

Zunächst muss die Masse des zu erwärmenden Wassers errechnet werden. Dazu wird die Dichte des Wassers bei der Anfangstemperatur $\vartheta_1 = 20\,°\mathrm{C}$ aus Anhang A.4.10 ermittelt.

$$\varrho_{\mathrm{H_2O}} = 998{,}21\,\frac{\mathrm{kg}}{\mathrm{m^3}}$$

Dann ist die Masse des Wassers nach Gleichung (2.1):

$$m_{\mathrm{H_2O}} = \varrho_{\mathrm{H_2O}}\cdot V_{\mathrm{H_2O}}$$

$$m_{\mathrm{H_2O}} = 998{,}21\,\frac{\mathrm{kg}}{\mathrm{m^3}}\cdot 1\,\mathrm{m^3} = 998{,}21\,\mathrm{kg}$$

Da hier die Differenz zwischen Anfangs- und Endtemperatur nicht sehr groß ist, kann die spezifische Wärmekapazität des Wassers bei mittlerer Temperaturdifferenz zwischen Anfangs- und Endtemperatur nach Gleichung (3.14) genutzt werden.

$$\vartheta_{\mathrm{m}} = \frac{\vartheta_2+\vartheta_1}{2} = \frac{(92+20)\,°\mathrm{C}}{2} = 56\,°\mathrm{C}$$

Für diese Temperatur ist nach Anhang A.4.10 die spezifische Wärmekapazität von Wasser:

$$c_{\mathrm{m,H_2O}} = 4{,}181\,\frac{\mathrm{kJ}}{\mathrm{kg\cdot K}}$$

Nach Gleichung (3.10) errechnet sich die notwendig zuzuführende Wärmemenge zu

$$Q_{12} = m_{\mathrm{H_2O}}\cdot c_{\mathrm{m,H_2O}}\cdot(\vartheta_2-\vartheta_1) = 998{,}21\,\mathrm{kg}\cdot 4{,}181\,\frac{\mathrm{kJ}}{\mathrm{kg\cdot K}}\cdot(92-20)\mathrm{K}$$

$$Q_{12} = 300\,493\,\mathrm{kJ} = 300{,}5\,\mathrm{MJ}$$

Es sind also 300,5 MJ notwendig, um 1 m^3 Wasser von 20 °C auf 92 °C zu erwärmen.

3.2.3.3 Mischtemperatur, Kalorimeter, Feststellen spezifischer Wärmekapazität

Kalorimeterversuch: Zur Feststellung der spezifischen Wärmekapazität von Stoffen wird das Kalorimeter verwendet. Hierbei wird der Körper, dessen spezifische Wärmekapazität ermittelt werden soll, auf eine bestimmte Temperatur erwärmt und anschließend in ein Gefäß mit Wasser (Gefäß und Wasser haben die gleiche Temperatur) getaucht, das nach außen hin wärmedicht isoliert ist. Nach einer bestimmten Zeit stellt sich eine Mischungstemperatur ein (siehe Bild 3.1). Es gilt also folgendes Prinzip:

$$\text{aufgenommene Wärme} = \text{abgegebene Wärme}$$

$$\underbrace{m_{H_2O} \cdot c_{m,H_2O} \cdot (\vartheta_{mix} - \vartheta_K)}_{\text{Wasser}} + \underbrace{m_K \cdot c_{m,K} \cdot (\vartheta_{mix} - \vartheta_K)}_{\text{Kalorimetergefäß}} = \underbrace{m_3 \cdot c_{m,3} \cdot (\vartheta_3 - \vartheta_{mix})}_{\text{eingetauchter Körper}}$$

Ein Stück Metall mit einer Masse von 225 g wird auf eine Temperatur von 100 °C erwärmt und in ein Kalorimetergefäß aus Messing mit einer Masse von 200 g gebracht. Die Wassermasse im Kalorimeter beträgt 450 g. Die Anfangstemperatur von Wasser und Kalorimeter liegt bei 15 °C. Die sich einstellende Mischtemperatur beträgt 20,6 °C.

Wie groß ist die spezifische Wärmekapazität des Metallstücks?

gegeben:	Masse Wasser	$m_{H_2O} = 0{,}45\,\text{kg}$
	Masse Messing-Kalorimeter	$m_K = 0{,}2\,\text{kg}$
	Masse Metall	$m_M = 0{,}225\,\text{kg}$
	Mischtemperatur	$\vartheta_{mix} = 20{,}6\,°\text{C}$
	Anfangstemperatur Kalorimeter	$\vartheta_K = 15\,°\text{C}$
	Anfangstemperatur Metall	$\vartheta_M = 100\,°\text{C}$
gesucht:	mittlere spezifische Wärmekapazität Metall	$c_{m,M}$ in $\frac{\text{kJ}}{\text{kg·K}}$

Lösung:

Aus Anhang A.4.10 werden die Werte der mittleren spezifischen Wärmekapazität für Wasser und aus Anhang A.4.19 die für Messing des Kalorimeters bei der mittleren Temperatur zwischen 15 °C und 20,6 °C, also nach Gleichung (3.14)

$$\vartheta_m = \frac{\vartheta_2 + \vartheta_1}{2} = \frac{(15 + 20{,}6)\,°\text{C}}{2} = 17{,}8\,°\text{C}$$

für 17,8 °C ≈ 18 °C herausgesucht und sind:

$$c_{m,H_2O} = 4{,}187\,\frac{\text{kJ}}{\text{kg} \cdot \text{K}}$$

$$c_{m,K} = 0{,}39\,\frac{\text{kJ}}{\text{kg} \cdot \text{K}}$$

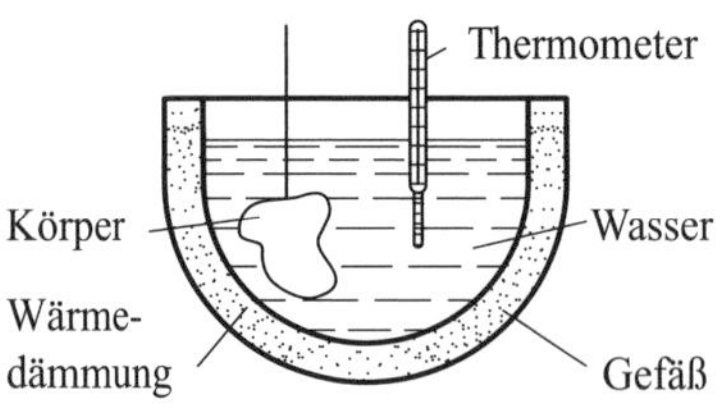

Bild 3.1 Prinzip eines einfachen Kalorimeters

Bei der Ermittlung der spezifischen Wärmekapazität eines Körpers in einem Kalorimeter gilt:

$$m_{H_2O} \cdot c_{m,H_2O} \cdot (\vartheta_{mix} - \vartheta_K) + m_K \cdot c_{m,K} \cdot (\vartheta_{mix} - \vartheta_K) = m_M \cdot c_{m,M} \cdot (\vartheta_M - \vartheta_{mix})$$

Die Gleichung wird umgestellt nach der gesuchten mittleren spezifischen Wärmekapazität des Metallstücks:

$$c_{m,M} = \frac{(m_{H_2O} \cdot c_{m,H_2O} + m_K \cdot c_{m,K}) \cdot (\vartheta_{mix} - \vartheta_K)}{m_M \cdot (\vartheta_M - \vartheta_{mix})}$$

Nach dem Einsetzen der Werte ergibt sich die spezifische Wärmekapazität des Metallstücks:

$$c_{m,M} = \frac{\left(0{,}45\,\text{kg} \cdot 4{,}187\,\frac{\text{kJ}}{\text{kg}\cdot\text{K}} + 0{,}2\,\text{kg} \cdot 0{,}39\,\frac{\text{kJ}}{\text{kg}\cdot\text{K}}\right) \cdot (20{,}6 - 15)\,\text{K}}{0{,}225\,\text{kg} \cdot (100 - 20{,}6)\,\text{K}}$$

$$c_{m,M} = 0{,}615\,\frac{\text{kJ}}{\text{kg}\cdot\text{K}}$$

Das im Kalorimeter untersuchte Metallstück hat somit eine mittlere spezifische Wärmekapazität von $0{,}615\,\frac{\text{kJ}}{\text{kg}\cdot\text{K}}$.

3.2.3.4 Mischen von Wasser, Mischtemperatur

Durch Mischung sollen 40 kg Wasser mit einer Temperatur von 45 °C hergestellt werden. Dafür steht Wasser mit einer Temperatur von 10 °C und 60 °C zur Verfügung.

Welche Masseanteile sind jeweils erforderlich?

gegeben:	Masse Wasser	$m_{H_2O} = 40\,\text{kg}$
	Mischtemperatur	$\vartheta_{mix} = 45\,°\text{C}$
	Temperatur Wasseranteil 1	$\vartheta_{H_2O,1} = 10\,°\text{C}$
	Temperatur Wasseranteil 2	$\vartheta_{H_2O,2} = 60\,°\text{C}$
gesucht:	Masse Wasseranteil 1	$m_{H_2O,1}$ in kg
	Masse Wasseranteil 2	$m_{H_2O,2}$ in kg

Lösung:

Bei einer Mischung des gleichen Stoffes mit unterschiedlichen Temperaturen und nicht zu großen Temperaturdifferenzen ist:

$$m_{H_2O,1} \cdot \vartheta_{H_2O,1} + m_{H_2O,2} \cdot \vartheta_{H_2O,2} = m_{H_2O} \cdot \vartheta_{mix}$$

Weiterhin gilt:

$$m_{H_2O,1} + m_{H_2O,2} = m_{H_2O}$$

$$m_{H_2O,2} = m_{H_2O} - m_{H_2O,1}$$

Dies eingesetzt ergibt:

$$m_{H_2O,1} \cdot \vartheta_{H_2O,1} + (m_{H_2O} - m_{H_2O,1}) \cdot \vartheta_{H_2O,2} = m_{H_2O} \cdot \vartheta_{mix}$$

Durch Umstellung ergibt sich die benötigte Wassermenge mit einer Temperatur von 10 °C:

$$m_{H_2O,1} = \frac{m_{H_2O} \cdot (\vartheta_{mix} - \vartheta_{H_2O,2})}{\vartheta_{H_2O,1} - \vartheta_{H_2O,2}} = \frac{40\,\text{kg} \cdot (45 - 60)\,\text{K}}{(10 - 60)\,\text{K}}$$

$$m_{H_2O,1} = 12\,\text{kg}$$

und die benötigte Menge Wasser mit einer Temperatur von 60 °C:

$$m_{H_2O,2} = m_{H_2O} - m_{H_2O,1} = (40 - 12)\,\text{kg}$$

$$m_{H_2O,2} = 28\,\text{kg}$$

Die gewünschten 40 kg Wasser der Temperatur 45 °C können durch Mischung von 12 kg Wasser von 10 °C und 28 kg Wasser von 60 °C hergestellt werden.

3.2.3.5 Mischtemperatur, mittlere spezifische Wärmekapazität, Temperaturausgleich

500 g Stahl mit einer Temperatur von 800 °C werden in 10 kg Wasser mit einer Temperatur von 15 °C abgeschreckt.

Wie hoch steigt die Temperatur des Wassers, wenn der Temperaturausgleich ohne Wärmeabgabe an die Umgebung erfolgt?

gegeben:	Masse Stahl	$m_{St} = 0{,}5\,\text{kg}$
	Masse Wasser	$m_{H_2O} = 10\,\text{kg}$
	Anfangstemperatur Stahl	$\vartheta_{St} = 800\,°\text{C}$
	Anfangstemperatur Wasser	$\vartheta_{H_2O} = 15\,°\text{C}$
gesucht:	Mischtemperatur	ϑ_{mix} in °C

Lösung:

Bei Mischungen verschiedener Stoffe gilt:

$$m_{St} \cdot c_{m,St} \cdot \vartheta_{St} + m_{H_2O} \cdot c_{m,H_2O} \cdot \vartheta_{H_2O} = (m_{St} \cdot c_{m,St} + m_{H_2O} \cdot c_{m,H_2O}) \cdot \vartheta_{mix}$$

Aus Anhang A.4.9 werden die mittleren spezifischen Wärmekapazitäten von Stahl, allgemein, Temperaturbereich 0 ... 1200 °C, und Wasser herausgesucht:

$$c_{m,St} = 0{,}713\,\frac{\text{kJ}}{\text{kg} \cdot \text{K}}, \quad c_{m,H_2O} = 4{,}187\,\frac{\text{kJ}}{\text{kg} \cdot \text{K}}$$

Die Gleichung (3.10) wird nach der Mischtemperatur ϑ_{mix} umgestellt:

$$\vartheta_{mix} = \frac{m_{St} \cdot c_{m,St} \cdot \vartheta_{St} + m_{H_2O} \cdot c_{m,H_2O} \cdot \vartheta_{H_2O}}{m_{St} \cdot c_{m,St} + m_{H_2O} \cdot c_{m,H_2O}}$$

Die Werte werden eingesetzt und die Mischtemperatur berechnet sich zu

$$\vartheta_{mix} = \frac{0{,}5\,\text{kg} \cdot 0{,}713\,\frac{\text{kJ}}{\text{kg}\cdot\text{K}} \cdot 800\,°\text{C} + 10\,\text{kg} \cdot 4{,}187\,\frac{\text{kJ}}{\text{kg}\cdot\text{K}} \cdot 15\,°\text{C}}{0{,}5\,\text{kg} \cdot 0{,}713\,\frac{\text{kJ}}{\text{kg}\cdot\text{K}} + 10\,\text{kg} \cdot 4{,}187\,\frac{\text{kJ}}{\text{kg}\cdot\text{K}}}$$

$$\vartheta_{mix} = 21{,}6\,°\text{C}$$

Nach dem Temperaturausgleich hat das Wasserbad mit eingetauchtem Stahlstück eine gemeinsame Temperatur von 21,6 °C.

3.2.4 Übungsaufgaben[1]

3.2.4.1 Erwärmung, mittlere spezifische Wärmekapazität, Temperaturdifferenz

a) Welche Wärmemenge ist erforderlich, um 1 kg Chromstahl 1.4003 mit einer Temperatur von 0 °C auf 150 °C zu erwärmen?

b) Welche Wärmemenge ist erforderlich, um 1 kg Wasser mit einer Temperatur von 0 °C auf 80 °C zu erwärmen?

c) Welcher der unter a) und b) genannten Körper hat die größere Menge Energie aufgenommen?

3.2.4.2 Mischtemperatur, Kalorimeter, spezifische Wärmekapazität

Ein Nickelzylinder mit einer Masse von 500 g wird erwärmt und in ein Kalorimeter aus Messing mit einer Masse von 100 g gebracht. Die Wassermasse im Kalorimeter beträgt 300 g. Die Anfangstemperatur von Wasser und Kalorimeter liegt bei 14,4 °C. Die sich einstellende Mischtemperatur beträgt 55,9 °C.

Wie hoch war die Temperatur des Nickels vor dem Einbringen in das Kalorimeter?

3.2.4.3 Mischen von Wasser, Mischtemperatur

15 kg Wasser von 60 °C werden mit 25 kg Wasser von 10 °C gemischt.

Welche Mischungstemperatur stellt sich nach dem Temperaturausgleich ein?

3.3 Eigenschaften von Gasmischungen

3.3.1 Allgemeines

In vielen Fällen sind die im Einsatz befindlichen Stoffe keine Reinstoffe, sondern Gemische. Für deren Betrachtung sind die Kennzahlen der Gemische erforderlich. Im Normalfall beeinflussen sich die Komponenten bei der Gemischbildung derart, dass sich komplexe Abhängigkeiten für die Eigenschaften der Gemische ergeben. Eine Ausnahme stellen in vielen Fällen Gase dar. Insbesondere für ideale Gase (siehe Kapitel 5) ergeben sich einfache Zusammenhänge zwischen den Eigenschaften der Einzelkomponenten, der Zusammensetzung und den Eigenschaften des Gemisches.

Um die Zusammensetzung eines Gemisches anzugeben, gibt es verschiedene Möglichkeiten:

Den **Masseanteil** ξ_i:

$$\xi_i = \frac{m_i}{m_{\text{ges}}} \tag{3.15}$$

ξ_i Masseanteil der Komponente i in $\frac{\text{kg}}{\text{kg}}$
m_i im Gemisch vorhandene Masse der Komponente i in kg
m_{ges} Gesamtmasse des Gemisches in kg

[1] Die Lösungen finden Sie in der Kategorie „Extras“ unter *http://www.hanser-fachbuch.de/9783446442795*

den **Stoffmengenanteil** y_i (früher Molenbruch):

$$y_i = \frac{n_i}{n_{\text{ges}}} \tag{3.16}$$

y_i Stoffmengenanteil der Komponente i in $\frac{\text{kmol}}{\text{kmol}}$
n_i im Gemisch vorhandene Stoffmenge der Komponente i in kmol
n_{ges} Gesamtstoffmenge des Gemisches in kmol

den **Volumenanteil (Raumanteil)** ψ_i:

$$\psi_i = \frac{V_i}{V_{\text{ges}}} \tag{3.17}$$

ψ_i Volumenanteil der Komponente i in $\frac{\text{m}^3}{\text{m}^3}$
V_i im Gemisch vorhandenes Teilvolumen der Komponente i in m^3
V_{ges} Gesamtvolumen des Gemisches in m^3

Da das Molvolumen **für ideale Gase** gleich groß ist, ist für diese der Volumenanteil gleich dem Stoffmengenanteil.

Es gilt für die Größen nach den Gleichungen (3.15), (3.16) und (3.17) auch:

$$\sum_{i=1}^{k} \xi_i = 1 \tag{3.18}$$

$$\sum_{i=1}^{k} y_i = 1$$

$$\sum_{i=1}^{k} \psi_i = 1$$

Dagegen ist eine **Konzentration** immer die Angabe einer anderen Mengeneinheit bezogen auf das Gemischvolumen, z. B. die **Massekonzentration** β_i:

$$\beta_i = \frac{m_i}{V_{\text{ges}}} \tag{3.19}$$

β_i Massekonzentration der Komponente i in $\frac{\text{kg}}{\text{m}^3}$, (traditionell $\frac{\text{g}}{\text{l}}$)
m_i im Gemisch vorhandene Masse der Komponente i in kg
V_{ges} Gesamtvolumen des Gemisches in m^3

die **Stoffmengenkonzentration** c_i (früher Molarität):

$$c_i = \frac{n_i}{V_{\text{ges}}} \tag{3.20}$$

c_i Stoffmengenkonzentration der Komponente i in $\frac{\text{kmol}}{\text{m}^3}$ (traditionell $\frac{\text{mol}}{\text{l}}$)
n_i im Gemisch vorhandene Stoffmenge der Komponente i in kmol
V_{ges} Gesamtvolumen des Gemisches in m^3

Eine Umrechnung der Größen ist über die Dichte, die molare Masse und das Molvolumen möglich. Die Ermittlung der Dichte und der scheinbaren Molmasse des Gemisches ist im weiteren Fortgang dieses Kapitels beschrieben.

Von einem **idealen Gemisch** spricht man, wenn für konstanten Druck und konstante Temperatur das Volumen des Gemisches gleich der Summe der Volumen aller Komponenten ist.

Für Gemische aus Gasen, die nicht miteinander reagieren, gilt – bei Vernachlässigung der Wechselwirkungen untereinander – das **Gesetz von** *Dalton*:

3

In einer Gasmischung verhält sich jedes Einzelgas so, als wenn es den gegebenen Gesamtraum unbehindert von den übrigen Einzelgasen ausfüllen würde.

Dieses Gesetz gilt immer und streng für **Gemische idealer Gase**, da bei idealen Gasen als Modell die Wechselwirkungen untereinander per Definition ausgeschlossen sind (siehe Abschnitt 5.2).

Damit ergibt sich für jede Komponente i ein **Partialdruck** p_i. Dieser Partialdruck ist der Druck, den die Komponente i bewirken würde, wenn sie allein den Gesamtraum ausfüllen würde, beziehungsweise der Druck, den die Komponente i in der Mischung ausübt.

Der **Druck der Mischung** p_{ges} ergibt sich als Summe der Drücke der Einzelgase (der Teildrücke oder der Partialdrücke):

$$p_{\text{ges}} = \sum_{i=1}^{k} p_i \tag{3.21}$$

p_{ges} Druck der Mischung in kPa
p_i Partialdruck der Komponente i in kPa
i Index einer bestimmten Komponente
k Gesamtzahl der Komponenten

Dabei verhalten sich die Partialdrücke wie die **Volumenanteile** ψ_i und damit für ideale Gase wie die **Stoffmengenanteile** y_i:

$$\psi_i = \frac{p_i}{p_{\text{ges}}} = y_i \tag{3.22}$$

ψ_i Volumenanteil der Komponente i in $\frac{\text{m}^3}{\text{m}^3}$
p_{ges} Druck der Mischung in kPa
p_i Partialdruck der Komponente i in kPa
y_i Stoffmengenanteil der Komponente i in $\frac{\text{kmol}}{\text{kmol}}$

Die **Masse der Gasmischung** m_{ges} ist:

$$m_{\text{ges}} = \sum_{i=1}^{k} m_i \tag{3.23}$$

m_{ges} Masse der Mischung in kg
m_i Masse der Komponente i in kg
i Index einer bestimmten Komponente
k Gesamtzahl der Komponenten

Aus dem *Dalton*'schen Gesetz lassen sich Berechnungsvorschriften für Kennzahlen der Gemische ableiten.

So ergibt sich für die **Gaskonstante der Mischung** R_{ges}:

$$R_{\text{ges}} = \sum_{i=1}^{k} (\xi_i \cdot R_i) \tag{3.24}$$

R_{ges} Gaskonstante der Mischung in $\frac{\text{kJ}}{\text{kg}\cdot\text{K}}$
R_i Gaskonstante der Komponente i in $\frac{\text{kJ}}{\text{kg}\cdot\text{K}}$
ξ_i Masseanteil der Komponente i in $\frac{\text{kg}}{\text{kg}}$
i Index einer bestimmten Komponente
k Gesamtzahl der Komponenten

für **die Dichte der Gasmischung** ϱ_{ges}:

$$\varrho_{\text{ges}} = \sum_{i=1}^{k} (\psi_i \cdot \varrho_i) \tag{3.25}$$

ϱ_{ges} Dichte der Mischung in $\frac{\text{kg}}{\text{m}^3}$
ϱ_i Dichte der Komponente i in $\frac{\text{kg}}{\text{m}^3}$
ψ_i Volumenanteil der Komponente i in $\frac{\text{m}^3}{\text{m}^3}$
i Index einer bestimmten Komponente
k Gesamtzahl der Komponenten

die **scheinbare molare Masse** M_{ges}:

$$M_{\text{ges}} = \sum_{i=1}^{k} (\psi_i \cdot M_i) \tag{3.26}$$

M_{ges} scheinbare molare Masse der Mischung in $\frac{\text{kg}}{\text{kmol}}$
M_i molare Masse der Komponente i in $\frac{\text{kg}}{\text{kmol}}$
ψ_i Volumenanteil der Komponente i in $\frac{\text{m}^3}{\text{m}^3}$
i Index einer bestimmten Komponente
k Gesamtzahl der Komponenten

die **spezifischen Wärmekapazitäten der Mischung** $c_{\text{v,ges}}$ und $c_{p,\text{ges}}$:

$$c_{\text{v,ges}} = \sum_{i=1}^{k} (\xi_i \cdot c_{v,i}) \tag{3.27}$$

$c_{\text{v,ges}}$ spezifische Wärmekapazität bei konstantem Volumen der Mischung in $\frac{\text{kJ}}{\text{kg}\cdot\text{K}}$
$c_{v,i}$ spezifische Wärmekapazität bei konstantem Volumen der Komponente i in $\frac{\text{kJ}}{\text{kg}\cdot\text{K}}$
ξ_i Masseanteil der Komponente i in $\frac{\text{kg}}{\text{kg}}$
i Index einer bestimmten Komponente
k Gesamtzahl der Komponenten

$$c_{p,\text{ges}} = \sum_{i=1}^{k} \left(\xi_i \cdot c_{p,i}\right) \tag{3.28}$$

$c_{p,\text{ges}}$ spezifische Wärmekapazität bei konstantem Druck der Mischung in $\frac{\text{kJ}}{\text{kg}\cdot\text{K}}$
$c_{p,i}$ spezifische Wärmekapazität bei konstantem Druck der Komponente i in $\frac{\text{kJ}}{\text{kg}\cdot\text{K}}$
ξ_i Masseanteil der Komponente i in $\frac{\text{kg}}{\text{kg}}$
i Index einer bestimmten Komponente
k Gesamtzahl der Komponenten

3

Mischt man Gase mit unterschiedlichen Drücken, Volumen und Temperaturen, so erhält man für das **Gesamtvolumen der Mischung** V_ges:

$$V_\text{ges} = \sum_{i=1}^{k} V_i \tag{3.29}$$

V_ges Gesamtvolumen der Mischung in m^3
V_i Volumen des Gases i in m^3
i Index eines bestimmten Gases
k Gesamtzahl der Gase

für die **Gemischtemperatur** T_ges:

$$T_\text{ges} = \frac{\sum_{i=1}^{k} p_i \cdot V_i \cdot \frac{c_{v,i}}{R_i}}{\sum_{i=1}^{k} \frac{p_i \cdot V_i}{T_i} \cdot \frac{c_{v,i}}{R_i}} \tag{3.30}$$

T_ges Temperatur der Mischung in K
p_i Druck des Gases i in kPa
V_i Volumen des Gases i in m^3
$c_{v,i}$ spezifische Wärmekapazität des Gases i in $\frac{\text{kJ}}{\text{kg}\cdot\text{K}}$ bei konstantem Volumen
R_i Gaskonstante des Gases i in $\frac{\text{kJ}}{\text{kg}\cdot\text{K}}$
T_i Temperatur des Gases i in K
i Index eines bestimmten Gases
k Gesamtzahl der Gase

Für alle zweiatomigen Gase ist $\frac{c_{v,i}}{R_i}$ = konstant, damit gilt:

$$T_\text{ges} = \frac{\sum_{i=1}^{k} p_i \cdot V_i}{\sum_{i=1}^{k} \frac{p_i \cdot V_i}{T_i}} \tag{3.31}$$

T_ges Temperatur der Mischung in K
p_i Druck des Gases i in kPa
V_i Volumen des Gases i in m^3
T_i Temperatur des Gases i in K
i Index eines bestimmten Gases
k Gesamtzahl der Gase

und für den **Mischungsdruck** p_{ges}:

$$p_{ges} = \frac{\sum_{i=1}^{k} p_i \cdot V_i}{\sum_{i=1}^{k} V_i} = \frac{\sum_{i=1}^{k} p_i \cdot V_i}{V_{ges}} \tag{3.32}$$

p_{ges} Druck des Gemisches in kPa
p_i Druck des Gases i in kPa
V_i Volumen des Gases i in m^3
V_{ges} Gesamtvolumen der Mischung in m^3
i Index eines bestimmten Gases
k Gesamtzahl der Gase

Es ergeben sich die folgenden Beziehungen für die **Umrechnung von Angaben zur Zusammensetzung von Gasmischungen**:

$$\psi_i = y_i = \xi_i \cdot \frac{M_{ges}}{M_i} \tag{3.33}$$

bzw.

$$\xi_i = \psi_i \cdot \frac{M_i}{M_{ges}}$$

ψ_i Volumenanteil der Komponente i in $\frac{m^3}{m^3}$
y_i Stoffmengenanteil der Komponente i in $\frac{kmol}{kmol}$
ξ_i Masseanteil der Komponente i in $\frac{kg}{kg}$
M_{ges} scheinbare molare Masse der Mischung in $\frac{kg}{kmol}$
M_i molare Masse der Komponente i in $\frac{kg}{kmol}$

Für ideale Gase gilt darüber hinaus:

$$\psi_i = y_i = \xi_i \cdot \frac{R_i}{R_{ges}} \tag{3.34}$$

bzw.

$$\xi_i = \psi_i \cdot \frac{R_{ges}}{R_i}$$

ψ_i Volumenanteil der Komponente i in $\frac{m^3}{m^3}$
y_i Stoffmengenanteil der Komponente i in $\frac{kmol}{kmol}$
ξ_i Masseanteil der Komponente i in $\frac{kg}{kg}$
R_{ges} Gaskonstante der Mischung in $\frac{kJ}{kg \cdot K}$
R_i Gaskonstante der Komponente i in $\frac{kJ}{kg \cdot K}$

Konzentrationsangaben lassen sich **untereinander umrechnen** nach:

$$\beta_i = c_i \cdot M_i$$

bzw.

$$c_i = \frac{\beta_i}{M_i}$$

β_i Massekonzentration der Komponente i in $\frac{\text{kg}}{\text{m}^3}$
c_i Stoffmengenkonzentration der Komponente i in $\frac{\text{kmol}}{\text{m}^3}$
M_i molare Masse der Komponente i in $\frac{\text{kg}}{\text{kmol}}$

Weiterhin gilt für die **Umrechnung von Anteilen in Konzentrationen** und umgekehrt:

$$\beta_i = \xi_i \cdot \varrho_{\text{ges}} \tag{3.35}$$

bzw.

$$\xi_i = \frac{\beta_i}{\varrho_{\text{ges}}}$$

β_i Massekonzentration der Komponente i in $\frac{\text{kg}}{\text{m}^3}$
ξ_i Masseanteil der Komponente i in $\frac{\text{kg}}{\text{kg}}$
ϱ_{ges} Dichte der Mischung in $\frac{\text{kg}}{\text{m}^3}$

sowie

$$y_i = c_i \cdot \bar{v} \tag{3.36}$$

bzw.

$$c_i = \frac{y_i}{\bar{v}}$$

y_i Stoffmengenanteil der Komponente i in $\frac{\text{kmol}}{\text{kmol}}$
c_i Stoffmengenkonzentration der Komponente i in $\frac{\text{kmol}}{\text{m}^3}$
$\bar{v}$ Molvolumen in $\frac{\text{m}^3}{\text{kmol}}$

3.3.2 Beispiele

3.3.2.1 Kennzahlen von Gemischen, Gasmischung (trockene Luft)

Trockene Luft besteht (von Spurengasen abgesehen) aus 23,2 % Masseanteilen Sauerstoff (O_2) und 76,8 % Masseanteilen Stickstoff (N_2).

a) Wie groß sind die jeweiligen Volumenanteile?

b) Wie groß ist die scheinbare molare Masse der trockenen Luft?

c) Welchen Wert hat die Gaskonstante der trockenen Luft?

d) Wie groß sind die Partialdrücke, wenn der Luftdruck 1 000 mbar beträgt?

gegeben:	Masseanteil O_2	$23{,}2\,\% = \xi_1 = 0{,}232\,\frac{\text{kg}}{\text{kg}}$
	Masseanteil N_2	$76{,}8\,\% = \xi_2 = 0{,}768\,\frac{\text{kg}}{\text{kg}}$
	Luftdruck	$p_{\text{b}} = 1\,000\,\text{mbar}$
gesucht:	Volumenanteile	ψ_i in $\frac{\text{m}^3}{\text{m}^3}$
	scheinbare molare Masse	M_{ges} in $\frac{\text{kg}}{\text{kmol}}$
	Gaskonstante, Luft	R_{ges} in $\frac{\text{kJ}}{\text{kg}\cdot\text{K}}$
	Partialdrücke	p_i in bar

Lösung:

a) Volumenanteile

Die Berechnung der Volumenanteile erfolgt mit Gleichung (3.17):

$$\psi_i = \frac{V_i}{V_{ges}}$$

Mit $V_i = \frac{\xi_i}{M_i}$ und $V_{ges} = \sum_{i=1}^{2} V_i = \sum_{i=1}^{2} \left(\frac{\xi_i}{M_i}\right)$ ist hier für die beiden Gaskomponenten

$$\psi_i = \frac{\frac{\xi_i}{M_i}}{\sum_{i=1}^{k} \left(\frac{\xi_i}{M_i}\right)} = \frac{\frac{\xi_i}{M_i}}{\frac{\xi_1}{M_1} + \frac{\xi_2}{M_2}}$$

Dazu werden die dazugehörigen molaren Massen der beiden Gaskomponenten benötigt. Diese werden aus Anhang A.4.1 ermittelt zu:

$$M_{O_2} = M_1 = 31{,}999\,\frac{\text{kg}}{\text{kmol}} \quad \text{und} \quad M_{N_2} = M_2 = 28{,}016\,\frac{\text{kg}}{\text{kmol}}$$

und dann ist

$$\psi_1 = \frac{\frac{\xi_1}{M_1}}{\frac{\xi_1}{M_1} + \frac{\xi_2}{M_2}} = \frac{\frac{0{,}232\,\frac{\text{kg}}{\text{kg}}}{31{,}999\,\frac{\text{kg}}{\text{kmol}}}}{\frac{0{,}232\,\frac{\text{kg}}{\text{kg}}}{31{,}999\,\frac{\text{kg}}{\text{kmol}}} + \frac{0{,}768\,\frac{\text{kg}}{\text{kg}}}{28{,}016\,\frac{\text{kg}}{\text{kmol}}}} = 0{,}209\,\frac{\text{m}^3}{\text{m}^3} = 20{,}9\,\%$$

Außerdem gilt nach Gleichung (3.18), dass die Summe aller Einzel-Volumenanteile gleich 1 ist:

$$\sum_{i=1}^{2} \psi_i = 1 = \psi_1 + \psi_2$$

Bei zwei Gaskomponenten ist dann der Volumenanteil von N_2

$$\psi_2 = 1 - \psi_1 = 1\,\frac{\text{m}^3}{\text{m}^3} - 0{,}209\,\frac{\text{m}^3}{\text{m}^3} = 0{,}791\,\frac{\text{m}^3}{\text{m}^3} = 79{,}1\,\%$$

Die Volumenanteile der beiden hier betrachteten Komponenten der trockenen Luft sind also für Sauerstoff 20,9 % und für Stickstoff 79,1 %.

b) scheinbare molare Masse

Die scheinbare molare Masse der trockenen Luft ergibt sich nun aus den einzelnen Volumenanteilen und den entsprechenden molaren Massen der verschiedenen Luftbestandteile. Unter Verwendung der Gleichung (3.26) ergibt sich für die scheinbare Molmasse der Luft:

$$\begin{aligned} M_{ges} &= \sum_{i=1}^{2} \left(\psi_i \cdot M_i\right) = \psi_1 \cdot M_1 + \psi_2 \cdot M_2 \\ &= 0{,}209\,\frac{\text{m}^3}{\text{m}^3} \cdot 31{,}999\,\frac{\text{kg}}{\text{kmol}} + 0{,}791\,\frac{\text{m}^3}{\text{m}^3} \cdot 28{,}016\,\frac{\text{kg}}{\text{kmol}} \\ M_{ges} &= 28{,}848\,\frac{\text{kg}}{\text{kmol}} \approx 28{,}9\,\frac{\text{kg}}{\text{kmol}} = M_L \end{aligned}$$

Dieser hier berechnete Wert der scheinbaren molaren Masse deckt sich gut mit dem Wert für trockene Luft aus Anhang A.4.1.

c) Gaskonstante der trockenen Luft

Die Gaskonstante der trockenen Luft ist nach Gleichung (3.24):

$$R_{\text{ges}} = \sum_{i=1}^{2} (\xi_i \cdot R_i) = \xi_1 \cdot R_1 + \xi_2 \cdot R_2$$

Aus Anhang A.4.1 sind die spezifischen Gaskonstanten für Sauerstoff und Stickstoff zu ermitteln.

$$R_1 = 259{,}8 \frac{\text{J}}{\text{kg} \cdot \text{K}} \quad \text{und} \quad R_2 = 296{,}8 \frac{\text{J}}{\text{kg} \cdot \text{K}}$$

$$R_{\text{ges}} = \xi_1 \cdot R_1 + \xi_2 \cdot R_2 = 0{,}232 \frac{\text{kg}}{\text{kg}} \cdot 259{,}8 \frac{\text{J}}{\text{kg} \cdot \text{K}} + 0{,}768 \frac{\text{kg}}{\text{kg}} \cdot 296{,}8 \frac{\text{J}}{\text{kg} \cdot \text{K}}$$

$$R_{\text{ges}} = 288{,}2 \frac{\text{J}}{\text{kg} \cdot \text{K}}$$

Im Vergleich zur folgenden kurzen Rechnung über die molare universelle Gaskonstante (ein Vorgriff auf Abschnitt 5.3, Gleichung (5.49)) ist der Wert hier wegen der fehlenden weiteren Gaskomponenten leicht ungenau.

Die molare universelle Gaskonstante ist mit $\bar{R} = 8{,}314\,460 \frac{\text{kJ}}{\text{kmol} \cdot \text{K}}$ im Anhang A.1 zu finden.

$$R_{\text{L}} = \frac{\bar{R}}{M_{\text{L}}} = \frac{8{,}314\,460 \frac{\text{kJ}}{\text{kmol} \cdot \text{K}}}{28{,}9 \frac{\text{kg}}{\text{kmol}}}$$

$$R_{\text{L}} = 0{,}287\,7 \frac{\text{kJ}}{\text{kg} \cdot \text{K}} = 287{,}7 \frac{\text{J}}{\text{kg} \cdot \text{K}}$$

Dieser so errechnete Wert kommt dem Tafelwert schon ziemlich nah.

d) Partialdrücke

Die Partialdrücke ergeben sich aus den jeweiligen Volumenanteilen der Luftbestandteile sowie dem vorgegebenen Luftdruck. Im vorliegenden Fall ist der vorgegebene Gesamtdruck der barometrische Druck $p_{\text{ges}} = p_{\text{b}} = 1\,000\,\text{mbar}$. Mithilfe der Gleichung (3.22)

$$\psi_i = \frac{p_i}{p_{\text{ges}}}$$

ist $\psi_1 = \frac{p_1}{p_{\text{ges}}}$ und $\psi_2 = \frac{p_2}{p_{\text{ges}}}$ und umgestellt nach dem jeweils gesuchten Partialdruck

$$p_1 = \psi_1 \cdot p_{\text{b}} = 0{,}209 \frac{\text{m}^3}{\text{m}^3} \cdot 1\,000\,\text{mbar} = 209\,\text{mbar}$$

$$p_2 = \psi_2 \cdot p_{\text{b}} = 0{,}791 \frac{\text{m}^3}{\text{m}^3} \cdot 1\,000\,\text{mbar} = 791\,\text{mbar}$$

Die Lösungen der Partialdrücke werden mit Gleichung (3.21) kontrolliert:

$$p_{\text{ges}} = \sum_{i=1}^{2} p_i = p_1 + p_2 = p_{\text{b}}$$

$$p_{\text{ges}} = 209\,\text{mbar} + 791\,\text{mbar} = 1\,000\,\text{mbar}$$

Somit sind die berechneten Partialdrücke korrekt.

3.3.2.2 Kennzahlen von Gemischen, Rauchgasmischung, Dampferzeugeranlage

Bei einer mit Braunkohle gefeuerten Dampferzeugeranlage ergab die Rauchgasanalyse in Volumenanteilen die folgenden Werte:

CO_2	12,0 %	$\psi_1 = 0{,}12\,\frac{\text{m}^3}{\text{m}^3}$	$M_1 = 44{,}010\,\frac{\text{kg}}{\text{kmol}}$
CO	1,0 %	$\psi_2 = 0{,}01\,\frac{\text{m}^3}{\text{m}^3}$	$M_2 = 28{,}011\,\frac{\text{kg}}{\text{kmol}}$
O_2	7,5 %	$\psi_3 = 0{,}075\,\frac{\text{m}^3}{\text{m}^3}$	$M_3 = 31{,}999\,\frac{\text{kg}}{\text{kmol}}$
N_2	79,5 %	$\psi_4 = 0{,}795\,\frac{\text{m}^3}{\text{m}^3}$	$M_4 = 28{,}016\,\frac{\text{kg}}{\text{kmol}}$

a) Wie groß ist die Dichte der einzelnen Gase bei 0 °C und 1 013,25 mbar (Normzustand)?

b) Wie groß ist die Dichte der Gasmischung?

c) Wie groß ist die scheinbare molare Masse der Rauchgase?

d) Wie groß ist die Gaskonstante dieser Gasmischung?

e) Wie groß sind die Masseanteile der Einzelgase in der Mischung?

gegeben:	Volumenanteile	ψ_i lt. Analyse
	molare Massen	M_i lt. Analyse
gesucht:	Dichte Einzelgase, Normzustand	$\varrho_{i,\text{N}}$ in $\frac{\text{kg}}{\text{m}^3}$
	Dichte des Rauchgases	$\varrho_{\text{ges,N}}$ in $\frac{\text{kg}}{\text{m}^3}$
	scheinbare Molmasse des Rauchgases	M_{ges} in $\frac{\text{kg}}{\text{kmol}}$
	Gaskonstante des Rauchgases	R_{ges} in $\frac{\text{kJ}}{\text{kg}\cdot\text{K}}$
	Masseanteile Einzelgase	ξ_i in $\frac{\text{kg}}{\text{kg}}$

Lösung:

a) Dichte der Einzelgase im Normzustand

Die Dichten der Einzelgase im Normzustand berechnen sich mithilfe der einzelnen molaren Massen der Rauchgasbestandteile sowie des mittleren molaren Normvolumens aus Anhang A.1 (bzw. der spezifischen molaren Normvolumen aus Anhang A.4.1):

$$\bar{v}_\text{N} = 22{,}41\,\frac{\text{m}^3}{\text{kmol}}$$

Unter Verwendung der Gleichung (2.6), die nach der Dichte umgestellt wird, erhält man:

$$\varrho = \frac{M}{\bar{v}}$$

$$\varrho_{1,\text{N}} = \frac{M_1}{\bar{v}_\text{N}} = \frac{44{,}010\,\frac{\text{kg}}{\text{kmol}}}{22{,}41\,\frac{\text{m}^3}{\text{kmol}}} = 1{,}964\,\frac{\text{kg}}{\text{m}^3} \quad \text{für Kohlendioxid}$$

$$\varrho_{2,\text{N}} = \frac{M_2}{\bar{v}_\text{N}} = \frac{28{,}011\,\frac{\text{kg}}{\text{kmol}}}{22{,}41\,\frac{\text{m}^3}{\text{kmol}}} = 1{,}249\,\frac{\text{kg}}{\text{m}^3} \quad \text{für Kohlenmonoxid}$$

$$\varrho_{3,\text{N}} = \frac{M_3}{\bar{v}_\text{N}} = \frac{31{,}999\,\frac{\text{kg}}{\text{kmol}}}{22{,}41\,\frac{\text{m}^3}{\text{kmol}}} = 1{,}428\,\frac{\text{kg}}{\text{m}^3} \quad \text{für Sauerstoff}$$

$$\varrho_{4,N} = \frac{M_4}{\bar{v}_N} = \frac{28{,}016\,\frac{kg}{kmol}}{22{,}41\,\frac{m^3}{kmol}} = 1{,}250\,\frac{kg}{m^3} \quad \text{für Stickstoff}$$

Die errechneten Werte der Dichte bei Normbedingung weichen zum Teil deutlich von den Werten im Anhang A.4.1 ab. Der Grund dafür ist in der Verwendung des mittleren molaren Normvolumens zu finden.

b) Dichte des Rauchgases

Zur Berechnung der Dichte der Gasmischung werden die zuvor ermittelten Einzeldichten der Rauchgasbestandteile und deren Volumenanteile benötigt. Mit Gleichung (3.25) ergibt sich:

$$\varrho_{ges,N} = \sum_{i=1}^{4} \left(\psi_i \cdot \varrho_{i,N}\right) = \psi_1 \cdot \varrho_{1,N} + \psi_2 \cdot \varrho_{2,N} + \psi_3 \cdot \varrho_{3,N} + \psi_4 \cdot \varrho_{4,N}$$

$$\varrho_{ges,N} = 0{,}12\,\frac{m^3}{m^3} \cdot 1{,}964\,\frac{kg}{m^3} + 0{,}01\,\frac{m^3}{m^3} \cdot 1{,}249\,\frac{kg}{m^3} + 0{,}075\,\frac{m^3}{m^3} \cdot 1{,}428\,\frac{kg}{m^3} + 0{,}795\,\frac{m^3}{m^3} \cdot 1{,}250\,\frac{kg}{m^3}$$

$$\varrho_{ges,N} = \varrho_{RG,N} = 1{,}349\,\frac{kg}{m^3}$$

c) scheinbare molare Masse des Rauchgases

Die scheinbare molare Masse des Rauchgases ergibt sich aus den einzelnen Volumenanteilen und den entsprechenden molaren Massen der verschiedenen Rauchgasbestandteile. Unter Verwendung der Gleichung (3.26) ergibt sich für die scheinbare molare Masse des Rauchgases:

$$M_{ges} = \sum_{i=1}^{4} \left(\psi_i \cdot M_i\right) = \psi_1 \cdot M_1 + \psi_2 \cdot M_2 + \psi_3 \cdot M_3 + \psi_4 \cdot M_4$$

$$M_{ges} = 0{,}12\,\frac{m^3}{m^3} \cdot 44{,}010\,\frac{kg}{kmol} + 0{,}01\,\frac{m^3}{m^3} \cdot 28{,}011\,\frac{kg}{kmol} + 0{,}075\,\frac{m^3}{m^3} \cdot 31{,}999\,\frac{kg}{kmol} + 0{,}795\,\frac{m^3}{m^3} \cdot 28{,}016\,\frac{kg}{kmol}$$

$$M_{ges} = M_{RG} = 30{,}24\,\frac{kg}{kmol}$$

d) spezifische Gaskonstante des Rauchgases

Da jetzt die scheinbare molare Masse des Rauchgases bekannt ist, kann über den Zusammenhang mit der molaren universellen Gaskonstante auf kurzem Weg die spezifische Gaskonstante des Rauchgases errechnet werden (Vorgriff auf Abschnitt 5.3). Die molare universelle Gaskonstante ist mit $\bar{R} = 8{,}314\,460\,\frac{kJ}{kmol \cdot K}$ im Anhang A.1 zu finden.

$$R_{RG} = \frac{\bar{R}}{M_{RG}} = \frac{8{,}314\,460\,\frac{kJ}{kmol \cdot K}}{30{,}24\,\frac{kg}{kmol}}$$

$$R_{RG} = 0{,}275\,\frac{kJ}{kg \cdot K}$$

e) Masseanteile der Einzelgase

Die Masseanteile bestimmen sich zu:

$$\xi_1 = \frac{\psi_1 \cdot M_1}{M_{ges}} = \frac{0{,}12\,\frac{m^3}{m^3} \cdot 44{,}010\,\frac{kg}{kmol}}{30{,}24\,\frac{kg}{kmol}} = 0{,}1746\,\frac{kg}{kg}$$

$$\xi_2 = \frac{\psi_2 \cdot M_2}{M_{ges}} = \frac{0{,}01\,\frac{m^3}{m^3} \cdot 28{,}011\,\frac{kg}{kmol}}{30{,}24\,\frac{kg}{kmol}} = 0{,}00926\,\frac{kg}{kg}$$

$$\xi_3 = \frac{\psi_3 \cdot M_3}{M_{ges}} = \frac{0{,}075\,\frac{m^3}{m^3} \cdot 31{,}999\,\frac{kg}{kmol}}{30{,}24\,\frac{kg}{kmol}} = 0{,}0794\,\frac{kg}{kg}$$

$$\xi_4 = \frac{\psi_4 \cdot M_4}{M_{ges}} = \frac{0{,}795\,\frac{m^3}{m^3} \cdot 28{,}016\,\frac{kg}{kmol}}{30{,}24\,\frac{kg}{kmol}} = 0{,}7365\,\frac{kg}{kg}$$

Die Kontrolle der Lösungen für die Masseanteile kann durch Gleichung (3.18) erfolgen:

$$\sum_{i=1}^{k} \xi_i = 1$$

$$= \xi_1 + \xi_2 + \xi_3 + \xi_4 = 0{,}1746\,\frac{kg}{kg} + 0{,}00926\,\frac{kg}{kg} + 0{,}0794\,\frac{kg}{kg} + 0{,}7365\,\frac{kg}{kg}$$

$$\sum_{i=1}^{4} \xi_i = 0{,}99976\,\frac{kg}{kg} \approx 1$$

Die Masseanteile sind demnach hinreichend genau berechnet.

3.3.2.3 Mischen von Gasen, Gasbrenner

In einem Gasbrenner werden 1,5 Raumteile Luft ($R_1 = 0{,}287\,\frac{kJ}{kg \cdot K}$) mit einem Raumteil Brenngas ($R_2 = 0{,}615\,\frac{kJ}{kg \cdot K}$) gemischt.

Gesucht sind:

a) die Volumenanteile der Gemischkomponenten,

b) die Gaskonstante der Mischung,

c) die Masseanteile der Mischung,

d) die Dichte der Mischung bei 20 °C und 1 013,25 mbar.

gegeben:	Luft	Raumteile	$V_1 = 1{,}5$
		spezifische Gaskonstante	$R_1 = 0{,}287\,\frac{kJ}{kg \cdot K}$
	Brenngas	Raumteile	$V_2 = 1{,}0$
		spezifische Gaskonstante	$R_2 = 0{,}615\,\frac{kJ}{kg \cdot K}$
gesucht:	Volumenanteile	ψ_i in $\frac{m^3}{m^3}$	
		spezifische Gaskonstante der Mischung	R in $\frac{kJ}{kg \cdot K}$
		Masseanteile	ξ_i in $\frac{kg}{kg}$
		Dichte der Mischung bei Laborbedingungen	ϱ in $\frac{kg}{m^3}$

Lösung:

a) Volumenanteile der Komponenten:

Zunächst wird das Gesamtvolumen der Brenngas-Luft-Mischung berechnet zu

$$V_{ges} = V_1 + V_2 = 1{,}5 \text{ Raumteile} + 1{,}0 \text{ Raumteile}$$
$$V_{ges} = 2{,}5 \text{ Raumteile.}$$

Die Volumenanteile an der Mischung sind mit Gleichung (3.17)

$$\psi_i = \frac{V_i}{V_{ges}}$$

für die Luft:

$$\psi_1 = \frac{V_1}{V_{ges}} = \frac{1{,}5}{2{,}5} = 0{,}6\,\frac{m^3}{m^3}$$

und für das Brenngas:

$$\psi_2 = \frac{V_2}{V_{ges}} = \frac{1{,}0}{2{,}5} = 0{,}4\,\frac{m^3}{m^3}.$$

Da die Summe aller Volumenanteile 1 ergeben muss, kann Gleichung (3.18) zur Kontrolle der berechneten Ergebnisse herangezogen werden.

$$\sum_{i=1}^{2} \psi_i = 1 = \psi_1 + \psi_2 = 0{,}6 + 0{,}4$$

Die ermittelten Volumenanteile sind also korrekt.

b) spezifische Gaskonstante der Mischung

Zur Ermittlung der spezifischen Gaskonstante wird zunächst die scheinbare molare Masse der Mischung bestimmt. Dafür werden die bereits berechneten Volumenanteile sowie die einzelnen scheinbaren molaren Massen der Gase benötigt. Dieses Vorgehen ist notwendig, da Luft, eine der zu mischenden Komponenten, selbst bereits eine Gasmischung ist.

Die molare Masse der Luft errechnet sich durch Umstellen der Gleichung (5.49), ein Vorgriff auf Abschnitt 5.3, mit:

$$M_1 = \frac{\bar{R}}{R_1}$$

und der molaren universellen Gaskonstante mit $\bar{R} = 8{,}314\,460\,\frac{kJ}{kmol \cdot K}$ aus Anhang A.1:

$$M_1 = \frac{8{,}314\,460\,\frac{kJ}{kmol \cdot K}}{0{,}287\,\frac{kJ}{kg \cdot K}} = 28{,}97\,\frac{kg}{kmol}$$

Für das Brenngas erhält man analog

$$M_2 = \frac{\bar{R}}{R_2} = \frac{8{,}314\,460\,\frac{kJ}{kmol \cdot K}}{0{,}615\,\frac{kJ}{kg \cdot K}} = 13{,}52\,\frac{kg}{kmol}$$

Die scheinbare Molmasse der Mischung ist dann nach Gleichung (3.26):

$$M_{\text{ges}} = \sum_{i=1}^{2} \left(\psi_i \cdot M_i\right) = \psi_1 \cdot M_1 + \psi_2 \cdot M_2$$

$$= 0{,}6\,\frac{\text{m}^3}{\text{m}^3} \cdot 28{,}97\,\frac{\text{kg}}{\text{kmol}} + 0{,}4\,\frac{\text{m}^3}{\text{m}^3} \cdot 13{,}52\,\frac{\text{kg}}{\text{kmol}}$$

$$M_{\text{ges}} = 22{,}79\,\frac{\text{kg}}{\text{kmol}}$$

Die spezifische Gaskonstante der Mischung ist demnach:

$$R = \frac{\bar{R}}{M_{\text{ges}}}$$

$$= \frac{8{,}314\,460\,\frac{\text{kJ}}{\text{kmol}\cdot\text{K}}}{22{,}79\,\frac{\text{kg}}{\text{kmol}}}$$

$$R = 0{,}365\,\frac{\text{kJ}}{\text{kg}\cdot\text{K}}$$

c) Masseanteile

Die Masseanteile bestimmen sich zu:

$$\xi_1 = \frac{\psi_1 \cdot M_1}{M_{\text{ges}}} = \frac{0{,}6\,\frac{\text{m}^3}{\text{m}^3} \cdot 28{,}97\,\frac{\text{kg}}{\text{kmol}}}{22{,}79\,\frac{\text{kg}}{\text{kmol}}}$$

$$\xi_1 = 0{,}763\,\frac{\text{kg}}{\text{kg}}$$

$$\xi_2 = \frac{\psi_2 \cdot M_2}{M_{\text{ges}}} = \frac{0{,}4\,\frac{\text{m}^3}{\text{m}^3} \cdot 13{,}52\,\frac{\text{kg}}{\text{kmol}}}{22{,}79\,\frac{\text{kg}}{\text{kmol}}}$$

$$\xi_2 = 0{,}237\,\frac{\text{kg}}{\text{kg}}$$

d) Dichte der Mischung unter Laborbedingungen

Die Laborbedingungen sind mit $p_{\text{N}} = 1\,013{,}25\,\text{mbar}$ und $\vartheta = 20\,°\text{C}$, also $T = \vartheta + 273{,}15\,\text{K} = 293{,}15\,\text{K}$, gegeben.

Die Dichte der Mischung ist auf direktem Weg mit der Idealgasgleichung (5.47) und Gleichung (2.3):

$$\varrho = \frac{p_{\text{N}}}{R \cdot T}$$

Führt man die Einheiten für Druck und spezifische Gaskonstante auf die Grundeinheiten zurück, so steht

$$p_{\text{N}} = 1\,013{,}25\,\text{mbar} = 1{,}013\,25\,\text{bar} = 101\,325\,\text{Pa} = 101\,325\,\frac{\text{N}}{\text{m}^2}$$

$$R = 0{,}365\,\frac{\text{kJ}}{\text{kg}\cdot\text{K}} = 365\,\frac{\text{J}}{\text{kg}\cdot\text{K}} = 365\,\frac{\text{N}\cdot\text{m}}{\text{kg}\cdot\text{K}}$$

Damit ist die Dichte dann

$$\varrho = \frac{101\,325\,\frac{\text{N}}{\text{m}^2}}{365\,\frac{\text{N}\cdot\text{m}}{\text{kg}\cdot\text{K}} \cdot 293{,}15\,\text{K}} = 0{,}947\,\frac{\text{kg}}{\text{m}^3}$$

3.3.2.4 Mischen von Gasen unterschiedlichen Druckes

Zwei Druckluftspeicherbehälter sind durch eine Leitung, die ein Ventil enthält, miteinander verbunden. Durch Öffnen dieses Ventils kann eine Verbindung von Behälter 1 und 2 hergestellt werden.

Vor der Öffnung des Ventils hat Behälter 1 bei einem Volumen von 3 m^3 einen Druck von 7 bar mit einer Temperatur von 35 °C. Behälter 2 hat ein Volumen von 2 m^3, einen Druck von 5 bar bei einer Temperatur von 18 °C.

Welcher Druck und welche Temperatur stellen sich nach der Öffnung des Ventils in beiden Behältern ein? (Der Wärmeübertrag an die Umgebung wird vernachlässigt.)

gegeben:	Behälter 1	Luft, also 2-atomiges Gas
	Volumen	$V_1 = 3\,\text{m}^3$
	Druck	$p_1 = 7\,\text{bar}$
	Temperatur	$\vartheta_1 = 35\,°\text{C}$
	Behälter 2	Luft, also 2-atomiges Gas
	Volumen	$V_2 = 2\,\text{m}^3$
	Druck	$p_2 = 5\,\text{bar}$
	Temperatur	$\vartheta_2 = 18\,°\text{C}$
gesucht:	Druck in den Behältern nach Öffnung des Ventils	p_{ges} in bar
	Temperatur in den Behältern nach Öffnung Ventil	ϑ_{ges} in °C

Lösung:

Der mittlere Druck, der sich nach dem Ausgleichsprozess einstellt, ist nach Gleichung (3.32):

$$p_{ges} = \frac{\sum_{i=1}^{2} p_i \cdot V_i}{\sum_{i=1}^{2} V_i} = \frac{p_1 \cdot V_1 + p_2 \cdot V_2}{V_1 + V_2} = \frac{7\,\text{bar} \cdot 3\,\text{m}^3 + 5\,\text{bar} \cdot 2\,\text{m}^3}{3\,\text{m}^3 + 2\,\text{m}^3}$$

$$p_{ges} = 6{,}2\,\text{bar}$$

Die mittlere Temperatur in beiden Behältern ist nach dem Druckausgleich mit Gleichung (3.31) (2-atomiges Gas):

$$T_{ges} = \frac{\sum_{i=1}^{2} p_i \cdot V_i}{\sum_{i=1}^{2} \frac{p_i \cdot V_i}{T_i}} = \frac{p_1 \cdot V_1 + p_2 \cdot V_2}{\frac{p_1 \cdot V_1}{T_1} + \frac{p_2 \cdot V_2}{T_2}}$$

Die Umrechnung der Temperaturen erfolgt über

$$T_1 = \vartheta_1 + 273{,}15\,\text{K} = 35\,°\text{C} + 273{,}15\,\text{K} = 308{,}15\,\text{K}$$

$$T_2 = \vartheta_2 + 273{,}15\,\text{K} = 18\,°\text{C} + 273{,}15\,\text{K} = 291{,}15\,\text{K}$$

Dann ist die Temperatur nach dem Druckausgleich

$$T_{ges} = \frac{7\,\text{bar} \cdot 3\,\text{m}^3 + 5\,\text{bar} \cdot 2\,\text{m}^3}{\frac{7\,\text{bar} \cdot 3\,\text{m}^3}{308{,}15\,\text{K}} + \frac{5\,\text{bar} \cdot 2\,\text{m}^3}{291{,}15\,\text{K}}}$$

$$T_{ges} = 302{,}45\,\text{K}$$

und schließlich

$$\vartheta_{ges} = T_{ges} - 273{,}15\,\text{K} = 302{,}45\,\text{K} - 273{,}15\,\text{K} = 29{,}3\,°\text{C}$$

Nach Beendigung des Ausgleichsprozesses herrschen in beiden Druckluftbehältern ein Druck von 6,2 bar und eine Temperatur von 29,3 °C.

3.3.2.5 Mischen von Gasen, Komplexaufgabe

Für eine Trocknungsanlage steht überwiegend 2-atomiges Heißgas mit einer Temperatur von 800 °C als Trockenmittel (Wärmeträger) zur Verfügung. Die Temperatur ist für das Trockengut zu hoch. Durch Beimischung von Luft, die eine Temperatur von 20 °C hat, soll die Temperatur auf 450 °C gesenkt werden. Die Drücke sind gleich und bleiben praktisch konstant.

Wie groß muss das räumliche Mischungsverhältnis sein?

gegeben:	Heißgas	überwiegend 2-atomig
	Temperatur Heißgas	$\vartheta_1 = 800\,°C$
	Luft	2-atomig
	Temperatur Luft	$\vartheta_2 = 20\,°C$
	Temperatur der Mischung	$\vartheta_{ges} = 450\,°C$
	Drücke	$p_{ges} = p_1 = p_2 =$ konstant
gesucht:	räumliches Mischungsverhältnis	$\frac{V_1}{V_2}$

Lösung:

Da hier überwiegend 2-atomige Gase vorhanden sind, kann Gleichung (3.31) angewendet werden. Da der Druck gleich und konstant sein soll, vereinfacht sich die Gleichung durch Ausklammern von p wie folgt. Für die mittlere Temperatur der Mischung ergibt sich dann:

$$T_{ges} = \frac{\sum_{i=1}^{2} p_i \cdot V_i}{\sum_{i=1}^{2} \frac{p_i \cdot V_i}{T_i}} = \frac{p_1 \cdot V_1 + p_2 \cdot V_2}{\frac{p_1 \cdot V_1}{T_1} + \frac{p_2 \cdot V_2}{T_2}} = \frac{p \cdot (V_1 + V_2)}{p \cdot \left(\frac{V_1}{T_1} + \frac{V_2}{T_2}\right)} = \frac{V_1 + V_2}{\frac{V_1}{T_1} + \frac{V_2}{T_2}}$$

Gesucht sind diesmal keine Volumen, sondern das Mischungsverhältnis $\frac{V_1}{V_2}$.

Die Zähler und Nenner der rechten Seite durch V_2 dividiert ergibt

$$T_{ges} = \frac{\frac{V_1}{V_2} + 1}{\frac{V_1}{V_2 \cdot T_1} + \frac{1}{T_2}},$$

anschließend nach $\frac{V_1}{V_2}$ auflösen.

$$T_{ges} \cdot \left(\frac{V_1}{V_2 \cdot T_1} + \frac{1}{T_2}\right) = \frac{V_1}{V_2} + 1$$

$$\frac{V_1 \cdot T_{ges}}{V_2 \cdot T_1} + \frac{T_{ges}}{T_2} = \frac{V_1}{V_2} + 1$$

$$\frac{V_1 \cdot T_{ges}}{V_2 \cdot T_1} - \frac{V_1}{V_2} = 1 - \frac{T_{ges}}{T_2}$$

$$\frac{V_1}{V_2} \cdot \left(\frac{T_{ges}}{T_1} - 1\right) = 1 - \frac{T_{ges}}{T_2}$$

$$\frac{V_1}{V_2} = \frac{1 - \frac{T_{ges}}{T_2}}{\frac{T_{ges}}{T_1} - 1}$$

Die Umrechnung der Temperaturen erfolgt über

$$T_1 = \vartheta_1 + 273{,}15\,K = 800\,°C + 273{,}15\,K = 1\,073{,}15\,K$$

$$T_2 = \vartheta_2 + 273{,}15\,K = 20\,°C + 273{,}15\,K = 293{,}15\,K$$

$$T_{ges} = \vartheta_{ges} + 273{,}15\,K = 450\,°C + 273{,}15\,K = 723{,}15\,K$$

Diese eingesetzt ergibt für

$$\frac{V_1}{V_2} = \frac{1 - \frac{723{,}15\,\text{K}}{293{,}15\,\text{K}}}{\frac{723{,}15\,\text{K}}{1073{,}15\,\text{K}} - 1} = \frac{-1{,}467}{-0{,}326}$$

$$\frac{V_1}{V_2} = \frac{4{,}5}{1}$$

Es sind also 4,5 m³ Abgas mit je 1 m³ Luft zu mischen, um die gewünschte Trockenmitteltemperatur von 450 °C zu gewährleisten.

3.3.2.6 Gasgemisch, spezifische Wärmekapazität bei konstantem Druck

Wie groß ist die spezifische Wärmekapazität eines feuchten Rauchgases bei konstantem Druck und einer Temperatur von 200 °C, wenn die Gasanalyse in Volumenanteilen folgendermaßen lautet?

gegeben:	Volumenanteil CO_2	11,2 %	$\psi_1 = 0{,}112\,\frac{\text{m}^3}{\text{m}^3}$
	Volumenanteil H_2O	3,0 %	$\psi_2 = 0{,}030\,\frac{\text{m}^3}{\text{m}^3}$
	Volumenanteil SO_2	0,8 %	$\psi_3 = 0{,}008\,\frac{\text{m}^3}{\text{m}^3}$
	Volumenanteil O_2	7,0 %	$\psi_4 = 0{,}070\,\frac{\text{m}^3}{\text{m}^3}$
	Volumenanteil N_2	78,0 %	$\psi_5 = 0{,}780\,\frac{\text{m}^3}{\text{m}^3}$
gesucht:	spezifische Wärmekapazität des Rauchgases bei 200 °C		$c_{p,\text{ges}}$ in $\frac{\text{kJ}}{\text{kg}\cdot\text{K}}$

Lösung:

Die molaren Massen der einzelnen Rauchgasbestandteile können aus Anhang A.4.1 ermittelt werden zu

Kohlendioxid: $M_1 = 44{,}010\,\frac{\text{kg}}{\text{kmol}}$
Wasserdampf: $M_2 = 18{,}016\,\frac{\text{kg}}{\text{kmol}}$
Schwefeldioxid: $M_3 = 64{,}060\,\frac{\text{kg}}{\text{kmol}}$
Sauerstoff: $M_4 = 31{,}999\,\frac{\text{kg}}{\text{kmol}}$
Stickstoff: $M_5 = 28{,}016\,\frac{\text{kg}}{\text{kmol}}$

Zunächst wird die scheinbare molare Masse mit Gleichung (3.26) ermittelt:

$$M_{\text{ges}} = \sum_{i=1}^{5} (\psi_i \cdot M_i) = \psi_1 \cdot M_1 + \psi_2 \cdot M_2 + \psi_3 \cdot M_3 + \psi_4 \cdot M_4 + \psi_5 \cdot M_5$$

$$M_{\text{ges}} = 0{,}112\,\frac{\text{m}^3}{\text{m}^3} \cdot 44{,}010\,\frac{\text{kg}}{\text{kmol}} + 0{,}03\,\frac{\text{m}^3}{\text{m}^3} \cdot 18{,}016\,\frac{\text{kg}}{\text{kmol}} + 0{,}008\,\frac{\text{m}^3}{\text{m}^3} \cdot 64{,}060\,\frac{\text{kg}}{\text{kmol}}$$
$$+ 0{,}07\,\frac{\text{m}^3}{\text{m}^3} \cdot 31{,}999\,\frac{\text{kg}}{\text{kmol}} + 0{,}78\,\frac{\text{m}^3}{\text{m}^3} \cdot 28{,}016\,\frac{\text{kg}}{\text{kmol}}$$

$$M_{\text{ges}} = (4{,}929 + 0{,}541 + 0{,}513 + 2{,}240 + 21{,}85)\,\frac{\text{kg}}{\text{kmol}}$$

$$M_{\text{ges}} = 30{,}07\,\frac{\text{kg}}{\text{kmol}}$$

Anschließend werden die Masseanteile bestimmt. Der Term $\psi_1 \cdot M_1$ wurde schon bei der Molmasse berechnet:

$$\xi_1 = \frac{\psi_1 \cdot M_1}{M_{\text{ges}}} = \frac{4{,}929\,\frac{\text{kg}}{\text{kmol}}}{30{,}07\,\frac{\text{kg}}{\text{kmol}}} = 0{,}1639\,\frac{\text{kg}}{\text{kg}}$$

Analog dazu werden ξ_2 bis ξ_5 berechnet zu

$$\xi_2 = 0{,}01799\,\frac{\text{kg}}{\text{kg}}$$

$$\xi_3 = 0{,}01706\,\frac{\text{kg}}{\text{kg}}$$

$$\xi_4 = 0{,}07449\,\frac{\text{kg}}{\text{kg}}$$

$$\xi_5 = 0{,}72672\,\frac{\text{kg}}{\text{kg}}$$

Die Kontrolle nach Gleichung (3.18) ergibt:

$$\begin{aligned}\sum_{i=1}^{5} \xi_i &= \xi_1 + \xi_2 + \xi_3 + \xi_4 + \xi_5 \\ &= 0{,}1639\,\frac{\text{kg}}{\text{kg}} + 0{,}01799\,\frac{\text{kg}}{\text{kg}} + 0{,}01706\,\frac{\text{kg}}{\text{kg}} + 0{,}07449\,\frac{\text{kg}}{\text{kg}} + 0{,}72672\,\frac{\text{kg}}{\text{kg}} \\ \sum_{i=1}^{5} \xi_i &= 1{,}0001603\,\frac{\text{kg}}{\text{kg}} \approx 1\end{aligned}$$

Die Masseanteile sind demnach hinreichend genau berechnet.

Die Berechnung der spezifischen Wärmekapazität des Rauchgases bei konstantem Druck erfolgt mit Gleichung (3.28) und unter Verwendung der Werte für die wahre spezifische Wärmekapazität $c_{p,i}$ der Rauchgaskomponenten in der Zeile für 200 °C aus Anhang A.4.7:

$$\begin{aligned}c_{p,\text{ges}}(200\,^\circ\text{C}) &= \sum_{i=1}^{5} \left(\xi_i \cdot c_{p,i}\right) = \xi_1 \cdot c_{p,1} + \xi_2 \cdot c_{p,2} + \xi_3 \cdot c_{p,3} + \xi_4 \cdot c_{p,4} + \xi_5 \cdot c_{p,5} \\ &= 0{,}1639\,\frac{\text{kg}}{\text{kg}} \cdot 0{,}996\,\frac{\text{kJ}}{\text{kg}\cdot\text{K}} + 0{,}01799\,\frac{\text{kg}}{\text{kg}} \cdot 1{,}940\,\frac{\text{kJ}}{\text{kg}\cdot\text{K}} + 0{,}01706\,\frac{\text{kg}}{\text{kg}} \\ &\quad \cdot 0{,}714\,\frac{\text{kJ}}{\text{kg}\cdot\text{K}} + 0{,}07449\,\frac{\text{kg}}{\text{kg}} \cdot 0{,}963\,\frac{\text{kJ}}{\text{kg}\cdot\text{K}} + 0{,}72672\,\frac{\text{kg}}{\text{kg}} \cdot 1{,}052\,\frac{\text{kJ}}{\text{kg}\cdot\text{K}} \\ c_{p,\text{ges}}(200\,^\circ\text{C}) &= 1{,}047\,\frac{\text{kJ}}{\text{kg}\cdot\text{K}}\end{aligned}$$

3.3.3 Übungsaufgaben[2]

3.3.3.1 Kennzahlen von Gasgemischen

Die Rauchgase einer Steinkohlefeuerung haben folgende Analyse in Volumenanteilen, die molaren Massen der Rauchgaskomponenten sind Anhang A.4.1 entnommen:

CO_2	11,2 %	$\psi_1 = 0{,}112$	$M_1 = 44{,}010\,\frac{kg}{kmol}$
H_2O	3,0 %	$\psi_2 = 0{,}03$	$M_2 = 18{,}016\,\frac{kg}{kmol}$
SO_2	0,8 %	$\psi_3 = 0{,}008$	$M_3 = 64{,}60\,\frac{kg}{kmol}$
O_2	7,0 %	$\psi_4 = 0{,}07$	$M_4 = 31{,}999\,\frac{kg}{kmol}$
N_2	78,0 %	$\psi_5 = 0{,}78$	$M_5 = 28{,}016\,\frac{kg}{kmol}$

Gesucht sind:

a) die scheinbare Molmasse der Rauchgase,

b) die Dichte bei 0 °C und 1 013,25 mbar, also bei Normbedingungen,

c) die spezifische Gaskonstante der Rauchgase.

3.3.3.2 Mischen von Gasen, Masseanteile, Gaskonstante

2 kg Brenngas ($R_1 = 608\,\frac{J}{kg \cdot K}$) werden mit 10 kg trockener Luft ($R_2 = 287{,}1\,\frac{J}{kg \cdot K}$) gemischt.

Wie groß sind die Masseanteile der Einzelgase an der Mischung und wie groß ist die Gaskonstante der Mischung?

3.3.3.3 Mischung im Normzustand, Gaskonstante, Dichte

500 g Methan (CH_4), 200 g Wasserstoff (H_2) und 400 g Kohlenmonoxid (CO) werden im Normzustand miteinander gemischt.

Wie groß sind die Gaskonstante und die Dichte dieser Mischung?

3.3.3.4 Mischen von Gasen, Komplexaufgabe

In zwei getrennten Druckbehältern befinden sich Sauerstoff (O_2) und Kohlenmonoxid (CO).

1. Behälter: O_2; $V_1 = 0{,}05\,m^3$; $p_1 = 7\,bar$; $\vartheta_1 = 60\,°C$
2. Behälter: CO; $V_2 = 0{,}08\,m^3$; $p_2 = 10\,bar$; $\vartheta_2 = 130\,°C$

a) Welcher Druck und welche Temperatur stellen sich ein, wenn die Behälter ohne Wärmeübertrag an die Umgebung miteinander verbunden werden?

b) Wie groß sind dann die Volumenanteile, die scheinbare molare Masse, die spezifische Gaskonstante der Mischung, die Teildrücke und die Masseanteile der Komponenten?

[2] Die Lösungen finden Sie in der Kategorie „Extras“ unter *http://www.hanser-fachbuch.de/9783446442795*.

4 Energie und Energieerhaltung

4.1 Allgemeines und Grundlagen

Worum geht es im Kapitel?

Energie, Grundlagen der Energieumwandlung, Energieerhaltung, Arbeit und Wärme, Energiebilanzierung

Anwendungsgebiete:

Beschreibung von Zuständen und Prozessen, Berechnen von Energie und Energieströmen eines Systems

Siehe auch:

2.4 Zustandsgrößen, alle folgenden Kapitel

Vorbetrachtungen

Die in Abschnitt 2.4.7 eingeführte extensive Zustandsgröße Energie ist eine der wichtigsten Größen der Thermodynamik. Da Energie nicht erzeugt, sondern nur umgewandelt werden kann, ist für den Ablauf eines jeden Prozesses die Energie aus einer Energiequelle erforderlich. Da die vorkommenden Energiequellen begrenzt bzw. begrenzt zugänglich sind, ist eine Aussage über die Energieumwandlung in einem Prozess immer von besonderem Interesse. Die Energie kommt dabei in verschiedenen Formen vor, hier nur die wesentlichen:

- mechanische Energie als Energie der Bewegung (kinetische Energie), Energie der Lage (potenzielle Energie) und Energie der Formänderung von Feststoffen (elastische Energie),
- chemische Energie,
- elektrische Energie,
- Nuklearenergie,
- thermische Energie (der Begriff Wärmeenergie ist durchaus üblich, aber wegen der Verwechslungsgefahr mit der Prozessgröße Wärme mit Vorsicht zu verwenden).

Zur Charakterisierung der in einem System, insbesondere in einem geschlossenen System, gespeicherten Energie wird der Begriff **innere Energie** mit dem Formelzeichen U verwendet. Die innere Energie ist mit der Temperatur in einem System, aber auch mit Stoffeigenschaften wie dem Aggregatzustand verbunden. Aus Gründen, die nicht thermodynamischer Natur sind, ist sie am absoluten Nullpunkt nicht exakt null. Deshalb und aus Praktikabilitätsgründen werden ausschließlich Änderungen der inneren Energie betrachtet.

Wie im Abschnitt 2.4.7 definiert, ist mit einer Zustandsänderung immer eine **Energieumwandlung** beziehungsweise eine **Energieübertragung** von einem System auf ein anderes verbunden. Von den möglichen Arten der Energieübertragung interessieren in der Thermodynamik vor allem die folgenden drei:

- mechanische Energieübertragung, dabei wirken Kräfte an den Systemgrenzen und finden Bewegungen, etwa Verschiebungen der Systemgrenze, statt [3],

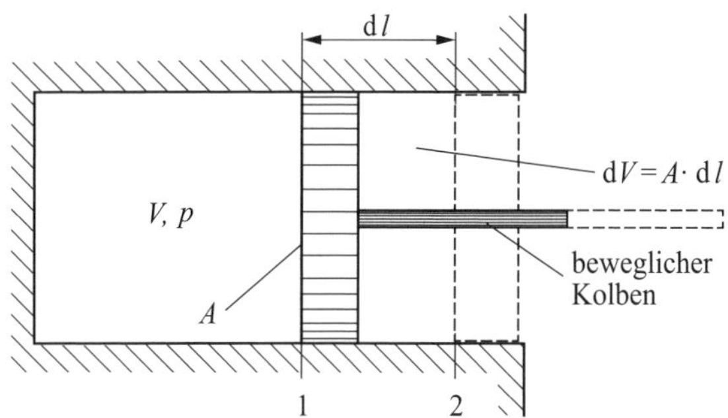

Bild 4.1 Arbeit zur Veränderung des Volumens eines Systems nach [4]

- thermische Energieübertragung, d. h. der Energietransport über Systemgrenzen aufgrund der Temperaturdifferenz. Da die zugehörige Prozessgröße die Wärme ist, hat sich hier der Begriff Wärmeübertragung etabliert [3],
- stoffgebundene Energieübertragung, d. h. durch Stoffströme, die über Systemgrenzen treten. Diese Art der Energieübertragung kann nur bei offenen Systemen stattfinden [3].

Zur Beschreibung der mechanischen und der thermischen Energieübertragung werden die Prozessgrößen Arbeit und Wärme genutzt.

4.2 Arbeit und Wärme

Die Größe **Arbeit** mit dem Formelzeichen W ist die Prozessgröße, die die mechanische Energieübertragung beschreibt. Ihre Einheit ist entsprechend der Energie das Joule (J). Die Arbeit ist aus der allgemeinen Physik bekannt als

$$W = F \cdot l \tag{4.37}$$

W Arbeit in J (1 J = 1 N · m)
F Kraft in N
l zurückgelegter Weg in der Richtung, in der die Kraft wirkt, in m

Ohne die Systemgrenze zu verschieben, kann beispielsweise Arbeit über ein Rührwerk an einem System verrichtet werden.

Für die Betrachtungen der Thermodynamik ist der Fall von besonderer Bedeutung, bei dem die Arbeit verrichtet wird, um wie in Bild 4.1 dargestellt, das Volumen eines Systems zu verändern. Man spricht in diesem Fall auch von Volumenänderungsarbeit.

Soweit nicht ausdrücklich erwähnt, wird im Folgenden unter Arbeit immer die **Volumenänderungsarbeit** nach den Gleichungen (4.37) und (5.66) verstanden.

Mit der Definition des Druckes aus der Gleichung (2.7) und der differenziellen Volumenänderung ergibt sich aus Gleichung (4.37) die **Volumenänderungsarbeit**

$$\mathrm{d}W = -p \cdot \mathrm{d}V \tag{4.38}$$

dW differenzielle Arbeit in kJ
p Momentandruck in kPa
dV differenzielle Volumenänderung in m^3

Wie sich aus dieser Gleichung technisch anwendbare Gleichungen für spezielle Prozesse ableiten lassen, wird dort erläutert, wo diese Spezialfälle betrachtet werden.

Die **Wärme** mit dem Formelzeichen Q ist die Prozessgröße, die die thermische Energieübertragung (Wärmeübertragung) beschreibt. Ihre Einheit ist entsprechend der Energie das Joule (J).

Die Wärme ist die Energiemenge, die über Systemgrenzen aufgrund der Temperaturdifferenz übertragen wird.

Dabei vermindert sich die Energie des einen Systems um den Betrag der Wärme, um genau den sich die des anderen Systems erhöht.

Es gelten die folgenden Vorzeichenfestlegungen:

- wird Wärme einem System zugeführt: $Q > 0$ (Vorzeichen also +)
- aus einem System Wärme abgeführt: $Q < 0$ (Vorzeichen also −)
- wird Arbeit einem System zugeführt: $W > 0$ (Vorzeichen also +)
- aus einem System Arbeit abgeführt: $W < 0$ (Vorzeichen also −).

Da Arbeit und Wärme Prozessgrößen sind, ist die zeitliche Abhängigkeit von Bedeutung. Deshalb sind als zeitbezogene Größe für die Arbeit die **Leistung** P und für die Wärme der **Wärmestrom** $\dot{Q}$ definiert. Die Einheit ist jeweils Joule pro Sekunde $\left(\frac{\mathrm{J}}{\mathrm{s}}\right)$ oder Watt (W) mit $1\,\mathrm{W} = 1\,\frac{\mathrm{J}}{\mathrm{s}}$ bzw. Kilojoule pro Sekunde $\left(\frac{\mathrm{kJ}}{\mathrm{s}}\right)$ oder Kilowatt (kW) mit $1\,\mathrm{kW} = 1\,\frac{\mathrm{kJ}}{\mathrm{s}}$.

$$P = \frac{dW}{dt} \tag{4.39}$$

P Leistung in W bzw. kW
dW differenzielle Arbeit in J bzw. kJ
dt differenzielle Zeit in s

$$\dot{Q} = \frac{dQ}{dt} \tag{4.40}$$

$\dot{Q}$ Wärmestrom in W bzw. kW
dW differenzielle Wärme in J bzw. kJ
dt differenzielle Zeit in s

4.3 Der erste Hauptsatz der Thermodynamik

Energie kann nicht verloren gehen oder aus dem Nichts erzeugt werden, sie kann nur von einer Energieform in eine andere umgewandelt werden.

Beim ersten Hauptsatz der Thermodynamik handelt es sich um einen Erfahrungssatz. Dass die nichtklassische Physik eine (scheinbare) Umwandlung von Masse in Energie kennt, soll hier vernachlässigt werden. Es sind verschiedene mathematische Darstellungen dieses ersten Hauptsatzes möglich, wobei, unter Beachtung entsprechender Vorzeichenregeln, die folgende eine besondere Allgemeingültigkeit besitzt:

$$\sum_{i=1}^{k} \Delta E_i = 0 \tag{4.41}$$

ΔE_i Änderung der Energie eines Systems mit der Ordnungsnummer i
i Ordnungsnummer der Energieänderung
k Anzahl der Ordnungsnummern

Dabei sind alle Energieänderungen zu berücksichtigen, z. B. die Änderung der inneren Energie, stoffgebundene Energieübertragung, Arbeit und Wärme.

Aus dieser grundlegenden Form der mathematischen Formulierung des ersten Hauptsatzes lassen sich wichtige Sonderfälle ableiten, wie die allgemeinen Formulierungen des ersten Hauptsatzes für geschlossene und offene Systeme.

Da für geschlossene Systeme kein Stofftransport über die Systemgrenzen möglich ist, kann auch keine stoffgebundene Energieübertragung auftreten. Es gilt damit unter Berücksichtigung der Vorzeichenregeln von der vorhergehenden Seite:

$$\Delta U = Q + W \tag{4.42}$$

ΔU Änderung der inneren Energie in kJ
Q Wärme in kJ
W Arbeit in kJ

Da bei der Behandlung offener Systeme wichtige Besonderheiten zu beachten sind und zur Vereinfachung der Sachverhalte neue Größen eingeführt werden, widmet sich der Abschnitt 4.5 speziell diesen offenen Systemen.

4.4 Energiebilanzierung

Der erste Hauptsatz bietet in seiner universellen Gültigkeit umfangreiche Möglichkeiten, aus bekannten Energien an einem System unbekannte Energien zu berechnen.

Dabei ist es auch möglich, direkt zu zeitbezogenen Größen überzugehen, wenn die Bezugszeiten jeweils die gleichen sind.

Insbesondere ist dabei zu beachten, dass der erste Hauptsatz auf jedes System und jedes Teilsystem anwendbar ist. Somit ist es mit der Energiebilanzierung möglich, äußerst komplexe Systeme zu berechnen, indem man sie in geeignete Teilsysteme zerlegt. Dabei ist zu beachten, dass die energetischen (kalorischen) Zustandsgrößen über die Stoffeigenschaften mit den thermischen Zustandsgrößen verbunden sind. Somit ist beispielsweise der mit einem strömenden Fluid transportierte Strom thermischer Energie über Massestrom, Temperatur und Stoffart hinreichend definiert.

Über eine hinreichende Aufteilung in Teilsysteme sind mit dem Werkzeug der energetischen Bilanzierung – selbst in komplexen Systemen wie Kraftwerken – letztlich alle beliebigen energetischen Größen zugänglich.

Es gilt also in Anlehnung an Gleichung (4.41) aus Abschnitt 4.3:

$$E_2 - E_1 = E_{zu} - E_{ab} \tag{4.43}$$

E_2 Energieinhalt des Systems zum Beginn der Betrachtung in kJ
E_1 Energieinhalt des Systems zum Ende der Betrachtung in kJ
E_{zu} dem System zugeführte Energie (zwischen Beginn und Ende der Betrachtung) in kJ
E_{ab} aus dem System abgeführte Energie (zwischen Beginn und Ende der Betrachtung) in kJ

Die Ordnungsnummer entsteht aus der fortlaufenden, ganzzahligen Nummerierung. Dabei sind alle Energieänderungen zu betrachten, z. B. die Änderung der inneren Energie, stoffgebundene Energieübertragungen, Arbeiten und Wärmen.

Es gelten als Vorzeichenfestlegungen:

- dem System zugeführte Energie: $E_i > 0$ (Vorzeichen also +)
- aus dem System abgeführte Energie: $E_i < 0$ (Vorzeichen also −)
- Steigerung der inneren Energie bzw. Enthalpie: $E_i > 0$ (Vorzeichen also +)

Für offene Systeme bietet sich oftmals die Nutzung der **Energieströme** $\dot{E}_i$ für die Bilanzierung an. Es ergibt sich damit

$$\sum_{i=1}^{k} \dot{E}_i = 0 \tag{4.44}$$

$\dot{E}_i$ Energiestrom mit der Ordnungsnummer i in kW
i Ordnungsnummer der Energieänderung
k Anzahl der Ordnungsnummern

Für stationäre Prozesse ist die Änderung der inneren Energie bzw. der Enthalpie (Abschnitt 4.5) gleich null, d. h., die zugeführten Energieströme sind gleich den abgeführten Energieströmen. Für nicht stationäre Prozesse verbleibt ein resultierender Energiestrom, der eine Änderung der inneren Energie des Systems in der betrachteten Zeit darstellt. Dieser Energiestrom bedeutet eine Speicherung von Energie im System bzw. eine Entnahme gespeicherter Energie.

Es ist zu beachten, dass zusätzlich zur Energieerhaltung immer auch die Masseerhaltung gilt!

Mit der Berücksichtigung der Masse- und Stoffbilanz neben der Energiebilanz ergeben sich weitere Betrachtungsebenen.

4.5 Arbeit am offenen System und Enthalpie

Ein Sonderfall, der in weiteren Teilen des Buches von entscheidender Bedeutung sein wird, ist die Arbeitsaufnahme oder -abgabe durch ein offenes System entsprechend Bild 4.2. Dieser Fall kann als Modell für später behandelte Anwendungen wie Verdichter, Pumpen und Turbinen dienen.

Nach *Cerbe* [5] lässt sich dieser Fall vereinfacht betrachten, indem ein geschlossenes System der Masse m betrachtet wird, welches sich durch das Rohrstück bewegt. Es nimmt am Anfang das Volumen V_1, am Ende das Volumen V_2 ein. Dieses Modellsystem wird von nachströmender Masse durch das Rohrstück gedrückt. Dieser Vorgang kann analog der Verdrängung mit einem belasteten Kolben betrachtet werden, es wird die Arbeit $+p_1 \cdot V_1$ am System verrichtet. Gleichermaßen verrichtet das System die Arbeit $-p_2 \cdot V_2$, wenn es die Masse m ausschiebt. Zudem kann die Arbeit $W_{t,12}$ durch das „Rührelement" aufgenommen oder abgegeben werden. Diese Arbeit, die von außen an den Massestrom übertragen oder von diesem nach außen abgegeben wird, wird **technische Arbeit** genannt, da sie in der Regel mit Strömungsmaschinen in Verbindung steht.

Es ergibt sich die Energiebilanz des geschlossenen Ersatzsystems als:

$$W_{12} = U_2 - U_1$$

wobei sich die Arbeit W_{12} aus der technischen Arbeit $W_{t,12}$ und den Arbeiten zur Volumenverdrängung durch die Stoffmasse m zusammensetzt. Deshalb ergibt sich:

$$W_{t,12} + p_1 \cdot V_1 - p_2 \cdot V_2 = U_2 - U_1$$

Es kann die technische Arbeit ermittelt werden aus:

$$W_{t,12} = (U_2 + p_2 \cdot V_2) - (U_1 + p_1 \cdot V_1)$$

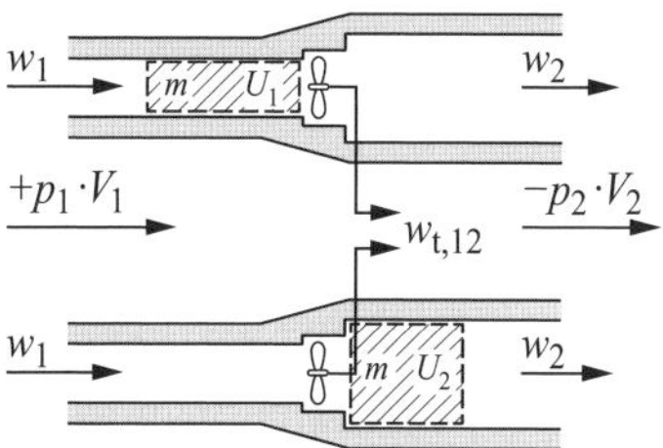

Bild 4.2 Rohrabschnitt, nach [5]

Die Klammerausdrücke enthalten nur Zustandsgrößen, die zu einer neuen Zustandsgröße zusammengefasst werden können. Diese Zustandsgröße wird **Enthalpie** H, auch Wärmeinhalt, genannt. Die Enthalpie ist eine Energiegröße und besitzt dementsprechend die Einheit Kilojoule (kJ).

$$H = U + p \cdot V \tag{4.45}$$

H Enthalpie in kJ
U innere Energie in kJ
p Druck in kPa
V Volumen in m^3

Entsprechend dem in Kapitel 2 Ausgeführten lassen sich, durch Bezug auf die Masse, zur Enthalpie die **spezifische Enthalpie** h und zur technischen Arbeit die **spezifische technische Arbeit** $w_{t,12}$ bilden.

Es gilt:

$$W_{t,12} = H_2 - H_1 \tag{4.46}$$

bzw.

$$w_{t,12} = h_2 - h_1$$

H_1 Enthalpie im Zustand 1 in kJ
H_2 Enthalpie im Zustand 2 in kJ
$W_{t,12}$ technische Arbeit des Prozesses 1–2 in kJ
h_1 spezifische Enthalpie im Zustand 1 in $\frac{\text{kJ}}{\text{kg}}$
h_2 spezifische Enthalpie im Zustand 2 in $\frac{\text{kJ}}{\text{kg}}$
$w_{t,12}$ spezifische technische Arbeit des Prozesses von 1 nach 2 in $\frac{\text{kJ}}{\text{kg}}$

Die Gleichungen (4.46) lassen den Sinn hinter der zu Recht im ersten Moment willkürlich erscheinenden Einführung der Größe Enthalpie erkennen. Sie bietet einen einfachen Zugang zur technischen Arbeit, die als Arbeit, welche theoretisch von einer Maschine bereitgestellt werden kann oder benötigt wird, von essenzieller Bedeutung für die meisten technischen Anwendungen ist.

Tatsächlich basiert ein Großteil der Berechnungen der Energietechnik auf der Enthalpie und der spezifischen Enthalpie, die beispielsweise auch aus Stoffwerttabellen bzw. Diagrammen direkt greifbar sind (siehe u. a. Kapitel 7, 9, 10 und Anhang A.4).

4.5.1 Beispiel

4.5.1.1 Enthalpiebilanzierung, Mischer in einer Heizungsanlage

Ein Heizkreis einer Warmwasserheizung benötigt 300 $\frac{\text{kg}}{\text{h}}$ Wasser mit 50 °C Vorlauftemperatur. Es stehen ein Kesselkreis mit 90 °C Vorlauftemperatur und der Heizkreisrücklauf mit 35 °C zur Verfügung.

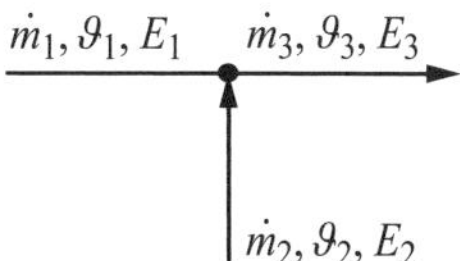

Bild 4.3 Bilanzielle Darstellung am Mischpunkt.

4

Welche Mengen Wasser aus dem Kesselkreis und dem Heizkreisrücklauf müssen gemischt werden, um die gewünschte Vorlauftemperatur des Heizkreises darzustellen?

gegeben:	Vorlauftemperatur Heizkreis	$\vartheta_3 = 50\,°\mathrm{C}$
	Rücklauf Heizkreis	$\vartheta_2 = 35\,°\mathrm{C}$
	Massestrom Heizkreis	$\dot{m}_3 = 300\,\frac{\mathrm{kg}}{\mathrm{h}}$
	Vorlauftemperatur Kesselkreis	$\vartheta_2 = 90\,°\mathrm{C}$
gesucht:	Massestrom Kesselkreis	$\dot{m}_1$ in $\frac{\mathrm{kg}}{\mathrm{h}}$
	Massestrom Rücklauf Heizkreis	$\dot{m}_2$ in $\frac{\mathrm{kg}}{\mathrm{h}}$

Lösung:

Es gilt nach Gleichung (4.44) am Mischpunkt (vgl. Bild 4.3):

$$\sum_{i=1}^{3} \dot{H}_i = 0$$

Die Enthalpieströme $\dot{H}_1$ und $\dot{H}_2$ fließen in den Mischpunkt, Enthalpiestrom $\dot{H}_3$ fließt vom Mischpunkt weg. Also ist

$$\dot{H}_1 + \dot{H}_2 - \dot{H}_3 = 0$$

Entsprechend Abschnitt 3.2 gilt für die Enthalpieströme:

$$\dot{m}_1 \cdot c_{\mathrm{m,W}} \cdot (\vartheta_1 - \vartheta_0) + \dot{m}_2 \cdot c_{\mathrm{m,W}} \cdot (\vartheta_2 - \vartheta_0) - \dot{m}_3 \cdot c_{\mathrm{m,W}} \cdot (\vartheta_3 - \vartheta_0) = 0$$

Für diese Rechnung wird die mittlere spezifische Wärmekapazität von Wasser im Bereich von 0…100 °C aus Anhang A.4.10 gewählt.

$$c_{\mathrm{m,W}} = 4{,}181\,\frac{\mathrm{kJ}}{\mathrm{kg \cdot K}}$$

Ausgehend von den nahezu gleichen spezifischen Wärmekapazitäten des Wassers bei den hier vorliegenden Temperaturen, können diese hier gekürzt werden. Es bleibt damit

$$\dot{m}_1 \cdot (\vartheta_1 - \vartheta_0) + \dot{m}_2 \cdot (\vartheta_2 - \vartheta_0) - \dot{m}_3 \cdot (\vartheta_3 - \vartheta_0) = 0$$

Weiterhin muss, da es sich um eine Mischstelle handelt, die Masseerhaltung gelten.

$$\dot{m}_1 + \dot{m}_2 - \dot{m}_3 = 0$$

$$\dot{m}_2 = \dot{m}_3 - \dot{m}_1$$

Damit ergibt sich

$$\begin{aligned}
\dot{m}_1 \cdot (\vartheta_1 - \vartheta_0) &= \dot{m}_3 \cdot (\vartheta_3 - \vartheta_0) - \dot{m}_2 \cdot (\vartheta_2 - \vartheta_0) \\
&= \dot{m}_3 \cdot (\vartheta_3 - \vartheta_0) - (\dot{m}_3 - \dot{m}_1) \cdot (\vartheta_2 - \vartheta_0) \\
\dot{m}_1 \cdot \vartheta_1 - \dot{m}_1 \cdot \vartheta_0 &= \dot{m}_3 \cdot \vartheta_3 - \dot{m}_3 \cdot \vartheta_0 - \dot{m}_3 \cdot \vartheta_2 + \dot{m}_3 \cdot \vartheta_0 - \dot{m}_1 \cdot \vartheta_2 + \dot{m}_1 \cdot \vartheta_0 \\
\dot{m}_1 \cdot \vartheta_1 - \dot{m}_1 \cdot \vartheta_0 - \dot{m}_1 \cdot \vartheta_2 + \dot{m}_1 \cdot \vartheta_0 &= \dot{m}_3 \cdot \vartheta_3 - \dot{m}_3 \cdot \vartheta_0 - \dot{m}_3 \cdot \vartheta_2 + \dot{m}_3 \cdot \vartheta_0 \\
\dot{m}_1 \cdot \vartheta_1 - \dot{m}_1 \cdot \vartheta_2 &= \dot{m}_3 \cdot \vartheta_3 - \dot{m}_3 \cdot \vartheta_2 \\
\dot{m}_1 \cdot (\vartheta_1 - \vartheta_2) &= \dot{m}_3 \cdot (\vartheta_3 - \vartheta_2) \\
\dot{m}_1 &= \dot{m}_3 \cdot \frac{\vartheta_3 - \vartheta_2}{\vartheta_1 - \vartheta_2} = 300\,\frac{\text{kg}}{\text{h}} \cdot \frac{(50-35)\,\text{K}}{(90-35)\,\text{K}} \\
\dot{m}_1 &= 81{,}8\,\frac{\text{kg}}{\text{h}}
\end{aligned}$$

und

$$\begin{aligned}
\dot{m}_2 &= \dot{m}_3 - \dot{m}_1 \\
\dot{m}_2 &= 218{,}2\,\frac{\text{kg}}{\text{h}}
\end{aligned}$$

Es müssen also 81,8 $\frac{\text{kg}}{\text{h}}$ Kesselkreiswasser der Temperatur 90 °C und 218,2 $\frac{\text{kg}}{\text{h}}$ Rücklaufwasser von 35 °C an der Mischstelle zusammentreffen, um den Vorlauf mit 300 $\frac{\text{kg}}{\text{h}}$ und 50 °C ausreichend zu versorgen.

Anmerkung: Treffen am **Mischpunkt** zwei (oder mehr) **verschiedene Stoffe** aufeinander, um sich zu vermengen, so ist die **Rechnung** unbedingt **mit den spezifischen Wärmekapazitäten** der an der Mischung beteiligten Stoffe durchzuführen!

5 Zustandsänderung ohne Änderung des Aggregatzustandes

5.1 Allgemeines und Grundlagen

Worum geht es im Kapitel?

Sonderfälle der Zustandsänderung, das Verhalten von idealen oder idealisierbaren Gasen

Anwendungsgebiete:

Eine Vielzahl von Vorgängen, bei denen die Aggregatzustandsänderung keine Rolle spielt; Gasspeicher; Gebäudetechnik, z. B. Schornsteine; Grundlage für die Betrachtung von Gebläsen, Verdichtern, Gasturbinen, Stirlingmotoren.

Siehe auch:

2.6 Zustandsänderung, Prozess, 6.2 Kontinuierliche Prozesse, Kreisprozesse

Vorbetrachtungen:

Die Betrachtung der im Abschnitt 2.6 eingeführten Zustandsänderungen und Prozesse lässt sich wesentlich vereinfachen, wenn man sich zuerst auf wichtige Sonderfälle konzentriert. Diese zeichnen sich zum einen durch die Anwendung von überschaubaren Modellen für die Stoffe aus, zum anderen erweist es sich als deutliche Vereinfachung, Zustandsänderungen zu betrachten, die ausgewählten Wegen folgen, das heißt, bei denen beispielsweise eine Zustandsgröße konstant bleibt.

Dabei sollen in diesem Kapitel Prozesse ohne Aggregatzustandsänderung Gegenstand sein. Die Betrachtung von Prozessen mit Aggregatzustandsänderung erfolgt im Kapitel 8 und folgenden.

5.2 Das ideale Gas

Von besonderem Interesse sind Zustandsänderungen in gasförmigen Medien. Zu einer vereinfachten Beschreibung kommt häufig das Modell eines idealen Gases zum Einsatz.

Das ideale Gas ist ein Modellstoff, der nur gasförmig auftritt und nicht verflüssigbar ist.

Das ideale Gas entspricht der Modellvorstellung, in der die Anziehungskräfte und Eigenvolumina der Gasteilchen (Moleküle, oder bei Edelgasen Atome) vernachlässigt werden dürfen [3].

Je mehr man ein Gas verdünnt bzw. je höher die Gastemperatur über der Siedetemperatur für denselben Druck liegt, desto mehr nähert sich ein reales Gas diesem Modell an. Die schwer verflüssigbaren Gase, wie zum Beispiel Wasserstoff, Helium, Stickstoff und Sauerstoff, kommen dem Verhalten idealer Gase in weiten Druck- und Temperaturbereichen sehr nahe. Auch für andere Gase ist das Modell anwendbar, wenn die obige Bedingung eingehalten wird. In der Nähe des Wechsels des Aggregatzustandes (z. B. Siedepunkt) sind empirisch ermittelte Gleichungen oder bevorzugt Stoffwerttabellen oder -diagramme für den speziellen Stoff zu verwenden. Diese befinden sich für Luft und einige andere häufig eingesetzte Gase im Anhang A.4.

Für ein ideales Gas bestehen sehr einfache Zusammenhänge zwischen den Zustandsgrößen bzw. ihren Änderungen. Diese Zusammenhänge sollen im Folgenden erläutert werden.

5.3 Die thermische Zustandsgleichung für ideale Gase

Die **(thermische) Zustandsgleichung für ideale Gase**, auch **Gasgleichung** genannt, stellt unter der Annahme, dass es sich beim betrachteten Stoff um ein ideales Gas handelt, einen einfachen Zusammenhang zwischen den Zustandsgrößen Druck, spezifisches Volumen und Temperatur her.

$$p \cdot v = R \cdot T \tag{5.47}$$

p absoluter Druck in kPa
R spezifische Gaskonstante in $\frac{\text{kJ}}{\text{kg}\cdot\text{K}}$ (siehe Anhang A.4.1)
T absolute Temperatur in K
v spezifisches Volumen in $\frac{\text{m}^3}{\text{kg}}$

Mit

$$v = \frac{V}{m}$$

ist

$$p \cdot V = m \cdot R \cdot T \tag{5.48}$$

p absoluter Druck in kPa
V Volumen in m^3
m Masse in kg
R spezifische Gaskonstante in $\frac{\text{kJ}}{\text{kg}\cdot\text{K}}$ (siehe Anhang A.4.1)
T absolute Temperatur in K

Die **spezifische Gaskonstante** R ist dabei nur von der Art des Gases, nicht von seinem Zustand abhängig. Sie ergibt sich aus der molaren Masse des Gases und einer Naturkonstante, der **molaren (allgemeinen oder universellen) Gaskonstante** $\bar{R}$.

$$R = \frac{\bar{R}}{M} \tag{5.49}$$

R spezifische Gaskonstante in $\frac{\text{kJ}}{\text{kg}\cdot\text{K}}$ (siehe Anhang A.4.1)
$\bar{R}$ allgemeine Gaskonstante, $\bar{R} = 8{,}314\,460\,\frac{\text{kJ}}{\text{kmol}\cdot\text{K}} \approx 8{,}314\,\frac{\text{kJ}}{\text{kmol}\cdot\text{K}}$
M molare Masse in $\frac{\text{kg}}{\text{kmol}}$

Mit der allgemeinen Gaskonstante lässt sich die Zustandsgleichung für ideale Gase in der molaren Form schreiben. Dadurch sind die Zustandsgrößen nur über eine Naturkonstante verbunden.

$$p \cdot V = n \cdot \bar{R} \cdot T \tag{5.50}$$

p absoluter Druck in kPa
V Volumen in m^3
n Stoffmenge in kmol
$\bar{R}$ allgemeine Gaskonstante, $\bar{R} = 8{,}314\,460\,\frac{\text{kJ}}{\text{kmol}\cdot\text{K}} \approx 8{,}314\,\frac{\text{kJ}}{\text{kmol}\cdot\text{K}}$
T absolute Temperatur in K

Da die spezifische Gaskonstante R nur von der Gasart abhängt, gilt für **Zustandsänderungen in jedem idealen Gas (Allgemeines Gasgesetz)**:

$$\frac{p_1 \cdot V_1}{T_1} = \frac{p_2 \cdot V_2}{T_2} = \text{konstant} \tag{5.51}$$

p_1 (absoluter) Druck im Zustand 1 in kPa
V_1 Volumen im Zustand 1 in m^3
T_1 absolute Temperatur im Zustand 1 in K
p_2 (absoluter) Druck im Zustand 2 in kPa
V_2 Volumen im Zustand 2 in m^3
T_2 absolute Temperatur im Zustand 2 in K

Die Gasgleichung und dieser daraus folgende Zusammenhang sind grundlegend für die mathematische Beschreibung von Zuständen und Zustandsänderungen in Gasen.

5.3.1 Beispiele

5.3.1.1 Berechnen unbekannter aus gegebenen Zustandsgrößen

Wie viel Kilogramm Luft enthält ein Raum mit einem Volumen von 30 m^3 bei einer Temperatur von 20 °C und einem Druck von 1 bar, wenn $R = 287{,}1\,\frac{\text{J}}{\text{kg}\cdot\text{K}}$ ist?

gegeben:	Volumen der Luft	$V_\text{L} = 30\,\text{m}^3$
	Temperatur der Luft	$\vartheta_\text{L} = 20\,°\text{C}$
	Druck	$p_\text{L} = 1\,\text{bar}$
	Gaskonstante der Luft	$R_\text{L} = 287{,}1\,\frac{\text{J}}{\text{kg}\cdot\text{K}}$
gesucht:	Luftmasse im Raum	m_L in kg

Lösung:

Zunächst erfolgt die Umrechnung in die Grundeinheiten (vgl. Anhang A.6):

$$T_L = 20\,°C + 273{,}15\,K = 293{,}15\,K$$

$$p_L = 1\,bar = 1 \cdot 10^5\,Pa = 1 \cdot 10^5\,\frac{N}{m^2}$$

$$R_L = 287{,}1\,\frac{J}{kg \cdot K} = 287{,}1\,\frac{N \cdot m}{kg \cdot K}$$

Eingesetzt in Gleichung (5.48) lässt sich nun die Luftmasse im Raum berechnen:

$$p \cdot V = m \cdot R \cdot T$$

$$m = \frac{p \cdot V}{R \cdot T}$$

$$m_L = \frac{p_L \cdot V_L}{R_L \cdot T_L} = \frac{1 \cdot 10^5\,\frac{N}{m^2} \cdot 30\,m^3}{287{,}1\,\frac{N \cdot m}{kg \cdot K} \cdot 293{,}15\,K}$$

$$m_L = 35{,}6\,kg$$

Im Raum sind also 35,6 kg Luft eingeschlossen, die ein Volumen von 30 m^3 einnimmt.

5.3.1.2 Gasspeicher, Glockengasbehälter

In einem Glockengasbehälter befinden sich 8 000 m^3 Gas mit einer Temperatur von 15 °C bei einem Luftdruck von 981 mbar. Durch Sonneneinstrahlung steigt die Temperatur im Inneren auf 25 °C bei einem Luftdruck von 1 000 mbar.

Wie viel Kubikmeter Gas sind nach der Erwärmung im Behälter?

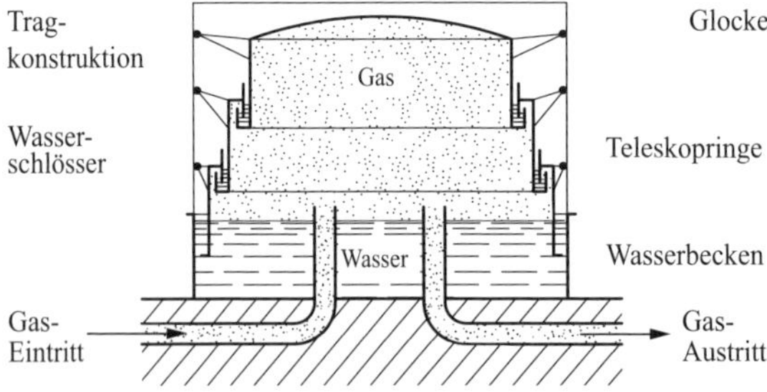

Bild 5.1 Schnittdarstellung eines Teleskop-Glockengasbehälters

gegeben:	Anfangsvolumen	$V_1 = 8\,000\,m^3$
	Anfangstemperatur	$\vartheta_1 = 15\,°C$
	Anfangsdruck	$p_1 = 981\,mbar$
	Endtemperatur	$\vartheta_2 = 25\,°C$
	Enddruck	$p_2 = 1\,000\,mbar$
gesucht:	Endvolumen	V_2 in m^3

Lösung:

Da sich Druck, Volumen und Temperatur ändern, findet das allgemeine Gasgesetz Anwendung. Zuerst erfolgt die Umrechnung in absolute Temperaturen.

$$T_1 = \vartheta_1 + 273{,}15\,\text{K} = 15\,^\circ\text{C} + 273{,}15\,\text{K} = 288{,}15\,\text{K}$$
$$T_2 = \vartheta_2 + 273{,}15\,\text{K} = 25\,^\circ\text{C} + 273{,}15\,\text{K} = 298{,}15\,\text{K}$$

Eingesetzt in das allgemeine Gasgesetz lässt sich das Endvolumen V_2 ermitteln zu

$$\frac{p_1 \cdot V_1}{T_1} = \frac{p_2 \cdot V_2}{T_2} = \text{konstant}$$
$$V_2 = V_1 \cdot \frac{p_1 \cdot T_2}{p_2 \cdot T_1} = 8\,000\,\text{m}^3 \cdot \frac{981\,\text{mbar} \cdot 298{,}15\,\text{K}}{1\,000\,\text{mbar} \cdot 288{,}15\,\text{K}}$$
$$V_2 = 8\,120\,\text{m}^3$$

Im Glockengasbehälter befinden sich demnach 8 120 m^3 Gas.

5.3.1.3 Umrechnung in den Normzustand

Bei einem Luftdruck von 973 mbar nimmt ein Gas bei einer Temperatur von 20 °C einen Raum von 3 m^3 ein.

Wie groß ist sein Volumen im Normzustand?

gegeben:	Anfangsvolumen	$V_1 = 3\,\text{m}^3$
	Anfangstemperatur	$\vartheta_1 = 20\,^\circ\text{C}$
	Anfangsdruck	$p_1 = 973\,\text{mbar}$
gesucht:	Volumen im Normzustand	V_N in m^3

Lösung:

Da sich Druck, Volumen und Temperatur ändern, findet das allgemeine Gasgesetz Anwendung. Zuerst erfolgt die Umrechnung in die absolute Temperatur.

$$T_1 = \vartheta_1 + 273{,}15\,\text{K} = 20\,^\circ\text{C} + 273{,}15\,\text{K} = 293{,}15\,\text{K}$$

Der Normzustand ist definiert mit

Normtemperatur	$T_N = 273{,}15\,\text{K}$
Normdruck	$p_N = 1\,013{,}25\,\text{mbar}$

Das Volumen im Normzustand ist dann

$$\frac{p_1 \cdot V_1}{T_1} = \frac{p_2 \cdot V_2}{T_2} = \frac{p_N \cdot V_N}{T_N} = \text{konstant}$$
$$V_N = V_1 \cdot \frac{p_1 \cdot T_N}{p_N \cdot T_1} = 3\,\text{m}^3 \cdot \frac{973\,\text{mbar} \cdot 273{,}15\,\text{K}}{1\,013{,}25\,\text{mbar} \cdot 293{,}15\,\text{K}}$$
$$V_N = 6{,}685\,\text{m}^3$$

Im Normzustand nimmt das Gas ein Volumen von 6,685 m^3 ein.

5.3.1.4 Berechnung der Gaskonstante aus Messwerten

Ein Gasgemisch hat eine Dichte von $\varrho_N = 0{,}61\,\frac{kg}{m^3}$ im Normzustand.

Wie groß ist seine spezifische Gaskonstante?

gegeben: Normdichte $\varrho_N = 0{,}61\,\frac{kg}{m^3}$

gesucht: spezifische Gaskonstante R in $\frac{J}{kg\cdot K}$

Lösung:

Der Normzustand ist definiert mit

Normtemperatur $T_N = 273{,}15\,K$

Normdruck $p_N = 1\,013{,}25\,mbar$

Die Umrechnung in die Grundeinheiten (vgl. Anhang A.6) ergibt für den Druck:

$$p_N = 1\,013{,}25\,mbar = 1{,}013\,25\,bar = 1{,}013\,25 \cdot 10^5\,Pa = 1{,}013\,25 \cdot 10^5\,\frac{N}{m^2}$$

Nach Gleichung (2.3) besteht folgender Zusammenhang zwischen der Dichte und dem spezifischen Volumen eines Stoffes:

$$v = \frac{1}{\varrho}$$

Eingesetzt in die Zustandsgleichung (5.47) lässt sich die Formel nach der spezifischen Gaskonstante des Gasgemisches wie folgt umstellen:

$$p \cdot v = R \cdot T$$

$$p \cdot \frac{1}{\varrho} = R \cdot T$$

$$p_N \cdot \frac{1}{\varrho_N} = R \cdot T_N$$

$$R = \frac{p_N}{T_N \cdot \varrho_N} = \frac{1{,}013\,25 \cdot 10^5\,\frac{N}{m^2}}{273{,}15\,K \cdot 0{,}61\,\frac{kg}{m^3}}$$

$$R = 608{,}1\,\frac{N \cdot m}{kg \cdot K} = 608{,}1\,\frac{J}{kg \cdot K}$$

Das Gasgemisch hat eine spezifische Gaskonstante von $608{,}1\,\frac{J}{kg\cdot K}$.

5.3.2 Übungsaufgaben[1]

5.3.2.1 Berechnung der Dichte

Welche Dichte hat Kohlendioxid (CO_2) im Normzustand, wenn die Gaskonstante $R = 188{,}9\,\frac{J}{kg\cdot K}$ beträgt?

1 Die Lösungen finden Sie in der Kategorie „Extras" unter *http://www.hanser-fachbuch.de/9783446442795*

5.3.2.2 Berechnung der Dichte

Wie groß ist die Dichte von Sauerstoff (O_2) bei einer Temperatur von 15 °C und einem Druck von 30 bar?

5.3.2.3 Masse in einer Druckgasflasche

Eine Sauerstoffflasche hat ein Volumen von 40 l. Bei einem Luftdruck von 1 000 mbar und einer Temperatur von 20 °C beträgt der Überdruck 90 bar.

Wie groß ist die Masse Sauerstoff in der Flasche?

5.3.2.4 Volumen einer Druckgasflasche

Wie groß ist das Volumen einer Sauerstoffflasche zu bemessen, die bei einem Druck von 100 bar und einer Temperatur von 25 °C eine Sauerstoffmasse aufnimmt, die auf 1,1 bar bei 18 °C entspannt einen Raum von 1 m^3 einnimmt?

5.3.2.5 Brenngasverbrauch im Normzustand

Welcher der beiden unten aufgeführten Gasmotoren hat einen wirtschaftlicheren Brennstoffverbrauch, wenn beide die gleiche Leistung erbringen und die Brenngaszusammensetzung gleich ist?

Motor 1 arbeitet bei einem äußeren Luftdruck von 973 mbar und verbraucht 0,57 $\frac{m^3}{kWh}$ Gas mit einer Temperatur von 20 °C.

Motor 2 arbeitet bei einem Luftdruck von 1 000 mbar und verbraucht 0,55 $\frac{m^3}{kWh}$ Gas mit einer Temperatur von 15 °C.

5.3.2.6 Umrechnung aus dem Normzustand

In einer Feuerung entstehen je Stunde 5 000 m^3 Rauchgas im Normzustand. Wie groß ist das Rauchgasvolumen bei einer Temperatur von 280 °C und einem Druck von 973 mbar?

5.3.2.7 Mittleres Molvolumen

Wie groß ist das mittlere Molvolumen aller Gase bei einem Druck von 2 bar und einer Temperatur von 30 °C?

5.3.2.8 Berechnung der Temperatur aus der Dichte

Bei welcher Temperatur ist die Dichte der trockenen Luft 1,0 $\frac{kg}{m^3}$, wenn der äußere Luftdruck 1 013,25 mbar beträgt?

5.3.2.9 Inhalt einer Gasflasche

In einer Druckgasflasche mit einem Volumen von 15 l befindet sich Kohlendioxid (CO_2) mit einem Druck von 110 bar und einer Temperatur von 18 °C.

Wie groß sind die Gasmasse, das Molvolumen und die Dichte des Kohlendioxids?

5.3.2.10 Spezifische und molare Größen

1,2 kg trockene Luft nehmen bei einem Druck von 30 bar einen Raum von $0{,}08\,\mathrm{m}^3$ ein.

Wie hoch sind die Temperatur, die scheinbare molare Masse, das spezifische Volumen und das Molvolumen der trockenen Luft in diesem Zustand?

5.3.2.11 Gasspeicher, Gasometer

Die Glocke eines Gasspeichers schwebt in einem mit Wasser gefüllten Becken und fasst $30\,000\,\mathrm{m}^3$ Gas bei 20 °C und einem Luftdruck von 1 000 mbar. Der Glockendurchmesser beträgt 40 m. Die spezifische Gaskonstante des bevorrateten Gases ist $R = 683\,\frac{\mathrm{J}}{\mathrm{kg \cdot K}}$. Die Masse der Glocke ist so ausgelegt, dass im die Glocke umlaufenden Wasserschloss eine Wassersäule zwischen unterem Glockenrand und Wasseroberfläche im Becken von 260 mm Höhe steht, also im Inneren der Glocke ein entsprechender Überdruck herrscht (vgl. Bild 5.1).

a) Wie groß sind das Gewicht und die Masse der Glocke, wenn der Auftrieb des eingetauchten Glockenrandes ins Wasserbecken vernachlässigt wird?

b) Welche Gasmasse befindet sich unter der Glocke?

5.4 Energetische Aspekte der Zustandsänderung im idealen Gas

Durch die Anwendung des Modells des idealen Gases ist auch eine sehr einfache energetische Beschreibung möglich. Durch zwei der thermischen Zustandsgrößen Druck, Temperatur und spezifisches Volumen ist nicht nur die dritte dieser Zustandsgrößen eindeutig festgelegt, sondern auch die Zustandsgröße, die den Energieinhalt des Systems beschreibt.

Für den Fall des idealen Gases sind die spezifische innere Energie und die spezifische Enthalpie nur von der Temperatur abhängig. Es gilt:

$$\mathrm{d}u = c_v \cdot \mathrm{d}T \tag{5.52}$$

$\mathrm{d}u$ Differenzial der spezifischen inneren Energie in $\frac{\mathrm{kJ}}{\mathrm{kg}}$
c_v spezifische Wärmekapazität bei konstantem Volumen in $\frac{\mathrm{kJ}}{\mathrm{kg \cdot K}}$
$\mathrm{d}T$ Differenzial der absoluten Temperatur in K

$$\mathrm{d}h = c_p \cdot \mathrm{d}T \tag{5.53}$$

$\mathrm{d}h$ Differenzial der spezifischen Enthalpie in $\frac{\mathrm{kJ}}{\mathrm{kg}}$
c_p spezifische Wärmekapazität bei konstantem Druck in $\frac{\mathrm{kJ}}{\mathrm{kg \cdot K}}$
$\mathrm{d}T$ Differenzial der absoluten Temperatur in K

Dabei gilt für die beiden spezifischen Wärmekapazitäten eines Gases:

$$c_p - c_v = R \tag{5.54}$$

c_p spezifische Wärmekapazität bei konstantem Druck in $\frac{\text{kJ}}{\text{kg}\cdot\text{K}}$
c_v spezifische Wärmekapazität bei konstantem Volumen in $\frac{\text{kJ}}{\text{kg}\cdot\text{K}}$
R spezifische Gaskonstante in $\frac{\text{kJ}}{\text{kg}\cdot\text{K}}$

sowie:

$$\kappa = \frac{c_p}{c_v} \tag{5.55}$$

κ Isentropenexponent (siehe Abschnitt 5.5.4, Anhang A.4.1, A.4.11 und A.4.13)
c_p spezifische Wärmekapazität bei konstanten Druck in $\frac{\text{kJ}}{\text{kg}\cdot\text{K}}$
c_v spezifische Wärmekapazität bei konstanten Volumen in $\frac{\text{kJ}}{\text{kg}\cdot\text{K}}$

Weshalb das Verhältnis κ **Isentropenexponent** genannt wird, verdeutlicht Abschnitt 5.5.4.
Die **spezifische Wärmekapazität** C eines Gases für das Volumen von $1\,\text{m}^3$ ist:

$$C = \varrho_\text{N} \cdot c \tag{5.56}$$

C spezifische Wärmekapazität des Gases für $1\,\text{m}^3$ in $\frac{\text{kJ}}{\text{m}^3\cdot\text{K}}$
ϱ_N Dichte des Gases im Normzustand in $\frac{\text{kg}}{\text{m}^3}$
c spezifische Wärmekapazität in $\frac{\text{kJ}}{\text{kg}\cdot\text{K}}$

sowie

$$C_p = \varrho_\text{N} \cdot c_p \tag{5.57}$$

C_p spezifische Wärmekapazität des Gases für $1\,\text{m}^3$ bei konstantem Druck in $\frac{\text{kJ}}{\text{m}^3\cdot\text{K}}$
ϱ_N Dichte des Gases im Normzustand in $\frac{\text{kg}}{\text{m}^3}$ (siehe Anhang A.4.1)
c_p spezifische Wärmekapazität bei konstantem Druck in $\frac{\text{kJ}}{\text{kg}\cdot\text{K}}$

$$C_v = \varrho_\text{N} \cdot c_v \tag{5.58}$$

C_v spezifische Wärmekapazität des Gases für $1\,\text{m}^3$ bei konstantem Volumen in $\frac{\text{kJ}}{\text{m}^3\cdot\text{K}}$
ϱ_N Dichte des Gases im Normzustand in $\frac{\text{kg}}{\text{m}^3}$ (siehe Anhang A.4.1)
c_v spezifische Wärmekapazität bei konstantem Volumen in $\frac{\text{kJ}}{\text{kg}\cdot\text{K}}$

Auf Gleichung (5.54) angewandt ergibt sich der Zusammenhang

$$C_p - C_v = R \cdot \varrho_\text{N} \tag{5.59}$$

C_p spezifische Wärmekapazität des Gases für $1\,\text{m}^3$ bei konstantem Druck in $\frac{\text{kJ}}{\text{m}^3\cdot\text{K}}$
C_v spezifische Wärmekapazität des Gases für $1\,\text{m}^3$ bei konstantem Volumen in $\frac{\text{kJ}}{\text{m}^3\cdot\text{K}}$
R spezifische Gaskonstante in $\frac{\text{kJ}}{\text{kg}\cdot\text{K}}$ (siehe Anhang A.4.1)
ϱ_N Dichte des Gases im Normzustand in $\frac{\text{kg}}{\text{m}^3}$ (siehe Anhang A.4.1)

Desgleichen ergibt sich mit Stoffmengenbezug eine **molare Wärmekapazität** zu

$$\bar{c} = M \cdot c \tag{5.60}$$

5

$\bar{c}$ molare Wärmekapazität in $\frac{\text{kJ}}{\text{kmol}\cdot\text{K}}$
M molare Masse in $\frac{\text{kg}}{\text{kmol}}$ (siehe Anhang A.4.1)
c spezifische Wärmekapazität in $\frac{\text{kJ}}{\text{kg}\cdot\text{K}}$

Auch hier kann unterschieden werden in

$$\bar{c}_p = M \cdot c_p \tag{5.61}$$

$\bar{c}_p$ molare Wärmekapazität bei konstantem Druck in $\frac{\text{kJ}}{\text{kmol}\cdot\text{K}}$ (siehe Anhang A.4.8)
M molare Masse in $\frac{\text{kg}}{\text{kmol}}$ (siehe Anhang A.4.1)
c_p spezifische Wärmekapazität bei konstantem Druck in $\frac{\text{kJ}}{\text{kg}\cdot\text{K}}$ (siehe Anhang A.4.7)

und

$$\bar{c}_v = M \cdot c_v \tag{5.62}$$

$\bar{c}_v$ molare Wärmekapazität bei konstantem Volumen in $\frac{\text{kJ}}{\text{kmol}\cdot\text{K}}$
M molare Masse in $\frac{\text{kg}}{\text{kmol}}$
c_v spezifische Wärmekapazität bei konstantem Volumen in $\frac{\text{kJ}}{\text{kg}\cdot\text{K}}$

Dabei lässt sich dann folgender Zusammenhang herstellen:

$$\bar{c}_p - \bar{c}_v = R \cdot M = \bar{R} \tag{5.63}$$

$\bar{c}_p$ molare Wärmekapazität bei konstantem Druck in $\frac{\text{kJ}}{\text{kmol}\cdot\text{K}}$
$\bar{c}_v$ molare Wärmekapazität bei konstantem Volumen in $\frac{\text{kJ}}{\text{kmol}\cdot\text{K}}$
R spezifische Gaskonstante in $\frac{\text{kJ}}{\text{kg}\cdot\text{K}}$
M molare Masse in $\frac{\text{kg}}{\text{kmol}}$
$\bar{R}$ universelle (molare) Gaskonstante $\bar{R} = 8{,}314\,460 \,\frac{\text{kJ}}{\text{kmol}\cdot\text{K}}$

Mit der Vereinfachung, dass die spezifischen Wärmekapazitäten bei konstantem Volumen und bei konstantem Druck als konstante Stoffwerte angenommen werden können, ergeben sich sehr einfache Lösungen für die Differenzialgleichungen (5.52) und (5.53).

$$u_2 - u_1 = c_v \cdot (T_2 - T_1) \tag{5.64}$$

u_2 spezifische innere Energie im Zustand 2 in $\frac{\text{kJ}}{\text{kg}}$
u_1 spezifische innere Energie im Zustand 1 in $\frac{\text{kJ}}{\text{kg}}$
c_v spezifische Wärmekapazität bei konstantem Volumen in $\frac{\text{kJ}}{\text{kg}\cdot\text{K}}$
T_2 absolute Temperatur im Zustand 2 in K
T_1 absolute Temperatur im Zustand 1 in K

$$h_2 - h_1 = c_p \cdot (T_2 - T_1) \tag{5.65}$$

h_2 spezifische Enthalpie im Zustand 2 in $\frac{\text{kJ}}{\text{kg}}$
h_1 spezifische Enthalpie im Zustand 1 in $\frac{\text{kJ}}{\text{kg}}$

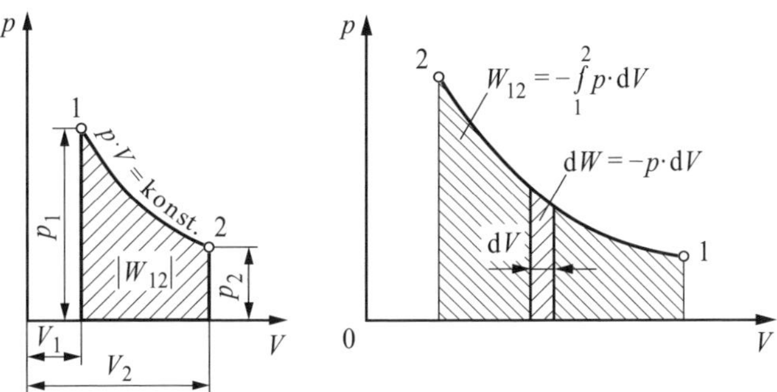

Bild 5.2 Arbeit in einem p, V-Diagramm

c_p spezifische Wärmekapazität bei konstantem Volumen in $\frac{\text{kJ}}{\text{kg}\cdot\text{K}}$
T_2 absolute Temperatur im Zustand 2 in K
T_1 absolute Temperatur im Zustand 1 in K

Die getroffene Näherung, dass c_v und c_p konstant sind, ist nur bei geringen Temperaturdifferenzen und bei mäßigen Anforderungen an die Genauigkeit anwendbar. Für große Temperaturdifferenzen und hohe Genauigkeitsanforderungen ist die Temperaturabhängigkeit, in einigen Fällen sogar die Druckabhängigkeit der Wärmekapazitäten zu beachten. Ein erster häufig genutzter Schritt in diese Richtung ist die Berechnung und Anwendung einer mittleren Wärmekapazität (siehe Abschnitt 3.2.2)

Für die **Volumenänderungsarbeit** $W_{\text{V},12}$ bei einer Zustandsänderung in idealen Gasen ergibt sich aus Gleichung (4.38):

$$W_{12} = -\int_{V_1}^{V_2} p(V) \cdot \mathrm{d}V \tag{5.66}$$

W_{12} Volumenänderungsarbeit bei der Zustandsänderung vom Zustand 1 in den Zustand 2 in kJ
$p(V)$ Druck als Funktion des Volumens in kPa
$\mathrm{d}V$ Differenzial des Volumens in m^3

Die Volumenänderungsarbeit ist durch die Fläche unter der Kurve im p, V-Diagramm versinnbildlicht.

Für die Lösung dieses Integrals ist es günstig, Sonderfälle zu betrachten, für die die Abhängigkeit des Druckes vom Volumen einfach zu beschreiben ist. Diese Vereinfachungen werden in Abschnitt 5.5 betrachtet. Sie stehen günstigerweise stellvertretend für eine Vielzahl wichtiger Anwendungsfälle.

Die Energiebilanz aus Gleichung (4.42) lässt sich an die Erfordernisse dieser Betrachtungen angepasst als sogenannte **„Allgemeine Wärmegleichung“** [6] schreiben:

$$Q_{12} = U_2 - U_1 - W_{12} \tag{5.67}$$

Q_{12} Wärme der Zustandsänderung von 1 nach 2 in kJ
U_2 innere Energie im Zustand 2 in kJ
U_1 innere Energie im Zustand 1 in kJ
W_{12} Arbeit der Zustandsänderung von 1 nach 2 in kJ

$$q_{12} = u_2 - u_1 - w_{12} \tag{5.68}$$

q_{12} spezifische Wärme der Zustandsänderung von 1 nach 2 in $\frac{\text{kJ}}{\text{kg}}$
u_2 spezifische innere Energie im Zustand 2 in $\frac{\text{kJ}}{\text{kg}}$
u_1 spezifische innere Energie im Zustand 1 in $\frac{\text{kJ}}{\text{kg}}$
w_{12} spezifische Arbeit der Zustandsänderung von 1 nach 2 in $\frac{\text{kJ}}{\text{kg}}$

Dabei gilt (5.55), sodass sich bilden lässt:

$$q_{12} = c_v \cdot (T_2 - T_1) - w_{12} \tag{5.69}$$

q_{12} spezifische Wärme der Zustandsänderung von 1 nach 2 in $\frac{\text{kJ}}{\text{kg}}$
c_v spezifische Wärmekapazität bei konstantem Volumen in $\frac{\text{kJ}}{\text{kg}\cdot\text{K}}$
T_2 absolute Temperatur im Zustand 2 in K
T_1 absolute Temperatur im Zustand 1 in K
w_{12} spezifische Arbeit der Zustandsänderung von 1 nach 2 in $\frac{\text{kJ}}{\text{kg}}$

5.4.1 Beispiele

5.4.1.1 Berechnung von Wärmekapazitäten

Wie groß ist die spezifische Wärmekapazität bei konstantem Volumen von 1 m^3 Kohlendioxid (CO_2), wenn der Druck 1,1 bar und die Temperatur 20 °C beträgt?

gegeben:	Volumen	$V = 1\,\text{m}^3$
	Druck	$p = 1{,}1\,\text{bar}$
	Temperatur	$\vartheta = 20\,°\text{C}$
gesucht:	Wärmekapazität bei konstantem Volumen	C_v in $\frac{\text{kJ}}{\text{m}^3\cdot\text{K}}$

Lösung:

Die spezifische Gaskonstante von Kohlendioxid aus Anhang A.4.1 ist:

$$R = 188{,}9\,\frac{\text{J}}{\text{kg}\cdot\text{K}}$$

Die Umrechnung in die Grundeinheiten (vgl. Anhang A.6) ergibt:

$$p = 1{,}1\,\text{bar} = 1{,}1\cdot 10^5\,\text{Pa} = 1{,}1\cdot 10^5\,\frac{\text{N}}{\text{m}^2}$$
$$R = 188{,}9\,\frac{\text{J}}{\text{kg}\cdot\text{K}} = 0{,}1889\,\frac{\text{kJ}}{\text{kg}\cdot\text{K}} = 188{,}9\,\frac{\text{N}\cdot\text{m}}{\text{kg}\cdot\text{K}}$$
$$T = \vartheta + 273{,}15\,\text{K} = 20\,°\text{C} + 273{,}15\,\text{K} = 293{,}15\,\text{K}$$

Außerdem wird aus Anhang A.4.7 die spezifische Wärmekapazität von Kohlendioxid bei konstantem Druck und 20 °C gesucht:

$$c_p(20\,°\mathrm{C}) = 0{,}839\,\frac{\mathrm{kJ}}{\mathrm{kg}\cdot\mathrm{K}}$$

Nach Gleichung (5.54) ist die spezifische Wärmekapazität bei konstantem Volumen zu berechnen:

$$c_p - c_v = R$$

$$c_v = c_p - R = (0{,}839 - 0{,}1889)\,\frac{\mathrm{kJ}}{\mathrm{kg}\cdot\mathrm{K}}$$

$$c_v = 0{,}6501\,\frac{\mathrm{kJ}}{\mathrm{kg}\cdot\mathrm{K}}$$

Mit Gleichung (5.47) ist

$$p\cdot v = R\cdot T$$

$$\frac{1}{v} = \frac{p}{R\cdot T}$$

und mit Gleichung (2.3) ist die Dichte

$$\varrho = \frac{1}{v}$$

$$\varrho = \frac{p}{R\cdot T} = \frac{1{,}1\cdot 10^5\,\frac{\mathrm{N}}{\mathrm{m}^2}}{188{,}9\,\frac{\mathrm{N\cdot m}}{\mathrm{kg\cdot K}}\cdot 293{,}15\,\mathrm{K}}$$

$$\varrho = 1{,}99\,\frac{\mathrm{kg}}{\mathrm{m}^3}$$

Dann ist mit Gleichung (5.58) die spezifische Wärmekapazität für 1 m^3 bei konstantem Volumen:

$$C_v = \varrho\cdot c_v = 1{,}99\,\frac{\mathrm{kg}}{\mathrm{m}^3}\cdot 0{,}6501\,\frac{\mathrm{kJ}}{\mathrm{kg}\cdot\mathrm{K}}$$

$$C_v = 1{,}29\,\frac{\mathrm{kJ}}{\mathrm{m}^3\cdot\mathrm{K}}$$

5.5 Spezielle Zustandsänderungen idealer Gase

Gegenstand dieses Abschnitts sind einige Sonderfälle, deren Betrachtung, aufbauend auf den Abschnitten 5.3 und 5.4, zu wesentlichen Vereinfachungen führt. Dies gilt im Übrigen nicht nur für Zustandsänderungen idealer Gase, diese Sonderfälle werden auch später noch von Bedeutung sein, wenn auf das Modell „Ideales Gas" verzichtet werden muss.

Soweit nicht ausdrücklich erwähnt, wird im Folgenden unter Arbeit immer die **Volumenänderungsarbeit** nach den Gleichungen (4.37) und (5.66) verstanden.

5.5.1 Zustandsänderung bei gleichbleibendem Volumen (isochore Zustandsänderung)

Es gilt definitionsgemäß V = konstant.

Aus der Zustandsgleichung für ideale Gase folgt das **Gesetz von Amontons**:

$$\frac{p_1}{p_2} = \frac{T_1}{T_2} \tag{5.70}$$

p_1 (absoluter) Druck im Zustand 1 in kPa
p_2 (absoluter) Druck im Zustand 2 in kPa
T_1 absolute Temperatur im Zustand 1 in K
T_2 absolute Temperatur im Zustand 2 in K

Im Bild 5.3 ist eine isochore Zustandsänderung im p, V-Diagramm dargestellt.

Da V = konstant ist, wird keine Volumenänderungsarbeit verrichtet, $W_{12} = 0$.

Für die Wärme muss dann, damit der Energieerhaltungssatz erfüllt ist, nach (5.66) und (5.68) gelten:

$$Q_{12} = U_2 - U_1 = m \cdot c_v \cdot (T_2 - T_1) \tag{5.71}$$

Q_{12} Wärme der Zustandsänderung von 1 nach 2 in kJ
U_2 innere Energie im Zustand 2 in kJ
U_1 innere Energie im Zustand 1 in kJ
m Masse des sich in der Temperatur ändernden Mediums in kg
c_v spezifische Wärmekapazität bei konstantem Volumen in $\frac{\text{kJ}}{\text{kg}\cdot\text{K}}$
T_2 absolute Temperatur im Zustand 1 in K
T_1 absolute Temperatur im Zustand 2 in K

Das bedeutet, jede zugeführte Wärme wird als innere Energie gespeichert und führt damit zu einer Temperaturerhöhung, jede abgeführte Wärme wird der inneren Energie entnommen und führt zu einer Abkühlung.

Die **Anwendungsfälle** dieser Zustandsänderung sind sehr zahlreich. Sie basieren jeweils auf der Temperaturänderung beziehungsweise Wärmezu- oder -abfuhr bei einem System mit starren Begrenzungen, zum Beispiel:

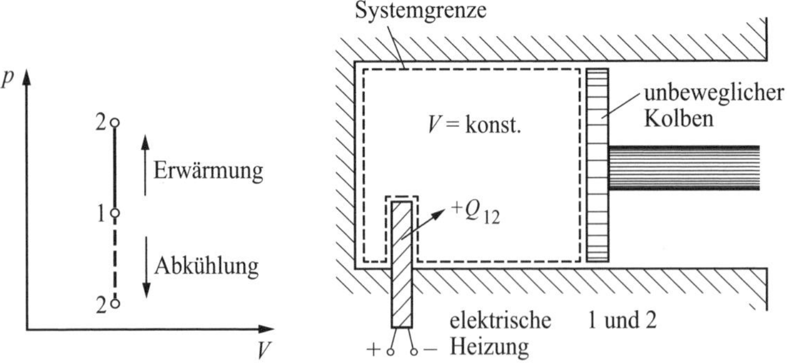

Bild 5.3 Isochore Zustandsänderung im p, V-Diagramm und Modell (nach [4])

- Erwärmung oder Abkühlung von Gasflaschen oder sonstigen Speichern,
- Temperaturänderung eines Reifens, wenn man seine materialbedingte Dehnbarkeit vernachlässigt.

Auch für die Beschreibung mancher Kreisprozesse sind isochore Teilprozesse von Bedeutung.

5.5.2 Zustandsänderung bei gleichbleibendem Druck (isobare Zustandsänderung)

Es gilt definitionsgemäß p = konstant.

Aus der Zustandsgleichung für ideale Gase folgt das **Gesetz von Gay-Lussac**:

$$\frac{V_1}{V_2} = \frac{T_1}{T_2} \tag{5.72}$$

V_1 Volumen im Zustand 1 in m^3
V_2 Volumen im Zustand 2 in m^3
T_1 absolute Temperatur im Zustand 1 in K
T_2 absolute Temperatur im Zustand 2 in K

Im Bild 5.4 ist eine isobare Zustandsänderung im p, V-Diagramm dargestellt.

Da p = konstant, ergibt sich für die Volumenänderungsarbeit eine einfache Lösung zu (5.66):

$$W_{12} = -p \cdot (V_2 - V_1) \tag{5.73}$$

W_{12} Volumenänderungsarbeit bei der Zustandsänderung vom Zustand 1 in den Zustand 2 in kJ
p Druck in kPa
V_2 Volumen im Zustand 2 in m^3
V_1 Volumen im Zustand 1 in m^3

Daraus folgt unter Verwendung der allgemeinen Gasgleichung für die **Volumenänderungsarbeit** W_{12}:

$$W_{12} = -m \cdot R \cdot (T_2 - T_1) \tag{5.74}$$

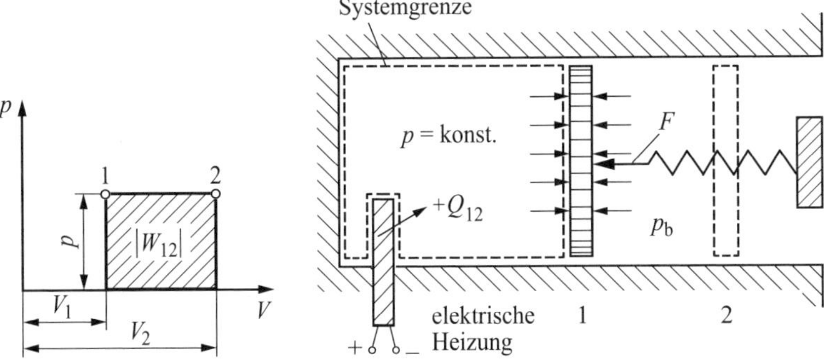

Bild 5.4 Isobare Zustandsänderung im p, V-Diagramm und Modell (nach [4])

W_{12} Volumenänderungsarbeit bei der Zustandsänderung vom Zustand 1 in den Zustand 2 in kJ
m Masse des sich in der Temperatur ändernden Mediums in kg
R spezielle Gaskonstante in $\frac{\text{kJ}}{\text{kg}\cdot\text{K}}$
T_2 absolute Temperatur im Zustand 2 in K
T_1 absolute Temperatur im Zustand 1 in K

Für die **Wärme** Q_{12} gilt:

$$Q_{12} = H_2 - H_1 = m \cdot c_p \cdot (T_2 - T_1) \tag{5.75}$$

Q_{12} Wärme der Zustandsänderung von 1 nach 2 in kJ
H_2 Enthalpie im Zustand 2 in kJ
H_1 Enthalpie im Zustand 1 in kJ
m Masse des sich in der Temperatur ändernden Mediums in kg
c_p spezifische Wärmekapazität bei konstantem Druck in $\frac{\text{kJ}}{\text{kg}\cdot\text{K}}$
T_2 absolute Temperatur im Zustand 2 in K
T_1 absolute Temperatur im Zustand 1 in K

Die **Anwendungsfälle** dieser Zustandsänderung basieren jeweils auf der Temperaturänderung eines Systems, bei dem die Systemgrenzen derart gestaltet sind, dass der Systemdruck konstant bleibt. Dabei gibt es nur wenige wichtige Beispiele für geschlossene Systeme, bei denen durch eine konstante äußere Kraft, etwa die Gewichtskraft, der Druck bestimmt wird. Weiterhin sind Systeme isobar, die durch eine bewegliche Wand mit dem (für die Zeit des Prozesses als konstant angenommenen) Umgebungsdruck in Verbindung stehen, etwa teilweise gefüllte Gasbeutel und Foliengasspeicher.

Von besonderer technischer Bedeutung sind jedoch isobare Prozesse in offenen Systemen (siehe Kapitel 6 und 8). Sie kommen zum Beispiel zum Einsatz, um die Prozesse an Behältern zu beschreiben, deren Innendruck durch Druckregelventile eingestellt ist. Hier sind Dampfkessel nur ein Beispiel. Auch für die Beschreibung mancher Kreisprozesse sind isobare Teilprozesse von Bedeutung.

5.5.3 Zustandsänderung bei gleichbleibender Temperatur (isotherme Zustandsänderung)

Es gilt definitionsgemäß T = konstant.

Aus der Zustandsgleichung für ideale Gase folgt das **Gesetz von Boyle und Mariotte**:

$$\frac{V_1}{V_2} = \frac{p_2}{p_1} \tag{5.76}$$

V_1 Volumen im Zustand 1 in m^3
V_2 Volumen im Zustand 2 in m^3
p_2 (absoluter) Druck im Zustand 2 in kPa
p_1 (absoluter) Druck im Zustand 1 in kPa

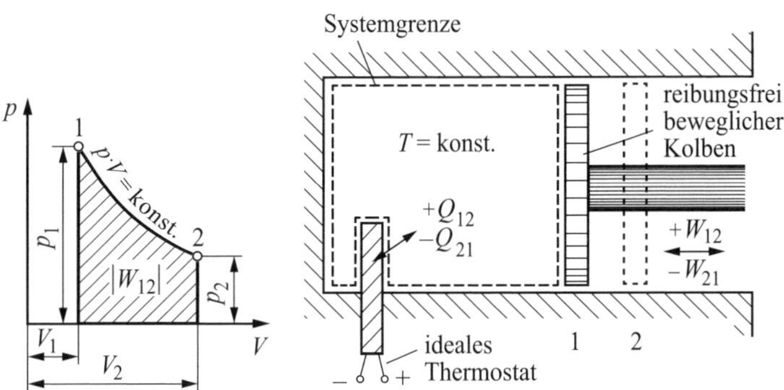

Bild 5.5 Isotherme Zustandsänderung im p, V-Diagramm und Modell (nach [4])

5

Im Bild 5.5 ist eine isotherme Zustandsänderung im p, V-Diagramm dargestellt. Die Funktion $p = f(V)$ ist dabei eine gleichseitige Hyperbel.

Für die Volumenänderungsarbeit folgt aus

$$dW = -p \cdot dV$$

und damit

$$W_{12} = -\int_{V_1}^{V_2} p\,dV$$

Mit

$$\frac{p}{p_1} = \frac{V_1}{V}$$

also

$$p = p_1 \cdot \frac{V_1}{V}$$

(wobei p_1 und V_1 Zustandsgrößen im Zustand 1, p und V Zustandsgrößen während des Prozesses sind) wird

$$W_{12} = -\int_{V_1}^{V_2} \frac{p_1 \cdot V_1}{V} dV = -p_1 \cdot V_1 \int_{V_1}^{V_2} \frac{1}{V} dV$$

Das Integral der Hyperbelfunktion ergibt:

$$W_{12} = -p_1 \cdot V_1 \cdot \ln \frac{V_1}{V_2} \quad (5.77)$$

W_{12} Volumenänderungsarbeit bei der Zustandsänderung vom Zustand 1 in den Zustand 2 in kJ

p_1 Druck im Zustand 1 in kPa

V_1 Volumen im Zustand 1 in m^3

V_2 Volumen im Zustand 2 in m^3

Daraus folgt unter Anwendung der allgemeinen Gasgleichung (5.48) für die **Volumenänderungsarbeit** W_{12}:

$$W_{12} = -m \cdot R \cdot T \cdot \ln \frac{p_1}{p_2} \tag{5.78}$$

W_{12} Volumenänderungsarbeit bei der Zustandsänderung vom Zustand 1 in den Zustand 2 in kJ
m Masse des Mediums, das die Druckänderung erfährt, in kg
R spezielle Gaskonstante in $\frac{\text{kJ}}{\text{kg}\cdot\text{K}}$
T Temperatur (konstant, da isotherme Zustandsänderung) in K
p_1 Druck im Zustand 1 in kPa
p_2 Druck im Zustand 2 in kPa

Aus (5.67) folgt für die **Wärme** Q_{12}:

$$Q_{12} = -W_{12} \tag{5.79}$$

Q_{12} Wärme, die während der Zustandsänderung von 1 nach 2 zugeführt wird, in kJ
W_{12} Arbeit, die während der Zustandsänderung von 1 nach 2 abgeführt wird, in kJ

Das heißt, dass bei einer isothermen Zustandsänderung weder Energie in Form von innerer Energie gespeichert noch entnommen wird. Dies ist nicht möglich, da (ohne Aggregatzustandsänderung) die innere Energie definitionsgemäß mit der Temperatur verknüpft ist.

Das bedeutet aber, dass für jede am System geleistete Arbeit eine gleich große Wärme abgeführt werden muss und dass für jede zugeführte Wärme eine gleich große Arbeit am System verrichtet werden muss, damit überhaupt eine isotherme Zustandsänderung möglich ist. Dieser Fall lässt sich nur in Ausnahmen realisieren.

Dementsprechend sind regelrechte **Anwendungsfälle** selten oder konstruiert, wie etwa Zylinder, die über ein Eisbad („Ideales Thermostat") auf konstanter Temperatur gehalten werden, während man in ihnen ein Gas über einen Kolben verdichtet.

Viel häufiger sind in der Realität Anwendungsfälle wie in Abschnitt 5.5.4. Es werden jedoch einige Anwendungen, etwa bei Kreisprozessen, näherungsweise auf eine isotherme Zustandsänderung zurückgeführt, beziehungsweise ist sie das Ziel, etwa bei quasiisothermen Verdichtern, die bei gleicher Antriebsleistung mehr Arbeit verrichten als adiabate Verdichter.

5.5.4 Zustandsänderung ohne Wärmeübertragung (adiabate Zustandsänderung)

Es gilt definitionsgemäß $Q_{12} = 0$.

Für die weitere Betrachtung ist die zusätzliche Vereinfachung erforderlich, dass die adiabate Zustandsänderung als frei von Dissipation (Verluste infolge Reibung) betrachtet wird. Dann ist eine adiabate Zustandsänderung zugleich isentrop (mit konstanter Entropie, siehe Kapitel 6).

Der Fall einer Zustandsänderung ohne Wärmeübertragung an die oder von der Umgebung ist ein sehr bedeutendes und häufig genutztes Modell. Diese Anwendungen beschränken sich dabei bei Weitem nicht nur auf Systeme, die durch ihre thermische Isolation als abgeschlossene

Systeme zu betrachten sind. Im Gegenteil sind viele Zustandsänderungen durch am System verrichtete Arbeit so schnell, dass in dieser Zeit fast keine Wärme übertragen werden kann (zur zeitlichen Limitierung der Wärmeübertragung siehe Kapitel 13).

Für die Zustandsgrößen Volumen und Druck gilt bei der **adiabaten Zustandsänderung** der folgende Zusammenhang:

$$\frac{p_2}{p_1} = \left(\frac{V_1}{V_2}\right)^{\kappa} \tag{5.80}$$

p_2 (absoluter) Druck im Zustand 2 in kPa
p_1 (absoluter) Druck im Zustand 1 in kPa
V_1 Volumen im Zustand 1 in m^3
V_2 Volumen im Zustand 2 in m^3
κ Isentropenexponent

5

Entsprechend der Definition des Isentropenexponenten als $\kappa = \frac{c_p}{c_v}$ (vgl. Gleichung (5.55)) gilt näherungsweise:

- für einatomige Gase (Ar, He, Ne, Hg-Dampf...): $\kappa \approx \frac{5}{3} \approx 1{,}67$,
- für zweiatomige Gase (H_2, N_2, O_2, ...): $\kappa \approx \frac{7}{5} \approx 1{,}4$,
- für alle drei- und mehratomigen Gase: $\kappa \approx 1{,}3$ (siehe auch Anhang A.4.1, A.4.11 und A.4.16).

Die folgende Herleitung nutzt bisher bereits bekannte Zusammenhänge:

Per Definition ist für die adiabate Zustandsänderung $Q_{12} = 0$.

Weiterhin ist der Endzustand einer (quasistationären) Zustandsänderung nicht vom Weg abhängig, auf dem er erreicht wurde. Deshalb ist es möglich, sich vorzustellen, dass der Zustand 2 durch eine isobare Zustandsänderung und eine isochore Zustandsänderung erreicht wird, die nacheinander ablaufen. Dabei muss die eine Teilzustandsänderung die Wärme verbrauchen, die die andere freisetzt. Es gelten (5.71) und (5.75):

für den isochoren Teil: $Q_v = m \cdot c_v \cdot \Delta T_v$

für den isobaren Teil: $Q_p = m \cdot c_p \cdot \Delta T_p$

und somit

$$Q_p = -Q_v = m \cdot c_p \cdot \Delta T_p = -m \cdot c_v \cdot \Delta T_v$$

Mit der Zustandsgleichung für ideale Gase (5.48) lässt sich jeweils die Temperaturänderung durch die andere sich ändernde Zustandsgröße ersetzen:

$$\Delta T_p = \frac{p}{m \cdot R} \cdot \Delta V; \Delta T_v = \frac{V}{m \cdot R} \cdot \Delta p$$

Setzt man dies nun ein, erhält man

$$m \cdot c_p \cdot \frac{p}{m \cdot R} \cdot \Delta V = -m \cdot c_v \cdot \frac{V}{m \cdot R} \cdot \Delta p$$
$$c_p \cdot p \cdot \Delta V = -c_v \cdot V \cdot \Delta p$$

und nach Umformung:

$$\frac{\Delta p}{\Delta V} = -\frac{c_p}{c_v} \cdot \frac{p}{V}$$

beziehungsweise unter Verwendung des in Abschnitt 5.4 eingeführten Isentropenexponenten κ

$$\frac{\Delta p}{\Delta V} = -\kappa \cdot \frac{p}{V}$$

Beim Übergang zu den Differenzialen erhält man:

$$\frac{\mathrm{d}p}{\mathrm{d}V} = -\kappa \cdot \frac{p}{V}$$

beziehungsweise

$$\frac{\mathrm{d}p}{p} = -\kappa \cdot \frac{\mathrm{d}V}{V}$$

Das Integrieren für den Übergang von Zustand 1 in den Zustand 2 ergibt:

$$\ln \frac{p_2}{p_1} = -\kappa \cdot \ln \frac{V_2}{V_1} = \ln \left(\frac{V_1}{V_2} \right)^{\kappa}$$

Nach dem Exponenzieren folgt (5.80):

$$\frac{p_2}{p_1} = \left(\frac{V_1}{V_2} \right)^{\kappa}$$

Aus dieser Beziehung lassen sich weitere ableiten:

$$\frac{T_1}{T_2} = \left(\frac{V_2}{V_1} \right)^{\kappa - 1} \tag{5.81}$$

T_1 absolute Temperatur im Zustand 1 in K
T_2 absolute Temperatur im Zustand 2 in K
V_2 Volumen im Zustand 2 in m^3
V_1 Volumen im Zustand 1 in m^3
κ Isentropenexponent

und

$$\frac{T_1}{T_2} = \left(\frac{p_1}{p_2} \right)^{\frac{\kappa - 1}{\kappa}} \tag{5.82}$$

T_1 absolute Temperatur im Zustand 1 in K
T_2 absolute Temperatur im Zustand 2 in K
p_1 Druck im Zustand 1 in m^3
p_2 Druck im Zustand 2 in m^3
κ Isentropenexponent

Im Bild 5.6 ist eine adiabate Zustandsänderung im p, V-Diagramm dargestellt. Der Verlauf ähnelt zwar der isothermen, ist aber steiler.

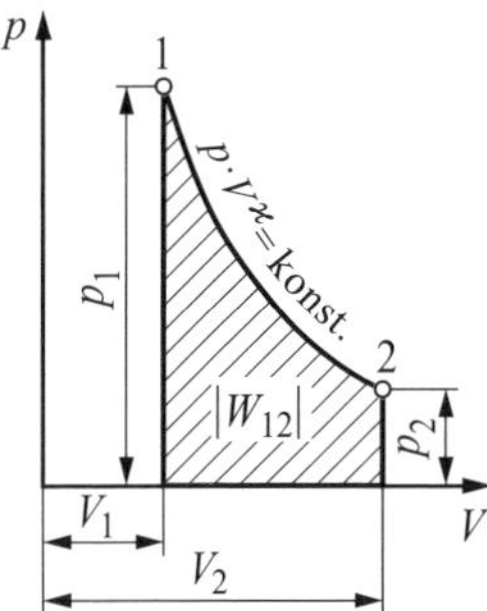

Bild 5.6 Adiabate Zustandsänderung im p, V-Diagramm

5

Für die **Volumenänderungsarbeit** lassen sich aus dem Zusammenhang von Druck und Volumen ableiten:

$$W_{12} = \frac{1}{\kappa - 1}\left(p_2 \cdot V_2 - p_1 \cdot V_1\right)$$
$$W_{12} = \frac{p_1 \cdot V_1}{\kappa - 1} \cdot \left(\frac{T_2}{T_1} - 1\right)$$
$$W_{12} = \frac{p_1 \cdot V_1}{\kappa - 1} \cdot \left[\left(\frac{p_2}{p_1}\right)^{\frac{\kappa-1}{\kappa}} - 1\right] \tag{5.83}$$
$$W_{12} = \frac{p_1 \cdot V_1}{\kappa - 1} \cdot \left[\left(\frac{V_1}{V_2}\right)^{\kappa-1} - 1\right]$$

W_{12} Volumenänderungsarbeit bei der Zustandsänderung vom Zustand 1 in den Zustand 2 in kJ
κ Isentropenexponent
p_1 Druck im Zustand 1 in kPa
p_2 Druck im Zustand 2 in kPa
V_1 Volumen im Zustand 1 in m^3
V_2 Volumen im Zustand 2 in m^3
T_1 absolute Temperatur im Zustand 1 in K
T_2 absolute Temperatur im Zustand 2 in K

Anwendungsfälle für eine adiabate Zustandsänderung sind überaus zahlreich und bedeutend. So ist die Verdichtung wie auch die Entspannung durch Kolben- und Strömungsmaschinen in der Realität fast immer adiabat und nicht isotherm. Dementsprechend führt eine solche Verdichtung zur Erwärmung, eine Entspannung zur Abkühlung. Dadurch lässt sich beispielsweise die Erwärmung einer Luftpumpe erklären. Wie weit die Erwärmung gehen kann, zeigt beispielsweise das pneumatische Feuerzeug. Auch nahezu allen Verdichtern und Turbinen liegen adiabate Prozesse zugrunde (siehe Kapitel 7). Allerdings ist der Arbeitsaufwand für eine adiabate Verdichtung größer als der für eine isotherme Verdichtung. Aus diesem Grund werden solche Apparate auch mit einer Kühlung versehen.

5.5.5 Polytrope Zustandsänderung

Aus der Beschreibung der adiabaten Zustandsänderung lässt sich die Beschreibung für Zustandsänderungen ableiten, die entlang von steileren oder flacheren $p = f(V)$-Kurven verlaufen. Dazu ersetzt man den Isentropenexponenten κ durch einen sogenannten **Polytropenexponenten** n.

Bei einer **polytropen Zustandsänderung** sind p, V und T gleichzeitig veränderlich.

Indem man in den Gleichungen (5.80) bis (5.83) den Isentropenexponenten κ durch n ersetzt, erhält man die Berechnungsformeln für die polytrope Zustandsänderung.

Für $n = \kappa$ ist die adiabate Zustandsänderung ein Sonderfall der polytropen Zustandsänderung, für $n = 1$ ist die isotherme Zustandsänderung ein Sonderfall der polytropen Zustandsänderung. Für die praktisch wichtigen Polytropen ist $1 < n < \kappa$ (vgl. Bild 5.7).

Für die **Wärme** Q_{12} gilt:

$$Q_{12} = m \cdot c_n \cdot (T_2 - T_1) \tag{5.84}$$

mit

$$c_n = c_v \cdot \frac{n - \kappa}{n - 1}$$

Q_{12} Wärme der Zustandsänderung von 1 nach 2 in kJ
c_n angepasste spezifische Wärmekapazität in $\frac{\text{kJ}}{\text{kg} \cdot \text{K}}$
T_2 absolute Temperatur im Zustand 2 in K
T_2 absolute Temperatur im Zustand 1 in K
c_v spezifische Wärmekapazität bei konstantem Volumen in $\frac{\text{kJ}}{\text{kg} \cdot \text{K}}$
n Polytropenexponent
κ Isentropenexponent

Das **Verhältnis Wärme** Q_{12} **zu Volumenänderungsarbeit** W_{12} ist

$$\frac{Q_{12}}{W_{12}} = \frac{n - \kappa}{\kappa - 1} \tag{5.85}$$

Q_{12} Wärme der Zustandsänderung von 1 nach 2 in kJ
W_{12} Volumenänderungsarbeit bei der Zustandsänderung vom Zustand 1 in den Zustand 2 in kJ
n Polytropenexponent
κ Isentropenexponent

Die Lage der Kurven $p = f(V)$ für die polytrope Zustandsänderung ist in Bild 5.7 dargestellt.

Es existieren reale **Anwendungen**, die sich als polytrope Zustandsänderung modellhaft gut beschreiben lassen. So sind das beispielsweise die Verdichtung eines idealen Gases in einer Kolben- oder Turbomaschine in der Realität.

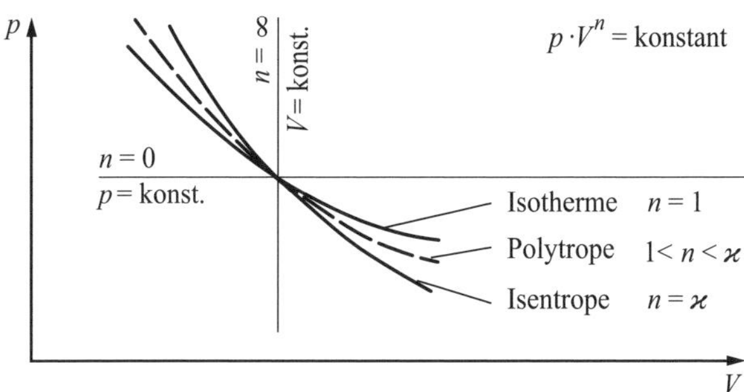

Bild 5.7 Lage der Polytropen im p, V-Diagramm

5.5.6 Beispiele

5.5.6.1 Erwärmung eines festen, geschlossenen Gefäßes, isochore Zustandsänderung

In einem festen, geschlossenen Gefäß mit einem Volumen von 20 l befindet sich Kohlenmonoxid (CO) bei 18 °C bei einem Druck von 3 bar.

Wie hoch steigen Druck und Temperatur, wenn 21,0 kJ in Form von Wärme zugeführt werden und die mittlere spezifische Wärmekapazität des Gases $c_{p,\mathrm{m}} = 1{,}076\,\frac{\mathrm{kJ}}{\mathrm{kg \cdot K}}$ beträgt?

gegeben:	Ausgangsdruck	$p_1 = 3\,\mathrm{bar}$
	Ausgangstemperatur	$\vartheta_1 = 18\,°\mathrm{C}$
	Volumen	$V = 20\,\mathrm{l} = 0{,}02\,\mathrm{m}^3 = \mathrm{konstant}$
	zugeführte Wärme	$Q_{12} = 21\,\mathrm{kJ}$
	mittlere spezifische Wärmekapazität	$c_{p,\mathrm{m}} = 1{,}076\,\frac{\mathrm{kJ}}{\mathrm{kg \cdot K}}$
gesucht:	Endtemperatur	ϑ_2 in °C
	Enddruck	p_1 in bar

Lösung:

Die spezifische Gaskonstante von Kohlenmonoxid aus dem Anhang A.4.1 beträgt:

$$R = 296{,}8\,\frac{\mathrm{J}}{\mathrm{kg \cdot K}} = 0{,}2968\,\frac{\mathrm{kJ}}{\mathrm{kg \cdot K}}$$

Die Umrechnung in die Grundeinheiten (vgl. Anhang A.6) ergibt:

$$T_1 = \vartheta_1 + 273{,}15\,\mathrm{K} = 18\,°\mathrm{C} + 273{,}15\,\mathrm{K} = 291{,}15\,\mathrm{K}$$

$$p_1 = 3\,\mathrm{bar} = 3 \cdot 10^5\,\mathrm{Pa} = 3 \cdot 10^5\,\frac{\mathrm{N}}{\mathrm{m}^2}$$

$$R = 296{,}8\,\frac{\mathrm{N \cdot m}}{\mathrm{kg \cdot K}}$$

Da ein geschlossenes Gefäß, also konstantes Volumen, vorliegt, handelt es sich um eine isochore Zustandsänderung.

Die spezifische Wärmekapazität bei konstantem Volumen ist mit Gleichung (5.54) und der spezifischen Gaskonstante von Kohlenmonoxid:

$$c_p - c_v = R = c_{p,\mathrm{m}} - c_{v,\mathrm{m}}$$

$$c_{v,\mathrm{m}} = c_{p,\mathrm{m}} - R = (1{,}076 - 0{,}2968)\,\frac{\mathrm{kJ}}{\mathrm{kg}\cdot\mathrm{K}}$$

$$c_{v,\mathrm{m}} = 0{,}7792\,\frac{\mathrm{kJ}}{\mathrm{kg}\cdot\mathrm{K}}$$

Es muss die Gasmasse nach Gleichung (5.48) ermittelt werden.

$$p\cdot V = m\cdot R\cdot T$$

$$m = \frac{p\cdot V_1}{R\cdot T_1} = \frac{3\cdot 10^5\,\frac{\mathrm{N}}{\mathrm{m}^2}\cdot 0{,}02\,\mathrm{m}^2}{296{,}8\,\frac{\mathrm{N\cdot m}}{\mathrm{kg\cdot K}}\cdot 291{,}15\,\mathrm{K}}$$

$$m = 0{,}0694\,\mathrm{kg}$$

Nach Zufuhr der Wärmemenge Q_{12} ist die Temperatur im Zustand 2 nach Gleichung (5.71):

$$Q_{12} = m\cdot c_v\cdot (T_2 - T_1) = m\cdot c_{v,\mathrm{m}}\cdot (T_2 - T_1)$$

$$T_2 = T_1 + \frac{Q_{12}}{m\cdot c_{v,\mathrm{m}}} = 291{,}15\,\mathrm{K} + \frac{21{,}0\,\mathrm{kJ}}{0{,}0694\,\mathrm{kg}\cdot 0{,}7792\,\frac{\mathrm{kJ}}{\mathrm{kg\cdot K}}}$$

$$T_2 = 679{,}5\,\mathrm{K}$$

$$\vartheta_2 = T_2 - 273{,}15\,\mathrm{K} = 679{,}5\,\mathrm{K} - 273{,}15\,\mathrm{K} = 406{,}4\,^\circ\mathrm{C}$$

Der Enddruck ist mit Gleichung (5.70):

$$\frac{p_1}{p_2} = \frac{T_1}{T_2}$$

$$p_2 = p_1\cdot\frac{T_2}{T_1} = 3\,\mathrm{bar}\cdot\frac{679{,}5\,\mathrm{K}}{291{,}15\,\mathrm{K}}$$

$$p_2 = 7{,}0\,\mathrm{bar}$$

Nach Wärmezufuhr von 21,0 kJ herrscht im geschlossenen Gefäß eine Temperatur von 406,4 °C bei einem Druck von 7,0 bar.

5.5.6.2 Wärmezufuhr zu einem Luftstrom, isobare Zustandsänderung

Für eine Lüftungsanlage sollen stündlich 5 000 m³ trockene Luft von −5 °C auf 22 °C erwärmt werden. Die Erwärmung erfolgt praktisch bei konstantem Druck.

Wie groß ist die zuzuführende Wärmemenge bzw. die erforderliche Steigerung der Enthalpie? Wie groß ist der Luftvolumenstrom nach der Erwärmung bei einem Luftdruck von 981 mbar?

gegeben:	Anfangsvolumenstrom Luft	$\dot{V}_1 = 5000\,\frac{\mathrm{m}^3}{\mathrm{h}}$
	Anfangstemperatur Luft	$\vartheta_1 = -5\,^\circ\mathrm{C}$
	Endtemperatur Luft	$\vartheta_2 = 22\,^\circ\mathrm{C}$
	Luftdruck	$p = p_\mathrm{b} = 981\,\mathrm{mbar}$
gesucht:	Enthalpiesteigerung	$\dot{H}_{12}$ in kW
	Endvolumenstrom Luft	$\dot{V}_2$ in $\frac{\mathrm{m}^3}{\mathrm{h}}$

Lösung:

Es ist oft vorteilhaft, mit der Masse statt dem Volumen zu rechnen, da die Masse konstant, das Volumen jedoch veränderlich ist.

Die spezifische Gaskonstante von trockener Luft aus dem Anhang A.4.1 ist:

$$R = 287{,}1 \frac{\text{J}}{\text{kg} \cdot \text{K}}$$

Die Umrechnung in die Grundeinheiten (vgl. Anhang A.6) ergibt:

$$T_1 = \vartheta_1 + 273{,}15\,\text{K} = -5\,^\circ\text{C} + 273{,}15\,\text{K} = 268{,}15\,\text{K}$$

$$T_2 = \vartheta_2 + 273{,}15\,\text{K} = 22\,^\circ\text{C} + 273{,}15\,\text{K} = 295{,}15\,\text{K}$$

$$p_1 = 981\,\text{mbar} = 0{,}981\,\text{bar} = 0{,}981 \cdot 10^5\,\text{Pa} = 0{,}981 \cdot 10^5 \frac{\text{N}}{\text{m}^2}$$

$$R = 287{,}1 \frac{\text{J}}{\text{kg} \cdot \text{K}} = 287{,}1 \frac{\text{N} \cdot \text{m}}{\text{kg} \cdot \text{K}}$$

Der Luftmassestrom $\dot{m}$ ergibt sich nun aus Gleichung (5.48):

$$p \cdot V = m \cdot R \cdot T$$

Mit zeitspezifischen Größen ist Gleichung (5.48) dann

$$p \cdot \dot{V}_1 = \dot{m} \cdot R \cdot T_1$$

$$\dot{m} = \frac{p \cdot \dot{V}_1}{R \cdot T_1} = \frac{0{,}981 \cdot 10^5 \frac{\text{N}}{\text{m}^2} \cdot 5000\,\text{m}^2}{287{,}1 \frac{\text{N} \cdot \text{m}}{\text{kg} \cdot \text{K}} \cdot 268{,}15\,\text{K}}$$

$$\dot{m} = 6371{,}3 \frac{\text{kg}}{\text{h}}$$

Die Temperaturdifferenz ist geringfügig, sodass für die trockene Luft eine konstante spezifische Wärmekapazität angenommen wird (vgl. Anhang A.4.22.2).

$$c_p = 1{,}006 \frac{\text{kJ}}{\text{kg} \cdot \text{K}}$$

Da sich der Druck während der Erwärmung praktisch nicht ändern soll, liegt hier eine isobare Zustandsänderung vor. Die zuzuführende Wärme oder Enthalpiesteigerung berechnet sich nach Gleichung (5.75):

$$Q_{12} = H_2 - H_1 = m \cdot c_p \cdot (T_2 - T_1)$$

und mit zeitspezifischen Größen zu

$$\dot{Q}_{12} = \dot{H}_2 - \dot{H}_1 = \dot{H}_{12} = \dot{m} \cdot c_p \cdot (T_2 - T_1)$$

$$\dot{H}_{12} = 6371{,}3 \frac{\text{kg}}{\text{h}} \cdot 1{,}006 \frac{\text{kJ}}{\text{kg} \cdot \text{K}} \cdot (295{,}15 - 268{,}15)\,\text{K}$$

$$= 173{,}057 \frac{\text{kJ}}{\text{h}} \cdot \frac{1\,\text{h}}{3600\,\text{s}}$$

$$\dot{H}_{12} = 48{,}1 \frac{\text{kJ}}{\text{s}} = 48{,}1\,\text{kW}$$

5

Für diese Zustandsänderung ist eine Heizleistung von 48,1 kW nötig, bzw. das System erfährt eine Enthalpiesteigerung von 48,1 kW.

Folglich kann das Gesetz der Isobare, Gleichung (5.72) hier schon für zeitspezifische Größen geschrieben, zur Berechnung des Luftvolumenstroms verwendet werden.

$$\frac{\dot{V}_1}{\dot{V}_2} = \frac{T_1}{T_2}$$

$$\dot{V}_2 = \dot{V}_1 \cdot \frac{T_2}{T_1} = 5000\,\frac{\mathrm{m}^3}{\mathrm{h}} \cdot \frac{295{,}15\,\mathrm{K}}{268{,}15\,\mathrm{K}}$$

$$\dot{V}_2 = 5503{,}5\,\frac{\mathrm{m}^3}{\mathrm{h}}$$

Nach der Wärmezufuhr von 48,1 kW hat sich der Volumenstrom der jetzt 22 °C warmen trockenen Luft um ca. 10 % auf nunmehr 5503,5 $\frac{\mathrm{m}^3}{\mathrm{h}}$ erhöht.

5.5.6.3 Kolben mit Zwischenarretierung, isobare und isochore Zustandsänderung

Unter einem belastenden Kolben befinden sich 150 g Luft von 20 °C, die ein Volumen von 60 l einnehmen. ($c_{p,\mathrm{m}} = 1{,}021\,\frac{\mathrm{kJ}}{\mathrm{kg\cdot K}}$, $c_{v,\mathrm{m}} = 0{,}741\,\frac{\mathrm{kJ}}{\mathrm{kg\cdot K}}$)

a) Wie hoch steigt die Temperatur, wenn 21,0 kJ in Form von Wärme zugeführt werden, und welche Arbeit wird verrichtet?

b) In der erreichten Stellung wird der Kolben festgehalten. Es erfolgt eine weitere Wärmezufuhr von 21,0 kJ. Wie hoch steigt dann der Druck?

gegeben:	Ausgangsvolumen	$V_1 = 60\,\mathrm{l} = 0{,}06\,\mathrm{m}^3$
	Ausgangstemperatur	$\vartheta_1 = 20\,°\mathrm{C}$
	Masse	$m = 150\,\mathrm{g} = 0{,}15\,\mathrm{kg}$
	Wärmezufuhr 1 – 2	$Q_{12} = +21{,}0\,\mathrm{kJ}$
	Wärmezufuhr 2 – 3	$Q_{23} = +21{,}0\,\mathrm{kJ}$
	mittlere spezifische Gaskonstante bei konstantem Druck	$c_{p,\mathrm{m}} = 1{,}021\,\frac{\mathrm{kJ}}{\mathrm{kg\cdot K}}$
	mittlere spezifische Gaskonstante bei konstantem Volumen	$c_{\mathrm{v,m}} = 0{,}741\,\frac{\mathrm{kJ}}{\mathrm{kg\cdot K}}$
gesucht:	Endtemperatur im Zustand 2	ϑ_2 in °C
	verrichtete Raumänderungsarbeit für den Teilprozess 1 – 2	$\lvert W_{12}\rvert$ in J
	Enddruck im Zustand 3	p_3 in bar

Lösung:

Anmerkung: Von Zustand 1 nach Zustand 2 erfolgt die Wärmezufuhr bei konstantem Druck (belasteter Kolben), also eine isobare Zustandsänderung. Nach der Arretierung des Kolbens bleibt das Volumen konstant und es erfolgt demnach eine isochore Zustandsänderung von Zustand 2 nach Zustand 3.

a) Endtemperatur im Zustand 2 und verrichtete Arbeit:

Die spezifische Gaskonstante von trockener Luft aus Anhang A.4.1 ist:

$$R = 287{,}1\,\frac{\mathrm{J}}{\mathrm{kg\cdot K}}$$

Die Umrechnung in die Grundeinheiten (vgl. Anhang A.6) ergibt:

$$T_1 = \vartheta_1 + 273{,}15\,\text{K} = 20\,°\text{C} + 273{,}15\,\text{K} = 293{,}15\,\text{K}$$

$$R = 287{,}1\,\frac{\text{J}}{\text{kg}\cdot\text{K}} = 287{,}1\,\frac{\text{N}\cdot\text{m}}{\text{kg}\cdot\text{K}}$$

Die Endtemperatur nach der ersten Wärmezufuhr (Enthalpiesteigerung) ist aus Gleichung (5.75):

$$Q_{12} = H_2 - H_1 = m\cdot c_p\cdot(T_2 - T_1)$$

$$T_2 = T_1 + \frac{Q_{12}}{m\cdot c_{p,\text{m}}}$$

$$= 293{,}15\,\text{K} + \frac{21{,}0\,\text{kJ}}{0{,}15\,\text{kg}\cdot 1{,}021\,\frac{\text{kJ}}{\text{kg}\cdot\text{K}}}$$

$$T_2 = 430{,}3\,\text{K}$$

$$\vartheta_2 = T_2 - 273{,}15\,\text{K} = 430{,}3\,\text{K} - 273{,}15\,\text{K} = 157{,}2\,°\text{C}$$

Nach der ersten Wärmezufuhr beträgt die Temperatur der eingeschlossenen trockenen Luft 157,2 °C. Der Druck blieb konstant.

Die abgegebene Raumänderungs- oder Volumenänderungsarbeit für diesen Teilprozess ist mit Gleichung (5.74) als Absolutwert:

$$W_{12} = -m\cdot R\cdot(T_2 - T_1)$$

$$|W_{12}| = m\cdot R\cdot(T_2 - T_1) = 0{,}15\,\text{kg}\cdot 287{,}1\,\frac{\text{N}\cdot\text{m}}{\text{kg}\cdot\text{K}}\cdot(430{,}3 - 293{,}15)\,\text{K}$$

$$|W_{12}| = 5\,906{,}4\,\text{N}\cdot\text{m} = 5\,906{,}4\,\text{J}$$

Diese Wärmezufuhr verrichtete eine Volumenänderungsarbeit von 5 906,4 J.

b) Enddruck im Zustand 3:

Durch die weitere Wärmezufuhr Q_{23}, nunmehr bei konstantem Volumen, steigt die Temperatur nach Gleichung (5.71) auf:

$$Q_{23} = U_3 - U_2 = m\cdot c_v\cdot(T_3 - T_2)$$

$$T_3 = T_2 + \frac{Q_{23}}{m\cdot c_{\text{v,m}}} = 430{,}3\,\text{K} + \frac{21{,}0\,\text{kJ}}{0{,}15\,\text{kg}\cdot 0{,}741\,\frac{\text{kJ}}{\text{kg}\cdot\text{K}}}$$

$$T_3 = 619{,}3\,\text{K}$$

$$\vartheta_3 = T_3 - 273{,}15\,\text{K} = 619{,}3\,\text{K} - 273{,}15\,\text{K} = 346{,}2\,°\text{C}$$

Um den Enddruck errechnen zu können, muss zuerst der Anfangsdruck mit Gleichung (5.48) ermittelt werden:

$$p\cdot V = m\cdot R\cdot T$$

$$p_1 = \frac{m\cdot R\cdot T_1}{V_1} = \frac{0{,}15\,\text{kg}\cdot 287{,}1\,\frac{\text{N}\cdot\text{m}}{\text{kg}\cdot\text{K}}\cdot 293{,}15\,\text{K}}{0{,}06\,\text{m}^3}$$

$$p_1 = 210\,408\,\frac{\text{N}}{\text{m}^2} = 2{,}1\cdot 10^5\,\frac{\text{N}}{\text{m}^2} = 2{,}1\,\text{bar}$$

Zu Beginn und auch am Ende der ersten Wärmezufuhr herrschte demnach ein Druck von 2,1 bar.

Der Enddruck im Zustand 3 ist nach Gleichung (5.70) mit $p_2 = p_1$:

$$\frac{p_1}{p_3} = \frac{T_2}{T_3}$$

$$p_3 = p_1 \cdot \frac{T_3}{T_2} = 2{,}1\,\text{bar} \cdot \frac{619{,}3\,\text{K}}{430{,}3\,\text{K}}$$

$$p_3 = 3{,}02\,\text{bar}$$

Am Ende der zweiten Wärmezufuhr zeigt das Manometer einen Druck von 3,02 bar an.

5.5.6.4 Kompressor, Betrieb ohne Temperaturänderung, isotherme Zustandsänderung

Bei einem Umgebungsluftdruck von 1 bar soll ein anfangs überdruckloser Windkessel (Luftspeicherbehälter) mit einem Volumen von 7 m³ von einem Kompressor auf einen Druck von 8 bar gebracht werden. Die Anfangs- und Endtemperatur beträgt 20 °C. Der konstante Volumenstrom des Kompressors beträgt 240 $\frac{\text{m}^3}{\text{h}}$ bei einer Temperatur von 20 °C.

Wie viele Minuten muss der Kompressor laufen, um den geforderten Druck zu erreichen?

gegeben:	Anfangsdruck	$p_1 = 1\,\text{bar}$
	Anfangstemperatur	$\vartheta_1 = 20\,°\text{C}$
	Enddruck	$p_2 = 8\,\text{bar}$
	Endvolumen	$V_2 = 7\,\text{m}^3$
	Volumenstrom	$\dot{V} = 240\,\frac{\text{m}^3}{\text{h}}$
	spezifische Gaskonstante trockener Luft (Anhang A.4.1)	$R = 287{,}1\,\frac{\text{J}}{\text{kg}\cdot\text{K}}$
gesucht:	Laufzeit des Kompressors	t in min

Lösungsweg 1:

Die Temperaturen vor und nach der Verdichtung sind gleich. Es gilt das Gesetz der Isotherme, Gleichung (5.76). Die im Windkessel nach der Verdichtung eingeschlossene Luft (Zustand 2) hat vor der Verdichtung das Volumen:

$$\frac{V_1}{V_2} = \frac{p_2}{p_1}$$

$$V_1 = V_2 \cdot \frac{p_2}{p_1} = 7\,\text{m}^3 \cdot \frac{8\,\text{bar}}{1\,\text{bar}}$$

$$V_1 = 56\,\text{m}^3$$

Davon waren vor der Verdichtung bereits 7 m³ im Windkessel vorhanden. Vom Kompressor sind also noch zu fördern:

$$V_{\text{Ko}} = V_1 - V_2 = (56 - 7)\,\text{m}^3$$

$$V_{\text{Ko}} = 49\,\text{m}^3$$

Die Laufzeit t des Kompressors berechnet sich dann:

$$t = \frac{V_{Ko}}{\dot{V}} = \frac{49\,\mathrm{m^3}}{240\,\frac{\mathrm{m^3}}{\mathrm{h}}} = 0{,}204\,\mathrm{h} \cdot 60\,\frac{\mathrm{min}}{\mathrm{h}}$$

$$t = 12{,}25\,\mathrm{min} = 12\,\mathrm{min}\,15\,\mathrm{s}$$

Der Kompressor schiebt demnach 12 min 15 s lang noch 49 m^3 in den Windkessel, damit darin der geforderte Druck von 8 bar herrscht.

Lösungsweg 2 (Rechnung über die Masse m):

Die Umrechnung in die Grundeinheiten (vgl. Anhang A.6) ergibt:

$$T_1 = T_2 = T = \vartheta_1 + 273{,}15\,\mathrm{K} = 20\,^\circ\mathrm{C} + 273{,}15\,\mathrm{K} = 293{,}15\,\mathrm{K}$$

$$p_1 = 1\,\mathrm{bar} = 1 \cdot 10^5\,\mathrm{Pa} = 1 \cdot 10^5\,\frac{\mathrm{N}}{\mathrm{m^2}}$$

$$p_2 = 8\,\mathrm{bar} = 8 \cdot 10^5\,\mathrm{Pa} = 8 \cdot 10^5\,\frac{\mathrm{N}}{\mathrm{m^2}}$$

$$R = 287{,}1\,\frac{\mathrm{J}}{\mathrm{kg} \cdot \mathrm{K}} = 287{,}1\,\frac{\mathrm{N} \cdot \mathrm{m}}{\mathrm{kg} \cdot \mathrm{K}}$$

Die Luftmassen im Windkessel während Zustand 1 (1 bar, 20 °C) und Zustand 2 (8 bar, 20 °C) werden ermittelt. Die Differenz m_{Ko} ist vom Kompressor zu liefern.

$$m_{Ko} = m_2 - m_1$$

Über die Zustandsgleichung (5.48) lässt sich die Luftmasse ermitteln. Das Volumen ist in beiden Fällen $V_1 = V_2 = 7\,\mathrm{m^3}$ bei 20 °C.

$$p \cdot V = m \cdot R \cdot T$$

$$m_2 = \frac{p_2 \cdot V_2}{R \cdot T}$$

$$m_1 = \frac{p_1 \cdot V_2}{R \cdot T}$$

$$m_{Ko} = \frac{p_2 \cdot V_2}{R \cdot T} - \frac{p_1 \cdot V_2}{R \cdot T} = \frac{(p_2 - p_1) \cdot V_2}{R \cdot T} = \frac{(8-1) \cdot 10^5\,\frac{\mathrm{N}}{\mathrm{m^2}} \cdot 7\,\mathrm{m^3}}{287{,}1\,\frac{\mathrm{N \cdot m}}{\mathrm{kg \cdot K}} \cdot 293{,}15\,\mathrm{K}}$$

$$m_{Ko} = 58{,}2\,\mathrm{kg}$$

Der Kompressor muss also 58,2 kg trockene Luft fördern, um den Windkessel auf 8 bar zu laden.

Der geförderte Luftmassestrom $\dot{m}$ des Kompressors ist ebenfalls mit Gleichung (5.48) zu ermitteln, hier schon mit zeitspezifischen Größen geschrieben. Als Druck ist hier p_1 zu verwenden, da sich die Angabe zum Volumenstrom $\dot{V}$ auf gefördertes Volumen bei Umgebungsdruck, also 1 bar, bezieht.

$$p \cdot \dot{V} = \dot{m} \cdot R \cdot T$$

$$\dot{m} = \frac{p_1 \cdot \dot{V}}{R \cdot T} = \frac{1 \cdot 10^5\,\frac{\mathrm{N}}{\mathrm{m^2}} \cdot 240\,\frac{\mathrm{m^3}}{\mathrm{h}}}{287{,}1\,\frac{\mathrm{N \cdot m}}{\mathrm{kg \cdot K}} \cdot 293{,}15\,\mathrm{K}}$$

$$\dot{m} = 285{,}2\,\frac{\mathrm{kg}}{\mathrm{h}}$$

5

Die Laufzeit t des Kompressors ist dann

$$t = \frac{m_{Ko}}{\dot{m}} = \frac{58{,}2\,\text{kg}}{285{,}2\,\frac{\text{kg}}{\text{h}}} = 0{,}204\,\text{h} \cdot 60\,\frac{\text{min}}{\text{h}}$$

$$t = 12{,}25\,\text{min} = 12\,\text{min}\,15\,\text{s}$$

Die Ergebnisse beider Lösungswege stimmen überein.

5.5.6.5 Gasvolumen im Kontakt mit großem Wärmespeicher, isotherme Zustandsänderung

In dem Druckkessel mit Durchmesser 400 mm einer Hauswasserversorgung befindet sich Luft mit einem Druck von 3 bar (Einschaltdruck für die Pumpe). Die Luftsäule über dem Wasserspiegel im Kessel hat eine Höhe von 1 000 mm, d. h. niedriger Wasserstand.

a) Wie hoch ist die Luftsäule über dem Wasserspiegel, wenn durch die Pumpe ein Druck von 7 bar hergestellt wird (hoher Wasserstand)?

b) Welche Arbeit wurde zur Verdichtung der Luft aufgewendet, und wie viel Wärme wurde durch das Wasser bzw. durch die Behälterwand abgeführt, wenn die Temperatur konstant bleibt?

Einzelheiten zur Umrechnung in die Grundeinheiten: siehe Anhang A.6.

gegeben:	Ausgangsdruck	$p_1 = 3\,\text{bar} = 3 \cdot 10^5\,\text{Pa} = 3 \cdot 10^5\,\frac{\text{N}}{\text{m}^2}$
	Enddruck	$p_2 = 7\,\text{bar} = 7 \cdot 10^5\,\text{Pa} = 7 \cdot 10^5\,\frac{\text{N}}{\text{m}^2}$
	Ausgangshöhe	$h_1 = 1\,000\,\text{mm} = 1{,}0\,\text{m}$
	Durchmesser	$d = 400\,\text{mm} = 0{,}4\,\text{m}$
gesucht:	Höhe der Luftsäule bei hohem Wasserstand	h_2 in m
	Verdichtungsarbeit	$\lvert W_{12} \rvert$ in J
	abgeführte Wärme	Q_{12} in kJ

Lösung:

a) Höhe der Luftsäule bei hohem Wasserstand:

Die Luftvolumina im Zustand 1 und 2 sind:

$$V_{1/2} = A \cdot h_{1/2}$$

mit der Kreisfläche

$$A = \frac{\pi}{4} \cdot d^2 = \frac{\pi}{4} \cdot 0{,}4^2\,\text{m}^2$$

$$A = 0{,}1257\,\text{m}^2$$

Die Temperatur bleibt konstant. Es liegt eine isotherme Zustandsänderung vor. Demnach gilt Gleichung (5.76)

$$\frac{V_1}{V_2} = \frac{p_2}{p_1}$$

$$\frac{V_1}{V_2} = \frac{A \cdot h_1}{A \cdot h_2} = \frac{p_2}{p_1} = \frac{h_1}{h_2}$$

$$h_2 = h_1 \cdot \frac{p_1}{p_2} = 1\,\text{m} \cdot \frac{3\,\text{bar}}{7\,\text{bar}}$$

$$h_2 = 0{,}429\,\text{m}$$

Der Wasserstand im Zustand 2 liegt bei der Höhe $h_2 = 0{,}429\,\text{m}$.

b) Verdichtungsarbeit und abgeführte Wärme:

Die Luftvolumina im Behälter sind in den beiden Zuständen

$$V_1 = A \cdot h_1$$
$$= 0{,}1257\,\text{m}^2 \cdot 1\,\text{m}$$
$$V_1 = 0{,}1257\,\text{m}^3$$
$$V_2 = A \cdot h_2$$
$$= 0{,}1257\,\text{m}^2 \cdot 0{,}429\,\text{m}$$
$$V_2 = 0{,}0539\,\text{m}^3$$

Die zuzuführende Arbeit zur Verdichtung der Luft ist nach Gleichung (5.77) zu bestimmen.

$$W_{12} = -p_1 \cdot V_1 \cdot \ln \frac{V_1}{V_2}$$
$$|W_{12}| = p_1 \cdot V_1 \cdot \ln \frac{V_1}{V_2} = 3 \cdot 10^5\,\frac{\text{N}}{\text{m}^2} \cdot 0{,}1257\,\text{m}^3 \cdot \ln \frac{1\,\text{m}}{0{,}429\,\text{m}}$$
$$|W_{12}| = 31\,914\,\text{N} \cdot \text{m} = 31{,}9\,\text{kN} \cdot \text{m} = 31{,}9\,\text{kJ}$$

Die zur Druckerhöhung zugeführte Arbeit beträgt 31,9 kJ.

Anmerkung: Da es sich hier um einen zylindrischen Behälter handelt, also der horizontale Querschnitt im Schwankungsbereich des Wasserstandes konstant ist, hätte die Rechnung auch mit $\ln \frac{h_1}{h_2}$ erfolgen können.

Die abgeführte Wärme ist dann nach Gleichung (5.79)

$$Q_{12} = -W_{12} = -31{,}9\,\text{kJ}$$

Um die Temperatur des Systems konstant zu halten, ist eine Wärmemenge von 31,9 kJ abzuführen.

5.5.6.6 Schornstein, Zug, isobare Zustandsänderung

In einem Schornstein von 30 m Höhe beträgt die mittlere Rauchgastemperatur 225 °C.

Wie hoch ist der theoretische Schornsteinzug, so wird der Druckunterschied zwischen Ein- und Austritt der Rauchgase am Schornstein bezeichnet, wenn die äußere Lufttemperatur 20 °C beträgt?

Die Normdichten der beiden Gase betragen $\varrho_{RG,N} = 1{,}34\,\frac{\text{kg}}{\text{m}^3}$ und $\varrho_{L,N} = 1{,}293\,\frac{\text{kg}}{\text{m}^3}$.

gegeben:	Höhe des Schornsteins	$h = 30\,\text{m}$
	Lufttemperatur	$\vartheta_L = 20\,°\text{C}$
	Rauchgastemperatur	$\vartheta_{RG} = 225\,°\text{C}$
	Dichte Luft (Normzustand)	$\varrho_{L,N} = 1{,}293\,\frac{\text{kg}}{\text{m}^3}$
	Dichte Rauchgas (Normzustand)	$\varrho_{RG,N} = 1{,}34\,\frac{\text{kg}}{\text{m}^3}$
gesucht:	theoretischer Schornsteinzug	Δp in Pa

Lösung:

Anmerkung: Der theoretische Schornsteinzug Δp wird errechnet nach $\Delta p = h \cdot g \cdot (\varrho_L - \varrho_{RG})$, wobei ϱ_L undϱ_{RG} die Dichten von Umgebungsluft und im Schornstein ziehendem Rauchgas bei der jeweils herrschenden Temperatur sind.

Die Umrechnung in die Grundeinheiten (vgl. Anhang A.6) ergibt:

$$T_L = \vartheta_L + 273{,}15\,\text{K} = 20\,^\circ\text{C} + 273{,}15\,\text{K} = 293{,}15\,\text{K}$$

$$T_{RG} = \vartheta_{RG} + 273{,}15\,\text{K} = 225\,^\circ\text{C} + 273{,}15\,\text{K} = 498{,}15\,\text{K}$$

Aus Anhang A.1 sind die Werte der Normtemperatur und der Fallbeschleunigung zu entnehmen.

$$T_N = 273{,}15\,\text{K}, \quad g = 9{,}807\,\frac{\text{m}}{\text{s}^2}$$

Der Druckunterschied zwischen Schornsteinfuß und der Schornsteinmündung ist geringfügig, sodass die Umrechnungen der Dichten vom Norm- in den Betriebszustand nach dem Gesetz der Isobare, Gleichung (5.72), vorgenommen werden können.

$$\frac{V_1}{V_2} = \frac{T_1}{T_2}$$

Das Volumen ist definiert mit $V = m \cdot v = \frac{m}{\varrho}$ und bei der Zustandsänderung bleibt die Masse erhalten, also $m_1 = m_2 = \text{konstant} = m$. Damit ist dann Gleichung (5.72):

$$\frac{V_1}{V_2} = \frac{T_1}{T_2} = \frac{m \cdot v}{m \cdot v_2} = \frac{\frac{m}{\varrho_1}}{\frac{m}{\varrho_2}} = \frac{\varrho_2}{\varrho_1}$$

$$\varrho_2 = \varrho_1 \cdot \frac{T_1}{T_2}$$

$$\varrho_L = \varrho_{L,N} \cdot \frac{T_N}{T_L} = 1{,}293\,\frac{\text{kg}}{\text{m}^3} \cdot \frac{273{,}15\,\text{K}}{293{,}15\,\text{K}}$$

$$\varrho_L = 1{,}205\,\frac{\text{kg}}{\text{m}^3}$$

$$\varrho_{RG} = \varrho_{RG,N} \cdot \frac{T_N}{T_{RG}} = 1{,}34\,\frac{\text{kg}}{\text{m}^3} \cdot \frac{273{,}15\,\text{K}}{498{,}15\,\text{K}}$$

$$\varrho_{RG} = 0{,}735\,\frac{\text{kg}}{\text{m}^3}$$

Der Schornsteinzug ist dann

$$\Delta p = h \cdot g \cdot (\varrho_L - \varrho_{RG})$$
$$= 30\,\text{m} \cdot 9{,}807\,\frac{\text{m}}{\text{s}^2} \cdot \left(1{,}205\,\frac{\text{kg}}{\text{m}^3} - 0{,}735\,\frac{\text{kg}}{\text{m}^3}\right)$$

$$\Delta p = 138{,}3\,\frac{\text{kg} \cdot \text{m}}{\text{s}^2 \cdot \text{m}^2} = 138{,}3\,\frac{\text{N}}{\text{m}^2} = 138{,}3\,\text{Pa} = 1{,}383\,\text{mbar}$$

5.5.6.7 Adiabate Entspannung

Einer wärmegedämmten Sauerstoffflasche mit einem Volumen von 40 l und einem Druck von 101 bar bei einer Temperatur von 17 °C entströmen 3/4 des Inhaltes, ohne dass ein Wärmeübertrag an die Umgebung erfolgt.

Wie groß sind dann der Druck und die sich noch in der Flasche befindende Gasmasse?

gegeben:	Volumen	$V = 40\,\text{l} = 0{,}04\,\text{m}^3$
	Anfangsdruck	$p_1 = 101\,\text{bar}$
	Anfangstemperatur	$\vartheta_1 = 17\,°\text{C}$
gesucht:	Enddruck	p_2 in bar
	verbleibende Gasmasse	m_2 in kg

Lösung:

Ein Wärmeübertrag an die Umgebung erfolgt nicht. Es liegt demnach eine reversibel adiabate (isentrope) Zustandsänderung vor.

Die spezifische Gaskonstante und der Isentropenexponent von Sauerstoff aus Anhang A.4.1 sind:

$$R = 259{,}8\,\frac{\text{J}}{\text{kg}\cdot\text{K}} \quad \text{und} \quad \kappa = 1{,}40$$

5

Die Umrechnung in die Grundeinheiten (vgl. Anhang A.6) ergibt:

$$T_1 = \vartheta_1 + 273{,}15\,\text{K} = 17\,°\text{C} + 273{,}15\,\text{K} = 290{,}15\,\text{K}$$

$$R = 259{,}8\,\frac{\text{J}}{\text{kg}\cdot\text{K}} = 259{,}8\,\frac{\text{N}\cdot\text{m}}{\text{kg}\cdot\text{K}}$$

Zur Beschreibung der Formulierung „... entströmen 3/4 des Inhaltes, ...“ eignet sich wegen der Volumenkonstanz und des Masseverlustes – also demnach einer Änderung der Dichte – das spezifische Volumen, der Kehrwert der Dichte. Nach dem Ausströmen (Zustand 2) verbleibt in der Flasche ein spezifisches Volumen v_2:

$$v_1 = v_2 - \frac{3}{4}\cdot v_2 = v_2\cdot\left(1-\frac{3}{4}\right) = \frac{1}{4}\cdot v_2$$

$$v_2 = 4\cdot v_1$$

Mit Gleichung. (5.81) ist die Endtemperatur

$$\frac{T_1}{T_2} = \left(\frac{V_2}{V_1}\right)^{\kappa-1}$$

Hier nun für das Volumen V das (masse-)spezifische Volumen v eingesetzt, ergibt

$$\frac{T_1}{T_2} = \left(\frac{v_2}{v_1}\right)^{\kappa-1}$$

$$= \left(\frac{4\cdot v_1}{v_1}\right)^{1{,}40-1} = 4^{0{,}4}$$

$$\frac{T_1}{T_2} = 1{,}741$$

$$T_2 = \frac{T_1}{1{,}741} = \frac{290{,}15\,\text{K}}{1{,}741}$$

$$T_2 = 166{,}7\,\text{K}$$

$$\vartheta_2 = T_2 - 273{,}15\,\text{K} = 166{,}7\,\text{K} - 273{,}15\,\text{K} = -106{,}5\,°\text{C}$$

Der Gasflascheninhalt kühlt sich aufgrund der Entspannung auf −106,5 °C ab.

Der Druck in der Flasche ist nach der Entnahme mit der allgemeinen Gasgleichung (5.51)

$$\frac{p_1 \cdot V_1}{T_1} = \frac{p_2 \cdot V_2}{T_2} = \frac{p_1 \cdot v_1}{T_1} = \frac{p_2 \cdot v_2}{T_2} = \text{konstant}$$

$$p_2 = p_1 \cdot \frac{v_1 \cdot T_2}{v_2 \cdot T_1} = p_1 \cdot \frac{v_1 \cdot T_2}{(4 \cdot v_1) \cdot T_1} = 101\,\text{bar} \cdot \frac{1}{4} \cdot \frac{166{,}7\,\text{K}}{290{,}15\,\text{K}}$$

$$p_2 = 14{,}51\,\text{bar} = 14{,}51 \cdot 10^5\,\frac{\text{N}}{\text{m}^2}$$

Nach der Entnahme ist der Druck in der Gasflasche auf 14,51 bar gefallen.

Die sich noch in der Flasche befindende Gasmasse m_2 ist mit Gleichung (5.48)

$$p \cdot V = m \cdot R \cdot T$$

$$m_2 = \frac{p_2 \cdot V}{R \cdot T_2} = \frac{14{,}51 \cdot 10^5\,\frac{\text{N}}{\text{m}^2} \cdot 0{,}04\,\text{m}^3}{259{,}8\,\frac{\text{N}\cdot\text{m}}{\text{kg}\cdot\text{K}} \cdot 166{,}7\,\text{K}}$$

$$m_2 = 1{,}34\,\text{kg}$$

5.5.6.8 Polytrope Verdichtung

Es wurden 10 m³ trockene Luft mit einem Druck von 0,9 bar und einer Temperatur von 17 °C auf 7,2 bar verdichtet. Das Endvolumen betrug 1,77 m³.

Wie groß sind der mittlere Kompressionsexponent der Polytropen (mittlerer Polytropenexponent), die zugeführte Volumenänderungsarbeit, die zu- oder abgeführte Wärme und die Endtemperatur?

gegeben:	Anfangsvolumen	$V_1 = 10\,\text{m}^3$
	Anfangsdruck	$p_1 = 0{,}9\,\text{bar} = 0{,}9 \cdot 10^5\,\frac{\text{N}}{\text{m}^2}$
	Anfangstemperatur	$\vartheta_1 = 17\,°\text{C}$
	Endvolumen	$V_2 = 1{,}77\,\text{m}^3$
	Enddruck	$p_2 = 7{,}2\,\text{bar} = 7{,}2 \cdot 10^5\,\frac{\text{N}}{\text{m}^2}$
gesucht:	mittlerer Kompressionsexponent	n
	zugeführte Volumenänderungsarbeit	W_{12} in kJ
	zu- oder abgeführte Wärme	Q_{12} in kJ
	Endtemperatur	ϑ_2 in °C

Lösung:
Aus Gleichung (5.80) und mit $n = \kappa$ ist der mittlere Kompressionsexponent

$$\frac{p_2}{p_1} = \left(\frac{V_1}{V_2}\right)^n$$

$$n = \frac{\lg p_1 - \lg p_2}{\lg V_2 - \lg V_1} = \frac{\lg 0{,}9 - \lg 7{,}2}{\lg 1{,}77 - \lg 10} = \frac{-0{,}0458 - 0{,}8573}{0{,}2480 - 1{,}0} = \frac{-0{,}9031}{-0{,}7520}$$

$$n = 1{,}201$$

Die zugeführte Volumenänderungsarbeit ist mit Gleichung (5.83) und $n = \kappa$

$$W_{12} = \frac{1}{n-1} \cdot (p_2 \cdot V_2 - p_1 \cdot V_1)$$

$$= \frac{1}{1{,}201 - 1} \cdot \left(7{,}2 \cdot 10^5\,\frac{\text{N}}{\text{m}^2} \cdot 1{,}77\,\text{m}^3 - 0{,}9 \cdot 10^5\,\frac{\text{N}}{\text{m}^2} \cdot 10\,\text{m}^3\right)$$

$$W_{12} = 1\,863 \cdot 10^3\,\text{N} \cdot \text{m} = 1\,863 \cdot 10^3\,\text{J} = 1\,863\,\text{kJ}$$

Der Isentropenexponent von trockener Luft aus Anhang A.4.1 ist

$$\kappa = 1{,}402$$

Die Wärme der polytropen Verdichtung berechnet sich mit Gleichung (5.85)

$$\frac{Q_{12}}{W_{12}} = \frac{n-\kappa}{\kappa-1}$$

$$Q_{12} = W_{12} \cdot \frac{n-\kappa}{\kappa-1} = 1\,863\,\text{kJ} \cdot \frac{1{,}201-1{,}402}{1{,}402-1}$$

$$Q_{12} = -931{,}5\,\text{kJ}$$

Es muss demnach eine Wärme von 931,5 kJ abgeführt werden.
Die Umrechnung in die Grundeinheiten (vgl. Anhang A.6) ergibt:

$$T_1 = \vartheta_1 + 273{,}15\,\text{K} = 17\,^\circ\text{C} + 273{,}15\,\text{K} = 290{,}15\,\text{K}$$

Die Endtemperatur ermittelt sich aus Gleichung (5.81) und $n = \kappa$ zu

$$\frac{T_1}{T_2} = \left(\frac{V_2}{V_1}\right)^{n-1}$$

$$T_2 = T_1 \cdot \left(\frac{V_1}{V_2}\right)^{n-1} = 290{,}15\,\text{K} \cdot \left(\frac{10\,\text{m}^3}{1{,}77\,\text{m}^3}\right)^{1{,}201-1}$$

$$T_2 = 410{,}9\,\text{K}$$

$$\vartheta_2 = T_2 - 273{,}15\,\text{K} = 410{,}9\,\text{K} - 273{,}15\,\text{K} = 137{,}8\,^\circ\text{C}$$

Nach der polytropen Verdichtung hat die trockene Luft eine Temperatur von 137,8 °C.

5.5.7 Übungsaufgaben[2]

5.5.7.1 Abkühlung eines festen, geschlossenen Gefäßes, isochore Zustandsänderung

In einem festen, geschlossenen Gefäß befindet sich Luft mit einem Druck von 1,06 bar und einer Temperatur von 57 °C. Welcher Druck stellt sich im Gefäß ein, wenn der Inhalt auf 17 °C abgekühlt wird?

5.5.7.2 Gewichtsbelasteter Kolben, isobare Zustandsänderung

Unter einem gewichtsbelasteten Kolben (Gewichtskraft F = konstant) befinden sich 0,3 m^3 Gas mit einem Druck von 3 bar bei einer Temperatur von 20 °C.

Wie hoch steigt die Temperatur, wenn durch Wärmezufuhr das Volumen auf 0,5 m^3 steigt? (Die zur gleichen Zeit verrichtete Arbeit des äußeren Luftdruckes soll hier unbeachtet bleiben.)

[2] Die Lösungen finden Sie in der Kategorie „Extras“ unter *http://www.hanser-fachbuch.de/9783446442795*.

5.5.7.3 Verdichtung bei unveränderter Temperatur, isotherme Zustandsänderung

0,028 m^3 Luft werden bei unveränderlicher Temperatur von 0,95 bar auf 5 bar verdichtet. Wie groß ist das Volumen nach der Verdichtung? (Die zur gleichen Zeit verrichtete Arbeit des äußeren Luftdruckes soll hier unbeachtet bleiben.)

5.5.7.4 Schornstein, Volumenstrom, isobare Zustandsänderung

Am Fuße eines 40 m hohen Schornsteins beträgt die Rauchgastemperatur 270 °C und der Rauchgasvolumenstrom 5 000 $\frac{m^3}{h}$.

Welches Volumen strömt in einer Stunde durch die Schornsteinmündung, wenn je Meter Schornsteinhöhe die Temperatur des Rauchgases im Schornstein um 0,5 K sinkt?

5.5.7.5 Adiabate Verdichtung

In einem Zylinder mit einem Durchmesser von 20 cm und einer Länge von 50 cm befindet sich trockene Luft von 20 °C bei einem Umgebungsdruck von 1 000 mbar.

Welche Energie kann der Zylinderinhalt aufnehmen, wenn der Kolben 20 cm weit eindringt und ein Wärmeübertrag an die Umgebung nicht erfolgt?

Wie hoch steigen dabei Druck und Temperatur?

5.5.7.6 Vergleich der isothermen, adiabaten und polytropen Zustandsänderungen

In einem Zylinder mit einem Volumen von 10 l befindet sich trockene Luft mit einem Druck von 10 bar bei einer Temperatur von 25 °C.

Wie groß sind das Endvolumen, die Endtemperatur, die Volumenänderungsarbeit und die zuzuführende Wärme, wenn die Entspannung auf 1 bar

a) isotherm,

b) isentrop,

c) polytrop mit $n = 1{,}3$ erfolgt?

5.6 Zustandsänderungen in Feststoffen und Flüssigkeiten

Im vielen Fällen sind für die Betrachtung von Zustandsänderungen in Feststoffen und Flüssigkeiten ohne Änderung des Aggregatzustandes die allgemeinen Formeln aus Kapitel 3 und Kapitel 4 ausreichend.

Mitunter ist das Modell der **inkompressiblen Flüssigkeit** hilfreich. Für inkompressible Flüssigkeiten gilt, dass das spezifische Volumen v beziehungsweise die Dichte ϱ unabhängig vom Druck ist. Inkompressible Flüssigkeiten existieren real nicht, das Modell eignet sich aber für viele Flüssigkeiten in erster Näherung [7].

Für inkompressible Fluide gilt für die **spezifische Wärmekapazität** c:

$$c_p = c_v = c \tag{5.86}$$

c_p spezifische Wärmekapazität bei konstantem Druck in $\frac{kJ}{kg \cdot K}$
c_v spezifische Wärmekapazität bei konstantem Volumen in $\frac{kJ}{kg \cdot K}$
c spezifische Wärmekapazität in $\frac{kJ}{kg \cdot K}$ (siehe Anhang A.4.9 ff.)

Damit gilt weiterhin:

$$h_2 - h_1 = c \cdot (T_2 - T_1) + v \cdot (p_2 - p_1) \tag{5.87}$$

h_2 spezifische Enthalpie im Zustand 2 in $\frac{kJ}{kg}$
h_1 spezifische Enthalpie im Zustand 1 in $\frac{kJ}{kg}$
c spezifische Wärmekapazität in $\frac{kJ}{kg \cdot K}$
T_2 absolute Temperatur im Zustand 2 in K
T_1 absolute Temperatur im Zustand 1 in K
v spezifisches Volumen in $\frac{m^3}{kg}$
p_2 Druck im Zustand 2 in kPa
p_1 Druck im Zustand 1 in kPa

5.6.1 Wärmedehnung von Flüssigkeiten und Feststoffen

Auch Flüssigkeiten und Feststoffe ändern bei Temperaturänderung ihr Volumen. Im Gegensatz zur isobaren Zustandsänderung beim idealen Gas ist die temperaturbedingte Volumenänderung bei Flüssigkeiten und Feststoffen jedoch stark von den spezifischen Eigenschaften des jeweiligen Stoffes abhängig. Bekanntes Beispiel ist dabei Wasser, dessen Volumen oberhalb von 4 °C beim Erwärmen zunimmt, während unterhalb von 4 °C das Volumen mit abnehmender Temperatur steigt. Ursächlich ist dabei, dass in einer Flüssigkeit und insbesondere im Gitter eines Feststoffes die Teilchen auf vielfältige Weise miteinander wechselwirken, was im Modell des idealen Gases ausgeschlossen ist. Für die Beschreibung der Prozesse ist damit die Verwendung von individuellen Stoffdaten erforderlich (siehe Anhang A.4).

Bei konstantem Druck beziehungsweise für das Modell der inkompressiblen Flüssigkeit gilt für die **Volumenausdehnung**:

$$V_2 = V_1 \cdot (1 + \gamma \cdot \Delta\vartheta) \tag{5.88}$$

V_2 Volumen im Zustand 2 in m^3
V_1 Volumen im Zustand 1 in m^3
γ isobarer Volumenausdehnungskoeffizient in $\frac{1}{K}$ (siehe Anhang A.4.25)
$\Delta\vartheta$ Temperaturdifferenz zwischen Zustand 2 und Zustand 1 in K

beziehungsweise:

$$\Delta V = V_1 \cdot \gamma \cdot \Delta\vartheta \tag{5.89}$$

ΔV Volumenänderung in m^3

5

V_1 Volumen im Zustand 1 in m^3
γ isobarer Volumenausdehnungskoeffizient in $\frac{1}{K}$ (siehe Anhang A.4.25)
$\Delta\vartheta$ Temperaturdifferenz zwischen Zustand 2 und Zustand 1 in K

Dabei ist zu beachten, dass der **Volumenausdehnungskoeffizient** γ selbst von der Temperatur abhängig ist.

Auch Feststoffe dehnen sich allseitig aus, wobei das nicht in jeder Richtung gleich stark erfolgen muss. Man spricht in diesem Fall von anisotropem Verhalten. Häufig, insbesondere bei schlanken Bauteilen wie Trägern, Rohren oder Schienen, betrachtet man nur die Längenausdehnung. Für die **Längenausdehnung** gilt:

$$l_2 = l_1 \cdot (1 + \alpha \cdot \Delta\vartheta) \tag{5.90}$$

l_2 Länge im Zustand 2 in m
l_1 Länge im Zustand 1 in m
α Längenausdehnungskoeffizient in $\frac{1}{K}$ (siehe Anhang A.4.25)
$\Delta\vartheta$ Temperaturdifferenz zwischen Zustand 2 und Zustand 1 in K

beziehungsweise:

$$\Delta l = l_1 \cdot \alpha \cdot \Delta\vartheta \tag{5.91}$$

Δl Längenänderung in m
l_1 Länge im Zustand 1 in m
α Längenausdehnungskoeffizient in $\frac{1}{K}$ (siehe Anhang A.4.25)
$\Delta\vartheta$ Temperaturdifferenz zwischen Zustand 2 und Zustand 1 in K

Entsprechend kann auch eine Flächenausdehnung definiert werden.

Ist die Längen- bzw. Volumenausdehnung eines Körpers behindert, etwa durch die Art seines Einbaues oder seine Form, können enorme Kräfte und mechanische Spannungen entstehen. Man spricht in diesem Fall von Wärme- oder Thermospannungen. Deren Berechnung stellt ein Grenzgebiet zwischen der technischen Thermodynamik und der technischen Mechanik, insbesondere der Festigkeitslehre, dar.

Auch die **isobare Zustandsänderung von idealen Gasen** lässt sich als Volumenausdehnung darstellen, Es gilt dann für alle idealen Gase ein **einheitlicher Volumenausdehnungskoeffizient** γ von

$$\gamma = \frac{1}{273{,}16\,\text{K}} = 0{,}003\,66\,\frac{1}{\text{K}}$$

5.6.2 Beispiele

5.6.2.1 Volumenausdehnung verschiedener Medien

Es ist das Endvolumen V_2 und die Volumenänderung ΔV eines Körpers mit dem Anfangsvolumen von $1\,m^3$ bei der Erwärmung um 273,2 K bei konstantem Druck zu bestimmen für: a) Eisen, b) Glycerin und c) ideales Gas.

gegeben:	Anfangsvolumen	$V_1 = 1\,\mathrm{m}^3$
	Temperaturdifferenz	$\Delta\vartheta = 273{,}2\,\mathrm{K}$
	Druck	$p_1 = p_2 = \text{konstant}$
gesucht:	Endvolumen	V_2 in m^3
	Volumenänderung	ΔV in m^3 und %

Lösung:

Die isobaren Volumenausdehnungskoeffizienten werden dem Anhang A.4.25 entnommen:

Eisen: $\gamma = 35 \cdot 10^{-6} \frac{1}{\mathrm{K}}$

Glycerin: $\gamma = 520 \cdot 10^{-6} \frac{1}{\mathrm{K}}$

Ideales Gas: $\gamma = \frac{1}{273{,}16\,\mathrm{K}} = 0{,}003\,66 \frac{1}{\mathrm{K}}$

a) Eisen:

Mit Gleichung (5.88) ist das Endvolumen

$$V_2 = V_1 \cdot (1 + \gamma \cdot \Delta\vartheta)$$
$$= 1\,\mathrm{m}^3 \cdot \left(1 + 35 \cdot 10^{-6} \frac{1}{\mathrm{K}} \cdot 273{,}2\,\mathrm{K}\right)$$
$$V_2 = 1{,}009\,56\,\mathrm{m}^3$$

Die Volumenänderung ist mit Gleichung (5.89) zu berechnen.

$$\Delta V = V_1 \cdot \gamma \cdot \Delta\vartheta$$
$$= 1\,\mathrm{m}^3 \cdot 35 \cdot 10^{-6} \frac{1}{\mathrm{K}} \cdot 273{,}2\,\mathrm{K}$$
$$\Delta V = 0{,}009\,56\,\mathrm{m}^3$$
$$\Delta V = \frac{0{,}009\,56\,\mathrm{m}^3}{1\,\mathrm{m}^3} \cdot 100\,\% = 0{,}956\,\% \approx 1\,\%$$

b) Glycerin:

$$V_2 = V_1 \cdot (1 + \gamma \cdot \Delta\vartheta)$$
$$= 1\,\mathrm{m}^3 \cdot \left(1 + 520 \cdot 10^{-6} \frac{1}{\mathrm{K}} \cdot 273{,}2\,\mathrm{K}\right)$$
$$V_2 = 1{,}142\,1\,\mathrm{m}^3$$
$$\Delta V = V_1 \cdot \gamma \cdot \Delta\vartheta$$
$$= 1\,\mathrm{m}^3 \cdot 520 \cdot 10^{-6} \frac{1}{\mathrm{K}} \cdot 273{,}2\,\mathrm{K}$$
$$\Delta V = 0{,}142\,1\,\mathrm{m}^3$$
$$\Delta V = \frac{0{,}142\,1\,\mathrm{m}^3}{1\,\mathrm{m}^3} \cdot 100\,\% = 14{,}2\,\%$$

c) Ideales Gas:

$$V_2 = V_1 \cdot (1 + \gamma \cdot \Delta\vartheta)$$

$$= 1\,\mathrm{m}^3 \cdot \left(1 + 0{,}003\,66\,\frac{1}{\mathrm{K}} \cdot 273{,}2\,\mathrm{K}\right)$$

$$V_2 = 1{,}999\,\mathrm{m}^3$$

$$\Delta V = V_1 \cdot \gamma \cdot \Delta\vartheta$$

$$= 1\,\mathrm{m}^3 \cdot 0{,}003\,66\,\frac{1}{\mathrm{K}} \cdot 273{,}2\,\mathrm{K}$$

$$\Delta V = 0{,}999\,\mathrm{m}^3$$

$$\Delta V = \frac{0{,}999\,\mathrm{m}^3}{1\,\mathrm{m}^3} \cdot 100\,\% = 99{,}9\,\% \approx 100\,\%$$

Das Beispiel verdeutlicht die Größenordnungen, in denen sich Feststoffe, Flüssigkeiten und Gase bei der Erwärmung um die gleiche Temperaturdifferenz ausdehnen.

6 Die Grenzen der Energieumwandlung, zweiter Hauptsatz der Thermodynamik, Entropie

6.1 Allgemeines und Grundlagen

Worum geht es im Kapitel?

Grenzen des ersten Hauptsatzes, reversible und irreversible Prozesse, Prozesse für eine kontinuierliche Energieumwandlung

Anwendungsgebiete:

Realisierbarkeit und theoretische Optima der Energieumwandlungen, Grundlage der Betrachtung thermischer Maschinen

Siehe auch:

2.6 Zustandsänderung, Prozess, 4 Energie und Energieerhaltung, 5 Zustandsänderung ohne Änderung des Aggregatzustandes, 7 Anwendung von Kreisprozessen ohne Änderung des Aggregatzustandes, 9 Anwendung von Kreisprozessen mit Änderung des Aggregatzustandes, 10 Linksgängige Kreisprozesse, Kältemaschinen und Wärmepumpen

Vorbetrachtungen:

Für eine Reihe von Zustandsänderungen, die dem ersten Hauptsatz der Thermodynamik nicht widersprechen, bestehen nicht nur technische Einschränkungen, etwa durch die heute zur Verfügung stehenden Materialien, sondern auch prinzipielle Begrenzungen. Die wesentlichen dieser Limitierungen, deren Konsequenzen und ihre Anwendung für die thermodynamischen Betrachtungen, sind Gegenstand dieses Kapitels.

6.2 Kontinuierliche Prozesse, Kreisprozesse

Für eine begrenzte Stoffmasse m ist es unmöglich, eine Zustandsänderung kontinuierlich in eine Richtung ablaufen zu lassen. Das wird deutlich im Rückgriff auf Kapitel 5. Alle dort vorgestellten Prozesse führen, will man sie kontinuierlich, das heißt ohne vorgegebene Begrenzung, an einem nicht offenen System ablaufen lassen, zu einem unmöglichen Zustand, z. B. zu unendlich großen Temperaturen oder an den absoluten Nullpunkt, zu unendlich großen oder gegen null gehenden Volumen bzw. zu unendlich großen Drücken. Lediglich bei offenen Systemen scheinen kontinuierliche Zustandsänderungen möglich, etwa wenn in einem Gasstrom an einem Verdichter unter Zuführung technischer Arbeit der Druck erhöht wird. Es ist allerdings zu beachten, dass dabei dem System Verdichter ständig neue Stoffmasse m zugeführt wird. Wählt man die Systemgrenzen so, dass diese Stoffmasse aus dem System entnommen und wieder in dieses abgegeben wird, so wird leicht klar, dass auch hier im engeren Sinne keine Zustandsänderung kontinuierlich in nur eine Richtung ablaufen kann. Entweder es wird ein Quellreservoir entleert beziehungsweise ein Zielreservoir überfüllt oder es besteht eine irgendwie geartete Verbindung zwischen Ein- und Austritt, die zwangsläufig mit einem Entspannungsprozess und damit einer gegenläufigen Zustandsänderung verbunden sein muss, wenn dieses erweiterte System nicht in einen unmöglichen Zustand kommen soll.

Es ist aber grundlegendes technisches Ziel, thermodynamische Maschinen realisierbar zu machen, die kontinuierlich den ihnen zugedachten Zweck erfüllen, z. B. Wärme in Arbeit zu wandeln. Prozesse, auf denen solche Maschinen basieren, müssen die im System verwendete Stoffmasse immer wieder in den Ausgangszustand zurückführen. Wählt man für den Weg zwischen dem Ausgangszustand und der Rückkehr an den Ausgangszustand geschickt verschiedene Zustandsänderungen, so ist es möglich, genau das gewünschte Ziel einer über den Gesamtprozess kontinuierlichen Umwandlung zu erreichen. Da dieser Gesamtprozess immer wieder an seinen Ausgangspunkt (genauer in seinen Ausgangszustand) zurückkehrt, spricht man von einem **Kreisprozess**. Damit der Ausgangszustand wieder erreicht werden kann, gilt für Kreisprozesse für den kompletten Durchlauf zwingend

$$\Delta U_{\mathrm{Kr}} = 0 \tag{6.92}$$

ΔU_{Kr} Änderung der inneren Energie in einen Kreisprozess für einen vollen Umlauf in kJ

Wird ein reversibler Kreisprozess (Abschnitt 6.4) im p, v-Diagramm dargestellt, dann stellt die eingeschlossene Fläche die spezifische Arbeit des Kreisprozesses $|w_{\mathrm{Kr}}|$ dar.

Je nach Richtung, in der die Zustandskurve durchlaufen wird, wird der Kreisprozess **rechts- oder linksläufiger Kreisprozess** beziehungsweise Rechts- oder Linksprozess genannt.

Dabei sind Rechtsprozesse in Wärmekraftmaschinen zur Umwandlung von Wärme in Arbeit im Einsatz, während Linksprozesse in Kältemaschinen, Wärmepumpen und Ähnlichem (siehe Kapitel 10) zur Anwendung kommen.

Betrachtet man zunächst nur den Rechtsprozess (Linksprozess siehe Kapitel 10), so gilt mit Bezug zu Bild 6.1:

An der Systemgrenze wird:

1. (spezifische) Wärme zugeführt: $q_{\mathrm{zu}} > 0$ (Vorzeichen also +)
2. (spezifische) Arbeit abgeführt: $w_{\mathrm{Kr}} < 0$ (Vorzeichen also −)

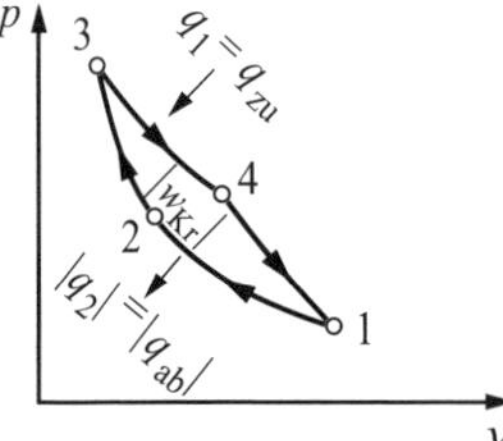

Bild 6.1 Fiktiver Kreisprozess (Rechtsprozess) in einem p, v-Diagramm

Diese Arbeit heißt **Kreisprozessarbeit**. Die Kreisprozessarbeit kann dabei eine resultierende Arbeit aus einem Teilprozess zugeführter und aus einem anderen Teilprozess abgeführter Arbeit sein.

3. (spezifische) Wärme abgeführt: $q_{ab} < 0$ (Vorzeichen also –)

Für die abgeführte Arbeit gilt entsprechend dem ersten Hauptsatz, da $\Delta U_{Kr} = 0$ sein muss:

$$w_{Kr} = q_{zu} - |q_{ab}|$$

Um den Kreisprozess zu schließen, ist es prinzipiell erforderlich, eine Wärme q_{ab} wieder aus dem System abzuführen. Eine weitere grundlegende Begründung für diese Notwendigkeit folgt in Abschnitt 6.7.

Für den Rechtsprozess folgt für die Berechnung des **thermischen Wirkungsgrades** η_{th}:

$$\eta_{th} = \frac{\text{abgeführte Arbeit}}{\text{zugeführte Wärme}} \tag{6.93}$$

$$\eta_{th} = \frac{|w_{Kr}|}{q_{zu}} = \frac{q_{zu} - |q_{ab}|}{q_{zu}} = 1 - \frac{|q_{ab}|}{q_{zu}}$$

η_{th} thermischer Wirkungsgrad
w_{Kr} spezifische Kreisprozessarbeit in $\frac{kJ}{kg}$
q_{zu} zugeführte spezifische Wärme in $\frac{kJ}{kg}$
q_{ab} abgeführte spezifische Wärme in $\frac{kJ}{kg}$

Auf Kreisprozessen basieren wesentliche Anwendungen der technischen Thermodynamik, wie die Gasturbinen und Verbrennungsmotoren (siehe Kapitel 7) und die Dampfkraftwerke (siehe Kapitel 9).

6.3 Reversible und irreversible Prozesse

Erfahrungsgemäß gibt es Vorgänge, die von selbst nur in eine Richtung ablaufen können [3, 8].

Typische Beispiele dafür sind:

- Energieübertragung in Form von Wärme; nur von einem System höherer Temperatur zu einem System niedriger Temperatur,
- Reibung; nur in die Richtung, dass Arbeit in Wärme beziehungsweise innere Energie umgewandelt wird,
- Drosselung (Expansion ohne Arbeitsleistung); nur in Richtung des Druckgefälles,
- Mischen von Gasen; nur in die Richtung, dass die Mischung gebildet wird,
- Koppeln von Gasvolumina unterschiedlicher Drücke; Drücke gleichen sich immer einander an.

Solche Prozesse nennt man **irreversibel**. Dagegen heißen umkehrbare Prozesse **reversibel**.

Reversibel ist ein Prozess, wenn man, nachdem der Prozess in einem System bis zum Endzustand abgelaufen ist, den Anfangszustand wiederherstellen kann, ohne dass Änderungen am System oder an seiner Umgebung zurückbleiben [3].

Typische Ursachen der Irreversibilität sind Reibungsvorgänge und Ausgleichsvorgänge. Dabei verdient in thermodynamischen Prozessen die sogenannte **innere Reibung** in Fluiden besondere Beachtung. Sie findet nicht an definierten Grenzflächen statt, sondern hat ihre Ursache in unterschiedlichen Strömungsgeschwindigkeiten benachbarter Bereiche, etwa bei Verwirbelungen.

Ein Prozess, der Energie durch Reibung und Verteilung der Reibungswärme in Wärme beziehungsweise innere Energie bei annähernder Umgebungstemperatur umwandelt, heißt **Dissipation.** Die Dissipation ist eine wesentliche Ursache der Irreversibilität thermodynamischer Vorgänge.

Letztendlich gilt:

Alle natürlichen und technischen Prozesse sind irreversibel.

Dies gilt für alle realen Prozesse, da Reibungs- und Ausgleichsvorgänge nie komplett ausgeschlossen werden können. Trotzdem sind wichtige Prozesse an sich (unter Vernachlässigung ungewollter Reibung und Vermischung) beziehungsweise in ihrer theoretischen Idealisierung reversibel. Eine Betrachtung reversibler Prozesse vereinfacht das Herangehen oft erheblich.

Erfahrungsgemäß ist somit der erste Hauptsatz beträchtlich eingeschränkt, nicht jede Energieumwandlung ist tatsächlich möglich. Diese Erfahrung wurde in einer zweiten grundlegenden Gesetzmäßigkeit zusammengefasst.

6.4 Der zweite Hauptsatz der Thermodynamik

Die Gesetzmäßigkeit, die die Aussagen zu möglichen Richtungen von Zustandsänderungen zusammenfasst, wird **zweiter Hauptsatz der Thermodynamik** genannt. Für ihn existieren mehrere gleichwertige Formulierungen, je nachdem, welche Prozesse betrachtet werden:

Der zweite Hauptsatz der Thermodynamik:

Nach *Clausius*: Wärme kann nie von selbst von einem Körper niedrigerer Temperatur auf einen Körper höherer Temperatur übergehen.

Nach *Lord Kelvin*: Aus einem Geschehen kann nur Arbeit entnommen werden, wenn Temperaturunterschiede vorhanden sind.

Nach *Planck*: Es ist unmöglich, eine periodisch arbeitende Maschine zu konstruieren, die weiter nichts bewirkt, als eine Last zu heben (Arbeit zu verrichten) und einem Wärmebehälter dauernd Wärme zu entziehen.

Damit existieren Vorzugsrichtungen für Energieumwandlungen, die die Beispiele aus Abschnitt 6.3 erklären. Für eine mathematische Formulierung des zweiten Hauptsatzes ist eine weitere Zustandsgröße erforderlich.

6.5 Die Entropie

Die Entropie ist eine extensive Zustandsgröße, die die Umwandel- und damit Anwendbarkeit der Energie beschreibt.

Viele der landläufigen Vorurteile gegen die Thermodynamik werden unter anderem mit der schweren Vorstellbarkeit der Entropie begründet. Ursache dieses Problems ist der Versuch, sich die Entropie stofflich oder äquivalent zur Energie vorzustellen. Wesentlich anschaulicher ist aber der Vorstellung eines Qualitätskriteriums:

> Für eine Energiemenge gilt, je höher die Entropie, desto eingeschränkter sind die Nutzungsmöglichkeiten dieser Energie.

Vielleicht kann man diese Aussage, ohne zu oberflächlich zu werden, noch veranschaulichen, wenn man die Energie mit einem Quantum klaren Wassers vergleicht. Dann entspricht die Entropie sinnbildlich Keimen oder Schadstoffen, die – obwohl für den Betrachter unsichtbar – die Nutzbarkeit beeinträchtigen.

Es gelten die folgenden Definitionsgleichungen für die **Entropie** S [5]:

$$\mathrm{d}S = \frac{\mathrm{d}U + p \cdot \mathrm{d}V}{T} \tag{6.94}$$

$\mathrm{d}S$ Differenzial der Entropie in $\frac{\mathrm{kJ}}{\mathrm{K}}$
$\mathrm{d}U$ Differenzial der inneren Energie in kJ
p absoluter Druck in kPa
$\mathrm{d}V$ Differenzial des Volumens in m^3
T absolute Temperatur in K

beziehungsweise

$$\mathrm{d}S = \frac{\mathrm{d}H - V \cdot \mathrm{d}p}{T} \tag{6.95}$$

$\mathrm{d}S$ Differenzial der Entropie in $\frac{\mathrm{kJ}}{\mathrm{K}}$
$\mathrm{d}H$ Differenzial der Enthalpie in kJ
V Volumen in m^3
$\mathrm{d}p$ Differenzial des absoluten Druckes in kPa
T absolute Temperatur in K

Diese Formeln zeigen, dass eine gleiche innere Energie mit einer höheren Entropie verbunden ist, je geringer die Temperatur ist, bei der sie vorliegt.

Nach einer Ableitung, die hier nicht gezeigt werden soll, folgt

$$dS = \frac{dQ}{T} + \frac{dW_{dis}}{T} \tag{6.96}$$

dS Differenzial der Entropie in $\frac{kJ}{K}$
dQ Differenzial der Wärme in kJ
dW_{dis} Differenzial der Dissipationsarbeit (Reibungsarbeit) in kJ
T absolute Temperatur in K

Die beiden Terme beschreiben die Entropieänderung durch Wärmetransport und durch Dissipation.

Die Entropie eines Systems ändert sich:

- durch Wärmetransport (gegebenenfalls gekoppelt mit dem Stofftransport) über die Systemgrenze, dabei kann Entropie zu- und abgeführt werden,
- wenn Energie im System dissipiert (Entropieerzeugung).

Die statistische Thermodynamik erklärt die Entropie über die Wahrscheinlichkeit thermodynamischer Zustände. Häufig wird davon gesprochen, dass die Entropie ein Maß für die Unordnung ist. Auch wenn dies eine etwas zu starke Vereinfachung ist, eignet sich diese Betrachtung in manchen Fällen gut zu einer Veranschaulichung, etwa der Tatsache, warum die Stoffmischung, aber nicht die Stofftrennung ein freiwillig ablaufender Prozess ist.

Nach der Einführung der Entropie lässt sich der zweite Hauptsatz wie folgt schreiben:

Mathematische Formulierung des zweiten Hauptsatzes [3]:

- Die Entropie eines adiabaten geschlossenen Systems kann niemals abnehmen.
- Bei irreversiblen Prozessen nimmt die Entropie eines adiabaten geschlossenen Systems zu.
- Bei reversiblen Prozessen bleibt die Entropie eines adiabaten geschlossenen Systems konstant.

Aus dieser Formulierung des zweiten Hauptsatzes folgt, dass, entsprechend ihrer Entropie, selbst bei Übertemperatur vorliegende thermische Energie nur zu einem gewissen Umfang

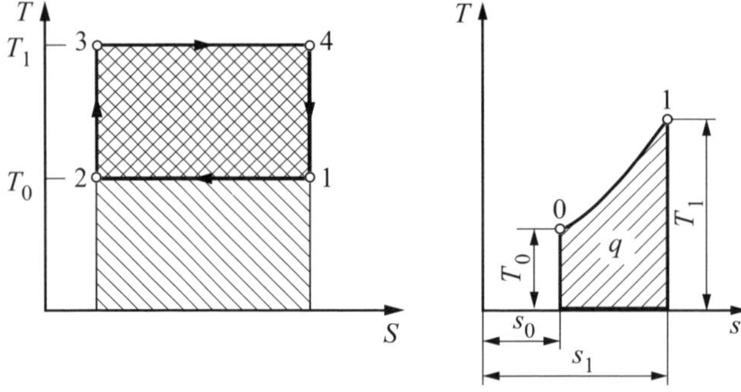

Bild 6.2 Beispiel eines T,S- und T,s-Diagramms

in Arbeit umgewandelt werden kann. In Abschnitt 6.8 erfolgt eine Betrachtung, welcher Anteil das im Idealfall sein kann.

Eine Zustandsänderung heißt **isentrope Zustandsänderung**, wenn bei ihr die Entropie konstant bleibt.

Eine Zustandsänderung ist isentrop, wenn sie zugleich adiabat (ohne Wärmeübertragung) und reversible abläuft.

Wegen der Bedeutung der Entropie und wegen Vereinfachungen in der Handhabung, die Gegenstand späterer Kapitel sind, werden thermodynamische Zustandsänderungen häufig im T,s-Diagramm (Temperatur über spezifischer Entropie) dargestellt.

6.6 Die Entropie der speziellen Zustandsänderungen idealer Gase

Für die in Abschnitt 5.5 betrachteten speziellen Zustandsänderungen idealer Gase ergeben sich auch vereinfachte Berechnungsformeln für die Entropie.

Für die **Änderung der spezifischen Entropie** Δs_{12} **der isochoren Zustandsänderung** gilt:

$$\Delta s_{12} = s_2 - s_1 = c_v \cdot \ln \frac{p_2}{p_1} = c_v \cdot \ln \frac{T_2}{T_1} \tag{6.97}$$

Δs_{12} Änderung der spezifischen Entropie bei der Zustandsänderung 1–2 in $\frac{\text{J}}{\text{kg}\cdot\text{K}}$
s_2 spezifische Entropie im Zustand 2 in $\frac{\text{J}}{\text{kg}\cdot\text{K}}$
s_1 spezifische Entropie im Zustand 1 in $\frac{\text{J}}{\text{kg}\cdot\text{K}}$
c_v spezifische Wärmekapazität bei konstantem Volumen in $\frac{\text{J}}{\text{kg}\cdot\text{K}}$
p_2 Druck im Zustand 2 in kPa
p_1 Druck im Zustand 1 in kPa
T_2 absolute Temperatur im Zustand 2 in K
T_1 absolute Temperatur im Zustand 1 in K

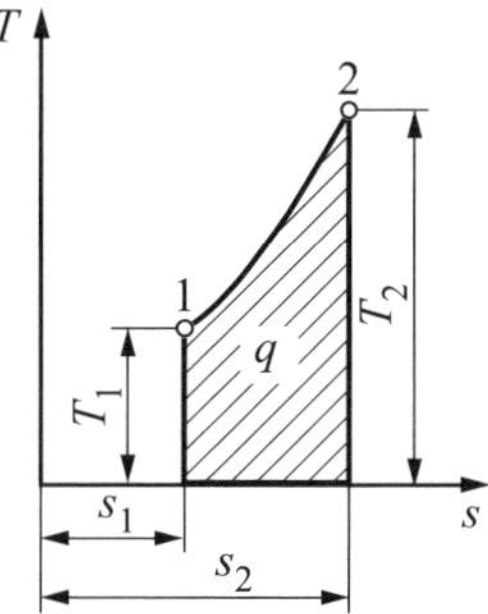

Bild 6.3 Isochore Zustandsänderung eines idealen Gases im T,s-Diagramm

Für die **Änderung der spezifischen Entropie** Δs_{12} **der isobaren Zustandsänderung** gilt:

$$\Delta s_{12} = s_2 - s_1 = c_p \cdot \ln \frac{v_2}{v_1} = c_p \cdot \ln \frac{T_2}{T_1} \tag{6.98}$$

Δs_{12} Änderung der spezifischen Entropie bei der Zustandsänderung 1–2 in $\frac{\text{J}}{\text{kg}\cdot\text{K}}$
s_2 spezifische Entropie im Zustand 2 in $\frac{\text{J}}{\text{kg}\cdot\text{K}}$
s_1 spezifische Entropie im Zustand 1 in $\frac{\text{J}}{\text{kg}\cdot\text{K}}$
c_p spezifische Wärmekapazität bei konstantem Druck in $\frac{\text{J}}{\text{kg}\cdot\text{K}}$
v_2 spezifisches Volumen im Zustand 2 in $\frac{\text{m}^3}{\text{kg}}$
v_1 spezifisches Volumen im Zustand 1 in $\frac{\text{m}^3}{\text{kg}}$
T_2 absolute Temperatur im Zustand 2 in K
T_1 absolute Temperatur im Zustand 1 in K

Für die **Änderung der spezifischen Entropie** Δs_{12} **der isothermen Zustandsänderung** gilt:

$$\Delta s_{12} = s_2 - s_1 = R \cdot \ln \frac{v_2}{v_1} = -R \cdot \ln \frac{p_2}{p_1} \tag{6.99}$$

Δs_{12} Änderung der spezifischen Entropie bei der Zustandsänderung 1–2 in $\frac{\text{J}}{\text{kg}\cdot\text{K}}$
s_2 spezifische Entropie im Zustand 2 in $\frac{\text{J}}{\text{kg}\cdot\text{K}}$
s_1 spezifische Entropie im Zustand 1 in $\frac{\text{J}}{\text{kg}\cdot\text{K}}$
R spezifische Gaskonstante in $\frac{\text{J}}{\text{kg}\cdot\text{K}}$
v_2 spezifisches Volumen im Zustand 2 in $\frac{\text{m}^3}{\text{kg}}$
v_1 spezifisches Volumen im Zustand 1 in $\frac{\text{m}^3}{\text{kg}}$
p_2 Druck im Zustand 2 in kPa
p_1 Druck im Zustand 1 in kPa

Für die **spezifische Entropie** s_{12} **der isentropen Zustandsänderung** gilt:

$$\begin{aligned} s_2 &= s_1 = \text{konstant} \\ \Delta s_{12} &= 0 \end{aligned} \tag{6.100}$$

Δs_{12} Änderung der spezifischen Entropie bei der Zustandsänderung 1–2 in $\frac{\text{J}}{\text{kg}\cdot\text{K}}$
s_2 spezifische Entropie im Zustand 2 in $\frac{\text{J}}{\text{kg}\cdot\text{K}}$
s_1 spezifische Entropie im Zustand 1 in $\frac{\text{J}}{\text{kg}\cdot\text{K}}$

Für die **Änderung der spezifischen Entropie** Δs_{12} **der polytropen Zustandsänderung** gilt:

$$\begin{aligned} \Delta s_{12} = s_2 - s_1 &= c_v \cdot \frac{n-\kappa}{n-1} \cdot \ln \frac{T_2}{T_1} \\ &= c_v \cdot \ln \frac{T_2}{T_1} + R \cdot \ln \frac{v_2}{v_1} \\ &= c_v \cdot \ln \frac{p_2}{p_1} + c_p \cdot \ln \frac{v_2}{v_1} \\ &= c_p \cdot \ln \frac{T_2}{T_1} - R \cdot \ln \frac{p_2}{p_1} \end{aligned} \tag{6.101}$$

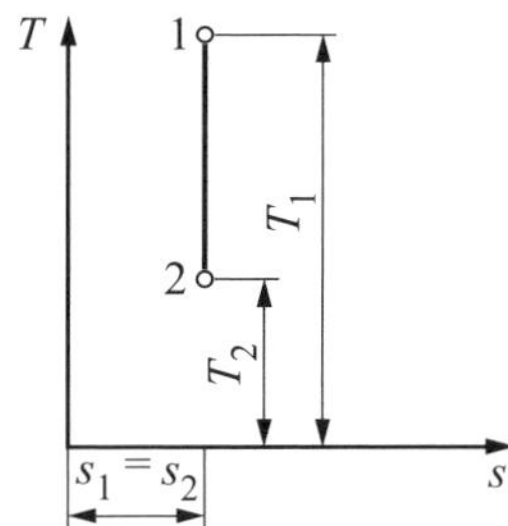

Bild 6.4 Isentrope Zustandsänderung im T,s-Diagramm

Δs_{12} Änderung der spezifischen Entropie bei der Zustandsänderung 1–2 in $\frac{\mathrm{J}}{\mathrm{kg \cdot K}}$
s_2 spezifische Entropie im Zustand 2 in $\frac{\mathrm{J}}{\mathrm{kg \cdot K}}$
s_1 spezifische Entropie im Zustand 1 in $\frac{\mathrm{J}}{\mathrm{kg \cdot K}}$
c_v spezifische Wärmekapazität bei konstantem Volumen in $\frac{\mathrm{J}}{\mathrm{kg \cdot K}}$
n Polytropenexponent
κ Isentropenexponent
T_2 absolute Temperatur im Zustand 2 in K
T_1 absolute Temperatur im Zustand 1 in K
v_2 spezifisches Volumen im Zustand 2 in $\frac{\mathrm{m}^3}{\mathrm{kg}}$
v_1 spezifisches Volumen im Zustand 1 in $\frac{\mathrm{m}^3}{\mathrm{kg}}$
p_2 Druck im Zustand 2 in kPa
p_1 Druck im Zustand 1 in kPa
c_p spezifische Wärmekapazität bei konstantem Druck in $\frac{\mathrm{J}}{\mathrm{kg \cdot K}}$
R spezifische Gaskonstante in $\frac{\mathrm{J}}{\mathrm{kg \cdot K}}$

6

6.7 Wirkungsgrad und Gütegrad

Aus der Feststellung, dass die Umwandelbarkeit von Energie begrenzt ist und dass neben den verlustbehafteten, irreversiblen realen Prozessen ideale Grenzfälle zumindest theoretisch existieren, folgt direkt der Bedarf an „Qualitätskennzahlen", d. h. Größen, die diesen Umstand beschreiben.

Die einfachste und verbreitetste Angabe ist dabei der **Wirkungsgrad** η. Seine Definition greift direkt auf den Umstand zurück, dass die Umwandlung von Energie im Normalfall neben der als Ziel erwünschten Energieform auch zu anderen, unerwünschten Energieformen, wie zum Beispiel Niedertemperaturwärme, führt, ja wenn die Ausgangsenergie thermische Energie ist, führen muss. Der Wirkungsgrad drückt aus, zu welchem Anteil die Umwandlung zur erwünschten Zielenergie erfolgt. Der Wirkungsgrad hat keine Einheit. Mitunter erfolgt die Angabe als prozentuale Größe, was zur Erleichterung des Verständnisses beitragen, aber beim Weiterrechnen hinderlich sein kann.

Landläufig ist die Definition:

$$\text{Wirkungsgrad} = \frac{\text{Nutzen}}{\text{Aufwand}}$$

Diese Angabe hat ihren Sinn vor allem in der plakativen Darstellung und der Erhöhung der Verständlichkeit. Exakt sind die folgenden Definitionen:

$$\eta = \frac{E_{\text{Nutz}}}{E_{\text{Aufw}}} \tag{6.102}$$

bzw.

$$\eta = \frac{P_{\text{Nutz}}}{P_{\text{Aufw}}}$$

η Wirkungsgrad
E_{Nutz} Energie in der angestrebten (nutzbaren) Energieform nach der Energieumwandlung in kJ
E_{Aufw} Energie vor der Umwandlung in kJ
P_{Nutz} Leistung in der angestrebten (nutzbaren) Energieform nach der Energieumwandlung in kW
P_{Aufw} Leistung vor der Umwandlung in kW

Entsprechend dem ersten Hauptsatz sind Wirkungsgrade größer als 1 nicht möglich. Aus dem in diesem Kapitel Diskutierten folgt, dass der Wirkungsgrad in einem realen Prozess immer kleiner als 1 ist.

Der Wirkungsgrad unterscheidet nicht, warum nur ein Teil der Ausgangsenergie in die gewünschte Zielenergie umgewandelt wurde, ob dies aufgrund von naturgesetzlichen Zusammenhängen nicht besser möglich war oder ob ein mit vielen Irreversibilitäten behafteter „schlechter" Prozess, der die gegebenen Möglichkeiten nicht ausnutzt, gewählt wurde.

Hierfür bietet sich die Angabe des **Gütegrades** η_{is} an. Der Gütegrad ist das Verhältnis aus dem tatsächlichen Wirkungsgrad eines betrachten Prozesses zu dem Wirkungsgrad eines theoretischen idealen Vergleichsprozesses. Auch er ist dimensionslos.

$$\eta_{\text{is}} = \frac{\eta_{\text{real}}}{\eta_{\text{vergl}}} \tag{6.103}$$

η_{is} Gütegrad
η_{real} Wirkungsgrad des realen Prozesses
η_{vergl} Wirkungsgrad des idealen Vergleichsprozesses

Damit ist mit dem Gütegrad eine Aussage über die „Qualität" eines Prozesses möglich, denn er gibt an, inwieweit der reale Prozess vom theoretischen Optimum abweicht.

6.8 Der Carnot-Kreisprozess und der Carnot-Wirkungsgrad

Das theoretische Optimum der Umwandlung von Wärme in Arbeit ist direkt durch den zweiten Hauptsatz der Thermodynamik vorgegeben. Der Wirkungsgrad des theoretisch idealen Vergleichsprozesses lässt sich aus dem zweiten Hauptsatz in seiner mathematischen Formulierung (Entropiedarstellung) ableiten. Dieser Vergleichswirkungsgrad wird nach dem Wissenschaftler, der als Erster die Begrenztheit der Umwandlung von Wärme in Arbeit erkannte, als **Carnot-Wirkungsgrad** oder **Carnot-Faktor** η_C bezeichnet.

Für die Ableitung dieses bestmöglichen Wirkungsgrades geht man von einem Kreisprozess zwischen den Temperaturniveaus T_1 und T_0 aus, wobei man annimmt, dass alle Wärmezufuhr bei T_1 und alle Wärmeabfuhr bei T_0 stattfindet.

Dabei gilt: **„Die Entropie eines adiabaten geschlossenen Systems kann niemals abnehmen."** Im idealen Grenzfall eines reversiblen Prozesses ist die Änderung durch den Prozess selbst gleich null.

$$\Delta S_{\text{Proz}} \geq 0$$

Mit der Wärmezufuhr bei T_1 wird nach Gleichung (6.96) die Entropie $\Delta S_1 = \frac{Q_1}{T_1}$ dem System zugeführt, mit der Wärmeabfuhr bei T_0 die Entropie $\Delta S_0 = -\frac{Q_0}{T_0}$ aus dem System abgeführt. Da im idealen Fall die Entropieänderung durch den Prozess gleich null ist, muss für diesen gelten:

$$\frac{Q_1}{T_1} - \frac{Q_0}{T_0} = 0$$

Weiterhin gilt natürlich der erste Hauptsatz und es kann eine Energiebilanz aufgestellt werden:

$$-W_{\text{mech}} + Q_1 - Q_0 = 0$$
$$W_{\text{mech}} = Q_1 - Q_0$$

Betrachtet man die Arbeit als Nutzen und die zugeführte Wärme als Aufwand, lässt sich ein Wirkungsgrad der Umwandlung von Wärme in Arbeit schreiben als:

$$\eta = \frac{Q_1 - Q_0}{Q_1}$$

Durch Einsetzen der obigen Entropiebetrachtung folgt:

$$\eta_C = \frac{Q_1 - \frac{Q_1 \cdot T_0}{T_1}}{Q_1}$$

Es kürzt sich Q_1, damit ergibt sich der Carnot-Wirkungsgrad zu

$$\eta_C = 1 - \frac{T_0}{T_1}$$

Der bestmögliche Wirkungsgrad der Umwandlung von Wärme in Arbeit, das heißt der Wirkungsgrad des idealen reversiblen Vergleichsprozesses, wird Carnot-Wirkungsgrad η_C genannt.

Der Carnot-Wirkungsgrad ist nur von den jeweiligen Temperaturen, bei denen Wärmezu- und Wärmeabfuhr erfolgen, abhängig.

Es gilt dann für den **Carnot-Wirkungsgrad** η_C:

$$\eta_C = 1 - \frac{T_0}{T_1} \tag{6.104}$$

6

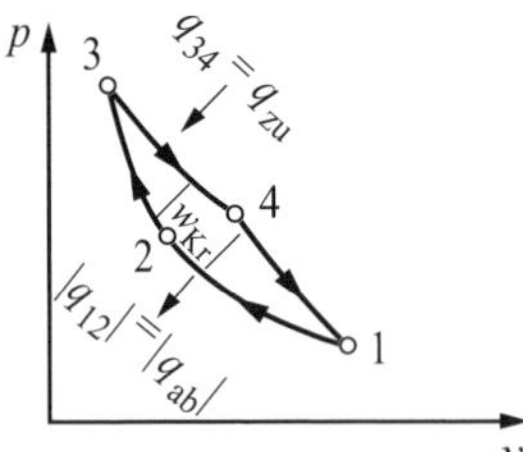

Bild 6.5 Carnot-Prozess im p, v-Diagramm

η_C Carnot-Wirkungsgrad
T_0 absolute Temperatur der Wärmeabfuhr in K
T_1 absolute Temperatur der Wärmezufuhr in K

Ein Prozess nach Bild 6.5 entspricht im reversiblen Fall dem **Carnot-Prozess**.

Dabei sind:

1–2: **isotherme Verdichtung** (mit Wärmeabfuhr)
2–3: **isentrope Verdichtung**
3–4: **isotherme Entspannung** (mit Wärmezufuhr)
4–1: **isentrope Entspannung**.

Ein solcher Prozess ist technisch nicht umsetzbar. Insbesondere ist es nicht möglich, eine isotherme Wärmezu- oder -abfuhr zu realisieren. Er ist aber für technische Prozesse (siehe z. B. Kapitel 7) das Ziel und dient dem Vergleich.

6.9 Beispiele

6.9.1 Carnot-Wirkungsgrad

Bei einem Verbrennungsmotor erfolgt die Wärmezufuhr bei 1 800 °C. Die Abwärme verlässt den Kreisprozess mit 927 °C. Wie groß ist der thermische Wirkungsgrad im Falle des Carnot-Prozesses?

gegeben:	Ausgangstemperatur	$\vartheta_0 = 1\,800\,°\text{C}$
	Endtemperatur	$\vartheta_1 = 927\,°\text{C}$
gesucht:	Carnot-Wirkungsgrad	η_C in %

Lösung:

Die Umrechnung in die Grundeinheiten (vgl. Anhang A.6) ergibt:

$$T_0 = \vartheta_0 + 273{,}15\,\text{K} = 1\,800\,°\text{C} + 273{,}15\,\text{K} = 2\,073{,}15\,\text{K}$$

$$T_1 = \vartheta_1 + 273{,}15\,\text{K} = 927\,°\text{C} + 273{,}15\,\text{K} = 1\,200{,}15\,\text{K}$$

Nach Gleichung (6.104) ist der Carnot-Wirkungsgrad

$$\eta_C = 1 - \frac{T_0}{T_1}$$
$$= 1 - \frac{1\,200{,}15\,\mathrm{K}}{2\,073{,}15\,\mathrm{K}}$$
$$\eta_C = 0{,}421 = 42{,}1\,\%$$

d. h., 42,1 % der aufgewandten Wärme können theoretisch nutzbar gemacht werden.

6.9.2 Carnot-Prozess, Nutzarbeit, (thermischer) Carnot-Wirkungsgrad

Mit 1 kg trockener Luft soll ein Carnot-Prozess realisiert werden. Im Punkt 3 (Bild 6.5) beträgt der Druck 16 bar und die Temperatur 527 °C. Nach der isothermen Expansion soll ein Druck von 8 bar (Punkt 4) herrschen. Der tiefste Druck des Prozesses beträgt 1,6 bar.

Gesucht sind:

Drücke und Volumina in den Punkten 1 bis 4, die zu- und abgeführte Wärme, die abgeführte spezifische Arbeit, der thermische Wirkungsgrad und der mittlere Druck des Kreisprozesses.

gegeben:	Masse an trockener Luft	$m = 1\,\mathrm{kg}$
	Temperatur im Punkt 3	$\vartheta_3 = 527\,°\mathrm{C}$
	Druck im Punkt 1	$p_1 = 1{,}6\,\mathrm{bar} = 1{,}6 \cdot 10^5\,\frac{\mathrm{N}}{\mathrm{m}^2}$
	Druck im Punkt 3	$p_3 = 16\,\mathrm{bar} = 16 \cdot 10^5\,\frac{\mathrm{N}}{\mathrm{m}^2}$
	Druck im Punkt 4	$p_4 = 8\,\mathrm{bar} = 8 \cdot 10^5\,\frac{\mathrm{N}}{\mathrm{m}^2}$
gesucht:	Druck im Punkt 2	p_2 in bar
	Volumina für die Punkte 1 bis 4	$V_{1...4}$ in m^3
	zu- und abgeführte spezifische Wärme	$q_{zu} = q_1, q_{ab} = q_2$ in $\frac{\mathrm{kJ}}{\mathrm{kg}}$
	abgegebene spezifische Arbeit	$\lvert w_{Kr} \rvert$ in $\frac{\mathrm{kJ}}{\mathrm{kg}}$
	thermischer Wirkungsgrad	η_{th} in %
	mittlerer Druck	p_m in bar

Lösung:

Die Umrechnung in die Grundeinheiten (vgl. Anhang A.6) ergibt:

$$T_3 = \vartheta_3 + 273{,}15\,\mathrm{K} = 527\,°\mathrm{C} + 273{,}15\,\mathrm{K} = 800{,}15\,\mathrm{K}$$

Die spezifische Gaskonstante und der Isentropenexponent von trockener Luft aus dem Anhang A.4.1 lauten:

$$R = 287{,}1\,\frac{\mathrm{J}}{\mathrm{kg}\cdot\mathrm{K}} = 287{,}1\,\frac{\mathrm{N}\cdot\mathrm{m}}{\mathrm{kg}\cdot\mathrm{K}}$$
$$\kappa = 1{,}402$$

Das spezifische Volumen im Punkt 3 ist mit Gleichung (5.47)

$$p_3 \cdot v_3 = R \cdot T_3$$

$$v_3 = \frac{R \cdot T_3}{p_3} = \frac{287{,}1\,\frac{\text{N}\cdot\text{m}}{\text{kg}\cdot\text{K}} \cdot 800{,}15\,\text{K}}{16 \cdot 10^5\,\frac{\text{N}}{\text{m}^2}}$$

$$v_3 = 0{,}144\,\frac{\text{m}^3}{\text{kg}}$$

Von Punkt 3 nach 4 erfolgt die Entspannung isotherm. Das Volumen bei Punkt 4 ist mit Gleichung (5.76), hier schon für die massespezifischen Volumina geschrieben

$$\frac{v_3}{v_4} = \frac{p_4}{p_3}$$

$$v_4 = v_3 \cdot \frac{p_3}{p_4} = 0{,}144\,\frac{\text{m}^3}{\text{kg}} \cdot \frac{16\,\text{bar}}{8\,\text{bar}}$$

$$v_4 = 0{,}288\,\frac{\text{m}^3}{\text{kg}}$$

Von Punkt 4 nach Punkt 1 erfolgt die Entspannung isentrop. Da $T_3 = T_4$, ist die Temperatur im Punkt 1 mit Gleichung (5.82)

$$\frac{T_4}{T_1} = \left(\frac{p_4}{p_1}\right)^{\frac{\kappa-1}{\kappa}}$$

$$\frac{T_4}{T_1} = \left(\frac{8\,\text{bar}}{1{,}6\,\text{bar}}\right)^{\frac{1{,}402-1}{1{,}402}} = 1{,}583$$

$$T_1 = \frac{T_4}{1{,}583} = \frac{800{,}15\,\text{K}}{1{,}583}$$

$$T_1 = 505{,}5\,\text{K}$$

Das Volumen in Punkt 1 ist mit Gleichung (5.47)

$$p_1 \cdot v_1 = R \cdot T_1$$

$$v_1 = \frac{R \cdot T_1}{p_1} = \frac{287{,}1\,\frac{\text{N}\cdot\text{m}}{\text{kg}\cdot\text{K}} \cdot 505{,}5\,\text{K}}{1{,}6 \cdot 10^5\,\frac{\text{N}}{\text{m}^2}}$$

$$v_1 = 0{,}907\,\frac{\text{m}^3}{\text{kg}}$$

Der Druck bei Punkt 2 wird nach den Gesetzen der Isentropen (Punkt 2 nach Punkt 3) errechnet. Es ist somit nach Gleichung (5.82)

$$\frac{T_2}{T_3} = \left(\frac{p_2}{p_3}\right)^{\frac{\kappa-1}{\kappa}}$$

$$\frac{p_3}{p_2} = \left(\frac{T_3}{T_2}\right)^{\frac{\kappa}{\kappa-1}} = \left(\frac{800{,}15\,\text{K}}{505{,}5\,\text{K}}\right)^{\frac{1{,}402}{1{,}402-1}} = 5$$

$$p_2 = \frac{p_3}{5} = \frac{16\,\text{bar}}{5} = 3{,}2\,\text{bar}$$

Das Volumen im Punkt 2 wird, da von Punkt 1 nach Punkt 2 die Verdichtung isotherm erfolgt, mit Gleichung (5.76)

$$\frac{v_1}{v_2} = \frac{p_2}{p_1}$$

$$v_2 = v_1 \cdot \frac{p_1}{p_2} = 0{,}907\,\frac{\mathrm{m}^3}{\mathrm{kg}} \cdot \frac{1{,}6\,\mathrm{bar}}{3{,}2\,\mathrm{bar}}$$

$$v_2 = 0{,}454\,\frac{\mathrm{m}^3}{\mathrm{kg}}$$

Die Zuführung der Wärme q_{34} erfolgt bei konstanter Temperatur $T_3\,(T_0)$, also isothermer Zustandsänderung. Die Wärme errechnet sich mit Gleichung (5.78) $W_{12} = -m \cdot R \cdot T \cdot \ln \frac{p_1}{p_2}$ und Gleichung (5.79) $Q_{12} = -W_{12}$, hier schon mit massespezifischen Größen und als Absolutwert geschrieben:

$$q_{\mathrm{zu}} = q_{34} = w_{34} = R \cdot T_3 \cdot \ln \frac{p_3}{p_4}$$

$$= 287{,}1\,\frac{\mathrm{J}}{\mathrm{kg} \cdot \mathrm{K}} \cdot 800{,}15\,\mathrm{K} \cdot \ln \frac{16\,\mathrm{bar}}{8\,\mathrm{bar}}$$

$$q_{\mathrm{zu}} = q_{34} = w_{34} = 159\,232\,\frac{\mathrm{J}}{\mathrm{kg}} = 159{,}2\,\frac{\mathrm{kJ}}{\mathrm{kg}}$$

Die Wärmeabfuhr $|q_{12}|$ erfolgt bei konstanter Temperatur $T_1\,(T_{\mathrm{u}})$, also ebenso eine isotherme Zustandsänderung, und ist mit Gleichung (5.78) und Gleichung (5.79), mit massespezifischen Größen und als Absolutwert:

$$|q_{\mathrm{ab}}| = |q_{12}| = w_{12} = R \cdot T_1 \cdot \ln \frac{p_2}{p_1}$$

$$= 287{,}1\,\frac{\mathrm{J}}{\mathrm{kg} \cdot \mathrm{K}} \cdot 505{,}5\,\mathrm{K} \cdot \ln \frac{3{,}2\,\mathrm{bar}}{1{,}6\,\mathrm{bar}}$$

$$|q_{\mathrm{ab}}| = |q_{12}| = w_{12} = 100\,596\,\frac{\mathrm{J}}{\mathrm{kg}} = 100{,}6\,\frac{\mathrm{kJ}}{\mathrm{kg}}$$

Bei der Berechnung der abgegebenen Arbeit des Kreisprozesses werden nur die Raumänderungsarbeiten bei den isothermen Zustandsänderungen berücksichtigt.

Die Raumänderungsarbeiten bei den isentropen Zustandsänderungen heben sich auf. Der Betrag der Kreisprozessarbeit ist, hier ebenso mit massespezifischen Größen:

$$|w_{\mathrm{Kr}}| = q_{\mathrm{zu}} - |q_{\mathrm{ab}}| = q_{34} - |q_{12}|$$

$$= w_{34} - |w_{12}| = (159{,}2 - 100{,}6)\,\frac{\mathrm{kJ}}{\mathrm{kg}}$$

$$|w_{\mathrm{Kr}}| = 58{,}6\,\frac{\mathrm{kJ}}{\mathrm{kg}} = 58\,600\,\frac{\mathrm{N} \cdot \mathrm{m}}{\mathrm{kg}}$$

Die Kreisprozessarbeit $|w_{\mathrm{Kr}}|$ lässt sich genauso mit Gleichung (5.77) berechnen.

$$|w_{\mathrm{Kr}}| = w_{34} - |w_{12}|$$

Mit $w_{34} = -p_3 \cdot v_3 \cdot \ln \frac{v_3}{v_4}$ und $w_{12} = -p_1 \cdot v_1 \cdot \ln \frac{v_1}{v_2}$ ist

$$|w_{\mathrm{Kr}}| = p_3 \cdot v_3 \cdot \ln \frac{v_4}{v_3} - p_1 \cdot v_1 \cdot \ln \frac{v_1}{v_2}$$

Da für den Carnot-Prozess gilt: $\frac{v_4}{v_3} = \frac{v_1}{v_2}$ und unter Anwendung von Gleichung (5.47), $p_3 \cdot v_3 = R \cdot T_3$ bzw. $p_1 \cdot v_1 = R \cdot T_1$, ist

$$|w_{Kr}| = (p_3 \cdot v_3 - p_1 \cdot v_1) \cdot \ln \frac{v_1}{v_2}$$
$$= R \cdot (T_3 - T_1) \cdot \ln \frac{p_2}{p_1}$$
$$|w_{Kr}| = 287{,}1 \, \frac{\mathrm{N \cdot m}}{\mathrm{kg \cdot K}} \cdot (800{,}15 - 505{,}5)\ \mathrm{K} \cdot \ln \frac{3{,}2\,\mathrm{bar}}{1{,}6\,\mathrm{bar}} = 58\,636 \, \frac{\mathrm{N \cdot m}}{\mathrm{kg}} = 58{,}6 \, \frac{\mathrm{kJ}}{\mathrm{kg}}$$

Der (thermische) Wirkungsgrad ist mit Gleichung (6.93)

$$\eta_{th} = \frac{|w_{Kr}|}{q_{zu}} = \frac{q_{zu} - |q_{ab}|}{q_{zu}} = 1 - \frac{|q_{ab}|}{q_{zu}}$$
$$= 1 - \frac{100{,}6 \, \frac{\mathrm{kJ}}{\mathrm{kg}}}{159{,}2 \, \frac{\mathrm{kJ}}{\mathrm{kg}}}$$
$$\eta_{th} = 0{,}368$$

Der Carnot-Wirkungsgrad ist dann nach Gleichung (6.104)

$$\eta_C = 1 - \frac{T_0}{T_1} = 1 - \frac{T_u}{T_0} = 1 - \frac{T_1}{T_3}$$
$$= 1 - \frac{505{,}5\,\mathrm{K}}{800{,}15\,\mathrm{K}}$$
$$\eta_C = 0{,}368$$

Für diesen hier dargestellten Prozess ist der (thermische) Wirkungsgrad gleich dem Carnot-Wirkungsgrad.

Der mittlere Druck p_m des Kreisprozesses ist, schon massespezifisch geschrieben

$$w_{12} = -p \cdot (v_2 - v_1)$$
$$|w_{Kr}| = -p_m \cdot (v_3 - v_1)$$
$$p_m = -\frac{|w_{Kr}|}{v_3 - v_1} = -\frac{58\,636 \, \frac{\mathrm{N \cdot m}}{\mathrm{kg}}}{(0{,}144 - 0{,}907) \, \frac{\mathrm{m^3}}{\mathrm{kg}}}$$
$$p_m = 76\,849 \, \frac{\mathrm{N}}{\mathrm{m^2}} = 0{,}77\,\mathrm{bar}$$

Zusammenfassung der Ergebnisse:

	p in bar	*v* in m³/kg	*T* in K
Punkt 1	1,6	0,907	505,5
Punkt 2	3,2	0,454	505,5
Punkt 3	16	0,144	800,15
Punkt 4	8	0,288	800,15

Der thermische Wirkungsgrad des Carnot-Prozesses ist nur von der Umgebungstemperatur und der höchsten im Prozess erreichten Temperatur abhängig.

Je größer die Letztere wird, desto größer wird auch der Wirkungsgrad.

Die Umgebungstemperatur sollte für einen guten Wirkungsgrad möglichst klein gehalten werden.

Die massespezifischen Größen entsprechen den gesuchten Größen, weil der Kreisprozess mit 1 kg Luft durchgeführt wird.

7 Anwendung von Kreisprozessen ohne Änderung des Aggregatzustandes

7.1 Allgemeines und Grundlagen

Worum geht es im Kapitel?

Anwendung der bisherigen Inhalte, insbesondere der Kapitel 5 und 6 auf technisch genutzte Prozesse und Maschinen

Anwendungsgebiete:

Theoretische, idealisierte Betrachtung von Gasturbinen und Verbrennungsmotoren

Siehe auch:

5 Zustandsänderung ohne Änderung des Aggregatzustandes, 6 Die Grenzen der Energieumwandlung, zweiter Hauptsatz der Thermodynamik, Entropie

Vorbetrachtungen:

Der bisher in diesem Buch behandelte Stoff ermöglicht es, wichtige Prozesse und technische Einrichtungen (Maschinen) zur Energieumwandlung in ihrer theoretischen Näherung zu betrachten. Dabei existieren zwei grundlegende Prozesse:

- Dient die Maschine der Umwandlung von Wärme in mechanische Arbeit, so ist ein rechtsläufiger Kreisprozess realisiert. Man spricht dabei in Anlehnung an den traditionellen Sprachgebrauch, der nicht scharf zwischen Kraft und Arbeit beziehungsweise Leistung unterschieden hat, von einem **Kraftprozess**.
- In Maschinen, die mechanische Arbeit einsetzen, um Wärme auf ein höheres Temperaturniveau zu heben oder Kälte zu erzeugen, ist ein **linksläufiger Kreisprozess** realisiert.

Weiterhin unterscheidet man Prozesse mit einer **externen Wärmezufuhr** über Wärmeübertrager und Prozesse mit einer **internen Wärmezufuhr**, meist über chemische Reaktionen, sowie kontinuierliche und periodische Prozesse.

Im Folgenden werden einige wichtige Anwendungsfälle behandelt.

7.2 Kontinuierliche rechtsläufige Kreisprozesse, der Gasturbinenprozess

Lässt man die Teilprozesse eines Kreisprozesses gleichzeitig ablaufen, gelingt es, einen kontinuierlichen Kreisprozess zu gestalten. Dafür erfolgt meist eine räumliche Aufteilung der Teilprozesse, etwa auf verschiedene Baugruppen einer Anlage. Ein typisches Beispiel dafür ist die Gasturbine.

Eine **Gasturbine** ist eine Einrichtung zur Umwandlung von Wärme in mechanische Arbeit auf der Basis von Strömungsmaschinen für Gase. Sie besteht aus den Hauptbaugruppen Verdichter, Wärmezufuhr, Entspannungsturbine (Turbine, Turbine im engeren Sinn, Expansionsmaschine) und Wärmeabfuhr. Durchströmt ein Arbeitsgas diese Anordnung, findet mit diesem ein Kreisprozess statt. Ohne die Wärmezu- und Wärmeabfuhr und die damit verbundene Temperaturänderung des Arbeitsgases würde im Idealfall gerade die Entspannungsmaschine den Verdichter antreiben können. Ist die Temperatur an der Entspannungsturbine größer als am Verdichter, so wird die Leistung, die sie abgeben kann, größer als die Leistungsaufnahme des Verdichters, sodass eine resultierende Leistung der Gasturbine übrig bleibt.

In einer Vielzahl der Fälle ist von außen angesaugte Luft das Arbeitsgas, die Wärmezufuhr findet durch einen Verbrennungsprozess statt, während die Wärmeabfuhr durch den Ausstoß von Verbrennungsabgasen erfolgt. Dieser Prozess ist also ein offener Kreisprozess. Die Wärmezufuhr durch Verbrennung führt dazu, dass der Massestrom, der die Entspannungsturbine passiert, um die Brennstoffmasse größer ist als der Massestrom, der den Verdichter passiert. Diese Massestromdifferenz ist jedoch für viele Brennstoffe klein gegenüber dem Luftmassestrom, er beträgt etwa beim Brennstoff Heizöl rund 5 %. Damit können die Massestromdifferenz und die Änderung der Wärmekapazität zunächst vernachlässigt werden.

Es ist auch möglich, das Arbeitsgas im Kreis zu führen, wobei die Wärmezu- und Wärmeabfuhr durch Wärmeübertrager geschieht. Dabei können auch andere Arbeitsgase als Luft eingesetzt werden, was zur Wirkungsgradsteigerung beitragen kann. Diese Lösung ist jedoch weniger weit verbreitet.

Typischerweise treibt die Expansionsmaschine den Verdichter direkt an, indem beide auf einer gemeinsamen Welle sitzen.

In Bild 7.1 ist der grundlegende Aufbau dargestellt, in Bild 7.2 der zugrunde liegende theoretische Vergleichsprozess im p, v- und T, s-Diagramm. Dieser Vergleichsprozess wird auch **Joule-Prozess** genannt.

Die Teilprozesse des idealen Vergleichsprozesses sind dabei:

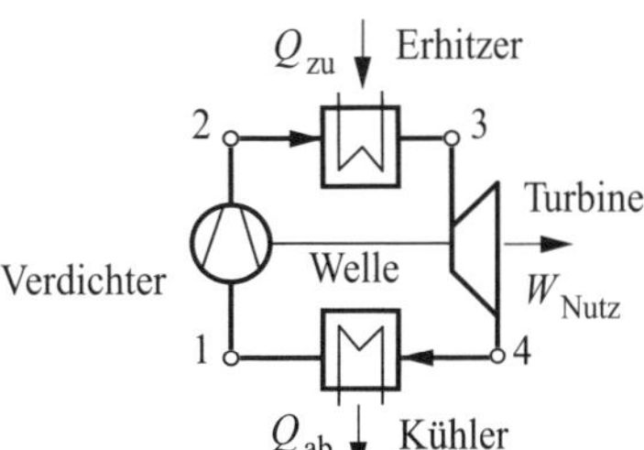

Bild 7.1 Prinzipschaltbild eines geschlossenen Gasturbinenprozesses

7

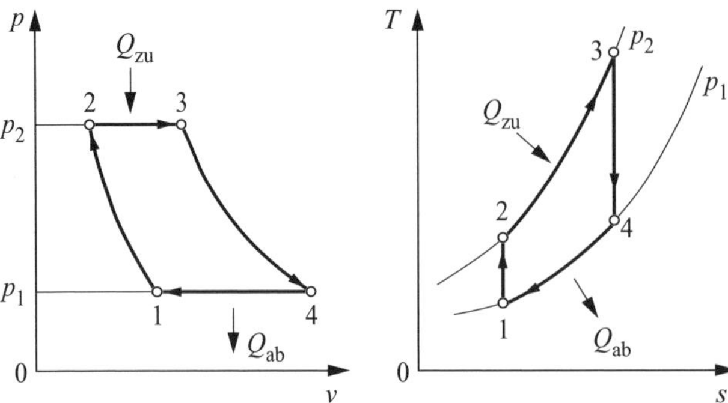

Bild 7.2 p,v- und T,s-Diagramm eines Gasturbinenprozesses

1–2: **isentrope** (reversibel adiabate) **Verdichtung**

$$w_{\text{Verd}} = h_2 - h_1 = c_p \cdot (T_2 - T_1)$$

2–3: **isobare Wärmezufuhr**

$$q_{\text{zu}} = h_3 - h_2 = c_p \cdot (T_3 - T_2)$$

3–4: **isentrope** (reversibel adiabate) **Expansion**

$$w_{\text{T}} = h_4 - h_3 = c_p \cdot (T_4 - T_3)$$

4–1: **isobare Wärmeabfuhr**

$$q_{\text{ab}} = h_1 - h_4 = c_p \cdot (T_1 - T_4)$$

Für den idealisierten Fall, dass kein Druckverlust bei der Wärmezufuhr auftritt, ist $p_3 = p_2$. Für den Fall, dass auch die Wärmeabfuhr nicht mit einem Druckverlust verbunden ist oder für den häufigen Fall, dass das Arbeitsgas Luft ist, die aus der Umgebungsatmosphäre angesaugt wird, während das Abgas wieder an die Umgebung abgegeben wird, jeweils mit Umgebungsdruck, ist auch $p_1 = p_4$.

Für die aus dem Prozess entziehbare **spezifische Nutzarbeit** w_{Nutz} ergibt sich bei einer Energiebilanzierung (natürlich unter Beachtung der Vorzeichenregeln):

$$w_{\text{Nutz}} = w_{\text{T}} + w_{\text{Verd}} = q_{\text{zu}} - q_{\text{ab}} \tag{7.105}$$

w_{Nutz} spezifische Nutzarbeit (entziehbare, extern nutzbare Arbeit) der Gasturbine in $\frac{\text{kJ}}{\text{kg}}$

w_{T} spezifische Arbeit, die die Entspannungsturbine verrichtet bzw. die bei der Entspannung verrichtet wird, in $\frac{\text{kJ}}{\text{kg}}$

w_{Verd} spezifische Arbeit, die dem Verdichter zugeführt wird bzw. die beim Verdichten geleistet wird, in $\frac{\text{kJ}}{\text{kg}}$

q_{zu} zugeführte spezifische Wärme in $\frac{\text{kJ}}{\text{kg}}$

q_{ab} abgeführte spezifische Wärme in $\frac{\text{kJ}}{\text{kg}}$

Dieselben Betrachtungen sind auf der Basis der Leistung möglich. Bei Prozessen wie dem Gasturbinenprozess, bei denen das Arbeitsmedium nicht den Aggregatzustand wechselt, ist die

Arbeit, die bei der Verdichtung geleistet wird, in der Größenordnung der Nutzarbeit und die bei der Verdichtung verrichtete Arbeit somit auf keinem Fall vernachlässigbar.

Der **thermische Wirkungsgrad** einer **Gasturbine** η_{th} ergibt sich mit der Nutzarbeit als „Nutzen" und der zugeführten Wärme als „Aufwand". Daraus sind andere Darstellungen ableitbar:

$$\eta_{th} = \frac{|w_{Nutz}|}{q_{zu}} = 1 - \frac{|q_{ab}|}{q_{zu}} = 1 - \frac{T_4 - T_1}{T_3 - T_2} \qquad (7.106)$$

η_{th} thermischer Wirkungsgrad
w_{Nutz} spezifische Nutzarbeit (entziehbare, extern nutzbare Arbeit) der Gasturbine in $\frac{kJ}{kg}$
q_{zu} zugeführte spezifische Wärme in $\frac{kJ}{kg}$
q_{ab} abgeführte spezifische Wärme in $\frac{kJ}{kg}$
T_1 (absolute) Temperatur vor der Verdichtung in K
T_2 (absolute) Temperatur nach der Verdichtung in K
T_3 (absolute) Temperatur nach der Wärmezufuhr (vor der Entspannung) in K
T_4 (absolute) Temperatur nach der Entspannung in K

Das **Verdichtungsverhältnis** π ist eine wichtige Kenngröße einer Gasturbine:

$$\pi = \frac{p_2}{p_1} = \frac{p_3}{p_4} \qquad (7.107)$$

7

π Verdichtungsverhältnis
p_1 Druck vor der Verdichtung in kPa
p_2 Druck nach der Verdichtung in kPa
p_3 Druck nach der Wärmezufuhr (vor der Entspannung) in kPa, im idealisierten Fall ist $p_3 = p_2$
p_4 Druck nach der Entspannung in kPa

Mit den Berechnungsformeln für isentrope Prozesse lässt sich der **theoretische thermische Wirkungsgrad** auf Temperatur- oder Verdichtungsverhältnisse zurückführen.

Es ergibt sich der **thermische Wirkungsgrad** η_{th} zu:

$$\begin{aligned} \eta_{th} &= 1 - \frac{T_1}{T_2} = 1 - \frac{T_4}{T_3} \\ &= 1 - \left(\frac{p_1}{p_2}\right)^{\frac{\kappa-1}{\kappa}} = 1 - \left(\frac{p_4}{p_3}\right)^{\frac{\kappa-1}{\kappa}} \\ &= 1 - \left(\frac{1}{\pi}\right)^{\frac{\kappa-1}{\kappa}} \end{aligned} \qquad (7.108)$$

η_{th} thermischer Wirkungsgrad
T_1 (absolute) Temperatur vor der Verdichtung in K
T_2 (absolute) Temperatur nach der Verdichtung in K
T_3 (absolute) Temperatur nach der Wärmezufuhr (vor der Entspannung) in K
T_4 (absolute) Temperatur nach der Entspannung in K
κ Isentropenexponent
π Verdichtungsverhältnis

p_1 Druck vor der Verdichtung in kPa
p_2 Druck nach der Verdichtung in kPa
p_3 Druck nach der Wärmezufuhr (vor der Entspannung) in kPa, im idealisierten Fall ist $p_3 = p_2$
p_4 Druck nach der Entspannung in kPa

Für einen ideal reversiblen Joule-Prozess hängt der thermische Wirkungsgrad nur vom Verdichtungsverhältnis π und dem Isentropenexponenten κ ab.

Eine Erhöhung des Verdichtungsverhältnisses führt zu einem höheren Wirkungsgrad.

Darüber hinaus ist wegen des größeren Isentropenexponenten durch den Einsatz von einatomigen Gasen, d. h. Edelgasen wie Helium, als Arbeitsgas eine Wirkungsgradsteigerung möglich.

Jede reale Umsetzung des Joule-Prozesses ist mit Irreversibilitäten verbunden. Dies betrifft alle Bauteile und Teilprozesse, so etwa die Dissipation in der Entspannungsmaschine und dem Verdichter und den Druckverlust in der Brennkammer. Für reale, irreversible Prozesse hängt der Wirkungsgrad auch von der Turbineneintrittstemperatur T_3 ab.

Die Möglichkeit, durch eine Erhöhung des Verdichtungsverhältnisses den Wirkungsgrad anzuheben, ist in der Realität eng begrenzt. Dem steht zum einen die mechanische Festigkeit der Gasturbine als drucklimitierender Faktor gegenüber. Zum anderen wirkt die Temperaturfestigkeit der Werkstoffe begrenzend. Um Wärme in Arbeit umwandeln zu können, muss natürlich auch die Möglichkeit bestehen, dem Prozess Wärme zuzuführen, wie auch aus den Gleichungen (7.105) und (7.106) ersichtlich. Dies kann im Rahmen des Joule-Prozesses nur in der isobaren Wärmezufuhr zwischen den Zustandspunkten 2 und 3 erfolgen. Dabei steigt die Temperatur über die Verdichtungsendtemperatur T_2 hinaus. Ist die Verdichtung so stark, dass die Verdichtungsendtemperatur T_2 an der Temperaturfestigkeitsgrenze der Werkstoffe liegt, ist es somit nicht mehr möglich, Wärme in den Prozess einzubringen und damit Arbeit zu entnehmen. Die entziehbare Arbeit wäre aber nach (7.108) auch null, wenn keine Verdichtung stattfindet, da dann der Wirkungsgrad null ist.

Die Frage nach der Prozessführung für eine maximale Prozessarbeit bei einer begrenzten Temperatur T_3 führt zu der folgenden Beziehung für die Temperaturen:

Temperaturen für die maximale Prozessarbeit:

$$T_2 = \sqrt{T_3 \cdot T_1} \tag{7.109}$$

T_2 absolute Temperatur nach der Verdichtung in K
T_3 absolute Temperatur nach der Wärmezufuhr (vor der Entspannung) in K
T_1 absolute Temperatur vor der Verdichtung in K

Daraus folgt auch das **optimale Druckverhältnis** über die Isentropengleichung (5.80).

Die maximale Prozessarbeit wird nicht beim maximalen Wirkungsgrad erreicht.

7.2.1 Wirkungsgradsteigernde Verbesserungsmöglichkeiten für den Joule-Prozess

Neben der erläuterten Möglichkeit, den Wirkungsgrad des Joule-Prozesses durch eine Steigerung des Verdichtungsverhältnisses oder durch die Nutzung eines Arbeitsgases mit höherem Isentropenexponenten (Edelgase) zu steigern, gibt es verschiedene Anpassungen für den Joule-Prozess.

Die wichtigsten sind dabei:

- innere Wärmeübertragung,
- Zwischenkühlung,
- Zwischenerhitzung.

In vielen Fällen liegt die Temperatur nach der Entspannung T_4, d. h. bei offenen Prozessen die Abgastemperatur, über der Endtemperatur der Verdichtung T_2. Dies betrifft insbesondere Gasturbinen, die mit kleinen Druckverhältnissen und niedrigen Turbineneintrittstemperaturen arbeiten. Dadurch wird es möglich, für einen Teil der Wärmezufuhr zwischen den Zustandspunkten 2 und 3 die im Arbeitsgas nach der Entspannung enthaltene Abwärme zu nutzen. Diese Möglichkeit der Prozessoptimierung wird **innere Wärmeübertragung** genannt (Bild 7.3).

Da die Wärmeübertragung immer von Gas nach der Entspannung (Abgas) mit niedrigem Druckniveau (p_4) auf Gas nach der Verdichtung (p_2) erfolgen muss, ist diese Form der Prozessoptimierung durch die Druckdifferenz über den Wärmeübertrager technisch anspruchsvoll. Für den idealen **Gasturbinenprozess mit vollkommener innerer Wärmeübertragung** ergibt sich als **thermischer Wirkungsgrad** η_{th}:

$$\eta_{th} = 1 - \frac{T_1}{T_4} = 1 - \frac{T_1}{T_3} \cdot \left(\frac{p_2}{p_1}\right)^{\frac{\kappa-1}{\kappa}} \tag{7.110}$$

η_{th} thermischer Wirkungsgrad
T_1 absolute Temperatur vor der Verdichtung in K
T_3 absolute Temperatur nach der Wärmezufuhr (vor der Entspannung) in K
T_4 absolute Temperatur nach der Entspannung in K
p_1 Druck vor der Verdichtung in kPa
p_2 Druck nach der Verdichtung in kPa
κ Isentropenexponent

Es ist zu beachten, dass das komprimierte Arbeitsgas durch die innere Wärmeübertragung in der Realität nicht ganz bis auf die Temperatur nach der Entspannung (T_4) erwärmt werden kann, da für eine Wärmeübertragung immer eine treibende Temperaturdifferenz (siehe Kapitel 13) notwendig ist.

Weitere Verbesserungsmöglichkeiten des Joule-Prozesses sind die **Zwischenkühlung** bei der Verdichtung und die **Zwischenerhitzung** bei der Entspannung (Bild 7.4). Dabei erfolgt eine Annäherung an den idealen Carnot-Prozess, eine Steigerung der mittleren Temperatur der Wärmezufuhr und eine Senkung der mittleren Temperatur der Wärmeabfuhr. Es wird die erforderliche Verdichterarbeit gesenkt und die zur Verfügung stehende Arbeit der Entspannungsturbine erhöht. Diese Möglichkeiten werden hier nicht weiter betrachtet.

7

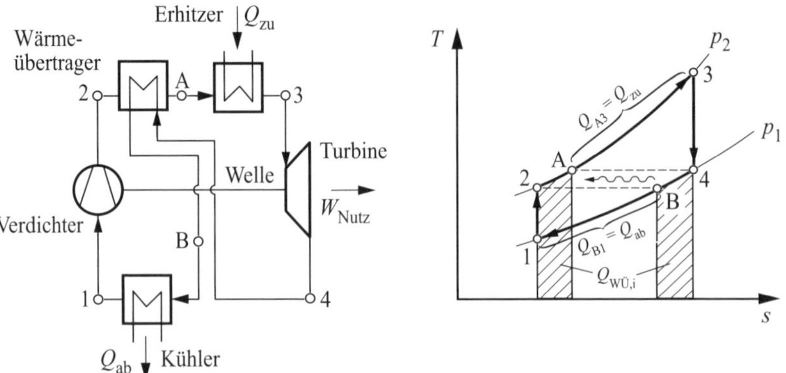

Bild 7.3 Prinzipschaltbild eines geschlossenen Gasturbinenprozesses mit innerer Wärmeübertragung und Darstellung im T,s-Diagramm

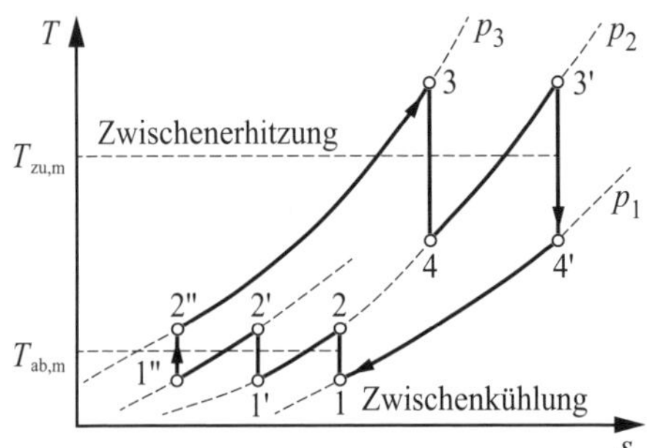

Bild 7.4 Zwischenkühlung und Zwischenerhitzung im T,s-Diagramm

7.2.2 Strahltriebwerke als Sonderform der Gasturbinen

Strahltriebwerke, wie sie dem Antrieb schneller Flugzeuge dienen, sind Sonderformen der Gasturbinen. Sie sind wie diese aus Verdichter, Brennkammer und Expansionsturbine aufgebaut. Allerdings erfolgt die Entspannung in der Expansionsturbine nur so weit, dass deren Leistung gerade für den Antrieb des Verdichters ausreicht. Dadurch verbleibt nach der Entspannungsturbine noch ein Überdruck gegenüber der Atmosphäre. Dieser Überdruck wird dazu genutzt, um den Gasstrom in einer Austrittsdüse auf eine hohe Geschwindigkeit zu beschleunigen. Der durch den austretenden Gasstrom erzeugte Rückstoß ist die treibende Kraft des Triebwerkes. Die **Vortriebskraft** F ergibt sich nach dem Impulssatz für strömende Fluide zu (siehe auch Kapitel 11):

$$F = \dot{m}_{\mathrm{G}} \cdot |w_{\mathrm{FZ}} - w_{\mathrm{G}}| \tag{7.111}$$

F Vortriebskraft (Rückstoß), durch den Gasstrom erzeugt, in N
$\dot{m}_{\mathrm{G}}$ Massestrom des Gases in $\frac{\mathrm{kg}}{\mathrm{s}}$
w_{FZ} Geschwindigkeit des Flugzeuges in $\frac{\mathrm{m}}{\mathrm{s}}$
w_{G} Geschwindigkeit des Gasstrahles in $\frac{\mathrm{m}}{\mathrm{s}}$

Der **Wirkungsgrad η des Strahltriebwerkes** beträgt somit:

$$\eta = \frac{\text{Vortriebsleistung}}{\text{Brennstoffleistung}} = \frac{F \cdot w_{FZ}}{\dot{Q}_{zu}} = \frac{\dot{m}_G \cdot |w_{FZ} - w_G| \cdot w_{FZ}}{\dot{Q}_{zu}} \tag{7.112}$$

η Wirkungsgrad des Strahltriebwerkes
$\dot{m}_G$ Massestrom des Gases in $\frac{\text{kg}}{\text{s}}$
w_{FZ} Geschwindigkeit des Flugzeuges in $\frac{\text{m}}{\text{s}}$
w_G Geschwindigkeit des Gasstrahles in $\frac{\text{m}}{\text{s}}$
$\dot{Q}_{zu}$ durch Brennstoff zugeführte Wärmeleistung in W

Sonderformen des Strahltriebwerkes sind Propellerturbinen (sogenannte Turboprops) und Staustrahltriebwerke (sogenannte Ramjet- (Unterschall) und Scramjettriebwerke (Überschall)).

In **Propellerturbinen** (Turboprop) wird neben dem Verdichter auch noch ein Propeller von der Entspannungsturbine angetrieben, der einen Großteil des Vortriebes erzeugt. Propellerturbinen haben bei geringen Fluggeschwindigkeiten höhere Wirkungsgrade als Strahltriebwerke.

Staustrahltriebwerke kommen ohne rotierende Bauteile aus. In ihnen wird ein Gasstrom allein durch die Fluggeschwindigkeit in einem Diffusor verdichtet und nach einer Brennkammer in einer Düse entspannt. Staustrahltriebwerke sind nur für sehr hohe Fluggeschwindigkeiten geeignet. Somit ist ein zweiter Antrieb erforderlich, der das Flugzeug zuerst auf eine Geschwindigkeit bringt, bei der die Verdichtung im Diffusor hinreichend ist.

Anmerkung: Die hinlänglich bekannten Pulsations- oder Verpuffungsstrahltriebwerke (Pulsejet) werden aufgrund ihrer Funktionsweise (Funktion auch im Stand) nicht zu den Staustrahltriebwerken gezählt.

7.2.3 Beispiele

7.2.3.1 Gasturbine, ideales Arbeitsgas, notwendiger Wärmestrom

Eine Gasturbine soll zum Antrieb eines Notstromaggregates eingesetzt werden. Dafür wird unter Vernachlässigung aller nichtidealen Prozesse eine Nutzleistung, die die Turbine an den Generator abgeben kann, von 800 kW benötigt. Für die Turbine sind bekannt:

- die Drücke $p_1 = p_4 = 1\,\text{bar}$ und $p_2 = p_3 = 6\,\text{bar}$,
- die Ansaugtemperatur $\vartheta_1 = 20\,°\text{C}$,
- die Turbineneintrittstemperatur $\vartheta_3 = 800\,°\text{C}$,
- die spezifische Wärmekapazität des Arbeitsmediums $c_p = 1{,}0\,\frac{\text{kJ}}{\text{kg}\cdot\text{K}}$ und
- der Isentropenexponent $\kappa = 1{,}4$.

Es sind zu ermitteln:

a) die Temperaturen nach dem Verdichter und nach der Entspannungsturbine,

b) der für den Betrieb erforderliche Wärmestrom,

c) das Verhältnis aus spezifischer Nutz- und spezifischer Verdichterarbeit.

gegeben:	Nutzleistung	$P_{Nutz} = 800\,kW$
	Druck 1 und 4	$p_1 = p_4 = 1\,bar$
	Druck 2 und 3	$p_2 = p_3 = 6\,bar$
	Temperatur 1	$\vartheta_1 = 20\,°C$, $T_1 = 293{,}15\,K$
	Temperatur 3	$\vartheta_3 = 800\,°C$, $T_3 = 1\,073{,}15\,K$
	spezifische Wärmekapazität des Arbeitsgases	$c_p = 1{,}0\,\frac{kJ}{kg \cdot K}$
	Isentropenexponent des Arbeitsgases	$\kappa = 1{,}4$
gesucht:	Temperatur 2 (nach dem Verdichter)	ϑ_2 in °C
	Temperatur 4 (nach der Entspannungsturbine)	ϑ_4 in °C
	erforderliche Wärmezufuhr	$\dot{Q}_{zu}$ in kW
	Nutzen-Aufwand-Verhältnis	$\frac{\lvert w_{Nutz}\rvert}{w_{Verd}}$

Lösung:

a) Temperaturen nach Verdichter und nach Entspannungsturbine:

Bei der isentropen Kompression des idealen Arbeitsgases gilt Gleichung (5.82)

$$\frac{T_1}{T_2} = \left(\frac{p_1}{p_2}\right)^{\frac{\kappa-1}{\kappa}}$$

Damit ist die Temperatur nach der Verdichtung

$$T_2 = T_1 \cdot \left(\frac{p_2}{p_1}\right)^{\frac{\kappa-1}{\kappa}} = 293{,}15\,K \cdot \left(\frac{6}{1}\right)^{\frac{1{,}4-1}{1{,}4}}$$

$$T_2 = 489{,}1\,K$$

$$\vartheta_2 = T_2 - 273{,}15\,K = 489{,}1\,K - 273{,}15\,K = 216{,}0\,°C$$

und die Temperatur nach der Entspannungsturbine ist

$$T_4 = T_3 \cdot \left(\frac{p_4}{p_3}\right)^{\frac{\kappa-1}{\kappa}} = 1\,073{,}15\,K \cdot \left(\frac{1}{6}\right)^{\frac{1{,}4-1}{1{,}4}}$$

$$T_4 = 643{,}2\,K$$

$$\vartheta_4 = T_4 - 273{,}15\,K = 643{,}2\,K - 273{,}15\,K = 370{,}0\,°C$$

b) für den Betrieb erforderlicher Wärmestrom:

Die isobare spezifische Wärmezufuhr q_{zu} ist

$$q_{zu} = h_3 - h_2 = c_p \cdot (T_3 - T_2)$$

$$= 1{,}0\,\frac{kJ}{kg \cdot K} \cdot (1\,073{,}15 - 489{,}1)\,K$$

$$q_{zu} = 584{,}1\,\frac{kJ}{kg}$$

Der Wärmestrom ist mit dem Massestrom des Arbeitsmediums $\dot{m}$ und der spezifischen Wärmezufuhr q_{zu} berechenbar.

$$\dot{Q}_{zu} = \dot{m} \cdot q_{zu}$$

Der Massestrom $\dot{m}$ ergibt sich aus der Nutzleistung P_{Nutz}, da

$$P_{\text{Nutz}} = \dot{m} \cdot |w_{\text{Nutz}}|$$

Dabei ist die spezifische Nutzarbeit w_{Nutz} nach Gleichung (7.105)

$$w_{\text{Nutz}} = w_{\text{T}} + w_{\text{Verd}} = q_{\text{zu}} - q_{\text{ab}}$$

Mit den spezifischen Arbeiten $w_{\text{T}} = c_p \cdot (T_4 - T_3)$ und $w_{\text{Verd}} = c_p \cdot (T_2 - T_1)$ ist

$$\begin{aligned} w_{\text{Nutz}} &= c_p \cdot (T_4 - T_3) + c_p \cdot (T_2 - T_1) = c_p \cdot (T_4 - T_3 + T_2 - T_1) \\ &= 1{,}0\,\frac{\text{kJ}}{\text{kg}\cdot\text{K}} \cdot (643{,}2 - 1\,073{,}15 + 489{,}1 - 293{,}15)\,\text{K} \\ w_{\text{Nutz}} &= -234{,}0\,\frac{\text{kJ}}{\text{kg}} \end{aligned}$$

Damit ist der Massestrom

$$\dot{m} = \frac{P_{\text{Nutz}}}{|w_{\text{Nutz}}|} = \frac{800\,\text{kW}}{\left|-234{,}0\,\frac{\text{kJ}}{\text{kg}}\right|}$$

$$\dot{m} = 3{,}419\,\frac{\text{kg}}{\text{s}}$$

Und schließlich ist der zum Betrieb notwendige Wärmestrom

$$\dot{Q}_{\text{zu}} = \dot{m} \cdot q_{\text{zu}} = 3{,}419\,\frac{\text{kg}}{\text{s}} \cdot 584{,}1\,\frac{\text{kJ}}{\text{kg}}$$

$$\dot{Q}_{\text{zu}} = 1\,996{,}9\,\text{kW}$$

Es müssen demnach knapp 2 000 kW Wärme zugeführt werden, um zu gewährleisten, dass das Notstromaggregat eine Nutzleistung von 800 kW zur Verfügung stellen kann. Die Wärme wird hier durch Verbrennung geeigneter Gase innerhalb der Turbine erzeugt. Näheres wird in Kapitel 12 detailliert ausgeführt.

c) Verhältnis aus spezifischer Nutz- und spezifischer Verdichterarbeit:

Mit w_{Nutz} aus Teilaufgabe b) und $w_{\text{Verd}} = c_p \cdot (T_2 - T_1)$ kann nun das Verhältnis $\frac{|w_{\text{Nutz}}|}{w_{\text{Verd}}}$ berechnet werden zu

$$\frac{|w_{\text{Nutz}}|}{w_{\text{Verd}}} = \frac{\left|-234{,}0\,\frac{\text{kJ}}{\text{kg}}\right|}{c_p \cdot (T_2 - T_1)} = \frac{\left|-234{,}0\,\frac{\text{kJ}}{\text{kg}}\right|}{1{,}0\,\frac{\text{kJ}}{\text{kg}\cdot\text{K}} \cdot (489{,}1 - 293{,}15)\,\text{K}}$$

$$\frac{|w_{\text{Nutz}}|}{w_{\text{Verd}}} = 1{,}194$$

Das Verhältnis aus spezifischer Nutz- und spezifischer Verdichterarbeit ist 1,194. Es ist typisch für Prozesse bzw. Kraftmaschinen, die mit idealem Gas als Arbeitsmedium arbeiten, dass die Arbeit für die Kompression in der Größenordnung der Nutzarbeit liegt.

7.2.3.2 Gasturbinenprozess, Nutzarbeit aus zugeführtem Wärmestrom

Eine Gasturbine besitzt das Druckverhältnis 10 : 1 und saugt Luft bei 20 °C an. Pro Kilogramm Arbeitsmedium wird ihr eine Wärme von 760 kJ zugeführt. Die spezifische Wärmekapazität des Arbeitsmediums sei $1{,}0\,\frac{\text{kJ}}{\text{kg}\cdot\text{K}}$ und der Isentropenexponent $\kappa = 1{,}4$.

Es sind zu bestimmen:

a) die Temperaturen nach der Verdichtung, vor der Entspannung und nach der Entspannung,

b) die spezifische Nutzarbeit.

gegeben:	Temperatur 1	$\vartheta_1 = 20\,°\text{C},\ T_1 = 293{,}15\,\text{K}$
	Verdichtungsverhältnis	$\pi = \frac{p_2}{p_1} = \frac{10}{1}$
	spezifische Wärmezufuhr	$q_{\text{zu}} = 760\,\frac{\text{kJ}}{\text{kg}}$
	spezifische Wärmekapazität des Arbeitsgases	$c_p = 1{,}0\,\frac{\text{kJ}}{\text{kg}\cdot\text{K}}$
	Isentropenexponent des Arbeitsgases	$\kappa = 1{,}4$
gesucht:	Temperatur 2 (nach dem Verdichter)	ϑ_2 in °C
	Temperatur 3 (vor der Entspannung)	ϑ_3 in °C
	Temperatur 4 (nach der Entspannung)	ϑ_4 in °C
	spezifische Nutzarbeit	w_{Nutz} in $\frac{\text{kJ}}{\text{kg}}$

Lösung:

a) Temperaturen nach Verdichtung, vor und nach Entspannung:

Für die isentrope Kompression des idealen Arbeitsgases gilt Gleichung (5.82)

$$\frac{T_1}{T_2} = \left(\frac{p_1}{p_2}\right)^{\frac{\kappa-1}{\kappa}}$$

Damit ist die Temperatur nach der Verdichtung ϑ_2

$$T_2 = T_1 \cdot \left(\frac{p_2}{p_1}\right)^{\frac{\kappa-1}{\kappa}} = 293{,}15\,\text{K} \cdot \left(\frac{10}{1}\right)^{\frac{1{,}4-1}{1{,}4}}$$

$$T_2 = 566{,}0\,\text{K}$$

$$\vartheta_2 = T_2 - 273{,}15\,\text{K} = 566{,}0\,\text{K} - 273{,}15\,\text{K} = 292{,}8\,°\text{C}$$

Die Temperatur vor der Verdichtung ϑ_3, d. h. nach der Wärmezufuhr, ist über die zugeführte spezifische Wärme q_{zu} zu berechnen.

$$q_{\text{zu}} = c_p \cdot (T_3 - T_2)$$

$$T_3 = T_2 + \frac{q_{\text{zu}}}{c_p} = 566{,}0\,\text{K} + \frac{760\,\frac{\text{kJ}}{\text{kg}}}{1{,}0\,\frac{\text{kJ}}{\text{kg}\cdot\text{K}}}$$

$$T_3 = 1\,326{,}0\,\text{K}$$

$$\vartheta_3 = T_3 - 273{,}15\,\text{K} = 1\,326{,}0\,\text{K} - 273{,}15\,\text{K} = 1\,052{,}9\,°\text{C}$$

Schließlich ist die Temperatur nach der Entspannungsturbine ϑ_4

$$T_4 = T_3 \cdot \left(\frac{1}{\pi}\right)^{\frac{\kappa-1}{\kappa}} = 1\,326{,}0\,\mathrm{K} \cdot \left(\frac{1}{10}\right)^{\frac{1{,}4-1}{1{,}4}}$$

$$T_4 = 686{,}8\,\mathrm{K}$$

$$\vartheta_4 = T_4 - 273{,}15\,\mathrm{K} = 686{,}8\,\mathrm{K} - 273{,}15\,\mathrm{K} = 413{,}6\,^\circ\mathrm{C}$$

b) spezifische Nutzarbeit:

Für die spezifische Nutzarbeit gilt:

$$w_{\mathrm{Nutz}} = w_{\mathrm{T}} + w_{\mathrm{Verd}} = q_{\mathrm{zu}} - q_{\mathrm{ab}}$$

Mit den spezifischen Arbeiten $w_{\mathrm{T}} = c_p \cdot (T_4 - T_3)$ und $w_{\mathrm{Verd}} = c_p \cdot (T_2 - T_1)$ ist

$$w_{\mathrm{Nutz}} = c_p \cdot (T_4 - T_3) + c_p \cdot (T_2 - T_1) = c_p \cdot (T_4 - T_3 + T_2 - T_1)$$

$$= 1{,}0\,\frac{\mathrm{kJ}}{\mathrm{kg} \cdot \mathrm{K}} \cdot (686{,}8 - 1\,326{,}0 + 566{,}0 - 293{,}15)\,\mathrm{K}$$

$$w_{\mathrm{Nutz}} = -366{,}4\,\frac{\mathrm{kJ}}{\mathrm{kg}}$$

7.2.4 Übungsaufgabe[1]

7.2.4.1 Gasturbinenprozess, ideales Arbeitsgas

Ein Gasturbinenprozess arbeitet bei einer Gaseintrittstemperatur von 30 °C. Der Verdichter besitzt ein Verdichtungsverhältnis von 10 : 1. Durch eine Wärmezufuhr zwischen Verdichtung und Expansion beträgt die Temperatur vor dem Eintritt in die Entspannungsturbine 1 200 °C. Das Arbeitsmittel ist ein ideales Gas mit $\kappa = 1{,}4$ und einer spezifischen Wärmekapazität $c_p = 1{,}0\,\frac{\mathrm{kJ}}{\mathrm{kg} \cdot \mathrm{K}}$ (nach [9]).

Man bestimme:

a) die Gastemperatur nach dem Verdichter,
b) die erforderliche spezifische Verdichterarbeit,
c) die in der Turbine gewinnbare spezifische Arbeit und
d) den thermischen Wirkungsgrad unter der Voraussetzung eines idealen Prozesses.

7.3 Periodische rechtsläufige Kreisprozesse, Prozesse in Kolbenmaschinen

Die Teilprozesse eines Kreisprozesses können auch nacheinander, mit periodischer Wiederholung, stattfinden. Dies lässt sich technisch einfach auch in einem einzigen Raum gestalten. Typische Beispiele dafür sind die Prozesse der verschiedenen Kolbenmaschinen. Eine Kolbenverschiebung wird dabei **Takt** genannt.

[1] Die Lösungen finden Sie in der Kategorie „Extras" unter *http://www.hanser-fachbuch.de/9783446442795*.

7.3.1 Prozesse in Verbrennungsmotoren

Verbrennungsmotoren sind Maschinen, die einen periodischen rechtsläufigen Kreisprozess mit einer internen Wärmezufuhr, das heißt einer Verbrennungsreaktion eines Brennstoffes im Inneren der Maschine, realisieren. Bei einem Zweitaktmotor wird der gesamte Kreisprozess in einer Hin- und Herbewegung des Kolbens, also während zweier Verschiebungen, durchgeführt. Beim Viertaktmotor ist der Kreisprozess auf vier Verschiebungen des Kolbens verteilt.

7.3.1.1 Der Otto-Prozess

Ottomotoren stellen eine wichtige Klasse der Verbrennungs(-kolben-)motoren dar. Typisch für den Ottomotor ist dabei, dass die Verbrennungsluft gemeinsam mit dem Brennstoff als brennbares Gemisch verdichtet wird und dieses Gemisch, nach der Reaktion das Abgas, als Arbeitsgas dient. Die Einleitung der Verbrennungsreaktion erfolgt durch Fremdenergie, im Regelfall einen elektrischen Funken, weshalb man von Fremdzündung spricht.

Der thermodynamische Idealprozess des Otto-Prozesses ist der sogenannte **Gleichraumprozess**, Bild 7.5.

Ein p, V-Diagramm des realen Otto-Prozesses kann ermittelt werden, indem man den Zylinderinnendruck in Abhängigkeit von der Lage des Kolbens, in aller Regel repräsentiert durch den Kurbelwinkel, misst. Dieses Messverfahren heißt Indizierung. Ein Indikatordiagramm eines Viertakt-Ottomotors als Vergleich zum theoretischen Modell „Gleichraumprozess" zeigt Bild 7.6.

Die **Teilprozesse des Gleichraumprozesses** sind:

1–2: **isentrope** Kompression
2–3: **isochore** Wärmezufuhr
3–4: **isentrope** Expansion
4–1: **isochore** Wärmeabfuhr.

Dem stehen beim **Viertakt-Ottomotor** die Takte:

- 1 – Ansaugen,
- 2 – Verdichten,
- 3 – Ausdehnen (umgangssprachlich „Arbeitstakt") und
- 4 – Ausschieben

gegenüber.

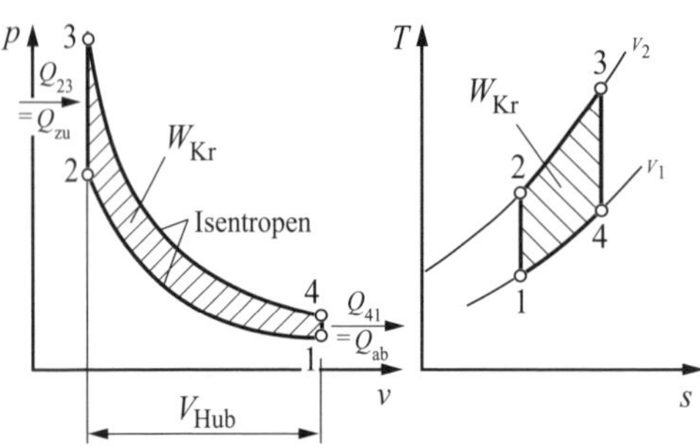

Bild 7.5 Der Gleichraumprozess als idealisierter Otto-Prozess im p, V- und T, s-Diagramm

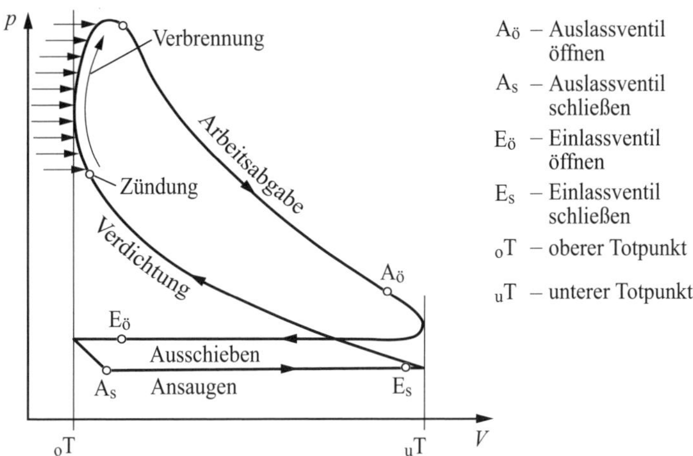

Bild 7.6 Indikatordiagramm eines Viertakt-Ottomotors

Dabei ist zu beachten, dass sich Takte und Teilprozesse des Gleichraumprozesses nicht entsprechen. Bei Vernachlässigung der Druckverluste stellt der erste Takt lediglich die Verschiebung eines Gasvolumens ohne Arbeitsleistung oder Wärmeübertragung dar. Die Verdichtung im zweiten Takt entspricht insoweit einer isentropen Kompression, als sie aufgrund der hohen Verdichtungsgeschwindigkeit relativ gut adiabat (also frei von Wärmeströmen) ist, während die Reversibilität natürlich nur im theoretischen Modell erfüllt ist. Das brennbare Gemisch, das beim Otto-Prozess komprimiert wird, darf nur begrenzt verdichtet werden, um eine vorzeitige Selbstzündung insbesondere durch die Erhitzung zu vermeiden. Diese Selbstzündung vor Ende der Kompression (Klopfen) hat beim Ottomotor eine ausgesprochen motorenschädigende Wirkung.

Da für den Ottomotor modellhaft davon ausgegangen wird, dass die Verbrennung explosionsartig zwischen dem 2. und 3. Takt stattfindet, wird sie als isochore Wärmezufuhr angenommen. Erst nach der Verbrennung expandieren die Abgase in einem isentropen Prozess, was etwa dem Takt 3 entspricht. Im Takt 4 erfolgt die isochore Wärmeabfuhr dadurch, dass ein Abgasvolumen ausgeschoben wird.

In der Realität ist der Austausch von altem Arbeitsgas (Abgas) gegen neues Arbeitsgas (Brennstoff-Luft-Gemisch) nicht vollständig. Das Verhältnis von tatsächlich im Zylinder enthaltenem neuen Arbeitsgas (Frischladung) zu der theoretisch maximal möglichen Zylinderfüllung wird **Liefergrad** λ_L genannt.

Für die Berechnung des Liefergrades gilt:

$$\lambda_L = \frac{V_\lambda}{V_{Hub}} \tag{7.113}$$

λ_L Liefergrad

V_λ tatsächlich angesaugtes (gefördertes) Gasvolumen in m^3

V_{Hub} das Hubvolumen im Ansaugzustand füllendes Gasvolumen in m^3

Tabelle 7.1 Anhaltswerte des Liefergrades λ_L

Anhaltswerte	Liefergrad λ_L
schnell laufende Saug-Motoren	0,75...0,80
langsam laufende Saug-Motoren	0,80...0,90
aufgeladene Motoren	1,20...1,60
Vierttaktmotoren, allgemein	0,70...0,90
Zweitaktmotor mit Kurbelgehäusegebläse	0,50...0,70

Eine wesentliche Kenngröße eines Verbrennungsmotors ist das **Verdichtungsverhältnis** ε:

$$\varepsilon = \frac{\text{Volumen vor der Kompression}}{\text{Volumen nach der Kompression}}$$
$$\varepsilon = \frac{V_{\text{Komp}} + V_{\text{Hub}}}{V_{\text{Komp}}} = 1 + \frac{V_{\text{Hub}}}{V_{\text{Komp}}} = \frac{v_1}{v_2} \tag{7.114}$$

ε Verdichtungsverhältnis
V_{Komp} Volumen nach der Kompression in m^3
V_{Hub} Hubvolumen in m^3
v_1 spezifisches Volumen im Zustand 1 (vor der Kompression) in $\frac{\text{m}^3}{\text{kg}}$
v_2 spezifisches Volumen im Zustand 2 (nach der Kompression) in $\frac{\text{m}^3}{\text{kg}}$

Tabelle 7.2 Anhaltswerte des Verdichtungsverhältnisses ε

Anhaltswerte	Verdichtungsverhältnis ε
2-Ventil-Serienmotoren (Brennstoff: Benzin)	8...10
4-Ventil-Serienmotoren (Brennstoff: Benzin)	9...11
Direkteinspritzmotoren (Brennstoff: Benzin)	≈ 12
Sportmotoren (Brennstoff: Benzin)	> 15

Die **spezifische Kreisprozessarbeit** w_{Kr} des Otto-Prozesses wird aus der zu- und abgeführten Wärme berechnet:

$$|w_{\text{Kr}}| = q_{\text{zu}} - q_{\text{ab}} = c_{\text{v}} \cdot (T_1 - T_2 + T_3 - T_4) \tag{7.115}$$

w_{Kr} spezifische Kreisprozessarbeit in $\frac{\text{kJ}}{\text{kg}}$
q_{zu} zugeführte spezifische Wärme in $\frac{\text{kJ}}{\text{kg}}$
q_{ab} abgeführte spezifische Wärme in $\frac{\text{kJ}}{\text{kg}}$
c_{v} spezifische Wärmekapazität bei konstantem Volumen in $\frac{\text{kJ}}{\text{kg}\cdot\text{K}}$
T_1 absolute Temperatur im Zustand 1 (vor der Kompression) in K
T_2 absolute Temperatur im Zustand 2 (nach der Kompression) in K
T_3 absolute Temperatur im Zustand 3 (nach der Wärmezufuhr) in K
T_4 absolute Temperatur im Zustand 4 (nach der Expansion) in K

Der thermische Wirkungsgrad des Idealprozesses kann aus $\eta = 1 - \frac{|q_{\text{ab}}|}{q_z}$ abgeleitet werden.

Betrachtet man die spezifischen Wärmekapazitäten vor und nach der Verbrennung als gleich, so ergibt sich folgende Berechnungsformel für den **thermischen Wirkungsgrad** η_{th}:

$$\begin{aligned}\eta_{\text{th}} &= 1 - \frac{T_4 - T_1}{T_3 - T_2} = 1 - \frac{T_1}{T_2} \\ &= 1 - \left(\frac{v_2}{v_1}\right)^{\kappa-1} \\ &= 1 - \frac{1}{\left(\frac{v_1}{v_2}\right)^{\kappa-1}} = 1 - \frac{1}{\varepsilon^{\kappa-1}}\end{aligned} \tag{7.116}$$

η_{th} thermischer Wirkungsgrad des theoretischen Vergleichsprozesses
T_1 absolute Temperatur im Zustand 1 in K
T_2 absolute Temperatur im Zustand 2 in K
T_3 absolute Temperatur im Zustand 3 in K
T_4 absolute Temperatur im Zustand 4 in K
v_1 spezifisches Volumen im Zustand 1 in $\frac{\text{m}^3}{\text{kg}}$
v_2 spezifisches Volumen im Zustand 2 in $\frac{\text{m}^3}{\text{kg}}$
κ Isentropenexponent
ε Verdichtungsverhältnis

Dieser theoretische Wirkungsgrad ist nur durch thermodynamische Größen limitiert. Aufgrund der Beschränkung des Verdichtungsverhältnisses durch die Selbstzündungsgefahr kann der Wirkungsgrad eines Ottomotors nicht beliebig durch eine Erhöhung des Verdichtungsverhältnisses gesteigert werden.

Kennzeichnend für die technische Qualität eines Motors ist sein **Gütegrad** η_{is}.

$$\eta_{\text{is}} = \frac{\eta_{\text{i,th}}}{\eta_{\text{th}}} \tag{7.117}$$

η_{is} Gütegrad
$\eta_{\text{i,th}}$ indizierter (gemessener) thermischer Wirkungsgrad
η_{th} thermischer Wirkungsgrad des theoretischen Vergleichsprozesses

Tabelle 7.3 Anhaltswerte des indizierten thermischen Wirkungsgrades $\eta_{\text{i,th}}$

Anhaltswerte		indizierter thermischer Wirkungsgrad $\eta_{\text{i,th}}$
Gasmotoren		0,25...0,35
Vergasermotoren	Kraftfahrzeug	0,26...0,32
	Kleinflugzeug	0,30...0,36

Für die Angabe des **Nutzwirkungsgrades** η_{w} der Gesamtmaschine ist dazu noch der **mechanische Wirkungsgrad** η_{mech} zu berücksichtigen. Er hängt u. a. von der Art und dem Umfang der Hilfsmaschinen ab.

$$\eta_{\text{mech}} = \frac{|P_{\text{eff}}|}{|P_{\text{i}}|} \tag{7.118}$$

η_{mech} mechanischer Wirkungsgrad von **Kraftmaschinen**
P_{eff} effektive, von der Maschine abgegebene Leistung in kW
P_{i} indizierte Leistung in kW

Tabelle 7.4 Anhaltswerte des mechanischen Wirkungsgrades η_{mech}

Anhaltswerte	mechanischer Wirkungsgrad η_{mech}
übliche Ottomotoren	0,7...0,9

Somit gilt:

$$\eta_w = \eta_{i,th} \cdot \eta_{mech} = \eta_{th} \cdot \eta_{is} \cdot \eta_{mech} \tag{7.119}$$

η_w Nutzwirkungsgrad
$\eta_{i,th}$ indizierter (gemessener) thermischer Wirkungsgrad
η_{mech} mechanischer Wirkungsgrad
η_{is} Gütegrad
η_{th} thermischer Wirkungsgrad des theoretischen Vergleichsprozesses

Es ergibt sich ein **gravimetrischer spezifischer Brennstoffverbrauch** $\dot{b}_{em}$:

$$\dot{b}_{em} = \frac{1}{|\Delta_H h| \cdot \eta_w} \tag{7.120}$$

$\dot{b}_{em}$ gravimetrischer spezifischer Brennstoffverbrauch in $\frac{kg}{kJ}$ oder $\frac{kg}{kWh}$
$|\Delta_H h|$ spezifischer (unterer) Heizwert in $\frac{kJ}{kg}$ oder $\frac{kWh}{kg}$
η_w Nutzwirkungsgrad

Ebenso kann ein **volumetrischer spezifischer Brennstoffverbrauch** $\dot{b}_{ev}$ berechnet werden:

$$\dot{b}_{ev} = \frac{1}{|\Delta_H h| \cdot \eta_w} \tag{7.121}$$

$\dot{b}_{ev}$ volumetrischer spezifischer Brennstoffverbrauch in $\frac{m^3}{kJ}$ oder $\frac{m^3}{kWh}$
$|\Delta_H h|$ spezifischer (unterer) Heizwert in $\frac{kJ}{m^3}$ oder $\frac{kWh}{m^3}$
η_w Nutzwirkungsgrad

Tabelle 7.5 Anhaltswerte des spezifischen Brennstoffverbrauchs $\dot{b}_{em}$

Anhaltswerte		gravimetrischer spezifischer Brennstoffverbrauch $\dot{b}_{em}$ in $\frac{kg}{kWh}$
Gasmotoren		0,37...0,39
Vergasermotoren	Kraftfahrzeug	0,34...0,41
	Kleinflugzeug	0,30...0,35
Einspritzmotoren		0,23...0,28

Für die **reale effektive Leistung** P_{eff} eines Ottomotors gelten folgende Formeln:

Viertaktmotor:

$$P_{eff} = \frac{Z \cdot p_i \cdot A \cdot l \cdot n \cdot \eta_{mech}}{2} \tag{7.122}$$

Zweitaktmotor:

$$P_{eff} = Z \cdot p_i \cdot A \cdot l \cdot n \cdot \eta_{mech}$$

P_{eff} reale effektive Leistung in kW
Z Zylinderzahl
p_i indizierter Druck im Zylinder (Überdruck gegenüber anderer Kolbenseite, kein absoluter Druck) in kPa
A Kolbendeckfläche (Kreisfläche) in m^2
l Kolbenweg (Hub) in m
n Drehzahl in $\frac{1}{s}$
η_{mech} mechanischer Wirkungsgrad

Da bei Zweitaktmotoren auf jeden Kolbenhub ein Arbeitshub folgt, ist ihre spezifische Leistung in aller Regel höher.

Ist der **indizierte Druck** p_i nicht bekannt, so lässt er sich berechnen nach

$$p_i = \frac{|\Delta_H h| \cdot \eta_{i,th} \cdot \lambda_L}{v_G} \tag{7.123}$$

p_i indizierter Druck in $\frac{N}{m^2} = Pa$
$|\Delta_H h|$ spezifischer (unterer) Heizwert in $\frac{kJ}{kg}$ oder $\frac{kWh}{kg}$
$\eta_{i,th}$ indizierter (gemessener) thermischer Wirkungsgrad
λ_L Liefergrad

für gasförmige Brennstoffe (Volumen des Brennstoffs wird *nicht* vernachlässigt):

$$v_G = 1 + \lambda \cdot L_{min}$$

für flüssige, feste und näherungsweise auch dampfförmige Brennstoffe (Volumen des Brennstoffs wird vernachlässigt):

$$v_G = \lambda \cdot L_{min}$$

v_G Gemischverhältnis bei der Verbrennung in $\frac{m_L^3}{m_{BS}^3}$ bzw. $\frac{m_L^3}{kg_{BS}}$
λ Luftverhältnis
L_{min} Mindestluftbedarf bei der Verbrennung in $\frac{m_L^3}{m_{BS}^3}$ bzw. $\frac{m_L^3}{kg_{BS}}$

Tabelle 7.6 Anhaltswerte des Luftverhältnisses λ bei Verbrennungsmotoren

Anhaltswerte	Luftverhältnis λ
Vergasermotoren	0,85…1,3
Gasmotoren	1,2 …1,5
Dieselmotoren	1,6 …2,0

Zur Berechnung der Verbrennung, die auch für die Verbrennungsmotoren anwendbar ist, siehe Kapitel 12.

Tabelle 7.7 Anhaltswerte des indizierten Zylinderdruckes p_i

Anhaltswerte	indizierter Druck p_i im Zylinder
Viertaktmotor (Brennstoff Benzin)	7...13 bar
Viertaktmotor (Brennstoff Gas)	10...16 bar
Zweitaktmotor (Brennstoff Benzin)	5...10 bar

7.3.1.2 Beispiele

7.3.1.2.1 Otto-Prozess, thermischer Wirkungsgrad mit und ohne Berücksichtigung der Veränderlichkeit der spezifischen Wärmekapazitäten, Arbeit, Wärme; Wirkungsgrad

Das Hubvolumen sämtlicher Zylinder bei einem Ottomotor beträgt 6 l, das Kompressionsvolumen 1 l. Das brennbare Gasgemisch wird mit einer Temperatur von 20 °C bei einem Druck von 1 bar angesaugt. Der höchste Druck des Prozesses soll 25 bar betragen.

a) Wie groß sind die Volumina und die Drücke in den Punkten 1 bis 4 im Falle des Idealprozesses?

b) Wie groß sind die abgegebene Arbeit und die zu- und abgeführte Wärme für einen Arbeitshub?

c) Wie groß ist der thermische Wirkungsgrad mit und ohne Berücksichtigung der Veränderlichkeit der spezifischen Wärmekapazitäten?

Für das arbeitende Gas werden die Eigenschaften von Luft angenommen.

gegeben:	Hubvolumen	$V_{Hub} = 6\,l = 0{,}006\,m^3$
	Kompressionsvolumen	$V_{Komp} = 1\,l = 0{,}001\,m^3$
	Ansaugdruck	$p_1 = 1\,bar = 1 \cdot 10^5\,\frac{N}{m^2}$
	höchster Druck des Prozesses	$p_3 = 25\,bar = 25 \cdot 10^5\,\frac{N}{m^2}$
	Eingangstemperatur	$\vartheta_1 = 20\,°C,\ T_1 = 293{,}15\,K$
	spezifische Gaskonstante für trockene Luft (Anhang A.4.1)	$R = 287{,}1\,\frac{N \cdot m}{kg \cdot K}$
	Isentropenexponent für trockene Luft (Anhang A.4.1)	$\kappa = 1{,}402$
gesucht:	Volumina für die Punkte 1 bis 4	$V_{1...4}$ in $\frac{m^3}{kg}$
	Drücke für die Punkte 1 bis 4	$p_{1...4}$ in bar
	verrichtete Arbeit	W_{Kr} in kJ

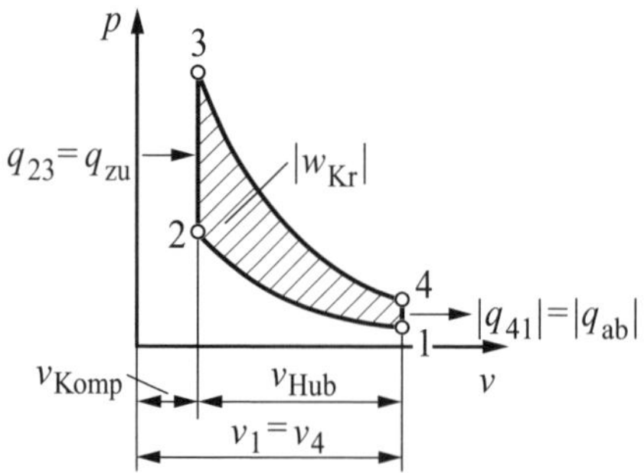

Bild 7.7 p,v-Diagramm eines Ottomotors

zugeführte Wärme	Q_{zu} in kJ
abgeführte Wärme	Q_{ab} in kJ
thermischer Wirkungsgrad mit und ohne Berücksichtigung der Veränderlichkeit der spezifischen Wärmekapazitäten	η_{th}

Lösung:

a) Volumina und Drücke in den Punkten 1 bis 4:

Es werden der Reihe nach die noch fehlenden Werte der Punkte 1 bis 4 unter Anwendung des Formelwerkes der entsprechenden Zustandsänderung für diesen Gleichraumprozess berechnet.

Punkt 1:

Das Verdichtungsverhältnis ist mit Gleichung (7.114):

$$\varepsilon = \frac{V_{Komp} + V_{Hub}}{V_{Komp}} = 1 + \frac{V_{Hub}}{V_{Komp}} = \frac{V_1}{V_2}$$

$$= 1 + \frac{0{,}006\,\mathrm{m}^3}{0{,}001\,\mathrm{m}^3}$$

$$\varepsilon = 7 = \frac{V_1}{V_2}$$

$$V_1 = V_{Komp} + V_{Hub} = 0{,}001\,\mathrm{m}^3 + 0{,}006\,\mathrm{m}^3 = 0{,}007\,\mathrm{m}^3$$

$$V_2 = V_{Komp} = 0{,}001\,\mathrm{m}^3$$

Die Gasmasse in den Zylindern ist mit Gleichung (5.48):

$$p_1 \cdot V_1 = m \cdot R \cdot T_1$$

$$m = \frac{p_1 \cdot V_1}{R \cdot T_1} = \frac{1 \cdot 10^5\,\frac{\mathrm{N}}{\mathrm{m}^2} \cdot 0{,}007\,\mathrm{m}^3}{287{,}1\,\frac{\mathrm{N \cdot m}}{\mathrm{kg \cdot K}} \cdot 293{,}15\,\mathrm{K}}$$

$$m = 0{,}008\,32\,\mathrm{kg}$$

Punkt 2:

Der Druck ist nach der isentropen Verdichtung mit Gleichung (5.80):

$$\frac{p_2}{p_1} = \left(\frac{V_1}{V_2}\right)^{\kappa} = \varepsilon^{\kappa}$$

$$= p_1 \cdot \varepsilon^{\kappa} = 1\,\mathrm{bar} \cdot 7^{1{,}402}$$

$$p_2 = 15{,}31\,\mathrm{bar} = 15{,}31 \cdot 10^5\,\frac{\mathrm{N}}{\mathrm{m}^2}$$

Die Temperatur nach der Verdichtung ist dann mit Gleichung (5.48)

$$p_2 \cdot V_2 = m \cdot R \cdot T_2$$

$$T_2 = \frac{p_2 \cdot V_2}{m \cdot R} = \frac{15{,}31 \cdot 10^5\,\frac{\mathrm{N}}{\mathrm{m}^2} \cdot 0{,}001\,\mathrm{m}^3}{0{,}008\,32\,\mathrm{kg} \cdot 287{,}1\,\frac{\mathrm{N \cdot m}}{\mathrm{kg \cdot K}}}$$

$$T_2 = 640{,}9\,\mathrm{K}$$

$$\vartheta_2 = T_2 - 273{,}15\,\mathrm{K} = 640{,}9\,\mathrm{K} - 273{,}15\,\mathrm{K} = 367{,}8\,^{\circ}\mathrm{C}$$

Punkt 3:

Da von 2 nach 3 das Volumen konstant bleibt, gilt das Gasgesetz der Isochore nach Gleichung (5.70):

$$V_3 = V_2 = 0{,}001\,\mathrm{m^3}$$

$$\frac{T_3}{T_2} = \frac{p_3}{p_2}$$

$$T_3 = T_2 \cdot \frac{p_3}{p_2} = 640{,}9\,\mathrm{K} \cdot \frac{25\,\mathrm{bar}}{15{,}31\,\mathrm{bar}}$$

$$T_3 = 1\,046{,}5\,\mathrm{K}$$

$$\vartheta_3 = T_3 - 273{,}15\,\mathrm{K} = 1\,046{,}5\,\mathrm{K} - 273{,}15\,\mathrm{K} = 773{,}4\,^\circ\mathrm{C}$$

Punkt 4:

Die Expansion von 3 nach 4 verläuft isentrop. Da $V_3 = V_2$ und $V_4 = V_1$, gilt mit Verwendung der Gleichungen (5.81) und (5.80):

$$V_3 = V_2 = 0{,}001\,\mathrm{m^3} \quad \text{und} \quad V_4 = V_1 = 0{,}007\,\mathrm{m^3}$$

$$\frac{T_1}{T_2} = \left(\frac{V_2}{V_1}\right)^{\kappa-1} \quad \text{und} \quad \frac{T_4}{T_3} = \left(\frac{V_3}{V_4}\right)^{\kappa-1}$$

$$\frac{T_1}{T_2} = \left(\frac{V_2}{V_1}\right)^{\kappa-1} = \left(\frac{0{,}001\,\mathrm{m^3}}{0{,}007\,\mathrm{m^3}}\right)^{\kappa-1} = \left(\frac{V_3}{V_4}\right)^{\kappa-1} = \frac{T_4}{T_3}$$

$$\frac{T_1}{T_2} = \frac{T_4}{T_3}$$

$$T_4 = T_3 \cdot \frac{T_1}{T_2} = 1\,046{,}5\,\mathrm{K} \cdot \frac{293{,}15\,\mathrm{K}}{640{,}9\,\mathrm{K}} = 478{,}7\,\mathrm{K}$$

$$\vartheta_4 = T_4 - 273{,}15\,\mathrm{K} = 478{,}7\,\mathrm{K} - 273{,}15\,\mathrm{K} = 205{,}6\,^\circ\mathrm{C}$$

$$\frac{p_1}{p_2} = \left(\frac{V_2}{V_1}\right)^{\kappa} \quad \text{und} \quad \frac{p_4}{p_3} = \left(\frac{V_3}{V_4}\right)^{\kappa}$$

$$\frac{p_1}{p_2} = \left(\frac{V_2}{V_1}\right)^{\kappa} = \left(\frac{0{,}001\,\mathrm{m^3}}{0{,}007\,\mathrm{m^3}}\right)^{\kappa} = \left(\frac{V_3}{V_4}\right)^{\kappa} = \frac{p_4}{p_3}$$

$$\frac{p_1}{p_2} = \frac{p_4}{p_3}$$

$$p_4 = p_3 \cdot \frac{p_1}{p_2} = 25\,\mathrm{bar} \cdot \frac{1\,\mathrm{bar}}{15{,}31\,\mathrm{bar}} = 1{,}63\,\mathrm{bar}$$

b) abgegebene Arbeit und zu- und abgeführte Wärme je Arbeitshub:

Die isochor zugeführte Wärme je Arbeitshub zwischen den Punkten 2 und 3 ist mit Gleichung (5.71) zu berechnen.

Die dafür benötigten spezifischen Wärmekapazitäten bei konstantem Volumen sind bei der mittleren Temperatur

$$\vartheta_\mathrm{m} = \frac{\vartheta_2 + \vartheta_3}{2} = \frac{(367{,}8 + 773{,}4)\,^\circ\mathrm{C}}{2} = 570{,}6\,^\circ\mathrm{C}$$

aus Anhang A.4.7 als $c_{p,\mathrm{m}} = 1{,}109\,\frac{\mathrm{kJ}}{\mathrm{kg\cdot K}}$ zu entnehmen und umzurechnen über

$$c_{v,\mathrm{m}} = c_{p,\mathrm{m}} - R = 1{,}109\,\frac{\mathrm{kJ}}{\mathrm{kg\cdot K}} - 0{,}2871\,\frac{\mathrm{kJ}}{\mathrm{kg\cdot K}} = 0{,}822\,\frac{\mathrm{kJ}}{\mathrm{kg\cdot K}}$$

$$Q_{23} = Q_{\mathrm{zu}} = m \cdot c_{v,\mathrm{m}} \cdot (T_3 - T_2)$$

$$= 0{,}00832\,\mathrm{kg} \cdot 0{,}822\,\frac{\mathrm{kJ}}{\mathrm{kg\cdot K}} \cdot (1046{,}5 - 640{,}9)\,\mathrm{K}$$

$$Q_{\mathrm{zu}} = 2{,}774\,\mathrm{kJ}$$

Die isochor abgeführte Wärme je Arbeitshub zwischen den Punkten 4 und 1 ist bei der mittleren Temperatur

$$\vartheta_\mathrm{m} = \frac{\vartheta_4 + \vartheta_1}{2} = \frac{(205{,}6 + 20)\,^\circ\mathrm{C}}{2} = 112{,}8\,^\circ\mathrm{C}$$

aus Anhang A.4.7 als $c_{p,\mathrm{m}} = 1{,}011\,\frac{\mathrm{kJ}}{\mathrm{kg\cdot K}}$ zu entnehmen und umzurechnen über

$$c_{v,\mathrm{m}} = c_{p,\mathrm{m}} - R = 1{,}011\,\frac{\mathrm{kJ}}{\mathrm{kg\cdot K}} - 0{,}2871\,\frac{\mathrm{kJ}}{\mathrm{kg\cdot K}} = 0{,}724\,\frac{\mathrm{kJ}}{\mathrm{kg\cdot K}}$$

$$|Q_{41}| = |Q_{\mathrm{ab}}| = \left|m \cdot c_{v,\mathrm{m}} \cdot (T_1 - T_4)\right|$$

$$= \left|0{,}00832\,\mathrm{kg} \cdot 0{,}724\,\frac{\mathrm{kJ}}{\mathrm{kg\cdot K}} \cdot (293{,}15 - 478{,}7)\,\mathrm{K}\right|$$

$$|Q_{\mathrm{ab}}| = 1{,}118\,\mathrm{kJ}$$

Die verrichtete Kreisprozessarbeit je Hub ist dann nach Gleichung (7.115), hier masseunspezifisch:

$$|W_{\mathrm{Kr}}| = Q_{\mathrm{zu}} - |Q_{\mathrm{ab}}| = (2{,}774 - 1{,}118)\,\mathrm{kJ} = 1{,}656\,\mathrm{kJ}$$

c) thermischer Wirkungsgrad:

Der thermische Wirkungsgrad unter Beachtung der verschiedenen spezifischen Wärmekapazitäten ist mit Gleichung (6.102):

$$\eta_{\mathrm{th},1} = \frac{Q_{\mathrm{zu}} - |Q_{\mathrm{ab}}|}{Q_{\mathrm{zu}}} = \frac{(2{,}774 - 1{,}118)\,\mathrm{kJ}}{2{,}774\,\mathrm{kJ}}$$

$$\eta_{\mathrm{th},1} = 0{,}597$$

Ohne die Veränderlichkeit der spezifischen Wärmekapazitäten zu berücksichtigen, ist nach Gleichung (7.116) der thermische Wirkungsgrad:

$$\eta_{\mathrm{th}} = 1 - \frac{1}{\varepsilon^{\kappa-1}} = 1 - \frac{1}{7^{1{,}402-1}}$$

$$\eta_{\mathrm{th}} = 0{,}542$$

7.3.1.2.2 Effektive Leistung, Kolbengeschwindigkeit

Ein Zweitakt-Vergasermotor eines historischen Personenkraftwagens hat 3 Zylinder und läuft mit einer Umdrehungszahl von $4200\,\mathrm{min}^{-1}$ bei einem Liefergrad von 75 %. Für das als Treibstoff verwendete Benzin werden im Normzustand $10{,}8\,\frac{\mathrm{m}^3}{\mathrm{kg}}$ trockene Luft zur Verbrennung benötigt. Das Luftverhältnis ist 0,94. Der Brennstoffverbrauch beträgt 407 $\frac{\text{g}}{\text{kWh}}$, die mittlere Luftansaugtemperatur 70 °C. Ein Zylinder hat die Abmessungen $D = 74\,\text{mm}$ und den Hub $l = 78\,\text{mm}$.

Wie groß sind die effektive Leistung und die mittlere Kolbengeschwindigkeit?

gegeben:	Hub	$l = 78\,\text{mm} = 0{,}078\,\text{m}$
	Zylinderdurchmesser	$D = 74\,\text{mm} = 0{,}074\,\text{m}$
	Zylinderanzahl	$Z = 3$
	Drehzahl	$n = 4200\,\frac{1}{\text{min}}$
	Liefergrad	$\lambda_L = 0{,}75$
	Mindestluftbedarf zur Verbrennung von 1 kg Benzin	$L_{\text{min,N}} = 10{,}8\,\frac{\text{m}_L^3}{\text{kg}_{\text{BS}}}$
	Luftverhältnis	$\lambda = 0{,}94$
	spezifischer gravimetrischer Brennstoffverbrauch	$\dot{b}_{\text{em}} = 0{,}407\,\frac{\text{kg}}{\text{kWh}}$
	Ansaugtemperatur	$\vartheta = 70\,°\text{C},\ T = 343{,}15\,\text{K}$
	Normtemperatur	$\vartheta_N = 0\,°\text{C},\ T_N = 273{,}15\,\text{K}$
gesucht:	effektive Leistung	P_{eff} in kW
	mittlere Kolbengeschwindigkeit	w_m in $\frac{\text{m}}{\text{s}}$

Lösung:

Die effektive Leistung des Zweitakt-Ottomotors berechnet sich nach Gleichung (7.122):

$$P_{\text{eff}} = Z \cdot p_i \cdot A \cdot l \cdot n \cdot \eta_{\text{mech}}$$

Mit dem effektiven mittleren Druck $p_i \cdot \eta_{\text{mech}} = p_{\text{eff}}$ ist die Leistung

$$P_{\text{eff}} = Z \cdot p_{\text{eff}} \cdot A \cdot l \cdot n$$

Die Grundfläche des Zylinders ist

$$A = \frac{\pi}{4} \cdot D^2 = \frac{\pi}{4} \cdot 0{,}074^2\,\text{m}^2$$
$$A = 0{,}0043\,\text{m}^2$$

Bis auf p_{eff} sind nun alle weiteren Größen gegeben.

Der indizierte thermische Wirkungsgrad ist aus Gleichung (7.120) $\dot{b}_{\text{em}} = \frac{1}{|\Delta_H h| \cdot \eta_w}$ mit Einsetzen von Gleichung (7.119) $\eta_w = \eta_{\text{i,th}} \cdot \eta_{\text{mech}}$:

$$\dot{b}_{\text{em}} = \frac{1}{|\Delta_H h| \cdot \eta_{\text{i,th}} \cdot \eta_{\text{mech}}}$$
$$\eta_{\text{i,th}} = \frac{1}{|\Delta_H h| \cdot \dot{b}_{\text{em}} \cdot \eta_{\text{mech}}}$$

Mit Gleichung (7.123) und $p_i = \frac{p_{\text{eff}}}{\eta_{\text{mech}}}$ ist

$$p_i = \frac{|\Delta_H h| \cdot \eta_{\text{i,th}} \cdot \lambda_L}{v_G} = \frac{p_{\text{eff}}}{\eta_{\text{mech}}}$$
$$p_{\text{eff}} = \frac{|\Delta_H h| \cdot \eta_{\text{i,th}} \cdot \lambda_L \cdot \eta_{\text{mech}}}{v_G}$$

Hier nun $\eta_{i,th}$ eingesetzt und gekürzt ist

$$p_{eff} = \frac{|\Delta_H h| \cdot \frac{1}{|\Delta_H h| \cdot \dot{b}_{em} \cdot \eta_{mech}} \cdot \lambda_L \cdot \eta_{mech}}{\nu_G}$$

$$p_{eff} = \frac{\lambda_L}{\nu_G \cdot \dot{b}_{em}}$$

Bis auf das Gemischverhältnis ν_G sind hier alle Größen bekannt.

Die Umrechnung des theoretischen Mindestluftbedarfs vom Norm- in den Betriebszustand (isobar) ist nach Gleichung (5.70):

$$L_{min} = L_{min,N} \cdot \frac{T}{T_N} = 10{,}8 \frac{m_L^3}{kg_{BS}} \cdot \frac{343{,}15\,K}{273{,}15\,K}$$

$$L_{min} = 13{,}57 \frac{m_L^3}{kg_{BS}}$$

Das Gemischverhältnis für flüssigen Brennstoff ist nach Gleichung (7.123)

$$\nu_G = \lambda \cdot L_{min} = 0{,}94 \cdot 13{,}57 \frac{m_L^3}{kg_{BS}}$$

$$\nu_G = 12{,}75 \frac{m_L^3}{kg_{BS}}$$

Die Umrechnung in die Grundeinheiten ergibt für den spezifischen Brennstoffverbrauch

$$\dot{b}_{em} = 0{,}407 \frac{kg}{kWh} \cdot \frac{1\,h}{3\,600\,s}$$

$$\dot{b}_{em} = 1{,}1305 \cdot 10^{-4} \frac{kg}{kW \cdot s} = 1{,}1305 \cdot 10^{-4} \frac{kg}{kN \cdot m}$$

Der effektive Druck ist damit dann

$$p_{eff} = \frac{\lambda_L}{\nu_G \cdot \dot{b}_{em}} = \frac{0{,}75}{12{,}75 \frac{m_L^3}{kg_{BS}} \cdot 1{,}1305 \cdot 10^{-4} \frac{kg}{kN \cdot m}}$$

$$p_{eff} = 520{,}3 \frac{kN}{m^2} = 520{,}3\,kPa$$

Die abgegebene effektive Leistung ist dann schließlich

$$|P_{eff}| = Z \cdot p_{eff} \cdot A \cdot l \cdot n$$

$$= 3 \cdot 520{,}3 \frac{kN}{m^2} \cdot 0{,}0043\,m^2 \cdot 0{,}078\,m \cdot 4200 \frac{1}{min} \cdot \frac{1}{60} \frac{min}{s}$$

$$|P_{eff}| = 36{,}65 \frac{kN \cdot m}{s} = 36{,}65 \frac{kW \cdot s}{s} = 36{,}65\,kW$$

Die mittlere Kolbengeschwindigkeit w_m für zwei vollführte Hübe je Umdrehung der Kurbelwelle bei Nenndrehzahl beträgt somit

$$w_m = 2 \cdot l \cdot n = 2 \cdot 0{,}078\,m \cdot 4200 \frac{1}{min} \cdot \frac{1}{60} \frac{min}{s}$$

$$w_m = 10{,}92 \frac{m}{s}$$

7.3.1.3 Übungsaufgaben

7.3.1.3.1 Komplexbeispiel, effektive Leistung, aufzuwendende Wärme, mittlere Kolbengeschwindigkeit Verbrennungsrechnung

Ein langsam laufender historischer Gasmotor (1 Zylinder) arbeitet im Viertakt-Verfahren mit einem niederkalorischen Treibgas, das im Normzustand einen Heizwert von 3 730 $\frac{\text{kJ}}{\text{m}^3}$ hat. Zur Verbrennung werden theoretisch im Normzustand 0,77 m^3 trockene Luft je 1 m^3 Gas benötigt. Die Verbrennung erfolgt mit einem Luftüberschuss von 30 %, der Liefergrad ist 88 % bei 80 Umdrehungen pro Minute. Der indizierte thermische Wirkungsgrad ist 30 %, der mechanische Wirkungsgrad 85 %.

a) Wie groß ist die abgegebene effektive Leistung, wenn der Kolbendurchmesser 750 mm und der Kolbenweg 1 150 mm beträgt?

b) Welche Wärme ist für 1 kWh aufzuwenden und wie groß ist die mittlere Kolbengeschwindigkeit?

7.3.1.4 Der Diesel-Prozess

Eine weitere wichtige Klasse der Verbrennungs(-kolben-)motoren stellen die Dieselmotoren dar. Typisch für den Dieselmotor ist dabei, dass die Verbrennungsluft ohne Brennstoff verdichtet wird. Dabei können deutlich höhere Drücke als bei der Gemischverdichtung erreicht werden. Die Einleitung der Verbrennungsreaktion erfolgt durch Einspritzen des Brennstoffes in die durch die Verdichtung erhitzte Verbrennungsluft. Dabei entzündet sich der Brennstoff durch die erhöhte Temperatur der Luft, weshalb man von Selbstzündung spricht. Einrichtungen wie Glühkerzen dienen nur der Verbesserung des Kaltstartverhaltens. Als Arbeitsgas dient Luft beziehungsweise nach der Reaktion das Abgas.

Der thermodynamische Idealprozess des Diesel-Prozesses ist der sogenannte **Gleichdruckprozess** (Bild 7.8).

Wie der Gleichraumprozess für den Otto-Prozess ist der Gleichdruckprozess nur ein idealisiertes Modell für den realen Diesel-Prozess.

Die **Teilprozesse des Gleichdruckprozesses** sind dabei:

- 1–2: **isentrope** Kompression
- 2–3: **isobare** Wärmezufuhr
- 3–4: **isentrope** Expansion
- 4–1: **isochore** Wärmeabfuhr

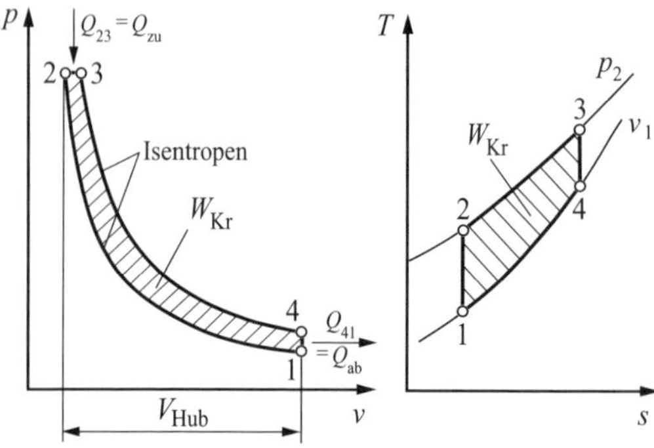

Bild 7.8 Der Gleichdruckprozess als idealisierter Diesel-Prozess im p, v- und T, s-Diagramm

Dem stehen auch beim **Viertakt-Dieselmotor** die Takte

- 1 – Ansaugen,
- 2 – Verdichten,
- 3 – Ausdehnen (umgangssprachlich „Arbeitstakt") und
- 4 – Ausschieben

gegenüber.

Im Gegensatz zum Otto-Prozess erfolgt die Verbrennung nicht explosionsartig bei konstantem Volumen, sondern während eines Zeitraumes nach Beginn der Einspritzung, für den man konstanten Druck annehmen darf. Um trotz Einspritzung und Verbrennung, das heißt Massezufuhr und Wärmefreisetzung, diese Druckkonstanz zu erreichen, muss das Volumen ansteigen (Teilprozess 2–3 in Bild 7.8). Damit ist die Verbrennung bereits Teil des Ausdehntaktes (Arbeitstaktes).

Da der Gleichdruckprozess durch das schon für den Gleichraumprozess definierte Verdichtungsverhältnis ε nicht eindeutig festgelegt ist, wird als weitere Größe das **Einspritzverhältnis** φ eingeführt:

$$\varphi = \frac{v_3}{v_2} = \frac{T_3}{T_2} \tag{7.124}$$

φ Einspritzverhältnis
v_3 spezifisches Volumen im Zustand 3 (nach der Wärmezufuhr) in $\frac{\text{m}^3}{\text{kg}}$
v_2 spezifisches Volumen im Zustand 2 (vor der Einspritzung) in $\frac{\text{m}^3}{\text{kg}}$
T_3 (absolute) Temperatur im Zustand 3 (nach der Wärmezufuhr) in K
T_2 (absolute) Temperatur im Zustand 2 (vor der Einspritzung) in K

Das Einspritzverhältnis kennzeichnet demnach die Volumenzunahme während der isobaren Wärmezuführung.

Übliche Verdichtungsverhältnisse (hier Einspritzverhältnisse) für Dieselmotoren sind deutlich höher als die für Ottomotoren.

Die **spezifische Kreisprozessarbeit** w_{Kr} des Diesel-Prozesses kann sowohl aus der zu- und abgeführten Wärme als auch aus den Teilprozessarbeiten errechnet werden. Es ergibt sich jeweils:

$$\begin{aligned} |w_{\text{Kr}}| &= c_v \cdot (T_1 - \kappa \cdot T_2 + \kappa \cdot T_3 - T_4) \\ &= c_p \cdot (T_3 - T_2) - c_v \cdot (T_4 - T_1) \end{aligned} \tag{7.125}$$

w_{Kr} spezifische Kreisprozessarbeit in $\frac{\text{kJ}}{\text{kg}}$
c_{v} spezifische Wärmekapazität bei konstantem Volumen in $\frac{\text{kJ}}{\text{kg}\cdot\text{K}}$
c_p spezifische Wärmekapazität bei konstantem Druck in $\frac{\text{kJ}}{\text{kg}\cdot\text{K}}$
κ Isentropenexponent
T_1 (absolute) Temperatur im Zustand 1 in K
T_2 (absolute) Temperatur im Zustand 2 in K
T_3 (absolute) Temperatur im Zustand 3 in K
T_4 (absolute) Temperatur im Zustand 4 in K

Tabelle 7.8 Anhaltswerte des Einspritzverhältnisses φ

Anhaltswerte	Einspritzverhältnis φ
direkt einspritzende Dieselmotoren	12...21
wirbelkammereinspritzende Dieselmotoren	18...24
große Schiffsdiesel und Stationärmotoren	10...12
Lokomotiv-Dieselmotoren	12...15

Tabelle 7.9 Anhaltswerte des indizierten thermischen Wirkungsgrades $\eta_{i,th}$

Anhaltswerte	indizierter thermischer Wirkungsgrad $\eta_{i,th}$
Großdieselmotoren (Schiffe, Lokomotiven)	0,42...0,46
Kleindieselmotoren (Pkw)	0,39...0,44
Glühkopfmotoren	0,32...0,40

Tabelle 7.10 Anhaltswerte des spezifischen Brennstoffverbrauches $\dot{b}_{em}$

Anhaltswerte	gravimetrischer spezifischer Brennstoffverbrauch $\dot{b}_{em}$ in $\frac{kg}{kWh}$
direkteinspritzende Großdieselmotoren (Schiffe, Lokomotiven)	0,19...0,23
moderne Baumaschinendieselmotoren	0,21...0,23
Glühkopfmotoren	0,29...0,34
wirbelkammereinspritzende Dieselmotoren	0,25...0,31
direkteinspritzende Lkw-Dieselmotoren	0,21...0,24
direkteinspritzende Kleindieselmotoren (Pkw)	0,23...0,26

Für den Gleichdruckprozess als Idealprozess kann die folgende Berechnungsformel für den **thermischen Wirkungsgrad** η_{th} abgeleitet werden:

$$\eta_{th} = 1 - \frac{1}{\kappa} \cdot \frac{1}{\varepsilon^{\kappa-1}} \cdot \frac{\varphi^{\kappa} - 1}{\varphi - 1} \tag{7.126}$$

η_{th} thermischer Wirkungsgrad des theoretischen Vergleichsprozesses
κ Isentropenexponent
ε Verdichtungsverhältnis
φ Einspritzverhältnis

Aufgrund der höheren erzielbaren Verdichtungsverhältnisse sind höhere Wirkungsgrade als beim Otto-Prozess möglich.

Wie für Ottomotoren können auch für Dieselmotoren ein **Gütegrad** η_{is} (7.117), ein **mechanischer Wirkungsgrad** η_{mech} und damit ein **Nutzwirkungsgrad** η_w (7.119) angegeben werden. Damit ergibt sich auch der **spezifische Brennstoffverbrauch** $\dot{b}_{em}$ (7.120) bzw. $\dot{b}_{ev}$ (7.121).

Für die **reale effektive Leistung** P_{eff} gelten die Formeln entsprechend denen für den Ottomotor (7.122).

Zur Berechnung der Verbrennung in Verbrennungsmotoren siehe Kapitel 12.

Außer dem Otto- und dem Diesel-Prozess existieren weitere Prozesse für periodisch arbeitende Verbrennungskraftmaschinen. Dabei handelt es sich oft um Weiterentwicklungen oder Adaptionen des Otto- oder Diesel-Prozesses. Beispiele dafür sind der **Atkinson**- oder **Miller-Kreisprozess**. Für eine weitergehende theoretische Beschreibung kann der **Seiliger-Prozess** dienen, der sowohl als **Vergleichsprozess** für den Otto- als auch für den Diesel-Prozess geeignet ist.

7.3.1.5 Beispiele

7.3.1.5.1 Dieselmotor, Idealprozess, thermischer Wirkungsgrad

Ein Schiffsdieselmotor arbeitet mit 12-facher Verdichtung. Das Einspritzverhältnis ist $\varphi = 2{,}5$. Die Ansaugtemperatur beträgt infolge Erwärmung durch Zylinderwand und Restgase 70 °C bei einem Ansaugdruck von 1 bar. Für das arbeitende Gas sind die Eigenschaften von Luft mit konstantem spezifischen Wärmekapazitäten anzunehmen, also $c_p = 1{,}008\,\frac{\text{kJ}}{\text{kg}\cdot\text{K}}$; $c_v = 0{,}721\,\frac{\text{kJ}}{\text{kg}\cdot\text{K}}$. Wie groß sind für 1 kg Arbeitsgas die Drücke, Volumen und Temperaturen in den Punkten 1 bis 4 im Falle des Idealprozesses, die zugeführte und abgeführte Wärme, der theoretische Wirkungsgrad, die abgegebene Arbeit?

gegeben:	Druckverhältnis	$\varepsilon = \frac{v_1}{v_2} = 12$
	Einspritzverhältnis	$\varphi = \frac{v_3}{v_2} = 2{,}5$
	Masse Arbeitsgas	$m = 1\,\text{kg}$
	Ansaugdruck	$p_1 = 1\,\text{bar} = 1\cdot 10^5\,\frac{\text{N}}{\text{m}^2}$
	höchster Druck des Prozesses	$p_3 = 25\,\text{bar} = 25\cdot 10^5\,\frac{\text{N}}{\text{m}^2}$
	Ansaugtemperatur	$\vartheta_1 = 70\,°\text{C}$, $T_1 = 343{,}15\,\text{K}$
	spezifische isobare Wärmekapazität	$c_p = 1{,}008\,\frac{\text{kJ}}{\text{kg}\cdot\text{K}}$
	spezifische isochore Wärmekapazität	$c_v = 0{,}721\,\frac{\text{kJ}}{\text{kg}\cdot\text{K}}$
	spezifische Gaskonstante für trockene Luft (Anhang A.4.1)	$R = 287{,}1\,\frac{\text{N}\cdot\text{m}}{\text{kg}\cdot\text{K}}$
	Isentropenexponent für trockene Luft (Anhang A.4.1)	$\kappa = 1{,}402$
gesucht:	Volumina für die Punkte 1 bis 4	$V_{1...4}$ in $\frac{\text{m}^3}{\text{kg}}$
	Temperaturen für die Punkte 1 bis 4	$T_{1...4}$ in K
	Drücke für die Punkte 1 bis 4	$p_{1...4}$ in bar
	abgegebene Arbeit	$\lvert W_{\text{Kr}}\rvert$ in kJ
	zugeführte Wärme	Q_{zu} in kJ
	abgeführte Wärme	Q_{ab} in kJ
	theoretischer Wirkungsrad	η in %

Lösung:

Es werden die fehlenden Zustandsgrößen der Punkte 1 bis 4 für diesen Gleichdruckprozess nacheinander unter Anwendung u. a. der Gasgesetze berechnet.

Punkt 1:

Das Anfangsvolumen ist mit Gleichung (5.47):

$$p_1 = 1\,\text{bar}$$

$$T_1 = 343{,}15\,\text{K}$$

$$p_1 \cdot v_1 = R \cdot T_1$$

$$v_1 = \frac{R \cdot T_1}{p_1} = \frac{287{,}1\,\frac{\text{N}\cdot\text{m}}{\text{kg}\cdot\text{K}} \cdot 343{,}15\,\text{K}}{1 \cdot 10^5\,\frac{\text{N}}{\text{m}^2}}$$

$$v_1 = 0{,}985\,\frac{\text{m}^3}{\text{kg}}$$

Punkt 2:

Über das Druckverhältnis $\varepsilon = \frac{v_1}{v_2} = 12$ wird

$$v_2 = \frac{v_1}{\varepsilon} = \frac{0{,}985\,\frac{\text{m}^3}{\text{kg}}}{12}$$

$$v_2 = 0{,}0821\,\frac{\text{m}^3}{\text{kg}}$$

Nach der isentropen Verdichtung beträgt der Druck nach Gleichung (5.80), hier schon massespezifisch geschrieben:

$$\frac{p_2}{p_1} = \left(\frac{v_1}{v_2}\right)^{\kappa} = \varepsilon^{\kappa} = 12^{1{,}402} = 32{,}59$$

$$p_2 = p_1 \cdot 32{,}59 = 1\,\text{bar} \cdot 32{,}59$$

$$p_2 = 32{,}59\,\text{bar} = 32{,}59 \cdot 10^5\,\frac{\text{N}}{\text{m}^2}$$

Die Temperatur berechnet sich mit Gleichung (5.47) zu:

$$p_2 \cdot v_2 = R \cdot T_2$$

$$T_2 = \frac{p_2 \cdot v_2}{R} = \frac{32{,}59 \cdot 10^5\,\frac{\text{N}}{\text{m}^2} \cdot 0{,}0821\,\frac{\text{m}^3}{\text{kg}}}{287{,}1\,\frac{\text{N}\cdot\text{m}}{\text{kg}\cdot\text{K}}}$$

$$T_2 = 931{,}8\,\text{K}$$

$$\vartheta_2 = T_2 - 273{,}15\,\text{K} = 931{,}8\,\text{K} - 273{,}15\,\text{K} = 658{,}6\,^\circ\text{C}$$

Über das gegebene Einspritzverhältnis $\varphi = \frac{v_3}{v_2} = 2{,}5$ wird

$$v_3 = \varphi \cdot v_2 = 2{,}5 \cdot 0{,}0821\,\frac{\text{m}^3}{\text{kg}}$$

$$v_3 = 0{,}2053\,\frac{\text{m}^3}{\text{kg}}$$

Punkt 3:

Während der Verbrennung von 2 nach 3 bleibt der Druck konstant. Es gilt das Gasgesetz der Isobaren nach Gleichung (5.70), hier auch schon massespezifisch geschrieben:

$$\frac{T_3}{T_2} = \frac{v_3}{v_2} = \varphi = 2{,}5$$

$$T_3 = T_2 \cdot 2{,}5 = 931{,}8\,\text{K} \cdot 2{,}5$$

$$T_3 = 2\,329\,\text{K}$$

$$\vartheta_3 = T_3 - 273{,}15\,\text{K} = 2\,329\,\text{K} - 273{,}15\,\text{K} = 2\,056\,^\circ\text{C}$$

$$p_3 = p_2 = 32{,}59\,\text{bar} = 32{,}59 \cdot 10^5\,\frac{\text{N}}{\text{m}^2}$$

Punkt 4:

Die Expansion von 3 nach 4 erfolgt isentrop. Mit Gleichung (5.80), hier ebenfalls massespezifisch, und weil $v_4 = v_1 = 0{,}985\,\frac{\text{m}^3}{\text{kg}}$ ist:

$$\frac{p_3}{p_4} = \left(\frac{v_4}{v_3}\right)^{\kappa} = \left(\frac{v_1}{v_3}\right)^{\kappa}$$

$$\frac{p_3}{p_4} = \left(\frac{0{,}985}{0{,}2053}\right)^{1{,}402} = 9{,}01$$

$$p_4 = \frac{p_3}{9{,}01} = \frac{32{,}59\,\text{bar}}{9}$$

$$p_4 = 3{,}62\,\text{bar} = 3{,}62 \cdot 10^5\,\frac{\text{N}}{\text{m}^2}$$

Die Temperatur berechnet sich mit Gleichung (5.47) zu:

$$p_4 \cdot v_4 = R \cdot T_4$$

$$T_4 = \frac{p_4 \cdot v_4}{R} = \frac{3{,}62 \cdot 10^5\,\frac{\text{N}}{\text{m}^2} \cdot 0{,}985\,\frac{\text{m}^3}{\text{kg}}}{287{,}1\,\frac{\text{N}\cdot\text{m}}{\text{kg}\cdot\text{K}}}$$

$$T_4 = 1\,241\,\text{K}$$

$$\vartheta_4 = T_4 - 273{,}15\,\text{K} = 1\,241\,\text{K} - 273{,}15\,\text{K} = 967{,}9\,^\circ\text{C}$$

Es ist zur Probe mit dem Gesetz der Isochoren, Gleichung (5.70), hier auch schon massespezifisch geschrieben:

$$\frac{T_4}{T_1} = \frac{p_4}{p_1} = \frac{1\,241\,\text{K}}{343{,}15\,\text{K}} = \frac{3{,}61\,\text{bar}}{1{,}0\,\text{bar}}$$

$$3{,}62 \approx 3{,}61$$

Während der Wärmezufuhr von 2 nach 3 bleibt der Druck konstant. Es ist mit Gleichung (5.75):

$$Q_{23} = m \cdot c_p \cdot (T_3 - T_2)$$

$$\frac{Q_{23}}{m} = q_{23} = c_p \cdot (T_3 - T_2)$$

$$q_{zu} = c_p \cdot (T_3 - T_2) = 1{,}008\,\frac{\text{kJ}}{\text{kg}\cdot\text{K}} \cdot (2\,329 - 931{,}8)\,\text{K}$$

$$q_{zu} = 1\,408\,\frac{\text{kJ}}{\text{kg}}$$

Die Abfuhr der Wärme von 4 nach 1 erfolgt bei konstantem Volumen. Mit Gleichung (5.71) ist:

$$Q_{41} = m \cdot c_v \cdot (T_1 - T_4)$$

$$\frac{Q_{41}}{m} = q_{41} = c_v \cdot (T_1 - T_4)$$

$$|q_{ab}| = |c_v \cdot (T_1 - T_4)| = \left|0{,}721\,\frac{\text{kJ}}{\text{kg}\cdot\text{K}} \cdot (343{,}15 - 1\,241)\,\text{K}\right|$$

$$|q_{ab}| = 647{,}4\,\frac{\text{kJ}}{\text{kg}}$$

7

Die Arbeitswärme und damit die verrichtete Kreisprozessarbeit ist

$$|w_{Kr}| = q_{zu} - |q_{ab}| = (1\,408 - 647{,}4)\,\frac{kJ}{kg}$$

$$|w_{Kr}| = 760{,}6\,\frac{kJ}{kg}$$

Der thermische Wirkungsgrad mit Gleichung (6.93):

$$\eta_{th} = \frac{|w_{Kr}|}{q_{zu}} = \frac{760{,}6\,\frac{kJ}{kg}}{1\,408\,\frac{kJ}{kg}}$$

$$\eta_{th} = 0{,}540 \cdot 100\,\% = 54{,}0\,\%$$

7.3.1.5.2 Dieselmotor, Gütegrad, indizierter thermischer Wirkungsgrad, effektive Leistung, gemessene Leistung, Brennstoffverbrauch

Ein historischer Dieselmotor arbeitet im Viertakt-Verfahren und sein Zylinder hat den Durchmesser $D = 260\,mm$ und einen Hub von 410 mm. Die effektive Leistung beträgt 18 kW, die indizierte Leistung 22,5 kW bei einer Drehzahl von $204\,\frac{1}{min}$. Der Brennstoffverbrauch beträgt $273\,\frac{g}{kWh}$, die Verdichtung ist $\varepsilon = 12$ und das Einspritzverhältnis $\varphi = 2{,}5$. Der verwendete Dieselkraftstoff hat einen spezifischen Heizwert von $42\,400\,\frac{kJ}{kg}$. Als Arbeitsgas soll trockene Luft angenommen werden.

Wie groß sind:

a) der stündliche Brennstoffverbrauch,

b) der Nutzungsgrad,

c) der mechanische Wirkungsgrad,

d) der indizierte thermische Wirkungsgrad,

e) der Gütegrad,

f) die zugeführte Wärme je Arbeitshub.

g) Nachprüfung der effektiven Leistung, wenn der Liefergrad $\lambda_L = 0{,}83$, die Luftzahl $\lambda = 1{,}6$ und der Mindestluftbedarf $L_{min} = 14\,\frac{m_L^3}{kg_{BS}}$ ist.

gegeben:		
	Zylinderdurchmesser	$D = 260\,mm = 0{,}26\,m$
	Hub	$l = 410\,mm = 0{,}41\,m$
	Zylinderzahl	$Z = 1$
	Drehzahl	$n = 204\,\frac{1}{min}$
	effektive Leistung	$\lvert P_{eff}\rvert = 18\,kW$
	indizierte Leistung	$\lvert P_i\rvert = 22{,}5\,kW$
	Liefergrad	$\lambda_L = 0{,}83$
	Mindestluftbedarf	$L_{min} = 14\,\frac{m_L^3}{kg_{BS}}$
	Luftzahl	$\lambda = 1{,}6$
	spezifischer gravimetrischer Brennstoffverbrauch	$\dot{b}_{em} = 273\,\frac{g}{kWh} = 0{,}273\,\frac{kg}{kWh}$

	spezifischer Heizwert Dieselkraftstoff (Anhang A.4.2)	$\lvert\Delta_H h\rvert = 42\,400\,\frac{\text{kJ}}{\text{kg}} = 42{,}4\cdot 10^6\,\frac{\text{N}\cdot\text{m}}{\text{kg}}$
	Druckverhältnis	$\varepsilon = 12$
	Einspritzverhältnis	$\varphi = 2{,}5$
	Isentropenexponent für trockene Luft (Anhang A.4.1)	$\kappa = 1{,}402$
gesucht:	stündlicher Brennstoffverbrauch	$\dot{m}_{\text{BS,eff}}$ in $\frac{\text{kg}_{\text{BS}}}{\text{h}}$
	Nutzungsgrad	η_{w}
	mechanischer Wirkungsgrad	η_{mech}
	indizierter thermischer Wirkungsgrad	$\eta_{\text{i,th}}$
	Gütegrad	η_{is}
	zugeführte Wärme je Arbeitshub	Q_{zu} in kJ
	effektive Leistung prüfen	$\lvert P_{\text{eff}}\rvert$ in kW

Lösung:

a) stündlicher Brennstoffverbrauch:

Der stündliche Brennstoffverbrauch $\dot{m}_{\text{BS,e}}$ ist das Produkt aus spezifischem gravimetrischem Brennstoffverbrauch und zu erzielender effektiver Leistung und ist

$$\dot{m}_{\text{BS,eff}} = \dot{b}_{\text{em}} \cdot \lvert P_{\text{eff}}\rvert = 0{,}273\,\frac{\text{kg}}{\text{kWh}} \cdot 18\,\text{kW}$$

$$\dot{m}_{\text{BS,eff}} = 4{,}914\,\frac{\text{kg}}{\text{h}}$$

b) Nutzungsgrad:

Der Nutzungsgrad oder Nutzwirkungsgrad ist nach Gleichung (7.120)

$$\eta_{\text{w}} = \frac{1}{\lvert\Delta_H h\rvert \cdot \dot{b}_{\text{em}}} = \frac{1}{42\,400\,\frac{\text{kJ}}{\text{kg}} \cdot 0{,}273\,\frac{\text{kg}}{\text{kWh}} \cdot \frac{1}{3600}\,\frac{\text{kWh}}{\text{kJ}}}$$

$$\eta_{\text{w}} = 0{,}311$$

c) mechanischer Wirkungsgrad:

Der mechanische Wirkungsgrad ist nach Gleichung (7.118)

$$\eta_{\text{mech}} = \frac{\lvert P_{\text{eff}}\rvert}{\lvert P_{\text{i}}\rvert} = \frac{18\,\text{kW}}{22{,}5\,\text{kW}}$$

$$\eta_{\text{mech}} = 0{,}8$$

d) indizierter thermischer Wirkungsgrad:

Der indizierte thermische Wirkungsgrad ist mit Gleichung (7.119)

$$\eta_{\text{w}} = \eta_{\text{i,th}} \cdot \eta_{\text{mech}}$$

$$\eta_{\text{i,th}} = \frac{\eta_{\text{w}}}{\eta_{\text{mech}}} = \frac{0{,}311}{0{,}8}$$

$$\eta_{\text{i,th}} = 0{,}389$$

e) Gütegrad:

Für die Bestimmung des Gütegrades ist zunächst der theoretische thermische Wirkungsgrad mit Gleichung (7.126) zu berechnen.

$$\eta_{th} = 1 - \frac{1}{\kappa} \cdot \frac{1}{\varepsilon^{\kappa-1}} \cdot \frac{\varphi^{\kappa} - 1}{\varphi - 1} = 1 - \frac{1}{1{,}402} \cdot \frac{1}{12^{1{,}402-1}} \cdot \frac{2{,}5^{1{,}402} - 1}{2{,}5 - 1}$$

$$\eta_{th} = 0{,}542$$

Der Gütegrad ist dann nach Gleichung (7.117)

$$\eta_{is} = \frac{\eta_{i,th}}{\eta_{th}} = \frac{0{,}389}{0{,}542}$$

$$\eta_{is} = 0{,}718$$

f) zugeführte Wärme je Arbeitshub:

Die zugeführte Wärme je Arbeitshub ist beim Viertakt-Verfahren (es wird also nur bei jeder zweiten Umdrehung Kraftstoff verbrannt) das Produkt aus stündlichem Brennstoffverbrauch $\dot{m}_{BS,e}$ und spezifischem Heizwert des Kraftstoffs $|\Delta_H h|$ geteilt durch die halbe Nenndrehzahl n und damit

$$Q_{zu} = \frac{\dot{m}_{BS,eff} \cdot |\Delta_H h|}{\frac{n}{2}} = \frac{4{,}914\,\frac{kg}{h} \cdot 42\,400\,\frac{kJ}{kg}}{\frac{204}{2}\,\frac{1}{min} \cdot 60\,\frac{min}{h}}$$

$$Q_{zu} = 34{,}1\,kJ$$

g) Nachprüfung der effektiven Leistung:

Nachprüfung der abgegebenen effektiven Leistung $|P_{eff}| = 18\,kW$.

Die abgegebene Leistung für Viertakt-Motoren ist mit Gleichung (7.122)

$$|P_{eff}| = \frac{Z \cdot p_i \cdot A \cdot l \cdot n \cdot \eta_{mech}}{2}$$

Der mittlere indizierte Druck p_i ist mit Gleichung (7.123)

$$p_i = \frac{|\Delta_H h| \cdot \eta_{i,th} \cdot \lambda_L}{L}$$

wobei hier der tatsächliche Luftbedarf L

$$L = \lambda \cdot L_{min} = 1{,}6 \cdot 14\,\frac{m_L^3}{kg_{BS}}$$

$$L = 22{,}4\,\frac{m_L^3}{kg_{BS}}$$

Dann ist

$$p_i = \frac{42{,}4 \cdot 10^6\,\frac{N \cdot m}{kg} \cdot 0{,}389 \cdot 0{,}83}{22{,}4\,\frac{m_L^3}{kg_{BS}}}$$

$$p_i = 6{,}111 \cdot 10^5\,\frac{N}{m^2}$$

Die Grundfläche A des Zylinders ist

$$A = \frac{\pi}{4} \cdot D^2 = \frac{\pi}{4} \cdot 0{,}26^2\,\text{m}^2$$
$$A = 0{,}0531\,\text{m}^2$$

Damit ist dann die effektiv abgegebene Leistung des Dieselmotors

$$|P_{\text{eff}}| = \frac{1 \cdot 6{,}111 \cdot 10^5\,\frac{\text{N}}{\text{m}^2} \cdot 0{,}0531\,\text{m}^2 \cdot 0{,}41\,\text{m} \cdot 204\,\frac{1}{\text{min}} \cdot \frac{1}{60}\,\frac{\text{min}}{\text{s}} \cdot 0{,}8}{2}$$
$$|P_{\text{eff}}| = 18094\,\frac{\text{N}\cdot\text{m}}{\text{s}} = 18094\,\frac{\text{W}\cdot\text{s}}{\text{s}} = 18094\,\text{W} = 18{,}1\,\text{kW}$$

Die abgegebene Leistung 18 kW stimmt mit der angegebenen sehr gut überein. Dem Kreisprozess werden je Arbeitshub 34,1 kJ an Wärme zugegeben. Für den Kreisprozess ergibt sich ein thermischer Wirkungsgrad von 54,2 %.

7.3.1.6 Übungsaufgabe[2]

7.3.1.6.1 Komplexbeispiel, Schwerölmaschine, isentrope Verdichtung und Expansion, Gütegrad, indizierter thermischer Wirkungsgrad

Eine Zweitakt-Schwerölmaschine arbeitet mit einem Gütegrad von 73,1 % bei 12-facher Verdichtung und einem Liefergrad von 82 %. Die Anfangstemperatur im Zylinder beträgt 70 °C mit einem Ansaugdruck von 1 bar. Der Heizwert des verwendeten Treibstoffs ist 41 000 $\frac{\text{kJ}}{\text{kg}}$, der Gütegrad ist 73,1 %. Der zur Verbrennung benötigte theoretische Mindestluftbedarf ist 14,8 $\frac{\text{m}_\text{L}^3}{\text{kg}_\text{BS}}$ und das Luftverhältnis ist 1,6. Die Dichte der angesaugten trockenen Luft ist 1,03 $\frac{\text{kg}}{\text{m}^3}$.

a) Wie groß ist der indizierte thermische Wirkungsgrad, wenn die Verdichtung und Expansion isentrop verlaufen? Die Rechnungen sind auf 1 kg Luft als Arbeitsgas zu beziehen.

b) Wie groß ist die abgegebene Leistung, wenn der Kolbendurchmesser 180 mm, der Kolbenhub 320 mm und der mechanische Wirkungsrad 85 % bei $n = 420\,\frac{1}{\text{min}}$ betragen?

7.3.2 Periodische rechtsläufige Kreisprozesse mit externer Wärmezuführung

Ähnlich wie bei den Gasturbinen ist es auch bei periodischen rechtsläufigen Kreisprozessen möglich, die Wärme nicht durch eine interne Verbrennung freizusetzen, sondern sie von außen zuzuführen. Dafür geeignete Prozesse sind der **Stirling-Prozess** und der **Ericson-Prozess**.

Der Ericson-Prozess entspricht dabei thermodynamisch dem Prozess in geschlossenen Gasturbinenkreisläufen, nur dass die kontinuierlich arbeitenden Strömungsmaschinen durch periodisch arbeitende Verdrängermaschinen ersetzt sind. Aufgrund bestimmter Vorteile gegenüber Verbrennungsmotoren (bessere Abgaswerte, breiteres einsetzbares Brennstoffspektrum) und Gasturbinen (bessere Wirkungsgrade bei kleinen Leistungen) erleben Maschinen zu diesen – im Prinzip altbekannten – Prozessen derzeit eine gewisse Renaissance.

[2] Die Lösungen finden Sie in der Kategorie „Extras" unter *http://www.hanser-fachbuch.de/9783446442795*.

7.4 Verdichter (Kompressoren)

Als **Verdichter** werden Maschinen bezeichnet, deren Aufgabe es ist, den Druck eines Gasstromes zu erhöhen. Dabei existiert technisch eine Reihe von Ausführungen. Neben Strömungsverdichtern (Turboverdichter, Kreiselverdichter) kommen auch Verdrängungsverdichter wie Schraubenverdichter und Kolbenverdichter mit einem periodischen Prozess zum Einsatz.

Beim Prozess in einem Verdichter handelt es sich nicht um einen Kreisprozess. Vielmehr stellt der Prozess eine Arbeitsleistung an einem offenen System entsprechend Abschnitt 4.5 dar. Es kann aber vielfach auf die Betrachtungsweisen für Kreisprozesse zurückgegriffen werden. Zuerst soll vereinfacht von einem idealen Verdichter, das heißt ohne Verluste und ohne sogenannten Schadraum, ausgegangen werden.

Der Prozess eines solchen idealen Verdichters ist in Bild 7.9 dargestellt.

Für die Berechnung der spezifischen technischen Arbeit des Verdichters w_{Kr}, das heißt der Arbeit, die vom Verdichter am Gasstrom verrichtet wird, ist die technische Arbeit an einem offenen System zu betrachten. Diese setzt sich zusammen aus:

- einer **spezifischen Verschiebearbeit** $w_{41} = p_1 \cdot v_1$ zum Einschieben des Gases in den Verdichter beim Druck p_1, die der Druck vor dem Verdichter, zum Beispiel der äußere Luftdruck, verrichtet,
- einer **spezifischen Verschiebearbeit** $w_{23} = p_2 \cdot v_2$ zum Ausschieben des Gases aus dem Verdichter, die der Verdichter gegen den Druck nach dem Verdichter verrichtet, und
- einer **spezifischen Kompressionsarbeit** w_{12} zur Erhöhung des Druckniveaus.

Dann ist die **spezifische technische Arbeit** des Verdichters w_{Kr}:

$$w_{Kr} = w_{12} + w_{23} - w_{41}$$

Dabei sind verschiedene Fälle zu berücksichtigen. Da für eine isotherme Kompression $p_1 \cdot v_1 = p_2 \cdot v_2$ ist, wird damit $w_{23} = w_{41}$.

Somit ist für eine **isotherme Kompression** die **spezifische technische Arbeit** w_{Kr}:

$$w_{Kr} = p_1 \cdot v_1 \cdot \ln \frac{p_2}{p_1} \tag{7.127}$$

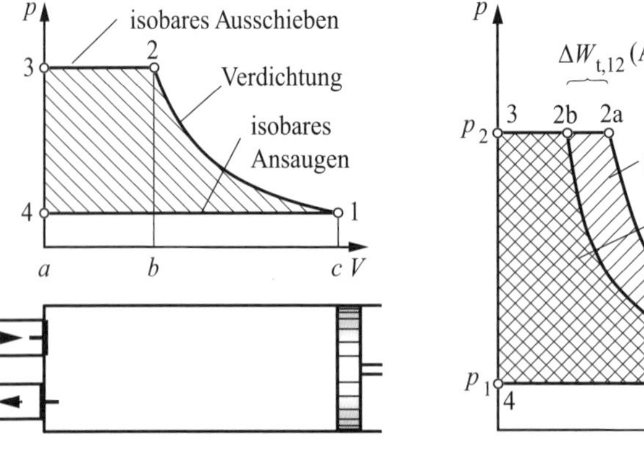

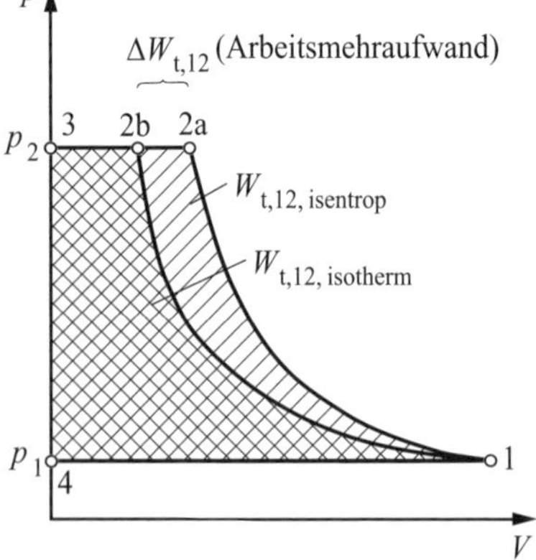

Bild 7.9 Prozess eines idealen Verdichters im *p, V*-Diagramm

w_{Kr} spezifische technische Arbeit des Verdichters bei isothermer Kompression in $\frac{kJ}{kg}$
p_1 Druck vor dem Verdichter in kPa
p_2 Druck nach dem Verdichter in kPa
v_1 spezifisches Volumen vor dem Verdichter in $\frac{m^3}{kg}$

Für eine **isentrope Kompression** gilt ebenfalls:

$$w_{Kr} = w_{12} + w_{23} - w_{41}$$

wobei $w_{41} = p_1 \cdot v_1$ und $w_{23} = p_2 \cdot v_2$, aber $w_{23} \neq w_{41}$ und $w_{12} = \frac{1}{\kappa-1} \cdot (p_2 \cdot v_2 - p_1 \cdot v_1)$ ist und somit

$$w_{Kr} = \frac{1}{\kappa - 1} \cdot (p_2 \cdot v_2 - p_1 \cdot v_1) + p_2 \cdot v_2 - p_1 \cdot v_1 = \frac{\kappa}{\kappa - 1} \cdot (p_2 \cdot v_2 - p_1 \cdot v_1)$$

Unter weiterer Verwendung der Formel für die **isentrope Zustandsänderung** folgt für die **spezifische technische Arbeit** w_{Kr}:

$$\begin{aligned} w_{Kr} &= \frac{\kappa}{\kappa - 1} \cdot p_1 \cdot v_1 \cdot \left[\left(\frac{p_2}{p_1} \right)^{\frac{\kappa-1}{\kappa}} - 1 \right] \\ &= \frac{\kappa}{\kappa - 1} \cdot p_1 \cdot v_1 \cdot \left(\frac{T_2}{T_1} - 1 \right) \end{aligned} \tag{7.128}$$

w_{Kr} spezifische technische Arbeit des Verdichters bei isentroper Kompression in $\frac{kJ}{kg}$
κ Isentropenexponent
p_1 Druck vor dem Verdichter in kPa
p_2 Druck nach dem Verdichter in kPa
v_1 spezifisches Volumen vor dem Verdichter in $\frac{m^3}{kg}$
T_1 absolute Temperatur vor der isentropen Kompression in K
T_2 absolute Temperatur nach der isentropen Kompression in K

Dementsprechend gilt unter der Annahme einer **polytropen Kompression** für die **spezifische technische Arbeit** w_{Kr} des Verdichters:

$$\begin{aligned} w_{Kr} &= \frac{n}{n - 1} \cdot p_1 \cdot v_1 \cdot \left[\left(\frac{p_2}{p_1} \right)^{\frac{n-1}{n}} - 1 \right] \\ &= \frac{n}{n - 1} \cdot p_1 \cdot v_1 \cdot \left(\frac{T_2}{T_1} - 1 \right) \end{aligned} \tag{7.129}$$

w_{Kr} spezifische technische Arbeit des Verdichters bei polytroper Kompression in $\frac{kJ}{kg}$
n Polytropenexponent
p_1 Druck vor dem Verdichter in kPa
p_2 Druck nach dem Verdichter in kPa
v_1 spezifisches Volumen vor dem Verdichter in $\frac{m^3}{kg}$
T_1 (absolute) Temperatur vor der polytropen Kompression in K
T_2 (absolute) Temperatur nach der polytropen Kompression in K

Der erforderliche Arbeitsaufwand ist für die isotherme Kompression am geringsten, für die isentrope Kompression am höchsten. Da jedoch die Kompression in einem Verdichter schnell

Tabelle 7.11 Anhaltswerte des Isentropenexponenten κ

Anhaltswerte	Isentropenexponent κ
real für trockene Luft (fast isentrop) (0...1000 °C)	1,4...1,32
Helium (−200...1400 °C)	1,67
Wasserdampf	1,33...1,28
Kohlenstoffdioxid (20...1000 °C)	1,29...1,18

Weitere Werte: siehe Abschnitt 5.5.4 und Anhang A.4.

und auf kleinem Raum abläuft, besteht kaum die Möglichkeit der für einen isothermen Prozess erforderlichen Abführung der gesamten Verdichtungswärme. Demnach sind die Kompressionsprozesse in vielen Verdichtern annähernd adiabat und damit im idealisierten Fall isentrop. Es wird jedoch, insbesondere bei sehr großen Verdichtern, versucht, die Verdichtungswärme wenigstens anteilig abzuführen, um dem Ideal einer isothermen Verdichtung möglichst nahezukommen (siehe mehrstufige Verdichter im weiteren Fortgang dieses Kapitels).

Weitere Kenngrößen eines Verdichters sind:

Verdichterleistung P_{Kr}:

$$P_{Kr} = \dot{m} \cdot w_{Kr} \tag{7.130}$$

P_{Kr} theoretische Verdichterleistung in kW
$\dot{m}$ durchgesetzter Massestrom in $\frac{kg}{s}$
w_{Kr} spezifische technische Arbeit des Verdichters in $\frac{kJ}{kg}$

$$P_{Kr} = \dot{V} \cdot W_{Kr/m^3} \tag{7.131}$$

P_{Kr} theoretische Verdichterleistung in kW
$\dot{V}$ durchgesetzter Volumenstrom in $\frac{m^3}{s}$
W_{Kr/m^3} technische Arbeit des Verdichters je m^3 in $\frac{kJ}{m^3}$

Da keine Umwandlung von Wärme in Arbeit erfolgt, ist die Angabe eines thermischen Wirkungsgrades nicht möglich. Eine Kennzeichnung des Verdichters erfolgt stattdessen durch den Gütegrad und den mechanischen Wirkungsgrad.

Gütegrad η_{is}:

$$\eta_{is} = \frac{w_{Kr,is}}{w_{Kr}} = \frac{P_{Kr,is}}{P_{Kr}} \tag{7.132}$$

η_{is} Gütegrad
$w_{Kr,is}$ spezifische (theoretische) technische Arbeit des Verdichters bei isothermer Kompression in $\frac{kJ}{kg}$
w_{Kr} indizierte (gemessene) technische Arbeit des Verdichters bei polytroper Kompression in $\frac{kJ}{kg}$
$P_{Kr,is}$ spezifische (theoretische) Leistung des Verdichters bei isothermer Kompression in kW
P_{Kr} indizierte (gemessene) Leistung des Verdichters bei polytroper Kompression in kW

Mechanischer Wirkungsgrad η_{mech}:

$$\eta_{\text{mech}} = \frac{P_{\text{i}}}{P_{\text{elt}}} \tag{7.133}$$

η_{mech} mechanischer Wirkungsgrad
P_{i} indizierte (gemessene) Leistung des Verdichters in kW
P_{elt} indizierte (gemessene) Leistung des Antriebsmotors (hier beispielsweise die elektrische) des Verdichters in kW

Gesamtwirkungsgrad η_{Verd}:

$$\eta_{\text{Verd}} = \eta_{\text{mech}} \cdot \eta_{\text{is}} \tag{7.134}$$

η_{Verd} Gesamtwirkungsgrad des Verdichters
η_{mech} mechanischer Wirkungsgrad
η_{is} Gütegrad

Mehrstufige Verdichtung mit Zwischenkühlung

Wie bereits erläutert, ist eine isotherme Verdichtung anzustreben, da unter dieser Bedingung die aufzuwendende Arbeit für eine bestimmte Druckerhöhung pro Mengeneinheit am geringsten ist.

Eine reale Verdichtung ist jedoch ohne Maßnahmen zur Wärmeabfuhr oft annähernd isentrop. Dies bedingt außer der größeren aufzuwendenden Arbeit und damit letztendlich des höheren Energieeinsatzes auch hohe Verdichtungsendtemperaturen, die störend (z. B. Schmierölzersetzung) oder sogar gefährlich (Brandgefahr) sein können. Deshalb werden vor allem größere Verdichtereinheiten mehrstufig ausgeführt, wobei das Verdichtungsverhältnis pro Stufe auf $\frac{p_2}{p_1} < 5$ beschränkt wird. Nach jeder Stufe erfolgt eine sogenannte Zwischenkühlung bis fast auf Ausgangstemperatur. Die Vorteile einer Verringerung der Verdichtungsendtemperatur und einer Annäherung an die isotherme Verdichtung mit einem geringeren Arbeitsaufwand, also Energiebedarf, werden durch die Nachteile eines höheren apparatetechnischen Aufwands und eines dadurch erhöhten Druckverlustes erkauft.

Bei mehrstufiger Verdichtung ist das **Kompressions- oder Verdichtungsverhältnis** ε, aufgelöst für eine Verdichterstufe:

$$\varepsilon = \sqrt[z]{\frac{p_{\text{max}}}{p_1}} \tag{7.135}$$

ε Kompressions- oder Verdichtungsverhältnis einer Stufe
Z Anzahl der Verdichterstufen, Zylinderzahl
p_{max} maximaler Druck am Ende der mehrstufigen Verdichtung in bar
p_1 Anfangsdruck in bar

7.4.1 Beispiele

7.4.1.1 Einstufiger Verdichter, isothermer, isentroper und polytroper Verdichtungsprozess mit Kühlung

Mit einem gekühlten Luftkompressor ohne schädlichen Raum (Totraum) sollen stündlich 100 m^3 Luft mit einer Temperatur von 15 °C von 1 bar auf 5 bar verdichtet werden. Das verwen-

7

dete Kühlwasser erwärmt sich dabei von 15 °C auf 40 °C. Zur Überwindung von Widerständen in der Druckleitung werden 10 % des Verdichtungsdruckes angenommen. Der Kompressionsdruck ist dann also 5 bar · 1,1 = 5,5 bar.

Welche theoretische Leistung und welcher Kühlwassermassestrom sind erforderlich bei:

a) isothermer Verdichtung,

b) isentroper Verdichtung,

c) polytroper Verdichtung mit $n = 1{,}2$?

Vergleiche hierzu auch das Beispiel 5.5.6.4 und die Übungsaufgaben 5.5.7.3, 5.5.7.5 und 5.5.7.6.

gegeben:	Volumenstrom	$\dot{V} = 100\,\frac{\text{m}^3}{\text{h}}$
	Eintrittstemperatur des Kühlwassers	$\vartheta'_{\text{KW}} = 15\,°\text{C}$, $T'_{\text{KW}} = 288{,}15\,\text{K}$
	Austrittstemperatur des Kühlwassers	$\vartheta''_{\text{KW}} = 40\,°\text{C}$, $T''_{\text{KW}} = 313{,}15\,\text{K}$
	Wärmekapazität des Kühlwassers (Anhang A.4.9)	$c_{\text{m,KW}} = 4{,}187\,\frac{\text{kJ}}{\text{kg}\cdot\text{K}}$
	Eingangsdruck der Luft	$p_1 = 1\,\text{bar} = 1\cdot 10^5\,\frac{\text{N}}{\text{m}^2}$
	Druck der Luft nach der Kompression	$p_2 = 5{,}5\,\text{bar} = 5{,}5\cdot 10^5\,\frac{\text{N}}{\text{m}^2}$
	Eingangstemperatur der Luft	$\vartheta_1 = 15\,°\text{C}$, $T_1 = 288{,}15\,\text{K}$
	spezifische Gaskonstante für trockene Luft (Anhang A.4.1)	$R = 287{,}1\,\frac{\text{J}}{\text{kg}\cdot\text{K}} = 287{,}1\,\frac{\text{N}\cdot\text{m}}{\text{kg}\cdot\text{K}}$
	Isentropenexponent für trockene Luft (Anhang A.4.1)	$\kappa = 1{,}402$
	Polytropenexponent	$n = 1{,}2$
gesucht:	theoretische Leistung für die Fälle a) bis c)	P_{i} in kW
	erforderlicher Kühlwassermassestrom für die Fälle a) bis c)	$\dot{m}_{\text{KW}}$ in $\frac{\text{kg}}{\text{h}}$

Lösung:

a) theoretische Leistung und Kühlwassermassestrom bei isothermer Verdichtung:

Mit Gleichung (7.127) $w_{\text{Kr}} = p_1 \cdot v_1 \cdot \ln \frac{p_2}{p_1}$ ist die technische Arbeit:

$$W_{\text{Kr}} = p_1 \cdot V_1 \cdot \ln \frac{p_2}{p_1} = 1\cdot 10^5\,\frac{\text{N}}{\text{m}^2}\cdot 1\,\text{m}^3 \cdot \ln \frac{5{,}5\,\text{bar}}{1\,\text{bar}}$$

$$W_{\text{Kr}} = 170\,475\,\text{N}\cdot\text{m} = 170\,475\,\text{J} = 170\,475\,\text{W}\cdot\text{s} = 170{,}5\,\text{kW}\cdot\text{s}$$

Sie ist demnach für 1 m³ Luft:

$$\frac{W_{\text{Kr}}}{1\,\text{m}^3} = 170{,}5\,\frac{\text{kW}\cdot\text{s}}{\text{m}^3}$$

Die dafür aufzuwendende Leistung ist mit Gleichung (7.131):

$$P_{\text{Kr}} = \dot{V}\cdot\frac{W_{\text{Kr}}}{1\,\text{m}^3} = 100\,\frac{\text{m}^3}{\text{h}}\cdot 170{,}5\,\frac{\text{kW}\cdot\text{s}}{\text{m}^3}\cdot\frac{1\,\text{h}}{3\,600\,\text{s}}$$

$$P_{\text{Kr}} = 4{,}74\,\text{kW}$$

Die abzuführende Wärme ist für $100\,\frac{m^3}{h}$ mit Gleichung (5.79):

$$\dot{Q}_{12} = -W_{12} = -\dot{V} \cdot \frac{W_{Kr}}{1\,m^3} = -100\,\frac{m^3}{h} \cdot 170{,}5\,\frac{kW \cdot s}{m^3}$$

$$\dot{Q}_{12} = -17\,050\,\frac{kJ}{h}$$

Der erforderliche Kühlwassermassestrom ist aus Gleichung (3.10), anschließend zeitspezifisch geschrieben und nach dem Massestrom umgestellt:

$$Q_{12} = m \cdot c \cdot (\vartheta_2 - \vartheta_1)$$

$$\dot{Q}_{12} = \dot{m}_{KW} \cdot c_{m,KW} \cdot \left(\vartheta''_{KW} - \vartheta'_{KW}\right)$$

$$\dot{m}_{KW} = \frac{\left|\dot{Q}_{12}\right|}{c_{m,KW} \cdot \left(\vartheta''_{KW} - \vartheta'_{KW}\right)} = \frac{17\,050\,\frac{kJ}{h}}{4{,}187\,\frac{kJ}{kg \cdot K} \cdot (40 - 15)\,K}$$

$$\dot{m}_{KW} = 162{,}8\,\frac{kg}{h}$$

b) theoretische Leistung und Kühlwassermassestrom bei isentroper Verdichtung:

Mit Gleichung (7.128) $w_{Kr} = \frac{\kappa}{\kappa-1} \cdot p_1 \cdot v_1 \cdot \left[\left(\frac{p_2}{p_1}\right)^{\frac{\kappa-1}{\kappa}} - 1\right]$ ist die technische Arbeit

$$W_{Kr} = \frac{\kappa}{\kappa - 1} \cdot p_1 \cdot V_1 \cdot \left[\left(\frac{p_2}{p_1}\right)^{\frac{\kappa-1}{\kappa}} - 1\right]$$

$$= \frac{1{,}402}{1{,}402 - 1} \cdot 1 \cdot 10^5\,\frac{N}{m^2} \cdot 1\,m^3 \cdot \left[\left(\frac{5{,}5\,bar}{1\,bar}\right)^{\frac{1{,}402-1}{1{,}402}} - 1\right]$$

$$W_{Kr} = 219\,846\,N \cdot m = 219\,846\,J = 219\,846\,W \cdot s = 219{,}8\,kW \cdot s$$

Sie ist dann für $1\,m^3$ Luft:

$$\frac{W_{Kr}}{1\,m^3} = 219{,}8\,\frac{kW \cdot s}{m^3}$$

Die aufzuwendende Leistung ist mit Gleichung (7.131):

$$P_{Kr} = \dot{V} \cdot \frac{W_{Kr}}{1\,m^3} = 100\,\frac{m^3}{h} \cdot 219{,}8\,\frac{kW \cdot s}{m^3} \cdot \frac{1\,h}{3600\,s}$$

$$P_{Kr} = 6{,}11\,kW$$

Bei der *isentropen Verdichtung* wird *keine Wärme zu- oder abgeführt.*

c) theoretische Leistung und Kühlwassermassestrom bei polytroper Verdichtung:

Mit Gleichung (7.129) $w_{Kr} = \frac{n}{n-1} \cdot p_1 \cdot v_1 \cdot \left[\left(\frac{p_2}{p_1}\right)^{\frac{n-1}{n}} - 1\right]$ ist die technische Arbeit

$$W_{Kr} = \frac{n}{n - 1} \cdot p_1 \cdot V_1 \cdot \left[\left(\frac{p_2}{p_1}\right)^{\frac{n-1}{n}} - 1\right]$$

$$= \frac{1{,}2}{1{,}2 - 1} \cdot 1 \cdot 10^5\,\frac{N}{m^2} \cdot 1\,m^3 \cdot \left[\left(\frac{5{,}5\,bar}{1\,bar}\right)^{\frac{1{,}2-1}{1{,}2}} - 1\right]$$

$$W_{Kr} = 197\,159\,N \cdot m = 197\,159\,J = 197\,159\,W \cdot s = 197{,}2\,kW \cdot s$$

7

und für 1 m³ Luft ist sie dann

$$\frac{W_{\text{Kr}}}{1\,\text{m}^3} = 197{,}2\,\frac{\text{kW}\cdot\text{s}}{\text{m}^3}$$

Die aufzuwendende Leistung ist mit Gleichung (7.131):

$$P_{\text{Kr}} = \dot{V}\cdot\frac{W_{\text{Kr}}}{1\,\text{m}^3} = 100\,\frac{\text{m}^3}{\text{h}}\cdot 197{,}2\,\frac{\text{kW}\cdot\text{s}}{\text{m}^3}\cdot\frac{1\,\text{h}}{3\,600\,\text{s}}$$
$$P_{\text{Kr}} = 5{,}48\,\text{kW}$$

Die Temperatur der Luft nach der polytropen Verdichtung ist nach Gleichung (5.82):

$$\frac{T_2}{T_1} = \left(\frac{p_2}{p_1}\right)^{\frac{n-1}{n}} = \left(\frac{5{,}5\,\text{bar}}{1\,\text{bar}}\right)^{\frac{1{,}2-1}{1{,}2}} = 1{,}329$$
$$T_2 = T_1\cdot 1{,}329 = 288{,}15\,\text{K}\cdot 1{,}329$$
$$T_2 = 383{,}0\,\text{K}$$
$$\vartheta_2 = T_2 - 273{,}15\,\text{K} = 383{,}0\,\text{K} - 273{,}15\,\text{K} = 109{,}8\,^\circ\text{C}$$

Die zu verdichtende Druckluftmasse ist mit Gleichung (5.48), hier schon zeitspezifisch:

$$p_1\cdot\dot{V} = \dot{m}\cdot R\cdot T_1$$
$$\dot{m} = \frac{p_1\cdot\dot{V}}{R\cdot T_1} = \frac{1\cdot 10^5\,\frac{\text{N}}{\text{m}^2}\cdot 100\,\frac{\text{m}^3}{\text{h}}}{287{,}1\,\frac{\text{N}\cdot\text{m}}{\text{kg}\cdot\text{K}}\cdot 288{,}15\,\text{K}}$$
$$\dot{m} = 120{,}9\,\frac{\text{kg}}{\text{h}}$$

Die abzuführende Wärme ist nach Gleichung (5.84) hier zeitspezifisch geschrieben:

$$\dot{Q}_{12} = \dot{m}\cdot c_n\cdot(T_2 - T_1)$$

Mit $c_n = c_v\cdot\frac{n-\kappa}{n-1}$ und Gleichung (5.55) $c_v = \frac{c_p}{\kappa}$ und $c_p(\approx 110\,^\circ\text{C}) \approx 1{,}012$ aus Anhang A.4.7 ist dann

$$\dot{Q}_{12} = \dot{m}\cdot\frac{c_p}{\kappa}\cdot\frac{n-\kappa}{n-1}\cdot(T_2 - T_1)$$
$$= 120{,}9\,\frac{\text{kg}}{\text{h}}\cdot\frac{1{,}012\,\frac{\text{kJ}}{\text{kg}\cdot\text{K}}}{1{,}402}\cdot\frac{1{,}2-1{,}402}{1{,}2-1}\cdot(383{,}0-288{,}15)\,\text{K}$$
$$= -8\,360{,}2\,\frac{\text{kJ}}{\text{h}} = -8\,360{,}2\,\frac{\text{kW}\cdot\text{s}}{\text{h}}\cdot\frac{1\,\text{h}}{3\,600\,\text{s}}$$
$$\dot{Q}_{12} = -2{,}32\,\text{kW}$$

Der zur Rückkühlung erforderliche Kühlwassermassestrom ist aus Gleichung (3.10) anschließend zeitspezifisch geschrieben und nach dem Massestrom umgestellt:

$$Q_{12} = m\cdot c\cdot(\vartheta_2 - \vartheta_1)$$
$$\dot{Q}_{12} = \dot{m}_{\text{KW}}\cdot c_{\text{m,KW}}\cdot\left(\vartheta''_{\text{KW}} - \vartheta'_{\text{KW}}\right)$$
$$\dot{m}_{\text{KW}} = \frac{|\dot{Q}_{12}|}{c_{\text{m,KW}}\cdot\left(\vartheta''_{\text{KW}} - \vartheta'_{\text{KW}}\right)} = \frac{8\,360{,}2\,\frac{\text{kJ}}{\text{h}}}{4{,}187\,\frac{\text{kJ}}{\text{kg}\cdot\text{K}}\cdot(40-15)\,\text{K}}$$
$$\dot{m}_{\text{KW}} = 79{,}9\,\frac{\text{kg}}{\text{h}}$$

Zusammenstellung der Ergebnisse der hier betrachteten Verdichtungsarten:

	Leistung P in kW	Kühlwassermassestrom $\dot{m}_{KW}$ in $\frac{kg}{h}$
isotherm	4,74	162,8
isentrop	6,11	0
polytrop	5,48	79,9

Die isotherme Verdichtung benötigt am wenigsten Leistung, jedoch ist dafür der Kühlwasserbedarf am höchsten. Bei der isentropen Verdichtung wird zwar die meiste Leistung benötigt, dafür ist aber kein Kühlmedium notwendig. Die polytrope Verdichtung kombiniert die vorherigen Verdichtungsarten bezüglich des Leistungs- und Kühlwasserbedarfs.

7.4.1.2 3-stufiger Luftkompressor, indizierter Wirkungsgrad, Kühlung mit Wasser, mehrstufige Verdichtung

Ein gekühlter 3-stufiger Luftkompressor verdichtet 1 500 $\frac{m^3}{h}$ von 0,92 bar und 20 °C auf 33 bar.

Gesucht sind:

a) Anfangs- und Enddrücke in den 3 Zylindern bei Berücksichtigung von 10 % Druckverlust in den Zwischenkühlern und der nachfolgenden Druckleitung.

b) Nur für den 1. Zylinder und den 1. Zwischenkühler sind zu ermitteln:

I) die aufzuwendende Leistung, wenn die Kompression und Expansion polytrop mit n = 1,2 erfolgt,

II) der Gütegrad,

III) die einzelnen Kühlwassermasseströme, wenn die Kühlwassertemperaturen ϑ'_{KW} = 15 °C und ϑ''_{KW} = 40 °C und die Drucklufttemperatur am Ende der ersten Zwischenkühlung 25 °C betragen.

c) Ansaugvolumenstrom für den 2. Zylinder.

gegeben:		
	Volumenstrom Luft	$\dot{V} = 1\,500\,\frac{m^3}{h}$
	Eintrittstemperatur des Kühlwassers	$\vartheta'_{KW} = 15\,°C,\ T'_{KW} = 288{,}15\,K$
	Austrittstemperatur des Kühlwassers	$\vartheta''_{KW} = 40\,°C,\ T''_{KW} = 313{,}15\,K$
	Wärmekapazität des Kühlwassers (Anhang A.4.9)	$c_{m,KW} = 4{,}187\,\frac{kJ}{kg\cdot K}$
	Eingangsdruck der Luft	$p_1 = 0{,}92\,bar = 0{,}92 \cdot 10^5\,\frac{N}{m^2}$
	Enddruck der Luft nach 3-stufiger Kompression	$p_{max} = 33{,}0\,bar = 33 \cdot 10^5\,\frac{N}{m^2}$
	Eingangstemperatur der Luft	$\vartheta_1 = 20\,°C,\ T_1 = 293{,}15\,K$
	spezifische Gaskonstante für trockene Luft (Anhang A.4.1)	$R = 287{,}1\,\frac{J}{kg\cdot K} = 287{,}1\,\frac{N\cdot m}{kg\cdot K}$
	Isentropenexponent für trockene Luft (Anhang A.4.1)	$\kappa = 1{,}402$
	Zylinderanzahl	$Z = 3$
	Druckverlust in Zwischenkühlern und Druckleitungen nach jeder Stufe	10 %
	Polytropenexponent	$n = 1{,}2$

gesucht:	Anfangs- und Enddrücke für die einzelnen Zylinder unter Berücksichtigung des Druckverlustes je Stufe	$p_{1...6}$ in bar
	nur für den 1. Zylinder und 1. Zwischenkühler sind zu ermitteln:	
	aufzuwendende Leistung, wenn die Kompression und Expansion polytrop erfolgen	P in kW
	Gütegrad	η_{is}
	Kühlwassermasseströme für den Zylinder und den Zwischenkühler, wobei die Lufttemperatur am Ende der 1. Zwischenkühlung 25 °C sein soll	$\dot{m}_{KW,Z}$ und $\dot{m}_{KW,ZK}$ in $\frac{kg}{h}$
	stündliches Ansaugvolumen für den 2. Zylinder	$\dot{V}_3$ in $\frac{m^3}{h}$

Lösung:

a) Anfangs- und Enddrücke in den 3 Zylindern:

Das Kompressionsverhältnis in den einzelnen Stufen ist nach Gleichung (7.135)

$$\varepsilon = \sqrt[z]{\frac{p_{max}}{p_1}} = \sqrt[3]{\frac{33{,}0\,\text{bar}}{0{,}92\,\text{bar}}} = 3{,}3$$

Die Drücke in den einzelnen Zylindern sind dann unter Beachtung des Druckverlustes:

1. Zylinder: $p_1 = 0{,}92\,\text{bar}$
$p_2 = \varepsilon \cdot p_1 \cdot 1{,}1 = 3{,}3 \cdot 0{,}92\,\text{bar} \cdot 1{,}1 = 3{,}34\,\text{bar}$
2. Zylinder: $p_3 = \varepsilon \cdot p_1 = 3{,}3 \cdot 0{,}92\,\text{bar} = 3{,}04\,\text{bar}$
$p_4 = \varepsilon^2 \cdot p_1 \cdot 1{,}1 = 3{,}3^2 \cdot 0{,}92\,\text{bar} \cdot 1{,}1 = 11{,}02\,\text{bar}$
3. Zylinder: $p_5 = \varepsilon^2 \cdot p_1 = 3{,}3^2 \cdot 0{,}92\,\text{bar} = 10{,}02\,\text{bar}$
$p_6 = \varepsilon^3 \cdot p_1 \cdot 1{,}1 = 3{,}3^3 \cdot 0{,}92\,\text{bar} \cdot 1{,}1 = 36{,}37\,\text{bar}$

Der dritten Verdichtung mit dem Enddruck p_6 folgt eine abschließende Kühlung, die ebenfalls einen Druckverlust von 10 % zur Folge hat, sodass schließlich der geforderte Enddruck von $p_{max} = 33{,}0\,\text{bar}$ erreicht werden kann.

b) 1. Zylinder und 1. Zwischenkühler:

I) aufzuwendende Leistung bei polytroper Kompression und Expansion:

Die aufzuwendende technische Arbeit ist nach Gleichung (7.129):

$$W_{Kr,1} = \frac{n}{n-1} \cdot p_1 \cdot V_1 \cdot \left[\left(\frac{p_2}{p_1}\right)^{\frac{n-1}{n}} - 1\right]$$

$$= \frac{1{,}2}{1{,}2-1} \cdot 0{,}92 \cdot 10^5\,\frac{\text{N}}{\text{m}^2} \cdot 1\,\text{m}^3 \cdot \left[\left(\frac{3{,}34\,\text{bar}}{0{,}92\,\text{bar}}\right)^{\frac{1{,}2-1}{1{,}2}} - 1\right]$$

$$W_{Kr,1} = 132\,330\,\text{N} \cdot \text{m} = 132\,330\,\text{J} = 132\,330\,\text{W} \cdot \text{s} = 132{,}3\,\text{kW} \cdot \text{s}$$

Sie ist dann für 1 m^3 Luft:

$$\frac{W_{Kr,1}}{1\,\text{m}^3} = 132{,}3\,\frac{\text{kW} \cdot \text{s}}{\text{m}^3}$$

Die aufzuwendende Leistung ist mit Gleichung (7.131):

$$P_{\text{Kr},1} = \dot{V} \cdot \frac{W_{\text{Kr},1}}{1\,\text{m}^3} = 1\,500\,\frac{\text{m}^3}{\text{h}} \cdot 132{,}3\,\frac{\text{kW}\cdot\text{s}}{\text{m}^3} \cdot \frac{1\,\text{h}}{3\,600\,\text{s}}$$

$$P_{\text{Kr},1} = 55{,}1\,\text{kW}$$

II) Gütegrad oder indizierter Wirkungsgrad:

Der Gütegrad $\eta_{\text{is},1}$ wird mit Gleichung (7.132) errechnet.

$$\eta_{\text{is},1} = \frac{w_{\text{Kr,is},1}}{w_{\text{Kr},1}} = \frac{W_{\text{Kr,is},1}}{W_{\text{Kr},1}}$$

Hierzu ist zunächst die technische Arbeit bei isothermer Verdichtung und Expansion für 1 m^3 Luft mit Gleichung (7.127):

$$W_{\text{Kr,is},1} = p_1 \cdot V_1 \cdot \ln\frac{p_2}{p_1} = 0{,}92 \cdot 10^5\,\frac{\text{N}}{\text{m}^2} \cdot 1\,\text{m}^3 \cdot \ln\frac{3{,}34\,\text{bar}}{0{,}92\,\text{bar}}$$

$$W_{\text{Kr,is},1} = 118\,620\,\text{N}\cdot\text{m}$$

$$\eta_{\text{is},1} = \frac{W_{\text{Kr,is},1}}{W_{\text{Kr},1}} = \frac{118\,620\,\text{N}\cdot\text{m}}{132\,330\,\text{N}\cdot\text{m}}$$

$$\eta_{\text{is},1} = 0{,}896$$

III) abzuführende Wärme am 1. Zylinder:

Die Temperatur der Luft nach der polytropen Verdichtung ist nach Gleichung (5.82):

$$\frac{T_2}{T_1} = \left(\frac{p_2}{p_1}\right)^{\frac{n-1}{n}} = \left(\frac{3{,}34\,\text{bar}}{0{,}92\,\text{bar}}\right)^{\frac{1{,}2-1}{1{,}2}} = 1{,}240$$

$$T_2 = T_1 \cdot 1{,}240 = 293{,}15\,\text{K} \cdot 1{,}240$$

$$T_2 = 363{,}4\,\text{K}$$

$$\vartheta_2 = T_2 - 273{,}15\,\text{K} = 363{,}4\,\text{K} - 273{,}15\,\text{K} = 90{,}2\,^\circ\text{C}$$

Die zu verdichtende Masse Druckluft ist mit Gleichung (5.48), hier schon zeitspezifisch:

$$p_1 \cdot \dot{V} = \dot{m} \cdot R \cdot T_1$$

$$\dot{m} = \frac{p_1 \cdot \dot{V}}{R \cdot T_1} = \frac{0{,}92 \cdot 10^5\,\frac{\text{N}}{\text{m}^2} \cdot 1\,500\,\frac{\text{m}^3}{\text{h}}}{287{,}1\,\frac{\text{N}\cdot\text{m}}{\text{kg}\cdot\text{K}} \cdot 293{,}15\,\text{K}}$$

$$\dot{m} = 1\,640\,\frac{\text{kg}}{\text{h}}$$

Die abzuführende Wärme vom Zylinder ist nach Gleichung (5.84), hier zeitspezifisch geschrieben:

$$\dot{Q}_{12} = \dot{m} \cdot c_n \cdot (T_2 - T_1)$$

7

Mit $c_n = c_v \cdot \frac{n-\kappa}{n-1}$ und Gleichung (5.55) $c_v = \frac{c_p}{\kappa}$ und $c_p(\approx 100\,°\text{C}) \approx 1{,}010$ aus Anhang A.4.7 ist dann

$$\begin{aligned}
\dot{Q}_{12} &= \dot{m} \cdot \frac{c_p}{\kappa} \cdot \frac{n-\kappa}{n-1} \cdot (T_2 - T_1) \\
&= 1\,640\,\frac{\text{kg}}{\text{h}} \cdot \frac{1{,}010\,\frac{\text{kJ}}{\text{kg}\cdot\text{K}}}{1{,}402} \cdot \frac{1{,}2-1{,}402}{1{,}2-1} \cdot (363{,}4 - 293{,}15)\ \text{K} \\
&= -83\,827\,\frac{\text{kJ}}{\text{h}} = -83\,827\,\frac{\text{kW}\cdot\text{s}}{\text{h}} \cdot \frac{1\,\text{h}}{3\,600\,\text{s}} \\
\dot{Q}_{12} &= -23{,}3\,\text{kW}
\end{aligned}$$

Der zur Rückkühlung erforderliche Kühlwassermassestrom am Zylinder $\dot{m}_{\text{KW,Z}}$ ist aus Gleichung (3.10), anschließend zeitspezifisch geschrieben und nach dem Massestrom umgestellt:

$$\begin{aligned}
Q_{12} &= m \cdot c \cdot (\vartheta_2 - \vartheta_1) \\
\dot{Q}_{12} &= \dot{m}_{\text{KW,Z}} \cdot c_{\text{m,KW}} \cdot \left(\vartheta''_{\text{KW}} - \vartheta'_{\text{KW}}\right) \\
\dot{m}_{\text{KW,Z}} &= \frac{|\dot{Q}_{12}|}{c_{\text{m,KW}} \cdot \left(\vartheta''_{\text{KW}} - \vartheta'_{\text{KW}}\right)} = \frac{83\,827\,\frac{\text{kJ}}{\text{h}}}{4{,}187\,\frac{\text{kJ}}{\text{kg}\cdot\text{K}} \cdot (40-15)\ \text{K}} \\
\dot{m}_{\text{KW,Z}} &= 800{,}8\,\frac{\text{kg}}{\text{h}}
\end{aligned}$$

Der Wärmeentzug im Zwischenkühler findet bei fast konstantem Druck statt. Die Endtemperatur der Druckluft nach dem Zwischenkühler ist $\vartheta_3 = 25\,°\text{C}$.

Die abzuführende Wärme (Enthalpieentzug) ist nach Gleichung (5.75)

$$\dot{Q}_{23} = \dot{H}_3 - \dot{H}_2 = \dot{m} \cdot c_{pm} \cdot (\vartheta_3 - \vartheta_2)$$

mit $c_{p,\text{m}}(\vartheta_\text{m} \approx 50\,°\text{C}) = 1{,}005\,\frac{\text{kJ}}{\text{kg}\cdot\text{K}}$ (siehe Anhang A.4.6)

$$\begin{aligned}
\dot{Q}_{23} &= 1\,640\,\frac{\text{kg}}{\text{h}} \cdot 1{,}005\,\frac{\text{kJ}}{\text{kg}\cdot\text{K}} \cdot (25-90)\ \text{K} \\
&= -107\,133\,\frac{\text{kJ}}{\text{h}} = -107\,133\,\frac{\text{kW}\cdot\text{s}}{\text{h}} \cdot \frac{1\,\text{h}}{3\,600\,\text{s}} \\
\dot{Q}_{23} &= -29{,}8\,\text{kW}
\end{aligned}$$

Der für den Zwischenkühler notwendige Kühlwassermassestrom $\dot{m}_{\text{KW,ZK}}$ ist analog dem der Zylinderkühlung

$$\begin{aligned}
\dot{m}_{\text{KW,ZK}} &= \frac{|\dot{Q}_{12}|}{c_{\text{m,KW}} \cdot \left(\vartheta''_{\text{KW}} - \vartheta'_{\text{KW}}\right)} = \frac{107\,133\,\frac{\text{kJ}}{\text{h}}}{4{,}187\,\frac{\text{kJ}}{\text{kg}\cdot\text{K}} \cdot (40-15)\ \text{K}} \\
\dot{m}_{\text{KW,ZK}} &= 1\,024\,\frac{\text{kg}}{\text{h}}
\end{aligned}$$

Der gesamte erforderliche Kühlwassermassestrom für den 1. Zylinder und den 1. Zwischenkühler ist dann mit $\varrho_{\mathrm{m,KW}}\,(\approx 28\,°\mathrm{C}) = 996{,}2\,\frac{\mathrm{kg}}{\mathrm{m^3}}$ aus Anhang A.4.10:

$$\dot{m}_{\mathrm{KW,1}} = \dot{m}_{\mathrm{KW,Z}} + \dot{m}_{\mathrm{KW,ZK}} = (800{,}8 + 1\,024)\,\frac{\mathrm{kg}}{\mathrm{h}}$$

$$\dot{m}_{\mathrm{KW,1}} = 1\,824{,}8\,\frac{\mathrm{kg}}{\mathrm{h}}$$

$$\dot{V}_{\mathrm{KW,1}} = \dot{m}_{\mathrm{KW,1}} \cdot \varrho_{\mathrm{KW}} = 1\,824{,}8\,\frac{\mathrm{kg}}{\mathrm{h}} \cdot 996{,}2\,\frac{\mathrm{kg}}{\mathrm{m^3}}$$

$$\dot{V}_{\mathrm{KW,1}} = 1{,}82\,\frac{\mathrm{m^3}}{\mathrm{h}}$$

c) Ansaugvolumenstrom für den 2. Zylinder:

Die Endtemperatur nach dem 1. Zwischenkühler ist $\vartheta_3 = 25\,°\mathrm{C}$, $T_3 = 298{,}15\,\mathrm{K}$. Der Druck nach dem 1. Zwischenkühler ist $p_3 = 3{,}04\,\mathrm{bar}$. Mit dem allgemeinen Gasgesetz, Gleichung (5.51), ist der Ansaugvolumenstrom für den 2. Zylinder:

$$\frac{p_1 \cdot V_1}{T_1} = \frac{p_3 \cdot V_3}{T_3} = \text{konstant}$$

Mit zeitspezifischen Größen geschrieben und nach dem Ansaugvolumenstrom umgestellt, ist

$$\dot{V}_3 = \dot{V}_1 \cdot \frac{p_1 \cdot T_3}{p_3 \cdot T_1} = 1\,500\,\frac{\mathrm{m^3}}{\mathrm{h}} \cdot \frac{0{,}92\,\mathrm{bar} \cdot 298{,}15\,\mathrm{K}}{3{,}04\,\mathrm{bar} \cdot 293{,}15\,\mathrm{K}}$$

$$\dot{V}_3 = 461{,}7\,\frac{\mathrm{m^3}}{\mathrm{h}}$$

7.4.2 Übungsaufgaben[3]

7.4.2.1 Einstufiger Verdichter, aufzuwendende Leistung, abzuführende Wärme, polytrope Expansion

Ein über Riemen angetriebener gekühlter historischer Kompressor soll 50 $\frac{\mathrm{kg}}{\mathrm{h}}$ Druckluft mit einem Druck von 4 bar liefern. Die Kompression und Expansion erfolgen polytrop mit $n = 1{,}3$. Der Anfangsdruck ist 1 bar bei einer Temperatur von 15 °C.

a) Wie groß sind die aufzuwendende Leistung und die abzuführende Wärme?

b) Wie groß muss die Leistung des antreibenden Motors sein, wenn die Wirkungsgrade $\eta_{\mathrm{mech}} = 0{,}8$ und $\eta_{\mathrm{Riemen}} = 0{,}89$ sind?

[3] Die Lösungen finden Sie in der Kategorie „Extras" unter *http://www.hanser-fachbuch.de/9783446442795*.

7.4.2.2 Mehrstufiger Verdichter, Stufenzahl, Hubvolumen

Ein Kolbenverdichter soll stündlich 1 550 m^3 Luft von 1 bar und 20 °C mit $n = 1{,}3$ auf 130 bar verdichten.

a) Welche Druckstufenzahl Z ist notwendig, wenn die Temperatur der komprimierten Luft von 125 °C nicht überschritten werden soll und die Luft in den Zwischenkühlern auf die Anfangstemperatur heruntergekühlt wird?

b) Wie groß ist der Ansaugdruck für die letzte Stufe, wenn für die Zwischenkühler 10 % Druckverlust zu berücksichtigen sind, und wie hoch ist dann die Verdichtungstemperatur?

c) Welches Hubvolumen haben die erste und letzte Stufe, wenn die Drehzahl $n = 200\,\frac{1}{\text{min}}$ und der Füllungsgrad $\lambda_F = 0{,}85$ sind?

8 Zustandsänderungen mit Änderung des Aggregatzustands

8.1 Allgemeines und Grundlagen

Worum geht es im Kapitel?

Zustandsänderungen, die von einer Änderung des Aggregatzustandes begleitet sind

Anwendungsgebiete:

Betrachtung von Zustandsänderungen, die nicht mit dem Modell „Ideales Gas" beschreibbar sind, insbesondere von Zustandsänderungen, die mit Schmelzen, Erstarren, Sieden und Kondensieren verbunden sind.

Siehe auch:

3 Stoffeigenschaften, 5 Zustandsänderung ohne Änderung des Aggregatzustandes, 9 Anwendung von Kreisprozessen mit Änderung des Aggregatzustandes, 10 Linksgängige Kreisprozesse, Kältemaschinen und Wärmepumpen

Vorbetrachtungen:

Im bisherigen Verlauf dieses Buches wurden die Zustandsänderungen für idealisiertes Verhalten von Stoffen untersucht, so für das ideale Gas (Abschnitt 5.2 bis 5.5 und Kapitel 7) und das inkompressible Fluid (Abschnitt 5.5.7.1) In vielen Fällen weicht das reale Verhalten jedoch stark von diesen Modellen ab. Dies gilt insbesondere während des Aggregatzustandswechsels, aber auch bereits bei einer Annäherung an diesen.

In solch einem Fall tritt ein stoffspezifisches Verhalten auf, das nicht mehr mit allgemeinen Werkzeugen beschrieben werden kann. Vielmehr sind die für den speziellen Stoff spezifischen Eigenschaften in diesen Fällen entscheidend. Damit muss für die Betrachtung auf eine stoffabhängige Beschreibung auf der Basis von experimentell ermittelten Stoffdaten zurückgegriffen werden, die als Stoffwerttabellen (Anhang A.4), Diagramme, Stoffdatenbanken für verschiedenste Softwareanwendungen und Größengleichungen mit stoffspezifischen Koeffizienten zur Verfügung stehen.

Der **Aggregatzustand** ist ein durch die Anziehungskräfte der Atome und Moleküle (und ihrer Ionen) und deren Wärmebewegung bestimmter Zustand eines Stoffes.

Im Sinne dieses Buches und der klassischen Thermodynamik sind drei Aggregatzustände von Bedeutung.

Ein Stoff im **festen Zustand** besitzt eine definierte Form und ein definiertes Volumen. Die Teilchen unterliegen starken Kräften untereinander, die sie an bestimmte Ruhelagen fesseln, um die sie dann schwingen.

Ein Stoff im **flüssigen Zustand** besitzt ein definiertes Volumen, aber keine definierte Form. Er nimmt die Form des Gefäßes an, in dem er sich befindet. Die Bindungen der Teilchen sind so weit gelockert, dass sie ihre Plätze untereinander tauschen können, wobei der mittlere Abstand benachbarter Teilchen konstant bleibt.

Ein Stoff im **gasförmigen Zustand** besitzt weder ein definiertes Volumen noch eine definierte Form. Er nimmt Form und Volumen des Gefäßes an, in dem er sich befindet. Im Gas gibt es keine Bindungen der Teilchen mehr. Sie stoßen gelegentlich aneinander, bewegen sich sonst jedoch frei.

Neben diesen existiert als vierter Aggregatzustand das **Plasma**.

Besonders zwischen dem flüssigen und dem gasförmigen Aggregatzustand gibt es bei Annäherung an die Änderung des Aggregatszustandes Übergangsbereiche, die weder dem einen noch dem anderen Aggregatzustand ideal entsprechen. Oberhalb des kritischen Punktes verschwindet die scharfe Grenze zwischen dem flüssigen und dem gasförmigen Zustand. An dessen Stelle tritt eine kontinuierliche Eigenschaftsänderung mit Wendepunkt in den Zustandsfunktionen.

8.2 Schmelzen und Erstarren

Schmelzen bezeichnet die Aggregatzustandsänderung von fest nach flüssig, **Erstarren** die von flüssig nach fest.

Sie sind von fundamentaler Bedeutung, da sich mit ihnen Naturvorgänge erklären lassen und sie in anderen Bereichen der Technik, etwa in Energiespeichern, der Metallurgie oder der Lebensmittelindustrie, Anwendung finden.

Diese Aggregatzustandsänderungen werden in Prozessen zur Speicherung von Energie in Behältern, die u. a. mit sogenanntem PCM gefüllt sind, angewendet. PCM bedeutet „phase change materials", also Materialien, die bei Änderung der Temperatur ihren Aggregatzustand durch Schmelzen oder Erstarren ändern.

Wird einem festen Körper Wärme zugeführt, dann schmilzt er bei einer ganz bestimmten, von seinem Stoff abhängigen Temperatur, der **Schmelztemperatur** ϑ_{Sch} (auch Schmelzpunkt genannt).

Während des Schmelzens steigt die Temperatur nicht. Die zugeführte Wärme wird bei der Änderung des Aggregatzustandes, das heißt zur Auflockerung des Zusammenhaltes der Teilchen, benötigt. Beim Schmelzen nimmt der Körper Wärme auf (Schmelzwärme), umgekehrt wird beim Erstarren Wärme abgegeben (Erstarrungswärme). Die Schmelzwärme ist ebenso groß wie die Erstarrungswärme.

Die aufgenommene Wärme ist in dem System gespeichert. Das heißt, der Energieinhalt (die Enthalpie) eines Systems ist nach dem Schmelzen deutlich größer als zuvor, obwohl keine Temperaturerhöhung stattgefunden hat. Man spricht deshalb von latenter Wärme, im Gegensatz zur fühlbaren Wärme, die zu einer Temperaturänderung führt. Der Energiebetrag, der für das Schmelzen benötigt und beim Schmelzen wieder freigesetzt wird, wird **spezifische Schmelzenthalpie** oder **spezifische Schmelzwärme** Δh_{Sch} genannt. Während des Schmelzens beziehungsweise Erstarrens treten fester Stoff und Flüssigkeit nebeneinander auf. Damit liegt ein heterogenes System mit zwei Phasen vor.

In einem weiten Bereich ist die Schmelztemperatur ϑ_{Sch} vom **Schmelzdruck** p_{Sch} unabhängig.

8.2.1 Beispiele

8.2.1.1 Abkühlen mit Wassereis, Schmelzen, Mischen

1 kg Wasser mit einer Temperatur von 100 °C wird mit 1 kg Eis von 0 °C gemischt.

Welche Mischungstemperatur stellt sich ein, wenn das Eis vollständig geschmolzen ist und Verluste an die Umgebung unberücksichtigt bleiben?

gegeben:	Masse Wasser	$m_1 = 1\,\text{kg}$
	Masse Eis	$m_2 = 1\,\text{kg}$
	Temperatur des Wassers	$\vartheta_1 = 100\,°\text{C}$
	Temperatur des Eises (hier gleich der Schmelztemperatur)	$\vartheta_2 = \vartheta_{\text{Sch}} = 0\,°\text{C}$
	mittlere spezifische Wärmekapazität von Wasser (Anhang A.4.9)	$c_1 = 4{,}187\,\frac{\text{kJ}}{\text{kg}\cdot\text{K}}$
	spezifische Schmelzenthalpie von Eis (Anhang A.4.26)	$\Delta h_{\text{Sch}} = 333{,}7\,\frac{\text{kJ}}{\text{kg}}$
gesucht:	Temperatur nach dem Mischen	ϑ_{mix} in °C

Lösung:

Anmerkung zur Lösung: Die Temperatur des Eises ist bereits am Schmelzpunkt $\vartheta_2 = 0\,°\text{C}$ und muss deshalb nicht auf diesen erwärmt werden! Die spezifische Wärmekapazität des Eises spielt deshalb hier keine Rolle.

Nachdem Wasser und Eis miteinander in Kontakt gebracht wurden, entzieht das schmelzende Eis dem heißen Wasser zunächst die Wärme, die es benötigt, um seinen Aggregatzustand von fest nach flüssig zu ändern, die Schmelzenthalpie. Danach mischen sich beide Flüssigkeiten (hier mit der einheitlichen spezifischen Wärmekapazität von Wasser) und es stellt sich eine Mischtemperatur ein. Es gilt Gleichung (3.10) und das Prinzip:

$$\text{abgegebene Wärme} = \text{aufgenommene Wärme}$$

$$m_1 \cdot c_1 \cdot (\vartheta_1 - \vartheta_{\text{mix}}) = m_2 \cdot [c_2 \cdot (\vartheta_{\text{mix}} - \vartheta_2) + \Delta h_{\text{Sch}}]$$

$$\vartheta_{\text{mix}} = \frac{m_1 \cdot c_1 \cdot \vartheta_1 + m_2 \cdot c_2 \cdot \vartheta_2 - m_2 \cdot \Delta h_{\text{Sch}}}{m_1 \cdot c_1 + m_2 \cdot c_2}$$

$$= \frac{1\,\text{kg} \cdot 4{,}187\,\frac{\text{kJ}}{\text{kg}\cdot\text{K}} \cdot 100\,°\text{C} + 1\,\text{kg} \cdot 4{,}187\,\frac{\text{kJ}}{\text{kg}\cdot\text{K}} \cdot 0\,°\text{C} - 1\,\text{kg} \cdot 333{,}7\,\frac{\text{kJ}}{\text{kg}}}{1\,\text{kg} \cdot 4{,}187\,\frac{\text{kJ}}{\text{kg}\cdot\text{K}} + 1\,\text{kg} \cdot 4{,}187\,\frac{\text{kJ}}{\text{kg}\cdot\text{K}}}$$

$$\vartheta_{\text{mix}} = 10{,}2\,°\text{C}$$

Die Temperatur nach dem Schmelzen und Mischen beträgt 10,2 °C.

Die Rechnung kann, da es sich um Temperaturdifferenzen handelt, gleich mit den Celsius-Temperaturen durchgeführt werden.

8.2.2 Übungsaufgaben[1]

8.2.2.1 Schmelzen von Wassereis

Es soll 1 kg Eis von −20 °C durch Wärmezufuhr in Wasser mit einer Temperatur von 10 °C verwandelt werden.

Welche Wärme ist dazu notwendig, wenn Verluste an die Umgebung unberücksichtigt bleiben?

[1] Die Lösungen finden Sie in der Kategorie „Extras“ unter *http://www.hanser-fachbuch.de/9783446442795*.

8

8.3 Sieden und Kondensieren

Sieden beziehungsweise **Verdampfen** bezeichnet die Aggregatzustandsänderung vom flüssigen in den gasförmigen Aggregatzustand, **Kondensieren** die vom gasförmigen in den flüssigen Aggregatzustand.

Wird einer Flüssigkeit kontinuierlich Wärme zugeführt, dann siedet sie bei einer ganz bestimmten, von ihrem Stoff abhängigen Temperatur, der **Siedetemperatur** ϑ_S (auch Siedepunkt genannt).

Während des Siedens steigt die Temperatur nicht. Die zugeführte Wärme wird bei der Änderung des Aggregatzustandes, das heißt zur Auflockerung des molekularen Zusammenhangs, benötigt. Beim Sieden nimmt der Stoff Wärme auf (Siedewärme oder Verdampfungswärme), umgekehrt wird beim Kondensieren Wärme abgegeben (Kondensationswärme). Die Verdampfungswärme ist ebenso groß wie die Kondensationswärme.

Die aufgenommene Wärme ist in dem System gespeichert. Das heißt, der Energieinhalt (die Enthalpie) eines Systems ist nach dem Sieden deutlich größer als zuvor, obwohl keine Temperaturerhöhung stattgefunden hat. Diese Enthalpiedifferenz, hervorgerufen durch die Verdampfungswärme, wird Verdampfungsenthalpie genannt. Der Wärmebetrag, der für das Sieden benötigt und beim Kondensieren wieder freigesetzt wird, ist eine weitere Art der latenten Wärme. Während des Siedens beziehungsweise Kondensierens treten flüssige und gasförmige Phase nebeneinander auf. Damit liegt ein heterogenes System mit zwei Phasen vor.

Wichtige Kenngröße ist die auf die Masse bezogene isobare Enthalpieerhöhung, **spezifische Verdampfungsenthalpie** oder **spezifische Verdampfungswärme** Δh_V genannt.

Es besteht ein direkter, eindeutiger Zusammenhang zwischen Siededruck p_S und Siedetemperatur ϑ_S.

8.3.1 Der Ablauf der Aggregatzustandsänderung beim Verdampfen und Dampfarten

Mit dem Erreichen der Siedetemperatur setzt die Dampfbildung ein. Mit dem Entstehen der ersten Dampfblase liegt ein heterogenes System mit einer Flüssigkeitsphase und einer Dampfphase vor. Man spricht dabei vom Siedebeginn. Eine weitere Wärmezufuhr führt nicht zu einem Temperaturanstieg über die Siedetemperatur ϑ_S hinaus, sondern zu einer Erhöhung des Dampfanteils im System. Der **Dampfanteil** x und der **Flüssigkeitsanteil** y stellen zwei neue Zustandsgrößen dar, mit dem Systeme mit Änderung des Aggregatzustandes (Phasenwechsel) beschrieben werden können. Dabei sind der Dampfanteil x und der Flüssigkeitsanteil y definiert als:

$$x = \frac{m_D}{m_{ges}} \tag{8.136}$$

x Dampfanteil, Dampfgehalt oder Masseanteil des Dampfes in $\frac{kg}{kg}$
m_D Masse des trocken gesättigten Dampfes des Stoffes im System in kg
m_{ges} Gesamtmasse des Stoffes im System in kg

$$y = \frac{m_{\text{Fl}}}{m_{\text{ges}}} \tag{8.137}$$

y Flüssigkeitsanteil oder Masseanteil der Flüssigkeit in $\frac{\text{kg}}{\text{kg}}$
m_{Fl} Masse der siedenden Flüssigkeit des Stoffes im System in kg
m_{ges} Gesamtmasse des Stoffes im System in kg

$$x + y = 1 \tag{8.138}$$

x Dampfanteil, Dampfgehalt oder Masseanteil des Dampfes in $\frac{\text{kg}}{\text{kg}}$
y Flüssigkeitsanteil oder Masseanteil der Flüssigkeit in $\frac{\text{kg}}{\text{kg}}$

Dabei bedeuten:

- $x = 0$ dampffreie Flüssigkeit,
- $0 < x < 1$ Flüssigkeits-Dampf-Gemisch und
- $x = 1$ flüssigkeitsfreier Dampf.

Erst wenn die Flüssigkeit restlos verbraucht ist (Siedeende), führt weitere Wärmezufuhr zu einer Temperaturerhöhung. Der Dampf verhält sich in der Nähe des Siedepunktes deutlich anders als ein ideales Gas, man spricht von einem „Realgasverhalten“.

Entsprechend dem Ablauf der Verdampfung haben sich Bezeichnungen für verschiedene Dampfarten etabliert, die in der technischen Anwendung sehr gebräuchlich sind:

8

- **Nassdampf** bezeichnet ein Dampf-Flüssigkeits-Gemisch, in welchem üblicherweise der Dampfanteil dominiert ($x < 1$). Das heißt, Nassdampf enthält außer Sattdampf auch Flüssigkeitströpfchen beziehungsweise steht mit der Flüssigkeit in engem Kontakt.
- **Sattdampf** oder **trocken gesättigter Dampf** bezeichnet einen Dampf am Siedepunkt; jede Energieabfuhr führt sofort zur Bildung von Flüssigkeit, da latente Wärme (Verdampfungswärme) dem System entzogen wird. Dabei ist $x = 1$.
- **Heißdampf** oder **überhitzter Dampf** entsteht, wenn dem Sattdampf weiter Energie zugeführt wird. Damit liegt seine Temperatur über der Siedetemperatur. Der Dampfgehalt ist immer $x = 1$. Bei einer Energieabfuhr wird zuerst die Temperatur gesenkt, das heißt fühlbare Wärme entnommen (auch Enthitzung genannt), bis die Siedetemperatur erreicht ist. Erst dann setzt die Kondensation ein.

In der **Nomenklatur** ist es üblich, die Zustandsgrößen am Siedebeginn mit einem hochgestellten Strich, die am Siedeende mit zwei hochgestellten Strichen zu kennzeichnen, also zum Beispiel die **spezifische Enthalpie am Siedebeginn** mit h' und die **spezifische Enthalpie am Siedeende** mit h''.

Für das **spezifische Volumen des Nassdampfes** $v(x)$ gilt:

$$v(x) = v' + x \cdot \left(v'' - v'\right) \tag{8.139}$$

$v(x)$ spezifisches Volumen des Nassdampfes beim Dampfgehalt x in $\frac{\text{m}^3}{\text{kg}}$
x Dampfanteil, Dampfgehalt oder Masseanteil des Dampfes in $\frac{\text{kg}}{\text{kg}}$
v' spezifisches Volumen der Flüssigkeit am Siedebeginn in $\frac{\text{m}^3}{\text{kg}}$
v'' spezifisches Volumen des Sattdampfes am Siedeende in $\frac{\text{m}^3}{\text{kg}}$

Neben Tafeln für Stoffwerte des Heißdampfes wie in Anhang A.4.13 sind auch Näherungsformeln gebräuchlich und im angegebenen Gültigkeitsbereich hinreichend genau. Ein Beispiel dafür sei die Formel für das **spezifische Volumen des Heißdampfes** $v_{ü}$ nach *R. Linde*:

$$v_{ü} = 480{,}2\,\frac{\mathrm{J}}{\mathrm{kg\cdot K}} \cdot \frac{T_{ü}}{p} - i(p) \qquad (8.140)$$

$v_{ü}$ spezifisches Volumen des überhitzten Dampfes in $\frac{\mathrm{m^3}}{\mathrm{kg}}$
$T_{ü}$ Temperatur des überhitzen Dampfes in K
p Druck des überhitzten Dampfes in $\frac{\mathrm{N}}{\mathrm{m^2}}$
$i(p)$ Beiwert in $\frac{\mathrm{m^3}}{\mathrm{kg}}$ (Abweichung vom Gasgesetz)

Gültigkeitsbereich:

$p = 10\,\mathrm{bar}$	$p = 15\,\mathrm{bar}$	$p = 20\,\mathrm{bar}$
$\vartheta_{ü} = 300\ldots550\,°\mathrm{C}$	$\vartheta_{ü} = 300\ldots550\,°\mathrm{C}$	$\vartheta_{ü} = 300\ldots550\,°\mathrm{C}$
$i(p) \approx 0{,}017\,\frac{\mathrm{m^3}}{\mathrm{kg}}$	$i(p) = 0{,}011\,\frac{\mathrm{m^3}}{\mathrm{kg}}$	$i(p) = 0{,}011\,\frac{\mathrm{m^3}}{\mathrm{kg}}$

8.3.2 Enthalpie und Entropie des Verdampfens und Kondensierens

Wegen der erwähnten starken Stoffabhängigkeit wird für die Beschreibung der Zustandsgrößen beim Sieden häufig auf Tabellenwerte, sogenannte Dampftafeln, zurückgegriffen (siehe Anhang A.4), so auch für die **spezifische Verdampfungsenthalpie** Δh_{V}.

Es gilt dabei folgender Zusammenhang für die **spezifische Enthalpie des Sattdampfes** h'':

$$h'' = h' + \Delta h_{\mathrm{V}} \qquad (8.141)$$

h'' spezifische Enthalpie des Sattdampfes am Siedeende in $\frac{\mathrm{kJ}}{\mathrm{kg}}$
h' spezifische Enthalpie der Flüssigkeit am Siedebeginn in $\frac{\mathrm{kJ}}{\mathrm{kg}}$
Δh_{V} spezifische Verdampfungsenthalpie in $\frac{\mathrm{kJ}}{\mathrm{kg}}$

Dementsprechend gilt für die **spezifische Enthalpie des Nassdampfes** $h(x)$:

$$h(x) = h' + x \cdot \Delta h_{\mathrm{V}} = h' + x \cdot \left(h'' - h'\right) \qquad (8.142)$$

$h(x)$ spezifische Enthalpie des Nassdampfes beim Dampfgehalt x in $\frac{\mathrm{kJ}}{\mathrm{kg}}$
x Dampfanteil, Dampfgehalt oder Masseanteil des Dampfes in $\frac{\mathrm{kg}}{\mathrm{kg}}$
h' spezifische Enthalpie der Flüssigkeit am Siedebeginn in $\frac{\mathrm{kJ}}{\mathrm{kg}}$
h'' spezifische Enthalpie des Sattdampfes am Siedeende in $\frac{\mathrm{kJ}}{\mathrm{kg}}$
Δh_{V} spezifische Verdampfungsenthalpie in $\frac{\mathrm{kJ}}{\mathrm{kg}}$

Für die **spezifische Enthalpie des überhitzten Dampfes** $h_{ü}$ gilt nur näherungsweise:

$$h_{ü} \approx h'' + c_{p,\mathrm{m}} \cdot (\vartheta_{ü} - \vartheta_{\mathrm{S}}) \qquad (8.143)$$

$h_{ü}$ spezifische Enthalpie des überhitzten Dampfes in $\frac{kJ}{kg}$
h'' spezifische Enthalpie des Sattdampfes am Siedeende in $\frac{kJ}{kg}$
$c_{p,m}$ mittlere spezifische Wärmekapazität bei konstantem Druck in $\frac{kJ}{kg \cdot K}$
$\vartheta_{ü}$ Temperatur des überhitzen Dampfes in °C
ϑ_S Siedetemperatur in °C

Vergleichbare Berechnungsvorschriften gelten für die spezifische Entropie. Die **spezifische Entropie des Stattdampfes** s'' ergibt sich aus:

$$s'' = s' + \frac{\Delta h_V}{T_S} \tag{8.144}$$

s'' spezifische Entropie des Sattdampfes am Siedeende in $\frac{kJ}{kg \cdot K}$
s' spezifische Entropie der Flüssigkeit am Siedebeginn in $\frac{kJ}{kg \cdot K}$
Δh_V spezifische Verdampfungsenthalpie in $\frac{kJ}{kg \cdot K}$
T_S Siedetemperatur in K

Für die **spezifische Entropie des Nassdampfes** $s(x)$ gilt:

$$s(x) = s' + x \cdot \left(s'' - s'\right) \tag{8.145}$$

$s(x)$ spezifische Entropie des Nassdampfes beim Dampfgehalt x in $\frac{kJ}{kg \cdot K}$
x Dampfanteil, Dampfgehalt oder Masseanteil des Dampfes in $\frac{kg}{kg}$
s'' spezifische Entropie des Sattdampfes am Siedeende in $\frac{kJ}{kg \cdot K}$
s' spezifische Entropie der Flüssigkeit am Siedebeginn in $\frac{kJ}{kg \cdot K}$

Schließlich berechnet sich die **spezifische Entropie des überhitzten Dampfes** $s_{ü}$ mit

$$s_{ü} \approx s'' + c_{p,m} \cdot \ln \frac{T_{ü}}{T_S} \tag{8.146}$$

$s_{ü}$ spezifische Entropie des überhitzten Dampfes in $\frac{kJ}{kg \cdot K}$
s'' spezifische Entropie des Sattdampfes am Siedeende in $\frac{kJ}{kg \cdot K}$
$c_{p,m}$ mittlere spezifische Wärmekapazität bei konstantem Druck in $\frac{kJ}{kg \cdot K}$
$T_{ü}$ Temperatur des überhitzen Dampfes in K
T_S Siedetemperatur in K

Die **spezifische innere Energie des Nassdampfes** $u(x)$ wird errechnet mit:

$$u(x) = u' + x \cdot \left(u'' - u'\right) \tag{8.147}$$

bzw.

$$u(x) = h' + x \cdot \varphi_V - p \cdot v'$$

$u(x)$ spezifische innere Energie des Nassdampfes in $\frac{kJ}{kg}$
u' spezifische innere Energie der Flüssigkeit am Siedebeginn in $\frac{kJ}{kg}$

8

x Dampfanteil, Dampfgehalt oder Masseanteil des Dampfes in $\frac{kg}{kg}$
u'' spezifische innere Energie des Sattdampfes am Siedeende in $\frac{kJ}{kg}$
h' spezifische Enthalpie der Flüssigkeit am Siedebeginn in $\frac{kJ}{kg}$
φ_V spezifische innere Verdampfungsenthalpie in $\frac{kJ}{kg}$
p absoluter Druck in kPa
v' spezifisches Volumen der Flüssigkeit am Siedebeginn in $\frac{m^3}{kg}$

8.3.3 Diagramme für die Betrachtung der Aggregatzustandsänderung flüssig-gasförmig

Wie bereits festgestellt, erfordern die Prozesse mit Aggregatzustandsänderung eine stoffabhängige Beschreibung. Aufgrund der Komplexität der Zusammenhänge bieten sich neben Tafeln und Software dafür besonders Diagramme an. Überwiegend sind zwei Diagrammtypen im Einsatz, das T,s-Diagramm und das h,s-Diagramm.

Basis der Darstellung beider Diagramme sind die Siedelinie für $x = 0$ und die Taulinie für $x = 1$. Der Berührungspunkt von Siedelinie und Taulinie ist der **kritische Punkt**. Oberhalb des kritischen Punktes tritt kein Sieden im klassischen Sinn mehr auf, vielmehr befindet sich das Fluid im überkritischen Zustand (siehe Kapitelanfang). Alle Zustandsänderungen sind im kritischen Zustand stetig. Das Gebiet zwischen Siedelinie und Taulinie wird als Nassdampfgebiet bezeichnet.

Wesentlicher Bestandteil beider Diagramme sind Isobaren und im Nassdampfgebiet Linien gleichen Dampfgehaltes, die ein Ablesen von Zustandsgrößen über die auf den Achsen angegebenen hinaus ermöglichen. Folgt man einer Isobare, so befindet man sich vor der Siedelinie im Gebiet des flüssigen Wassers, zwischen Siedelinie und Taulinie im Nassdampfgebiet und nach der Taulinie im Gebiet des überhitzten Dampfes. Bild 8.1 zeigt ein T,s-Diagramm und Bild 8.2 ein h,s-Diagramm, jeweils für das System Wasser-Wasserdampf.

Im T,s-**Diagramm** verlaufen die Isobaren im Nassdampfgebiet waagerecht, da der Siedevorgang bei konstantem Druck auch bei konstanter Temperatur abläuft. An der Taulinie knicken die Isobaren ab und nähern sich, je weiter man in das überhitzte Gebiet kommt, logarithmischen Linien an. Die Linien gleicher spezifischer Enthalpie h (Isenthalpen) verlaufen darüber hinaus im stark überhitzen Gebiet nahezu waagerecht, das heißt, sie decken sich mit den Linien gleicher Temperatur. Somit verhält sich Dampf im stark überhitzten Bereich wie ein ideales Gas. Die Isobaren für den flüssigen Zustand liegen dicht oberhalb der Siedelinie. Wegen der Inkompressibilität der Flüssigkeiten ist im idealisierten Fall die Entropieänderung ΔS für eine isotherme Druckerhöhung bei Flüssigkeiten (Pumpen) gleich null. Energien sind im T,s-Diagramm durch Flächen repräsentiert. Die Isentrope ist eine senkrechte Linie. In Diagrammen für praktische Anwendungen werden häufig auch die Isochoren dargestellt.

Trotz der großen Anschaulichkeit des T,s-Diagramms, die im Kapitel 9 noch umfangreich Nutzen findet, wird für die praktische Anwendung oft das h,s-**Diagramm** bevorzugt, da aus diesem Enthalpiebeträge direkt abgelesen werden können, während man im T,s-Diagramm auf das Bestimmen der Flächeninhalte oder die Nutzung der Linien gleicher spezifischer Enthalpie zurückgreifen muss. Die Isothermen und Isobaren fallen im Nassdampfgebiet ebenfalls zusammen, sie sind Geraden der Steigung T. Die Isobaren knicken an der Taulinie nicht ab und

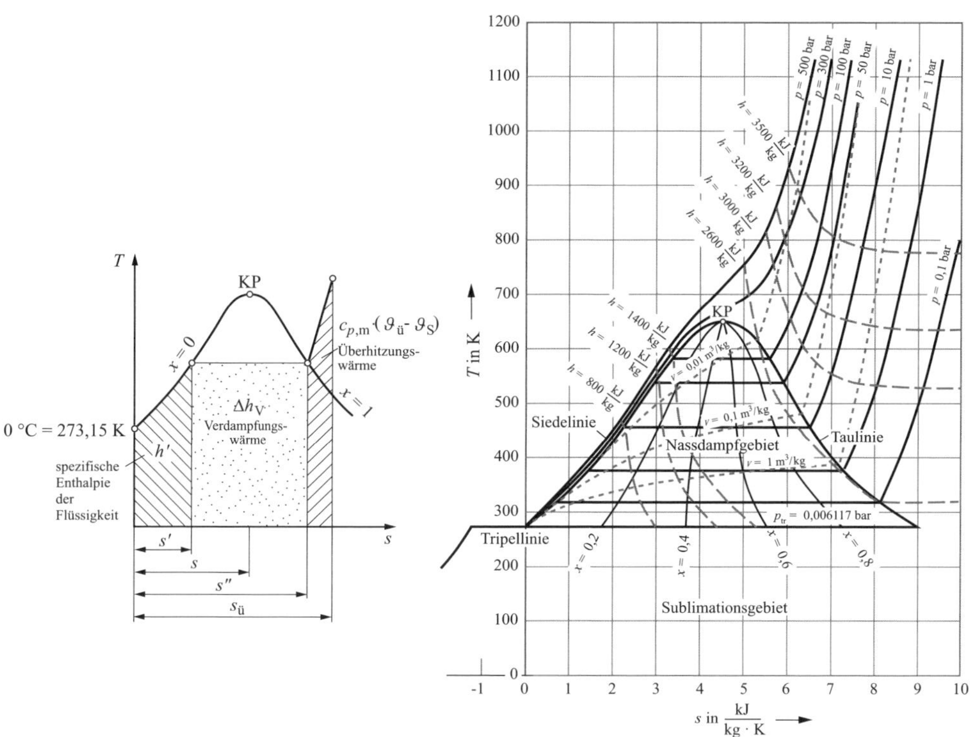

Bild 8.1 *T,s*-Diagramm für das System Wasser-Wasserdampf

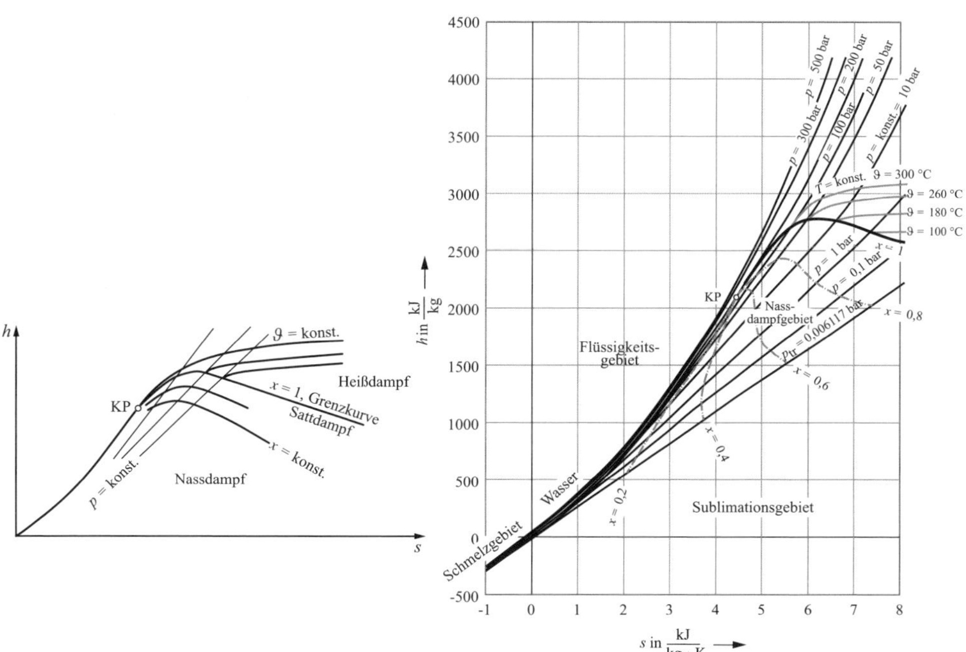

Bild 8.2 *h,s*-Diagramm für das System Wasser-Wasserdampf

sind im stark überhitzten Gebiet logarithmische Kurven. Die Isothermen sind im stark überhitzten Gebiet, wenn der Dampf sich wie ein ideales Gas verhält, waagerechte Linien, die sich bei Annäherung an die Taulinie krümmen und stetig in die Isothermen im Nassdampfgebiet übergehen. Die Isentrope ist eine senkrechte Linie. Diagramme für die praktische Anwendung enthalten oft auch die Darstellung der Isochoren.

Da die Diagramme bei einer genaueren Darstellung der Werte leicht sehr groß werden, wird häufig nur ein besonders interessierender Ausschnitt verwendet, so das h,s-Diagramm für die Umgebung der Taulinie für die Betrachtung von Dampfkraftprozessen. Für besonders genaues Arbeiten ist auf die Angaben zu Siedelinie und Taulinie in den Dampftafeln im Anhang A.4 zurückzugreifen.

Die Anwendung der Diagramme erfolgt derart, dass ausgehend von den bekannten Zustandsgrößen die gesuchten Zustandsgrößen anhand der ablaufenden speziellen Zustandsänderungen ermittelt werden.

8.3.4 Beispiele

8.3.4.1 Sattdampf, Verdampfungswärme, innere Energie, Enthalpie (Dampftafel, Berechnung)

In einem Dampferzeuger soll trocken gesättigter Dampf bei einem Druck von 100 bar hergestellt werden.

a) Welche Enthalpie hat die siedende Flüssigkeit im Dampferzeuger? Wie groß sind die Verdampfungswärme, die Enthalpie und das spezifische Volumen von 1 kg dieses Dampfes?

b) Welchen Wert haben spezifische Enthalpie und spezifisches Volumen, wenn der Dampf jetzt 10 % Feuchtigkeit (Flüssigkeit) enthält, also Nassdampf ist?

c) Welche spezifische Wärme ist für die Erzeugung des unter b) beschriebenen Wasserdampfes notwendig, wenn die Speisewassertemperatur 40 °C beträgt?

gegeben:	Druck	$p = 100\,\text{bar}$
	Flüssigkeitsgehalt des Dampfes in b)	$y = 10\,\% = 0{,}1\,\frac{\text{kg}}{\text{kg}}$
	Speisewassertemperatur	$\vartheta_\text{W} = 40\,°\text{C}$
	Masse des trocken gesättigten Dampfes	$m = 1\,\text{kg}$
	mittlere spezifische Wärmekapazität von Wasser (Anhang A.4.9)	$c_\text{m,W} = 4{,}187\,\frac{\text{kJ}}{\text{kg·K}}$
gesucht:	spezifische Enthalpie der siedenden Flüssigkeit	h' in $\frac{\text{kJ}}{\text{kg}}$
	spezifische Verdampfungswärme	Δh_V in $\frac{\text{kJ}}{\text{kg}}$
	spezifische Enthalpie des Sattdampfes	h'' in $\frac{\text{kJ}}{\text{kg}}$
	spezifisches Volumen des Sattdampfes	v'' in $\frac{\text{m}^3}{\text{kg}}$
	spezifische Enthalpie des feuchten Dampfes	h in $\frac{\text{kJ}}{\text{kg}}$
	spezifisches Volumen des feuchten Dampfes	v in $\frac{\text{m}^3}{\text{kg}}$
	notwendige spezifische Wärme	Δq in $\frac{\text{kJ}}{\text{kg}}$

Lösung:

a) Stoffwerte aus der Sattdampftafel (Anhang A.4.11):

Für den Druck von $p = 100\,\text{bar}$ wird dort abgelesen:

- spezifische Enthalpie der siedenden Flüssigkeit $h' = 1\,407{,}9\,\frac{\text{kJ}}{\text{kg}}$
- spezifische Verdampfungswärme $\Delta h_\text{V} = 1\,317{,}6\,\frac{\text{kJ}}{\text{kg}}$
- spezifische Enthalpie des Sattdampfes $h'' = 2\,725{,}5\,\frac{\text{kJ}}{\text{kg}}$
- spezifisches Volumen des Sattdampfes $v'' = 0{,}018\,03\,\frac{\text{m}^3}{\text{kg}}$
- spezifisches Volumen der siedenden Flüssigkeit $v' = 0{,}001\,452\,6\,\frac{\text{m}^3}{\text{kg}}$

b) Stoffwerte für Dampf mit 10 % Flüssigkeitsgehalt:

Der Dampfgehalt ist aus Gleichung (8.138):

$$x + y = 1$$

$$x = 1 - y = 1 - 0{,}1\,\frac{\text{kg}}{\text{kg}} = 0{,}9\,\frac{\text{kg}}{\text{kg}}$$

Die spezifische Enthalpie des Nassdampfes mit Gleichung (8.142):

$$h(x) = h' + x \cdot \Delta h_\text{V}$$

$$h\,(x = 0{,}9) = 1\,407{,}9\,\frac{\text{kJ}}{\text{kg}} + 0{,}9 \cdot 1\,317{,}6\,\frac{\text{kJ}}{\text{kg}} = 2\,593{,}7\,\frac{\text{kJ}}{\text{kg}}$$

Das spezifische Volumen des Nassdampfes ist mit Gleichung (8.139):

$$v(x) = v' + x \cdot \left(v'' - v'\right)$$

$$v\,(x = 0{,}9) = 0{,}001\,452\,6\,\frac{\text{m}^3}{\text{kg}} + 0{,}9 \cdot (0{,}018\,03 - 0{,}001\,452\,6)\,\frac{\text{m}^3}{\text{kg}} = 0{,}016\,372\,3\,\frac{\text{m}^3}{\text{kg}}$$

c) notwendige spezifische Erzeugungswärme:

Die spezifische Enthalpie des Wassers ist mit Gleichung (3.10):

$$Q_{12} = m \cdot c \cdot (\vartheta_2 - \vartheta_1)$$

$$\frac{Q_{12}}{m} = c \cdot (\vartheta_2 - \vartheta_1) = h_\text{W} = c_\text{m,W} \cdot (\vartheta_\text{W} - \vartheta_0)$$

$$h_\text{W} = c_\text{m,W} \cdot \vartheta_\text{W} = 4{,}187\,\frac{\text{kJ}}{\text{kg} \cdot \text{K}} \cdot \left(40\,°\text{C} - 0\,°\text{C}\right)\,\text{K}$$

$$h_\text{W} = 167{,}5\,\frac{\text{kJ}}{\text{kg}}$$

Die spezifische Erzeugungswärme ist die Differenz aus der Enthalpie des Nassdampfes und der Enthalpie des vorgewärmten Wassers und beträgt

$$\Delta q = h\,(x = 0{,}9) - h_\text{W} = 2\,593{,}7\,\frac{\text{kJ}}{\text{kg}} - 167{,}5\,\frac{\text{kJ}}{\text{kg}}$$

$$\Delta q = 2\,426{,}2\,\frac{\text{kJ}}{\text{kg}}$$

Um also 1 kg Nassdampf mit $y = 0{,}1\,\frac{\text{kg}}{\text{kg}}$ Feuchtigkeit aus bereits auf 40 °C vorgewärmtem Wasser zu erzeugen, ist eine spezifische Wärme von $2\,426{,}2\,\frac{\text{kJ}}{\text{kg}}$ erforderlich.

8

8.3.4.2 Berechnung der Eigenschaften von Nassdampf

8 m^3 Nassdampf haben bei einem Druck von 9 bar einen Flüssigkeitsgehalt von 65 %.

Wie groß sind deren Masse und Enthalpie?

gegeben:	Druck	$p = 9\,\text{bar}$
	Flüssigkeitsgehalt des Dampfes	$y = 65\,\% = 0{,}65\,\frac{\text{kg}}{\text{kg}}$
	Volumen	$V = 8\,\text{m}^3$
	spez. Enthalpie der siedenden Flüssigkeit (Anhang A.4.11)	$h' = 742{,}72\,\frac{\text{kJ}}{\text{kg}}$
	spezifische Verdampfungsenthalpie (Anhang A.4.11)	$\Delta h_\text{V} = 2\,030{,}3\,\frac{\text{kJ}}{\text{kg}}$
	spezifisches Volumen des Sattdampfes (Anhang A.4.11)	$v'' = 0{,}2149\,\frac{\text{m}^3}{\text{kg}}$
	spezifisches Volumen der siedenden Flüssigkeit (Anhang A.4.11)	$v' = 0{,}001\,121\,2\,\frac{\text{m}^3}{\text{kg}}$
gesucht:	Masse des Nassdampfes	m in kg
	Enthalpie des Nassdampfes	H in kJ

Lösung:

Der Dampfgehalt berechnet sich aus Gleichung (8.138):

$$x + y = 1$$

$$x = 1 - y = 1 - 0{,}65\,\frac{\text{kg}}{\text{kg}}$$

$$x = 0{,}35\,\frac{\text{kg}}{\text{kg}}$$

Das spezifische Volumen des Nassdampfes ist nach Gleichung (8.139):

$$v(x) = v' + x \cdot \left(v'' - v'\right)$$

$$v(x = 0{,}35) = 0{,}001\,121\,2\,\frac{\text{m}^3}{\text{kg}} + 0{,}35 \cdot (0{,}2149 - 0{,}001\,121\,2)\,\frac{\text{m}^3}{\text{kg}}$$

$$v(x = 0{,}35) = 0{,}075\,944\,\frac{\text{m}^3}{\text{kg}}$$

Die Masse von 8 m^3 dieses Dampfes ist dann mit Anwendung von Gleichung (2.2) und diese nach der Masse umgestellt:

$$v = \frac{V}{m}$$

$$m = \frac{V}{v(x = 0{,}35)} = \frac{8\,\text{m}^3}{0{,}075\,944\,\frac{\text{m}^3}{\text{kg}}}$$

$$m = 105{,}3\,\text{kg}$$

Die Enthalpie von 1 kg Nassdampf ist mit Gleichung (8.142)

$$h(x) = h' + x \cdot \Delta h_\text{V}$$

$$h(x = 0{,}35) = 742{,}72\,\frac{\text{kJ}}{\text{kg}} + 0{,}35 \cdot 2\,030{,}3\,\frac{\text{kJ}}{\text{kg}}$$

$$h(x = 0{,}35) = 1\,453{,}3\,\frac{\text{kJ}}{\text{kg}}$$

Im Vergleich dazu ist die spezifische Enthalpie des Sattdampfes bei 9 bar aus Anhang A.4.11: $h'' = 2\,773{,}0\,\frac{\text{kJ}}{\text{kg}}$.

Die Gesamtenthalpie der $8\,\text{m}^3$ Nassdampf ist dann

$$H = m \cdot h(x = 0{,}35) = 105{,}3\,\text{kg} \cdot 1\,453{,}3\,\frac{\text{kJ}}{\text{kg}}$$

$$H = 153\,035\,\text{kJ}$$

8.3.4.3 Dampfkessel mit Wasser und trocken gesättigtem Dampf, Druckabsenkung, Gesamtenthalpie

Ein Dampfkessel enthält 10 t Wasser und 15 kg trocken gesättigten Dampf bei einem Druck von 10 bar.

a) Wie groß ist die Gesamtenthalpie des Kesselinhaltes?

b) Wie groß ist das Volumen des Kessels?

c) Wie groß sind die Wasser- und Dampfmasse, wenn der Druck auf 2 bar sinkt?

d) Welche Temperatur herrscht nach der Druckabsenkung im Kessel?

gegeben:	Druck im Zustand 1	$p_1 = 10\,\text{bar}$
	Masse des Wassers im Zustand 1	$m_{W,1} = 10\,\text{t} = 10\,000\,\text{kg}$
	Masse des Dampfes im Zustand 1	$m_{D,1} = 15\,\text{kg}$
	spezifische Enthalpie des Wassers im Zustand 1 (Anhang A.4.11)	$h_1' = 762{,}68\,\frac{\text{kJ}}{\text{kg}}$
	spezifische Enthalpie des trocken gesättigten Dampfes im Zustand 1 (Anhang A.4.11)	$h_1'' = 2\,777{,}1\,\frac{\text{kJ}}{\text{kg}}$
	spezifisches Volumen des Sattdampfes im Zustand 1 (Anhang A.4.11)	$v_1'' = 0{,}194\,3\,\frac{\text{m}^3}{\text{kg}}$
	spezifisches Volumen der siedenden Flüssigkeit im Zustand 1 (Anhang A.4.11)	$v_1' = 0{,}001\,127\,2\,\frac{\text{m}^3}{\text{kg}}$
	Druck im Zustand 2	$p_2 = 2\,\text{bar}$
	spezifisches Volumen des Sattdampfes im Zustand 2 (Anhang A.4.11)	$v_2'' = 0{,}885\,7\,\frac{\text{m}^3}{\text{kg}}$
	spezifisches Volumen der siedenden Flüssigkeit im Zustand 2 (Anhang A.4.11)	$v_2' = 0{,}001\,060\,5\,\frac{\text{m}^3}{\text{kg}}$
	Siedetemperatur im Zustand 2 (Anhang A.4.11)	$\vartheta_{S,2} = 120{,}21\,°\text{C}$
gesucht:	Gesamtenthalpie des Kesselinhaltes	H in kJ
	Volumen des Kessels	V in m^3
	Masse des Wassers und Dampfes nach der Drucksenkung	$m_{W,2}$ und $m_{D,2}$ in kg
	Temperatur des Kessels nach der Drucksenkung	ϑ in °C

Lösung:

Anmerkung: Da Wasser und trocken gesättigter Dampf zusammen in einem Gefäß vorliegen, herrscht zwischen Wasser und Dampf ein thermodynamisches Gleichgewicht. Damit sind beispielsweise die Temperaturen gleich. Bei aufgezwungenen Veränderungen (z. B. Drucksenkung) verschieben sich die Verhältnisse zwischen den Phasen, bis wieder das thermodynamische Gleichgewicht erreicht ist.

8

a) Gesamtenthalpie des Kesselinhaltes:

Die Gesamtenthalpie setzt sich aus der Wasser- und der Dampfenthalpie zusammen und ist damit:

$$H = m_{W,1} \cdot h_1' + m_{D,1} \cdot h_1'' = 10\,000\,\text{kg} \cdot 762{,}68\,\frac{\text{kJ}}{\text{kg}} + 15\,\text{kg} \cdot 2\,777{,}1\,\frac{\text{kJ}}{\text{kg}}$$

$$H = 7\,668\,457\,\text{kJ} = 7\,668{,}5\,\text{MJ}$$

b) Kesselvolumen:

Das anteilige Volumen des Wassers am Gesamtvolumen beträgt:

$$V_{W,1} = m_{W,1} \cdot v_1' = 10\,000\,\text{kg} \cdot 0{,}001\,127\,2\,\frac{\text{m}^3}{\text{kg}}$$

$$V_{W,1} = 11{,}27\,\text{m}^3$$

und das des Dampfes:

$$V_{D,1} = m_{D,1} \cdot v_1'' = 15\,\text{kg} \cdot 0{,}194\,3\,\frac{\text{m}^3}{\text{kg}}$$

$$V_{D,1} = 2{,}92\,\text{m}^3$$

und damit ist das Gesamtkesselvolumen:

$$V = V_{W,1} + V_{D,1} = 11{,}27\,\text{m}^3 + 2{,}92\,\text{m}^3$$

$$V = 14{,}19\,\text{m}^3$$

c) Wasser- und Dampfmasse im Zustand 2 beim Druck vom 2 bar:

Während der Drucksenkung (hier wegen Abkühlung) bleiben Gesamtmasse m und Gesamtvolumen V konstant und es gilt:

$$m = m_{W,1} + m_{D,1} = (10\,000 + 15)\,\text{kg}$$

$$m = 10\,015\,\text{kg}$$

$$m = m_{W,2} + m_{D,2}$$

$$m_{W,2} = m - m_{D,2}$$

$$V = m_{W,2} \cdot v_2' + m_{D,2} \cdot v_2''$$

Die Gleichung der Wassermasse $m_{W,2}$ in die Gleichung des Volumens V eingesetzt und nach der Dampfmasse $m_{D,2}$ umgestellt ist

$$V = \left(m - m_{D,2}\right) \cdot v_2' + m_{D,2} \cdot v_2''$$

$$= m \cdot v_2' - m_{D,2} \cdot v_2' + m_{D,2} \cdot v_2''$$

$$V = m \cdot v_2' - m_{D,2} \cdot \left(v_2'' - v_2'\right)$$

$$m_{D,2} = \frac{V - m \cdot v_2'}{v_2'' - v_2'} = \frac{14{,}19\,\text{m}^3 - 10015\,\text{kg} \cdot 0{,}001\,060\,5\,\frac{\text{m}^3}{\text{kg}}}{0{,}885\,7\,\frac{\text{m}^3}{\text{kg}} - 0{,}001\,060\,5\,\frac{\text{m}^3}{\text{kg}}}$$

$$m_{D,2} = 4{,}04\,\text{kg}$$

Demnach ist an Dampf kondensiert:

$$\Delta m_D = m_{D,1} - m_{D,2} = (15 - 4{,}04)\,\text{kg}$$
$$\Delta m_D = 10{,}96\,\text{kg}$$

Die Masse des Wassers im Zustand 2 ist dann

$$m_{W,2} = m - m_{D,2} = 10\,015\,\text{kg} - 4{,}04\,\text{kg}$$
$$m_{W,2} = 10\,010{,}96\,\text{kg}$$

d) Temperatur des Kessels nach der Drucksenkung:

Da noch Nassdampf vorhanden ist und dieser im thermodynamischen Gleichgewicht mit dem Wasser steht, herrscht also im Kessel die Siedetemperatur bei einem Druck von 2 bar, also $\vartheta_{S,2} = 120{,}21\,°\text{C}$.

Mit der Abkühlung des Kessels auf etwa 120 °C erfolgte die Drucksenkung von 10 bar auf 2 bar. Durch die Drucksenkung ist ein Teil des Dampfes kondensiert. Es wurde weder Dampf noch Wasser aus dem Kessel entnommen!

8.3.4.4 Platzen eines Siederohres, plötzliche Druckänderung, Volumensteigerung

In einem Dampferzeuger herrscht ein Druck von 30 bar (Druck im Kesselhaus 1 bar).

Auf wie viel steigt das Volumen, wenn ein Siederohr plötzlich aufreißt:

a) bei einem Dampfgehalt im Rohr von 30 %,

b) bei einem Dampfgehalt im Rohr von 0 % bei $\vartheta_S = 233{,}86\,°\text{C}$?

gegeben:	Druck im Zustand 1	$p_1 = 30\,\text{bar}$
	Dampfgehalt im Zustand 1 Teil a)	$x_1 = 30\,\% = 0{,}3\,\frac{\text{kg}}{\text{kg}}$
	spezifisches Volumen des Sattdampfes im Zustand 1 (Anhang A.4.11)	$v_1'' = 0{,}066\,66\,\frac{\text{m}^3}{\text{kg}}$
	spezifisches Volumen der siedenden Flüssigkeit im Zustand 1 (Anhang A.4.11)	$v_1' = 0{,}001\,216\,7\,\frac{\text{m}^3}{\text{kg}}$
	innere Verdampfungswärme im Zustand 1 (Anhang A.4.11)	$\varphi_{V,1} = 1\,598{,}6\,\frac{\text{kJ}}{\text{kg}}$
	spezifische Enthalpie der siedenden Flüssigkeit im Zustand 1 (Anhang A.4.11)	$h_1' = 1\,008{,}4\,\frac{\text{kJ}}{\text{kg}}$
	Druck im Zustand 2	$p_2 = 1\,\text{bar}$
	spezifisches Volumen des Sattdampfes im Zustand 2 (Anhang A.4.11)	$v_2'' = 1{,}694\,\frac{\text{m}^3}{\text{kg}}$
	spezifisches Volumen der siedenden Flüssigkeit im Zustand 2 (Anhang A.4.11)	$v_2' = 0{,}001\,431\,\frac{\text{m}^3}{\text{kg}}$
	spezifische Verdampfungsenthalpie im Zustand 2 (Anhang A.4.11)	$\Delta h_{V,2} = 2\,257{,}5\,\frac{\text{kJ}}{\text{kg}}$
	spezifische Enthalpie der siedenden Flüssigkeit im Zustand 2 (Anhang A.4.11)	$h_2' = 417{,}44\,\frac{\text{kJ}}{\text{kg}}$
gesucht:	Ausdehnung des Dampfes beim Zustandswechsel 1–2	$\frac{v_2}{v_1}$

Lösung:

a) Ausdehnung bei 30 % Dampfgehalt:

Die im Dampf gespeicherte spezifische innere Energie wird beim Zerreißen frei.

Es ist die spezifische innere Energie im Zustand 1 nach Gleichung (8.147), unter der Annahme, dass $p_1 \cdot v_1' \approx 0$.

$$u(x) = h' + x \cdot \varphi_V - p \cdot v'$$

$$u_1(x_1 = 0{,}3) = h_1' + x_1 \cdot \varphi_{V,1} = 1\,008{,}4\,\frac{\text{kJ}}{\text{kg}} + 0{,}3 \cdot 1\,598{,}6\,\frac{\text{kJ}}{\text{kg}}$$

$$u_1(x_1 = 0{,}3) = 1\,488{,}0\,\frac{\text{kJ}}{\text{kg}}$$

Nach der Zerstörung (Zustand 2) ist $u_1(x_1 = 0{,}3) = h_2(x_2)$. Aus Gleichung (8.142) ist der Dampfgehalt dann:

$$h_2(x_2) = h_2' + x_2 \cdot \Delta h_{V,2} = u_1(x_1 = 0{,}3)$$

$$x_2 = \frac{u_1(x_1 = 0{,}3) - h_2'}{\Delta h_{V,2}} = \frac{1\,488{,}0\,\frac{\text{kJ}}{\text{kg}} - 417{,}44\,\frac{\text{kJ}}{\text{kg}}}{2\,257{,}5\,\frac{\text{kJ}}{\text{kg}}}$$

$$x_2 = 0{,}474\,\frac{\text{kg}}{\text{kg}}$$

Das Verhältnis der Raumzunahme ist schließlich mit Gleichung (8.139):

$$v(x) = v' + x \cdot \left(v'' - v'\right)$$

$$\frac{v_2(x_2)}{v_1(x_1)} = \frac{v_2' + x_2 \cdot \left(v_2'' - v_2'\right)}{v_1' + x_1 \cdot \left(v_1'' - v_1'\right)} = \frac{0{,}001\,431\,\frac{\text{m}^3}{\text{kg}} + 0{,}474 \cdot (1{,}694 - 0{,}001\,431)\,\frac{\text{m}^3}{\text{kg}}}{0{,}001\,216\,7\,\frac{\text{m}^3}{\text{kg}} + 0{,}3 \cdot (0{,}066\,66 - 0{,}001\,216\,7)\,\frac{\text{m}^3}{\text{kg}}}$$

$$\frac{v_2(x_2)}{v_1(x_1)} = \frac{0{,}802\,6\,\frac{\text{m}^3}{\text{kg}}}{0{,}020\,85\,\frac{\text{m}^3}{\text{kg}}} = 38{,}50$$

Das Volumen des austretenden Dampfes vergrößert sich ungefähr auf das 38-Fache.

b) Ausdehnung bei 0 % Dampfgehalt (also 100 % siedende Flüssigkeit):

Analog der Lösung a) ist mit $u_1(x_1 = 0) = h_1' = 1\,008{,}4\,\frac{\text{kJ}}{\text{kg}}$:

$$x_2 = \frac{u_1(x_1 = 0) - h_2'}{\Delta h_{V,2}} = \frac{1\,008{,}4\,\frac{\text{kJ}}{\text{kg}} - 417{,}44\,\frac{\text{kJ}}{\text{kg}}}{2\,257{,}5\,\frac{\text{kJ}}{\text{kg}}} = 0{,}262\,\frac{\text{kg}}{\text{kg}}$$

und dann

$$\frac{v_2(x_2 = 0{,}262)}{v_1(x_1 = 0)} = \frac{v_2' + x_2 \cdot \left(v_2'' - v_2'\right)}{v_1'}$$

$$= \frac{0{,}001\,431\,\frac{\text{m}^3}{\text{kg}} + 0{,}262 \cdot (1{,}694 - 0{,}001\,431)\,\frac{\text{m}^3}{\text{kg}}}{0{,}001\,216\,7\,\frac{\text{m}^3}{\text{kg}}}$$

$$\frac{v_2(x_2)}{v_1(x_1)} = \frac{0{,}444\,5\,\frac{\text{m}^3}{\text{kg}}}{0{,}001\,216\,7\,\frac{\text{m}^3}{\text{kg}}} = 365{,}3$$

Das Volumen des austretenden Dampfes vergrößert sich hier ungefähr auf das 365-Fache gegenüber dem ursprünglich vorliegendem Heißwasser.

Das vorstehende Beispiel zeigt, dass bei Havarien in Kesselhäusern und Umformstationen immer mit einer lebhaften Nachverdampfung zu rechnen ist, die u. a. zu Sichtbehinderungen und ernsten Verletzungen (Hautkontakt, Einatmen) führen kann.

8.3.4.5 Beheizung mittels Sattdampf, Wärmeübertrager

500 kg Wasser mit einer Temperatur von 10 °C sollen mittelbar (der Dampf wird im Gegenstrom durch ein Rohrbündel geleitet, technische Einzelheiten siehe Abschnitt 13.4) durch trocken gesättigten Dampf mit einem Druck von 2 bar auf eine Temperatur von 60 °C gebracht werden. Die Kondensatablauf-Temperatur liegt bei $\vartheta_K = 60\,°C$.

Wieviel Kilogramm Dampf sind erforderlich?

gegeben:	Masse Wasser	$m_W = 500\,kg$
	Temperatur des Wassers vor dem Erwärmen, Zustand 1	$\vartheta_{W,1} = 10\,°C$
	Temperatur des Wassers nach dem Erwärmen, Zustand 2	$\vartheta_{W,2} = 60\,°C$
	mittlere spezifische Wärmekapazität von Wasser (Anhang A.4.9)	$c_{m,W} = 4{,}187\,\frac{kJ}{kg\cdot K}$
	Druck des Dampfes	$p = 2\,bar$
	spezifische Enthalpie des Sattdampfes (Anhang A.4.11)	$h_1'' = 2\,706{,}2\,\frac{kJ}{kg}$
gesucht:	erforderliche Masse an Dampf	m_D in kg

Lösung:

Anmerkung zur Lösung: Der im Rohrbündel geführte Sattdampf kondensiert, da er vom aufzuheizenden Wasser umspült wird. Dabei gibt er die in ihm gespeicherte Verdampfungswärme über die Rohrwandung an das dahinterliegende Wasser ab, das sich erwärmt. Das Kondensat wird nicht unterkühlt. Es werden Enthalpiedifferenzen über entsprechende Massen ins thermische Gleichgewicht gebracht, eine Energiebilanz aufgestellt. Es gilt auch hier das Prinzip:

vom Dampf abgegebene Wärme = vom Wasser aufgenommene Wärme

$$\Delta H_{12} = \Delta H_{21}$$

$$m_D \cdot \left(h_1'' - h_{K,2}\right) = m_W \cdot \left(h_{W,2} - h_{W,1}\right)$$

Die Enthalpie des Wassers bzw. des Kondensates ist mit Gleichung (3.10)

$$h_{W,1} = c_{m,W} \cdot \vartheta_{W,1} = 4{,}187\,\frac{kJ}{kg\cdot K} \cdot 10\,K = 41{,}87\,\frac{kJ}{kg}$$

$$h_{W,2} = c_{m,W} \cdot \vartheta_{W,2} = 4{,}187\,\frac{kJ}{kg\cdot K} \cdot 60\,K = 251{,}2\,\frac{kJ}{kg}$$

$$h_{K,2} = c_{m,W} \cdot \vartheta_K = 4{,}187\,\frac{kJ}{kg\cdot K} \cdot 60\,K = 251{,}2\,\frac{kJ}{kg}$$

Anmerkung: Hier ist es statthaft, anstatt der Kelvin-Temperaturen gleich die Celsius-Temperaturen einzusetzen, da die spezifische Enthalpie den Bezugspunkt $h_W(0\,°C) = 0\,\frac{kJ}{kg}$ hat.

Die Dampfmasse ist dann nach o. g. Gleichung und nach m_D umgestellt:

$$m_D = \frac{m_W \cdot \left(h_{W,2} - h_{W,1}\right)}{h_1'' - h_{K,2}} = \frac{500\,kg \cdot (251{,}2 - 41{,}87)\,\frac{kJ}{kg}}{(2\,706{,}2 - 251{,}2)\,\frac{kJ}{kg}}$$

$$m_D = 42{,}64\,kg$$

Durch die hohe Enthalpie des Sattdampfes beträgt die Masse des zur Beheizung benötigten Dampfes weniger als ein Zehntel der Masse des aufzuheizenden Wassers.

8.3.4.6 Mischvorwärmer, Wärmeübertrager, Sattdampf

Das Funktionsprinzip eines Mischvorwärmers ist es, dass Wasser durch unmittelbares Einspeisen von Dampf (also Vermischung) erwärmt wird.

Welche Mengen an Wasser und Dampf mit den Ausgangszuständen wie in Beispiel 8.3.4.5 sind erforderlich, um 500 kg Wasser mit einer Temperatur von 60 °C erzeugen?

gegeben:	Gesamtmasse Wasser	$m = 500\,\text{kg}$
	Temperatur des Wassers vor dem Erwärmen, Zustand 1	$\vartheta_{W,1} = 10\,°\text{C}$
	Temperatur des Wassers nach dem Erwärmen, Zustand 2	$\vartheta_{W,2} = 60\,°\text{C}$
	mittlere spezifische Wärmekapazität von Wasser (Anhang A.4.9)	$c_{m,W} = 4{,}187\,\frac{\text{kJ}}{\text{kg}\cdot\text{K}}$
	Druck des Dampfes	$p = 2\,\text{bar}$
	spezifische Enthalpie des Sattdampfes (Anhang A.4.11)	$h_1'' = 2\,706{,}2\,\frac{\text{kJ}}{\text{kg}}$
gesucht:	Wassermasse	m_W in kg
	Dampfmasse	m_D in kg

Lösung:

Anmerkung zur Lösung: Anders als beim Beispiel 8.3.4.5 kommen hier Dampf und Wasser miteinander direkt in Kontakt. Das bedeutet, dass sich der kondensierende Dampf mit dem aufzuheizenden Wasser mischt. Trotzdem gelten auch hier das Prinzip und die Energiebilanz:

vom Dampf abgegebene Wärme = vom Wasser aufgenommene Wärme

$$\Delta H_{12} = \Delta H_{21}$$

$$m_D \cdot h_1'' = (m_D + m_W) \cdot h_{W,2} - m_W \cdot h_{W1}$$

Die jeweiligen Enthalpien sind Beispiel 8.3.4.5 zu entnehmen.

Es gilt für die Gesamtmasse m:

$$m = m_D + m_W$$

$$m_D = m - m_W$$

und damit ist in o. g. Gleichung eingesetzt und nach der Wassermasse m_W umgestellt:

$$m_D \cdot h_1'' = (m_D + m_W) \cdot h_{W,2} - m_W \cdot h_{W1}$$

$$(m - m_W) \cdot h_1'' = m \cdot h_{W,2} - m_W \cdot h_{W1}$$

$$m \cdot h_1'' - m_W \cdot h_1'' = m \cdot h_{W,2} - m_W \cdot h_{W1}$$

$$m_W \cdot h_{W1} - m_W \cdot h_1'' = m \cdot h_{W,2} - m \cdot h_1''$$

$$m_W \cdot \left(h_{W1} - h_1''\right) = m \cdot \left(h_{W,2} - h_1''\right)$$

$$m_W = \frac{m \cdot \left(h_{W,2} - h_1''\right)}{h_{W1} - h_1''} = \frac{500\,\text{kg} \cdot (251{,}2 - 2\,706{,}2)\,\frac{\text{kJ}}{\text{kg}}}{(41{,}87 - 2\,706{,}2)\,\frac{\text{kJ}}{\text{kg}}}$$

$$m_W = 460{,}7\,\text{kg}$$

Die Dampfmasse m_D ist dann

$$m_D = m - m_W = 500\,\text{kg} - 460{,}7\,\text{kg} = 39{,}3\,\text{kg}$$

Im Vergleich zum Beispiel 8.3.4.5 wird etwas weniger Dampf benötigt, um den gleichen Effekt, 500 kg Wasser von 60 °C bereitzustellen, zu erzielen.

8.3.4.7 Wassereinspritzung, Mischvorgang, konstanter Druck, Gesamtenthalpie

In 1 m³ Dampf mit einem Druck von 12 bar und einem Flüssigkeitsgehalt von 15 % werden 1,5 kg Wasser mit einer Temperatur von 12 °C bei konstantem Druck eingedüst.

Wie groß sind dann die Gesamtenthalpie und der Dampfgehalt?

gegeben:	Druck	$p = 12\,\text{bar}$
	Volumen des Dampfes	$V = 1\,\text{m}^3$
	Masse des Wassers	$m_W = 1{,}5\,\text{kg}$
	spezifisches Volumen des Sattdampfes (Anhang A.4.11)	$v'' = 0{,}1632\,\frac{\text{m}^3}{\text{kg}}$
	spezifisches Volumen der siedenden Flüssigkeit (Anhang A.4.11)	$v' = 0{,}0011385\,\frac{\text{m}^3}{\text{kg}}$
	spezifische Verdampfungsenthalpie (Anhang A.4.11)	$\Delta h_V = 1985{,}3\,\frac{\text{kJ}}{\text{kg}}$
	spezifische Enthalpie der siedenden Flüssigkeit (Anhang A.4.11)	$h' = 798{,}50\,\frac{\text{kJ}}{\text{kg}}$
	Flüssigkeitsgehalt des Dampfes im Zustand 1	$y_1 = 15\,\% = 0{,}15\,\frac{\text{kg}}{\text{kg}}$
	Temperatur des eingespritzten Wassers	$\vartheta_W = 12\,°\text{C}$
gesucht:	spezifische Enthalpie nach der Einspritzung	h_2 in $\frac{\text{kJ}}{\text{kg}}$
	Dampfgehalt nach der Einspritzung	x_2 in $\frac{\text{kg}}{\text{kg}}$

Lösung:

Der Dampfgehalt im Zustand 1 ist aus Gleichung (8.138):

$$x + y = 1$$

$$x = 1 - y = 1 - 0{,}15\,\frac{\text{kg}}{\text{kg}} = 0{,}85\,\frac{\text{kg}}{\text{kg}}$$

Vor der Einspritzung (Zustand 1) ist das spezifische Volumen des Nassdampfes nach Gleichung (8.139):

$$v_1\,(x_1) = v' + x_1 \cdot \left(v'' - v'\right)$$

$$v_1\,(x_1 = 0{,}85) = 0{,}0011385\,\frac{\text{m}^3}{\text{kg}} + 0{,}85 \cdot (0{,}1632 - 0{,}0011385)\,\frac{\text{m}^3}{\text{kg}}$$

$$v_1\,(x_1 = 0{,}85) = 0{,}138891\,\frac{\text{m}^3}{\text{kg}}$$

Die Masse von 1 m³ Dampf im Zustand 1 ist dann mit Anwendung von Gleichung (2.2)

$$\frac{1}{v} = \frac{m_D}{V}$$

$$m_D = \frac{V}{v_1\,(x_1 = 0{,}85)} = \frac{1\,\text{m}^3}{0{,}138891\,\frac{\text{m}^3}{\text{kg}}}$$

$$m_D = 7{,}20\,\text{kg}$$

8

Dessen spezifische Enthalpie ist vor der Mischung nach Gleichung (8.142):

$$h(x) = h' + x \cdot \Delta h_V$$
$$h_1(x_1 = 0{,}85) = 798{,}50\,\frac{\text{kJ}}{\text{kg}} + 0{,}85 \cdot 1\,985{,}3\,\frac{\text{kJ}}{\text{kg}} = 2\,486{,}0\,\frac{\text{kJ}}{\text{kg}}$$

Die Enthalpie des Wassers mit $c_{m,W} = 4{,}187\,\frac{\text{kJ}}{\text{kg}\cdot\text{K}}$ (siehe Anhang A.4.9) nach Gleichung (3.10) ist

$$h_W = c_{m,W} \cdot \vartheta_W = 4{,}187\,\frac{\text{kJ}}{\text{kg}\cdot\text{K}} \cdot 12\,\text{K}$$
$$h_W = 50{,}24\,\frac{\text{kJ}}{\text{kg}}$$

Anmerkung: Hier ist es statthaft, anstatt der Kelvin-Temperaturen gleich die Celsius-Temperaturen einzusetzen, da die spezifische Enthalpie den Bezugspunkt $h_W(0\,°\text{C}) = 0\,\frac{\text{kJ}}{\text{kg}}$ hat.

Die Gesamtenthalpie der Mischung ist dann

$$H_2 = H_D + H_W$$
$$H_2 = m_D \cdot h_1(x_1 = 0{,}85) + m_W \cdot h_W = 7{,}20\,\text{kg} \cdot 2\,486{,}0\,\frac{\text{kJ}}{\text{kg}} + 1{,}5\,\text{kg} \cdot 50{,}24\,\frac{\text{kJ}}{\text{kg}}$$
$$H_2 = 17\,975\,\text{kJ}$$

Die spezifische Enthalpie h_2 der Mischung (auf 1 kg bezogen) ist

$$H_2 = h_2 \cdot (m_D + m_W)$$
$$h_2 = \frac{H_2}{m_D + m_W} = \frac{17\,975\,\text{kJ}}{7{,}20\,\text{kg} + 1{,}5\,\text{kg}}$$
$$h_2 = 2\,066{,}0\,\frac{\text{kJ}}{\text{kg}}$$

Kontrolle der Dampfart: Es ist $h_2 = 2\,066{,}0\,\frac{\text{kJ}}{\text{kg}} < h'' = 2\,783{,}8\,\frac{\text{kJ}}{\text{kg}}$ (h'' siehe Anhang A.4.11), also Nassdampf vorhanden.

Der Dampfgehalt der Mischung ist aus Gleichung (8.142) und umgestellt nach x_2

$$h(x) = h' + x \cdot \Delta h_V$$
$$x_2 = \frac{h_2 - h'}{\Delta h_V} = \frac{2\,066{,}0\,\frac{\text{kJ}}{\text{kg}} - 798{,}5\,\frac{\text{kJ}}{\text{kg}}}{1\,985{,}3\,\frac{\text{kJ}}{\text{kg}}}$$
$$x_2 = 0{,}638\,\frac{\text{kg}}{\text{kg}}$$

Nach der Wassereinspritzung beträgt die spezifische Enthalpie des Dampfes $2\,066{,}0\,\frac{\text{kJ}}{\text{kg}}$ und der Dampfgehalt liegt bei 63,8 %.

8.3.4.8 Oberflächenkondensator, Wärmeübertrager

In einem Oberflächenkondensator sollen 1 000 kg Dampf mit einem Druck von 0,1 bar und einem Dampfgehalt von 95 % in einer Stunde niedergeschlagen werden. Das Kühlwasser fließt im Gegenstrom durch die Rohre und erwärmt sich dabei von 15 °C auf 35 °C. Das anfallende Kondensat fließt mit einer Temperatur von 45 °C ab.

Welcher Kühlwassermassestrom ist für den ordnungsgemäßen Betrieb erforderlich?

gegeben:	Druck	$p = 0{,}1\,\text{bar}$
	Kondensationstemperatur	$\vartheta_K = 45\,°\text{C}$
	Massestrom des Dampfes	$\dot{m}_D = 1\,000\,\frac{\text{kg}}{\text{h}}$
	spezifische Verdampfungsenthalpie (Anhang A.4.11)	$\Delta h_V = 2\,392{,}1\,\frac{\text{kJ}}{\text{kg}}$
	spezifische Enthalpie der siedenden Flüssigkeit (Anhang A.4.11)	$h' = 191{,}81\,\frac{\text{kJ}}{\text{kg}}$
	Dampfgehalt	$x = 0{,}95\,\frac{\text{kg}}{\text{kg}}$
	Temperatur des Kühlwassers am Eintritt	$\vartheta_{KW,1} = 15\,°\text{C}$
	Temperatur des Kühlwassers am Austritt	$\vartheta_{KW,2} = 35\,°\text{C}$
	mittlere spezifische Wärmekapazität von Wasser (Anhang A.4.9)	$c_{m,KW} = 4{,}187\,\frac{\text{kJ}}{\text{kg}}$
gesucht:	Kühlwassermassestrom	$\dot{m}_{KW}$ in kg

Lösung:

Anmerkung: Ein Kondensator hat die Aufgabe, niederkalorischen Dampf, zum Beispiel am Ende eines Kreisprozesses, vollständig in Wasser umzuwandeln, damit eine anschließende Druckerhöhung mittels Kreiselpumpen erfolgen kann, um den Kreisprozess von Neuem zu beginnen (Abführung von Wärme niedriger Temperatur, sogenanntes „kaltes Ende").

Lösungsansatz: Der vom Wasser im Rohrbündel gekühlte und an der äußeren Rohrwandung kondensierende Nassdampf gibt seine in ihm gespeicherte Wärme über die Rohrwandung an das dahinter fließende Kühlwasser ab, welches sich erwärmt. Das Kondensat behält eine Temperatur von $\vartheta_K = 45\,°\text{C}$. Es werden Enthalpiedifferenzen über entsprechende Massen ins thermische Gleichgewicht gebracht. Es gelten das Prinzip und die Energiebilanz:

vom Dampf abgegebene Wärme = vom Wasser aufgenommene Wärme

$$\Delta H_{12} = \Delta H_{21}$$

$$m_D \cdot (h(x) - h_K) = m_{KW} \cdot \left(h_{KW,2} - h_{KW,1}\right)$$

Die Enthalpie des Kühlwassers ist mit $c_{m,KW} = 4{,}187\,\frac{\text{kJ}}{\text{kg}\cdot\text{K}}$ nach Gleichung (3.10)

$$h_{KW,1} = c_{m,KW} \cdot \vartheta_{KW,1} = 4{,}187\,\frac{\text{kJ}}{\text{kg}\cdot\text{K}} \cdot 15\,\text{K} = 62{,}81\,\frac{\text{kJ}}{\text{kg}}$$

$$h_{KW,2} = c_{m,KW} \cdot \vartheta_{KW,2} = 4{,}187\,\frac{\text{kJ}}{\text{kg}\cdot\text{K}} \cdot 35\,\text{K} = 146{,}55\,\frac{\text{kJ}}{\text{kg}}$$

und die des Kondensates

$$h_K = c_{m,KW} \cdot \vartheta_K = 4{,}187\,\frac{\text{kJ}}{\text{kg}\cdot\text{K}} \cdot 45\,\text{K} = 188{,}42\,\frac{\text{kJ}}{\text{kg}}$$

Anmerkung: Hier ist es statthaft, anstatt der Kelvin-Temperaturen gleich die Celsius-Temperaturen einzusetzen, da die spezifische Enthalpie den Bezugspunkt $h_W(0\,°\text{C}) = 0\,\frac{\text{kJ}}{\text{kg}}$ hat.

Die spezifische Enthalpie des zu kondensierenden Nassdampfes ist mit Gleichung (8.142):

$$h(x) = h' + x \cdot \Delta h_V$$

$$h\,(x = 0{,}95) = 191{,}81\,\frac{\text{kJ}}{\text{kg}} + 0{,}95 \cdot 2\,392{,}1\,\frac{\text{kJ}}{\text{kg}} = 2\,464{,}3\,\frac{\text{kJ}}{\text{kg}}$$

Aus der o. g. Bilanzgleichung, hier schon mit zeitspezifischen Größen und umgestellt, ergibt sich der notwendige Kühlwassermassestrom $\dot{m}_{KW}$ zu

$$\dot{m}_{KW} = \frac{\dot{m}_D \cdot (h\,(x = 0{,}95) - h_K)}{h_{KW,2} - h_{KW,1}} = \frac{1\,000\,\frac{kg}{h} \cdot \left(2\,464{,}3\,\frac{kJ}{kg} - 188{,}42\,\frac{kJ}{kg}\right)}{146{,}55\,\frac{kJ}{kg} - 62{,}81\,\frac{kJ}{kg}}$$

$$\dot{m}_{KW} = 27\,178\,\frac{kg}{h} \approx 27{,}2\,\frac{t}{h}$$

Es werden mindestens 27,2 t Kühlwasser pro Stunde benötigt.

8.3.4.9 Mischkondensator

In einem Mischkondensator werden stündlich 1 000 kg Dampf mit einem Druck von 0,1 bar und 5 % Flüssigkeitsgehalt mit Wasser von 15 °C in direkte Berührung gebracht und kondensiert. Das abfließende Wasser, bestehend aus Kondensat und Kühlwasser, soll eine Temperatur von 40 °C haben.

Wie viel Kühlwasser ist je Kilogramm Dampf erforderlich?

gegeben:	Druck	$p = 0{,}1\,\text{bar}$
	Massestrom Dampf	$\dot{m}_D = 1\,000\,\frac{kg}{h}$
	spezifische Verdampfungsenthalpie (Anhang A.4.11)	$\Delta h_V = 2\,392{,}1\,\frac{kJ}{kg}$
	spezifische Enthalpie der siedenden Flüssigkeit (Anhang A.4.11)	$h' = 191{,}81\,\frac{kJ}{kg}$
	Flüssigkeitsgehalt des Dampfes	$y = 0{,}05\,\frac{kg}{kg}$
	Temperatur des Kühlwassers am Eintritt	$\vartheta_{KW,1} = 15\,°C$
	Temperatur des Kühlwassers am Austritt	$\vartheta_{KW,2} = 40\,°C$
	mittlere spezifische Wärmekapazität von Wasser (Anhang A.4.9)	$c_{m,KW} = 4{,}187\,\frac{kJ}{kg}$
gesucht:	Kühlwasserbedarf in kg je kg Dampf	$\frac{\dot{m}_W}{\dot{m}_D}$ in $\frac{kg}{kg}$

Lösung:

Der Dampfgehalt ist aus Gleichung (8.138):

$$x + y = 1$$

$$x = 1 - y = 1 - 0{,}05\,\frac{kg}{kg} = 0{,}95\,\frac{kg}{kg}$$

Es gelten auch hier das Prinzip und die Bilanz:

vom Dampf abgegebene Wärme = vom Kühlwasser aufgenommene Wärme

$$\Delta H_{12} = \Delta H_{21}$$

$$m_D \cdot \left(h(x) - h_{KW,2}\right) = m_{KW} \cdot \left(h_{KW,2} - h_{KW,1}\right)$$

Die Enthalpie des zufließenden Kühlwassers ist nach Gleichung (3.10)

$$h_{KW,1} = c_{m,KW} \cdot \vartheta_{KW,1} = 4{,}187\,\frac{kJ}{kg \cdot K} \cdot 15\,K = 62{,}81\,\frac{kJ}{kg}$$

und die des abfließenden Kühlwassers

$$h_{KW,2} = c_{m,KW} \cdot \vartheta_{KW,2} = 4{,}187\,\frac{kJ}{kg \cdot K} \cdot 40\,K = 167{,}48\,\frac{kJ}{kg}$$

Die spezifische Enthalpie des zu kondensierenden Nassdampfes ist mit Gleichung (8.142)

$$h(x) = h' + x \cdot \Delta h_V$$

$$h(x = 0{,}95) = 191{,}81\,\frac{\text{kJ}}{\text{kg}} + 0{,}95 \cdot 2\,392{,}1\,\frac{\text{kJ}}{\text{kg}} = 2\,464{,}3\,\frac{\text{kJ}}{\text{kg}}$$

Obige Bilanzgleichung, hier schon mit zeitspezifischen Größen geschrieben, wird nach dem Massestromverhältnis $\frac{\dot{m}_{KW}}{\dot{m}_D}$ umgestellt und ist

$$\dot{m}_D \cdot \left(h(x) - h_{KW,2}\right) = \dot{m}_{KW} \cdot \left(h_{KW,2} - h_{KW,1}\right)$$

$$\frac{\dot{m}_{KW}}{\dot{m}_D} = \frac{h(x = 0{,}95) - h_{KW,2}}{h_{KW,2} - h_{KW,1}} = \frac{2\,464{,}3\,\frac{\text{kJ}}{\text{kg}} - 167{,}48\,\frac{\text{kJ}}{\text{kg}}}{167{,}48\,\frac{\text{kJ}}{\text{kg}} - 62{,}81\,\frac{\text{kJ}}{\text{kg}}}$$

$$\frac{\dot{m}_{KW}}{\dot{m}_D} = 21{,}9\,\frac{\text{kg}}{\text{kg}}$$

$$\dot{m}_{KW} = 21{,}9\,\frac{\text{kg}}{\text{kg}} \cdot \dot{m}_D = 21{,}9\,\frac{\text{kg}}{\text{kg}} \cdot 1\,000\,\frac{\text{kg}}{\text{h}}$$

$$\dot{m}_{KW} = 21\,900\,\frac{\text{kg}}{\text{h}}$$

Im Prozess sind, um $1\,000\,\frac{\text{kg}}{\text{h}}$ Dampf zu kondensieren, $21\,900\,\frac{\text{kg}}{\text{h}}$ Kühlwasser nötig.

8.3.4.10 Ruths-Speicher, Dampfspeicher, Speicherkapazität

8

Ein Ruths-Speicher (Dampfspeicher) hat im beladenen Zustand eine Wassermasse (Speichermedium) von 250 t und wird durch Sattdampf mit einem Druck von 10 bar gespeist.

Wie viel Kilogramm Dampf können gespeichert werden, wenn der Entladedruck 4 bar beträgt?

Anmerkung: Der Ruths-Speicher arbeitet im Zweiphasengebiet und ist im beladenen Zustand zu 95 % seines Volumens mit Wasser auf Siedetemperatur und zu 5 % seines Volumens mit trocken gesättigtem Dampf gefüllt. Aufgrund des somit sehr geringen Dampfmasseanteils im Speicher darf in dieser Aufgabe angenommen werden, dass die zugeführte Dampfwärme allein innerhalb des siedenden Wassers gespeichert wird. Es wird vereinfachend die Enthalpiebilanz für die siedende Flüssigkeit und den trocken gesättigten Dampf aufgestellt. Der Speicher besitzt während des Beladens keine Wärmeverluste.

gegeben:	Druck im entladenen Zustand 1	$p_1 = 4\,\text{bar}$
	Druck im beladenen Zustand 2	$p_2 = 10\,\text{bar}$
	Wassermasse im beladenen Zustand 2	$m_{W,2} = 250\,\text{t} = 250\,000\,\text{kg}$
	spezifische Enthalpie der siedenden Flüssigkeit im entladenen Zustand 1 (Anhang A.4.11)	$h'_1 = 604{,}72\,\frac{\text{kJ}}{\text{kg}}$
	spezifische Enthalpie der siedenden Flüssigkeit im beladenen Zustand 2 (Anhang A.4.11)	$h'_2 = 762{,}68\,\frac{\text{kJ}}{\text{kg}}$
	spezifische Enthalpie des Sattdampfes im beladenen Zustand 2 (Anhang A.4.11)	$h''_2 = 2\,777{,}1\,\frac{\text{kJ}}{\text{kg}}$
gesucht:	gespeicherte Dampfmasse im Zustand 2	$m_{D,2}$ in kg

Lösung:

Anmerkung zur Lösung: Im entladenen Zustand 1 besitzt der Ruths-Speicher einen Druck von $p_1 = 4\,\text{bar}$ und einen noch unbekannten Wassermasseinhalt $m_{W,1}$ bei der spezifischen Enthalpie des siedenden Wassers von h'_1. Vollständig beladen (Zustand 2) ist der Speicher, wenn er den Druck des ihn speisenden Sattdampfes von $p_2 = 10\,\text{bar}$ erreicht hat. Die spezifische Enthalpie des siedenden Wassers ist dann h'_2 und die Wassermasse ist $m_{W,2} = 250\,\text{t}$.

Vereinfacht soll hier die Änderung der Enthalpie der siedenden Flüssigkeit im Speicher bilanziert werden. Der im Speicher befindliche Dampf bleibt demnach hinsichtlich seiner Energie und Masse unberücksichtigt. Der Fehler ist klein. Aufgrund der Kondensation beim Beladen bzw. der Verdampfung beim Entladen ist die zugeführte bzw. entnommene Dampfmasse des Ruths-Speichers um ein Vielfaches größer als die Masse des im Speicher befindlichen Dampfes im be- oder entladenen Zustand.

Es gilt demnach folgende Bilanz:

$$\text{vom Dampf abgegebene Wärme} = \text{vom Speicherwasser aufgenommene Wärme}$$
$$\Delta H_{12} = \Delta H_{21}$$
$$m_D \cdot \left(h''_2 - h'_1\right) = m_{W,2} \cdot \left(h'_2 - h'_1\right)$$

Die Dampfmasse m_D ist dann nach o. g. umgestellter Bilanzgleichung:

$$m_{D,2} = \frac{m_{W,2} \cdot \left(h'_2 - h'_1\right)}{h''_2 - h'_1} = \frac{250\,000\,\text{kg} \cdot (762{,}68 - 604{,}72)\,\frac{\text{kJ}}{\text{kg}}}{(2\,777{,}1 - 604{,}72)\,\frac{\text{kJ}}{\text{kg}}} = 18\,178\,\text{kg}$$

Im beladenen Zustand (2) sind ca. 18,2 t Dampf gespeichert.

Anmerkung: Die Begriffe „Ruths-Speicher“ und „Gefällespeicher“ werden äquivalent verwendet und bezeichnen dasselbe Speicherprinzip.

8.3.4.11 Mischen von Dämpfen

1 m³ Heißdampf mit einem Druck von 12 bar und einer Temperatur von 300 °C wird mit 1 m³ Nassdampf mit einem Druck von 12 bar und $x = 0{,}8\,\frac{\text{kg}}{\text{kg}}$ bei konstantem Druck gemischt.

Welche Dampfart ist nach der Mischung vorhanden?

Wenn noch Heißdampf nach der Mischung vorhanden ist, soll die Überhitzungstemperatur bestimmt werden. Ist Nassdampf vorhanden, dann ist der Dampfgehalt zu bestimmen.

gegeben:		
	Druck	$p = 12\,\text{bar} = 12 \cdot 10^5\,\frac{\text{N}}{\text{m}^2}$
	Volumen des Heißdampfes	$V_ü = 1\,\text{m}^3$
	Siedetemperatur (Anhang A.4.11)	$\vartheta_S = 187{,}96\,°\text{C}$
	spezifische Enthalpie des Sattdampfes (Anhang A.4.11)	$h'' = 2\,783{,}8\,\frac{\text{kJ}}{\text{kg}}$
	mittlere spezifische Wärmekapazität bei $\vartheta_ü = 300\,°\text{C}$ und $p = 12\,\text{bar}$ (Anhang A.4.12)	$c_{p,m} = 2{,}344\,\frac{\text{kJ}}{\text{kg}\cdot\text{K}}$
	Temperatur des überhitzten Dampfes	$\vartheta_ü = 300\,°\text{C}$, $T_ü = 573{,}15\,\text{K}$
	spezifisches Volumen der siedenden Flüssigkeit (Anhang A.4.11)	$v' = 0{,}001\,138\,5\,\frac{\text{m}^3}{\text{kg}}$
	spezifisches Volumen des Sattdampfes (Anhang A.4.11)	$v'' = 0{,}163\,2\,\frac{\text{m}^3}{\text{kg}}$
	Volumen des Nassdampfes	$V_D = 1\,\text{m}^3$
	Dampfgehalt vor der Mischung (Zustand 1)	$x_1 = 0{,}80\,\frac{\text{kg}}{\text{kg}}$

	spezifische Enthalpie der siedenden Flüssigkeit (Anhang A.4.11)	$h' = 798{,}50\,\frac{\text{kJ}}{\text{kg}}$
	Verdampfungswärme (Anhang A.4.11)	$\Delta h_\text{V} = 1\,985{,}3\,\frac{\text{kJ}}{\text{kg}}$
gesucht:	Dampfgehalt nach der Mischung (Zustand 2)	x_2 in $\frac{\text{kg}}{\text{kg}}$
	Überhitzungstemperatur im Zustand 2	$\vartheta_\text{ü}$ in °C

Lösung:

- Werte des Heißdampfes im Zustand 1:

  Das spezifische Volumen ist mit Gleichung (8.140) und mit dem Beiwert $i(p) = 0{,}011\,\frac{\text{m}^3}{\text{kg}}$ wegen $10\,\text{bar} < p < 20\,\text{bar}$ und $\vartheta_\text{ü} = 300\,°\text{C}$ näherungsweise

$$v_\text{ü} = 480{,}2 \cdot \frac{T_\text{ü}}{p} - i(p)$$

$$v_\text{ü} = 480{,}2 \cdot \frac{573{,}15\,\text{K}}{12 \cdot 10^5\,\frac{\text{N}}{\text{m}^2}} - 0{,}011\,\frac{\text{m}^3}{\text{kg}}$$

$$v_\text{ü} = 0{,}2184\,\frac{\text{m}^3}{\text{kg}}$$

Die Dampfmasse beträgt mit Anwendung von Gleichung (2.2)

$$v = \frac{V}{m}$$

$$m_\text{ü} = \frac{V_\text{ü}}{v_\text{ü}} = \frac{1\,\text{m}^3}{0{,}2184\,\frac{\text{m}^3}{\text{kg}}}$$

$$m_\text{ü} = 4{,}58\,\text{kg}$$

Die spezifische Enthalpie des überhitzten Dampfes ist nach Gleichung (8.143)

$$h_\text{ü} = h'' + c_{p,\text{m}} \cdot (\vartheta_\text{ü} - \vartheta_\text{S})$$

$$h_\text{ü} = 2\,783{,}8\,\frac{\text{kJ}}{\text{kg}} + 2{,}344\,\frac{\text{kJ}}{\text{kg} \cdot \text{K}} \cdot (300 - 187{,}96)\,\text{K}$$

$$h_\text{ü} = 3\,046{,}4\,\frac{\text{kJ}}{\text{kg}}$$

- Werte des Nassdampfes im Zustand 1:

  Das spezifische Volumen des Nassdampfes ist nach Gleichung (8.139)

$$v(x) = v' + x \cdot (v'' - v')$$

$$v_1\,(x_1 = 0{,}80) = 0{,}001\,1385\,\frac{\text{m}^3}{\text{kg}} + 0{,}8 \cdot (0{,}1632 - 0{,}001\,1385)\,\frac{\text{m}^3}{\text{kg}}$$

$$v_1\,(x_1 = 0{,}80) = 0{,}130\,79\,\frac{\text{m}^3}{\text{kg}}$$

Die Dampfmasse beträgt dann in Anwendung von Gleichung (2.2)

$$v = \frac{V}{m}$$

$$m\,(x_1 = 0{,}80) = \frac{V_\mathrm{D}}{v_1\,(x_1 = 0{,}80)} = \frac{1\,\mathrm{m}^3}{0{,}130\,79\,\frac{\mathrm{m}^3}{\mathrm{kg}}}$$

$$m\,(x_1 = 0{,}80) = 7{,}65\,\mathrm{kg}$$

Die spezifische Enthalpie für ist mit Gleichung (8.142)

$$h(x) = h' + x \cdot \Delta h_\mathrm{V}$$

$$h\,(x_1 = 0{,}80) = 798{,}50\,\frac{\mathrm{kJ}}{\mathrm{kg}} + 0{,}80 \cdot 1\,985{,}3\,\frac{\mathrm{kJ}}{\mathrm{kg}} = 2\,386{,}7\,\frac{\mathrm{kJ}}{\mathrm{kg}}$$

- Heißdampf und Nassdampf in Mischung und Bestimmung der spezifischen Enthalpie im Zustand 2:

$$\text{Gesamtenthalpie} = \text{Heißdampfenthalpie} + \text{Nassdampfenthalpie}$$

$$H_\mathrm{ges} = H_\mathrm{ü} + H(x_1)$$

$$m_\mathrm{ges} \cdot h_2 = m_\mathrm{ü} \cdot h_\mathrm{ü} + m(x_1) \cdot h(x_1)$$

$$(m_\mathrm{ü} + m(x_1)) \cdot h_2 = m_\mathrm{ü} \cdot h_\mathrm{ü} + m(x_1) \cdot h(x_1)$$

Wird diese Bilanzgleichung nach der spezifischen Enthalpie im Zustand 2 umgestellt, ist

$$h_2 = \frac{m_\mathrm{ü} \cdot h_\mathrm{ü} + m\,(x_1) \cdot h\,(x_1)}{m_\mathrm{ü} + m\,(x_1)} = \frac{4{,}58\,\mathrm{kg} \cdot 3\,046{,}4\,\frac{\mathrm{kJ}}{\mathrm{kg}} + 7{,}65\,\mathrm{kg} \cdot 2\,386{,}7\,\frac{\mathrm{kJ}}{\mathrm{kg}}}{4{,}58\,\mathrm{kg} + 7{,}65\,\mathrm{kg}}$$

$$h_2 = 2\,633{,}8\,\frac{\mathrm{kJ}}{\mathrm{kg}}$$

Da $h_2 = 2\,633{,}8\,\frac{\mathrm{kJ}}{\mathrm{kg}} < h'' = 2\,783{,}8\,\frac{\mathrm{kJ}}{\mathrm{kg}}$, ist nach der Mischung Nassdampf vorhanden, dessen Dampfgehalt x_2 nach Gleichung (8.142) zu ermitteln ist.

$$h\,(x) = h' + x \cdot \Delta h_\mathrm{V}$$

$$x_2 = \frac{h_2 - h'}{\Delta h_\mathrm{V}} = \frac{2\,633{,}8\,\frac{\mathrm{kJ}}{\mathrm{kg}} - 798{,}50\,\frac{\mathrm{kJ}}{\mathrm{kg}}}{1\,985{,}3\,\frac{\mathrm{kJ}}{\mathrm{kg}}}$$

$$x_2 = 0{,}924\,\frac{\mathrm{kg}}{\mathrm{kg}}$$

Nach der Mischung ist Nassdampf mit einem Dampfgehalt von 92,4 % vorhanden.

8.3.4.12 Ermitteln von Werten aus dem h,s-Diagramm für Wasserdampf

Aus dem h,s-Diagramm für Wasserdampf (Anhang A.7.1) sind die spezifische Enthalpie und das spezifische Volumen abzulesen von:

a) trocken gesättigtem Dampf mit einem Druck von 10 bar,

b) Nassdampf mit einem Druck von 10 bar und $x = 0{,}9\,\frac{\mathrm{kg}}{\mathrm{kg}}$,

c) Heißdampf mit einem Druck von 10 bar bei 300 °C.

Die Ablesewerte sind rechnerisch bzw. mit Tabellenwerten zu prüfen!

gegeben:	Druck	$p = 10\,\text{bar}$
a)	trocken gesättigter Dampf	$x = 1\,\frac{\text{kg}}{\text{kg}}$
b)	Dampfgehalt	$x = 0{,}9\,\frac{\text{kg}}{\text{kg}}$
c)	Temperatur des Heißdampfes	$\vartheta_{\ddot{u}} = 300\,°\text{C}$
gesucht:	spezifische Enthalpie	h in $\frac{\text{kJ}}{\text{kg}}$
	spezifisches Volumen	v in $\frac{\text{m}^3}{\text{kg}}$

Lösung:

Vorgehensweise im h, s-Diagramm für Wasserdampf:

a) Die Drucklinie 10 bar schneidet die Grenzkurve bei $h'' = 2780\,\frac{\text{kJ}}{\text{kg}}$. Das spezifische Volumen ist $v'' = 0{,}2\,\frac{\text{m}^3}{\text{kg}}$.

Nach der Dampftabelle Anhang A.4.11 ist $h'' = 2777{,}1\,\frac{\text{kJ}}{\text{kg}}$ und $v'' = 0{,}1943\,\frac{\text{m}^3}{\text{kg}}$.

b) Die Drucklinie 10 bar und die Kurve $x = 0{,}90\,\frac{\text{kg}}{\text{kg}}$ schneiden sich bei $h = 2577\,\frac{\text{kJ}}{\text{kg}}$ mit $v = 0{,}176\,\frac{\text{m}^3}{\text{kg}}$.

Nach Gleichung (8.142) ist $h(x = 0{,}90) = 2575{,}6\,\frac{\text{kJ}}{\text{kg}}$ und nach Gleichung (8.139) $v(x = 0{,}90) = 0{,}1750\,\frac{\text{m}^3}{\text{kg}}$.

c) Die Drucklinie 10 bar und die Kurve $\vartheta_{\ddot{u}} = 300\,°\text{C}$ schneiden sich bei $h_{\ddot{u}} = 3050\,\frac{\text{kJ}}{\text{kg}}$ mit $v_{\ddot{u}} = 0{,}26\,\frac{\text{m}^3}{\text{kg}}$.

Nach Gleichung (8.143) ist $h_{\ddot{u}} = 3051{,}7\,\frac{\text{kJ}}{\text{kg}}$ und nach Anhang A.4.13 $h_{\ddot{u}} = 3051{,}7\,\frac{\text{kJ}}{\text{kg}}$ und $v_{\ddot{u}} = 0{,}258\,\frac{\text{m}^3}{\text{kg}}$.

8

8.3.4.13 Grafische Ermittlung der notwendigen Enthalpie für die Überhitzung aus dem *h*, *s*-Diagramm

Wie groß ist die zur Überhitzung von Sattdampf notwendige spezifische Enthalpie von Heißdampf mit einem Druck von 10 bar bei einer Temperatur von 400 °C? Es ist das *h*, *s*-Diagramm für Wasserdampf (Anhang A.7.1) zu benutzen. Das Ergebnis ist mit Tafelwerten zu prüfen.

gegeben:	Druck	$p = 10\,\text{bar}$
	Temperatur des Heißdampfes	$\vartheta_{\ddot{u}} = 400\,°\text{C}$
gesucht:	spezifische Enthalpie für die Überhitzung	$h_{\ddot{u}} - h''$ in $\frac{\text{kJ}}{\text{kg}}$

Lösung:

Vorgehensweise im h, s-Diagramm für Wasserdampf:

Im *h*, *s*-Diagramm für Wasserdampf wird der Schnittpunkt der *p*-Kurve für 10 bar mit der Kurve der Temperatur des überhitzten Dampfes $\vartheta_{\ddot{u}} = 400\,°\text{C}$ gesucht. Durch diesen Punkt parallel zur Isenthalpen lassen sich am linken Randmaßstab $h_{\ddot{u}} = 3260\,\frac{\text{kJ}}{\text{kg}}$ ablesen.

Der Schnittpunkt der *p*-Kurve für 10 bar mit der Grenzkurve und parallel zur Isenthalpen ergibt am linken Randmaßstab $h'' = 2780\,\frac{\text{kJ}}{\text{kg}}$, die spezifische Enthalpie des Sattdampfes bei 10 bar. Dieses Beispiel ist in Bild 8.3 dargestellt.

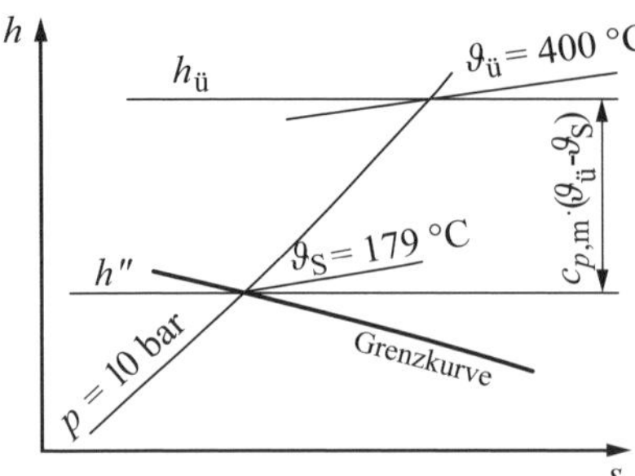

Bild 8.3 Überhitzung von Sattdampf, Situation im h,s-Diagramm für Wasserdampf

Die Enthalpie für die Überhitzung $h_ü - h''$ ist gleich dem senkrechten Abstand (parallel den Isentropen) zwischen den beiden Punkten, also

$$h_ü - h'' = 3\,260 \frac{\text{kJ}}{\text{kg}} - 2\,780 \frac{\text{kJ}}{\text{kg}} = 480 \frac{\text{kJ}}{\text{kg}}$$

Für die Überhitzung von Sattdampf bei 10 bar auf 400 °C bei konstantem Druck werden 480 $\frac{\text{kJ}}{\text{kg}}$ benötigt.

Kontrollrechnung:

Rechnerisch kann das Ergebnis mit Gleichung (8.143) $h_ü \approx h'' + c_{p,\text{m}} \cdot (\vartheta_ü - \vartheta_S)$, umgestellt nach $h_ü - h'' \approx c_{p,\text{m}} \cdot (\vartheta_ü - \vartheta_S)$, überprüft werden.

Die Werte für $c_{p,\text{m}} = 2{,}214 \frac{\text{kJ}}{\text{kg}}$ und $\vartheta_S = 179{,}89$ °C sind (Anhang A.4.12) bei $p = 10$ bar und $\vartheta_ü = 400$ °C zu entnehmen. Die Kontrollrechnung ergibt damit

$$h_ü - h'' \approx c_{p,\text{m}} \cdot (\vartheta_ü - \vartheta_S) = 2{,}214 \frac{\text{kJ}}{\text{kg} \cdot \text{K}} \cdot (400 - 179{,}89)\ \text{K} = 487{,}3 \frac{\text{kJ}}{\text{kg}}$$

8.3.5 Übungsaufgaben[2]

8.3.5.1 Wärmezufuhr an Nassdampf, Enthalpiesteigerung, Dampfgehalt, spezifisches Volumen

Der Masse von 1 kg Wasserdampf mit einem Druck von 10 bar und einem Flüssigkeitsgehalt von 80 % werden bei gleichbleibendem Druck 1 000 kJ zugeführt (Enthalpiesteigerung).

Wie groß sind dann die spezifische Enthalpie, der Dampfgehalt und das spezifische Volumen?

8.3.5.2 Wärmezufuhr zu Nassdampf bei veränderlichem Volumen (isobarer Prozess), Enthalpiesteigerung, Dampfgehalt

Durch Wärmezufuhr steigt bei konstantem Druck (Enthalpiesteigerung) von 10 bar das Volumen von 1 kg Nassdampf mit einem Flüssigkeitsgehalt von 51 % auf das Doppelte.

Wie groß ist dann der Dampfgehalt und welche Enthalpie musste zugeführt werden?

[2] Die Lösungen finden Sie in der Kategorie „Extras“ unter *http://www.hanser-fachbuch.de/9783446442795*.

8.3.5.3 Dampfentnahmeleitung, Volumenstrom, Durchmesser der Rohrleitung

Ein Flammrohrkessel liefert stündlich 1,5 t Nassdampf mit einem Dampfgehalt von 95 % bei einem Druck von 10 bar.

Welchen Durchmesser muss die den Dampf abführende Rohrleitung haben, wenn Druckverluste unberücksichtigt bleiben und die Dampfgeschwindigkeit 25 $\frac{m}{s}$ nicht übersteigen soll?

8.3.5.4 Heißdampf, Überhitzung, Enthalpie rechnerisch

Wie groß ist die Enthalpie für die Überhitzung und die Enthalpie von 1 kg Heißdampf mit einem Druck von 12 bar und einer Temperatur von 320 °C?

8.3.5.5 Grafische Ermittlung der Enthalpiedifferenz für die isentrope Entspannung von Heißdampf aus dem h, s-Diagramm

Heißdampf mit einem Druck von 10 bar und einer Temperatur von 300 °C wird isentrop auf 0,1 bar entspannt.

a) Wie ist dann der Enddampfzustand?

b) Wie groß ist das isentrope Enthalpiegefälle?

c) Bei welchem Druck während der Entspannung ist der Dampf trocken gesättigt?

Die aus dem h, s-Diagramm für Wasserdampf (Anhang A.7.1) abgelesenen Werte sind durch Nachrechnung zu überprüfen.

8

8.3.5.6 Isentrope Entspannung, Drosselung von Heißdampf aus dem h, s-Diagramm

Heißdampf von 20 bar und 300 °C wird isentrop auf 1 bar entspannt.

a) Wie groß ist das isentrope Enthalpiegefälle?

b) Wie groß ist das isentrope Enthalpiegefälle, wenn der Dampf zunächst auf 5 bar gedrosselt wird?

8.4 Weitere Aggregatzustandsänderungen

Wie bereits ausgeführt, besitzt die Siedetemperatur ϑ_S eine starke Druckabhängigkeit, während die Druckabhängigkeit der Schmelztemperatur ϑ_{Sch} nur sehr gering ist. Deshalb besitzen Siedelinie und Schmelzlinie (Schmelztemperaturen als Funktion des Druckes) einen Schnittpunkt. Dieser Schnittpunkt wird **Tripelpunkt** genannt, an ihm stehen der feste, der flüssige und der gasförmige Aggregatzustand im Gleichgewicht. Der Tripelpunkt des Wassers liegt beispielsweise bei 0,01 °C und 0,006 117 bar. Bei Drücken unterhalb des Druckes am Tripelpunkt tritt keine flüssige Phase mehr auf. Es findet aber ein Phasenwechsel direkt vom festen Aggregatzustand zum gasförmigen Aggregatzustand statt. Dieser Phasenübergang wird **Sublimieren** genannt, die Umkehrung **Desublimieren**. Die Linie der Sublimationstemperaturen in Abhängigkeit vom Druck heißt, in Anlehnung an die Siedelinie, Sublimationslinie.

Das Sublimieren hat praktische Bedeutung, so sublimieren Kohlendioxid (Anwendung bei der Trockeneiskühlung) wie auch Iod bei Normaldruck. Das Sublimieren von Wassereis im Vakuum wird bei der Gefriertrocknung genutzt.

Der landläufig häufig unscharf vom Sieden abgegrenzte Begriff des **Verdunstens** betrifft einen Vorgang, der nur bei Mehrstoffsystemen auftreten kann. Er wird deshalb in Kapitel 14 behandelt.

9 Anwendung von Kreisprozessen mit Änderung des Aggregatzustandes

9.1 Allgemeines und Grundlagen

Worum geht es im Kapitel?

Anwendung der bisherigen Inhalte, insbesondere der Kapitel 6 und 8, auf technisch genutzte Prozesse und Maschinen mit Aggregatzustandsänderung

Anwendungsgebiete:

Theoretische, idealisierte Betrachtung von Dampfturbinen, Dampfmaschinen und -motoren

Siehe auch:

6 Die Grenzen der Energieumwandlung, zweiter Hauptsatz der Thermodynamik, Entropie, 8 Zustandsänderungen mit Änderung des Aggregatzustands

Vorbetrachtungen:

Wurden im Kapitel 7 Kreisprozesse betrachtet, bei denen das Arbeitsmedium näherungsweise ein ideales Gas war, so sind Gegenstand dieses Kapitels Kreisprozesse, bei denen die Änderung des Aggregatzustandes ausgenutzt wird. Man spricht häufig von einem **Dampfkraftprozess**.

Auch der Dampfkraftprozess gliedert sich, wie der Gasturbinenprozess, in die Teile Verdichtung, Wärmezufuhr, Expansion und Wärmeabfuhr (Bild 9.1).

Dabei ist der wesentliche Unterschied zu den Gaskraftprozessen, dass die Verdichtung, hier Pumpen genannt, bei den Dampfkraftprozessen mit flüssigem Medium stattfindet, während die Expansion mit gasförmigem Medium bzw. Dampf abläuft. Das hat zur Folge, dass die für die Verdichtung notwendige mechanische Arbeit klein gegenüber der mechanischen Arbeit ist, die aus der Expansion gewonnen werden kann. Dies ist ein großer Vorteil von Kreisprozessen

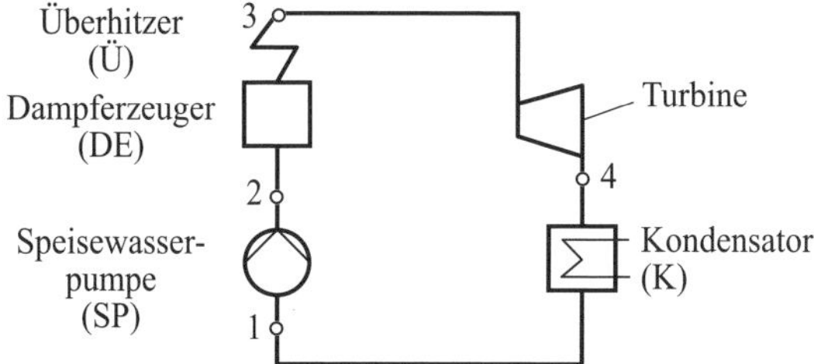

Bild 9.1 Grundaufbau eines Dampfkraftprozesses

mit Änderung des Aggregatzustandes. Die Wärmezufuhr wird in der Regel Dampferzeugung, die Wärmeabfuhr Kondensation genannt, beide verlaufen mit Aggregatzustandsänderung.

9.2 Der ideale Vergleichsprozess der Dampfkraftprozesse, der Clausius-Rankine-Prozess

Kreisprozesse mit Änderung des Aggregatzustandes lassen sich idealisiert betrachten, wenn man vorerst die Irreversibilität der Teilprozesse vernachlässigt, insbesondere die Irreversibilitäten in Verdichtung und Expansion und die Druckverluste im Dampferzeuger und im Kondensator.

Der so gewonnene ideale Vergleichsprozess wird als **Clausius-Rankine-Prozess** bezeichnet.

In Bild 9.2 ist der Claudius-Rankine-Prozess im T, s- und im h, s-Diagramm dargestellt.

Grundsätzliche Bezeichnungen:

- Es werden die Zustände als Anfangs- und Endpunkte der Hauptprozesse fortlaufend nummeriert.
- Schnittpunkte mit der Siedelinie (Siedebeginn) werden mit der Nummer des vorherigen Zustandes und einem Strich (′) bezeichnet.
- Schnittpunkte mit der Taulinie (Siedeende bzw. Kondensationsbeginn) werden mit der Nummer des vorherigen Zustandes und zwei Strichen (″) bezeichnet (siehe unten).

Der Kreisprozess läuft zwischen 4 **Zuständen** ab, von denen jeweils die aufeinanderfolgenden durch einen charakteristischen Teilprozess verbunden sind:

Zustand 1: flüssiges Medium auf Kondensatordruck: Ein Durchlauf durch den Kreisprozess startet mit dem Zustand, mit dem der Durchlauf durch den Kreisprozess auch endet. In diesem Zustand liegt demnach flüssiges Medium mit der Temperatur und dem Druck der Wärmeabführung (Kondensation) vor. Von diesem Zustand minimaler Temperatur und minimalem Druckes startet der Teilprozess 1–2.

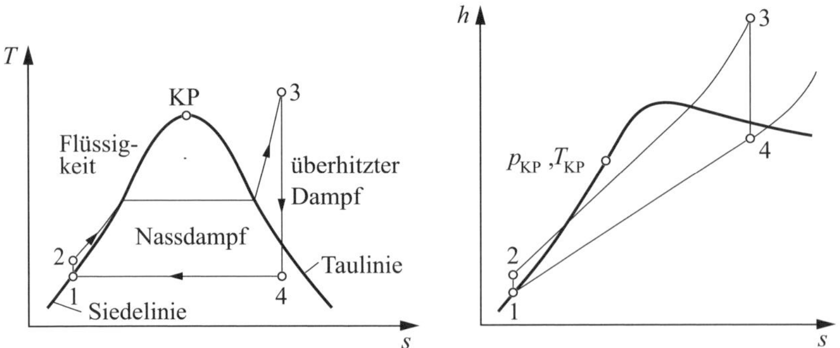

Bild 9.2 Der ideale Dampfkraftprozess (Clausius-Rankine Prozess) im T,s- und h,s-Diagramm

Teilprozess 1–2: isentrope (reversibel adiabate) Verdichtung der flüssigen Phase: Die isentrope (reversibel adiabate) Verdichtung der flüssigen Phase erfolgt durch das Pumpen mit einer Speisepumpe (für Wasser als Arbeitsmedium Speisewasserpumpe genannt). Diese bewirkt eine Erhöhung des Druckes. Isentrope Prozesse sind eine Senkrechte im T,s- wie im h,s-Diagramm. Für die Verdichtung muss Arbeit am System verrichtet werden. Diese ist jedoch klein gegenüber der Arbeit, die das System zwischen 3 und 4 verrichten kann.

Zustand 2: flüssiges Medium auf Dampferzeugerdruck: Nach dem Pumpvorgang liegt flüssiges Medium auf Dampferzeugerdruck vor. Die Druckerhöhung des flüssigen Mediums zwischen 1 und 2 ist die einzige Druckerhöhung im Kreisprozess. Das heißt, die Speisepumpe muss so ausgelegt sein, dass sie den maximal erforderlichen Druck, repräsentiert durch den Dampfdruck am Turbineneintritt (Druck im Zustand 3: p_3, Frischdampfparameter), und im nicht idealen Fall zusätzlich die Druckverluste bereitstellt. Ausgehend von Zustand 2 beginnt die Wärmezufuhr.

Teilprozess 2–3: isobare Wärmezufuhr in einem Dampferzeuger (auch Dampfkessel genannt): Zwischen Zustand 2 und der Siedelinie erfolgt dabei eine Wärmezufuhr zu einer Flüssigkeit. Man spricht in diesem Fall von **Vorwärmung**. Zwischen der Siedelinie und der Taulinie bewirkt weitere Wärmezufuhr, wie in Kapitel 8 erläutert, keine weitere Temperaturerhöhung, sondern eine Phasenumwandlung von flüssig nach gasförmig (**Verdampfung**). Erst nach dem Passieren der Taulinie führt eine weitere Wärmezufuhr zu einer weiteren Temperaturerhöhung. Dieser Teilprozess wird **Überhitzung** genannt. Der gesamte Teilprozess folgt in den Zustandsdiagrammen einer Isobare. Der Punkt, bei dem die Isobare die Siedelinie schneidet, wird mit $2'$, der Punkt, bei dem die Isobare die Taulinie schneidet, mit $2''$ bezeichnet. Damit entspricht: die Vorwärmung $2{-}2'$, die Verdampfung $2'{-}2''$ und die Überhitzung $2''{-}3$. Für die Wärmezufuhr wird beispielsweise die thermische Energie einer Verbrennung (siehe Kapitel 12) oder ein Abwärmestrom genutzt.

Zustand 3: Dampf vor der Expansion: Die Parameter am Verdampferende beziehungsweise vor der Expansion werden auch **Frischdampfparameter** genannt. In Äquivalenz zum Carnot-Prozess bewirkt eine hohe Frischdampftemperatur als Temperatur der Wärmezufuhr einen hohen Wirkungsgrad. Um eine hohe Frischdampftemperatur nutzen zu können, ist auch ein hoher Frischdampfdruck erforderlich.

Teilprozess 3–4: isentrope (reversibel adiabate) Expansion oder Entspannung in einer Expansionsmaschine: Hierbei verrichtet das System Arbeit. Die Expansionsmaschine ist in der weit überwiegenden Zahl der Fälle eine Turbine, sie kann jedoch auch eine Verdrängermaschine sein, wie in Abschnitt 9.4 näher erläutert wird. Auch hier ist der isentrope Prozess durch eine Senkrechte im T,s- wie im h,s-Diagramm dargestellt. Die Expansion kann bis in das Nassdampfgebiet verlaufen, sodass am Ende der Expansion ein Dampf-Wasser-Gemisch vorliegt. Der Schnittpunkt der Isentrope mit der Taulinie wird als $3''$ bezeichnet.

Zustand 4: Dampf nach der Expansion: Die Kondensationstemperatur ist durch die Temperatur des Kühlmediums, an das die Wärme abgegeben wird, und die Auslegung des Kondensators vorgegebenen. Der Druck entspricht dabei dem zur Kondensatortemperatur gehörigen Verdampfungsdruck bzw. Kondensationsdruck. Da der Teilprozess 4–1 isobar ist, gilt $p_4 = p_1$. Weil in dieser idealisierten Betrachtung der gesamte Teilprozess 4–1 eine Aggregatzustandsänderung ist, gilt auch $\vartheta_4 = \vartheta_1$.

Teilprozess 4–1: isobare Wärmeabfuhr in einem Kondensator: Diese ist mit einem Phasenwechsel von gasförmig nach flüssig verbunden. Der Prozess folgt in den Zustandsdiagrammen einer Isobare. Die Wärme wird an ein Kühlmedium, beispielsweise Kühlwasser oder Umgebungsluft, abgegeben. Da, wie im Fortgang dieses Kapitels ausgeführt, eine geringe Temperatur der Wärmeabfuhr, äquivalent zum Carnot-Prozess, günstig für den Wirkungsgrad der Arbeitsbereitstellung ist, werden Prozesse, die rein auf Bereitstellung von Nutzarbeit ausgelegt sind, auf eine niedrige Temperatur der Wärmeabfuhr optimiert. Dies erfordert – die Wärmeabfuhr ist mit dem Phasenwechsel bei der Kondensation verbunden – einen sehr geringen Druck. In typischen Kondensatoren von Dampfkraftprozessen herrschen deshalb Drücke weit unterhalb des Umgebungsdruckes. Diese sind charakteristisch für **Zustand** 1.

Für die Berechnung des Clausius-Rankine-Prozesses ist im großen Umfang auf Dampftafeln oder die Zustandsdiagramme zurückzugreifen, weil die speziellen Stoffeigenschaften des Arbeitsmediums für die Beschreibung der Änderungen des Aggregatzustandes entscheidend sind und diese nur näherungsweise in Formeln gebracht werden können.

Es gelten die folgenden **Berechnungsvorschriften**:

1–2: isentrope (reversibel adiabate) **Verdichtung der flüssigen Phase**:

$$w_{SP} = \Delta h_{12} = h_2 - h_1 = v_1 \cdot (p_2 - p_1) \tag{9.148}$$

w_{SP} spezifische Speisepumpenarbeit in $\frac{kJ}{kg}$

Δh_{12} Änderung der spezifischen Enthalpie des flüssigen Arbeitsmediums zwischen den Zuständen 1 und 2 (Pumpen) in $\frac{kJ}{kg}$

h_1 spezifische Enthalpie im Zustand 1 (vor der Speisepumpe) in $\frac{kJ}{kg}$

h_2 spezifische Enthalpie im Zustand 2 (nach der Speisepumpe) in $\frac{kJ}{kg}$

v_1 spezifisches Volumen im Zustand 1 (vor der Speisepumpe) in $\frac{m^3}{kg}$

p_1 Druck im Zustand 1 (vor der Speisepumpe) in kPa

p_2 Druck im Zustand 2 (nach der Speisepumpe) in kPa

mit:

$$\vartheta_2 = \vartheta_1 + \frac{\Delta h_{12}}{c_{p,m}} \tag{9.149}$$

ϑ_2 Temperatur im Zustand 2 (nach der Speisepumpe) in °C

ϑ_1 Temperatur im Zustand 1 (vor der Speisepumpe) in °C

Δh_{12} Änderung der spezifischen Enthalpie des flüssigen Arbeitsmediums zwischen den Zuständen 1 und 2 (Pumpen) in $\frac{kJ}{kg}$

$c_{p,m}$ mittlere spezifische Wärmekapazität des flüssigen Arbeitsmediums in $\frac{kJ}{kg \cdot K}$

2–3: isobare Wärmezufuhr:

$$q_{zu} = \Delta h_{23} = h_3 - h_2 \tag{9.150}$$

q_{zu} spezifische Wärmezufuhr in den Prozess in $\frac{kJ}{kg}$

Δh_{23} Änderung der spezifischen Enthalpie des Arbeitsmediums zwischen den Zuständen 2 und 3 (Wärmezufuhr) in $\frac{kJ}{kg}$

h_2 spezifische Enthalpie im Zustand 2 (nach der Speisepumpe) in $\frac{kJ}{kg}$

h_3 spezifische Enthalpie im Zustand 3 (Frischdampf) in $\frac{kJ}{kg}$

Wobei sich q_{zu} im Einzelnen zusammensetzt aus:

$$q_{zu} = q_{VW} + q_V + q_Ü \tag{9.151}$$

q_{VW} spezifische Wärmezufuhr für die Vorwärmung in $\frac{kJ}{kg}$
q_V spezifische Wärmezufuhr für die Verdampfung in $\frac{kJ}{kg}$
$q_Ü$ spezifische Wärmezufuhr für die Überhitzung in $\frac{kJ}{kg}$

Mit den spezifischen Teilwärmen:

$$q_{VW} = \Delta h_{22'} = h_{2'} - h_2 \tag{9.152}$$

q_{VW} spezifische Wärmezufuhr für die Vorwärmung in $\frac{kJ}{kg}$
$\Delta h_{22'}$ Änderung der spezifischen Enthalpie zwischen den Zuständen 2 und 2′ (Vorwärmung) in $\frac{kJ}{kg}$
h_2 spezifische Enthalpie im Zustand 2 (nach der Speisepumpe) in $\frac{kJ}{kg}$
$h_{2'}$ spezifische Enthalpie am Verdampfungsbeginn in $\frac{kJ}{kg}$

$$q_V = \Delta h_V = \Delta h_{2'2''} = h_{2''} - h_{2'} \tag{9.153}$$

q_V spezifische Wärmezufuhr für die Verdampfung in $\frac{kJ}{kg}$
Δh_V spezifische Verdampfungsenthalpie in $\frac{kJ}{kg}$
$\Delta h_{2'2''}$ Änderung der spezifischen Enthalpie zwischen den Zuständen 2′ und 2″ (Verdampfung) in $\frac{kJ}{kg}$
$h_{2'}$ spezifische Enthalpie am Verdampfungsbeginn in $\frac{kJ}{kg}$
$h_{2''}$ spezifische Enthalpie am Verdampfungsende in $\frac{kJ}{kg}$

$$q_Ü = \Delta h_{2''3} = h_3 - h_{2''} \tag{9.154}$$

$q_Ü$ spezifische Wärmezufuhr für die Überhitzung in $\frac{kJ}{kg}$
$\Delta h_{2''3}$ Änderung der spezifischen Enthalpie zwischen den Zuständen 2″ und 3 (Überhitzung) in $\frac{kJ}{kg}$
$h_{2''}$ spezifische Enthalpie am Verdampfungsende in $\frac{kJ}{kg}$
h_3 spezifische Enthalpie im Zustand 3 (Frischdampf) in $\frac{kJ}{kg}$

3–4: isentrope (reversibel adiabate) **Expansion**:

$$w_T = \Delta h_{34} = h_4 - h_3 \tag{9.155}$$

w_T spezifische Turbinenarbeit in $\frac{kJ}{kg}$
Δh_{34} Änderung der spezifischen Enthalpie zwischen den Zuständen 3 und 4 (Expansion) in $\frac{kJ}{kg}$
h_3 spezifische Enthalpie im Zustand 3 (Frischdampf) in $\frac{kJ}{kg}$
h_4 spezifische Enthalpie im Zustand 4 (nach der Expansion) in $\frac{kJ}{kg}$

4–1: isobare Wärmeabfuhr:

$$q_{ab} = \Delta h_{41} = h_1 - h_4 \tag{9.156}$$

9

q_{ab} spezifische Wärmeabfuhr aus dem Prozess in $\frac{kJ}{kg}$

Δh_{41} Änderung der spezifischen Enthalpie zwischen den Zuständen 4 und 1 (Wärmeabfuhr, Kondensation) in $\frac{kJ}{kg}$

h_1 spezifische Enthalpie im Zustand 1 (vor der Speisepumpe) in $\frac{kJ}{kg}$

h_4 spezifische Enthalpie im Zustand 4 (nach der Expansion) in $\frac{kJ}{kg}$

Für diesen idealisierten Prozess lässt sich ein **thermischer Wirkungsgrad** η_{th} angeben:

$$\eta_{th} = \frac{w_T - w_{SP}}{q_{zu}} = 1 - \frac{q_{ab}}{q_{zu}} \tag{9.157}$$

w_T spezifische Turbinenarbeit in $\frac{kJ}{kg}$

w_{SP} spezifische Speisepumpenarbeit (wird für die Berechnung des Wirkungsgrades oft vernachlässigt, da $w_{SP} \ll w_T$) in $\frac{kJ}{kg}$

q_{zu} spezifische Wärmezufuhr in den Prozess in $\frac{kJ}{kg}$

q_{ab} spezifische Wärmeabfuhr aus dem Prozess in $\frac{kJ}{kg}$

Der so ermittelte Wirkungsgrad ist wesentlich kleiner als ein Carnot-Wirkungsgrad, gebildet aus T_3 (maximale Temperatur der Wärmezuführung) und T_4 (Temperatur der Wärmeabführung). Dies ist insbesondere mit der isobaren Wärmezufuhr, die bereits auf Kondensationstemperatur startet, statt der idealisierten isothermen Wärmezufuhr verbunden. Das führt dazu, dass ein Großteil der Wärme bei Temperaturen kleiner als T_3 zugeführt wird.

Unter den idealisierten Dampfkraftprozessen sind **zwei Sonderfälle** zu beachten, die in Bild 9.3 dargestellt sind:

- Der **Sattdampfprozess** verzichtet auf eine Überhitzung des Dampfes, der Zustand 3 liegt maximal auf der Taulinie. Die Entspannung erfolgt von der Taulinie in den Nassdampfbereich hinein.
- Beim **überkritischen Dampfkraftprozess** werden Frischdampfparameter gewählt, die oberhalb des kritischen Punktes liegen. Damit entfällt die Unterteilung der Wärmezufuhr in Vorwärmen, Verdampfen und Überhitzen. An diese Stelle tritt die stetige Zustandsänderung im überkritischen Bereich.

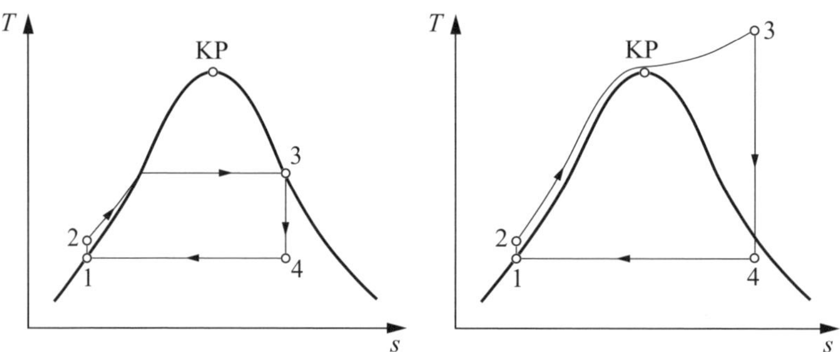

Bild 9.3 Sattdampfprozess (links) und überkritischer Dampfkraftprozess (rechts) im T,s-Diagramm

9.2.1 Wirkungsgradsteigerung durch optimierte Prozessparameter

Untersucht man den Einfluss der Dampfzustände auf den Wirkungsgrad des Clausius-Rankine-Prozesses, so ergeben sich die folgenden Zusammenhänge.

Der **thermische Wirkungsgrad steigt**:

- mit steigender Frischdampftemperatur (steigender Turbineneintrittstemperatur),
- und damit verbundenem steigendem Frischdampfdruck,
- mit sinkender Kondensationstemperatur, das heißt sinkendem Kondensatordruck.

Es besteht eine Analogie zum Carnot-Wirkungsgrad, dass eine hohe Temperatur der Wärmezuführung und eine geringe Temperatur der Wärmeabführung zu einem steigenden Wirkungsgrad führen. Sowohl die Steigerung der Frischdampfparameter als auch die Senkung der Kondensationsparameter werden intensiv zur Optimierung von Dampfkraftanlagen genutzt.

Die Wirkungsgradsteigerung durch **Anhebung der Frischdampfparameter** ist dabei durch die wirtschaftlich zur Verfügung stehenden Werkstoffe begrenzt. Sowohl mit steigender Temperatur als auch mit steigendem Druck erhöhen sich die Anforderungen an die Werkstoffe, nicht nur in der Turbine, sondern auch im Dampferzeuger und allen anderen Hochdruckteilen. Deshalb sind die eingesetzten Frischdampfparameter häufig das Ergebnis einer Optimierung, die neben dem Wirkungsgrad auch Materialverfügbarkeit, Materialkosten und die Standzeiten der Bauteile sowie die heute neue und weiterhin zunehmende thermische Wechselbeanspruchung der Dampferzeuger wegen notwendig steigender Flexibilität infolge der Netzeinspeisung regenerativer Energiequellen berücksichtigt. Temperaturen von 650 °C und höher sowie Drücke von 300 bar und mehr sind heute in großen Kohlekraftwerken anzutreffen. Damit ist die Realisierung eines überkritischen Prozesses zum Beispiel mit einer speziellen Ausführung des Dampferzeugers verbunden. Für kleinere Einheiten sowie Anlagen, wie zum Beispiel Müllverbrennungsanlagen, bei denen der Kessel einem erhöhten korrosiven Angriff unterliegt, liegen die optimalen Frischdampfparameter viel niedriger.

Die **Senkung der Kondensationstemperatur** ist durch die Eigenschaften der Aggregatzustandsänderung Kondensation direkt mit der **Senkung des Kondensatordruckes** verbunden. Sie besitzt einen sehr starken Einfluss auf den Wirkungsgrad eines Dampfkraftprozesses. Allerdings ist die Senkung der Kondensationstemperatur – neben der Kondensatorauslegung – vor allem begrenzt durch das zur Verfügung stehende Kühlmedium, da die Wärmeabfuhr an die Umgebung gewährleistet werden muss. Dadurch sind Kraftwerke im Vorteil, die auf ein nahezu unbegrenztes Reservoir eines Kühlmediums auf niedriger Temperatur zurückgreifen können. Ein wichtiges Beispiel sind hier Dampfkraftwerksstandorte an den Küsten. Sie können Meerwasser nutzen, das in den gemäßigten Breiten ganzjährig schon in wenigen Metern Tiefe eine Temperatur wenige Grad über dem Gefrierpunkt des Wassers besitzt. Ebenso sind Standorte an Läufen großer und schnell fließender Flüsse interessant.

9.2.2 Wirkungsgradsteigerung durch Zwischenüberhitzung

Bei der Zwischenüberhitzung schließt sich an eine Teilentspannung des Dampfes in einer Hochdruckturbine (HD-Turbine) eine weitere Wärmezufuhr an, um anschließend die Entspannung in einer Niederdruckturbine (ND-Turbine) vorzunehmen. Der Prozess ist im Bild 9.4 dargestellt.

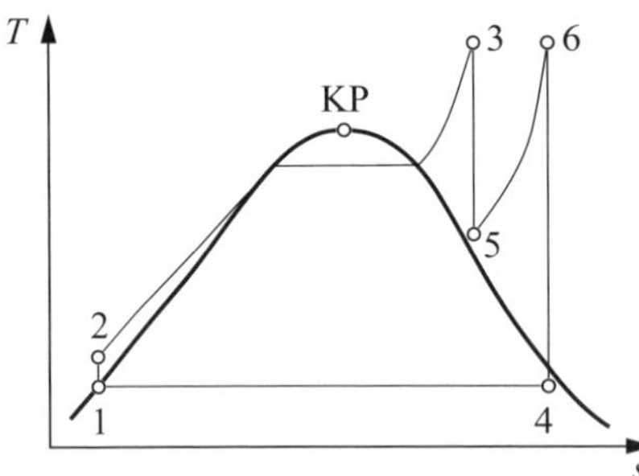

Bild 9.4 T,s-Diagramm eines idealen Dampfkraftprozesses mit Zwischenüberhitzung

Der Dampfkraftprozess wird um **zwei weitere Teilprozesse** ergänzt:

- 3–5: **isentrope** (reversibel adiabate) **Teilexpansion** oder **Teilentspannung** in einer Hochdruck-Expansionsmaschine (z. B. HD-Turbine) bis auf einen Mitteldruck p_5. Hierbei verrichtet das System Arbeit. Auch hier ist der isentrope Prozess eine Senkrechte im T,s- und im h,s-Diagramm. Die Teilexpansion verläuft nicht in das Nassdampfgebiet, sodass am Ende der Teilexpansion ausschließlich Dampf vorliegt.
- 5–6: **isobare Wärmezufuhr** in einem **Zwischenüberhitzer**. Da hier nur Dampf ohne eine Änderung des Aggregatzustandes erhitzt wird, führt diese Wärmezufuhr wiederum zu einer Temperaturerhöhung. Dieser Teilprozess wird **Zwischenüberhitzung** genannt. Dieser Prozess folgt in den Zustandsdiagrammen einer Isobare.
- 6–4: **isentrope** (reversibel adiabate) **Expansion** oder **Entspannung** in einer Niederdruck-Expansionsmaschine (ND-Turbine) bis auf Kondensatordruck. Hierbei verrichtet das System ebenfalls Arbeit. Auch hier ist der isentrope Prozess durch eine Senkrechte im T,s- wie im h,s-Diagramm dargestellt. Diese Expansion kann – wie beim einfachen Prozess – bis in das Nassdampfgebiet verlaufen, sodass am Ende der Expansion ein Dampf-Wasser-Gemisch vorliegt. Der Schnittpunkt der Isentrope mit der Taulinie wird als $6''$ bezeichnet. **Dieser Teilprozess entspricht im Prozess ohne Zwischenüberhitzung dem Schritt** 3–4.

Die Ursache der Wirkungsgradsteigerung lässt sich dadurch veranschaulichen, dass durch die erneute Wärmezuführung auf hohem Temperaturniveau die mittlere Temperatur der Wärmezufuhr steigt. Für einen positiven Effekt auf den Wirkungsgrad muss die mittlere Temperatur der Wärmezufuhr für den Teilprozess der Zwischenüberhitzung über der des Hauptprozesses liegen.

Mit der Zwischenüberhitzung ist ein positiver Nebeneffekt verbunden. Insbesondere bei sehr geringen Kondensatordrücken wird bei Prozessen ohne Zwischenüberhitzung am Ende der Entspannung in der Turbine ein deutlicher Wassergehalt im Dampf erreicht. Dieser kann nur bis zu einem gewissen Grad toleriert werden (üblich $< 13\,\%$), da er zu vermehrten mechanischen Beanspruchungen, etwa der letzten Turbinenstufe, führt. Nach einer Zwischenüberhitzung wird ein wesentlich geringerer Wassergehalt oder sogar wasserfreier Dampf erreicht.

Bei der Bestimmung des Wirkungsgrades ist zu beachten, dass in zwei Teilprozessen Wärme zugeführt und ebenfalls in zwei Teilprozessen vom System Arbeit verrichtet wird. Es ergibt sich also für den **thermischen Wirkungsgrad eines Prozesses mit Zwischenüberhitzung** $\eta_{\text{th,ZÜ}}$:

$$\eta_{\text{th,ZÜ}} = \frac{\Delta h_{35} + \Delta h_{64} - \Delta h_{12}}{\Delta h_{23} + \Delta h_{56}} \tag{9.158}$$

$\eta_{th,ZÜ}$ thermischer Wirkungsgrad eines Prozesses mit Zwischenüberhitzung

Δh_{35} Änderung der spezifischen Enthalpie zwischen den Zuständen 3 und 5 (Arbeitsleistung erste Entspannung) in $\frac{kJ}{kg}$

Δh_{64} Änderung der spezifischen Enthalpie zwischen den Zuständen 6 und 4 (Arbeitsleistung zweite Entspannung) in $\frac{kJ}{kg}$

Δh_{12} Änderung der spezifischen Enthalpie zwischen den Zuständen 1 und 2 (Arbeitsaufnahme der Speisewasserpumpe) in $\frac{kJ}{kg}$

Δh_{23} Änderung der spezifischen Enthalpie zwischen den Zuständen 2 und 3 (erste Wärmezufuhr, Dampferzeugung) in $\frac{kJ}{kg}$

Δh_{56} Änderung der spezifischen Enthalpie zwischen den Zuständen 5 und 6 (Zwischenüberhitzung) in $\frac{kJ}{kg}$

9.2.3 Regenerative Speisewasservorwärmung zur Wirkungsgradsteigerung

Bei der Vorwärmung des Speisewassers (Teilprozess zwischen 2 und 2′) wird dem Kreisprozess Wärme auf einem niedrigen Temperaturniveau zugeführt. Dadurch ist diese Wärme mit einer nur geringen Arbeitsfähigkeit (hohe Entropie) verbunden, was sich negativ auf den Wirkungsgrad des Gesamtprozesses auswirkt. Die mittlere Temperatur der Wärmezuführung sinkt. Diesem Effekt lässt sich unter anderen dadurch begegnen, dass man das Speisewasser teilweise mit Dampf vorwärmt, den man der Turbine (Expansionsmaschine) entnimmt. Gegen Ende der Entspannung hat der Dampf bereits den größten Teil seiner Arbeitsfähigkeit verloren, kann aber noch bedeutende Wärmemengen enthalten und damit abgeben. Dazu werden Dampfmengen abgezweigt, die ihre Wärme in sogenannten Speisewasservorwärmern an das Speisewasser übertragen. Durch eine Stufung der Speisewasservorwärmung kann der Wirkungsgradgewinn noch gesteigert werden. Mit der regenerativen Speisewasservorwärmung wird der Prozess dem Carnot-Prozess angenähert, die Wärmezufuhr in dem Prozess findet somit bei einer höheren mittleren Temperatur statt.

In realen Dampfkraftprozessen gibt es eine Reihe **weiterer Möglichkeiten zur Steigerung des Wirkungsgrades**, die nicht auf einer Optimierung des eigentlichen Dampfkraftprozesses beruhen. Dazu gehören zum Beispiel:

- die Verbesserung der Wärmeübertragung vom Rauchgas auf den Dampfkraftprozess,
- die Speisewasservorwärmung mit teilabgekühlten Rauchgasen, sogenannten Economisern oder ECOs,
- die Senkung des Eigenbedarfs und
- die Vermeidung von Irreversibilitäten.

Diese und weitere Maßnahmen sollen hier aber nicht Gegenstand einer näheren Betrachtung werden.

9.2.4 Beispiele

9.2.4.1 Idealer Wasser-Dampf-Prozess, Vergleich mit Carnot-Prozess

Es ist ein idealer Wasser-Dampf-Prozess mit einem Dampfzustand am Turbineneintritt von 550 °C und 150 bar und einem Kondensatordruck von 0,1 bar gegeben (vgl. Bild 9.5).

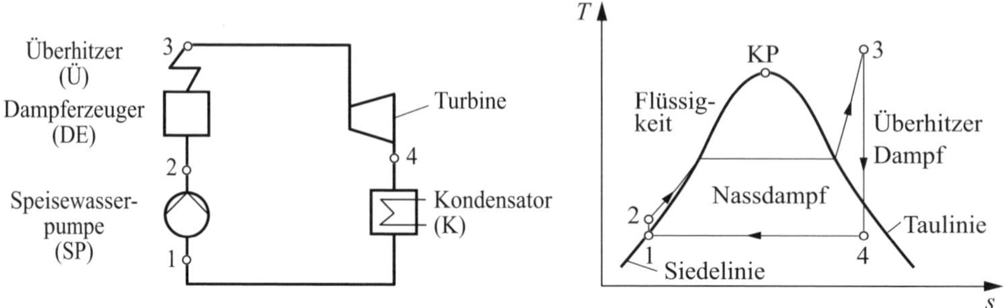

Bild 9.5 Prinzipielle Darstellung des Wasser-Dampf-Prozesses

Wie hoch sind dessen thermischer Wirkungsgrad und der Wirkungsgrad des vergleichbaren Carnot-Prozesses?

gegeben:	Temperatur Eintritt Turbine	$\vartheta_{T,E} = 550\,°C$
	Druck Eintritt Turbine	$p_{T,E} = 150\,\text{bar} = 15\,000\,\text{kPa}$
	Druck Kondensator	$p_K = 0{,}1\,\text{bar} = 10\,\text{kPa}$
gesucht:	thermischer Wirkungsgrad	η_{th}
	Carnot-Wirkungsgrad	η_C

Lösung:

Anmerkung: Zur besseren Übersicht der einzelnen Zustandspunkte des Kreisprozesses wird hier die tabellarische Darstellung gewählt. Die zur Rechnung notwendigen Stoffwerte von Wasser, Sattdampf und Heißdampf sind dem Anhang A.4.10, A.4.11, A.4.12 und A.4.13 bzw. dem T,s-Diagramm (Anhang A.7.2) zu entnehmen.

Einordnung und Bestimmung der Zustände des Kreisprozesses, Bestimmung der spezifischen Enthalpien, spezifischen Entropien und des Dampfgehaltes des Arbeitsmediums:

Zustand	Ort, Zustand und technischer Vorgang, Zustandsänderung	Zustandsgrößen
1	Kondensatoraustritt (K): ▪ siedendes Wasser bei $p_K = p_1 = 0{,}1\,\text{bar}$ ▪ isobare Wärmeabfuhr, Kondensation	▪ aus Anhang A.4.11: $h_1 = h_1' = 191{,}81\,\frac{\text{kJ}}{\text{kg}}$ $v_1' = 0{,}001\,0103\,\frac{\text{m}^3}{\text{kg}}$ $\vartheta_K = \vartheta_1 = 45{,}81\,°C$
	Speisewasserpumpe (SP): ▪ Wasser von $p_1 = 0{,}1\,\text{bar}$ auf $p_2 = 150\,\text{bar}$	$\Delta h_{SP} = v_1' \cdot (p_2 - p_1)$ $= 0{,}001\,0103\,\frac{\text{m}^3}{\text{kg}} \cdot (15\,000 - 10)\,\text{kPa}$ $\Delta h_{SP} = 15{,}14\,\frac{\text{kJ}}{\text{kg}}$

2	nach Speisewasserpumpe: ▪ Wasser bei $p_2 = 150\,\text{bar}$ ▪ isentrope Verdichtung von Flüssigkeit (Druckerhöhung), Enthalpiezunahme	$h_2 = h'_1 + \Delta h_{SP}$ $= 191{,}81\,\frac{\text{kJ}}{\text{kg}} + 15{,}14\,\frac{\text{kJ}}{\text{kg}}$ $h_2 = 206{,}95\,\frac{\text{kJ}}{\text{kg}}$
3	Austritt Dampferzeuger (DE) und Turbineneintritt (T,E): ▪ Heißdampf bei $p_{T,E} = p_3 = 150\,\text{bar}$ und $\vartheta_{T,E} = \vartheta_3 = 550\,°\text{C}$ ▪ isobare Wärmezufuhr, Vorwärmung, Verdampfung, Überhitzung, Enthalpiezunahme	▪ aus Anhang A.4.13: $h_ü = h_3 = 3450{,}5\,\frac{\text{kJ}}{\text{kg}}$ $s_ü = s_3 = 6{,}523\,\frac{\text{kJ}}{\text{kg·K}}$
4	Turbinenaustritt: ▪ Entspannung des Dampfes nach Turbine in das Nassdampfgebiet bei $p_4 = 0{,}1\,\text{bar}$ und Abkühlung auf $\vartheta_4 = \vartheta_1$ ▪ isentrope Zustandsänderung, damit $s_4(x_4) = s_3$ ▪ isentrope Expansion, Entzug mechanischer Arbeit	▪ $h_4(x_4) = h'_4 + x_4 \cdot (h''_4 - h'_4)$ ▪ aus Anhang A.4.11: $\vartheta_4 = 45{,}81\,°\text{C}$ $h'_4 = 191{,}81\,\frac{\text{kJ}}{\text{kg}}$ $h''_4 = 2583{,}9\,\frac{\text{kJ}}{\text{kg}}$ $s'_4 = 0{,}6492\,\frac{\text{kJ}}{\text{kg·K}}$ $s''_4 = 8{,}149\,\frac{\text{kJ}}{\text{kg·K}}$ Dampfanteil x_4 nach: $s_4(x_4) = s'_4 + x_4 \cdot (s''_4 - s'_4)$ $x_4 = \frac{s_4(x_4) - s'_4}{s''_4 - s'_4} = \frac{6{,}523 - 0{,}6492}{8{,}149 - 0{,}6492} = 0{,}783$ Die Enthalpie ist dann $h_4(x_4) = h'_4 + x_4 \cdot (h''_4 - h'_4)$ $= 191{,}81\,\frac{\text{kJ}}{\text{kg}}$ $+ 0{,}783 \cdot \left(2583{,}9\,\frac{\text{kJ}}{\text{kg}} - 191{,}81\,\frac{\text{kJ}}{\text{kg}}\right)$ $h_4(x_4) = 2065{,}3\,\frac{\text{kJ}}{\text{kg}}$

Berechnung der Enthalpiedifferenzen zwischen den Zustandspunkten:

zugeführt durch die Speisewasserpumpe:

$$\Delta h_{SP} = \Delta h_2 = h_2 - h_1 = 206{,}95\,\frac{\text{kJ}}{\text{kg}} - 191{,}81\,\frac{\text{kJ}}{\text{kg}} = 15{,}14\,\frac{\text{kJ}}{\text{kg}}$$

zugeführt im Dampferzeuger:

$$\Delta h_{DE} = \Delta h_3 = h_3 - h_2 = 3450{,}5\,\frac{\text{kJ}}{\text{kg}} - 206{,}95\,\frac{\text{kJ}}{\text{kg}} = 3243{,}6\,\frac{\text{kJ}}{\text{kg}}$$

abgeführt in der Turbine:

$$\Delta h_T = \Delta h_4 = h_4 - h_3 = 2065{,}3\,\frac{\text{kJ}}{\text{kg}} - 3450{,}5\,\frac{\text{kJ}}{\text{kg}} = -1385{,}2\,\frac{\text{kJ}}{\text{kg}}$$

abgeführt im Kondensator:

$$\Delta h_K = \Delta h_1 = h_1 - h_4 = 191{,}81\,\frac{\text{kJ}}{\text{kg}} - 2065{,}3\,\frac{\text{kJ}}{\text{kg}} = -1873{,}5\,\frac{\text{kJ}}{\text{kg}}$$

Für den thermischen Wirkungsgrad gilt:

$$\eta_{\text{th}} = \frac{q_{\text{zu}} - |q_{\text{ab}}|}{q_{\text{zu}}} = \frac{\Delta h_{\text{DE}} - |\Delta h_{\text{K}}|}{\Delta h_{\text{DE}}} = \frac{|w_{\text{Nutz}}|}{q_{\text{zu}}} = \frac{|\Delta h_{\text{T}}| - \Delta h_{\text{SP}}}{\Delta h_{\text{DE}}}$$

$$= \frac{\left|-1\,385{,}2\,\frac{\text{kJ}}{\text{kg}}\right| - 15{,}14\,\frac{\text{kJ}}{\text{kg}}}{3\,243{,}6\,\frac{\text{kJ}}{\text{kg}}}$$

$$\eta_{\text{th}} = 0{,}422 = 42{,}2\,\%$$

Ergebnisdiskussion:

42,2 % des vom Dampferzeuger dem Kreisprozess zugeführten Wärmestromes werden hier in der Turbine in mechanische Leistung gewandelt.

Zum Vergleich liefert der Carnot-Wirkungsgrad:

$$\eta_{\text{C}} = 1 - \frac{T_{\text{ab}}}{T_{\text{zu}}} = 1 - \frac{T_4}{T_3} = 1 - \frac{\vartheta_4 + 273{,}15\,\text{K}}{\vartheta_3 + 273{,}15\,\text{K}}$$

$$= 1 - \frac{(45{,}81 + 273{,}15)\,\text{K}}{(550{,}0 + 273{,}15)\,\text{K}}$$

$$\eta_{\text{C}} = 0{,}613 = 61{,}3\,\%$$

Die isobare Wärmezufuhr zwischen Zustand 2 und Zustand 3, nämlich Vorwärmung, Verdampfung und Überhitzung, ist Ursache für den Unterschied zwischen η_{C} und η_{th}.

9.2.4.2 Idealer Dampfkraftprozess, Clausius-Rankine-Prozess, Heißdampf, spezifische Nutzarbeit, thermischer Wirkungsgrad

Der Heißdampf einer Dampfkraftanlage verlässt den Dampferzeuger mit 60 bar und 500 °C. Der Gegendruck im Kondensator wird mit 0,1 bar angegeben. Vergleiche hierzu Bild 9.5.

Es sind die spezifische Nutzarbeit und der thermische Wirkungsgrad des Kreisprozesses zu ermitteln.

gegeben:	Druck Austritt Dampferzeuger	$p_{\text{DE,A}} = 60\,\text{bar} = 6\,000\,\text{kPa}$
	Temperatur Austritt Dampferzeuger	$\vartheta_{\text{DE,A}} = 500\,°\text{C}$
	Druck Kondensator	$p_{\text{K}} = 0{,}1\,\text{bar} = 10\,\text{kPa}$
gesucht:	spezifische Arbeit	w_{Nutz}
	thermischer Wirkungsgrad	η_{th}

Lösung:

Anmerkung: Die zur Rechnung notwendigen Stoffwerte von Wasser, Sattdampf und Heißdampf sind dem Anhang A.4.10, A.4.11, A.4.12 und A.4.13 bzw. dem T,s-Diagramm (Anhang A.7.2) zu entnehmen.

Einordnung und Bestimmung der Zustände, Bestimmung der spezifischen Enthalpien, spezifischen Entropien und des Dampfgehaltes des Arbeitsmediums:

Zustand	Ort, Zustand und technischer Vorgang, Zustandsänderung	Zustandsgrößen
1	Kondensatoraustritt (K): ▪ siedendes Wasser bei $p_K = p_1 = 0{,}1\,\text{bar}$ ▪ isobare Wärmeabfuhr, Kondensation	aus Anhang A.4.11: $h_1 = h_1' = 191{,}81\,\frac{\text{kJ}}{\text{kg}}$ $v_1' = 0{,}0010103\,\frac{\text{m}^3}{\text{kg}}$ $\vartheta_K = \vartheta_1 = 45{,}81\,°\text{C}$
	Speisewasserpumpe (SP): ▪ Wasser von $p_1 = 0{,}1\,\text{bar}$ auf $p_2 = 60\,\text{bar}$	$\Delta h_{SP} = v_1' \cdot (p_2 - p_1)$ $= 0{,}0010103\,\frac{\text{m}^3}{\text{kg}} \cdot (6000 - 10)\,\text{kPa}$ $\Delta h_{SP} = 6{,}05\,\frac{\text{kJ}}{\text{kg}}$
2	nach Speisewasserpumpe: ▪ Wasser bei $p_2 = 60\,\text{bar}$ ▪ isentrope Verdichtung von Flüssigkeit (Druckerhöhung), Enthalpiezunahme	$h_2 = h_1 + \Delta h_{SP}$ $= 191{,}81\,\frac{\text{kJ}}{\text{kg}} + 6{,}05\,\frac{\text{kJ}}{\text{kg}}$ $h_2 = 197{,}86\,\frac{\text{kJ}}{\text{kg}}$
3	Austritt Dampferzeuger (DE) und Maschineneintritt (M,E): ▪ Heißdampf bei $p_{M,E} = p_3 = 60\,\text{bar}$ und $\vartheta_{M,E} = \vartheta_3 = 500\,°\text{C}$ ▪ isobare Wärmezufuhr, Vorwärmung, Verdampfung, Überhitzung, Enthalpiezunahme	aus Anhang A.4.13: $h_ü = h_3 = 3422{,}9\,\frac{\text{kJ}}{\text{kg}}$ $s_ü = s_3 = 6{,}882\,\frac{\text{kJ}}{\text{kg}\cdot\text{K}}$
4	▪ Entspannung des Dampfes nach der Maschine ins Nassdampfgebiet bei $p_4 = p_1 = 0{,}1\,\text{bar}$ und Abkühlung auf $\vartheta_4 = \vartheta_1$ ▪ isentrope Zustandsänderung, damit $s_4(x_4) = s_3$ ▪ isentrope Expansion, Entzug mechanischer Arbeit	▪ $h_4(x_4) = h_4' + x_4 \cdot (h_4'' - h_4')$ ▪ aus Anhang A.4.11: $\vartheta_4 = 45{,}81\,°\text{C}$ $h_4' = 191{,}81\,\frac{\text{kJ}}{\text{kg}}$ $h_4'' = 2583{,}9\,\frac{\text{kJ}}{\text{kg}}$ $s_4' = 0{,}6492\,\frac{\text{kJ}}{\text{kg}\cdot\text{K}}$ $s_4'' = 8{,}149\,\frac{\text{kJ}}{\text{kg}\cdot\text{K}}$ Dampfanteil x_4 nach: $s_4(x_4) = s_4' + x_4 \cdot (s_4'' - s_4')$ $x_4 = \frac{s_4(x_4) - s_4'}{s_4'' - s_4'} = \frac{6{,}882 - 0{,}6492}{8{,}149 - 0{,}6492} = 0{,}831$ Die Enthalpie ist dann $h_4(x_4) = h_4' + x_4 \cdot (h_4'' - h_4')$ $= 191{,}81\,\frac{\text{kJ}}{\text{kg}} + 0{,}831 \cdot \left(2583{,}9\,\frac{\text{kJ}}{\text{kg}} - 191{,}81\,\frac{\text{kJ}}{\text{kg}}\right)$ $h_4(x_4) = 2179{,}8\,\frac{\text{kJ}}{\text{kg}}$

Berechnung der Enthalpiedifferenzen zwischen den Zustandspunkten:

zugeführt durch die Speisewasserpumpe

$$\Delta h_{SP} = \Delta h_2 = h_2 - h_1 = 197{,}86\,\frac{\text{kJ}}{\text{kg}} - 191{,}81\,\frac{\text{kJ}}{\text{kg}} = 6{,}05\,\frac{\text{kJ}}{\text{kg}}$$

9

zugeführt im Dampferzeuger

$$\Delta h_{DE} = \Delta h_3 = h_3 - h_2 = 3422{,}9\,\frac{kJ}{kg} - 197{,}86\,\frac{kJ}{kg} = 3225{,}0\,\frac{kJ}{kg}$$

abgeführt in der Maschine

$$\Delta h_M = \Delta h_4 = h_4 - h_3 = 2179{,}8\,\frac{kJ}{kg} - 3422{,}9\,\frac{kJ}{kg} = -1243{,}1\,\frac{kJ}{kg}$$

abgeführt im Kondensator

$$\Delta h_K = \Delta h_1 = h_1 - h_4 = 191{,}81\,\frac{kJ}{kg} - 2179{,}8\,\frac{kJ}{kg} = -1988{,}0\,\frac{kJ}{kg}$$

Die spezifische Nutzarbeit ist dann

$$|w_{Nutz}| = |w_{34}| - w_{12} = |\Delta h_M| - \Delta h_{SP}$$

$$= \left|-1243{,}1\,\frac{kJ}{kg}\right| - 6{,}05\,\frac{kJ}{kg}$$

$$|w_{Nutz}| = 1237{,}1\,\frac{kJ}{kg}$$

Für den thermischen Wirkungsgrad gilt:

$$\eta_{th} = \frac{q_{zu} - |q_{ab}|}{q_{zu}} = \frac{|w_{Nutz}|}{q_{zu}}$$

$$= \frac{1237{,}1\,\frac{kJ}{kg}}{3225{,}0\,\frac{kJ}{kg}}$$

$$\eta_{th} = 0{,}384 = 38{,}4\,\%$$

9.2.4.3 Idealer Wasser-Dampf-Prozess, Zwischenüberhitzung, max. Flüssigkeitsgehalt, thermischer Wirkungsgrad

Bei einem Dampfkraftprozess mit Zwischenüberhitzung hat der Dampf vor der Hochdruckturbine (HD) eine Temperatur von 520 °C und einen Druck von 150 bar. Der Druck im Kondensator wird mit 0,1 bar bestimmt. Der Dampf verlässt den Zwischenüberhitzer (ZÜ) mit einer Temperatur von 530 °C (vgl. Bild 9.6).

a) Welcher Druck muss im Zwischenüberhitzer herrschen, damit der Dampf, wenn er die Niederdruckturbine (ND) verlässt, einen Wassermasseanteil (Flüssigkeitsgehalt) von 13,0 % nicht überschreitet?

b) Welchen thermischen Wirkungsgrad liefert dieser Prozess?

gegeben:	Temperatur Eintritt HD-Turbine	$\vartheta_{HD,E} = 520\,°C$
	Druck Eintritt HD-Turbine	$p_{HD,E} = 150\,bar = 15000\,kPa$
	Druck Kondensator	$p_K = 0{,}1\,bar = 10\,kPa$
	Temperatur Austritt Zwischenüberhitzer	$\vartheta_{ZÜ,A} = 530\,°C$
	Flüssigkeitsgehalt des Dampfes am Austritt ND-Turbine	$y_{ND,A} = 13{,}0\,\% = 0{,}130\,\frac{kg}{kg}$
gesucht:	Druck Austritt Zwischenüberhitzer	$p_{ZÜ,A}$
	thermischer Wirkungsgrad	η_{th}

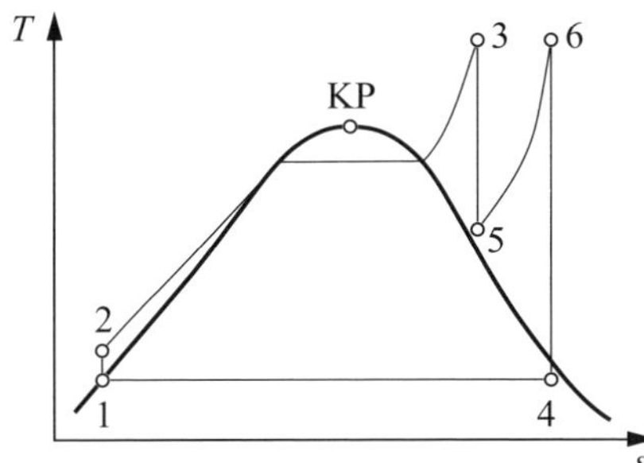

Bild 9.6 Idealer Wasser-Dampf-Prozess mit Zwischenüberhitzung im T,s-Diagramm

Lösung:

Der Dampfgehalt am Austritt der ND-Turbine $x_{\text{ND,A}}$ ist aus Gleichung (8.138):

$$x + y = 1$$
$$x_{\text{ND,A}} = 1 - y_{\text{ND,A}}$$
$$= 1 - 0{,}130\,\frac{\text{kg}}{\text{kg}}$$
$$x_{\text{ND,A}} = 0{,}870\,\frac{\text{kg}}{\text{kg}}$$

Anmerkung: Die zur Rechnung notwendigen Stoffwerte von Wasser, Sattdampf und Heißdampf sind dem Anhang A.4.10, A.4.11, A.4.12 und A.4.13 bzw. dem T,s-Diagramm (Anhang A.7.2) zu entnehmen.

Einordnung und Bestimmung der Zustände, Bestimmung der spezifischen Enthalpien, spezifischen Entropien und des Dampfgehaltes des Arbeitsmediums:

Zustand	Ort, Zustand und technischer Vorgang, Zustandsänderung	Zustandsgrößen
1	Kondensatoraustritt (K): ▪ siedendes Wasser bei $p_K = p_1 =$ 0,1 bar ▪ isobare Wärmeabfuhr, Kondensation	aus Anhang A.4.11: $h_1' = 191{,}81\,\frac{\text{kJ}}{\text{kg}}$ $v_1' = 0{,}0010103\,\frac{\text{m}^3}{\text{kg}}$ $\vartheta_K = \vartheta_1 = 45{,}81\,°\text{C}$
	Speisewasserpumpe (SP): ▪ Wasser von $p_1 = 0{,}1$ bar auf $p_2 = 150$ bar	$\Delta h_{SP} = v_1' \cdot (p_2 - p_1)$ $= 0{,}0010103\,\frac{\text{m}^3}{\text{kg}} \cdot (15000 - 10)\,\text{kPa}$ $\Delta h_{SP} = 15{,}14\,\frac{\text{kJ}}{\text{kg}}$
2	nach Speisewasserpumpe: ▪ heißes Wasser bei $p_2 = 150$ bar ▪ isentrope Verdichtung von Flüssigkeit (Druckerhöhung), Enthalpiezunahme	$h_2 = h_1' + \Delta h_{SP}$ $= 191{,}81\,\frac{\text{kJ}}{\text{kg}} + 15{,}14\,\frac{\text{kJ}}{\text{kg}}$ $h_2 = 206{,}95\,\frac{\text{kJ}}{\text{kg}}$

9

3	Austritt Dampferzeuger (DE) und HD-Turbineneintritt (HD,E): ▪ Heißdampf bei $p_{HD,E} = p_3 = 150\,\text{bar}$ und $\vartheta_{HD,E} = \vartheta_3 = 520\,°C$ ▪ isobare Wärmezufuhr, Vorwärmung, Verdampfung, Überhitzung, Enthalpiezunahme	aus Anhang A.4.13: $h_ü = h_3 = 3367{,}8\,\frac{kJ}{kg}$ $s_ü = s_3 = 6{,}421\,\frac{kJ}{kg \cdot K}$
	Wegen der isobaren Wärmezufuhr im Zwischenerhitzer ist $p_4 = p_5 = p_{ZÜ,A}$ und anschließender isentroper Expansion in der ND-Turbine ist $s_5 = s_6$.	
4	Zur Bestimmung muss erst Zustand 6 ermittelt werden.	
5	Zur Bestimmung muss erst Zustand 6 ermittelt werden.	
6	Entspannung des Dampfes nach der ND-Turbine (ND,A) ins Nassdampfgebiet bei $p_6 = p_{ND,A} = 0{,}1\,\text{bar}$ und vorgegebenem maximalem Feuchtigkeitsgehalt von $y_{ND,A} = 0{,}130\,\frac{kg}{kg}$ und Abkühlung auf $\vartheta_6 = \vartheta_1$ Damit ist der Dampfanteil: ▪ $x_{ND,A} = x_6 = 0{,}870\,\frac{kg}{kg}$ ▪ isentrope Zustandsänderung, damit isentrope Expansion, Entzug mechanischer Arbeit	$h_6(x_6) = h'_6 + x_6 \cdot (h''_6 - h'_6)$ aus Anhang A.4.11: $\vartheta_6 6 = 45{,}81\,°C$ $h'_6 = 191{,}81\,\frac{kJ}{kg}$ $h''_6 = 2583{,}9\,\frac{kJ}{kg}$ $h_6\,(x_6) = 191{,}81\,\frac{kJ}{kg} + 0{,}870 \cdot \left(2583{,}9\,\frac{kJ}{kg} - 191{,}81\,\frac{kJ}{kg}\right)$ $h_6\,(x_6) = 2272{,}9\,\frac{kJ}{kg}$ $s_6(x_6) = s'_6 + x_6 \cdot (s''_6 - s'_6)$ aus Anhang A.4.11: $s'_6 = 0{,}6492\,\frac{kJ}{kg \cdot K}$ $s''_6 = 8{,}149\,\frac{kJ}{kg \cdot K}$ $s_6\,(x_6) = 0{,}6492\,\frac{kJ}{kg \cdot K} + 0{,}870 \cdot \left(8{,}149\,\frac{kJ}{kg \cdot K} - 0{,}6492\,\frac{kJ}{kg \cdot K}\right)$ $s_6\,(x_6) = 7{,}174\,\frac{kJ}{kg \cdot K}$
5	Austritt Zwischenüberhitzer (ZÜ,A) und ND-Turbineneintritt: ▪ Heißdampf mit isentroper Zustandsänderung ▪ $s_5 = s_6(x_6)$ und $\vartheta_5 = \vartheta_{ZÜ,A} = 530\,°C$ ▪ isobare Wärmezufuhr, Überhitzung, Enthalpiezunahme	$s_5 = s_6(x_6) = 7{,}174\,\frac{kJ}{kg \cdot K}$ aus Anhang A.4.13: $p_5\,(\vartheta_5, s_5) = p_{ZÜ,A} = 40\,\text{bar}$ $h_5 = 3514{,}5\,\frac{kJ}{kg}$ *Anmerkung:* Die sehr kleine Differenz bei s_5 zwischen dem Rechen- und dem Tafelwert $s_ü = 7{,}179\,\frac{kJ}{kg \cdot K}$ ist vernachlässigbar.

4	HD-Turbinenaustritt (HD,A): ▪ Entspannung des Dampfes nach der Maschine in das Heißdampfgebiet bei $p_4 = p_5 = p_{ZÜ,A} = 40\,\text{bar}$ und Abkühlung auf ϑ_4 ▪ isentrope Zustandsänderung, damit $s_4 = s_3 = 6{,}421\,\frac{\text{kJ}}{\text{kg·K}}$ ▪ isentrope Expansion, Entzug mechanischer Arbeit	aus Anhang A.4.13 mit p_4 und s_4: Der Wert für $s_4(p_4) = 6{,}421\,\frac{\text{kJ}}{\text{kg·K}}$ in der Zeile $p_ü = 40\,\text{bar}$ liegt zwischen den Temperaturen 300 °C und 350 °C. $s_{ü,1}(p_ü, \vartheta_{ü,1}) = 6{,}364\,\frac{\text{kJ}}{\text{kg·K}}$ $s_{ü,2}(p_ü, \vartheta_{ü,2}) = 6{,}584\,\frac{\text{kJ}}{\text{kg·K}}$ Unter Verwendung der den Temperaturen zugehörigen spezifischen Entropien errechnet sich mithilfe linearer Approximation: $\vartheta_4(p_4, s_4) = \frac{\vartheta_{ü,2} - \vartheta_{ü,1}}{s_{ü,1} - s_{ü,1}} \cdot (s_4(p_4) - s_{ü,1}) + \vartheta_{ü,1}$ $= \frac{350\,°\text{C} - 300\,°\text{C}}{6{,}584\,\frac{\text{kJ}}{\text{kg·K}} - 6{,}364\,\frac{\text{kJ}}{\text{kg·K}}} \cdot \left(6{,}421\,\frac{\text{kJ}}{\text{kg·K}} - 6{,}364\,\frac{\text{kJ}}{\text{kg·K}}\right) +$ $300\,°\text{C}$ $\vartheta_4(p_4, s_4) = 313{,}0\,°\text{C}$ Ebenso für die spezifische Enthalpie: $h_{ü,1}(p_ü, \vartheta_{ü,1}) = 2961{,}7\,\frac{\text{kJ}}{\text{kg·K}}$ $h_{ü,2}(p_ü, \vartheta_{ü,2}) = 3093{,}3\,\frac{\text{kJ}}{\text{kg·K}}$ Unter Verwendung der den Temperaturen zugehörigen spezifischen Enthalpien errechnet sich mithilfe linearer Approximation: $h_4(p_4, s_4) = \frac{h_{ü,2} - h_{ü,1}}{s_{ü,1} - s_{ü,1}} \cdot (s_4(p_4) - s_{ü,1}) + h_{ü,1}$ $= \frac{3093{,}3\,\frac{\text{kJ}}{\text{kg·K}} - 2961{,}7\,\frac{\text{kJ}}{\text{kg·K}}}{6{,}584\,\frac{\text{kJ}}{\text{kg·K}} - 6{,}364\,\frac{\text{kJ}}{\text{kg·K}}} \cdot \left(6{,}421\,\frac{\text{kJ}}{\text{kg·K}} - 6{,}364\,\frac{\text{kJ}}{\text{kg·K}}\right) +$ $2961{,}7\,\frac{\text{kJ}}{\text{kg·K}}$ $h_4(p_4, s_4) = 2995{,}8\,\frac{\text{kJ}}{\text{kg}}$

Berechnung der Enthalpiedifferenzen zwischen den Zustandspunkten:

zugeführt durch die Speisewasserpumpe

$$\Delta h_{SP} = \Delta h_2 = h_2 - h_1 = 206{,}95\,\frac{\text{kJ}}{\text{kg}} - 191{,}81\,\frac{\text{kJ}}{\text{kg}} = 15{,}14\,\frac{\text{kJ}}{\text{kg}}$$

zugeführt im Dampferzeuger

$$\Delta h_{DE} = \Delta h_3 = h_3 - h_2 = 3\,367{,}8\,\frac{\text{kJ}}{\text{kg}} - 206{,}95\,\frac{\text{kJ}}{\text{kg}} = 3\,160{,}9\,\frac{\text{kJ}}{\text{kg}}$$

abgeführt in der HD-Turbine

$$\Delta h_{HD} = \Delta h_4 = h_4 - h_3 = 2\,995{,}8\,\frac{\text{kJ}}{\text{kg}} - 3\,367{,}8\,\frac{\text{kJ}}{\text{kg}} = -372{,}0\,\frac{\text{kJ}}{\text{kg}}$$

zugeführt im Zwischenüberhitzer

$$\Delta h_{ZÜ} = \Delta h_5 = h_5 - h_4 = 3\,514{,}5\,\frac{\text{kJ}}{\text{kg}} - 2\,995{,}8\,\frac{\text{kJ}}{\text{kg}} = 518{,}7\,\frac{\text{kJ}}{\text{kg}}$$

abgeführt in der ND-Turbine

$$\Delta h_{ND} = \Delta h_6 = h_6 - h_5 = 2\,272{,}9\,\frac{\text{kJ}}{\text{kg}} - 3\,514{,}5\,\frac{\text{kJ}}{\text{kg}} = -1\,241{,}6\,\frac{\text{kJ}}{\text{kg}}$$

abgeführt im Kondensator

$$\Delta h_K = \Delta h_1 = h_1 - h_6 = 191{,}81\,\frac{\text{kJ}}{\text{kg}} - 2\,272{,}9\,\frac{\text{kJ}}{\text{kg}} = -2\,081{,}1\,\frac{\text{kJ}}{\text{kg}}$$

a) Druck im Zwischenerhitzer:

Im Zwischenüberhitzer muss also ein Druck von $p_5(\vartheta_5, s_5) = p_{ZÜ,A} = 40\,\text{bar}$ herrschen.

b) thermischer Wirkungsgrad:

Für den thermischen Wirkungsgrad gilt:

$$\eta_{th} = \frac{q_{zu} - |q_{ab}|}{q_{zu}} = \frac{\Delta h_{DE} + \Delta h_{ZÜ} - |\Delta h_K|}{\Delta h_{DE} + \Delta h_{ZÜ}} = \frac{|w_{Nutz}|}{q_{zu}} = \frac{|\Delta h_{HD}| + |\Delta h_{ND}| - \Delta h_{SP}}{\Delta h_{DE} + \Delta h_{ZÜ}}$$

$$= \frac{\left|-372{,}0\,\frac{kJ}{kg}\right| + \left|-1\,241{,}6\,\frac{kJ}{kg}\right| - 15{,}14\,\frac{kJ}{kg}}{3\,160{,}9\,\frac{kJ}{kg} + 518{,}7\,\frac{kJ}{kg}}$$

$$\eta_{th} = 0{,}434 = 43{,}4\,\%$$

9.2.5 Übungsaufgaben[1]

9.2.5.1 Ideale Dampfkraftmaschine, Heißdampf, Leistungen, Abdampfparameter, thermischer Wirkungsgrad

In einer idealen Kleindampfturbine wird ein Heißdampfstrom von $1{,}0\,\frac{kg}{s}$ am Eintritt der Maschine von 450 °C und 50 bar am Austritt aus der Maschine auf den Kondensatordruck 0,1 bar entspannt. Vergleiche hierzu Bild 9.5.

a) Welche Leistung gibt diese Maschine ab?

b) Welche Wärmeleistung ist im Kondensator abzuführen?

c) Welche Leistung hat die Kesselspeisewasserpumpe?

d) Welche Wärmeleistung hat der Dampferzeuger aufzubringen?

e) Mit welchem thermischen Wirkungsgrad läuft der hier beschriebene Prozess ab?

9.2.5.2 Realer Wasser-Dampf-Prozess, zweistufige Turbine, Zwischenüberhitzung, Gütegrad, mechanischer und effektiver Wirkungsgrad

Bei einem Druck von 150 bar und einer Temperatur von 550 °C wird ein Heißdampfstrom von $36\,\frac{t}{h}$ in einer Turbine in zwei Stufen auf den Kondensatordruck (K) von 0,05 bar entspannt. Der Gütegrad des Hochdruckteils (HD) sei 84 %, der des Niederdruckteils (ND) 89 % und der mechanische Wirkungsgrad 98 %. In einem Zwischenüberhitzer (ZÜ) wird der Dampf vor Eintritt in den Niederdruckteil noch einmal bei 30 bar auf 540 °C überhitzt. Vergleiche hierzu Bild 9.4.

a) Wie groß ist die effektive Leistung der Turbine?

b) Welche Wärmeleistung muss der Dampferzeuger (DE) dafür liefern und welchen Anteil hat hier der Zwischenüberhitzer?

c) Welcher Wärmestrom ist über den Kondensator abzuführen?

d) Welchen thermischen und welchen effektiven Wirkungsgrad liefert dieser Prozess?

[1] Die Lösungen finden Sie in der Kategorie „Extras" unter *http://www.hanser-fachbuch.de/9783446442795*.

9.2.5.3 Ideale Dampfkraftmaschine, Dampfmassestrom, Maschinen- und Pumpenleistung

Welcher Massestrom an Dampf ist notwendig, um mit einer idealen Dampfkraftmaschine (M) eine Leistung von 20 MW zu erzeugen, die einem Dampferzeuger nachgeschaltet ist, der Frischdampf bei 20 bar und 300 °C liefert? Im Kondensator (K) herrscht ein Druck von 0,07 bar. Vergleiche hierzu Bild 9.5.

Welche Leistung muss die Speisewasserpumpe (SP) in diesem Fall mindestens liefern?

9.2.5.4 Idealer Wasser-Dampf-Prozess, Abdampfparameter, thermischer Wirkungsgrad, Kühlwassermassestrom

In einer idealen Dampfkraftmaschine (M) werden pro Stunde 10 t Wasserdampf von 30 bar und 400 °C auf einen Druck von 0,05 bar entspannt. Im Kondensator (K) erwärmt sich das zugeführte Kühlwasser (KW) von 16 °C am Eintritt auf 24 °C am Austritt. Vergleiche hierzu Bild 9.5.

Es ist die Leistung, der Kühlwassermassestrom, der Abdampfzustand und der thermische Wirkungsgrad dieses Prozesses zu bestimmen.

9.3 Nicht wässrige Arbeitsmedien

Außer mit Wasser lassen sich Dampfkraftmaschinen auch mit anderen Arbeitsmedien betreiben. Organische Arbeitsmedien werden häufig zur Nutzung von auf verhältnismäßig tiefem Temperaturniveau zur Verfügung stehenden Wärmequellen (industrielle Abwärme, Solar- und Geothermie usw.) eingesetzt. Damit realisierte Anlagen, sogenannte ORC-Anlagen (Organic Rankine Cycle), sind wartungsarm und gekapselt.

Zur besseren Nutzung von Wärmequellen mit hohem Temperaturniveau wurden in der Vergangenheit Quecksilber, Kalium, Natrium und Diphenyl als Arbeitsmedium getestet.

9.4 Dampfkraftprozesse in Kolbenmaschinen

Außer Turbinen können auch Verdrängermaschinen als Expansionsmaschinen in Dampfkraftprozessen eingesetzt werden. Dabei sind verschiedene Varianten, etwa ein **Dampfschraubenmotor**, denkbar. Von besonderer Bedeutung waren jedoch **Dampfkolbenmaschinen**, allgemein Dampfmaschinen genannt.

Die klassische Form der Dampfmaschine ist heute fast nur noch von historischem Interesse. Eine gewisse Bedeutung kommt Dampfkolbenmaschinen noch im Bereich von Kleinstanlagen (Mikro-Kraft-Wärme-Kopplung) oder als schnelllaufende Dampfmotoren zu. Allen Dampfkolbenmaschinen ist das taktweise Arbeiten in der Abfolge Einströmen des Frischdampfes – Expansion – Ausstoßen gemein.

Auch für den Dampfkraftprozess mit einer Dampfkolbenmaschine stellt der Clausius-Rankine-Prozess eine erste Näherung dar [10]. Es ist jedoch zu beachten, dass durch die Wärmeabgabe des Frischdampfes an die Zylinderwand und die Wärmeabgabe der Zylinderwand an den Dampf nach der Expansion besondere Irreversibilitäten bestehen. Die energetische Betrachtung dieser realen Prozesse soll hier nicht Gegenstand sein.

Technisch kann die Expansion mehrstufig, d. h. über in Reihe geschaltete Zylinder, ausgeführt werden. Dadurch ist auch z. B. die Möglichkeit der Realisierung einer Zwischenüberhitzung gegeben (siehe Abschnitt 9.2.2).

Aufgrund der nur noch geringen Verbreitung dieser Variante der Dampfkraftmaschinen soll auf die Dampfkolbenmaschinen für rechtsläufige Kreisprozesse nicht weiter eingegangen werden.

Linksgängige Kreisprozesse, Kältemaschinen und Wärmepumpen

10.1 Allgemeines und Grundlagen

Worum geht es im Kapitel?

Anwendung der bisherigen Inhalte, insbesondere der Kapitel 6 und 8 auf technisch genutzte Prozesse in Kältemaschinen und Wärmepumpen

Anwendungsgebiete:

Theoretische, idealisierte Betrachtung der Prozesse in Kältemaschinen und Wärmepumpen

Siehe auch:

5 Zustandsänderung ohne Änderung des Aggregatzustandes, 6 Die Grenzen der Energieumwandlung, zweiter Hauptsatz der Thermodynamik, Entropie, 8 Zustandsänderungen mit Änderung des Aggregatzustands

Vorbetrachtungen:

Linksgängige Kreisprozesse dienen dazu, Wärme von einem System niedrigerer Temperatur zu einem System höherer Temperatur zu transportieren. Entsprechend dem zweiten Hauptsatz (siehe Kapitel 6) ist dies nicht ohne eine zusätzliche Triebkraft („äußeren Zwang") möglich. Diese Triebkraft kann in einer Arbeitsverrichtung am System oder in einer Wärmezufuhr auf einem Temperaturniveau noch über dem der Zieltemperatur bestehen. Dabei wird bei geschlossener Energiebilanz erreicht, dass die Entropie nicht steigt. Die zweite Möglichkeit, beispielsweise realisiert in Absorptionskälteanlagen und Absorptionswärmepumpen, ist hier nicht Gegenstand der Betrachtungen.

Dabei sind zwei Anwendungsfälle zu unterscheiden: Eine **Kältemaschine** dient der Erzeugung von Temperaturen unterhalb der Umgebungstemperatur. Dies ist z. B. für technische Prozesse und zum Haltbarmachen von Lebensmitteln erforderlich.

Eine **Wärmepumpe** dient dazu, Umgebungswärme bzw. Niedertemperaturwärme auf ein nutzbares höheres Temperaturniveau zu bringen.

10.2 Prinzip des Linksprozesses

Das Grundprinzip eines Linksprozesses mit Arbeit als Triebkraft kann anhand eines T,s-Diagramms für einen linkslaufenden Carnot-Prozess (Bild 10.1) erläutert werden.

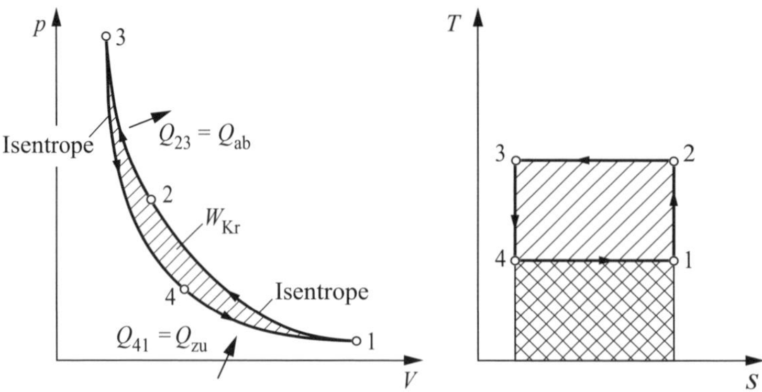

Bild 10.1 Linksgängiger Carnot-Prozess im p, V- und T, s-Diagramm

1–2: Zwischen den Zuständen 1 und 2 erfolgt eine – im Carnot-Prozess als idealisierten Prozess isentrope – **Druckerhöhung**. Dabei steigt die Temperatur auf T_2. Dafür muss die spezifische Verdichterarbeit am System verrichtet werden.

2–3: Stellt die – im Carnot-Prozess isotherme – **Wärmeabgabe** des Kreisprozesses auf höherem Temperaturniveau (T_2) dar. Die spezifische Wärme $q_{23} = q_{ab}$ ist im T, s-Diagramm durch den gesamten schraffierten Bereich gekennzeichnet. Diese Wärmeabgabe erfolgt im Falle einer Kältemaschine an die Umgebung und im Falle einer Wärmepumpe als Nutzwärme z. B. an ein Heizsystem.

3–4: Zwischen den Zuständen 3 und 4 erfolgt die (isentrope) **Entspannung**. Dabei sinkt die Temperatur auf $T_4 = T_1$ und Expansionsarbeit wird verrichtet.

4–1: Stellt die (isotherme) **Wärmeaufnahme** des Kreisprozesses auf dem niederen Temperaturniveau (T_4) dar. Die spezifische Wärme $q_{41} = q_{zu}$ ist im T, s-Diagramm durch den weit schraffierten Bereich gekennzeichnet. Diese Wärmeaufnahme geschieht im Falle der Kältemaschine aus dem abgeschlossenen Kühlraum bzw. dem zu kühlenden Medium und im Falle der Wärmepumpe aus der Umgebung bzw. einer Niedertemperaturwärmequelle.

Um den Wärmetransport vom niedrigeren zum höheren Temperaturniveau zu bewirken, muss die spezifische Kreisprozessarbeit w_P am System Kältemaschine bzw. Wärmepumpe verrichtet werden.

Unter idealisierten Bedingungen gilt die folgende Energiebilanz:

$$q_{ab} = q_{zu} + w_{Kr} \tag{10.159}$$

q_{ab} abgeführte spezifische Wärme (q_{23}) in $\frac{kJ}{kg}$

q_{zu} zugeführte spezifische Wärme (q_{41}) in $\frac{kJ}{kg}$

w_{Kr} spezifische Kreisprozessarbeit in $\frac{kJ}{kg}$

Für die Charakterisierung von Linksprozessen sind Wirkungsgrade weniger geeignet. Die wichtigste Kennzahl für linksgängige Kreisprozesse ist deshalb die **Leistungszahl** ε. Da bei der Kältemaschine die auf niedrigerem Temperaturniveau dem Kreisprozess zugeführte Wärme den Nutzen darstellt und im Falle der Wärmepumpe die auf höherem Temperaturniveau vom Kreisprozess abgegebene Wärme, werden zwei verschiedene Leistungszahlen definiert.

Es gilt für die **Leistungszahl ε_{KM} einer Kältemaschine**:

$$\varepsilon_{KM} = \frac{q_{zu}}{w_{Kr}} \tag{10.160}$$

ε_{KM} Leistungszahl einer Kältemaschine
q_{zu} zugeführte spezifische Wärme (q_{41}) in $\frac{kJ}{kg}$
w_{Kr} spezifische Kreisprozessarbeit in $\frac{kJ}{kg}$

Die Leistungszahl ist damit ein Maß für die Wärme, die bezogen auf die zugeführte Arbeit dem Kreisprozess auf niedrigerem Temperaturniveau zugeführt und dabei einem eventuellen Kühlraum entzogen werden kann.

Die **Leistungszahl ε_{KM} einer idealen Kältemaschine** (also eines Carnot-Prozesses) ist dabei:

$$\varepsilon_{KM} = \frac{T_1}{T_2 - T_1} \tag{10.161}$$

ε_{KM} Leistungszahl einer idealen Kältemaschine
T_1 absolute Temperatur der Wärmezufuhr in K
T_2 absolute Temperatur der Wärmeabfuhr in K

Daraus ist ersichtlich, dass der Arbeitsaufwand mit sinkender Temperatur der Wärmezufuhr (gewünschte Kühlraumtemperatur) und steigender Temperaturdifferenz zunimmt.

Dagegen gilt für die **Leistungszahl ε_{WP} einer Wärmepumpe**:

$$\varepsilon_{WP} = \frac{q_{ab}}{w_{Kr}} \tag{10.162}$$

ε_{WP} Leistungszahl einer Wärmepumpe
q_{ab} abgeführte spezifische Wärme (q_{23}) in $\frac{kJ}{kg}$
w_{Kr} spezifische Kreisprozessarbeit in $\frac{kJ}{kg}$

10

Die Leistungszahl ist damit ein Maß für die Wärme, die bezogen auf die zugeführte Arbeit vom Kreisprozess auf höherem Temperaturniveau abgegeben wird und dadurch auf diesem erhöhten Temperaturniveau nutzbar ist.

Die **Leistungszahl ε_{WP} einer idealen Wärmepumpe** (also eines Carnot-Prozesses) ist dabei:

$$\varepsilon_{WP} = \frac{T_2}{T_2 - T_1} \tag{10.163}$$

ε_{WP} Leistungszahl einer Wärmepumpe
T_1 absolute Temperatur der Wärmezufuhr in K
T_2 absolute Temperatur der Wärmeabfuhr in K

Es ist ersichtlich, dass sich der Arbeitsaufwand mit steigender Temperatur der Wärmeabfuhr (Nutztemperatur) und zunehmender Temperaturdifferenz erhöht.

Wie bei den Kraftprozessen gibt es auch bei den linksgängigen Kreisprozessen Realisierungen mit und ohne Änderung des Aggregatzustandes.

10.3 Linksprozesse ohne Änderung des Aggregatzustandes

Linksprozesse ohne Änderung des Aggregatzustandes sind z. B. in sogenannten Gaskälteprozessen verwirklicht. Bei diesen kann das Arbeitsmedium in erster Näherung als ideales Gas betrachtet werden. Die technisch einfachste Möglichkeit, derartige Prozesse umzusetzen, ist der linksgängige Joule-Prozess. Er ist im Bild 10.2 im Schema und in Bild 10.3 im T, s-Diagramm dargestellt.

Der **linksgängige Joule-Prozess** setzt sich aus den folgenden Teilprozessen zusammen:

1–2: **isentrope Verdichtung** in einem Verdichter,

2–3: **isobare Wärmeabfuhr** aus dem Kreisprozess mithilfe eines Kühlers bzw. bei einer Kaltgaswärmepumpe an die Wärmenutzung,

3–4: **isentrope Expansion**, in der Regel in einer Expansionsmaschine,

4–1: **isobare Wärmezufuhr** aus dem zu kühlenden (abgeschlossenen) Raum mithilfe eines geeigneten Wärmeübertragers bzw. bei einer Kaltgaswärmepumpe aus der Umgebung.

Da Wärmezu- und -abfuhr isobar und nicht isotherm erfolgen, verändert sich während dieser Teilprozesse jeweils die Temperatur.

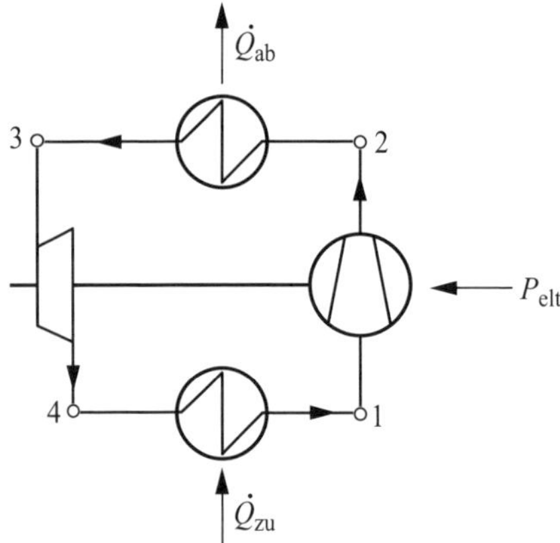

Bild 10.2 Schema eines linksgängigen Joule-Prozesses

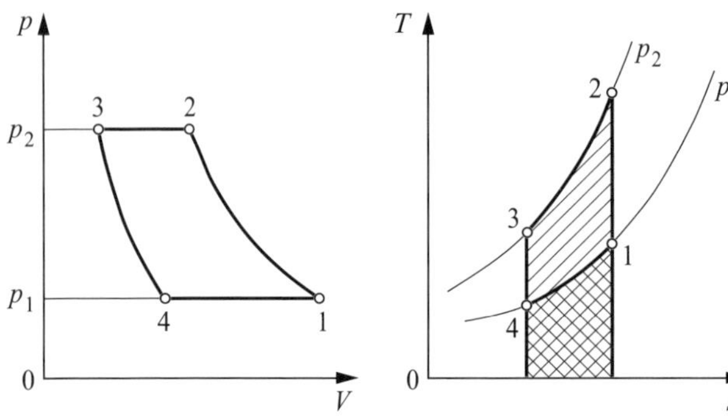

Bild 10.3 Linksgängiger Joule-Prozess im p, V- und T, s-Diagramm

Für die Berechnung der linksgängigen Kreisprozesse ohne Änderung des Aggregatzustandes sind die bekannten Berechnungsgleichungen für das ideale Gas (Kapitel 5 bis 7) anwendbar. Für die Leistungszahlen ergibt sich damit:

Leistungszahl ε_{KM} einer Gaskältemaschine:

$$\varepsilon_{KM} = \frac{1}{\left(\frac{p_2}{p_1}\right)^{\frac{\kappa-1}{\kappa}} - 1} \tag{10.164}$$

ε_{KM} Leistungszahl einer Gaskältemaschine
p_1 Druck vor der Verdichtung in kPa
p_2 Druck nach der Verdichtung in kPa
κ Isentropenexponent

Leistungszahl ε_{WP} einer Gaswärmepumpe:

$$\varepsilon_{WP} = \frac{1}{1 - \left(\frac{p_1}{p_2}\right)^{\frac{\kappa-1}{\kappa}}} \tag{10.165}$$

ε_{WP} Leistungszahl einer Gaswärmepumpe
p_1 Druck vor der Verdichtung in kPa
p_2 Druck nach der Verdichtung in kPa
κ Isentropenexponent

Sollte die Leistungszahl einer Kältemaschine ε_{KM} bereits bekannt sein und ist die **Leistungszahl dieser Kältemaschine, betrieben als Wärmepumpe,** ε_{WP} gesucht, so führt folgender Zusammenhang zu einem raschen Ergebnis:

$$\varepsilon_{WP} = 1 + \varepsilon_{KM} \tag{10.166}$$

10

ε_{WP} Leistungszahl einer Gaswärmepumpe
ε_{KM} Leistungszahl einer Gaskältemaschine

Die Effektivität kann durch die Nutzung komplexerer Prozesse gesteigert werden, etwa durch Prozesse mit innerem Wärmeübertrag, mehrstufige Prozesse mit Zwischenkühlung oder linkslaufende Stirling-Prozesse, wie sie in Philips-Kältemaschinen verwirklicht sind.

Zur Erzeugung erniedrigter Temperaturen durch Gasentspannung in Drosselaggregaten siehe Kapitel 11.

Gaskälteprozesse sind Kälteprozessen mit Änderung des Aggregatzustandes (Dampfkälteprozessen) überlegen, wenn Temperaturen in der Größenordnung tiefer als −100 °C erreicht werden müssen. Bei höheren Temperaturen sind sie vor allem für Sonderaufgaben in Anwendung. Da viele Arbeitsmedien für Dampfkälteprozesse ökologisch problematisch sind, ist eine künftige Ausweitung der Nutzung von Gaskälteprozessen zu erwarten.

10.4 Linksprozesse mit Änderung des Aggregatzustandes

Häufig kommen in Kältemaschinen und Wärmepumpen Linksprozesse mit Änderung des Aggregatzustandes zum Einsatz. Man spricht dann von **Dampfkälteprozessen** bzw. Dampfwärmepumpenprozessen oder auch von **Kompressions-Kälteprozessen** und Kompressions-Wärmepumpenprozessen.

Geeignete Arbeitsmedien (sogenannte Kältemittel) hängen von dem Einsatzgebiet in Kältemaschinen oder in Wärmepumpen ab. Sie sollen bei den vorgesehenen Einsatztemperaturen leicht zu verdampfen und zu kondensieren sein, d. h., ein Siedepunkt bei Normaldruck in der Nähe der Einsatztemperaturen ist förderlich. Klassische, heute wieder verstärkt eingesetzte Kältemittel sind Ammoniak (NH_3) und Kohlendioxid (CO_2). Darüber hinaus kommen z. B. verschiedene Kohlenwasserstoffe und Halogenkohlenwasserstoffe in Betracht. Die früher verbreiteten Fluorchlorkohlenwasserstoffe (sogenannte FCKW) sind wegen ihrer schädlichen Wirkung für die Ozonschicht heute kaum noch im Einsatz.

In Bild 10.4 ist ein Linksprozess mit Änderung des Aggregatzustandes schematisch dargestellt.

Der Vergleichsprozess (Bild 10.5) ähnelt entfernt einem linksläufigen Clausius-Rankine-Prozess.

Dabei erfolgt zwischen:

1–2: die **isentrope Verdichtung** von trocken gesättigtem Dampf. Nach der Verdichtung liegt der Dampf mit einer erhöhten Temperatur T_2 und einem Druck p_2 als überhitzter Dampf vor. Es ist eine Kompressionsarbeit aufzuwenden. Da, wie unten ausgeführt, die Entspannungsarbeit vernachlässigbar klein ist und auf ihre Nutzung verzichtet wird, ist die Kompressionsarbeit in erster Näherung gleich der spezifischen Kreisprozessarbeit w_{Kr}.

2–3: die **Wärmeabgabe**. Der Dampf kühlt zunächst bis auf die Taupunkttemperatur ab. Nach Erreichen des Taupunktes 2″ kondensiert der Dampf im Kondensator unter Wärmeabgabe. Bei einer Kältemaschine erfolgt die Wärmeabgabe an die Umgebung, bei einer Wärmepumpe als Nutzwärme an ein Heizsystem. In manchen Fällen wird das kondensierte

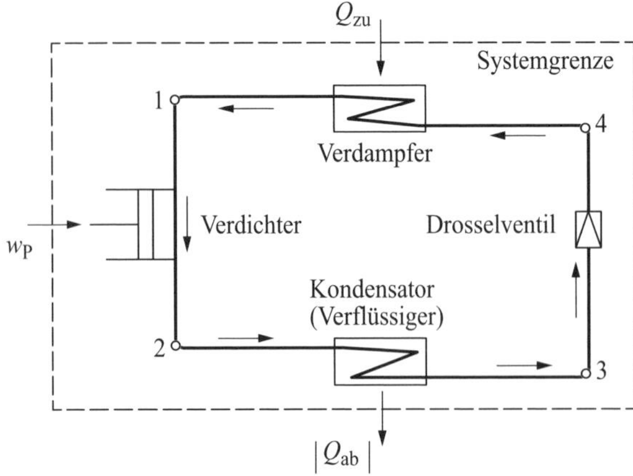

Bild 10.4 Schematische Darstellung eines Linksprozesses mit Änderung des Aggregatzustandes

Arbeitsmedium noch etwas unter die Taupunkttemperatur abgekühlt. Man spricht dann von Unterkühlung.

3–4: die **Entspannung**. Dabei wird jedoch keine Arbeit genutzt, da die Entspannungsarbeit nur einen verschwindend geringen Teil der Kompressionsarbeit ausmacht, jedoch eine Entspannungsmaschine erfordern würde, die sehr aufwendig wäre, da in das Nassdampfgebiet entspannt wird. Stattdessen erfolgt die Entspannung in einer Drossel (siehe Kapitel 11). Die Drosselung ist dabei ein irreversibler Vorgang. Als reversiblen Ersatzprozess kann man sich einen Prozess mit h = konstant (isenthalper Prozess) vorstellen. Dabei verdampft bereits ein Teil des Arbeitsmediums, da es sich bis auf die zum Druck $p_4 = p_1$ gehöhrende Siedetemperatur T_4 abkühlt.

4–1: die **Verdampfung**. Dabei verdampft das Arbeitsmedium unter Wärmezufuhr. Diese Wärme wird bei Kältemaschinen dem Kühlraum entzogen, bei Wärmepumpen der Umgebung.

Damit ergeben sich folgende Leistungszahlen:

Leistungszahl $\varepsilon_{\mathrm{KM}}$ einer Kompressions-Kältemaschine:

$$\varepsilon_{\mathrm{KM}} = \frac{q_{\mathrm{zu}}}{w_{\mathrm{Kr}}} = \frac{h_1 - h_4}{h_2 - h_1} \tag{10.167}$$

$\varepsilon_{\mathrm{KM}}$ Leistungszahl einer Kompressions-Kältemaschine
q_{zu} zugeführte spezifische Wärme in $\frac{\mathrm{kJ}}{\mathrm{kg}}$
w_{Kr} spezifische Kreisprozessarbeit in $\frac{\mathrm{kJ}}{\mathrm{kg}}$
h_1 spezifische Enthalpie nach der Verdampfung und vor der Verdichtung in $\frac{\mathrm{kJ}}{\mathrm{kg}}$
h_2 spezifische Enthalpie nach der Verdichtung (vor der Kondensation) in $\frac{\mathrm{kJ}}{\mathrm{kg}}$
h_4 spezifische Enthalpie vor der Verdampfung (nach der Drosselung) in $\frac{\mathrm{kJ}}{\mathrm{kg}}$

Leistungszahl $\varepsilon_{\mathrm{WP}}$ einer Kompressions-Wärmepumpe:

$$\varepsilon_{\mathrm{WP}} = \frac{q_{\mathrm{ab}}}{w_{\mathrm{Kr}}} = \frac{h_2 - h_3}{h_2 - h_1} \tag{10.168}$$

$\varepsilon_{\mathrm{WP}}$ Leistungszahl einer Kältemaschine
q_{ab} abgeführte spezifische Wärme in $\frac{\mathrm{kJ}}{\mathrm{kg}}$
w_{Kr} spezifische Kreisprozessarbeit in $\frac{\mathrm{kJ}}{\mathrm{kg}}$
h_1 spezifische Enthalpie nach der Verdampfung und vor der Verdichtung in $\frac{\mathrm{kJ}}{\mathrm{kg}}$
h_2 spezifische Enthalpie nach der Verdichtung (vor der Kondensation) in $\frac{\mathrm{kJ}}{\mathrm{kg}}$
h_3 spezifische Enthalpie nach der Kondensation in $\frac{\mathrm{kJ}}{\mathrm{kg}}$

In Ergänzung zum T, s- und zum h, s-Diagramm wird für Kälteprozesse besonders häufig das $\lg p, h$-Diagramm verwendet. Es ist für die praktische Arbeit mit Kälteprozessen besonders geeignet, da die isenthalpe Drosselung als senkrechte Linie darstellbar ist, während die isobaren Prozesse der Wärmeaufnahme und Wärmeabgabe waagerechten Linien entsprechen (siehe Bild 10.5). Seine Anwendung erfolgt analog dem h, s-Diagramm. Enthalpiedifferenzen sind als waagerechte Strecken darstellbar und direkt ablesbar.

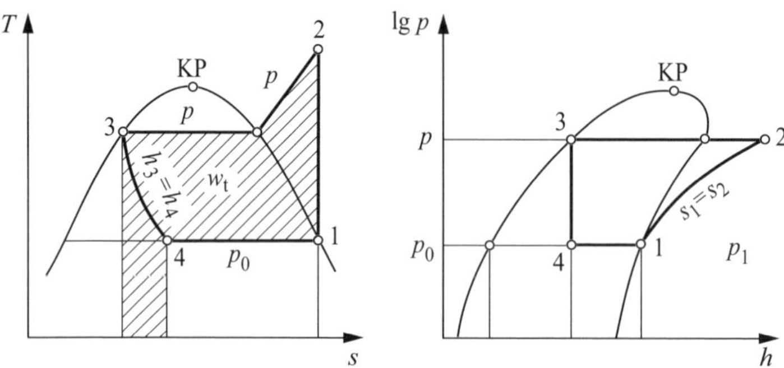

Bild 10.5 Linksgängiger Kreisprozess mit Aggregatzustandsänderung im T,s- und $\lg p,h$-Diagramm

10.5 Beispiele

10.5.1 Gaskälteprozess, offener Prozess, linkslaufender reversibler Joule-Prozess

Ein leistungsstarkes Kühlsystem zum Kühlen eines Serverraumes auf 22 °C mit Umgebungsdruck von 0,98 bar liefert mittels eines kalten Luftstromes das notwendige Kühlmedium nach dem Prinzip eines linksgängigen Joule-Prozesses (nach [8]).

Nach dem Ansaugen der 23 °C warmen Außenluft bei Umgebungsdruck mit einem Volumenstrom von 10 $\frac{m^3}{s}$ wird diese auf 1,6 bar isentrop verdichtet. Über einen Wärmeübertrager wird die verdichtete Luft von der Fortluft aus dem Raum auf 53 °C isobar abgekühlt. Die notwendige kühle Zuluft des Raumes entsteht durch isentrope Entspannung der verdichteten Luft in einer Turbine zurück auf Umgebungsdruck. Vergleiche hierzu auch Bild 10.2.

a) Welche Temperatur hat das Kaltgas beim Austritt aus der Anlage?

b) Wie hoch ist die Zwischentemperatur nach der Verdichtung?

c) Es soll im Wärmeübertrager eine Erwärmung der Abluft von 22 °C um 15 K erfolgen. Welcher Abluftstrom ist dazu nötig.

d) Wie groß ist die Kälteleistung der Anlage?

e) Welche elektrische Antriebsleistung ist dafür im Idealfall nötig?

f) Wie groß ist die Leistungszahl der Kälteanlagen?

g) Würde dieser Apparat als Wärmepumpe zur Erzeugung niederkalorischer Wärme benutzt, welche Leistungszahl wäre zu erreichen?

h) Welche Leistung würde die Anlage dann erreichen?

gegeben:	Umgebungsdruck	$p_1 = 0{,}98\,\text{bar} = 0{,}98 \cdot 10^5\,\text{Pa}$
	Temperatur der Außenluft	$\vartheta_1 = 23\,°\text{C}$, $T_1 = 296{,}15\,\text{K}$
	Volumenstrom Außenluft	$\dot{V}_L = 10\,\frac{\text{m}^3}{\text{s}}$
	Druck der verdichteten Luft	$p_2 = 1{,}6\,\text{bar} = 1{,}6 \cdot 10^5\,\text{Pa}$
	Temperatur der komprimierten Luft nach Kühlung	$\vartheta_3 = 53\,°\text{C}$, $T_3 = 326{,}15\,\text{K}$
	Isentropenexponent der trockenen Luft (Anhang A.4.1)	$\kappa = 1{,}402$
gesucht:	Lufttemperatur nach Entspannung	ϑ_4 in °C
	Lufttemperatur nach Kompression	ϑ_2 in °C
	notwendiger Fortluftstrom bei $\Delta\vartheta = 15\,\text{K}$	$\dot{m}_L$ in $\frac{\text{kg}}{\text{s}}$
	Kälteleistung der Anlage	$\dot{Q}_{ab}$ in kW
	notwendige Antriebsleistung	P_{elt} in kW
	Leistungszahl der Kältemaschine	ε_{KM}
	Leistungszahl der Wärmepumpe	ε_{WP}
	abführbare Heizleistung im Wärmepumpenbetrieb	$\lvert\dot{Q}_{ab}\rvert$ in kW

Lösung:

a) Lufttemperatur nach Entspannung:

Die Temperatur der Luft nach der isentropen Entspannung ist nach Gleichung (5.82)

$$\frac{T_4}{T_3} = \left(\frac{p_1}{p_2}\right)^{\frac{\kappa-1}{\kappa}} = \left(\frac{0{,}98\,\text{bar}}{1{,}6\,\text{bar}}\right)^{\frac{1{,}402-1}{1{,}402}}$$

$$\frac{T_4}{T_3} = 0{,}869$$

$$T_4 = T_3 \cdot 0{,}869 = 326{,}15\,\text{K} \cdot 0{,}869$$

$$T_4 = 283{,}38\,\text{K}$$

$$\vartheta_4 = T_4 - 273{,}15\,\text{K} = 283{,}38\,\text{K} - 273{,}15\,\text{K}$$

$$\vartheta_4 = 10{,}2\,°\text{C}$$

b) Lufttemperatur nach Kompression:

Nach der isentropen Verdichtung ist die Lufttemperatur ebenfalls nach Gleichung (5.82)

$$\frac{T_2}{T_1} = \left(\frac{p_2}{p_1}\right)^{\frac{\kappa-1}{\kappa}} = \left(\frac{1{,}6\,\text{bar}}{0{,}98\,\text{bar}}\right)^{\frac{1{,}402-1}{1{,}402}}$$

$$\frac{T_2}{T_1} = 1{,}151$$

$$T_2 = T_1 \cdot 1{,}151 = 296{,}15\,\text{K} \cdot 1{,}151$$

$$T_2 = 340{,}84\,\text{K}$$

$$\vartheta_2 = T_2 - 273{,}15\,\text{K} = 340{,}84\,\text{K} - 273{,}15\,\text{K}$$

$$\vartheta_2 = 67{,}7\,°\text{C}$$

c) notwendiger Fortluftstrom $\dot{m}_L$ für $\Delta\vartheta = 15\,\text{K}$:

Anmerkung: Ein Teil der abströmenden Raumluft von 22 °C (Zustand 1) ist hier das Kühlmedium. Sie soll sich um 15 K erwärmen, wenn sie im Wärmeübertrager die komprimierte Luft aus Zustand 2 von 67,7 °C auf 53,0 °C (Zustand 3) abkühlt.

Mit Gleichung (5.75), hier schon mit zeitspezifischen Größen geschrieben, ist der Wärmestrom, der von der Kompressionsstelle abgeführt werden muss:

$$\dot{Q}_{ab} = \dot{Q}_{23} = \dot{m}_{L,1} \cdot c_{p,L} \cdot (T_3 - T_2)$$

Die mit zeitspezifischen Größen geschriebene Gleichung (5.48), nach dem Massestrom der Luft $\dot{m}_L$ umgestellt, ist

$$p \cdot \dot{V} = \dot{m} \cdot R \cdot T$$

$$\dot{m}_{L,1} = \frac{p_1 \cdot \dot{V}_L}{R_L \cdot T_1}$$

Die spezifische Gaskonstante von trockener Luft aus Anhang A.4.1 beträgt:

$$R = 287{,}1\,\frac{\mathrm{J}}{\mathrm{kg \cdot K}}$$

Die Umrechnung in die Grundeinheiten (vgl. Anhang A.6) ergibt:

$$p_1 = 0{,}98\,\mathrm{bar} = 0{,}98 \cdot 10^5\,\mathrm{Pa} = 0{,}98 \cdot 10^5\,\frac{\mathrm{N}}{\mathrm{m^2}} = 0{,}98 \cdot 10^5\,\frac{\mathrm{kg \cdot m}}{\mathrm{s^2 \cdot m^2}}$$

$$R = 287{,}1\,\frac{\mathrm{N \cdot m}}{\mathrm{kg \cdot K}}$$

Damit ist der zu komprimierende Massestrom $\dot{m}_{L,1}$ dann:

$$\dot{m}_{L,1} = \frac{0{,}98 \cdot 10^5\,\frac{\mathrm{N}}{\mathrm{m^2}} \cdot 10\,\frac{\mathrm{m^3}}{\mathrm{s}}}{287{,}1\,\frac{\mathrm{N \cdot m}}{\mathrm{kg \cdot K}} \cdot 296{,}15\,\mathrm{K}}$$

$$\dot{m}_{L,1} = 11{,}53\,\frac{\mathrm{kg}}{\mathrm{s}}$$

Der abzuführende Wärmestrom ist dann mit der spezifischen Wärmekapazität von trockener Luft bei 53 °C aus Anhang A.4.15 $c_{p,L} = 1{,}0077\,\frac{\mathrm{kJ}}{\mathrm{kg \cdot K}}$

$$\dot{Q}_{ab} = \dot{Q}_{23} = 11{,}53\,\frac{\mathrm{kg}}{\mathrm{s}} \cdot 1{,}0077\,\frac{\mathrm{kJ}}{\mathrm{kg \cdot K}} \cdot (326{,}15\,\mathrm{K} - 340{,}84\,\mathrm{K})$$

$$\dot{Q}_{ab} = -170{,}6\,\frac{\mathrm{kJ}}{\mathrm{s}} = -170{,}6\,\mathrm{kW}$$

Soll nun dieser Wärmestrom mit dem Kühlmedium Luft von 22 °C (ein Teil der abzuführenden Raumluft, Fortluft), das sich nur um 15 K erwärmen soll, transportiert werden, so ist folgender Kühlluftmassestrom $\dot{m}_L$ nötig:

$$\dot{m}_L = \frac{\left|\dot{Q}_{ab}\right|}{c_{p,L} \cdot \Delta\vartheta}$$

Mit der spezifischen Wärmekapazität der trockenen Luft bei 30 °C aus Anhang A.4.15 $c_{p,L} = 1{,}0067\,\frac{\mathrm{kJ}}{\mathrm{kg \cdot K}}$ ist der Kühlluftmassestrom schließlich

$$\dot{m}_L = \frac{\left|-170{,}6\,\frac{\mathrm{kJ}}{\mathrm{s}}\right|}{1{,}0067\,\frac{\mathrm{kJ}}{\mathrm{kg \cdot K}} \cdot 15\,\mathrm{K}}$$

$$\dot{m}_L = 11{,}30\,\frac{\mathrm{kg}}{\mathrm{s}}$$

Da $\dot{m}_{L,1} > \dot{m}_L$, lässt sich die Aufgabe auch so realisieren.

d) Kälteleistung der Anlage:

Der zugeführte Wärmestrom in die Kälteanlage zwischen den Zustandspunkten 4 und 1, $\dot{Q}_{zu} = \dot{Q}_{41}$, ist wiederum mit zeitspezifischer Gleichung (5.75):

$$\dot{Q}_{zu} = \dot{Q}_{41} = \dot{m}_{L,1} \cdot c_{p,L} \cdot (T_1 - T_4)$$

Die spezifische Wärmekapazität von trockener Luft bei 20 °C aus Anhang A.4.15 $c_{p,L} = 1{,}0064\,\frac{kJ}{kg \cdot K}$

$$\dot{Q}_{zu} = \dot{Q}_{41} = 11{,}53\,\frac{kg}{s} \cdot 1{,}0064\,\frac{kJ}{kg \cdot K} \cdot (296{,}15\,K - 283{,}38\,K)$$

$$\dot{Q}_{zu} = 148{,}2\,\frac{kJ}{s} = 148{,}2\,kW$$

e) notwendige Antriebsleistung unter idealen Bedingungen:

$$P_{elt} = \left|\dot{Q}_{ab}\right| - \dot{Q}_{zu}$$
$$= |-170{,}6\,kW| - 148{,}2\,kW$$
$$P_{elt} = 22{,}4\,kW$$

f) Leistungszahl der Kältemaschine:

$$\varepsilon_{KM} = \frac{1}{\left(\frac{p_2}{p_1}\right)^{\frac{\kappa-1}{\kappa}} - 1} = \frac{1}{\left(\frac{1{,}6\,bar}{0{,}98\,bar}\right)^{\frac{1{,}402-1}{1{,}402}} - 1} = 6{,}63$$

g) Leistungszahl als Wärmepumpe:

$$\varepsilon_{WP} = \frac{1}{1 - \left(\frac{p_1}{p_2}\right)^{\frac{\kappa-1}{\kappa}}} = \frac{1}{1 - \left(\frac{0{,}98\,bar}{1{,}6\,bar}\right)^{\frac{1{,}402-1}{1{,}402}}} = 7{,}63$$

Oder auch auf kurzem Wege:

$$\varepsilon_{WP} = 1 + \varepsilon_{KM} = 1 + 6{,}63$$
$$\varepsilon_{WP} = 7{,}63$$

h) abführbare Heizleistung im Wärmepumpenbetrieb:

Beim Wärmepumpenbetrieb wird die „warme Seite“ des Kälteprozesses genutzt. Es ist der Wärmestrom $\left|\dot{Q}_{ab}\right|$, der von der Kompressionsstelle abgeführt und für Heizzwecke im Niedertemperaturbereich nutzbar ist (vgl. Teil c)). Deren abführbare Heizleistung beträgt

$$\left|\dot{Q}_{ab}\right| = \left|-170{,}6\,\frac{kJ}{s}\right| = 170{,}6\,kW$$

Das Heizmedium „Fortluft“ hätte hier eine Temperatur von

$$\dot{m}_{L,Fort} = 22\,°C + 15\,K = 37\,°C$$

10

10.5.2 Kältekreisprozess für NH_3, Dampfkälteprozess, Grundlagen

Anlagenbeschreibung: Beispielhaft ist ein Kältekreisprozess nach Bild 10.6 mit Ammoniak (NH_3) als Arbeitsmedium zwischen den Drücken 2,36 bar und 10 bar gegeben. Der Wärmeentzug innerhalb des Kreisprozesses erfolgt im Kondensator bei konstantem Druck.

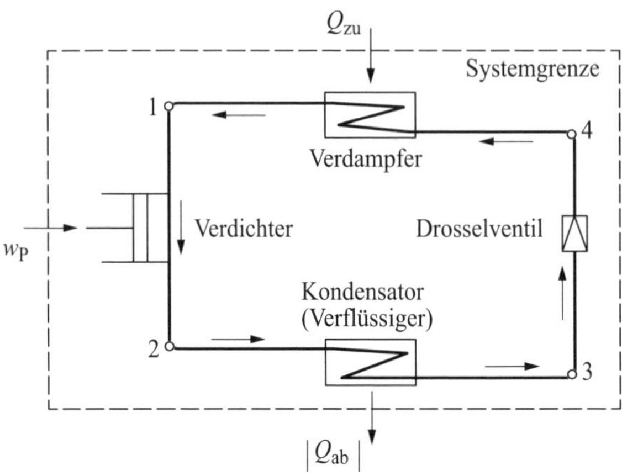

Bild 10.6 Allgemeiner Kältekreisprozess

Zustandspunkt, Aggregat	Beschreibung, Zustand und Zustandsänderung
1	trocken gesättigter NH_3-Dampf mit einem Druck von $p_1 = 2{,}36\,\text{bar}$ bei der zugehörigen Siedetemperatur von $\vartheta_1 = \vartheta_S(p_1) = -15\,°C$
Verdichter (Kompressor)	Im Verdichter wird der trocken gesättigte NH_3-Dampf komprimiert, wobei die Temperatur steigt. Hier wird dem System Verdichtungsarbeit (W_P) zugeführt.
2	überhitzter NH_3-Dampf mit einem Druck von $p_2 = 10\,\text{bar}$ und einer Temperatur von $\vartheta_2 = \vartheta_ü = 70\,°C$, deren Höhe allein vom Verdichter abhängt.
Verflüssiger (Kondensator)	Hier wird durch äußeren Einfluss dem überhitzten NH_3-Dampf durch Wasser- oder Luftkühlung die Überhitzungs- und Verdampfungswärme isobar entzogen, sodass schließlich am Kondensatoraustritt flüssiges NH_3 vorliegt. Dem Arbeitsmedium wird Wärme (Q_{ab}) entzogen, seine Enthalpie vermindert sich.
3	flüssiges NH_3 bei einem Druck von $p_3 = p_2 = 10\,\text{bar}$ und der zugehörigen Siedetemperatur von $\vartheta_3 = \vartheta_S(p_3) = 25\,°C$
Drosselventil	Mithilfe dieses Expansionsventils wird der Druck des flüssigen NH_3 vermindert. Diese Druckminderung erfolgt, ohne dass Arbeit verrichtet wird, und kann als isenthalper Prozess angesehen werden. Dabei verdampft bereits ein Teil des Arbeitsmediums.
4	isenthalpe Entspannung des flüssigen NH_3 von $p_3 = 10\,\text{bar}$ auf $p_4 = p_1 = 2{,}36\,\text{bar}$, wobei NH_3 beginnt zu verdampfen und sich auf die zum Druck p_4 gehörende Siedetemperatur $\vartheta_4 = \vartheta_S(p_4) = -15\,°C$ abkühlt. Es liegt nasser NH_3-Dampf vor.
Verdampfer	Hier findet schließlich die vollständige Verdampfung des Nassdampfes zum NH_3-Sattdampf statt. Die dafür notwendige Verdampfungswärme wird der Umgebung entzogen, es kommt zu deren Kühlung. Dem Arbeitsmedium wird Wärme (Q_{zu}) zugeführt, seine Enthalpie erhöht sich.

Entsprechend o. g. Anlagenbeschreibung ist der Kältekreisprozess mit Ammoniak (NH_3) als Arbeitsmedium zu rechnen.

Nach der Kompression (Zustand 2) ist ein Druck von 10 bar mit einer Temperatur von 70 °C vorhanden. Nach dem Drosselventil (Zustand 4) beträgt der Druck 2,36 bar.

Das Kühlwasser (KW) im Kondensator erwärmt sich von 10 °C auf 22 °C. Die 30 %ige Propylenglykol-Sole (So) $\left(c_{p,\mathrm{m,So}} = 3{,}67\,\frac{\mathrm{kJ}}{\mathrm{kg\cdot K}}\right)$, die den Verdampfer umspült, wird von −2 °C auf −6 °C abgekühlt.

a) Wie groß sind die im Kondensator (K) abzuführende Wärme und die Kompressionsarbeit für 1 kg NH_3 wenn $c''_{p,\mathrm{m},23} = 2{,}78\,\frac{\mathrm{kJ}}{\mathrm{kg\cdot K}}$ und der Verdichtungsexponent $n_{12} = 1{,}25$ ist?

b) Wie viel Kilogramm NH_3 müssen in einer Stunde umlaufen, um der Sole 23 260 W zu entziehen? Welche Kühlwasser- und Solemasse ist dazu erforderlich?

c) Wie groß ist die Leistungszahl der Kältemaschine?

gegeben:	Druck nach Kompression	$p_2 = 10\,\mathrm{bar}$
	Temperatur nach Kompression	$\vartheta_2 = \vartheta_{\ddot{u}} = 70\,°\mathrm{C}$
	Druck nach Drosselventil	$p_4 = 2{,}36\,\mathrm{bar}$
	zugeführter Wärmestrom (der Sole entzogen)	$\dot{Q}_{zu} = \dot{Q}_{41} = 23\,260\,\mathrm{W} = 23{,}26\,\frac{\mathrm{kJ}}{\mathrm{s}}$
	Siedetemperatur von NH_3 bei 10 bar (Anhang A.4.16)	$\vartheta_3 = \vartheta_S(p_3) = 25\,°\mathrm{C}$
	mittlere spezifische Wärmekapazität von NH_3 während der Verdampfung und Überhitzung	$c''_{p,\mathrm{m},23} = 2{,}78\,\frac{\mathrm{kJ}}{\mathrm{kg\cdot K}}$
	spezifische Verdampfungswärme von NH_3 (Anhang A.4.16)	$\Delta h_{V,3} = 1\,165{,}76\,\frac{\mathrm{kJ}}{\mathrm{kg}}$
	polytroper Verdichtungsexponent	$n_{12} = 1{,}25$
	Soletemperatur Eintritt	$\vartheta'_{So} = -2\,°\mathrm{C}$
	Soletemperatur Austritt	$\vartheta''_{So} = -6\,°\mathrm{C}$
	mittlere spezifische Wärmekapazität der Sole	$c_{p,\mathrm{m,So}} = 3{,}67\,\frac{\mathrm{kJ}}{\mathrm{kg\cdot K}}$
	Kühlwassertemperatur Eintritt	$\vartheta'_{KW} = 10\,°\mathrm{C}$
	Kühlwassertemperatur Austritt	$\vartheta''_{KW} = 22\,°\mathrm{C}$
	mittlere spezifische Wärmekapazität des Kühlwassers bei der Mitteltemperatur 16 °C (Anhang A.4.10)	$c_{p,\mathrm{m,KW}} = 4{,}188\,\frac{\mathrm{kJ}}{\mathrm{kg\cdot K}}$
gesucht:	abgeführte spezifische Wärme	$\lvert q_{ab}\rvert = \lvert q_{23}\rvert$ in $\frac{\mathrm{kJ}}{\mathrm{kg}}$
	spezifische Kompressionsarbeit	w_{Kr} in $\frac{\mathrm{kJ}}{\mathrm{kg}}$
	Massestrom Arbeitsmedium NH_3	$\dot{m}_{NH_3}$ in $\frac{\mathrm{kg}}{\mathrm{h}}$
	Massestrom zu kühlende Sole	$\dot{m}_{So}$ in $\frac{\mathrm{kg}}{\mathrm{h}}$
	Leistungszahl der Kältemaschine	ε_{KM}

Lösung:

a) im Kondensator abzuführende spezifische Wärme und spezifische Kompressionsarbeit:

Im Kondensator (Zustandsänderung 2–3) muss die spezifische Verdampfungs- und Überhitzungswärme entzogen werden:

10

abzuführende spezifische Wärme = spezifische Verdampfungsenthalpie + spezifische Enthalpie der Überhitzung

$$|q_{ab}| = |q_{23}| = \Delta h_{V,3} + c''_{p,m,23} \cdot (\vartheta_2 - \vartheta_3)$$

$$= 1\,165{,}76\,\frac{kJ}{kg} + 2{,}78\,\frac{kJ}{kg \cdot K} \cdot (70 - 25)\,K$$

$$|q_{ab}| = |q_{23}| = 1\,290{,}9\,\frac{kJ}{kg}$$

Es müssen demnach 1 290,9 kJ je Kilogramm NH_3 entzogen werden.

Die spezifische Kompressionsarbeit für polytrope Verdichtung ist mit Gleichung (7.129)

$$w_{Kr} = \frac{n}{n-1} \cdot p_1 \cdot v_1 \cdot \left[\left(\frac{p_2}{p_1} \right)^{\frac{n-1}{n}} - 1 \right]$$

Die Umrechnung in die Grundeinheiten (vgl. Anhang A.6) ergibt:

$$p_1 = 2{,}36\,bar = 2{,}36 \cdot 10^5\,Pa = 2{,}36 \cdot 10^5\,\frac{N}{m^2}$$

Aus der Dampftafel für Ammoniak (Anhang A.4.16) ist das spezifische Volumen für Ammoniak-Sattdampf beim Druck $p_1 = 2{,}36\,bar$:

$$v_1'' = 0{,}508\,68\,\frac{m^3}{kg}$$

Damit ist dann die spezifische Kompressionsarbeit

$$w_{Kr} = \frac{1{,}25}{1{,}25 - 1} \cdot 2{,}36 \cdot 10^5\,\frac{N}{m^2} \cdot 0{,}508\,68\,\frac{m^3}{kg} \cdot \left[\left(\frac{10\,bar}{2{,}36\,bar} \right)^{\frac{1{,}25-1}{1{,}25}} - 1 \right]$$

$$w_{Kr} = 200\,964\,\frac{N \cdot m}{kg} = 200\,964\,\frac{J}{kg} = 201\,\frac{kJ}{kg}$$

b) Masseströme Arbeitsmedium, zu kühlende Sole und Kühlwasser für $\dot{Q}_{zu} = \dot{Q}_{41} = 23\,260\,W$:

Während der isenthalpen Drosselung (Zustandsänderung 3–4) ist $h_3' = h_3 = h_4(x_4)$.

Die Dampftafel für Ammoniak (Anhang A.4.16) zeigt für den Ammoniak-Sattdampf bei

$$p_3 = 10\,bar: \quad h_3' = h_3 = h_4(x_4) = 317{,}67\,\frac{kJ}{kg}$$

$$p_4 = 2{,}36\,bar: \quad h_4' = 131{,}22\,\frac{kJ}{kg} \quad \text{und} \quad \Delta h_{V,4} = 1\,313{,}15\,\frac{kJ}{kg}$$

Der Dampfgehalt des Nassdampfes nach der Drosselung ist aus Gleichung (8.142) zu bestimmen.

$$h(x) = h' + x \cdot \Delta h_V$$

$$x = \frac{h(x) - h'}{\Delta h_V}$$

$$x_4 = \frac{h_4(x_4) - h_4'}{\Delta h_{V,4}} = \frac{(317{,}67 - 131{,}22)\,\frac{kJ}{kg}}{1\,313{,}15\,\frac{kJ}{kg}}$$

$$x_4 = 0{,}142\,\frac{kg}{kg}$$

Zustandsänderung 4–1: Nach dem Verdampfer ist der Dampfgehalt auf $x_1 = 1{,}0\,\frac{\text{kg}}{\text{kg}}$ (also Sattdampf) gestiegen. Im Verdampfer muss die dafür notwendige Wärme zugeführt werden, die der Sole entzogen wird (Sole kühlt sich ab). Der Feuchtigkeitsgehalt des Nassdampfes aus Zustand 4, also die Differenz der Dampfgehalte in Zustand 1 und 4 $(x_1 - x_4)$, muss nachverdampft werden. Es ist deshalb die spezifische zuzuführende Wärme:

$$q_{\text{zu}} = \Delta h_{\text{V},4} \cdot (x_1 - x_4)$$
$$= 1\,313{,}15\,\frac{\text{kJ}}{\text{kg}} \cdot (1 - 0{,}142)\,\frac{\text{kg}}{\text{kg}}$$
$$q_{\text{zu}} = 1\,126{,}7\,\frac{\text{kJ}}{\text{kg}}$$

Um die geforderte Kälteleistung von $\dot{Q}_{\text{zu}} = 23\,260\,\text{W} = 23{,}26\,\frac{\text{kJ}}{\text{s}}$ zu gewährleisten, müssen in 1 Stunde an Arbeitsmedium umlaufen:

$$\dot{m}_{\text{NH}_3} = \frac{\dot{Q}_{\text{zu}}}{q_{\text{zu}}}$$
$$= \frac{23{,}26\,\frac{\text{kJ}}{\text{s}}}{1\,126{,}7\,\frac{\text{kJ}}{\text{kg}}} \cdot \frac{3\,600\,\text{s}}{1\,\text{h}}$$
$$\dot{m}_{\text{NH}_3} = 74{,}3\,\frac{\text{kg}}{\text{h}}$$

Der erforderliche Massestrom an zu kühlender Sole ist somit nach Gleichung (3.10), hier mit zeitspezifischen Größen geschrieben und nach $\dot{m}_{\text{So}}$ umgestellt,

$$\dot{Q}_{\text{zu}} = \dot{Q}_{41} = \dot{m}_{\text{So}} \cdot c_{p,\text{m,So}} \cdot \left(\vartheta'_{\text{So}} - \vartheta''_{\text{So}}\right)$$
$$\dot{m}_{\text{So}} = \frac{\dot{Q}_{\text{zu}}}{c_{p,\text{m,So}} \cdot \left(\vartheta'_{\text{So}} - \vartheta''_{\text{So}}\right)} = \frac{23{,}26\,\frac{\text{kJ}}{\text{s}}}{3{,}67\,\frac{\text{kJ}}{\text{kg·K}} \cdot [-2 - (-6)]\,\text{K}} \cdot \frac{3\,600\,\text{s}}{1\,\text{h}}$$
$$\dot{m}_{\text{So}} = 5\,704{,}1\,\frac{\text{kg}}{\text{h}}$$

Um die anfallende Wärme am Kondensator abzuführen, ist ein Kühlwassermassestrom nötig, dessen Bilanzgleichung lautet:

Abwärmestrom des Arbeitsmediums = vom Kühlwasser aufgenommener Wärmestrom

$$\dot{Q}_{\text{ab}} = \dot{m}_{\text{KW}} \cdot c_{p,\text{m,KW}} \cdot \left(\vartheta''_{\text{KW}} - \vartheta'_{\text{KW}}\right)$$
$$\dot{m}_{\text{NH}_3} \cdot \left|q_{\text{ab}}\right| = \dot{m}_{\text{KW}} \cdot c_{p,\text{m,KW}} \cdot \left(\vartheta''_{\text{KW}} - \vartheta'_{\text{KW}}\right)$$

Nach dem Massestrom des Kühlwassers $\dot{m}_{\text{KW}}$ umgestellt, ist

$$\dot{m}_{\text{KW}} = \frac{\dot{m}_{\text{NH}_3} \cdot \left|q_{\text{ab}}\right|}{c_{p,\text{m,KW}} \cdot \left(\vartheta''_{\text{KW}} - \vartheta'_{\text{KW}}\right)} = \frac{74{,}3\,\frac{\text{kg}}{\text{h}} \cdot 1\,290{,}9\,\frac{\text{kJ}}{\text{kg}}}{4{,}188\,\frac{\text{kJ}}{\text{kg·K}} \cdot (22 - 10)\,\text{K}}$$
$$\dot{m}_{\text{KW}} = 1\,908{,}5\,\frac{\text{kg}}{\text{h}}$$

c) Leistungszahl der Kältemaschine:

Nach Gleichung (10.160) ist die Leistungszahl der Kältemaschine

$$\varepsilon_{KM} = \frac{q_{zu}}{w_{Kr}} = \frac{1\,126{,}7\,\frac{kJ}{kg}}{201\,\frac{kJ}{kg}}$$

$$\varepsilon_{KM} = 5{,}61$$

10.6 Übungsaufgabe[1]

10.6.1 Unterkühlter Dampfkälteprozess, lgp,h-Diagramm für Ammoniak NH_3

Es ist für 1 kg Ammoniak (NH_3) ein Kältekreisprozess mithilfe des lgp,h-Diagramms (Anhang A.7.3) und der Dampftafel für Ammoniak (Anhang A.4.16) zu rechnen.

Der Kreisprozess hat eine tiefste Temperatur von −15 °C mit einem Druck von 2,362 bar. Nach dem Verdampfer ist trocken gesättigter NH_3-Dampf mit einem Druck von 2,362 bar vorhanden. Im Kompressor wird der trocken gesättigte NH_3-Dampf auf 10,032 bar isentrop verdichtet. Im nachfolgenden Kondensator erfolgt eine Unterkühlung des NH_3 auf 20 °C. Vergleiche hierzu Bild 10.6.

a) Welche Temperatur ist nach der Verdichtung vorhanden?

b) Welche Arbeit ist vom Kompressor für 1 kg NH_3 aufzubringen?

c) Welche spezifische Enthalpie ist im Kondensator abzuführen, wenn $c''_{p,m,NH_3} = 2{,}79\,\frac{kJ}{kg \cdot K}$?

d) Welcher Dampfgehalt ist nach der Drosselung, wenn die Enthalpie während der Drosselung konstant bleibt, vorhanden?

e) Wie groß ist der Enthalpieentzug (Kühlung) von 1 kg NH_3?

[1] Die Lösungen finden Sie in der Kategorie „Extras“ unter *http://www.hanser-fachbuch.de/9783446442795*.

Spezielle Prozesse in strömenden Medien

11.1 Allgemeines und Grundlagen

Worum geht es im Kapitel?

Betrachtung von Prozessen unter Berücksichtigung der Strömungsvorgänge in den Medien, hier Gase und Dampf

Anwendungsgebiete:

Idealisierte thermodynamische Betrachtung der Prozesse in strömenden Medien; Rohrleitungen, Drosseln, Düsen, Diffusoren

Siehe auch:

4.5 Arbeit am offenen System und Enthalpie, 7.2 Kontinuierliche rechtsläufige Kreisprozesse, der Gasturbinenprozess, 7.4 Verdichter (Kompressoren), 10 Linksgängige Kreisprozesse, Kältemaschinen und Wärmepumpen

Vorbetrachtungen:

Bei der bisherigen Betrachtung von Prozessen wurden die Strömungsvorgänge in den Medien im Normalfall nur in Form einer Arbeitsleistung durch die Strömung oder an der Strömung berücksichtigt.

Es sind jedoch in offenen Systemen oder Teilsystemen Prozesse möglich, die ohne äußere Arbeitsleistung ablaufen. Prozesse in offenen Systemen ohne äußere Arbeitsleistung werden mitunter **rigide Prozesse** genannt. Diese sind Gegenstand dieses Kapitels. Die Betrachtung dieser Prozesse ist ein Grenzgebiet zwischen Thermodynamik und Strömungsmechanik, wobei hier naturgemäß die thermodynamische Betrachtung im Vordergrund stehen soll.

11.2 Fließprozess

Grundlage der Betrachtungen ist der erste Hauptsatz der Thermodynamik für ein offenes System bei stationären Fließprozessen. Stationäre Fließprozesse sind Prozesse, bei denen der eintretende und der austretende Stoffstrom pro Zeiteinheit gleich sind ($\dot{m}_1 = \dot{m}_2$).

Des Weiteren sollen hier nur Systeme mit je einem Eintrittsquerschnitt (1) und einem Austrittsquerschnitt (2) betrachtet werden.

Bezogen auf den Massestrom $\dot{m} = \dot{m}_1 = \dot{m}_2$ gilt dann:

$$q_{12} + w_{t,12} = h_2 - h_1 + \frac{w_2^2}{2} - \frac{w_1^2}{2} + g \cdot (z_2 - z_1) \tag{11.169}$$

q_{12} übertragene spezifische Wärme zwischen dem Eintrittsquerschnitt und dem Austrittsquerschnitt in $\frac{\text{kJ}}{\text{kg}}$
$w_{t,12}$ spezifische technische Arbeit zwischen dem Eintrittsquerschnitt und dem Austrittsquerschnitt (Arbeit pro durchströmende Masseeinheit) in $\frac{\text{kJ}}{\text{kg}}$
h_1 spezifische Enthalpie am Eintrittsquerschnitt in $\frac{\text{kJ}}{\text{kg}}$
h_2 spezifische Enthalpie am Austrittsquerschnitt in $\frac{\text{kJ}}{\text{kg}}$
w_1 Strömungsgeschwindigkeit am Eintrittsquerschnitt in $\frac{\text{m}}{\text{s}}$
w_2 Strömungsgeschwindigkeit am Austrittsquerschnitt in $\frac{\text{m}}{\text{s}}$
g Fallbeschleunigung in $\frac{\text{m}}{\text{s}^2}$
z_1 geodätische Höhe des Eintrittsquerschnitts in m
z_2 geodätische Höhe des Austrittsquerschnitts in m

Da nur Prozesse ohne äußere Arbeitsleitung betrachtet werden sollen, gilt im Folgenden: $w_{t,12} = 0$.

Als weitere Vereinfachung werden nur Fälle betrachtet, bei denen keine Höhendifferenz überwunden werden muss, d. h. $z_1 = z_2$. Das bedeutet, dass keine Änderung der potenziellen Energie stattfindet.

Betrachtet man die Prozesse, da sie schnell ablaufen, nun noch als **adiabat** ($q_{12} = 0$), so ergibt sich die folgende vereinfachte Formulierung:

$$0 = h_2 - h_1 + \frac{w_2^2}{2} - \frac{w_1^2}{2} \tag{11.170}$$

h_1 spezifische Enthalpie am Eintrittsquerschnitt in $\frac{\text{kJ}}{\text{kg}}$
h_2 spezifische Enthalpie am Austrittsquerschnitt in $\frac{\text{kJ}}{\text{kg}}$
w_1 Strömungsgeschwindigkeit am Eintrittsquerschnitt in $\frac{\text{m}}{\text{s}}$
w_2 Strömungsgeschwindigkeit am Austrittsquerschnitt in $\frac{\text{m}}{\text{s}}$

11.3 Die adiabate Drosselung

Unter adiabater Drosselung versteht man eine **Druckminderung und damit Entspannung eines strömenden Gases aufgrund reibungsbehafteter Strömung ohne Verrichtung von Arbeit und ohne Wärmezu- oder -abführung**. Bei der Drosselung handelt es sich um einen **typischen irreversiblen Prozess**. Dieser Effekt ist schon bei einer realen, reibungsbehafteten Rohrleitung gegeben. Er wird durch Querschnittsveränderungen oder Hindernisse verstärkt. Es gilt Gleichung (11.170).

Durch die Querschnitte 1 und 2 muss je Zeiteinheit die gleiche Energie fließen. Unter der Voraussetzung, keine Arbeit zu verrichten und keine Temperaturänderung zu erfahren, muss die Strömungsgeschwindigkeit im Querschnitt vor (1) und nach der Drosselstelle (2) gleich sein. Das ist nur möglich, wenn etwa der Rohrquerschnitt entsprechend steigt. So folgt aus (11.170) für diese reine Drosselung:

Die Enthalpie bleibt konstant, d. h.

$$h_1 = h_2 = \text{konstant}.$$

Prozesse mit konstanter Enthalpie werden **isenthalpe Prozesse** genannt.

Die Drosselung ist also eine Zustandsänderung bei konstanter Enthalpie. Vorausgesetzt, die spezifische Wärmekapazität des Gases c_p wird als konstant angesehen, und weil die Enthalpie proportional der Temperatur ist, ist die Temperatur des Gases vor der Drosselung gleich der nach der Drossel, also: $\vartheta_1 = \vartheta_2 = \text{konstant}$. Für das ideale Gas ist die Drosselung demnach nicht mit einer Temperaturänderung verbunden.

Im h, s-Diagramm ist die Drosselung somit durch eine waagerechte Linie darstellbar, im T, s-Diagramm folgt sie den Linien gleicher Enthalpie, den Isenthalpen.

Bei konstanter Enthalpie steigt die Entropie.

Bei **realen Gasen** führt die Drosselung dagegen häufig zu einer **Temperatursenkung** (Joule-Thomson-Effekt), die zur Abkühlung von Gasen angewendet werden kann. Bei sehr hohen Temperaturen und Drücken kann eine Drosselung auch zur Temperaturerhöhung eines realen Gases führen.

11.4 Düse und Diffusor

Eine **Düse** ist ein Bauteil, in dem strömende Fluide beschleunigt werden, ohne dass eine Zufuhr von Wärme $q_{12} = 0$ oder Arbeit $w_{t,12} = 0$ von außen erfolgt. Diese Beschleunigung ist mit einer Abnahme des statischen Druckes verbunden.

Ein **Diffusor** ist ein Bauteil zur Senkung der Strömungsgeschwindigkeit bei Steigerung des statischen Druckes. Auch hier gilt $q_{12} = 0$ und $w_{t,12} = 0$.

In adiabaten Systemen gilt in Anwendung von (11.170):

$$h_1 - h_2 = \frac{1}{2} \cdot \left(w_2^2 - w_1^2\right) \tag{11.171}$$

h_1 spezifische Enthalpie am Eintrittsquerschnitt in $\frac{\text{kJ}}{\text{kg}}$
h_2 spezifische Enthalpie am Austrittsquerschnitt in $\frac{\text{kJ}}{\text{kg}}$
w_1 Strömungsgeschwindigkeit am Eintrittsquerschnitt in $\frac{\text{m}}{\text{s}}$
w_2 Strömungsgeschwindigkeit am Austrittsquerschnitt in $\frac{\text{m}}{\text{s}}$

11

11.5 Das Ausströmen von Gasen und Dämpfen

Aufbauend auf den vorhergehenden Betrachtungen ist es unter Zuhilfenahme von Gesetzmäßigkeiten der Strömungsmechanik möglich, zu berechnen, welche Strömungsverhältnisse sich an einer Düse oder einem Diffusor einstellen.

Zur Vereinfachung wird dabei vom Ausströmen aus einem Gefäß ausgegangen, das groß gegenüber der ausströmenden Menge ist. Damit kann die Geschwindigkeit am Eintrittsquerschnitt w_1 (die Zuströmgeschwindigkeit) meist ebenso vernachlässigt werden wie eine Druckänderung durch Entnahme aus dem Gefäß (p_1 = konstant).

Aus Gleichung (11.171) folgt dann für die **Austrittsgeschwindigkeit** w_2:

$$w_2 = \sqrt{2 \cdot (h_1 - h_2)} \tag{11.172}$$

w_2 Strömungsgeschwindigkeit am Austrittsquerschnitt in $\frac{\text{m}}{\text{s}}$
h_1 spezifische Enthalpie am Eintrittsquerschnitt in $\frac{\text{J}}{\text{kg}}$, also $\frac{\text{kg}\cdot\text{m}^2}{\text{s}^2\cdot\text{kg}}$
h_2 spezifische Enthalpie am Austrittsquerschnitt in $\frac{\text{J}}{\text{kg}}$, also $\frac{\text{kg}\cdot\text{m}^2}{\text{s}^2\cdot\text{kg}}$

beziehungsweise bei Berücksichtigung der **Zuströmgeschwindigkeit**:

$$w_2 = \sqrt{2 \cdot (h_1 - h_2) + w_1^2} \tag{11.173}$$

w_2 Strömungsgeschwindigkeit am Austrittsquerschnitt in $\frac{\text{m}}{\text{s}}$
h_1 spezifische Enthalpie am Eintrittsquerschnitt in $\frac{\text{J}}{\text{kg}}$, also $\frac{\text{kg}\cdot\text{m}^2}{\text{s}^2\cdot\text{kg}}$
h_2 spezifische Enthalpie am Austrittsquerschnitt in $\frac{\text{J}}{\text{kg}}$, also $\frac{\text{kg}\cdot\text{m}^2}{\text{s}^2\cdot\text{kg}}$
w_1 Strömungsgeschwindigkeit am Eintrittsquerschnitt (Zuströmgeschwindigkeit) in $\frac{\text{m}}{\text{s}}$

Daraus lässt sich ableiten:

$$w_2 = \sqrt{2 \cdot \frac{\kappa}{\kappa - 1} \cdot p_1 \cdot v_1 \cdot \left[1 - \left(\frac{p_2}{p_1}\right)^{\frac{\kappa-1}{\kappa}}\right]} \tag{11.174}$$

w_2 Strömungsgeschwindigkeit am Austrittsquerschnitt in $\frac{\text{m}}{\text{s}}$
p_1 Druck im Ausgangszustand (im Gefäß) in Pa oder $\frac{\text{kg}}{\text{m}\cdot\text{s}^2}$
p_2 Druck im Endzustand (in der Umgebung) in Pa oder $\frac{\text{kg}}{\text{m}\cdot\text{s}^2}$
v_1 spezifisches Volumen im Ausgangszustand in $\frac{\text{m}^3}{\text{kg}}$
κ Isentropenexponent

beziehungsweise bei Berücksichtigung der Zuströmgeschwindigkeit:

$$w_2 = \sqrt{2 \cdot \frac{\kappa}{\kappa - 1} \cdot p_1 \cdot v_1 \cdot \left[1 - \left(\frac{p_2}{p_1}\right)^{\frac{\kappa-1}{\kappa}}\right] + w_1^2} \tag{11.175}$$

w_2 Strömungsgeschwindigkeit am Austrittsquerschnitt in $\frac{\text{m}}{\text{s}}$
p_1 Druck im Ausgangszustand (im Gefäß) in Pa oder $\frac{\text{kg}}{\text{m}\cdot\text{s}^2}$
p_2 Druck im Endzustand (in der Umgebung) in Pa oder $\frac{\text{kg}}{\text{m}\cdot\text{s}^2}$
v_1 spezifisches Volumen im Ausgangszustand in $\frac{\text{m}^3}{\text{kg}}$
κ Isentropenexponent
w_1 Strömungsgeschwindigkeit am Eintrittsquerschnitt (Zuströmgeschwindigkeit) in $\frac{\text{m}}{\text{s}}$

Für **geringe Druckunterschiede** und **kleine Ausströmgeschwindigkeiten** bis etwa 80 $\frac{m}{s}$ gilt auch in guter Näherung:

$$w_2 \approx \sqrt{2 \cdot \frac{(p_1 - p_2)}{\varrho}} \qquad (11.176)$$

w_2 Strömungsgeschwindigkeit am Austrittsquerschnitt in $\frac{m}{s}$
p_1 Druck im Ausgangszustand (im Gefäß) in Pa oder $\frac{kg}{m \cdot s^2}$
p_2 Druck im Endzustand (in der Umgebung) in Pa oder $\frac{kg}{m \cdot s^2}$
ϱ Dichte im Ausgangszustand im $\frac{kg}{m^3}$

Die so ermittelte Geschwindigkeit stellt ein theoretisches Optimum dar. Die **tatsächlich erreichbare Geschwindigkeit** $w_{2,real}$ ist durch die technischen Gegebenheiten geringer.

$$w_{2,real} = \varphi \cdot w_2 \qquad (11.177)$$

$w_{2,real}$ tatsächlich erreichbare Strömungsgeschwindigkeit am Austrittsquerschnitt in $\frac{m}{s}$
φ Geschwindigkeitsbeiwert, siehe Tabelle 11.1
w_2 theoretische Strömungsgeschwindigkeit am Austrittsquerschnitt in $\frac{m}{s}$

Tabelle 11.1 Anhaltswerte des Geschwindigkeitsbeiwertes φ

Anhaltswerte	Geschwindigkeitsbeiwert φ
bei idealen Gasen in Strahlapparaten	0,90...0,98
bei gut abgerundeten Düsen und idealem Gas	0,95...0,98
bei Apparaten für Wasserdampf	0,92...0,97

Aus (11.174) folgt der **austretende Massestrom** $\dot{m}$:

$$\dot{m} = A_2 \sqrt{2 \cdot \frac{\kappa}{\kappa - 1} \cdot \frac{p_1}{v_1} \cdot \left[\left(\frac{p_2}{p_1} \right)^{\frac{2}{\kappa}} - \left(\frac{p_2}{p_1} \right)^{\frac{\kappa+1}{\kappa}} \right]} \qquad (11.178)$$

$\dot{m}$ austretender Massestrom in $\frac{kg}{s}$
A_2 Austrittsquerschnitt (auch Düsen- oder Strahlquerschnitt) in m^2
κ Isentropenexponent
p_1 Druck im Ausgangszustand (im Gefäß) in Pa oder $\frac{kg}{m \cdot s^2}$
p_2 Druck im Endzustand (in der Umgebung) in Pa oder $\frac{kg}{m \cdot s^2}$
v_1 spezifisches Volumen im Ausgangszustand in $\frac{m^3}{kg}$

Dabei ist nur im Idealfall der Austrittsquerschnitt A_2 gleich dem geometrischen Querschnitt A_{mess}. Wird der Austritt durch scharfkantige Bauteile, etwa Messblenden, gebildet, ist A_2 kleiner als der von außen messbare kleinste geometrische Querschnitt des Austritts.

$$A_2 = \mu \cdot A_{mess} \qquad (11.179)$$

11

A_2 Austrittsquerschnitt, Strahlquerschnitt in m^2
μ Kontraktionszahl, siehe Tabelle 11.2
A_{mess} messbarer kleinster geometrischer Querschnitt des Austritts in m^2

Tabelle 11.2 Anhaltswerte der Kontraktionszahl μ

Anhaltswerte	Kontraktionszahl μ
für Messblenden	0,5...0,65
bei gut abgerundeten und erweiterten Düsen	1,0

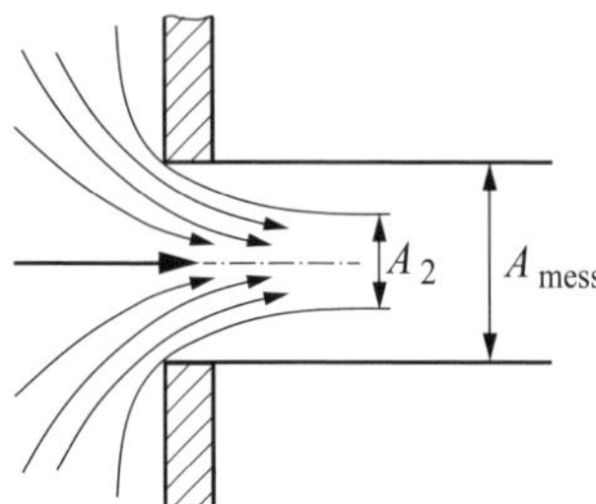

Bild 11.1 Ausströmen aus scharfkantiger Messblende

Aufgrund der technischen Gegebenheiten an der Düse, die sich im Geschwindigkeitsbeiwert wiederspiegeln, ist der **tatsächlich austretende Massestrom** $\dot{m}_{real}$

$$\dot{m}_{real} = \varphi \cdot \dot{m} \tag{11.180}$$

$\dot{m}_{real}$ tatsächlich austretender Massestrom in $\frac{kg}{s}$
φ Geschwindigkeitsbeiwert, siehe Tabelle 11.1
$\dot{m}$ austretender Massestrom in $\frac{kg}{s}$

Diese Formeln gelten nur für Austrittsgeschwindigkeiten w_2 kleiner als die Schallgeschwindigkeit im jeweilig austretenden Medium. Für Austrittsgeschwindigkeiten w_2 größer und gleich der Schallgeschwindigkeit sei hier an die einschlägige Literatur der Strömungsmechanik verwiesen.

Für **Dämpfe** gelten (11.172) und (11.177) analog.

Der durch den Geschwindigkeitsbeiwert hervorgerufene **Düsenverlust** Δh_{Verl} **beim ausströmenden Dampf**, als Enthalpieunterschied ausgedrückt, ist

$$\Delta h_{Verl} = \Delta h_{is} \cdot \left(1 - \varphi^2\right) \tag{11.181}$$

Δh_{Verl} Enthalpieverlust der Düse (Düsenverlust) in $\frac{kJ}{kg}$
Δh_{is} isentropes Enthalpiegefälle in $\frac{kJ}{kg}$
φ Geschwindigkeitsbeiwert, siehe Tabelle 11.1

Für die Arbeit mit Dämpfen und realen Gasen sei erneut auf die Anwendung von stoffspezifischen Zustandsdiagrammen, insbesondere von h, s-Diagrammen verwiesen. Am Rand einiger Diagramme ist ein Nomogramm zu finden, mit dessen Hilfe die Austrittsgeschwindigkeit w_2 direkt über die zuvor errechnete Enthalpiedifferenz Δh abgelesen werden kann.

11.6 Beispiele

11.6.1 Ausströmvorgang, kleines Druckgefälle, Geschwindigkeitsbeiwert, Kontraktionszahl

In einer Brenngasleitung befindet sich ein Loch von 2 mm Durchmesser. Der Überdruck in der Gasleitung beträgt 6 mbar, die Dichte des Brenngases $\varrho = 0{,}6\,\frac{\text{kg}}{\text{m}^3}$.

Welches Volumen strömt in einer Stunde bei einem Luftdruck von 1 bar aus, wenn der Geschwindigkeitsbeiwert $\varphi = 0{,}9$ und die Kontraktionszahl $\mu = 0{,}65$ sind?

gegeben:	Umgebungsdruck	$p_\text{b} = p_2 = 1{,}0\,\text{bar}$
	Überdruck der Brenngasleitung	$\Delta p_\text{ü} = 6\text{ mbar} = 0{,}006\,\text{bar}$
	Brenngasdichte	$\varrho = 0{,}6\,\frac{\text{kg}}{\text{m}^3}$
	Durchmesser	$d = 2\,\text{mm} = 0{,}002\,\text{m}$
	Geschwindigkeitsbeiwert	$\varphi = 0{,}9$
	Kontraktionszahl	$\mu = 0{,}65$
gesucht:	Volumen	V in m^3

Lösung:

Nach Gleichung (2.8) ist der absolute Innendruck in der Brenngasleitung

$$p_1 = p_\text{b} + \Delta p_\text{ü} = (1 + 0{,}006)\,\text{bar}$$
$$p_1 = 1{,}006\,\text{bar}$$

Der Druckunterschied beträgt somit

$$\Delta p = p_1 - p_2 = (1{,}006 - 0{,}006)\,\text{bar}$$
$$\Delta p = 0{,}006\,\text{bar} = 600\,\frac{\text{N}}{\text{m}^2} = 600\,\text{Pa}$$

Da nur ein sehr kleines Druckgefälle vorhanden ist, kann Gleichung (11.176) angewandt werden.

$$w_2 \approx \sqrt{2 \cdot \frac{(p_1 - p_2)}{\varrho}} \approx \sqrt{2 \cdot \frac{600\,\text{Pa}}{0{,}6\,\frac{\text{kg}}{\text{m}^3}}}$$
$$w_2 = 44{,}72\,\frac{\text{m}}{\text{s}}$$

Die tatsächliche erreichbare Ausströmgeschwindigkeit unter Berücksichtigung der technischen Gegebenheiten ist mit Gleichung (11.177)

$$w_{2,\text{real}} = \varphi \cdot w_2 = 0{,}9 \cdot 44{,}72\,\frac{\text{m}}{\text{s}}$$
$$w_{2,\text{real}} = 40{,}25\,\frac{\text{m}}{\text{s}}$$

Die Ausströmfläche des 2 mm großen Loches ist

$$A_\text{mess} = \frac{\pi}{4} \cdot d^2 = \frac{\pi}{4} \cdot 0{,}002^2\,\text{m}^2$$
$$A_\text{mess} = 0{,}000\,003\,14\,\text{m}^2$$

Unter Berücksichtigung der Kontraktionszahl μ ist der wirksame Austrittsquerschnitt A_2 mit Gleichung (11.179)

$$A_2 = \mu \cdot A_{\text{mess}} = 0{,}65 \cdot 0{,}000\,003\,14\,\text{m}^2$$
$$A_2 = 0{,}000\,002\,04\,\text{m}^2$$

Der dort austretende Volumenstrom $\dot{V}$ ist dann

$$\dot{V} = A_2 \cdot w_{2,\text{real}} = 0{,}000\,002\,04\,\text{m}^2 \cdot 40{,}25\,\frac{\text{m}}{\text{s}} \cdot \frac{3\,600\,\text{s}}{1\,\text{h}}$$
$$\dot{V} = 0{,}296\,\frac{\text{m}^3}{\text{h}}$$

11.6.2 Ausströmvorgang, kein kleines Druckgefälle, Ausströmgeschwindigkeit, Massestrom

In einem Druckbehälter befindet sich Luft mit einem konstanten absoluten Druck von 2,5 bar bei einer Temperatur von 30 °C.

a) Wie groß ist die Ausströmgeschwindigkeit aus einer gut abgerundeten Düse vom Durchmesser 20 mm bei einem absoluten Gegendruck von 1,4 bar, wenn der Geschwindigkeitsbeiwert $\varphi = 0{,}96$ ist?

b) Wie groß ist die Geschwindigkeit der Luft im engsten Querschnitt der Düse?

c) Welcher Massestrom tritt aus, wenn die Kontraktionszahl $\mu = 1{,}0$ ist?

gegeben:	Druck im Behälter	$p_1 = 2{,}5\,\text{bar} = 2{,}5 \cdot 10^5\,\frac{\text{N}}{\text{m}^2} = 0{,}25\,\text{MPa}$
	Temperatur im Behälter	$\vartheta_1 = 30\,°\text{C},\ T_1 = 303{,}15\,\text{K}$
	Gegendruck	$p_2 = 1{,}4\,\text{bar} = 1{,}4 \cdot 10^5\,\frac{\text{N}}{\text{m}^2} = 0{,}14\,\text{MPa}$
	Isentropenexponent für trockene Luft (Anhang A.4.1)	$\kappa = 1{,}402$
	spezifische Gaskonstante für trockene Luft (Anhang A.4.1)	$R = 287{,}1\,\frac{\text{N}\cdot\text{m}}{\text{kg}\cdot\text{K}}$
	Durchmesser der Düse	$d = 20\,\text{mm} = 0{,}02\,\text{m}$
	Kontraktionszahl	$\mu = 1{,}0$
	Geschwindigkeitsbeiwert	$\varphi = 0{,}96$
gesucht:	Ausströmgeschwindigkeit	w_2 in $\frac{\text{m}}{\text{s}}$
	Luftgeschwindigkeit im engsten Querschnitt	w in $\frac{\text{m}}{\text{s}}$
	tatsächlich austretender Massestrom	$\dot{m}_{\text{real}}$ in $\frac{\text{kg}}{\text{s}}$

Lösung:

a) Ausströmgeschwindigkeit:

Anmerkung: Es wird davon ausgegangen, dass ein unterkritisches Druckverhältnis vorliegt.

Das spezifische Volumen im Anfangszustand ist mit Gleichung (5.47) und umgestellt nach v_1

$$p_1 \cdot v_1 = R \cdot T_1$$

$$v_1 = \frac{R \cdot T_1}{p_1} = \frac{287{,}1\,\frac{\text{N}\cdot\text{m}}{\text{kg}\cdot\text{K}} \cdot 303{,}15\,\text{K}}{2{,}5 \cdot 10^5\,\frac{\text{N}}{\text{m}^2}}$$

$$v_1 = 0{,}348\,1\,\frac{\text{m}^3}{\text{kg}}$$

Die Ausströmgeschwindigkeit ist nach Gleichung (11.174)

$$w_2 = \sqrt{2 \cdot \frac{\kappa}{\kappa - 1} \cdot p_1 \cdot v_1 \left[1 - \left(\frac{p_2}{p_1}\right)^{\frac{\kappa-1}{\kappa}}\right]}$$

$$= \sqrt{2 \cdot \frac{1{,}402}{1{,}402 - 1} \cdot 2{,}5 \cdot 10^5\,\frac{\text{kg}}{\text{m}\cdot\text{s}^2} \cdot 0{,}348\,1\,\frac{\text{m}^3}{\text{kg}} \cdot \left[1 - \left(\frac{1{,}4\,\text{bar}}{2{,}5\,\text{bar}}\right)^{\frac{1{,}402-1}{1{,}402}}\right]}$$

$$w_2 = 309{,}2\,\frac{\text{m}}{\text{s}}$$

Die tatsächliche erreichbare Ausströmgeschwindigkeit $w_{2,\text{real}}$ unter Berücksichtigung der technischen Gegebenheiten ist mit Gleichung (11.177)

$$w_{2,\text{real}} = \varphi \cdot w_2 = 0{,}96 \cdot 309{,}2\,\frac{\text{m}}{\text{s}}$$

$$w_{2,\text{real}} = 296{,}8\,\frac{\text{m}}{\text{s}}$$

b) Ausströmgeschwindigkeit im engsten Querschnitt:

Unter Berücksichtigung der Kontraktionszahl $\mu = 1$ ist der wirksame Austrittsquerschnitt $A_2 = A_{\text{mess}}$ und damit der kleinste Durchmesser der Düse gleich dem Durchmesser d = 20 mm. Vergleiche auch Gleichung (11.179).

Damit ist die Strömungsgeschwindigkeit im engsten Querschnitt ebenfalls 296,8 $\frac{\text{m}}{\text{s}}$.

c) austretender Massestrom:

Die Ausströmfläche der 20 mm großen Düse ist

$$A_{\text{mess}} = \frac{\pi}{4} \cdot d^2 = \frac{\pi}{4} \cdot 0{,}02^2\,\text{m}^2$$

$$A_{\text{mess}} = 0{,}000\,314\,\text{m}^2$$

Unter Berücksichtigung der Kontraktionszahl μ bleibt der wirksame Austrittsquerschnitt A_2 mit Gleichung (11.179)

$$A_2 = \mu \cdot A_{\text{mess}} = 1 \cdot 0{,}000\,314\,\text{m}^2$$

$$A_2 = 0{,}000\,314\,\text{m}^2$$

Der austretende Massestrom ist dann nach Gleichung (11.178)

$$\dot{m} = A_2 \sqrt{2 \cdot \frac{\kappa}{\kappa - 1} \cdot \frac{p_1}{v_1} \cdot \left[\left(\frac{p_2}{p_1} \right)^{\frac{2}{\kappa}} - \left(\frac{p_2}{p_1} \right)^{\frac{\kappa+1}{\kappa}} \right]}$$

$$= 0{,}000\,314\,\mathrm{m}^2 \cdot \sqrt{2 \cdot \frac{1{,}402}{1{,}402 - 1} \cdot \frac{2{,}5 \cdot 10^5\,\frac{\mathrm{kg}}{\mathrm{m \cdot s^2}}}{0{,}348\,1\,\frac{\mathrm{m^3}}{\mathrm{kg}}} \left[\left(\frac{1{,}4\,\mathrm{bar}}{2{,}5\,\mathrm{bar}} \right)^{\frac{2}{1{,}402}} - \left(\frac{1{,}4\,\mathrm{bar}}{2{,}5\,\mathrm{bar}} \right)^{\frac{1{,}402+1}{1{,}402}} \right]}$$

$$\dot{m} = 0{,}182\,\frac{\mathrm{kg}}{\mathrm{s}}$$

Der tatsächlich aus der Düse austretende Massestrom ist mit Gleichung (11.180)

$$\dot{m}_{\mathrm{real}} = \varphi \cdot \dot{m} = 0{,}96 \cdot 0{,}182\,\frac{\mathrm{kg}}{\mathrm{s}}$$

$$\dot{m}_{\mathrm{real}} = 0{,}175\,\frac{\mathrm{kg}}{\mathrm{s}}$$

11.6.3 Ausströmender Dampf, Laval-Düse, *h, s*-Diagramm, Dampfgehalt

In einer Laval-Düse wird überhitzter Dampf mit einem absoluten Druck von 10 bar und 300 °C bis auf einen absoluten Gegendruck von 0,1 bar mit einem Geschwindigkeitsbeiwert von $\varphi = 0{,}95$ isentrop entspannt.

a) Wie groß ist der Dampfgehalt nach der isentropen Entspannung?

b) Wie groß ist die Ausströmgeschwindigkeit?

gegeben:	Temperatur	$\vartheta_{\ddot{u}} = \vartheta_1 = 300\,°\mathrm{C}$, $T_{\ddot{u}} = T_1 = 573{,}15\,\mathrm{K}$
	Druck	$p_1 = 10\,\mathrm{bar}$
	Geschwindigkeitsbeiwert	$\varphi = 0{,}95$
	Gegendruck	$p_2 = 0{,}1\,\mathrm{bar}$
gesucht:	Dampfgehalt nach der Entspannung	x_2 in $\frac{\mathrm{kg}}{\mathrm{kg}}$
	Ausströmgeschwindigkeit	w_2 in $\frac{\mathrm{m}}{\mathrm{s}}$

Lösung:

a) Dampfgehalt nach der isentropen Entspannung:

Die Entropie des überhitzten Dampfes $s_{\ddot{u}}$ ist mit $\vartheta_{\ddot{u}} = 300\,°\mathrm{C}$ und $p_1 = 10\,\mathrm{bar}$ aus Anhang A.4.13

$$s_{\ddot{u}} = 7{,}125\,\frac{\mathrm{kJ}}{\mathrm{kg \cdot K}}$$

oder gerechnet mit Gleichung (8.146) und den notwendigen Zustandsgrößen und Stoffwerten für $p_1 = 10\,\mathrm{bar}$ aus dem Anhang A.4.11 und A.4.12

$$s_{\ddot{u}} = s'' + c_{p,\mathrm{m}} \cdot \ln \frac{T_{\ddot{u}}}{T_{\mathrm{S}}}$$

$\vartheta_S = 179{,}89\,°C$, also $T_S = 453{,}04\,K$, $s'' = 6{,}585\,\frac{kJ}{kg\cdot K}$ und $c_{p,m} = 2{,}286\,\frac{kJ}{kg\cdot K}$

Damit ist dann die Entropie des überhitzten Dampfes

$$s_{ü} = 6{,}585\,\frac{kJ}{kg\cdot K} + 2{,}286\,\frac{kJ}{kg\cdot K}\cdot \ln\frac{573{,}15\,K}{453{,}04\,K}$$

$$s_{ü} = 7{,}123\,\frac{kJ}{kg\cdot K}$$

Während der Entspannung ins Nassdampfgebiet auf $p_2 = 0{,}1\,bar$ bleibt die Entropie konstant. Es ist demnach $s_{ü} = s_2(x_2)$. Aus Gleichung (8.145) und Zustandswerten aus der Sattdampftafel Anhang A.4.11 ist der Dampfgehalt x_2 dann mit $s_2' = 0{,}6492\,\frac{kJ}{kg\cdot K}$ und $s_2'' = 8{,}149\,\frac{kJ}{kg\cdot K}$

$$s(x) = s' + x\cdot\left(s'' - s'\right)$$

$$x_2 = \frac{s_{ü} - s_2'}{s_2'' - s_2'} = \frac{(7{,}125 - 0{,}649\,2)\,\frac{kJ}{kg\cdot K}}{(8{,}149 - 0{,}649\,2)\,\frac{kJ}{kg\cdot K}}$$

$$x_2 = 0{,}864\,\frac{kg}{kg}$$

Die Enthalpie dieses Nassdampfes $h(x)$ ist dort mit Gleichung (8.142) und den Zustandsgrößen aus der Nassdampftafel Anhang A.4.11 bei $p_2 = 0{,}1\,bar$: $h_2' = 191{,}81\,\frac{kJ}{kg}$ und $\Delta h_{V,2} = 2\,392{,}1\,\frac{kJ}{kg}$

$$h(x) = h' + x\cdot\Delta h_V$$

$$h_2(x_2) = h_2' + x_2\cdot\Delta h_{V,2} = 191{,}81\,\frac{kJ}{kg} + 0{,}864\,\frac{kg}{kg}\cdot 2\,392{,}1\,\frac{kJ}{kg}$$

$$h_2(x_2) = 2\,258{,}6\,\frac{kJ}{kg}$$

Die Enthalpie des überhitzten Dampfes $h_{ü}$ ist mit $\vartheta_{ü} = 300\,°C$ und $p_1 = 10\,bar$ aus Anhang A.4.13

$$h_{ü,1} = 3\,051{,}7\,\frac{kJ}{kg}$$

oder mit Gleichung (8.143) und den notwendigen Zustandsgrößen und Stoffwerten für $p_1 = 10\,bar$ aus dem Anhang A.4.11 und A.4.12 gerechnet

$$h_{ü} = h'' + c_{p,m}\cdot(\vartheta_{ü} - \vartheta_S)$$

$$\vartheta_S = 179{,}89\,°C, \quad h'' = 2\,777{,}1\,\frac{kJ}{kg} \quad \text{und} \quad c_{p,m} = 2{,}286\,\frac{kJ}{kg\cdot K}$$

Die Entropie des überhitzten Wasserdampfes ist somit

$$h_{ü,1} = 2\,777{,}1\,\frac{kJ}{kg} + 2{,}286\,\frac{kJ}{kg\cdot K}\cdot(300 - 179{,}89)\,K$$

$$h_{ü,1} = 3\,051{,}7\,\frac{kJ}{kg}$$

11

Das (ideale) isentrope Enthalpiegefälle Δh_{is} beträgt damit

$$\begin{aligned}\Delta h_{is} &= h_{ü,1} - h_2(x_2)\\ &= (3051{,}7 - 2258{,}6)\,\frac{\text{kJ}}{\text{kg}}\\ \Delta h_{is} &= 793{,}1\,\frac{\text{kJ}}{\text{kg}}\end{aligned}$$

Der Düsenverlust ist mit $\varphi = 0{,}95$ nach Gleichung (11.181)

$$\begin{aligned}\Delta h_{Verl} &= \Delta h_{is} \cdot \left(1 - \varphi^2\right)\\ &= 793{,}1\,\frac{\text{kJ}}{\text{kg}} \cdot \left(1 - 0{,}95^2\right)\\ \Delta h_{Verl} &= 77{,}3\,\frac{\text{kJ}}{\text{kg}}\end{aligned}$$

Die tatsächliche Enthalpie im Endzustand ist dann

$$\begin{aligned}h_{2,real}\left(x_{2,real}\right) &= h_2 + \Delta h_{Verl}\\ &= (2258{,}6 + 77{,}3)\,\frac{\text{kJ}}{\text{kg}}\\ h_{2,real}\left(x_{2,real}\right) &= 2335{,}9\,\frac{\text{kJ}}{\text{kg}}\end{aligned}$$

Damit ist dann der Dampfgehalt im Endzustand, nachgerechnet mit Gleichung (8.142) und nach $x_{2,real}$ umgestellt:

$$\begin{aligned}h(x) &= h' + x \cdot \Delta h_V\\ x_{2,real} &= \frac{h_{2,real}\left(x_{2,real}\right) - h'_2}{\Delta h_V}\\ &= \frac{(2335{,}9 - 191{,}81)\,\frac{\text{kJ}}{\text{kg}}}{2392{,}1\,\frac{\text{kJ}}{\text{kg}}}\\ x_{2,real} &= 0{,}896\,\frac{\text{kg}}{\text{kg}}\end{aligned}$$

Diese reale Zustandsänderung 1–2 ist somit im h, s-Diagramm keine Senkrechte mehr (ideale isentrope Entspannung), sondern eine um den Enthalpiebetrag Δh_{Verl} nach unten rechts geneigte Linie.

b) Ausströmgeschwindigkeit aus der Laval-Düse:

Die Ausströmgeschwindigkeit ergibt sich aus Gleichung (11.172)

$$\begin{aligned}w_2 &= \sqrt{2 \cdot (h_1 - h_2)} = \sqrt{2 \cdot \left(h_{ü,1} - h_{2,real}\left(x_{2,real}\right)\right)}\\ &= \sqrt{2 \cdot (3051700 - 2335900)\,\frac{\text{J}}{\text{kg}}} = \sqrt{2 \cdot (3051700 - 2335900)\,\frac{\text{kg} \cdot \text{m}^2}{\text{s}^2 \cdot \text{kg}}}\\ w_2 &= 1196{,}5\,\frac{\text{m}}{\text{s}}\end{aligned}$$

11.7 Übungsaufgabe[1]

11.7.1 Strahlpumpe, Ausströmen, kein kleines Druckgefälle, Laval-Düse, Unterdruck

In einem Behälter, der mit einer kurzen Rohrleitung an den engsten Querschnitt einer Strahlpumpe mit Laval-Düse angeschlossen ist, soll ein Unterdruck von 240 mbar bei einem äußeren Luftdruck von 1 013 mbar hergestellt werden. Ein unterkritisches Druckverhältnis wird vorausgesetzt.

Der engste Durchmesser der Düse ist 30 mm, der weiteste Durchmesser 45 mm. Die für den Betrieb der Strahlpumpe zur Verfügung stehende Druckluft hat eine Temperatur von 20 °C. Verluste bleiben unberücksichtigt.

a) Welcher Überdruck muss vor der Düse herrschen, um den Unterdruck im Behälter herzustellen?

b) Welche Luftmasse strömt dann je Sekunde aus?

11

[1] Die Lösungen finden Sie in der Kategorie „Extras“ unter *http://www.hanser-fachbuch.de/9783446442795*.

12 Die Verbrennung als Vorgang der Umwandlung chemischer Energie in thermische Energie

12.1 Allgemeines und Grundlagen

Worum geht es im Kapitel?

Umwandlung von chemischer Energie in thermische Energie durch chemische Reaktionen bei der Verbrennung

Anwendungsgebiete:

Ermittlung des Luftbedarfs und der Rauchgaszusammensetzung einer Verbrennung, energetische Berechnungen von Verbrennungsvorgängen

Siehe auch:

4.4 Energiebilanzierung

Vorbetrachtungen:

Energie kann auch in Form von chemischer Energie in Stoffen gespeichert sein. Chemische Reaktionen ermöglichen die Umwandlung von chemischer Energie in thermische Energie und umgekehrt. Eine Gruppe von chemischen Reaktionen, die in der Energietechnik dazu genutzt wird, die chemische Energie von Brennstoffen in thermische Energie umzuwandeln, wird Verbrennung genannt.

Verbrennung ist definiert als die Umwandlung eines Brennstoffes durch Oxidation bis zur jeweils höchsten möglichen Oxidationsstufe. Das Oxidationsmittel ist dabei üblicherweise Sauerstoff, insbesondere der Sauerstoff der Luft. Ziel der Verbrennung ist die Umwandlung der im Brennstoff gespeicherten chemischen Energie in thermische Energie, nicht die Erzeugung eines stofflich nutzbaren Produktes. Die Verbrennungsprodukte können stattdessen als Abgas (Rauchgas) eher ein Problem darstellen.

Brennstoffe sind Stoffe, deren Zweck es ist, dass ihre chemische Energie umgewandelt wird, um eine andere Energieform bereitzustellen.

Es existieren Brennstoffe in allen drei Aggregatzuständen.

Bis auf Sonderfälle wird neben der **Oxidation von Schwefel** S die **Oxidation der Elemente Wasserstoff** H_2 **und Kohlenstoff** C genutzt.

Kohlenstoff und Wasserstoff treten in Brennstoffen elementar, in Form der anorganischen Verbindungen Kohlenstoffmonoxid CO und Schwefelwasserstoff H_2S und vor allem in Form organischer Verbindungen auf. In diesen sind als weitere Hauptbestandteile Sauerstoff O_2 und Stickstoff N_2 enthalten, der in erster Näherung an keinen Reaktionen teilnimmt. Außerdem treten im Normalfall im Brennstoff eine große Zahl von Nebenbestandteilen (in oft geringer Konzentration) auf.

Die in der Praxis eingesetzten Brennstoffe können sowohl aus einer oder wenigen definierten chemischen Verbindungen bestehen als auch einen sehr hohen Grad chemischer Komplexität aufweisen.

Zu der ersten Gruppe gehören die gasförmigen Brennstoffe, die von Wasserstoff H_2, Kohlenstoffmonoxid CO, Methan CH_4 und den höheren Kohlenwasserstoffen C_mH_n dominiert werden, aber auch einige flüssige Brennstoffe wie Methanol CH_3OH und Ethanol C_2H_5OH.

Dagegen gehören die meisten flüssigen Brennstoffe, zum Beispiel Heizöl, als Vielstoffgemische oder die festen Brennstoffe mit einer uneinheitlichen makromolekularen Struktur (Biomasse, Kohle, ...) zur zweiten Gruppe.

Grafisch lassen sich Verbrennungsvorgänge in einem sogenannten Verbrennungsdreieck, zum Beispiel in der Form nach *Bunte* oder in der Form nach *Ostwald*, veranschaulichen. Auf Konstruktion und Nutzung des Verbrennungsdreiecks soll hier nicht näher eingegangen werden.

12.2 Vollständige Verbrennung und Luftüberschuss

12.2.1 Verbrennung gasförmiger Brennstoffe

Besteht der Brennstoff aus einer oder wenigen definierten Substanzen, so kann für die Berechnungen auf das in der Chemie allgemein übliche stöchiometrische Rechnen auf Basis der Reaktionsgleichungen zurückgegriffen werden. Es gelten für die Reaktionspartner jeweils die Stoffmengenverhältnisse entsprechend der Reaktionsgleichung, aus denen sich Masse- und Volumenverhältnisse ableiten lassen.

Bei diesem Vorgehen kann, wie beim stöchiometrischen Rechnen üblich, auch die Verbrennungsenthalpie als Reaktionsenthalpie aus den Bildungsenthalpien der beteiligten Substanzen errechnet werden. Trotzdem ist es auch bei gasförmigen Brennstoffen und aus einer Einzelsubstanz bestehenden flüssigen Brennstoffen üblich, für die energetischen Berechnungen den Heizwert entsprechend Abschnitt 12.5.2 zu nutzen. Damit kann der Einfluss von Nebenbestandteilen einfacher berücksichtigt werden.

Es gilt folgende grundlegende **Reaktionsgleichung**:

$$\varsigma_1 \cdot X_1 + \varsigma_2 \cdot X_2 \rightarrow \varsigma_3 \cdot X_3 + \ldots + \varsigma_n \cdot X_n \tag{12.182}$$

ς_i Stöchiometriezahl des Reaktionspartners i (Edukt oder Produkt), $i = 1 \ldots n$
X_i Reaktionspartner X_1 und X_2 (Edukte) und $X_3 \ldots X_n$ (Produkte)
X_1 Brennstoff
X_2 Oxidationsmittel

und die spezifischen Reaktionsgleichungen für die
Verbrennung von **Wasserstoff**:

$$1\,H_2 + \frac{1}{2}O_2 \rightarrow 1\,H_2O \tag{12.183}$$

12

Verbrennung von **Kohlenstoffmonoxid**:

$$1\,CO + \frac{1}{2}\,O_2 \rightarrow 1\,CO_2$$

Verbrennung von **Methan**:

$$1\,CH_4 + 2\,O_2 \rightarrow 1\,CO_2 + 2\,H_2O$$

Verbrennung höherer **Kohlenwasserstoffe**:

$$1\,C_mH_n + \left(m + \frac{n}{4}\right)O_2 \rightarrow mCO_2 + \frac{n}{2}H_2O$$

Mit diesen Reaktionsgleichungen lassen sich der Sauerstoffbedarf, der Luftbedarf, die Rauchgasmenge und die Rauchgaszusammensetzung berechnen.

Für alle gasförmigen Brennstoffe, die annähernd ideale Gase darstellen, kann dabei in erster Näherung davon ausgegangen werden, dass das **molare Volumen** $\bar{v}$ etwa 22,4 $\frac{m^3}{kmol}$ beträgt. Es verhalten sich dann die Gasvolumen wie die Stoffmengen.

Für alle Berechnungen hier ist zu beachten, dass Werte für den Normzustand ermittelt werden, die gegebenenfalls noch auf einen realen Zustand umzurechnen sind.

Es gilt für innerhalb einer Reaktionsgleichung frei wählbare Reaktionspartner i und j die folgende **grundlegende Berechnungsvorschrift**:

$$\frac{V_i}{V_j} = \frac{\varsigma_i \cdot \bar{v}_i}{\varsigma_j \cdot \bar{v}_j} \tag{12.184}$$

V_i reagierendes Volumen des Reaktionspartners i (Edukt oder Produkt) in m^3
V_j reagierendes Volumen des Reaktionspartners j (Produkt oder Edukt) in m^3
ς_i Stöchiometriezahl des Reaktionspartners i (Edukt oder Produkt)
ς_j Stöchiometriezahl des Reaktionspartners j (Produkt oder Edukt)
$\bar{v}_i$ molares Volumen des Reaktionspartners i (Edukt oder Produkt) in $\frac{m^3}{kmol}$
$\bar{v}_j$ molares Volumen des Reaktionspartners j (Produkt oder Edukt) in $\frac{m^3}{kmol}$

Daraus ergibt sich entsprechend dem oben Ausgeführten **für ideale Gase** als Reaktionspartner:

$$\frac{V_i}{V_j} = \frac{\varsigma_i}{\varsigma_j} \tag{12.185}$$

V_i reagierendes Volumen des Reaktionspartners i (Edukt oder Produkt) im m^3
V_j reagierendes Volumen des Reaktionspartners j (Produkt oder Edukt) im m^3
ς_i Stöchiometriezahl des Reaktionspartners i (Edukt oder Produkt)
ς_j Stöchiometriezahl des Reaktionspartners j (Produkt oder Edukt)

Aus den oben angegebenen Reaktionsgleichungen für die Verbrennung der wichtigsten Gaskomponenten und Gleichung (12.185) ergibt sich für die Berechnung des **theoretischen Sauer-**

stoffbedarfs O_{min} im Normzustand bei der Verbrennung gasförmiger Brennstoffe:

$$O_{min} = 0{,}5 \cdot \psi_{CO} + 0{,}5 \cdot \psi_{H_2} + \sum (m + 0{,}25 \cdot n) \cdot \psi_{C_mH_n} - \psi_{O_2} \quad (12.186)$$

O_{min} theoretischer Sauerstoffbedarf in $\frac{m^3_{O_2}}{m^3_{BS}}$
ψ_{CO} Volumenanteil des Kohlenstoffmonoxids (CO) im Brenngas
ψ_{H_2} Volumenanteil des Wasserstoffs (H_2) im Brenngas
$\psi_{C_mH_n}$ Volumenanteil des Kohlenwasserstoffs (C_mH_n) im Brenngas
m Formelindex des Kohlenstoffs (C) in der Summenformel
n Formelindex des Wasserstoffs (H) in der Summenformel
ψ_{O_2} Volumenanteil des Sauerstoffs (O_2), der bereits im Brenngas vorhanden ist

Anmerkung: Das Glied $(m + 0{,}25 \cdot n) \cdot \psi_{C_mH_n}$ ist nacheinander für alle Kohlenwasserstoffe anzuwenden, die im Brenngas eine nicht zu vernachlässigende Rolle spielen, also z. B. für CH_4, C_2H_4, C_2H_2 usw.

Aus dem theoretischen Sauerstoffbedarf errechnet sich der **theoretische Luftbedarf** L_{min} für trockene Luft im Normzustand entsprechend dem Sauerstoffgehalt der Luft nach

$$L_{min} = \frac{O_{min}}{0{,}21} \quad (12.187)$$

L_{min} theoretischer Luftbedarf in $\frac{m^3_L}{m^3_{BS}}$

O_{min} theoretischer Sauerstoffbedarf in $\frac{m^3_{O_2}}{m^3_{BS}}$

0,21 Volumenanteil Sauerstoff ψ_{O_2} in der trockenen Luft in $\frac{m^3_{O_2}}{m^3_L}$

Der theoretische Sauerstoffbedarf und der theoretische Luftbedarf gelten nur für stöchiometrische Bedingungen, insbesondere ideale Durchmischung.

In der Realität ist eine größere Luftmenge erforderlich, um eine **vollkommene** (ohne verbleibende Brennstoffreste) und **vollständige** (bis zur höchsten Oxidationsstufe) **Verbrennung** zu erreichen. Damit ergibt sich ein **wirklicher oder tatsächlicher Luftbedarf** L.

In welchem Verhältnis dieser tatsächliche Luftbedarf L zum theoretischen Luftbedarf L_{min} steht, gibt das **Luftverhältnis** λ (früher Luftzahl) an.

$$L = \lambda \cdot L_{min} = L_{min} + \Delta L \quad (12.188)$$

L tatsächlicher Luftbedarf in $\frac{m^3_L}{m^3_{BS}}$
λ Luftverhältnis oder Luftzahl (vgl. Tabelle 12.1)
L_{min} theoretischer Luftbedarf in $\frac{m^3_L}{m^3_{BS}}$

ΔL Luftüberschuss in $\frac{m^3_L}{m^3_{BS}}$

Das Luftverhältnis λ beziehungsweise der erforderliche **Luftüberschuss** ΔL ergeben sich insbesondere aus den konstruktiven Gegebenheiten der Feuerung und des Brenners, aber auch aus dem verwendeten Brennstoff und der momentanen Feuerungsleistung, besonders ihrem Verhältnis zur Auslegungsleistung der Feuerung.

Tabelle 12.1 Anhaltswerte des Luftverhältnisses λ für gasförmige Brennstoffe mit dem Ziel vollständiger Verbrennung

Anhaltswerte für gasförmige Brennstoffe	Luftverhältnis λ
Erdgas (atmosphärischer Brenner)	1,20...1,30
Erdgas (kleine Gebläsebrenner)	1,10...1,20
Erdgas (große Industriebrenner)	1,05...1,10
Schwachgase	1,30

Ziel ist es, der Verbrennung so viel Luft zuzuführen, dass trotz nicht idealer Vermischung lokal immer ausreichend (stöchiometrisch) Sauerstoff für die Verbrennung vorhanden und damit ein nahezu vollständiger Ausbrand der Brennstoffe gewährleistet ist.

Die Berechnungen beziehen sich auch im Weiteren, solange nicht extra erwähnt, auf trockene Luft.

Je nach dem Feuchtigkeitsgehalt sind die Luft- bzw. Gasvolumen bei der Betrachtung der feuchten Luft um 1...2 % größer.

Für das **Rauchgas** sind die folgenden Berechnungsvorschriften anzuwenden:

Für die **Mindestrauchgasmenge, trocken,** $R_{\mathrm{tr,min}}$ die sich aus bei der Verbrennung gebildetem Kohlenstoffdioxid CO_2 und dem Stickstoff N_2 aus dem Brennstoff und der Verbrennungsluft zusammensetzt, gilt:

$$R_{\mathrm{tr,min}} = \psi_{\mathrm{CO}} + \psi_{\mathrm{CO_2}} + \sum m \cdot \psi_{\mathrm{C}_m\mathrm{H}_n} + \psi_{\mathrm{N_2}} + 0{,}79 \cdot L_{\mathrm{min}} \tag{12.189}$$

$R_{\mathrm{tr,min}}$ theoretische trockene Rauchgasmenge in $\frac{\mathrm{m^3_{RG}}}{\mathrm{m^3_{BS}}}$

ψ_{CO} Volumenanteil des Kohlenstoffmonoxids (CO) im Brenngas in $\frac{\mathrm{m^3_{CO}}}{\mathrm{m^3_{BS}}}$

$\psi_{\mathrm{CO_2}}$ Volumenanteil des Kohlenstoffdioxids (CO_2) im Brenngas in $\frac{\mathrm{m^3_{CO_2}}}{\mathrm{m^3_{BS}}}$

m Formelindex des Kohlenstoffs (C) in der Summenformel

$\psi_{\mathrm{C}_m\mathrm{H}_n}$ Volumenanteil des Kohlenwasserstoffs (C_mH_n) im Brenngas in $\frac{\mathrm{m^3_{C_mH_n}}}{\mathrm{m^3_{BS}}}$

$\psi_{\mathrm{N_2}}$ Volumenanteil des Stickstoffs (N_2), der bereits im Brenngas vorhanden ist, in $\frac{\mathrm{m^3_{N_2}}}{\mathrm{m^3_{BS}}}$

0,79 Volumenanteil Stickstoff $\psi_{\mathrm{N_2}}$ in der trockenen Luft in $\frac{\mathrm{m^3_{N_2}}}{\mathrm{m^3_{L}}}$

L_{min} theoretischer Luftbedarf in $\frac{\mathrm{m^3_{L}}}{\mathrm{m^3_{BS}}}$

Anmerkung: Das Glied $m \cdot \psi_{\mathrm{C}_m\mathrm{H}_n}$ ist nacheinander für alle Kohlenwasserstoffe anzuwenden, die im Brenngas eine nicht zu vernachlässigende Rolle spielen, also z. B. für CH_4, C_2H_4, C_2H_2 usw.

Die **Mindestrauchgasmenge, feucht,** $R_{\mathrm{f,min}}$, die sich aus der Mindestrauchgasmenge trocken und dem bei der Verbrennung gebildeten Wasserdampf zusammensetzt ist:

$$R_{\mathrm{f,min}} = R_{\mathrm{tr,min}} + \psi_{\mathrm{H_2}} + 0{,}5 \cdot \sum n \cdot \psi_{\mathrm{C}_m\mathrm{H}_n} \tag{12.190}$$

$R_{f,min}$ theoretische feuchte Rauchgasmenge in $\frac{m^3_{RG}}{m^3_{BS}}$

$R_{tr,min}$ theoretische trockene Rauchgasmenge in $\frac{m^3_{RG}}{m^3_{BS}}$

ψ_{H_2} Volumenanteil des Wasserstoffs (H_2) im Brenngas in $\frac{m^3_{H_2}}{m^3_{BS}}$

n Formelindex des Wasserstoffs (H) in der Summenformel

$\psi_{C_mH_n}$ Volumenanteil des Kohlenwasserstoffs (C_mH_n) im Brenngas in $\frac{m^3_{C_mH_n}}{m^3_{BS}}$

Anmerkung: Das Glied $n \cdot \psi_{C_mH_n}$ ist nacheinander für alle Kohlenwasserstoffe anzuwenden, die im Brenngas eine nicht zu vernachlässigende Rolle spielen, also z. B. für CH_4, C_2H_4, C_2H_2 usw.

Hieraus lässt sich unter Beachtung des Luftverhältnisses λ jeweils die **reale Rauchgasmenge** R_{tr} ableiten, so für **trockenes Rauchgas**:

$$R_{tr} = R_{tr,min} + (\lambda - 1) \cdot L_{min} \tag{12.191}$$

R_{tr} tatsächliche trockene Rauchgasmenge in $\frac{m^3_{RG}}{m^3_{BS}}$

$R_{tr,min}$ theoretische trockene Rauchgasmenge in $\frac{m^3_{RG}}{m^3_{BS}}$

λ Luftverhältnis

L_{min} theoretischer Luftbedarf in $\frac{m^3_{L}}{m^3_{BS}}$

und für **feuchtes Rauchgas** die **reale Rauchgasmenge** R_f:

$$R_f = R_{f,min} + (\lambda - 1) \cdot L_{min} = R_{tr} + \psi_{H_2} + 0{,}5 \cdot \sum n \cdot \psi_{C_mH_n} \tag{12.192}$$

R_f tatsächliche feuchte Rauchgasmenge in $\frac{m^3_{RG}}{m^3_{BS}}$

$R_{f,min}$ theoretische feuchte Rauchgasmenge in $\frac{m^3_{RG}}{m^3_{BS}}$

λ Luftverhältnis

L_{min} theoretischer Luftbedarf in $\frac{m^3_{L}}{m^3_{BS}}$

R_{tr} tatsächliche trockene Rauchgasmenge in $\frac{m^3_{RG}}{m^3_{BS}}$

ψ_{H_2} Volumenanteil des Wasserstoffs (H_2) im Brenngas in $\frac{m^3_{H_2}}{m^3_{BS}}$

n Formelindex des Wasserstoffs (H) in der Summenformel

$\psi_{C_mH_n}$ Volumenanteil des Kohlenwasserstoffs (C_mH_n) im Brenngas in $\frac{m^3_{C_mH_n}}{m^3_{BS}}$

Anmerkung: Das Glied $n \cdot \psi_{C_mH_n}$ ist nacheinander für alle Kohlenwasserstoffe anzuwenden, die im Brenngas eine nicht zu vernachlässigende Rolle spielen, also z. B. für CH_4, C_2H_4, C_2H_2 usw.

Auf dieser Basis lässt sich dann auch die **Rauchgaszusammensetzung** errechnen.

Es ergibt sich für das **reale trockene Rauchgas inklusive Luftüberschuss** ΔL:

Volumenanteil Kohlenstoffdioxid im Rauchgas

$$\psi_{tr,CO_2} = \frac{\psi_{CO} + \psi_{CO_2} + \sum m \cdot \psi_{C_mH_n}}{R_{tr}} \tag{12.193}$$

12

Volumenanteil Stickstoff im Rauchgas:

$$\psi_{\mathrm{tr,N_2}} = \frac{\psi_{\mathrm{N_2}} + 0{,}79 \cdot \lambda \cdot L_{\mathrm{min}}}{R_{\mathrm{tr}}} = \frac{\psi_{\mathrm{N_2}} + 0{,}79 \cdot L}{R_{\mathrm{tr}}}$$

Volumenanteil Sauerstoff im Rauchgas:

$$\psi_{\mathrm{tr,O_2}} = \frac{0{,}21 \cdot (\lambda - 1) \cdot L_{\mathrm{min}}}{R_{\mathrm{tr}}}$$

Volumenanteil Wasserdampf im Rauchgas:

$$\psi_{\mathrm{tr,H_2O}} = 0$$

$\psi_{\mathrm{tr},x}$ Volumenanteil der Komponente x ($x = \mathrm{CO_2, N_2, O_2, H_2O}$) im trockenen Rauchgas in $\frac{\mathrm{m}^3_x}{\mathrm{m}^3_{\mathrm{RG}}}$

R_{tr} tatsächliche trockene Rauchgasmenge in $\frac{\mathrm{m}^3_{\mathrm{RG}}}{\mathrm{m}^3_{\mathrm{BS}}}$

ψ_{CO} Volumenanteil des Kohlenstoffmonoxids (CO) im Brenngas in $\frac{\mathrm{m}^3_{\mathrm{CO}}}{\mathrm{m}^3_{\mathrm{BS}}}$

$\psi_{\mathrm{CO_2}}$ Volumenanteil des Kohlenstoffdioxids ($\mathrm{CO_2}$) im Brenngas in $\frac{\mathrm{m}^3_{\mathrm{CO_2}}}{\mathrm{m}^3_{\mathrm{BS}}}$

m Formelindex des Kohlenstoffs (C) in der Summenformel

$\psi_{\mathrm{C}_m\mathrm{H}_n}$ Volumenanteil des Kohlenwasserstoffs ($\mathrm{C}_m\mathrm{H}_n$) im Brenngas in $\frac{\mathrm{m}^3_{\mathrm{C}_m\mathrm{H}_n}}{\mathrm{m}^3_{\mathrm{BS}}}$

$\psi_{\mathrm{N_2}}$ Volumenanteil des Stickstoffs ($\mathrm{N_2}$), der bereits im Brenngas vorhanden ist, in $\frac{\mathrm{m}^3_{\mathrm{N_2}}}{\mathrm{m}^3_{\mathrm{BS}}}$

L_{min} theoretischer Luftbedarf in $\frac{\mathrm{m}^3_{\mathrm{L}}}{\mathrm{m}^3_{\mathrm{BS}}}$

L tatsächlicher Luftbedarf in $\frac{\mathrm{m}^3_{\mathrm{L}}}{\mathrm{m}^3_{\mathrm{BS}}}$

λ Luftverhältnis

Es ergibt sich dann für das **reale feuchte Rauchgas unter Berücksichtigung des Luftüberschusses ΔL:**

Volumenanteil Kohlenstoffdioxid im Rauchgas

$$\psi_{\mathrm{f,CO_2}} \approx \frac{\psi_{\mathrm{CO}} + \psi_{\mathrm{CO_2}} + \sum m \cdot \psi_{\mathrm{C}_m\mathrm{H}_n}}{R_{\mathrm{f}}} \tag{12.194}$$

Volumenanteil Stickstoff im Rauchgas:

$$\psi_{\mathrm{f,N_2}} \approx \frac{\psi_{\mathrm{N_2}} + 0{,}79 \cdot \lambda \cdot L_{\mathrm{min}}}{R_{\mathrm{f}}} = \frac{\psi_{\mathrm{N_2}} + 0{,}79 \cdot L}{R_{\mathrm{f}}}$$

Volumenanteil Sauerstoff im Rauchgas:

$$\psi_{\mathrm{f,O_2}} \approx \frac{0{,}21 \cdot (\lambda - 1) \cdot L_{\mathrm{min}}}{R_{\mathrm{f}}}$$

Volumenanteil Wasserdampf im Rauchgas:

$$\psi_{\mathrm{f,H_2O}} \approx \frac{\psi_{\mathrm{H_2}} + 0{,}5 \cdot \sum n \cdot \psi_{\mathrm{C}_m\mathrm{H}_n}}{R_{\mathrm{f}}}$$

$\psi_{f,x}$ Volumenanteil der Komponente x ($x = CO_2, N_2, O_2, H_2O$) im feuchten Rauchgas in $\frac{m_x^3}{m_{RG}^3}$
R_f tatsächliche feuchte Rauchgasmenge in $\frac{m_{RG}^3}{m_{BS}^3}$
ψ_{CO} Volumenanteil des Kohlenstoffmonoxids (CO) im Brenngas in $\frac{m_{CO}^3}{m_{BS}^3}$
ψ_{CO_2} Volumenanteil des Kohlenstoffdioxids (CO_2) im Brenngas in $\frac{m_{CO_2}^3}{m_{BS}^3}$
m Formelindex des Kohlenstoffs (C) in der Summenformel
$\psi_{C_mH_n}$ Volumenanteil des Kohlenwasserstoffs (C_mH_n) im Brenngas in $\frac{m_{C_mH_n}^3}{m_{BS}^3}$
ψ_{N_2} Volumenanteil des Stickstoffs (N_2), der bereits im Brenngas vorhanden ist, in $\frac{m_{N_2}^3}{m_{BS}^3}$
L_{min} theoretischer Luftbedarf in $\frac{m_L^3}{m_{BS}^3}$
L tatsächlicher Luftbedarf in $\frac{m_L^3}{m_{BS}^3}$
λ Luftverhältnis
ψ_{H_2} Volumenanteil des Wasserstoffs (H_2) im Brenngas in $\frac{m_{H_2}^3}{m_{BS}^3}$
n Formelindex des Wasserstoffs (H) in der Summenformel

Ist im Brennstoff ursprünglich **kein oder nur ein sehr geringer Anteil Stickstoff und Sauerstoff** vorhanden gewesen, lässt sich mit folgender Gleichung im **Nachgang an die Verbrennung das Luftverhältnis λ ermitteln**, bei dem der Brennstoff umgesetzt wurde.

$$\lambda = \frac{\psi_{tr,N_2}}{\psi_{tr,N_2} - \psi_{tr,O_2} \cdot \frac{79}{21}} \qquad (12.195)$$

λ Luftverhältnis
ψ_{tr,N_2} Volumenanteil des Stickstoffs (N_2) im trockenen Rauchgas in $\frac{m_{N_2}^3}{m_{RG}^3}$
ψ_{tr,O_2} Volumenanteil des Stickstoffs (O_2) im trockenen Rauchgas in $\frac{m_{O_2}^3}{m_{RG}^3}$

Ist hingegen **Stickstoff und Sauerstoff in einem Brenngas in größeren Mengen** vorhanden gewesen, so gilt folgende Gleichung, will man aus der Analyse des trockenen Rauchgases auf das **Luftverhältnis** λ schließen.

$$\lambda = \frac{21}{21 - 79 \cdot \frac{\psi_{tr,O_2}}{\psi_{tr,N_2}}} \cdot \left(1 + \frac{\psi_{tr,O_2}}{\psi_{tr,N_2}} \cdot \frac{\psi_{N_2}}{O_{min}}\right) \qquad (12.196)$$

λ Luftverhältnis
ψ_{tr,N_2} Volumenanteil des Stickstoffs (N_2) im trockenen Rauchgas in $\frac{m_{N_2}^3}{m_{RG}^3}$
ψ_{tr,O_2} Volumenanteil des Stickstoffs (O_2) im trockenen Rauchgas in $\frac{m_{O_2}^3}{m_{RG}^3}$
ψ_{N_2} Volumenanteil des Stickstoffs (N_2), der bereits im Brenngas vorhanden ist, in $\frac{m_{N_2}^3}{m_{BS}^3}$
O_{min} theoretischer Sauerstoffbedarf in $\frac{m_{O_2}^3}{m_{BS}^3}$

12.2.2 Verbrennung fester und flüssiger Brennstoffe

Für Brennstoffe, die einen sehr hohen Grad chemischer Komplexität aufweisen, indem sie aus einer großen Anzahl verschiedener Einzelsubstanzen bestehen oder unregelmäßig makromolekular aufgebaut sind, ist es nicht direkt möglich, auf das stöchiometrische Rechnen zurückzugreifen. Da jedoch bei allen chemischen Reaktionen, so auch bei der Bildung komplexer Substanzen und bei der Oxidation, die Elemente erhalten bleiben und nur neue Verbindungen eingehen, kann für die Berechnung in diesem Fall auf die Stoffbilanz für die Elemente zurückgegriffen werden.

Für die energetische Bilanzierung ist der Rückgriff auf eine Betrachtung auf Elementebene nicht möglich, da dabei die Bildungsenthalpien der Verbindungen im Brennstoff vernachlässigt würden. Stattdessen ist ein Rückgriff auf gemessene Größen oder Erfahrungsformeln erforderlich (siehe Abschnitt 12.5.2).

Für den chemischen Umsatz gilt auch hier die Gleichung (12.182) als allgemeine Reaktionsgleichung.

Für die Betrachtung der Verbrennung auf Elementebene sind hier die folgenden spezifischen **Reaktionsgleichungen** zu beachten:

Verbrennung von **Kohlenstoff**:

$$1\,C + 1\,O_2 \rightarrow 1\,CO_2 \tag{12.197}$$

Verbrennung von **Wasserstoff**:

$$1\,H_2 + \frac{1}{2}O_2 \rightarrow 1\,H_2O$$

Verbrennung von **Schwefel**:

$$1\,S + 1\,O_2 \rightarrow 1\,SO_2$$

Obwohl auch im Brennstoff enthaltener Phosphor (P) und andere Elemente in der Verbrennung reagieren können, bestimmt die Oxidation dieser drei oben genannten Elemente so wesentlich das Geschehen bei der Verbrennung, dass die folgenden Betrachtungen auf sie beschränkt bleiben.

Mit diesen Reaktionsgleichungen lassen sich der Sauerstoffbedarf, der Luftbedarf, die Rauchgasmenge und die Rauchgaszusammensetzung berechnen.

Für feste Brennstoffe üblich und für flüssige Brennstoffe häufig ist eine **massebezogene Betrachtung**. Die molare Masse, das heißt die Masse bezogen auf die Stoffmenge, ist eine Stoffkenngröße für alle Elemente oder Einzelsubstanzen (siehe Abschnitt 2.4.4). Die Angabe erfolgt in $\frac{\mathrm{g}}{\mathrm{mol}}$ oder $\frac{\mathrm{kg}}{\mathrm{kmol}}$. Tabellen mit der molaren Masse wichtiger Stoffe befinden sich im Anhang A.4.1.

Das Arbeiten mit Masseangaben für die Reaktionspartner beziehungsweise der molaren Masse beim stöchiometrischen Rechnen hat den Vorteil der **Druck- und Temperaturunabhängigkeit**.

Es gilt für innerhalb einer Reaktionsgleichung frei wählbare Reaktionspartner i und j die folgende **grundlegende Berechnungsvorschrift**:

$$\frac{m_i}{m_j} = \frac{\varsigma_i \cdot M_i}{\varsigma_j \cdot M_j} \tag{12.198}$$

m_i reagierende Masse des Reaktionspartners i (Edukt oder Produkt) in kg
m_j reagierendes Volumen des Reaktionspartners j (Produkt oder Edukt) in kg
ς_i Stöchiometriezahl des Reaktionspartners i (Edukt oder Produkt)
ς_j Stöchiometriezahl des Reaktionspartners j (Produkt oder Edukt)
M_i molare Masse des Reaktionspartners i (Edukt oder Produkt) in $\frac{\text{kg}}{\text{kmol}}$
M_j molare Masse des Reaktionspartners j (Produkt oder Edukt) in $\frac{\text{kg}}{\text{kmol}}$

Für die molaren Massen der für die Verbrennungsreaktionen wichtigen Elemente in den Brennstoffen gilt mit guter Näherung:

- für den Kohlenstoff: $M_\text{C} \approx 12\,\frac{\text{kg}}{\text{kmol}}$,
- für den Wasserstoff: $M_\text{H} \approx 1\,\frac{\text{kg}}{\text{kmol}}$,
- für den Schwefel: $M_\text{S} \approx 32\,\frac{\text{kg}}{\text{kmol}}$ und
- für den Sauerstoff: $M_\text{O} \approx 16\,\frac{\text{kg}}{\text{kmol}}$.

Aus den vorn angegebenen Reaktionsgleichungen für die Verbrennungsreaktionen der Elemente in den Brennstoffen und Gleichung (12.197) ergibt sich unter Berücksichtigung der genannten Näherungen für die molaren Massen die folgende Gleichung für die Berechnung des **theoretischen Sauerstoffbedarfs** O_min bei der Verbrennung fester und flüssiger Brennstoffe komplexer Zusammensetzungen:

$$O_\text{min} = 2{,}67 \cdot \xi_\text{C} + 8 \cdot \xi_\text{H} + \xi_\text{S} - \xi_\text{O} \tag{12.199}$$

O_min theoretischer Sauerstoffbedarf in $\frac{\text{kg}_{\text{O}_2}}{\text{kg}_\text{BS}}$
ξ_C Masseanteil des Kohlenstoffs (C) im Brennstoff in $\frac{\text{kg}_\text{C}}{\text{kg}_\text{BS}}$
ξ_H Masseanteil des Wasserstoffs (H) im Brennstoff in $\frac{\text{kg}_\text{H}}{\text{kg}_\text{BS}}$
ξ_S Masseanteil des Schwefels (S) im Brennstoff in $\frac{\text{kg}_\text{S}}{\text{kg}_\text{BS}}$
ξ_O Masseanteil des Sauerstoffs (O), der bereits im Brennstoff vorhanden ist, in $\frac{\text{kg}_\text{O}}{\text{kg}_\text{BS}}$

Aus dem theoretischen Sauerstoffbedarf O_min errechnet sich der **theoretische Luftbedarf** L_min für trockene Luft im Normzustand entsprechend dem Sauerstoffgehalt der Luft nach

$$L_\text{min} = \frac{O_\text{min}}{0{,}232} \tag{12.200}$$

12

L_min theoretischer Luftbedarf in $\frac{\text{kg}_\text{L}}{\text{kg}_\text{BS}}$
O_min theoretischer Sauerstoffbedarf in $\frac{\text{kg}_{\text{O}_2}}{\text{kg}_\text{BS}}$
0,232 Masseanteil Sauerstoff ξ_{O_2} in der trockenen Luft in $\frac{\text{kg}_{\text{O}_2}}{\text{kg}_\text{L}}$

Der theoretische Sauerstoffbedarf und der theoretische Luftbedarf gelten auch hier nur für stöchiometrische Bedingungen.

Damit ist für die Ermittlung des **tatsächlichen Luftbedarfs** L auch hier das **Luftverhältnis** λ (früher Luftzahl) zu beachten.

$$L = \lambda \cdot L_\text{min} = L_\text{min} + \Delta L \tag{12.201}$$

L tatsächlicher Luftbedarf in $\frac{kg_L}{kg_{BS}}$
λ Luftverhältnis oder Luftzahl (siehe Tabelle 12.2)
L_{min} theoretischer Luftbedarf in $\frac{kg_L}{kg_{BS}}$
ΔL Luftüberschuss in $\frac{kg_L}{kg_{BS}}$

Tabelle 12.2 Anhaltswerte des Luftverhältnisses λ für feste und flüssige Brennstoffe mit dem Ziel vollständiger Verbrennung

Anhaltswerte für feste und flüssige Brennstoffe	Luftverhältnis λ
staubförmige Brennstoffe (Holz-, Braun- und Steinkohlenstaub)	1,15...1,40
kleinstückige Brennstoffe (Holzpresslinge, Holzhackschnitzel, Briketts, Scheitholz)	1,30...1,80
grobstückige Brennstoffe (Ballen, Abfälle/Müll, ...)	1,50...1,90
Heizöl EL (Blaubrenner)	1,05...1,20
Heizöl EL (Gelbbrenner)	1,15...1,30
Schweröl	1,20...1,40

Das Luftverhältnis λ beziehungsweise der erforderliche **Luftüberschuss** ΔL hängen für feste und flüssige Brennstoffe insbesondere von der Korngröße bei Festbrennstoffen beziehungsweise der in der Feuerung erreichbaren Tröpfchengröße bei flüssigen Brennstoffen ab. Daneben spielen – wie bei den gasförmigen Brennstoffen – die konstruktiven Gegebenheiten der Feuerung, der verwendete Brennstoff selbst und die momentane Feuerungsleistung, besonders ihr Verhältnis zur Auslegungsleistung der Feuerung, eine wichtige Rolle.

Insbesondere bei grobstückigen Festbrennstoffen (große Holzscheite und Briketts, große Presslinge, Abfälle) ist ein hoher Luftüberschuss notwendig, um der Verbrennung so viel Luft zuzuführen, dass trotz nicht idealer Vermischung lokal immer ausreichend (stöchiometrisch) Sauerstoff für eine weitgehend vollständige und vollkommene Verbrennung vorhanden ist.

Auch die Berechnungen für feste und flüssige Brennstoffe beziehen sich auf trockene Luft. Dies stellt eine Näherung dar, da in der Realität in der Regel feuchte Umgebungsluft zum Einsatz kommt (siehe Anmerkung in Abschnitt 12.2.1) Je nach dem Feuchtigkeitsgehalt der Verbrennungsluft sind die Luft- bzw. Gasvolumen bei der Betrachtung der feuchten Luft um 1...2% größer.

Für das Rauchgas gelten die folgenden Berechnungsvorschriften:

Für die **Mindestrauchgasmenge, trocken,** $R_{tr,min}$, die sich aus bei der Verbrennung gebildetem Kohlenstoffdioxid und Stickstoff aus dem Brennstoff und aus der Verbrennungsluft zusammensetzt:

$$R_{tr,min} = 3{,}67 \cdot \xi_C + 2 \cdot \xi_S + \xi_N + 0{,}77 \cdot L_{min} \tag{12.202}$$

$R_{tr,min}$ theoretische trockene Rauchgasmenge in $\frac{kg_{RG}}{kg_{BS}}$
ξ_C Masseanteil des Kohlenstoffs (C) im Brennstoff in $\frac{kg_C}{kg_{BS}}$
ξ_S Masseanteil des Schwefels (S) im Brennstoff in $\frac{kg_S}{kg_{BS}}$
ξ_N Masseanteil des Stickstoffs (N) im Brennstoff in $\frac{kg_N}{kg_{BS}}$
L_{min} theoretischer Luftbedarf in $\frac{kg_L}{kg_{BS}}$

Die **Mindestrauchgasmenge, feucht,** $R_{f,min}$, die sich aus der Mindestrauchgasmenge, trocken, $R_{tr,min}$, dem bei der Verbrennung gebildeten Wasserdampf und insbesondere bei festen Brennstoffen, da diese in der Regel nicht wasserfrei vorliegen, aus dem Wassergehalt des Brennstoffes zusammensetzt, ergibt sich aus

$$R_{f,min} = R_{tr,min} + 9 \cdot \xi_H + \xi_{H_2O} \tag{12.203}$$

$R_{f,min}$ theoretische feuchte Rauchgasmenge in $\frac{kg_{RG}}{kg_{BS}}$
$R_{tr,min}$ theoretische trockene Rauchgasmenge in $\frac{kg_{RG}}{kg_{BS}}$
ξ_H Masseanteil des Wasserstoffs (H) im Brennstoff in $\frac{kg_H}{kg_{BS}}$
ξ_{H_2O} Masseanteil des Wassers (H_2O), sogenannter Wassergehalt, der bereits im Brennstoff enthalten, war in $\frac{kg_{H_2O}}{kg_{BS}}$

Hieraus lassen sich ebenfalls unter Beachtung des Luftverhältnisses λ die für **trockenes Rauchgas reale Rauchgasmenge** R_{tr}:

$$R_{tr} = R_{tr,min} + (\lambda - 1) \cdot L_{min} \tag{12.204}$$

R_{tr} tatsächliche trockene Rauchgasmenge in $\frac{kg_{RG}}{kg_{BS}}$
$R_{tr,min}$ theoretische trockene Rauchgasmenge in $\frac{kg_{RG}}{kg_{BS}}$
λ Luftverhältnis
L_{min} theoretischer Luftbedarf in $\frac{kg_L}{kg_{BS}}$

und **für feuchtes Rauchgas** die **reale Rauchgasmenge** R_f ableiten:

$$R_f = R_{f,min} + (\lambda - 1) \cdot L_{min} = R_{tr} + 9 \cdot \xi_H + \xi_{H_2O} \tag{12.205}$$

R_f tatsächliche feuchte Rauchgasmenge in $\frac{kg_{RG}}{kg_{BS}}$
$R_{f,min}$ theoretische feuchte Rauchgasmenge in $\frac{kg_{RG}}{kg_{BS}}$
λ Luftverhältnis
L_{min} theoretischer Luftbedarf in $\frac{kg_L}{kg_{BS}}$
R_{tr} tatsächliche trockene Rauchgasmenge in $\frac{kg_{RG}}{kg_{BS}}$
ξ_H Masseanteil des Wasserstoffs (H) im Brennstoff in $\frac{kg_H}{kg_{BS}}$
ξ_{H_2O} Masseanteil des Wassers (H_2O), sogenannter Wassergehalt, der bereits im Brennstoff enthalten, war in $\frac{kg_{H_2O}}{kg_{BS}}$

Auf dieser Basis lässt sich ebenfalls die **Rauchgaszusammensetzung** errechnen.

Es ergibt sich für das **reale trockene Rauchgas inklusive Luftüberschuss** ΔL:

Masseanteil Kohlenstoffdioxid im Rauchgas:

$$\xi_{tr,CO_2} = \frac{3{,}67 \cdot \xi_C}{R_{tr}} \tag{12.206}$$

Masseanteil Schwefeldioxid im Rauchgas:

$$\xi_{tr,SO_2} = \frac{2 \cdot \xi_S}{R_{tr}}$$

Masseanteil Stickstoff im Rauchgas:

$$\xi_{tr,N_2} = \frac{\xi_N + 0{,}77 \cdot \lambda \cdot L_{min}}{R_{tr}} = \frac{\xi_N + 0{,}77 \cdot L}{R_{tr}}$$

Masseanteil Sauerstoff im Rauchgas:

$$\xi_{tr,O_2} = \frac{0{,}23 \cdot (\lambda - 1) \cdot L_{min}}{R_{tr}}$$

Masseanteil Wasserdampf im Rauchgas:

$$\xi_{tr,H_2O} = 0$$

$\xi_{tr,x}$ Masseanteil der Komponente x ($x = CO_2, SO_2, N_2, O_2, H_2O$) im trockenen Rauchgas in $\frac{kg_x}{kg_{RG}}$

R_{tr} tatsächliche trockene Rauchgasmenge in $\frac{kg_{RG}}{kg_{BS}}$

ξ_C Masseanteil des Kohlenstoffs (C) im Brennstoff in $\frac{kg_C}{kg_{BS}}$

ξ_S Masseanteil des Schwefels (S) im Brennstoff in $\frac{kg_S}{kg_{BS}}$

ξ_N Masseanteil des Stickstoffs (N) im Brennstoff in $\frac{kg_N}{kg_{BS}}$

L_{min} theoretischer Luftbedarf in $\frac{kg_L}{kg_{BS}}$

L tatsächlicher Luftbedarf in $\frac{kg_L}{kg_{BS}}$

λ Luftverhältnis

Es ergibt sich dann für das **reale feuchte Rauchgas inklusive Luftüberschuss** ΔL:

Masseanteil Kohlenstoffdioxid im Rauchgas

$$\xi_{f,CO_2} \approx \frac{3{,}67 \cdot \xi_C}{R_f} \tag{12.207}$$

Masseanteil Schwefeldioxid im Rauchgas:

$$\xi_{f,SO_2} \approx \frac{2 \cdot \xi_S}{R_f}$$

Masseanteil Stickstoff im Rauchgas:

$$\xi_{f,N_2} \approx \frac{\xi_N + 0{,}77 \cdot \lambda \cdot L_{min}}{R_f} = \frac{\xi_N + 0{,}77 \cdot L}{R_f}$$

Masseanteil Sauerstoff im Rauchgas:

$$\xi_{f,O_2} \approx \frac{0{,}23 \cdot (\lambda - 1) \cdot L_{min}}{R_f}$$

Masseanteil Wasserdampf im Rauchgas:

$$\xi_{f,H_2O} \approx \frac{9 \cdot \xi_H + \xi_{H_2O}}{R_f}$$

$\xi_{f,x}$ Masseanteil der Komponente x ($x = CO_2, SO_2, N_2, O_2, H_2O$) im feuchten Rauchgas in $\frac{kg_x}{kg_{RG}}$

R_f tatsächliche feuchte Rauchgasmenge in $\frac{kg_{RG}}{kg_{BS}}$

ξ_C Masseanteil des Kohlenstoffs (C) im Brennstoff in $\frac{kg_C}{kg_{BS}}$

ξ_S Masseanteil des Schwefels (S) im Brennstoff in $\frac{kg_S}{kg_{BS}}$

ξ_N Masseanteil des Stickstoffs (N) im Brennstoff in $\frac{kg_N}{kg_{BS}}$

L_{min} theoretischer Luftbedarf in $\frac{kg_L}{kg_{BS}}$

L tatsächlicher Luftbedarf in $\frac{kg_L}{kg_{BS}}$

λ Luftverhältnis

ξ_H Masseanteil des Wasserstoffs (H) im Brennstoff in $\frac{kg_H}{kg_{BS}}$

ξ_{H_2O} Masseanteil des Wassers (H_2O), sogenannter Wassergehalt, der bereits im Brennstoff enthalten war, in $\frac{kg_{H_2O}}{kg_{BS}}$

Eine Umrechnung der massebasierten Angaben in volumenbasierte Angaben und umgekehrt ist unter Berücksichtigung der Dichte möglich. Für die Umrechnung zwischen Massen- und Volumenanteilen bzw. Anteilen und Konzentrationen siehe Abschnitt 3.3.1.

12.3 Verbrennungsvorgänge bei Luftmangel

Ist die zur Verfügung stehende Sauerstoffmenge nicht ausreichend für die **Verbrennung**, so verläuft sie entweder **unvollständig**, das heißt nicht bis zur höchsten Oxidationsstufe, oder **unvollkommen**, das heißt, es bleiben Reste ungenutzten Brennstoffes übrig. Dieser Fall ist durch ein **Luftverhältnis** $\lambda < 1$ gekennzeichnet.

Im Allgemeinen ist eine unvollständige oder eine unvollkommene Verbrennung höchst unerwünscht. Dabei kann die chemische Energie der Brennstoffe nicht komplett ausgenutzt werden, was sich deutlich negativ auf den Wirkungsgrad auswirkt. Weiterhin sind starke negative Umweltauswirkungen unter anderem durch die Emission von Kohlenstoffmonoxid, Kohlenwasserstoffen und Ruß die Folge. Für eine Asche, die oxidierbare Reste enthält, sind viele Verwertungswege beeinträchtigt und eine Deponierung ab einem Grenzwert untersagt. Des Weiteren sind mit Betriebsbeeinträchtigungen der Feuerungen z. B. durch verändertes Schlackefließverhalten oder eine unplanmäßige Flammenform zu rechnen und es bestehen Gefahren für das Betriebspersonal. Deshalb wird im Normalfall alles getan, um eine unvollständige oder unvollkommene Verbrennung zu vermeiden.

Es gibt jedoch Anwendungen, bei denen eine unvollständige beziehungsweise unvollkommene Verbrennung erwünscht ist. Dies ist insbesondere in Industriefeuerungen der Fall, die ein Gas erzeugen sollen, welches nicht oxidierende oder sogar reduzierende Eigenschaft besitzt. Beispiele sind einige Verfahren der Wärmebehandlung von Metallen oder der reduzierende Brand in der Keramikindustrie. Dafür kommen Luftverhältnisse $\lambda < 1$ zum Einsatz.

Bei Luftverhältnissen $\lambda \ll 1$, z. B. $\lambda \approx 0{,}3$, bezeichnet man den stattfindenden Prozess als Vergasung. Die Vergasung dient der Umwandlung chemischer Energie eines festen oder flüssigen

Brennstoffes in chemische Energie eines gasförmigen Brennstoffes. Sie soll hier nicht Gegenstand der Betrachtungen sein.

Geht man davon aus, dass sich ein **Luftmangel** zuerst nur dadurch zeigt, dass **Kohlenstoffmonoxid statt Kohlenstoffdioxid gebildet** wird, so ist die folgende mathematische Behandlung des Sachverhaltes möglich. Größerer Luftmangel führt zusätzlich zu Kohlenwasserstoffen oder sogar Wasserstoff im Rauchgas. Dieser Fall ist mit der Berechnungsmethode nicht erfasst.

Es gilt:

$$1\,C + \frac{1}{2} O_2 \rightarrow 1\,CO \tag{12.208}$$
$$1\,CO + \frac{1}{2} O_2 \rightarrow 1\,CO_2$$

12.3.1 Verbrennung gasförmiger Brennstoffe bei Luftmangel

Die Annahme, dass sich ein kleiner Luftmangel zuerst nur in einem Gehalt von CO im Rauchgas ausdrückt, führt zu einer vereinfachten Betrachtung. Entsprechend Gleichung (12.208) ist für Oxidation von CO zu CO_2 eine Stoffmenge an O_2 erforderlich, die halb so groß wie die Stoffmenge CO ist.

Für diesen Fall ergibt sich aus dem Luftverhältnis λ, das für den Luftmangel $\lambda < 1$ ist, dem theoretischen (stöchiometrischen) Sauerstoffbedarf für eine vollständige Verbrennung (12.186), der Gleichheit des molaren Volumens für ideale Gase und Gleichung (12.208) das **Volumen Kohlenstoffmonoxid im Rauchgas je 1 m³ Brenngas** $\omega_{RG,CO}$ zu:

$$\omega_{RG,CO} = 2 \cdot (1 - \lambda) \cdot O_{min} \tag{12.209}$$

$\omega_{RG,CO}$ Volumen Kohlenstoffmonoxid (CO) im Rauchgas je m³ Brenngas in $\frac{m^3_{CO}}{m^3_{BS}}$

O_{min} theoretischer (stöchiometrischer) Sauerstoffbedarf in $\frac{m^3_{O_2}}{m^3_{BS}}$

λ Luftverhältnis

Da Kohlenstoffmonoxid anstatt von Kohlenstoffdioxid gebildet wird, ergibt sich ein vermindertes **Volumen Kohlenstoffdioxid im Rauchgas je 1 m³ Brenngas** ω_{RG,CO_2}:

$$\omega_{RG,CO_2} = \omega_{RG,CO_2,stö} - \omega_{RG,CO} \tag{12.210}$$
$$\omega_{RG,CO_2} = \psi_{CO} + \psi_{CO_2} + \sum m \cdot \psi_{C_mH_n} - \omega_{RG,CO}$$

ω_{RG,CO_2} Volumen des Kohlenstoffdioxids (CO_2) im Rauchgas je m³ Brenngas in $\frac{m^3_{CO_2}}{m^3_{BS}}$

$\omega_{RG,CO_2,stö}$ Volumen des Kohlenstoffdioxids (CO_2) im Rauchgas je m³ Brenngas im stöchiometrischen Fall ($\lambda = 1$) in $\frac{m^3_{CO_2}}{m^3_{BS}}$

$\omega_{RG,CO}$ Volumen des Kohlenstoffmonoxids (CO) im Rauchgas je m³ Brenngas in $\frac{m^3_{CO}}{m^3_{BS}}$

ψ_{CO} Volumenanteil des Kohlenstoffmonoxids (CO) im Brenngas in $\frac{m^3_{CO}}{m^3_{BS}}$

ψ_{CO_2} Volumenanteil des Kohlenstoffdioxids (CO_2) im Brenngas in $\frac{m^3_{CO_2}}{m^3_{BS}}$

m Formelindex des Kohlenstoffs (C) in der Summenformel der Kohlenwasserstoffe

$\psi_{C_mH_n}$ Volumenanteil des Kohlenwasserstoffs (C_mH_n) im Brenngas in $\frac{m^3_{C_mH_n}}{m^3_{BS}}$

Da in Gleichung (12.208) Kohlenstoffdioxid und Kohlenstoffmonoxid den gleichen Formelindex, nämlich 1, haben, besitzen sie die gleiche Stoffmenge und damit das gleiche Volumen. Allerdings ist die Rauchgasmenge im Luftmangelfall geringer als im stöchiometrischen Fall, da durch den Luftmangel weniger Stickstoff der Verbrennung zugeführt wird:

Für die **trockene Rauchgasmenge** R_{tr} ergibt sich damit:

$$R_{tr} = \psi_{CO} + \psi_{CO_2} + \sum m \cdot \psi_{C_mH_n} + \psi_{N_2} + 0{,}79 \cdot \lambda \cdot L_{min} \qquad (12.211)$$

R_{tr} trockene Rauchgasmenge in $\frac{m^3_{RG}}{m^3_{BS}}$

ψ_{CO} Volumenanteil des Kohlenstoffmonoxids (CO) im Brenngas in $\frac{m^3_{CO}}{m^3_{BS}}$

ψ_{CO_2} Volumenanteil des Kohlenstoffdioxids (CO_2) im Brenngas in $\frac{m^3_{CO_2}}{m^3_{BS}}$

m Formelindex des Kohlenstoffs (C) in der Summenformel

$\psi_{C_mH_n}$ Volumenanteil des Kohlenwasserstoffs (C_mH_n) im Brenngas in $\frac{m^3_{C_mH_n}}{m^3_{BS}}$

ψ_{N_2} Volumenanteil des Stickstoffs (N_2), der bereits im Brenngas vorhanden ist, in $\frac{m^3_{N_2}}{m^3_{BS}}$

λ Luftverhältnis

L_{min} theoretischer (stöchiometrischer) Luftbedarf in $\frac{m^3_{L}}{m^3_{BS}}$

Anmerkung: Das Glied $m \cdot \psi_{C_mH_n}$ ist nacheinander für alle Kohlenwasserstoffe anzuwenden, die im Brenngas eine nicht zu vernachlässigende Rolle spielen, also z. B. für CH_4, C_2H_4, C_2H_2 usw.

Die **Rauchgasmenge, feucht**, berechnet sich aus der Rauchgasmenge, trocken, und dem bei der Verbrennung gebildeten Wasserdampf entsprechend Gleichung (12.190):

$$R_f = R_{tr} + \psi_{H_2} + 0{,}5 \cdot \sum n \cdot \psi_{C_mH_n} \qquad (12.212)$$

R_f feuchte Rauchgasmenge in $\frac{m^3_{RG}}{m^3_{BS}}$

R_{tr} trockene Rauchgasmenge in $\frac{m^3_{RG}}{m^3_{BS}}$

ψ_{H_2} Volumenanteil des Wasserstoffs (H_2) im Brenngas in $\frac{m^3_{H_2}}{m^3_{BS}}$

n Formelindex des Wasserstoffs (H) in der Summenformel

$\psi_{C_mH_n}$ Volumenanteil des Kohlenwasserstoffs (C_mH_n) im Brenngas in $\frac{m^3_{C_mH_n}}{m^3_{BS}}$

Anmerkung: Das Glied $n \cdot \psi_{C_mH_n}$ ist nacheinander für alle Kohlenwasserstoffe anzuwenden, die im Brenngas eine nicht zu vernachlässigende Rolle spielen, also z. B. für CH_4, C_2H_4, C_2H_2 usw.

Die Unterscheidung „theoretischer“ und „realer“ Rauchgasmengen erübrigt sich hier, da **kein Luftüberschuss** vorhanden ist. Vielmehr ist die **ermittelte Rauchgasmenge** die **tatsächliche (reale) Rauchgasmenge** für den unterstöchiometrischen Fall (Luftmangel).

12

Auf dieser Basis lässt sich auch die **Rauchgaszusammensetzung** errechnen. Es ergibt sich für das Rauchgas nach den Gleichungen (12.209) und (12.210) unter Verwendung von (12.193) und (12.194):

für das **(reale) trockene Rauchgas**:

Volumenanteil Kohlenstoffmonoxid im Rauchgas

$$\psi_{\text{tr,CO}} = \frac{\omega_{\text{RG,CO}}}{R_{\text{tr}}} \tag{12.213}$$

Volumenanteil Kohlenstoffdioxid im Rauchgas:

$$\psi_{\text{tr,CO}_2} = \frac{\omega_{\text{RG,CO}_2}}{R_{\text{tr}}}$$

Volumenanteil Stickstoff im Rauchgas:

$$\psi_{\text{tr,N}_2} = \frac{\psi_{\text{N}_2} + 0{,}79 \cdot \lambda \cdot L_{\text{min}}}{R_{\text{tr}}}$$

Volumenanteil Wasserdampf im Rauchgas:

$$\psi_{\text{tr,H}_2\text{O}} = 0$$

$\psi_{\text{tr},x}$ Volumenanteil der Komponente x ($x = \text{CO}, \text{CO}_2, \text{N}_2, \text{H}_2\text{O}$) im trockenen Rauchgas in $\frac{\text{m}_x^3}{\text{m}_{\text{RG}}^3}$

$\omega_{\text{RG,CO}}$ Volumen des Kohlenstoffmonoxids (CO) im Rauchgas je m^3 Brenngas in $\frac{\text{m}_{\text{CO}}^3}{\text{m}_{\text{BS}}^3}$

R_{tr} tatsächliche trockene Rauchgasmenge in $\frac{\text{m}_{\text{RG}}^3}{\text{m}_{\text{BS}}^3}$

$\omega_{\text{RG,CO}_2}$ Volumenanteil des Kohlenstoffdioxids (CO_2) im Rauchgas je m^3 Brenngas in $\frac{\text{m}_{\text{CO}_2}^3}{\text{m}_{\text{BS}}^3}$

ψ_{N_2} Volumenanteil des Stickstoffs (N_2), der bereits im Brenngas vorhanden ist, in $\frac{\text{m}_{\text{N}_2}^3}{\text{m}_{\text{BS}}^3}$

L_{min} theoretischer Luftbedarf in $\frac{\text{m}_{\text{L}}^3}{\text{m}_{\text{BS}}^3}$

λ Luftverhältnis

Dann ist auch **in guter Näherung** für das **(reale) feuchte Rauchgas**:

Volumenanteil Kohlenstoffmonoxid im Rauchgas

$$\psi_{\text{f,CO}} \approx \frac{\omega_{\text{RG,CO}}}{R_{\text{f}}} \tag{12.214}$$

Volumenanteil Kohlenstoffdioxid im Rauchgas:

$$\psi_{\text{f,CO}_2} \approx \frac{\omega_{\text{RG,CO}_2}}{R_{\text{f}}}$$

Volumenanteil Stickstoff im Rauchgas:

$$\psi_{\text{f,N}_2} \approx \frac{\psi_{\text{N}_2} + 0{,}79 \cdot \lambda \cdot L_{\text{min}}}{R_{\text{f}}}$$

Volumenanteil Wasserdampf im Rauchgas:

$$\psi_{\text{f,H}_2\text{O}} \approx \frac{\psi_{\text{H}_2} + 0{,}5 \cdot \sum n \cdot \psi_{\text{C}_m\text{H}_n}}{R_{\text{f}}}$$

$\psi_{tr,x}$ Volumenanteil der Komponente x ($x = CO, CO_2, N_2, H_2O$) im feuchten Rauchgas in $\frac{m_x^3}{m_{RG}^3}$

$\omega_{RG,CO}$ Volumen des Kohlenstoffmonoxids (CO) im Rauchgas je m^3 Brenngas in $\frac{m_{CO}^3}{m_{BS}^3}$

R_f tatsächliche feuchte Rauchgasmenge in $\frac{m_{RG}^3}{m_{BS}^3}$

ω_{RG,CO_2} Volumen des Kohlenstoffdioxids (CO_2) im Rauchgas je m^3 Brenngas in $\frac{m_{CO_2}^3}{m_{BS}^3}$

ψ_{N_2} Volumenanteil des Stickstoffs (N_2), der bereits im Brenngas vorhanden ist in $\frac{m_{N_2}^3}{m_{BS}^3}$

L_{min} theoretischer Luftbedarf in $\frac{m_L^3}{m_{BS}^3}$

λ Luftverhältnis

ψ_{H_2} Volumenanteil des Wasserstoffs (H_2) im Brenngas in $\frac{m_{H_2}^3}{m_{BS}^3}$

n Formelindex des Wasserstoffs (H) in der Summenformel

$\psi_{C_mH_n}$ Volumenanteil des Kohlenwasserstoffs (C_mH_n) im Brenngas in $\frac{m_{C_mH_n}^3}{m_{BS}^3}$

Anmerkung: Das Glied $n \cdot \psi_{C_mH_n}$ ist nacheinander für alle Kohlenwasserstoffe anzuwenden, die im Brenngas eine nicht zu vernachlässigende Rolle spielen, also z. B. für CH_4, C_2H_4, C_2H_2 usw.

12.3.2 Verbrennung fester und flüssiger Brennstoffe bei Luftmangel

Auch für die Verbrennung fester und flüssiger Brennstoffe bei Luftmangel führt die Annahme, dass sich ein kleiner Luftmangel zuerst nur in einem Gehalt von CO im Rauchgas ausdrückt, zu einer vereinfachten Betrachtung. Auch hier gilt, dass entsprechend Gleichung (12.208) für die Oxidation von CO zu CO_2 eine Stoffmenge an O_2 erforderlich ist, die halb so groß wie die Stoffmenge an CO ist.

Für die **festen und flüssigen Brennstoffe** ist aber eine **massebezogene Betrachtung** erforderlich.

Es ergibt sich für die **Masse Kohlenstoffmonoxid im Rauchgas je 1 kg Brennstoff** $\chi_{RG,CO}$:

$$\chi_{RG,CO} = 1{,}75 \cdot (1 - \lambda) \cdot O_{min} \tag{12.215}$$

$\chi_{RG,CO}$ Masse Kohlenstoffmonoxid (CO) im Rauchgas je kg Brennstoff in $\frac{kg_{CO}}{kg_{BS}}$

O_{min} theoretischer (stöchiometrischer) Sauerstoffbedarf in $\frac{kg_{O_2}}{kg_{BS}}$

λ Luftverhältnis

Da das Kohlenstoffmonoxid anstatt von Kohlenstoffdioxid gebildet wird, ergibt sich eine verminderte **Masse Kohlenstoffdioxid im Rauchgas je 1 kg Brennstoff** χ_{RG,CO_2}:

$$\chi_{RG,CO_2} = \chi_{RG,CO_2,stö} - 2{,}75 \cdot (1 - \lambda) \cdot O_{min} \tag{12.216}$$

$$\chi_{RG,CO_2} = 3{,}67 \cdot \xi_C - 2{,}75 \cdot (1 - \lambda) \cdot O_{min}$$

χ_{RG,CO_2} Masse des Kohlenstoffdioxids (CO_2) im Rauchgas je kg Brennstoff in $\frac{kg_{CO_2}}{kg_{BS}}$

$\chi_{RG,CO_2,stö}$ Masse des Kohlenstoffdioxids (CO_2) im Rauchgas je kg Brennstoff im stöchiometrischen Fall ($\lambda = 1$) in $\frac{kg_{CO_2}}{kg_{BS}}$
λ Luftverhältnis
O_{min} theoretischer (stöchiometrischer) Sauerstoffbedarf in $\frac{kg_{O_2}}{kg_{BS}}$
ξ_C Masseanteil des Kohlenstoffs (C) im Brennstoff in $\frac{kg_C}{kg_{BS}}$

Damit ergibt sich die **trockene Rauchgasmenge** R_{tr} zu:

$$R_{tr} = 1{,}75 \cdot (1-\lambda) \cdot O_{min} + 3{,}67 \cdot \xi_C - 2{,}75 \cdot (1-\lambda) \cdot O_{min} + 2 \cdot \xi_S + \xi_N + 0{,}77 \cdot \lambda \cdot L_{min} \tag{12.217}$$

$$R_{tr} = 3{,}67 \cdot \xi_C - (1-\lambda) \cdot O_{min} + 2 \cdot \xi_S + \xi_N + 0{,}77 \cdot \lambda \cdot L_{min}$$
$$R_{tr} = 3{,}67 \cdot \xi_C - (1-\lambda) \cdot O_{min} + 2 \cdot \xi_S + \xi_N + 3{,}35 \cdot \lambda \cdot O_{min}$$

R_{tr} trockene Rauchgasmenge in $\frac{kg_{RG}}{kg_{BS}}$
ξ_C Masseanteil des Kohlenstoffs (C) im Brennstoff in $\frac{kg_C}{kg_{BS}}$
ξ_S Masseanteil des Schwefels (S) im Brennstoff in $\frac{kg_S}{kg_{BS}}$
ξ_N Masseanteil des Stickstoffs (N) im Brennstoff in $\frac{kg_N}{kg_{BS}}$
O_{min} theoretischer (stöchiometrischer) Sauerstoffbedarf in $\frac{kg_{O_2}}{kg_{BS}}$
λ Luftverhältnis
L_{min} theoretischer Luftbedarf in $\frac{kg_L}{kg_{BS}}$

Die **feuchte Rauchgasmenge** R_f, die sich aus der trockenen Rauchgasmenge R_{tr} und dem bei der Verbrennung gebildeten Wasserdampf zusammensetzt, ist somit:

$$R_f = R_{tr} + 9 \cdot \xi_H + \xi_{H_2O} \tag{12.218}$$

R_f feuchte Rauchgasmenge in $\frac{kg_{RG}}{kg_{BS}}$
R_{tr} trockene Rauchgasmenge in $\frac{kg_{RG}}{kg_{BS}}$
ξ_H Masseanteil des Wasserstoffs (H) im Brennstoff in $\frac{kg_H}{kg_{BS}}$
ξ_{H_2O} Masseanteil des Wassers (H_2O) (sogenannter Wassergehalt), der bereits im Brennstoff enthalten war, in $\frac{kg_{H_2O}}{kg_{BS}}$

Die Unterscheidung „theoretischer" und „realer" Rauchgasmengen erübrigt sich auch hier, da **kein Luftüberschuss** vorhanden ist. Vielmehr ist die **ermittelte Rauchgasmenge** die **tatsächliche Rauchgasmenge** für den unterstöchiometrischen Fall (Luftmangel).

Auf dieser Basis lässt sich auch die **Rauchgaszusammensetzung** errechnen.

Es ergibt sich für das **(reale) trockene Rauchgas**:

Masseanteil Kohlenstoffmonoxid im Rauchgas

$$\xi_{tr,CO} = \frac{\chi_{RG,CO}}{R_{tr}} \tag{12.219}$$

Masseanteil Kohlenstoffdioxid im Rauchgas:

$$\xi_{tr,CO_2} = \frac{\chi_{RG,CO_2}}{R_{tr}}$$

Masseanteil Schwefeldioxid im Rauchgas:

$$\xi_{\text{tr},SO_2} = \frac{2 \cdot \xi_S}{R_{\text{tr}}}$$

Masseanteil Stickstoff im Rauchgas:

$$\xi_{\text{tr},N_2} = \frac{\xi_N + 0{,}77 \cdot \lambda \cdot L_{\min}}{R_{\text{tr}}}$$

Masseanteil Wasserdampf im Rauchgas:

$$\xi_{\text{tr},H_2O} = 0$$

$\xi_{\text{tr},x}$ Masseanteil der Komponente x ($x = CO, CO_2, SO_2, N_2, H_2O$) im trockenen Rauchgas in $\frac{kg_x}{kg_{RG}}$

$\chi_{RG,CO}$ Masse Kohlenstoffmonoxid (CO) im Rauchgas je kg Brennstoff in $\frac{kg_{CO}}{kg_{BS}}$

χ_{RG,CO_2} Masse des Kohlenstoffdioxids (CO_2) im Rauchgas je kg Brennstoff in $\frac{kg_{CO_2}}{kg_{BS}}$

R_{tr} tatsächliche trockene Rauchgasmenge in $\frac{kg_{RG}}{kg_{BS}}$

ξ_S Masseanteil des Schwefels (S) im Brennstoff in $\frac{kg_S}{kg_{BS}}$

ξ_N Masseanteil des Stickstoffs (N) im Brennstoff in $\frac{kg_N}{kg_{BS}}$

$L_{\min}$ theoretischer Luftbedarf in $\frac{kg_L}{kg_{BS}}$

λ Luftverhältnis

Es ergibt sich dann auch **in guter Näherung** für das **(reale) feuchte Rauchgas**:

Masseanteil Kohlenstoffmonoxid im Rauchgas

$$\xi_{f,CO} \approx \frac{\chi_{RG,CO}}{R_f} \tag{12.220}$$

Masseanteil Kohlenstoffdioxid im Rauchgas:

$$\xi_{f,CO_2} \approx \frac{\chi_{RG,CO_2}}{R_f}$$

Masseanteil Schwefeldioxid im Rauchgas:

$$\xi_{f,SO_2} \approx \frac{2 \cdot \xi_S}{R_f}$$

Masseanteil Stickstoff im Rauchgas:

$$\xi_{f,N_2} \approx \frac{\xi_N + 0{,}77 \cdot \lambda \cdot L_{\min}}{R_f}$$

Masseanteil Wasserdampf im Rauchgas:

$$\xi_{f,H_2O} \approx \frac{9 \cdot \xi_H + \xi_{H_2O}}{R_f}$$

12

$\xi_{f,x}$ Masseanteil der Komponente x ($x = CO, CO_2, SO_2, N_2, H_2O$) im feuchten Rauchgas in $\frac{kg_x}{kg_{BS}}$

$\chi_{RG,CO}$ Masse Kohlenstoffmonoxid (CO) im Rauchgas je kg Brennstoff in $\frac{kg_{CO}}{kg_{BS}}$

χ_{RG,CO_2} Masse des Kohlenstoffdioxids (CO_2) im Rauchgas je kg Brennstoff in $\frac{kg_{CO_2}}{kg_{BS}}$

R_f tatsächliche feuchte Rauchgasmenge in $\frac{kg_{RG}}{kg_{BS}}$

ξ_S Masseanteil des Schwefels (S) im Brennstoff in $\frac{kg_S}{kg_{BS}}$

ξ_N Masseanteil des Stickstoffs (N) im Brennstoff in $\frac{kg_N}{kg_{BS}}$

L_{min} theoretischer Luftbedarf in $\frac{kg_L}{kg_{BS}}$

λ Luftverhältnis

ξ_H Masseanteil des Wasserstoffs (H) im Brennstoff in $\frac{kg_H}{kg_{BS}}$

ξ_{H_2O} Masseanteil des Wassers (H_2O) (sogenannter Wassergehalt), der bereits im Brennstoff enthalten war, in $\frac{kg_{H_2O}}{kg_{BS}}$

12.4 Beispiele

12.4.1 Verbrennung eines gasförmigen Brennstoffes (Gasgemisch) mit Luftüberschuss, Luftbedarf, Rauchgaszusammensetzung

Mit der gegebenen Analyse eines Brenngases in Volumenanteilen ist bei einer Verbrennung mit einem Luftüberschuss von 20 % ($\lambda = 1{,}2$)

a) der Luftbedarf und

b) die Rauchgaszusammensetzung im Normzustand zu ermitteln.

gegeben:	Volumenanteil H_2 im Brenngas	$\psi_{H_2} = 0{,}5$
	Volumenanteil O_2 im Brenngas	$\psi_{O_2} = 0{,}02$
	Volumenanteil CO im Brenngas	$\psi_{CO} = 0{,}06$
	Volumenanteil CO_2 im Brenngas	$\psi_{CO_2} = 0{,}14$
	Volumenanteil CH_4 im Brenngas	$\psi_{CH_4} = 0{,}2$
	Volumenanteil C_2H_2 im Brenngas	$\psi_{C_2H_2} = 0{,}02$
	Volumenanteil C_2H_4 im Brenngas	$\psi_{C_2H_4} = 0{,}02$
	Volumenanteil C_6H_6 im Brenngas	$\psi_{C_6H_6} = 0{,}02$
gesucht:	tatsächlicher Luftbedarf	L in $\frac{m_L^3}{m_{BS}^3}$
	trockene und feuchte Rauchgaszusammensetzung	$\psi_{tr,x}$ und $\psi_{f,x}$ in $\frac{m_x^3}{m_{RG}^3}$

Lösung:

a) tatsächlicher Luftbedarf für die Verbrennung:

Der theoretische Sauerstoffbedarf O_{min} ist mit Gleichung (12.186)

$$O_{min} = 0{,}5 \cdot \psi_{CO} + 0{,}5 \cdot \psi_{H_2} \sum (m + 0{,}25 \cdot n) \cdot \psi_{C_mH_n}$$

und entsprechend der Brenngaszusammensetzung erweitert zu

$$O_{\text{min}} = 0{,}5 \cdot \psi_{\text{CO}} + 0{,}5 \cdot \psi_{\text{H}_2} + (1 + 0{,}25 \cdot 4) \cdot \psi_{\text{CH}_4} + (2 + 0{,}25 \cdot 4) \cdot \psi_{\text{C}_2\text{H}_4} + (2 + 0{,}25 \cdot 2) \cdot \psi_{\text{C}_2\text{H}_2} + (6 + 0{,}25 \cdot 6) \cdot \psi_{\text{C}_6\text{H}_6} - \psi_{\text{O}_2}$$

$$= 0{,}5 \cdot \psi_{\text{CO}} + 0{,}5 \cdot \psi_{\text{H}_2} + 2 \cdot \psi_{\text{CH}_4} + 3 \cdot \psi_{\text{C}_2\text{H}_4} + 2{,}5 \cdot \psi_{\text{C}_2\text{H}_2} + 7{,}5 \cdot \psi_{\text{C}_6\text{H}_6} - \psi_{\text{O}_2}$$

$$= (0{,}5 \cdot 0{,}06 + 0{,}5 \cdot 0{,}5 + 2 \cdot 0{,}2 + 3 \cdot 0{,}02 + 2{,}5 \cdot 0{,}02 + 7{,}5 \cdot 0{,}02 - 0{,}02)\ \frac{\text{m}^3_{\text{O}_2}}{\text{m}^3_{\text{BS}}}$$

$$O_{\text{min}} = 0{,}92\ \frac{\text{m}^3_{\text{O}_2}}{\text{m}^3_{\text{BS}}}$$

Der theoretische Luftbedarf L_{min} ist mit Gleichung (12.187) dann

$$L_{\text{min}} = \frac{O_{\text{min}}}{0{,}21} = \frac{0{,}92}{0{,}21}\ \frac{\text{m}^3_{\text{L}}}{\text{m}^3_{\text{BS}}}$$

$$L_{\text{min}} = 4{,}381\ \frac{\text{m}^3_{\text{L}}}{\text{m}^3_{\text{BS}}}$$

Es werden demnach zur vollständigen Verbrennung eines Kubikmeters des genannten Brenngases mindestens 4,381 m^3 trockene Luft benötigt, die wiederum 0,92 m^3 Sauerstoff enthält.

Nach Gleichung (12.188) ist mit $\lambda = 1{,}2$ der tatsächliche Bedarf an trockener Verbrennungsluft L

$$L = \lambda \cdot L_{\text{min}} = 1{,}2 \cdot 4{,}381\ \frac{\text{m}^3_{\text{L}}}{\text{m}^3_{\text{BS}}} = 5{,}257\ \frac{\text{m}^3_{\text{L}}}{\text{m}^3_{\text{BS}}}$$

b) Berechnung der trockenen und feuchten Rauchgaszusammensetzung:

Zunächst ist mit Gleichung (12.189) die trockene Mindestrauchgasmenge zu ermitteln.

$$R_{\text{tr,min}} = \psi_{\text{CO}} + \psi_{\text{CO}_2} + \sum m \cdot \psi_{\text{C}_m\text{H}_n} + \psi_{\text{N}_2} + 0{,}79 \cdot L_{\text{min}}$$

Dabei muss auch hier wieder der Formelausdruck entsprechend der Brenngasbestandteile wie folgt angepasst werden. Ein Anteil Stickstoff im Brennstoff ψ_{N} ist nicht gegeben.

$$R_{\text{tr,min}} = \psi_{\text{CO}} + \psi_{\text{CO}_2} + 1 \cdot \psi_{\text{CH}_4} + 2 \cdot \psi_{\text{C}_2\text{H}_4} + 2 \cdot \psi_{\text{C}_2\text{H}_2} + 6 \cdot \psi_{\text{C}_6\text{H}_6} + \psi_{\text{N}_2} + 0{,}79 \cdot L_{\text{min}}$$

$$= (0{,}06 + 0{,}14 + 1 \cdot 0{,}2 + 2 \cdot 0{,}02 + 2 \cdot 0{,}02 + 6 \cdot 0{,}02 + 0 + 0{,}79 \cdot 4{,}381)\ \frac{\text{m}^3_{\text{RG}}}{\text{m}^3_{\text{BS}}}$$

$$R_{\text{tr,min}} = 4{,}061\ \frac{\text{m}^3_{\text{RG}}}{\text{m}^3_{\text{BS}}}$$

Mit Gleichung (12.191) ist dann die tatsächliche Rauchgasmenge unter Berücksichtigung des Luftüberschusses

$$R_{\text{tr}} = R_{\text{tr,min}} + (\lambda - 1) \cdot L_{\text{min}} = 4{,}061\ \frac{\text{m}^3_{\text{RG}}}{\text{m}^3_{\text{BS}}} + (1{,}2 - 1) \cdot 4{,}381\ \frac{\text{m}^3_{\text{L}}}{\text{m}^3_{\text{BS}}}$$

$$R_{\text{tr}} = 4{,}937\ \frac{\text{m}^3_{\text{RG}}}{\text{m}^3_{\text{BS}}}$$

Für die Rauchgaszusammensetzung ergibt sich nun mit den Gleichungen (12.193):

Volumenanteil Kohlenstoffdioxid im Rauchgas:

$$\psi_{\mathrm{tr,CO_2}} = \frac{\psi_{\mathrm{CO}} + \psi_{\mathrm{CO_2}} + \sum m \cdot \psi_{\mathrm{C}_m\mathrm{H}_n}}{R_{\mathrm{tr}}}$$

$$= \frac{\psi_{\mathrm{CO}} + \psi_{\mathrm{CO_2}} + 1 \cdot \psi_{\mathrm{CH_4}} + 2 \cdot \psi_{\mathrm{C_2H_4}} + 2 \cdot \psi_{\mathrm{C_2H_2}} + 6 \cdot \psi_{\mathrm{C_6H_6}}}{R_{\mathrm{tr}}}$$

$$= \frac{0{,}06 + 0{,}14 + 1 \cdot 0{,}2 + 2 \cdot 0{,}02 + 2 \cdot 0{,}02 + 6 \cdot 0{,}02}{4{,}937} \frac{\mathrm{m^3_{CO_2}}}{\mathrm{m^3_{RG}}}$$

$$\psi_{\mathrm{tr,CO_2}} = 0{,}122 \frac{\mathrm{m^3_{CO_2}}}{\mathrm{m^3_{RG}}}$$

Volumenanteil Stickstoff im Rauchgas:

$$\psi_{\mathrm{tr,N_2}} = \frac{\psi_{\mathrm{N_2}} + 0{,}79 \cdot L}{R_{\mathrm{tr}}} = \frac{0 + 0{,}79 \cdot 5{,}257}{4{,}937} \frac{\mathrm{m^3_{N_2}}}{\mathrm{m^3_{RG}}}$$

$$\psi_{\mathrm{tr,N_2}} = 0{,}841 \frac{\mathrm{m^3_{N_2}}}{\mathrm{m^3_{RG}}}$$

Volumenanteil Sauerstoff (Restsauerstoff) im Rauchgas:

$$\psi_{\mathrm{tr,O_2}} = \frac{0{,}21 \cdot (\lambda - 1) \cdot L_{\mathrm{min}}}{R_{\mathrm{tr}}} = \frac{0{,}21 \cdot (1{,}2 - 1) \cdot 4{,}381}{4{,}937} \frac{\mathrm{m^3_{O_2}}}{\mathrm{m^3_{RG}}}$$

$$\psi_{\mathrm{tr,O_2}} = 0{,}037 \frac{\mathrm{m^3_{O_2}}}{\mathrm{m^3_{RG}}}$$

Die minimale feuchte Rauchgasmenge $R_{\mathrm{f,min}}$ ist mit Gleichung (12.190)

$$R_{\mathrm{f,min}} = R_{\mathrm{tr,min}} + \psi_{\mathrm{H_2}} + 0{,}5 \cdot \sum n \cdot \psi_{\mathrm{C}_m\mathrm{H}_n}$$

Diese muss ebenso an die Brenngaszusammensetzung angepasst werden und ist dann

$$R_{\mathrm{f,min}} = R_{\mathrm{tr,min}} + \psi_{\mathrm{H_2}} + 0{,}5 \cdot \left(4 \cdot \psi_{\mathrm{CH_4}} + 4 \cdot \psi_{\mathrm{C_2H_4}} + 2 \cdot \psi_{\mathrm{C_2H_2}} + 6 \cdot \psi_{\mathrm{C_6H_6}}\right)$$

$$= (4{,}061 + 0{,}5 + 0{,}5 \cdot (4 \cdot 0{,}2 + 4 \cdot 0{,}02 + 2 \cdot 0{,}02 + 6 \cdot 0{,}02)) \frac{\mathrm{m^3_{RG}}}{\mathrm{m^3_{BS}}}$$

$$R_{\mathrm{f,min}} = 5{,}081 \frac{\mathrm{m^3_{RG}}}{\mathrm{m^3_{BS}}}$$

Die tatsächliche Rauchgasmenge unter Berücksichtigung des Luftüberschusses ist dann mit Gleichung (12.192)

$$R_{\mathrm{f}} = R_{\mathrm{f,min}} + (\lambda - 1) \cdot L_{\mathrm{min}} = (5{,}081 + (1{,}2 - 1) \cdot 4{,}381) \frac{\mathrm{m^3_{RG}}}{\mathrm{m^3_{BS}}}$$

$$R_{\mathrm{f}} = 5{,}957 \frac{\mathrm{m^3_{RG}}}{\mathrm{m^3_{BS}}}$$

Unter Anwendung der Gleichungen (12.194) lässt sich die feuchte Rauchgaszusammensetzung einschließlich des Luftüberschusses ermitteln zu:

Volumenanteil Kohlenstoffdioxid im Rauchgas

$$\psi_{f,CO_2} \approx \frac{\psi_{CO} + \psi_{CO_2} + \sum m \cdot \psi_{C_mH_n}}{R_f}$$

$$\approx \frac{\psi_{CO} + \psi_{CO_2} + 1 \cdot \psi_{CH_4} + 2 \cdot \psi_{C_2H_4} + 2 \cdot \psi_{C_2H_2} + 6 \cdot \psi_{C_6H_6}}{R_f}$$

$$\approx \frac{0{,}06 + 0{,}14 + 1 \cdot 0{,}2 + 2 \cdot 0{,}02 + 2 \cdot 0{,}02 + 6 \cdot 0{,}02}{5{,}957} \frac{m^3_{CO_2}}{m^3_{RG}}$$

$$\psi_{f,CO_2} \approx 0{,}100 \frac{m^3_{CO_2}}{m^3_{RG}}$$

Volumenanteil Stickstoff im Rauchgas:

$$\psi_{f,N_2} \approx \frac{\psi_{N_2} + 0{,}79 \cdot L}{R_f} \approx \frac{0 + 0{,}79 \cdot 5{,}257}{5{,}957} \frac{m^3_{N_2}}{m^3_{RG}}$$

$$\psi_{f,N_2} \approx 0{,}698 \frac{m^3_{N_2}}{m^3_{RG}}$$

Volumenanteil Sauerstoff im Rauchgas:

$$\psi_{f,O_2} \approx \frac{0{,}21 \cdot (\lambda - 1) \cdot L_{min}}{R_f} \approx \frac{0{,}21 \cdot (1{,}2 - 1) \cdot 4{,}381}{5{,}957} \frac{m^3_{O_2}}{m^3_{RG}}$$

$$\psi_{f,O_2} \approx 0{,}031 \frac{m^3_{O_2}}{m^3_{RG}}$$

Volumenanteil Wasserdampf im Rauchgas:

$$\psi_{f,H_2O} \approx \frac{\psi_{H_2} + 0{,}5 \cdot \sum n \cdot \psi_{C_mH_n}}{R_f}$$

$$\approx \frac{\psi_{H_2} + 0{,}5 \cdot \left(4 \cdot \psi_{CH_4} + 4 \cdot \psi_{C_2H_4} + 2 \cdot \psi_{C_2H_2} + 6 \cdot \psi_{C_6H_6}\right)}{R_f}$$

$$\approx \frac{0{,}5 + 0{,}5 \cdot (4 \cdot 0{,}2 + 4 \cdot 0{,}02 + 2 \cdot 0{,}02 + 6 \cdot 0{,}02)}{5{,}957} \frac{m^3_{H_2O}}{m^3_{RG}}$$

$$\psi_{f,H_2O} \approx 0{,}171 \frac{m^3_{H_2O}}{m^3_{RG}}$$

Anmerkung: Bei der Rauchgasanalyse wird meistens die Zusammensetzung der trockenen Abgase bestimmt, da der Wasserdampf der Abgase vor dem Messgerät gezielt durch Kühlung kondensiert wird, ausfällt und ausgeschleust wird.

12.4.2 Verbrennung eines festen Brennstoffes (Kohle) mit Luftüberschuss, Rauchgaszusammensetzung

Für den gegebenen Auszug aus einer Elementaranalyse einer trockenen Steinkohle ist bei einer Verbrennung mit $\lambda = 1{,}6$

a) der Luftbedarf und

b) die feuchte Rauchgaszusammensetzung zu bestimmen.

Elementaranalyse der Kohle (Masseanteile):

78,0 % Kohlenstoff, 4,5 % Wasserstoff, 1,5 % Schwefel, 6,0 % Sauerstoff

gegeben:	Masseanteil C	$\xi_C = 0{,}78$
	Masseanteil H	$\xi_H = 0{,}045$
	Masseanteil S	$\xi_S = 0{,}015$
	Masseanteil O	$\xi_O = 0{,}06$
	Luftverhältnis	$\lambda = 1{,}6$
gesucht:	tatsächlicher Luftbedarf	L in $\frac{kg_L}{kg_{BS}}$ und $\frac{m_L^3}{kg_{BS}}$
	feuchte Rauchgaszusammensetzung	$\xi_{f,x}$ in $\frac{kg_x}{kg_{RG}}$

Lösung:

a) tatsächlicher Luftbedarf:

Der theoretische Sauerstoffbedarf für die vollständige Verbrennung fester Brennstoffe ist nach Gleichung (12.199)

$$O_{min} = 2{,}67 \cdot \xi_C + 8 \cdot \xi_H + \xi_S - \xi_O$$

$$= (2{,}67 \cdot 0{,}78 + 8 \cdot 0{,}045 + 0{,}015 - 0{,}06)\ \frac{kg_{O_2}}{kg_{BS}}$$

$$O_{min} = 2{,}395\ \frac{kg_{O_2}}{kg_{BS}}$$

Der theoretische Bedarf an trockener Luft ist nach Gleichung (12.200)

$$L_{min} = \frac{O_{min}}{0{,}232} = \frac{2{,}395}{0{,}232}\ \frac{kg_L}{kg_{BS}}$$

$$L_{min} = 10{,}323\ \frac{kg_L}{kg_{BS}}$$

Der tatsächliche Bedarf an trockener Luft unter Beachtung des gegebenen Luftverhältnisses mit $\lambda = 1{,}6$ ist nach Gleichung (12.201)

$$L = \lambda \cdot L_{min} = 1{,}6 \cdot 10{,}323\ \frac{kg_L}{kg_{BS}}$$

$$L = 16{,}517\ \frac{kg_L}{kg_{BS}}$$

Als tatsächliches Volumen an Verbrennungsluft im Normzustand (N) ausgedrückt, ist mit der Dichte der Luft im Normzustand aus Anhang A.4.1, $\varrho_N = 1{,}293\ \frac{kg}{m^3}$, nach Gleichung (2.1), hier schon nach dem Volumen umgestellt:

$$V_N = \frac{m}{\varrho_N} = L_N = \frac{L}{\varrho_N} = \frac{16{,}517 \frac{kg_L}{kg_{BS}}}{1{,}293 \frac{kg_L}{m_L^3}}$$

$$V_N = 12{,}774 \frac{m_L^3}{kg_{BS}}$$

Auf einem zweiten, alternativem Lösungsweg unter Verwendung der Umkehrung von Gleichung (2.1) ist der theoretische Sauerstoffbedarf im Normzustand bei Verwendung der Stoffwerte aus Anhang A.4.1

$$O_{min,N} = \bar{v}_{N,O_2} \cdot \left(\frac{\xi_C}{M_C} + \frac{\xi_H}{2 \cdot M_{H_2}} + \frac{\xi_S}{M_S} - \frac{\xi_O}{M_{O_2}} \right)$$

$$= 22{,}394 \frac{m^3}{kmol} \cdot \left(\frac{0{,}78}{12} + \frac{0{,}045}{2 \cdot 2} + \frac{0{,}015}{32} - \frac{0{,}06}{32} \right) \frac{kmol}{kg}$$

$$O_{min,N} = 1{,}676 \frac{m_{O_2}^3}{kg_{BS}}$$

Dann ist der theoretische Luftbedarf

$$L_{min,N} = \frac{100}{21} \cdot O_{min,N} = \frac{100}{21} \cdot 1{,}676 \frac{m_L^3}{kg_{BS}}$$

$$L_{min,N} = 7{,}981 \frac{m_L^3}{kg_{BS}}$$

und schließlich unter Einbezug des Luftverhältnisses $\lambda = 1{,}6$ nach Gleichung (12.201)

$$L_N = \lambda \cdot L_{min,N} = 1{,}6 \cdot 7{,}981 \frac{m_L^3}{kg_{BS}}$$

$$L_N = 12{,}770 \frac{m_L^3}{kg_{BS}}$$

Das Ergebnis ist nahezu gleich dem des ersten Lösungsweges.

b) feuchte Rauchgaszusammensetzung:

Zur Berechnung wird die Mindestrauchgasmenge nach den Gleichungen (12.202) und (12.203) benötigt. Brennstoff-Stickstoff und Wasser (Brennstoff-Feuchte) sind lt. Analyse nicht enthalten.

$$R_{tr,min} = 3{,}67 \cdot \xi_C + 2 \cdot \xi_S + \xi_N + 0{,}77 \cdot L_{min}$$

$$= (3{,}67 \cdot 0{,}78 + 2 \cdot 0{,}015 + 0 + 0{,}77 \cdot 10{,}323) \frac{kg_{RG}}{kg_{BS}}$$

$$R_{tr,min} = 10{,}841 \frac{kg_{RG}}{kg_{BS}}$$

$$R_{f,min} = R_{tr,min} + 9 \cdot \xi_H + \xi_{H_2O}$$

$$= 10{,}841 \frac{kg_{RG}}{kg_{BS}} + 9 \cdot 0{,}045 \frac{kg_{RG}}{kg_{BS}} + 0 \frac{kg_{RG}}{kg_{BS}}$$

$$R_{f,min} = 11{,}246 \frac{kg_{RG}}{kg_{BS}}$$

Die tatsächliche feuchte Rauchgasmenge ist dann nach Gleichung (12.205)

$$R_f = R_{f,min} + (\lambda - 1) \cdot L_{min} = 11{,}246 \frac{kg_{RG}}{kg_{BS}} + (1{,}6 - 1) \cdot 10{,}323 \frac{kg_{RG}}{kg_{BS}}$$

$$R_f = 17{,}440 \frac{kg_{RG}}{kg_{BS}}$$

Die einzelnen Masseanteile der Komponenten des feuchten Rauchgases sind dann nach den Gleichungen (12.207):

Masseanteil Kohlenstoffdioxid im Rauchgas

$$\xi_{f,CO_2} = \frac{3{,}67 \cdot \xi_C}{R_f} = \frac{3{,}67 \cdot 0{,}78}{17{,}440} \frac{kg_{CO_2}}{kg_{RG}} = 0{,}164 \frac{kg_{CO_2}}{kg_{RG}}$$

Masseanteil Schwefeldioxid im Rauchgas

$$\xi_{f,SO_2} = \frac{2 \cdot \xi_S}{R_f} = \frac{2 \cdot 0{,}015}{17{,}440} \frac{kg_{SO_2}}{kg_{RG}} = 0{,}0017 \frac{kg_{SO_2}}{kg_{RG}}$$

Masseanteil Stickstoff im Rauchgas

$$\xi_{f,N_2} = \frac{\xi_N + 0{,}77 \cdot \lambda \cdot L_{min}}{R_f} = \frac{0 + 0{,}77 \cdot 1{,}6 \cdot 10{,}323}{17{,}440} \frac{kg_{N_2}}{kg_{RG}} = 0{,}729 \frac{kg_{N_2}}{kg_{RG}}$$

Masseanteil Sauerstoff im Rauchgas

$$\xi_{f,O_2} = \frac{0{,}23 \cdot (\lambda - 1) \cdot L_{min}}{R_f} = \frac{0{,}23 \cdot (1{,}6 - 1) \cdot 10{,}323}{17{,}440} \frac{kg_{O_2}}{kg_{RG}} = 0{,}082 \frac{kg_{O_2}}{kg_{RG}}$$

Masseanteil Wasserdampf im Rauchgas

$$\xi_{f,H_2O} = \frac{9 \cdot \xi_H + \xi_{H_2O}}{R_f} = \frac{9 \cdot 0{,}045 + 0}{17{,}440} \frac{kg_{H_2O}}{kg_{RG}} = 0{,}023 \frac{kg_{H_2O}}{kg_{RG}}$$

12.4.3 Ermittlung des Luftverhältnisses aus der Rauchgaszusammensetzung

Es wurde ein Brennstoff ohne nennenswerte Stickstoff- und Sauerstoffanteile verbrannt. Wie groß war das Luftverhältnis, wenn die Analyse des trockenen Rauchgases in Volumenanteilen vorliegt.

gegeben:	Volumenanteil CO_2	$\psi_{tr,CO_2} = 0{,}112$
	Volumenanteil SO_2	$\psi_{tr,SO_2} = 0{,}008$
	Volumenanteil N_2	$\psi_{tr,N_2} = 0{,}8$
	Volumenanteil O_2	$\psi_{tr,O_2} = 0{,}08$
gesucht:	Luftverhältnis	λ

Lösung:

Unter den gegebenen Voraussetzungen findet Gleichung (12.195) Anwendung und ist dann

$$\lambda = \frac{\psi_{tr,N_2}}{\psi_{tr,N_2} - \psi_{tr,O_2} \cdot \frac{79}{21}} = \frac{0{,}8}{0{,}8 - 0{,}08 \cdot \frac{79}{21}}$$

$$\lambda = 1{,}603$$

Die Verbrennung erfolgte also mit einem Luftverhältnis von ca. 1,6, was auf einen festen, grobstückigen Brennstoff schließen lässt.

12.4.4 Verbrennung eines flüssigen Brennstoffes (Heizöl EL) unter Luftmangel

In einem Heizkessel mit wartungsbedürftigem Ölbrenner wird Heizöl EL mit 4 % Luftmangel verbrannt. Die Verbrennung des Heizöls verläuft unvollständig mit trockener Luft, ohne dass Rest-Sauerstoff im Rauchgas verbleibt. Ruß tritt auch nicht auf. In den Rauchgasen findet sich neben den Verbrennungsprodukten nur noch Kohlenstoffmonoxid (CO). Die Zusammensetzung des Brennstoffes ist Anhang A.4.2 zu entnehmen. Abweichend davon ist ein Schwefelgehalt von 0,2 % (Masseanteil) ausgewiesen. Der Stickstoffgehalt ist um diesen Betrag niedriger.

a) Wie groß sind die trockene und die feuchte Rauchgasmenge?

b) Wie setzt sich das trockene Rauchgas zusammen?

gegeben:	Masseanteil C im Brennstoff	$\xi_C = 0{,}862$
	Masseanteil H im Brennstoff	$\xi_H = 0{,}133$
	Masseanteil N im Brennstoff	$\xi_N = 0{,}003$
	Masseanteil S im Brennstoff	$\xi_S = 0{,}002$
	Luftverhältnis (4 % Luftmangel)	$\lambda = 0{,}96$
gesucht:	feuchte und trockene Rauchgasmenge	R_{tr}, R_f in $\frac{kg_{RG}}{kg_{BS}}$
	trockene Rauchgaszusammensetzung	$\xi_{tr,x}$ in $\frac{kg_x}{kg_{RG}}$

Lösung:

a) feuchte und trockene Rauchgasmenge:

Der theoretische Sauerstoffbedarf für die vollständige Verbrennung fester Brennstoffe ist nach Gleichung (12.199)

$$O_{min} = 2{,}67 \cdot \xi_C + 8 \cdot \xi_H + \xi_S - \xi_O$$

$$= (2{,}67 \cdot 0{,}862 + 8 \cdot 0{,}133 + 0{,}002 - 0)\,\frac{kg_{O_2}}{kg_{BS}}$$

$$O_{min} = 3{,}368\,\frac{kg_{O_2}}{kg_{BS}}$$

Der theoretische Bedarf an trockener Luft ist nach Gleichung (12.200)

$$L_{min} = \frac{O_{min}}{0{,}232} = \frac{3{,}368}{0{,}232}\,\frac{kg_L}{kg_{BS}}$$

$$L_{min} = 14{,}515\,\frac{kg_L}{kg_{BS}}$$

Damit ergibt sich die trockene Rauchgasmenge nach Gleichung (12.217)

$$R_{tr} = 3{,}67 \cdot \xi_C - (1-\lambda) \cdot O_{min} + 2 \cdot \xi_S + \xi_N + 3{,}35 \cdot \lambda \cdot O_{min}$$

$$= (3{,}67 \cdot 0{,}862 - (1-0{,}96) \cdot 3{,}368 + 2 \cdot 0{,}002 + 0{,}003 + 3{,}35 \cdot 0{,}96 \cdot 3{,}368) \frac{kg_{RG}}{kg_{BS}}$$

$$R_{tr} = 13{,}864 \frac{kg_{RG}}{kg_{BS}}$$

und die feuchte Rauchgasmenge ergibt sich mit Gleichung (12.218)

$$R_f = R_{tr} + 9 \cdot \xi_H + \xi_{H_2O} = (13{,}864 + 9 \cdot 0{,}133 + 0) \frac{kg_{RG}}{kg_{BS}}$$

$$R_f = 15{,}061 \frac{kg_{RG}}{kg_{BS}}$$

b) Zusammensetzung des realen, trockenen Rauchgases

Die einzelnen Masseanteile der Komponenten des trockenen Rauchgases sind dann nach den Gleichungen (12.219)

Masseanteil Kohlenstoffmonoxid im Rauchgas:

$$\xi_{tr,CO} = \frac{1{,}75 \cdot (1-\lambda) \cdot O_{min}}{R_{tr}} = \frac{1{,}75 \cdot (1-0{,}96) \cdot 3{,}368}{13{,}864} \frac{kg_{CO}}{kg_{RG}}$$

$$\xi_{tr,CO} = 0{,}017 \frac{kg_{CO}}{kg_{RG}}$$

Masseanteil Kohlenstoffdioxid im Rauchgas:

$$\xi_{tr,CO_2} = \frac{3{,}67 \cdot \xi_C - 2{,}75 \cdot (1-\lambda) \cdot O_{min}}{R_{tr}} = \frac{3{,}67 \cdot 0{,}862 - 2{,}75 \cdot (1-0{,}96) \cdot 3{,}368}{13{,}864} \frac{kg_{CO_2}}{kg_{RG}}$$

$$\xi_{tr,CO_2} = 0{,}202 \frac{kg_{CO_2}}{kg_{RG}}$$

Masseanteil Schwefeldioxid im Rauchgas:

$$\xi_{tr,SO_2} = \frac{2 \cdot \xi_S}{R_{tr}} = \frac{2 \cdot 0{,}002}{13{,}864} \frac{kg_{SO_2}}{kg_{RG}}$$

$$\xi_{tr,SO_2} = 0{,}000\,29 \frac{kg_{SO_2}}{kg_{RG}}$$

Masseanteil Stickstoff im Rauchgas:

$$\xi_{tr,N_2} = \frac{\xi_N + 0{,}77 \cdot \lambda \cdot L_{min}}{R_{tr}} = \frac{0{,}003 + 0{,}77 \cdot 0{,}96 \cdot 14{,}515}{13{,}864} \frac{kg_{N_2}}{kg_{RG}}$$

$$\xi_{tr,N_2} = 0{,}774 \frac{kg_{N_2}}{kg_{RG}}$$

Die Summe der Masseanteile der Komponenten des trockenen Rauchgases ergibt $0{,}993\,3 \approx 1{,}0$. Die Rechnung ist somit hinreichend genau.

12.5 Übungsaufgaben[1]

12.5.1 Ermittlung des Luftverhältnisses aus der Rauchgaszusammensetzung bei stickstoffhaltigem Brenngas

Es wird ein stark stickstoffhaltiges Brenngas mit folgender Gaszusammensetzung verbrannt. Volumenanteil H_2 0,12, Volumenanteil CO 0,24, Volumenanteil CH_4 0,002, Volumenanteil CO_2 0,07, Volumenanteil O_2 0,005 und Volumenanteil N_2 0,563.

Wie groß war das Luftverhältnis, wenn sich das trockene Rauchgas aus 17,3 % CO_2, 3,0 % O_2 und 79,7 % N_2 zusammensetzt?

12.5.2 Verbrennung eines gasförmigen Brennstoffes (Erdgas) unter Luftmangel

Um in einem Wärmebehandlungsofen eine reduzierende Atmosphäre zu schaffen, wird Erdgas H (Nordsee #2) unter 12 % Luftmangel verbrannt. Die Verbrennung des Gases verläuft unvollständig und mit trockener Luft, ohne dass Rest-Sauerstoff im Rauchgas verbleibt und Ruß auftritt. In den Rauchgasen findet sich neben den Verbrennungsprodukten nur noch Kohlenstoffmonoxid (CO). Die Zusammensetzung des Brenngases ist Anhang A.4.3 zu entnehmen.

a) Wie groß ist hier der Luftbedarf?

b) Wie setzt sich das trockene Rauchgas zusammen?

12.6 Energetische Betrachtung der Verbrennung

Die gesamte energetische Betrachtung der Verbrennung beruht auf der Bilanzierung des offenen Systems, in welchem die Verbrennung stattfindet. Dieses System wird auch Verbrennungsraum, in seiner technischen Ausführung auch Feuerung oder Feuerraum genannt. Typisch sind ein- und austretende Enthalpieströme (stoffgebundener Energietransport) und austretende Wärmeströme. Dies ist in Bild 12.1 dargestellt.

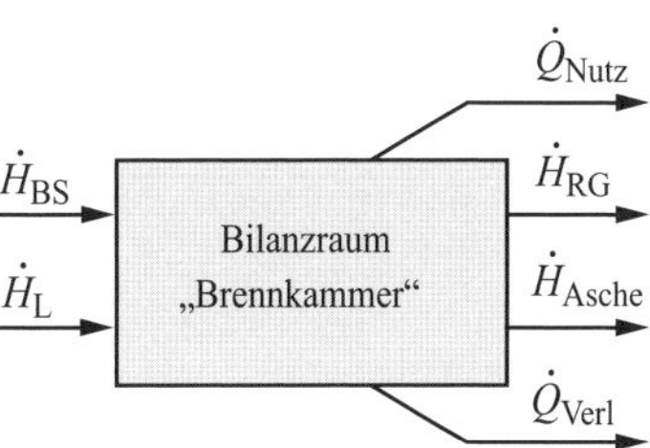

Bild 12.1 Darstellung der Verbrennung als offenes System

[1] Die Lösungen finden Sie in der Kategorie „Extras“ unter *http://www.hanser-fachbuch.de/9783446442795*.

12

Damit ergibt sich die folgende Bilanzgleichung:

$$\dot{H}_{BS} + \dot{H}_{L} = \dot{H}_{RG} + \dot{H}_{Asche} + \dot{Q}_{Nutz} + \dot{Q}_{Verl} \tag{12.221}$$

$\dot{H}_{BS}$ mit dem Brennstoff transportierter Enthalpiestrom in kW
$\dot{H}_{L}$ mit der Verbrennungsluft transportierter Enthalpiestrom in kW
$\dot{H}_{RG}$ mit dem Rauchgas transportierter Enthalpiestrom in kW
$\dot{H}_{Asche}$ mit der Asche transportierter Enthalpiestrom in kW
$\dot{Q}_{Nutz}$ nutzbarer Wärmestrom, auch Nutzwärmestrom genannt, in kW
$\dot{Q}_{Verl}$ Verlustwärmestrom in kW

Es gilt für die Enthalpie- und Wärmeströme das Folgende:

Der **mit dem Brennstoff transportierte Enthalpiestrom** setzt sich zusammen aus einem Anteil, der sich aus der fühlbaren Wärme des Brennstoffes (eigentlich seiner thermischen Energie) und einem Anteil, der sich aus seiner chemischen Energie ergibt.

Für die Beschreibung des Gehaltes an chemischer Energie eines Brennstoffes sind die Brennstoffkennwerte **spezifische Verbrennungsenthalpie** (auch oberer Heizwert oder Brennwert) $|\Delta_V h|$ und **spezifischer Heizwert** (auch unterer Heizwert oder Heizwert) $|\Delta_H h|$ definiert.

Brennwert und **Heizwert** sind ein Maß für die in einem Brennstoff gespeicherte chemische Energie. Dabei wird die in einer Mengeneinheit gespeicherte und durch Verbrennung freisetzbare chemische Energie (Verbrennungsenthalpie) auf diese Mengeneinheit bezogen.

Es gilt:

$$|\Delta_V h| \quad \text{bzw.} \quad |\Delta_H h| = \frac{H_{BS,chem}}{m}$$

oder, bevorzugt für Gase:

$$|\Delta_V h| \quad \text{bzw.} \quad |\Delta_H h| = \frac{H_{BS,chem}}{V}$$

$|\Delta_V h|$ spezifische Verbrennungsenthalpie oder Brennwert in $\frac{kJ}{kg}$ oder $\frac{kJ}{m^3}$
$|\Delta_H h|$ spezifischer Heizwert oder Heizwert in $\frac{kJ}{kg}$ oder $\frac{kJ}{m^3}$
$H_{BS,chem}$ Verbrennungsenthalpie einer Masse Brennstoff bzw. eines Volumens Brennstoff
m Bezugsmasse in kg
V Bezugsvolumen in m^3

Die chemische Energie ist dabei die Energie, die bei vollständiger und vollkommener Verbrennung freigesetzt wird. Dabei unterscheiden sich Brennwert und Heizwert nur dadurch, wie bei wasser- und/ oder wasserstoffhaltigen Brennstoffen der Wassergehalt des Rauchgases berücksichtigt wird.

Der **Brennwert** definiert sich aus der Verbrennungsenthalpie, wobei das **Wasser** nach der Verbrennung bei **Standardbedingungen** als **flüssig** betrachtet wird.

Der **Heizwert** definiert sich aus der Verbrennungsenthalpie, wobei das **Wasser** nach der Verbrennung bei **Standardbedingungen** als **gasförmig** betrachtet wird.

Allgemein gilt folgender Zusammenhang zwischen spezifischer Verbrennungsenthalpie und spezifischem Heizwert, der im Folgenden dem Brennstoff entsprechend weiter spezifiziert wird:

$$|\Delta_V h| = |\Delta_H h| + \Delta h_{V,W} \cdot m_W \qquad (12.222)$$

$|\Delta_V h|$ spezifische Verbrennungsenthalpie oder Brennwert in $\frac{kJ}{kg_{BS}}$
$|\Delta_H h|$ spezifischer Heizwert oder Heizwert in $\frac{kJ}{kg_{BS}}$
$\Delta h_{V,W}$ spezifische Verdampfungsenthalpie von Wasser bei Standardbedingungen (Anhang A.4.10) in $\frac{kJ}{kg}$, $\Delta h_{V,W}(25\,°C, 1{,}01325\,bar) = 2441{,}71\,\frac{kJ}{kg}$
m_W Masse verdampften Wassers in kg

Dadurch sind Brennwert und Heizwert über den Wasser- und Wasserstoffgehalt des Brennstoffes bzw. den Wasserdampfgehalt des Rauchgases ineinander umrechenbar. Es gilt für **gasförmige Brennstoffe**:

$$|\Delta_V h| = |\Delta_H h| + \Delta h_{V,W} \cdot \left(\psi_{H_2} + 0{,}5 \cdot \sum n \cdot \psi_{C_m H_n}\right) \qquad (12.223)$$

$|\Delta_V h|$ spezifische Verbrennungsenthalpie oder Brennwert in $\frac{kJ}{m^3_{BS}}$
$|\Delta_H h|$ spezifischer Heizwert oder Heizwert in $\frac{kJ}{m^3_{BS}}$
$\Delta h_{V,W}$ spezifische Verdampfungsenthalpie von Wasser bei Standardbedingungen in $\frac{kJ}{kg}$, $\Delta h_{V,W}(25\,°C; 1{,}01325\,bar) = 2441{,}71\,\frac{kJ}{kg}$
ψ_{H_2} Volumenanteil Wasserstoff (H) im Brenngas in $\frac{m^3_{H_2}}{m^3_{BS}}$
n Formelindex des Wasserstoffs (H) in der Summenformel
$\psi_{C_m H_n}$ Volumenanteil des Kohlenwasserstoffs ($C_m H_n$) im Brenngas in $\frac{m^3_{C_m H_n}}{m^3_{BS}}$

Anmerkung: Das Glied $n \cdot \psi_{C_m H_n}$ ist nacheinander für alle Kohlenwasserstoffe, die im Brenngas eine nicht zu vernachlässigende Rolle spielen, anzuwenden, also z. B. für CH_4, C_2H_4, C_2H_2 usw.

Für **feste und flüssige Brennstoffe** gilt:

$$|\Delta_V h| = |\Delta_H h| + \Delta h_{V,W} \cdot \left(2 \cdot \xi_H + \xi_{H_2O}\right) \qquad (12.224)$$

$|\Delta_V h|$ spezifische Verbrennungsenthalpie oder Brennwert in $\frac{kJ}{kg_{BS}}$
$|\Delta_H h|$ spezifischer Heizwert oder Heizwert in $\frac{kJ}{kg_{BS}}$
$\Delta h_{V,W}$ spezifische Verdampfungsenthalpie von Wasser bei Standardbedingungen in $\frac{kJ}{kg}$, $\Delta h_{V,W}(25\,°C; 1{,}01325\,bar) = 2441{,}71\,\frac{kJ}{kg}$
ξ_H Masseanteil des Wasserstoffs (H) im Brennstoff in $\frac{kg_H}{kg_{BS}}$
ξ_{H_2O} Masseanteil des Wassers (H_2O) (sogenannter Wassergehalt), der bereits im Brennstoff enthalten war, in $\frac{kg_{H_2O}}{kg_{BS}}$

Es ist im Regelfall theoretisch exakter, mit dem Brennwert zu arbeiten.

Da die Kondensationswärme der Rauchgasfeuchte aber in vielen Fällen nicht nutzbar ist und bei trockenen und wasserstoffarmen Brennstoffen keine Rolle spielt, wird in der Praxis häufiger mit dem Heizwert gearbeitet.

12

Damit ergibt sich für den **mit dem Brennstoff transportierten Enthalpiestrom** $\dot{H}_{BS}$:

$$\dot{H}_{BS} = \dot{m}_{BS} \cdot |\Delta_{V/H} h| + \dot{m}_{BS} \cdot c_{BS} \cdot (\vartheta_{BS} - \vartheta_0) \tag{12.225}$$

$\dot{H}_{BS}$ mit dem Brennstoff transportierter Enthalpiestrom in kW
$\dot{m}_{BS}$ Brennstoffmassestrom in $\frac{kg_{BS}}{s}$
$|\Delta_V h|$ spezifische Verbrennungsenthalpie oder Brennwert in $\frac{kJ}{kg_{BS}}$
$|\Delta_H h|$ spezifischer Heizwert oder Heizwert in $\frac{kJ}{kg_{BS}}$
c_{BS} spezifische Wärmekapazität des Brennstoffes in $\frac{kJ}{kg_{BS} \cdot K}$
ϑ_{BS} Brennstofftemperatur in °C
ϑ_0 Bezugstemperatur, z. B. Standardbedingung oder Raumtemperatur, in °C

Der Anteil der fühlbaren Wärme des Brennstoffes am Enthalpiestrom $(\dot{m}_{BS} \cdot c_{BS} \cdot (\vartheta_{BS} - \vartheta_0))$ spielt nur für den relativ seltenen Fall der Brennstoffvorwärmung eine Rolle und wird sonst oft vernachlässigt.

Der **mit der Verbrennungsluft transportierte Enthalpiestrom** $\dot{H}_L$ umfasst die fühlbare Wärme der Verbrennungsluft:

$$\dot{H}_L = \dot{m}_L \cdot c_{p,L} \cdot (\vartheta_L - \vartheta_0) \tag{12.226}$$

$\dot{H}_L$ mit der Verbrennungsluft transportierter Enthalpiestrom in kW
$\dot{m}_L$ Luftmassestrom in $\frac{kg_L}{s}$
$c_{p,L}$ spezifische Wärmekapazität der Luft in $\frac{kJ}{kg_L \cdot K}$
ϑ_L Lufttemperatur in °C
ϑ_0 Bezugstemperatur, z. B. Standardbedingung oder Raumtemperatur, in °C

wobei gilt:

$$\dot{m}_L = \dot{m}_{BS} \cdot L \tag{12.227}$$

$\dot{m}_L$ Luftmassestrom in $\frac{kg_L}{s}$
$\dot{m}_{BS}$ Brennstoffmassestrom in $\frac{kg_{BS}}{s}$
L tatsächlicher Luftbedarf in $\frac{kg_L}{kg_{BS}}$

Eine Luftvorwärmung wird deutlich häufiger eingesetzt als eine Brennstoffvorwärmung. Anderenfalls ist auch dieser Enthalpiestrom vernachlässigbar.

Der **mit den Rauchgasen transportierte Enthalpiestrom** $\dot{H}_{RG}$ umfasst die fühlbare Wärme der Rauchgase:

$$\dot{H}_{RG} = \dot{m}_{RG} \cdot c_{p,RG} \cdot (\vartheta_{RG} - \vartheta_0) \tag{12.228}$$

$\dot{H}_{RG}$ mit den Rauchgasen transportierter Enthalpiestrom in kW
$\dot{m}_{RG}$ Rauchgasmassestrom in $\frac{kg_{RG}}{s}$
$c_{p,RG}$ spezifische Wärmekapazität der Rauchgase in $\frac{kJ}{kg_{RG} \cdot K}$
ϑ_{RG} Rauchgastemperatur in °C
ϑ_0 Bezugstemperatur, z. B. Standardbedingung oder Raumtemperatur, in °C

Die Angabe der fühlbaren Wärme der Rauchgase ist von großer Bedeutung und immer erforderlich. Neben den eventuell auftretenden Nutzwärme- und Verlustwärmeströmen findet sich die chemische Energie des Brennstoffes vor allem als fühlbare Wärme im Rauchgasstrom wieder. Im weiteren Verlauf dieses Kapitels ist mit der Bestimmung der adiabaten Verbrennungstemperatur ein Beispiel zur Nutzung dieser Größe angegeben.

Für den **mit der Asche transportierten Enthalpiestrom** $\dot{H}_{\text{Asche}}$ gilt:

$$\dot{H}_{\text{Asche}} = \dot{m}_{\text{Asche}} \cdot c_{\text{Asche}} \cdot (\vartheta_{\text{Asche}} - \vartheta_0) \qquad (12.229)$$

$\dot{H}_{\text{Asche}}$ mit der Asche transportierter Enthalpiestrom in kW
$\dot{m}_{\text{Asche}}$ Massestrom Asche in $\frac{\text{kg}_{\text{Asche}}}{\text{s}}$
c_{Asche} spezifische Wärmekapazität der Asche in $\frac{\text{kJ}}{\text{kg}_{\text{Asche}} \cdot \text{K}}$
ϑ_{Asche} Aschetemperatur in °C
ϑ_0 Bezugstemperatur, z. B. Standardbedingung oder Raumtemperatur, in °C

Obwohl die Asche mit erhöhter Temperatur anfällt, kann ihre fühlbare Wärme in der Regel vernachlässigt werden, da der Massestrom Asche in den meisten Fällen viel kleiner ist als die Masseströme Brennstoff, Verbrennungsluft und schließlich Rauchgas. Damit ist auch der mit der Asche transportierte Enthalpiestrom vernachlässigbar klein.

Mit dem **Nutzwärmestrom** $\dot{Q}_{\text{Nutz}}$ wird angegeben, welcher Wärmestrom bereits im Bereich der Feuerung für eine Anwendung abgeführt wird. Das kann beispielsweise durch Wärmeübertragerflächen im Feuerraum geschehen. Noch häufiger jedoch sind Wärmeübertrager für die Abführung eines nutzbaren Energiestromes, die erst nach der eigentlichen Feuerung im Rauchgaskanal angeordnet sind und den mit den Rauchgasen transportierten Enthalpiestrom nutzen.

Der **Verlustwärmestrom** $\dot{Q}_{\text{Verl}}$ fasst die Wärmeverlustströme zusammen, die an der äußeren Begrenzung der Feuerung über die Feuerraumwände (Bilanzgrenze) auftreten. Diese Verlustwärmeströme stellen jedoch nicht die einzigen nicht genutzten Energieströme und damit Verluste dar. Auch die nicht genutzte fühlbare Wärme von Asche und Rauchgasen reiht sich hier ein.

12.6.1 Energetische Kenngrößen einer Feuerung

12

Die **Feuerungswärmeleistung** $\dot{H}_{\text{F}}$, auch zugeführte Brennstoffleistung genannt, gibt an, welcher Enthalpiestrom einer Feuerung mit dem Brennstoff zugeführt und bei einer idealen Verbrennung umgewandelt wird.

$$\dot{H}_{\text{F}} = \dot{m}_{\text{BS}} \cdot |\Delta_{\text{V}} h| \qquad (12.230)$$

oder

$$\dot{H}_{\text{F}} = \dot{m}_{\text{BS}} \cdot |\Delta_{\text{H}} h|$$

$\dot{H}_{\text{F}}$ Feuerungswärmeleistung, brennwert-/heizwertbezogen, in kW
$\dot{m}_{\text{BS}}$ Brennstoffmassestrom in $\frac{\text{kg}_{\text{BS}}}{\text{s}}$
$|\Delta_{\text{V}} h|$ spezifische Verbrennungsenthalpie oder Brennwert in $\frac{\text{kJ}}{\text{kg}_{\text{BS}}}$
$|\Delta_{\text{H}} h|$ spezifischer Heizwert oder Heizwert in $\frac{\text{kJ}}{\text{kg}_{\text{BS}}}$

Der **Nutzwärmestrom** $\dot{Q}_{\text{Nutz}}$ ergibt sich, wenn man von den zugeführten Enthalpieströmen die nicht nutzbaren Enthalpieströme abzieht. Dabei ist neben der Verlustwärme insbesondere die Enthalpie der Rauchgase am Schornstein zu beachten.

Damit ergibt sich die folgende Bilanzgleichung:

$$\dot{Q}_{\text{Nutz}} = \dot{H}_{\text{BS}} + \dot{H}_{\text{L}} - \dot{H}_{\text{RG}} - \dot{H}_{\text{Asche}} - \dot{Q}_{\text{Verl}} \tag{12.231}$$

$\dot{Q}_{\text{Nutz}}$ nutzbarer Wärmestrom, auch Nutzwärmestrom genannt, in kW
$\dot{H}_{\text{BS}}$ mit dem Brennstoff transportierter Enthalpiestrom in kW
$\dot{H}_{\text{L}}$ mit der Verbrennungsluft transportierter Enthalpiestrom in kW
$\dot{H}_{\text{RG}}$ mit dem Rauchgas transportierter Enthalpiestrom in kW
$\dot{H}_{\text{Asche}}$ mit der Asche transportierter Enthalpiestrom in kW
$\dot{Q}_{\text{Verl}}$ Verlustwärmestrom in kW

Damit lässt sich auch ein **Feuerungswirkungsgrad** η_{F} definieren:

$$\eta_{\text{F}} = \frac{\dot{Q}_{\text{Nutz}}}{\dot{H}_{\text{F}}} \tag{12.232}$$

η_{F} Feuerungswirkungsgrad
$\dot{Q}_{\text{Nutz}}$ nutzbarer Wärmestrom, auch Nutzwärmestrom genannt, in kW
$\dot{H}_{\text{F}}$ Feuerungswärmeleistung in kW

Ein weiteres wichtiges Kennzeichen einer Feuerung ist die höchste Temperatur, die durch die Verbrennung erreicht werden kann. Ein theoretisches Maximum stellt dabei die sogenannte **adiabate Verbrennungstemperatur** ϑ_{ad} dar. Sie ergibt sich unter folgenden Annahmen:

- keine Abführung einer Nutzwärme und
- keine Verlustwärme.

Dabei wird die höchste Temperatur für die stöchiometrische Verbrennung (Luftüberschuss $\Delta L = 0$) erreicht. Die adiabate Verbrennungstemperatur ist dabei die Temperatur, die unter diesen Bedingungen die Rauchgase annehmen. Es folgt aus der Energiebilanz:

$$\dot{H}_{\text{RG}} = \dot{H}_{\text{BS}} + \dot{H}_{\text{L}} - \dot{H}_{\text{Asche}} \tag{12.233}$$

$\dot{H}_{\text{RG}}$ mit dem Rauchgas transportierter Enthalpiestrom in kW
$\dot{H}_{\text{BS}}$ mit dem Brennstoff transportierter Enthalpiestrom in kW
$\dot{H}_{\text{L}}$ mit der Verbrennungsluft transportierter Enthalpiestrom in kW
$\dot{H}_{\text{Asche}}$ mit der Asche transportierter Enthalpiestrom in kW

Die einzelnen Enthalpieströme definieren sich zu

$$\begin{aligned}
\dot{H}_{\text{RG}} &= \dot{m}_{\text{RG}} \cdot c_{p,\text{RG}} \cdot (\vartheta_{\text{RG}} - \vartheta_0) \\
\dot{H}_{\text{BS}} &= \dot{m}_{\text{BS}} \cdot |\Delta_{\text{H}} h|_{\text{N}} + \dot{m}_{\text{BS}} \cdot c_{p,\text{BS}} \cdot (\vartheta_{\text{BS}} - \vartheta_0) \\
\dot{H}_{\text{L}} &= \dot{m}_{\text{L}} \cdot c_{p,\text{L}} \cdot (\vartheta_{\text{L}} - \vartheta_0) \\
\dot{H}_{\text{Asche}} &= \dot{m}_{\text{Asche}} \cdot c_{p,\text{Asche}} \cdot (\vartheta_{\text{Asche}} - \vartheta_0)
\end{aligned} \tag{12.234}$$

$\dot{H}_x$ mit dem Medium x transportierter Enthalpiestrom in kW
$\dot{m}_x$ Massestrom des Mediums x in $\frac{\mathrm{kg}_x}{\mathrm{s}}$
$c_{p,x}$ spezifische Wärmekapazität des Mediums x in $\frac{\mathrm{kJ}}{\mathrm{kg}_x \cdot \mathrm{K}}$
ϑ_{RG} Temperatur des Mediums x in °C
ϑ_0 Bezugstemperatur, z. B. Standardbedingung oder Raumtemperatur, in °C
$|\Delta_{\mathrm{V}} h|_{\mathrm{N}}$ spezifische Verbrennungsenthalpie oder Brennwert in $\frac{\mathrm{kJ}}{\mathrm{kg}_{\mathrm{BS}}}$

Damit ergibt sich für die (maximale oder stöchiometrische) **adiabate Verbrennungstemperatur** ϑ_{ad}:

$$\vartheta_{\mathrm{ad}} = \vartheta_0 + \frac{\dot{H}_{\mathrm{RG}}}{\dot{m}_{\mathrm{RG}} \cdot c_{p,\mathrm{RG}}}$$
$$\vartheta_{\mathrm{ad}} = \vartheta_0 + \frac{\dot{H}_{\mathrm{BS}} + \dot{H}_{\mathrm{L}} - \dot{H}_{\mathrm{Asche}}}{\dot{m}_{\mathrm{RG}} \cdot c_{p,\mathrm{RG}}} \quad (12.235)$$

ϑ_{ad} adiabate Verbrennungstemperatur in °C
ϑ_0 Bezugstemperatur, z. B. Standardbedingung oder Raumtemperatur, in °C
$\dot{H}_{\mathrm{RG}}$ mit dem Rauchgas transportierter Enthalpiestrom in kW
$\dot{m}_{\mathrm{RG}}$ Rauchgasmassestrom in $\frac{\mathrm{kg}_{\mathrm{RG}}}{\mathrm{s}}$
$c_{p,\mathrm{RG}}$ spezifische Wärmekapazität der Rauchgase in $\frac{\mathrm{kJ}}{\mathrm{kg}_{\mathrm{RG}} \cdot \mathrm{K}}$
$\dot{H}_{\mathrm{BS}}$ mit dem Brennstoff transportierter Enthalpiestrom in kW
$\dot{H}_{\mathrm{L}}$ mit der Verbrennungsluft transportierter Enthalpiestrom in kW
$\dot{H}_{\mathrm{Asche}}$ mit der Asche transportierter Enthalpiestrom in kW

beziehungsweise unter Vernachlässigung des mit der Asche transportierten Enthalpiestromes und der Luft- und Brennstoffvorwärmung:

$$\vartheta_{\mathrm{ad}} \approx \vartheta_0 + \frac{\dot{m}_{\mathrm{BS}} \cdot |\Delta_{\mathrm{V}} h|_{\mathrm{N}}}{\dot{m}_{\mathrm{RG}} \cdot c_{p,\mathrm{RG}}} = \vartheta_0 + \frac{\dot{H}_{\mathrm{F}}}{\dot{m}_{\mathrm{RG}} \cdot c_{p,\mathrm{RG}}} \quad (12.236)$$

ϑ_{ad} adiabate Verbrennungstemperatur in °C
ϑ_0 Bezugstemperatur, z. B. Standardbedingung oder Raumtemperatur, in °C
$\dot{m}_{\mathrm{BS}}$ Brennstoffmassestrom in $\frac{\mathrm{kg}_{\mathrm{BS}}}{\mathrm{s}}$
$|\Delta_{\mathrm{V}} h|_{\mathrm{N}}$ spezifische Verbrennungsenthalpie oder Brennwert in $\frac{\mathrm{kJ}}{\mathrm{kg}_{\mathrm{BS}}}$
$\dot{m}_{\mathrm{RG}}$ Rauchgasmassestrom in $\frac{\mathrm{kg}_{\mathrm{RG}}}{\mathrm{s}}$
$c_{p,\mathrm{RG}}$ spezifische Wärmekapazität der Rauchgase in $\frac{\mathrm{kJ}}{\mathrm{kg}_{\mathrm{RG}} \cdot \mathrm{K}}$
$\dot{H}_{\mathrm{F}}$ Feuerungswärmeleistung in kW

12.6.2 Berechnung der Heizwerte aus der Brennstoffanalyse

Den exakten Weg der Ermittlung von Brennwert und Heizwert für Brennstoffe mit komplexem Aufbau stellt die experimentelle Bestimmung z. B. in einem Bombenkalorimeter dar. Nur wenn keine experimentell bestimmten Heizwerte vorhanden sind, muss auf eine Berechnung aus der Elementarzusammensetzung zurückgegriffen werden. Diese Berechnung kann nur näherungsweise erfolgen, weil der hohe Grad an Komplexität nicht exakt fassbar ist. Es existieren aber Näherungsformeln, die basierend auf einer großen Menge an Versuchswerten statistisch erstellt wurden. Sie ermöglichen für die Brennstoffarten, für die sie aufgestellt wurden, eine Heizwertberechnung mit geringer Abweichung von den realen Werten (Fehler meist unter ±2 %). Außerhalb oder am Rand dieses Geltungsbereiches lässt die Genauigkeit stark nach. Im Folgenden sind einige Beispiele angeführt (Zahlenwertgleichungen):

Für **Holz, Torf, Braun- und Steinkohle, Koks** (aber auch **Alkohole, Phenole, Aldehyde Ketone und Ester**) gelten die Formeln für die **spezifische Verbrennungsenthalpie** $|\Delta_V h|_N$ und den **spezifischen Heizwert** $|\Delta_H h|_N$ nach *Boie*:

$$|\Delta_V h|_N = 34\,800 \cdot \xi_C + 115\,750 \cdot \xi_H + 6280 \cdot \xi_N + 10\,460 \cdot \xi_S - 10\,800 \cdot \xi_O \tag{12.237}$$

$|\Delta_V h|_N$ spezifische Verbrennungsenthalpie oder Brennwert in $\frac{\text{kJ}}{\text{kg}_{\text{BS}}}$
ξ_C Masseanteil des Kohlenstoffs (C) im Brennstoff
ξ_H Masseanteil des Wasserstoffs (H) im Brennstoff
ξ_N Masseanteil des Stickstoffs (N) im Brennstoff
ξ_S Masseanteil des Schwefels (S) im Brennstoff
ξ_O Masseanteil des Sauerstoffs (O) im Brennstoff

beziehungsweise:

$$|\Delta_H h|_N = 34\,800 \cdot \xi_C + 93\,800 \cdot \xi_H + 6280 \cdot \xi_N + 10\,460 \cdot \xi_S - 10\,800 \cdot \xi_O - 2442 \cdot \xi_{H_2O} \tag{12.238}$$

$|\Delta_H h|_N$ spezifischer Heizwert oder Heizwert in $\frac{\text{kJ}}{\text{kg}_{\text{BS}}}$
ξ_C Masseanteil des Kohlenstoffs (C) im Brennstoff
ξ_H Masseanteil des Wasserstoffs (H) im Brennstoff
ξ_N Masseanteil des Stickstoffs (N) im Brennstoff
ξ_S Masseanteil des Schwefels (S) im Brennstoff
ξ_O Masseanteil des Sauerstoffs (O) im Brennstoff
ξ_{H_2O} Masseanteil des Wassers (H_2O) (sogenannter Wassergehalt), der bereits im Brennstoff enthalten war

Für **Erd- und Teeröle** gilt:

$$|\Delta_V h|_N = 35\,150 \cdot \xi_C + 116\,150 \cdot \xi_H + 10\,460 \cdot (\xi_S - \xi_O) \tag{12.239}$$

$|\Delta_V h|_N$ spezifische Verbrennungsenthalpie oder Brennwert in $\frac{\text{kJ}}{\text{kg}_{\text{BS}}}$
ξ_C Masseanteil des Kohlenstoffs (C) im Brennstoff
ξ_H Masseanteil des Wasserstoffs (H) im Brennstoff
ξ_S Masseanteil des Schwefels (S) im Brennstoff
ξ_O Masseanteil des Sauerstoffs (O) im Brennstoff

beziehungsweise:

$$|\Delta_H h|_N = 35\,150 \cdot \xi_C + 94\,100 \cdot \xi_H + 10\,460 \cdot (\xi_S - \xi_O) \tag{12.240}$$

$|\Delta_H h|_N$ spezifischer Heizwert oder Heizwert in $\frac{\text{kJ}}{\text{kg}_{\text{BS}}}$
ξ_C Masseanteil des Kohlenstoffs (C) im Brennstoff
ξ_H Masseanteil des Wasserstoffs (H) im Brennstoff
ξ_S Masseanteil des Schwefels (S) im Brennstoff
ξ_O Masseanteil des Sauerstoffs (O) im Brennstoff

Typische Anhaltswerte mittlerer Zusammensetzungen und spezifischer Heizwerte fester und flüssiger Brennstoffe sind in Anhang A.4.2 zusammengefasst.

Für Gasgemische errechnet sich der **volumenspezifische Heizwert** $|\Delta_{\mathrm{H}} h|_{\mathrm{N}}$ **der Gasmischung** aus dem Heizwert der einzelnen Komponenten und ihren jeweiligen Volumenanteilen. Demnach gilt

$$|\Delta_{\mathrm{H}} h|_{\mathrm{N}} = \psi_1 \cdot |\Delta_{\mathrm{H}} h|_{\mathrm{N},1} + \psi_2 \cdot |\Delta_{\mathrm{H}} h|_{\mathrm{N},2} + \ldots + \psi_n \cdot |\Delta_{\mathrm{H}} h|_{\mathrm{N},n} \tag{12.241}$$

$|\Delta_{\mathrm{H}} h|_{\mathrm{N}}$ volumenspezifischer Heizwert oder Heizwert des Gasgemisches unter Normbedingungen in $\frac{\mathrm{kJ}}{\mathrm{m}^3_{\mathrm{BS}}}$

$\psi_{1\ldots n}$ Volumenanteile der Brenngaskomponenten $1\ldots n$ in $\frac{\mathrm{m}^3}{\mathrm{m}^3_{\mathrm{BS}}}$

$|\Delta_{\mathrm{H}} h|_{\mathrm{N},1\ldots n}$ volumenspezifischer Heizwert oder Heizwert der Brenngaskomponente $1\ldots n$ unter Normbedingungen (siehe Anhang A.4.3) in $\frac{\mathrm{kJ}}{\mathrm{m}^3}$

Die spezifischen Verbrennungsenthalpien von Brenngaskomponenten und typischer Brenngasmischungen sind Anhang A.4.3 zu entnehmen.

Ist der **massespezifische Heizwert** $|\Delta_{\mathrm{H}} h|_{\mathrm{N}}$ **der Gasmischung** gesucht, ist dieser aus dem Heizwert der einzelnen Komponenten und ihren jeweiligen Masseanteilen zu berechnen und ist dann

$$|\Delta_{\mathrm{H}} h|_{\mathrm{N}} = \xi_1 \cdot |\Delta_{\mathrm{H}} h|_{\mathrm{N},1} + \xi_2 \cdot |\Delta_{\mathrm{H}} h|_{\mathrm{N},2} + \ldots + \xi_n \cdot |\Delta_{\mathrm{H}} h|_{\mathrm{N},n} \tag{12.242}$$

$|\Delta_{\mathrm{H}} h|_{\mathrm{N}}$ massespezifischer Heizwert oder Heizwert des Gasgemisches unter Normbedingungen in $\frac{\mathrm{kJ}}{\mathrm{kg}_{\mathrm{BS}}}$

$\xi_{1\ldots n}$ Masseanteile der Brenngaskomponenten $1\ldots n$ in $\frac{\mathrm{m}^3}{\mathrm{kg}_{\mathrm{BS}}}$

$|\Delta_{\mathrm{H}} h|_{\mathrm{N},1\ldots n}$ massespezifischer Heizwert oder Heizwert der Brenngaskomponente $1\ldots n$ unter Normbedingungen (siehe Anhang A.4.5) in $\frac{\mathrm{kJ}}{\mathrm{kg}_{\mathrm{BS}}}$

■ 12.7 Beispiele

12.7.1 Heizwert eines festen Brennstoffes (Steinkohle) aus der Elementaranalyse

12

Wie groß ist der spezifische Heizwert, wenn die Analyse einer Steinkohle lautet:

gegeben:	Masseanteil C im Brennstoff	$\xi_{\mathrm{C}} = 0{,}785$
	Masseanteil H im Brennstoff	$\xi_{\mathrm{H}} = 0{,}037$
	Masseanteil N im Brennstoff	$\xi_{\mathrm{N}} = 0{,}03$
	Masseanteil S im Brennstoff	$\xi_{\mathrm{S}} = 0{,}015$
	Masseanteil O im Brennstoff	$\xi_{\mathrm{O}} = 0{,}04$
	Masseanteil H_2O im Brennstoff	$\xi_{\mathrm{H_2O}} = 0{,}02$
	Rest Asche	
gesucht:	spezifischer Heizwert des Brennstoffes	$|\Delta_{\mathrm{H}} h|_{\mathrm{N}}$ in $\frac{\mathrm{kJ}}{\mathrm{kg}}$

Lösung:

Nach der Gleichung (12.237) für feste Brennstoffe ist der spezifische Heizwert

$$|\Delta_H h|_N = 34800 \cdot \xi_C + 93800 \cdot \xi_H + 6280 \cdot \xi_N + 10460 \cdot \xi_S - 10800 \cdot \xi_O - 2442 \cdot \xi_{H_2O}$$
$$= (34800 \cdot 0{,}785 + 93800 \cdot 0{,}037 + 6280 \cdot 0{,}03 + 10460 \cdot 0{,}015$$
$$- 10800 \cdot 0{,}04 - 2442 \cdot 0{,}02)\,\frac{\mathrm{kJ}}{\mathrm{kg_{BS}}}$$
$$|\Delta_H h|_N = 30653\,\frac{\mathrm{kJ}}{\mathrm{kg_{BS}}}$$

Der Heizwert dieser Steinkohle beträgt demnach ca. $30700\,\frac{\mathrm{kJ}}{\mathrm{kg_{BS}}}$. Ein Vergleich mit den in Anhang A.4.2 angegebenen Anhaltswerten für verschiedene Steinkohlequalitäten ist schlüssig.

12.7.2 Heizwert eines gasförmigen Brennstoffes aus seiner Zusammensetzung

Die Analyse eines Brenngases ist gegeben. Wie groß ist sein spezifischer Heizwert unter Normbedingungen?

gegeben:	Volumenanteil CO_2 im Brenngas	$\psi_{CO_2} = 0{,}06$
	Volumenanteil O_2 im Brenngas	$\psi_{O_2} = 0{,}005$
	Volumenanteil CO im Brenngas	$\psi_{CO} = 0{,}25$
	Volumenanteil H_2 im Brenngas	$\psi_{H_2} = 0{,}13$
	Volumenanteil CH_4 im Brenngas	$\psi_{CH_4} = 0{,}001$
	Volumenanteil N_2 im Brenngas	$\psi_{N_2} = 0{,}554$
gesucht:	spezifischer Heizwert des Brenngases	$|\Delta_H h|_N$ in $\frac{\mathrm{kJ}}{\mathrm{m^3_{BS}}}$

Lösung:

Anmerkung: Zur Berechnung des spezifischen Heizwertes aus einer Brenngasanalyse werden nur die wirklich bei der Verbrennung umsetzbaren Komponenten betrachtet.

Mit den Werten für die spezifischen Heizwerte der brennbaren Komponenten aus Anhang A.4.3 (reine Gase):

$$|\Delta_H h|_{N,CO} = 13100\,\frac{\mathrm{kJ}}{\mathrm{m^3}}, \quad |\Delta_H h|_{N,H_2} = 10780\,\frac{\mathrm{kJ}}{\mathrm{m^3}} \quad \text{und}$$
$$|\Delta_H h|_{N,CH_4} = 35870\,\frac{\mathrm{kJ}}{\mathrm{m^3}}$$

und der Gleichung (12.241) ist der spezifische Heizwert des Brenngasgemisches im Normzustand dann

$$|\Delta_H h|_N = \psi_1 \cdot |\Delta_H h|_{N,1} + \psi_2 \cdot |\Delta_H h|_{N,2} + \ldots + \psi_n \cdot |\Delta_H h|_{N,n}$$
$$= \psi_{CO} \cdot |\Delta_H h|_{N,CO} + \psi_{H_2} \cdot |\Delta_H h|_{N,H_2} + \psi_{CH_4} \cdot |\Delta_H h|_{N,CH_4}$$
$$= (0{,}25 \cdot 13100 + 0{,}13 \cdot 10780 + 0{,}001 \cdot 35870)\,\frac{\mathrm{kJ}}{\mathrm{m^3}}$$
$$|\Delta_H h|_N = 4712\,\frac{\mathrm{kJ}}{\mathrm{m^3_{BS}}}$$

Der spezifische Heizwert des Brenngasgemisches beträgt demnach ca. 4 700 $\frac{\text{kJ}}{\text{m}^3_{\text{BS}}}$ und ist damit ein eher niederkalorisches Gas oder Schwachgas (vgl. Anhang A.4.3, dort Gas-Mischungen).

Die Hauptkomponente Stickstoff N_2 nimmt nicht an der Verbrennung teil, wird also nur durch Brenner und Brennkammer geschleust, muss (genauso wie der Stickstoff der Verbrennungsluft) im Prozess aufgeheizt und abgekühlt werden und führt so zu niedrigen Brennkammerbelastungen und Prozesswirkungsgraden.

12.7.3 Heizwertminimierung durch Brenngasfeuchte

Der volumenspezifische Heizwert eines trockenen Brenngases ist mit 15 000 $\frac{\text{kJ}}{\text{m}^3_{\text{BS}}}$ im Normzustand gegeben.

Wie groß ist der volumenspezifische Heizwert des mit Wasserdampf gesättigten Gases bei einem Umgebungsdruck von 973 mbar und einer Temperatur von 30 °C?

gegeben:	volumenspezifischer Heizwert im Normzustand, trocken, Zustand 1	$\lvert\Delta_{\text{H}} h\rvert_{\text{N},1} = 15\,000\,\frac{\text{kJ}}{\text{m}^3_{\text{BS}}}$
	Temperatur im Zustand 1 (Normtemperatur)	$\vartheta_1 = \vartheta_{\text{N}} = 0\,°\text{C},\ T_1 = T_{\text{N}} = 273{,}15\,\text{K}$
	Druck im Zustand 1 (Normdruck)	$p_1 = p_{\text{N}} = 1\,013{,}25\,\text{mbar}$
	Temperatur im Zustand 2	$\vartheta_2 = 30\,°\text{C},\ T_2 = 303{,}15\,\text{K}$
	Umgebungsdruck	$p_{\text{ges}} = 973{,}0\,\text{mbar}$
gesucht:	volumenspezifischer Heizwert des Brenngases, feuchtegesättigt, Zustand 2	$\lvert\Delta_{\text{H}} h\rvert_2$ in $\frac{\text{kJ}}{\text{m}^3_{\text{BS}}}$

Lösung:

Anmerkung: Zunächst ist der Partialdruck des Brenngases im Zustand der Wasserdampfsättigung zu bestimmen. Die volumenspezifischen Heizwerte in Zustand 1 und 2 verhalten sich zu den Volumen in Zustand 1 und 2 umgekehrt proportional, wegen $\lvert\Delta_{\text{H}} h\rvert = \frac{H_{\text{BS,chem}}}{V}$ ist dann $\lvert\Delta_{\text{H}} h\rvert \sim \frac{1}{V}$ (vgl. hierzu Abschnitt 12.6.1.).

Die Umrechnung vom trockenen in den feuchtegesättigten Zustand erfolgt nach dem allgemeinen Gasgesetz, Gleichung (5.51).

$$\frac{p_1 \cdot V_1}{T_1} = \frac{p_2 \cdot V_2}{T_2} = \text{konstant}$$

Der Partialdruck des gesättigten Wasserdampfes bei $\vartheta_2 = 30\,°\text{C}$ ist nach der Wassertafel Anhang A.4.10:

$$p_{\text{D,s}} = 0{,}042\,5\,\text{bar} = 42{,}5\,\text{mbar}$$

Der Partialdruck des Brenngases ist dann nach Gleichung (3.32)

$$p_{\text{ges}} = \sum_{i=1}^{k} p_i = p_2 + p_{\text{D,s}}$$

$$p_2 = p_{\text{ges}} - p_{\text{D,s}} = (973 - 42{,}5)\ \text{mbar}$$

$$p_2 = 930{,}5\,\text{mbar}$$

12

Der volumenspezifische Heizwert ist dann nach dem allgemeinen Gasgesetz

$$\frac{p_1 \cdot V_1}{T_1} = \frac{p_2 \cdot V_2}{T_2}$$
$$\frac{p_1 \cdot V_1}{p_2 \cdot V_2} = \frac{T_1}{T_2}$$

mit $|\Delta_H h|_{N,1} \sim \frac{1}{V_1}$ und $|\Delta_H h|_2 \sim \frac{1}{V_2}$ wird dann

$$\frac{p_1 \cdot |\Delta_H h|_2}{p_2 \cdot |\Delta_H h|_{N,1}} = \frac{T_1}{T_2}$$

und umgestellt nach $|\Delta_H h|_2$

$$|\Delta_H h|_2 = \frac{T_1}{T_2} \cdot \frac{p_2}{p_1} \cdot |\Delta_H h|_{N,1}$$
$$= \frac{273{,}15\,\text{K}}{303{,}15\,\text{K}} \cdot \frac{930{,}5\,\text{mbar}}{1\,013{,}25\,\text{mbar}} \cdot 15\,000\,\frac{\text{kJ}}{\text{m}^3_{\text{BS}}}$$
$$|\Delta_H h|_2 = 12\,412\,\frac{\text{kJ}}{\text{m}^3_{\text{BS}}}$$

Der volumenspezifische Heizwert des feuchtegesättigten Brenngases ist auf ca. $12\,400\,\frac{\text{kJ}}{\text{m}^3_{\text{BS}}}$ zurückgegangen, was auch an der neuen Bezugstemperatur von 30 °C liegt.

12.7.4 Adiabate Verbrennungstemperatur

Berechnen Sie für die rückstandsfreie Verbrennung von 1 kg pro Sekunde reinen Kohlenstoffs die adiabate Verbrennungstemperatur, wobei Folgendes gegeben ist: spezifische Wärmekapazitäten der Verbrennungsluft mit $1{,}0\,\frac{\text{kJ}}{\text{kg}_\text{L} \cdot \text{K}}$, des Rauchgases mit $1{,}1\,\frac{\text{kJ}}{\text{kg}_\text{RG} \cdot \text{K}}$ sowie des Brennstoffes mit $0{,}85\,\frac{\text{kJ}}{\text{kg}_\text{BS} \cdot \text{K}}$, der theoretische Luftbedarf mit $11{,}5\,\frac{\text{kg}_\text{L}}{\text{kg}_\text{BS}}$ und der spezifische Heizwert des Brennstoffes mit $33\,800\,\frac{\text{kJ}}{\text{kg}_\text{BS}}$.

Unter o. g. Voraussetzungen sind folgende Fälle zu betrachten:

a) stöchiometrische Umsetzung, Luft und Brennstoff liegen vor der Reaktion bei Raumtemperatur vor ($\vartheta_0 = \vartheta_\text{L} = \vartheta_\text{BS} = 25\,°\text{C}$)

b) Verbrennung mit Luftzahl $\lambda = 1{,}2$; Luft und Brennstoff liegen vor der Reaktion bei Raumtemperatur vor ($\vartheta_0 = \vartheta_\text{L} = \vartheta_\text{BS} = 25\,°\text{C}$)

c) Verbrennung mit Luftzahl $\lambda = 1{,}6$; Luft und Brennstoff liegen vor der Reaktion bei Raumtemperatur vor ($\vartheta_0 = \vartheta_\text{L} = \vartheta_\text{BS} = 25\,°\text{C}$)

d) stöchiometrische Umsetzung, Luft ist auf 200 °C vorgewärmt, Brennstoff liegt vor der Reaktion bei Raumtemperatur vor ($\vartheta_0 = \vartheta_\text{BS} = 25\,°\text{C}$, $\vartheta_\text{L} = 200\,°\text{C}$)

e) Verbrennung mit Luftzahl $\lambda = 1{,}2$, Luft ist auf 200 °C und Brennstoff auf 100 °C vorgewärmt ($\vartheta_0 = 25\,°\text{C}$, $\vartheta_\text{L} = 200\,°\text{C}$, $\vartheta_\text{BS} = 100\,°\text{C}$)

gegeben:	Massestrom des Brennstoffes	$\dot{m}_{BS} = 1\,\frac{kg_{BS}}{s}$
	Bezugstemperatur	$\vartheta_0 = 25\,°C$
	Temperatur des Brennstoffes	a)...d) $\vartheta_{BS} = 25\,°C$ e) $\vartheta_{BS} = 100\,°C$
	Temperatur der Verbrennungsluft	a)...c) $\vartheta_L = 25\,°C$ d), e) $\vartheta_L = 200\,°C$
	Luftzahl	a), d), e) $\lambda = 1{,}0$ b) $\lambda = 1{,}2$ c) $\lambda = 1{,}6$
	spezifischer Heizwert des Brennstoffes Kohlenstoff (vgl. Anhang A.4.2)	$\lvert\Delta_H h\rvert_N = 33\,800\,\frac{kJ}{kg_{BS}}$
	spezifische Wärmekapazität der Verbrennungsluft	$c_{p,L} = 1{,}0\,\frac{kJ}{kg_L \cdot K}$
	spezifische Wärmekapazität des Rauchgases	$c_{p,RG} = 1{,}1\,\frac{kJ}{kg_{RG} \cdot K}$
	spezifische Wärmekapazität des Brennstoffes	$c_{p,BS} = 0{,}85\,\frac{kJ}{kg_{BS} \cdot K}$
	theoretischer Luftbedarf	$L_{min} = 11{,}5\,\frac{kg_L}{kg_{BS}}$
gesucht:	adiabate Verbrennungstemperatur in den Fällen a) bis e)	ϑ_{ad} in °C

Lösung:

Nach Gleichung (12.235) ist die adiabate Verbrennungstemperatur allgemein

$$\vartheta_{ad} = \vartheta_0 + \frac{\dot{H}_{BS} + \dot{H}_L - \dot{H}_{Asche}}{\dot{m}_{RG} \cdot c_{p,RG}}$$

Da hier nach der Verbrennung keine Asche vorliegen soll, ist $\dot{H}_{Asche} = 0$ und es bleibt

$$\vartheta_{ad} = \vartheta_0 + \frac{\dot{H}_{BS} + \dot{H}_L}{\dot{m}_{RG} \cdot c_{p,RG}}$$

Mit den Enthalpieströmen für Brennstoff und Luft nach den Gleichungen (12.234)

$$\dot{H}_{BS} = \dot{m}_{BS} \cdot \lvert\Delta_H h\rvert_N + \dot{m}_{BS} \cdot c_{p,BS} \cdot (\vartheta_{BS} - \vartheta_0)$$
$$\dot{H}_L = \dot{m}_L \cdot c_{p,L} \cdot (\vartheta_L - \vartheta_0)$$

ist die adiabate Verbrennungstemperatur somit

$$\vartheta_{ad} = \vartheta_0 + \frac{\dot{m}_{BS} \cdot \lvert\Delta_H h\rvert_N + \dot{m}_{BS} \cdot c_{p,BS} \cdot (\vartheta_{BS} - \vartheta_0) + \dot{m}_L \cdot c_{p,L} \cdot (\vartheta_L - \vartheta_0)}{\dot{m}_{RG} \cdot c_{p,RG}}$$

a) $\lambda = 1{,}0$ und $\vartheta_0 = \vartheta_L = \vartheta_{BS} = 25\,°C$:

In diesem Fall werden auch die Enthalpieströme infolge Vorwärmung gleich null und es bleibt somit

$$\vartheta_{ad} = \vartheta_0 + \frac{\dot{m}_{BS} \cdot \lvert\Delta_H h\rvert_N}{\dot{m}_{RG} \cdot c_{p,RG}}$$

Der trockene Rauchgasmassestrom ist in diesem Fall wegen $\lambda = 1{,}0$ nach Gleichung (12.204)

$$R_{tr} = R_{tr,min} + (\lambda - 1) \cdot L_{min}$$
$$R_{tr} = R_{tr,min}$$
$$\dot{m}_{RG} = R_{tr} \cdot \dot{m}_{BS}$$

Die minimale trockene Rauchgasmenge $R_{tr,min}$ ist dann nach Gleichung (12.202)

$$R_{tr,min} = 3{,}67 \cdot \xi_C + 2 \cdot \xi_S + \xi_N + 0{,}77 \cdot L_{min}$$

Mit $\xi_C = 1$ und $\xi_S = \xi_N = 0$ (100 % Kohlenstoff) bleibt

$$R_{tr,min} = 3{,}67 \cdot 1 + 0{,}77 \cdot L_{min} = (3{,}67 \cdot 1 + 0{,}77 \cdot 11{,}5)\,\frac{kg_{RG}}{kg_{BS}}$$

$$R_{tr,min} = 12{,}53\,\frac{kg_{RG}}{kg_{BS}}$$

Dann ist

$$\dot{m}_{RG} = 12{,}53\,\frac{kg_{RG}}{kg_{BS}} \cdot 1\,\frac{kg_{BS}}{s}$$

$$\dot{m}_{RG} = 12{,}53\,\frac{kg_{RG}}{s}$$

Somit ist dann die adiabate Verbrennungstemperatur

$$\vartheta_{ad} = \vartheta_0 + \frac{\dot{m}_{BS} \cdot |\Delta_H h|_N}{\dot{m}_{RG} \cdot c_{p,RG}} = 25\,°C + \frac{1\,\frac{kg_{BS}}{s} \cdot 33\,800\,\frac{kJ}{kg_{BS}}}{12{,}53\,\frac{kg_{RG}}{s} \cdot 1{,}1\,\frac{kJ}{kg_{RG} \cdot K}}$$

$$\vartheta_{ad} = 2\,477\,°C$$

b) $\lambda = 1{,}2$ und $\vartheta_0 = \vartheta_L = \vartheta_{BS} = 25\,°C$:

Auch in diesem Fall werden die Enthalpieströme infolge Vorwärmung gleich null und es bleibt

$$\vartheta_{ad} = \vartheta_0 + \frac{\dot{m}_{BS} \cdot |\Delta_H h|_N}{\dot{m}_{RG} \cdot c_{p,RG}}$$

Der trockene Rauchgasmassestrom ist in diesem Fall wegen $\lambda = 1{,}2$ nach Gleichung (12.204)

$$R_{tr} = R_{tr,min} + (\lambda - 1) \cdot L_{min}$$

$$R_{tr} = R_{tr,min} + (1{,}2 - 1) \cdot L_{min} = R_{tr,min} + 0{,}2 \cdot L_{min}$$

$$\dot{m}_{RG} = R_{tr} \cdot \dot{m}_{BS}$$

Die minimale trockene Rauchgasmenge $R_{tr,min}$ ist aus Fall a)

$$R_{tr,min} = 12{,}53\,\frac{kg_{RG}}{kg_{BS}}$$

Dann ist

$$\dot{m}_{RG} = (12{,}53 + 0{,}2 \cdot 11{,}5)\,\frac{kg_{RG}}{kg_{BS}} \cdot 1\,\frac{kg_{BS}}{s}$$

$$\dot{m}_{RG} = 14{,}83\,\frac{kg_{RG}}{s}$$

Somit ist dann die adiabate Verbrennungstemperatur

$$\vartheta_{ad} = \vartheta_0 + \frac{\dot{m}_{BS} \cdot |\Delta_H h|_N}{\dot{m}_{RG} \cdot c_{p,RG}} = 25\,°C + \frac{1\,\frac{kg_{BS}}{s} \cdot 33\,800\,\frac{kJ}{kg_{BS}}}{14{,}83\,\frac{kg_{RG}}{s} \cdot 1{,}1\,\frac{kJ}{kg_{RG} \cdot K}}$$

$$\vartheta_{ad} = 2\,097\,°C$$

c) $\lambda = 1{,}6$ und $\vartheta_0 = \vartheta_L = \vartheta_{BS} = 25\,°C$:

Ebenso wie in Fall a) und b) entfallen die Enthalpieströme infolge Vorwärmung und es ist

$$\vartheta_{ad} = \vartheta_0 + \frac{\dot{m}_{BS} \cdot |\Delta_H h|_N}{\dot{m}_{RG} \cdot c_{p,RG}}$$

Der trockene Rauchgasmassestrom ist wegen $\lambda = 1{,}6$ nach Gleichung (12.204)

$$R_{tr} = R_{tr,min} + (\lambda - 1) \cdot L_{min}$$
$$R_{tr} = R_{tr,min} + (1{,}6 - 1) \cdot L_{min} = R_{tr,min} + 0{,}6 \cdot L_{min}$$
$$\dot{m}_{RG} = R_{tr} \cdot \dot{m}_{BS}$$

Die minimale trockene Rauchgasmenge $R_{tr,min}$ ist aus Fall a)

$$R_{tr,min} = 12{,}53\,\frac{kg_{RG}}{kg_{BS}}$$

Dann ist

$$\dot{m}_{RG} = (12{,}53 + 0{,}6 \cdot 11{,}5)\,\frac{kg_{RG}}{kg_{BS}} \cdot 1\,\frac{kg_{BS}}{s}$$
$$\dot{m}_{RG} = 19{,}43\,\frac{kg_{RG}}{s}$$

und somit die adiabate Verbrennungstemperatur

$$\vartheta_{ad} = \vartheta_0 + \frac{\dot{m}_{BS} \cdot |\Delta_H h|_N}{\dot{m}_{RG} \cdot c_{p,RG}} = 25\,°C + \frac{1\,\frac{kg_{BS}}{s} \cdot 33\,800\,\frac{kJ}{kg_{BS}}}{19{,}43\,\frac{kg_{RG}}{s} \cdot 1{,}1\,\frac{kJ}{kg_{RG} \cdot K}}$$
$$\vartheta_{ad} = 1\,606\,°C$$

d) $\lambda = 1{,}0$, $\vartheta_0 = \vartheta_{BS} = 25\,°C$ und $\vartheta_L = 200\,°C$:

Anmerkung: Beim Einsatz vorgewärmter Luft dürfen die Lufttemperatur und damit der mit der Luft transportierte Enthalpiestrom nicht außer Acht gelassen werden.

Hier wird also nur der Enthalpiestrom infolge Brennstoffvorwärmung gleich null und es ist die adiabate Verbrennungstemperatur

$$\vartheta_{ad} = \vartheta_0 + \frac{\dot{m}_{BS} \cdot |\Delta_H h|_N + \dot{m}_L \cdot c_{p,L} \cdot (\vartheta_L - \vartheta_0)}{\dot{m}_{RG} \cdot c_{p,RG}}$$

Der trockene Rauchgasmassestrom ist hier wegen $\lambda = 1{,}0$ nach Gleichung (12.204)

$$R_{tr} = R_{tr,min} + (\lambda - 1) \cdot L_{min}$$
$$R_{tr} = R_{tr,min}$$
$$\dot{m}_{RG} = R_{tr} \cdot \dot{m}_{BS}$$

Die minimale trockene Rauchgasmenge $R_{tr,min}$ beträgt aus Fall a)

$$R_{tr,min} = 12{,}53\,\frac{kg_{RG}}{kg_{BS}}$$

12

Dann ist

$$\dot{m}_{RG} = 12{,}53\,\frac{kg_{RG}}{kg_{BS}} \cdot 1\,\frac{kg_{BS}}{s}$$

$$\dot{m}_{RG} = 12{,}53\,\frac{kg_{RG}}{s}$$

Der Massestrom vorgewärmter Luft ist mit $L_{min} = 11{,}5\,\frac{kg_L}{kg_{BS}}$ und

$$\dot{m}_L = L_{min} \cdot \dot{m}_{BS} = 11{,}5\,\frac{kg_L}{kg_{BS}} \cdot 1\,\frac{kg_{BS}}{s}$$

$$\dot{m}_L = 11{,}5\,\frac{kg_L}{s}$$

Somit ist dann die adiabate Verbrennungstemperatur

$$\vartheta_{ad} = \vartheta_0 + \frac{\dot{m}_{BS} \cdot |\Delta_H h|_N + \dot{m}_L \cdot c_{p,L} \cdot (\vartheta_L - \vartheta_0)}{\dot{m}_{RG} \cdot c_{p,RG}}$$

$$= 25\,°C + \frac{1\,\frac{kg_{BS}}{s} \cdot 33\,800\,\frac{kJ}{kg_{BS}} + 11{,}5\,\frac{kg_L}{s} \cdot 1{,}0\,\frac{kJ}{kg_L \cdot K} \cdot (200 - 25)\,K}{12{,}53\,\frac{kg_{RG}}{s} \cdot 1{,}1\,\frac{kJ}{kg_{RG} \cdot K}}$$

$$\vartheta_{ad} = 2\,623\,°C$$

e) $\lambda = 1{,}2$, $\vartheta_0 = 25\,°C$, $\vartheta_L = 200\,°C$, $\vartheta_{BS} = 100\,°C$:

Anmerkung: Ebenso wie beim Einsatz vorgewärmter Luft sind bei vorgewärmtem Brennstoff die Brennstofftemperatur und damit der mit dem Brennstoff transportierte Enthalpiestrom zu beachten und einzurechnen.

Somit ist die adiabate Verbrennungstemperatur

$$\vartheta_{ad} = \vartheta_0 + \frac{\dot{m}_{BS} \cdot |\Delta_H h|_N + \dot{m}_{BS} \cdot c_{p,BS} \cdot (\vartheta_{BS} - \vartheta_0) + \dot{m}_L \cdot c_{p,L} \cdot (\vartheta_L - \vartheta_0)}{\dot{m}_{RG} \cdot c_{p,RG}}$$

Der trockene Rauchgasmassestrom ist in diesem Fall wegen $\lambda = 1{,}2$ nach Gleichung (12.204)

$$R_{tr} = R_{tr,min} + (\lambda - 1) \cdot L_{min}$$

$$R_{tr} = R_{tr,min} + (1{,}2 - 1) \cdot L_{min} = R_{tr,min} + 0{,}2 \cdot L_{min}$$

$$\dot{m}_{RG} = R_{tr} \cdot \dot{m}_{BS}$$

Die minimale trockene Rauchgasmenge $R_{tr,min}$ beträgt aus Fall a)

$$R_{tr,min} = 12{,}53\,\frac{kg_{RG}}{kg_{BS}}$$

Dann ist

$$\dot{m}_{RG} = (12{,}53 + 0{,}2 \cdot 11{,}5)\,\frac{kg_{RG}}{kg_{BS}} \cdot 1\,\frac{kg_{BS}}{s}$$

$$\dot{m}_{RG} = 14{,}83\,\frac{kg_{RG}}{s}$$

Der Massestrom vorgewärmten Brennstoffs ist

$$\dot{m}_{BS} = 1\,\frac{kg_{BS}}{s}$$

Der Massestrom vorgewärmter Luft ist mit $L_{min} = 11{,}5\,\frac{kg_L}{kg_{BS}}$ und $\lambda = 1{,}2$

$$\dot{m}_L = \lambda \cdot L_{min} \cdot \dot{m}_{BS} = 1{,}2 \cdot 11{,}5\,\frac{kg_L}{kg_{BS}} \cdot 1\,\frac{kg_{BS}}{s}$$

$$\dot{m}_L = 13{,}8\,\frac{kg_L}{s}$$

Somit ist dann die adiabate Verbrennungstemperatur

$$\vartheta_{ad} = \vartheta_0 + \frac{\dot{m}_{BS} \cdot \left(|\Delta_H h|_N + c_{p,BS} \cdot (\vartheta_{BS} - \vartheta_0)\right) + \dot{m}_L \cdot c_{p,L} \cdot (\vartheta_L - \vartheta_0)}{\dot{m}_{RG} \cdot c_{p,RG}}$$

$$= 25\,°C + \frac{1\,\frac{kg_{BS}}{s} \cdot \left(33\,800\,\frac{kJ}{kg_{BS}} + 0{,}85\,\frac{kJ}{kg_{BS} \cdot K} \cdot (100 - 25)\,K\right) + 13{,}8\,\frac{kg_L}{s} \cdot 1{,}0\,\frac{kJ}{kg_L \cdot K} \cdot (200 - 25)\,K}{14{,}83\,\frac{kg_{RG}}{s} \cdot 1{,}1\,\frac{kJ}{kg_{RG} \cdot K}}$$

$$\vartheta_{ad} = 2\,249\,°C$$

Diskussion der Ergebnisse: Eine Luftzahl $\lambda > 1$ führt zu einem Absinken der Verbrennungstemperatur, da die Menge an Rauchgas, die erwärmt werden muss, steigt.

Bei Luftvorwärmung steigt die Verbrennungstemperatur, jedoch nicht um einen gleich großen Betrag gegenüber nicht vorgewärmter Verbrennungsluft, da die Rauchgasmasse um die Brennstoffmasse größer ist als die Luftmasse und da wegen des Kohlenstoffdioxidgehalts die spezifische Wärmekapazität des Rauchgases größer ist als die der Luft.

12.7.5 Maximale Luftzahl aus erforderlicher Feuerungstemperatur

Für das Umformverfahren Schmieden müssen metallische Rohlinge auf eine erhöhte Temperatur, die sogenannte Schmiedetemperatur, gebracht werden, um die notwendige plastische Verformbarkeit zu erreichen. Dafür sind bei Stählen Materialtemperaturen bis 1 250 °C erforderlich. Eine und historisch die einzige Möglichkeit dafür ist und war die Erhitzung des Materials in einem Bett glühender Holzkohle bzw. glühenden Kokses, dem sogenannten Schmiedefeuer.

Wie groß darf beim Schmiedefeuer die Luftzahl λ maximal sein, wenn man davon ausgehen muss, dass durch den sehr einfach gestalteten Wärmeübergang eine Übertemperatur der Verbrennung gegenüber dem zu erhitzenden Metall von 300 K erforderlich ist? Brennstoff und Verbrennungsluft haben die Raum-, also Bezugstemperatur von 25 °C. Die Verbrennung der absolut trockenen Holzkohle wird hier als aschefrei angenommen. Die dabei entstehenden Rauchgase haben eine spezifische Wärmekapazität von ca. $1{,}1\,\frac{kJ}{kg \cdot K}$.

gegeben:	erforderliche Werkstücktemperatur	$\vartheta_{\text{Werkst.}} = 1\,250\,°\text{C}$
	notwendige Übertemperatur der Flamme	$\Delta\vartheta = 300\,\text{K}$
	Temperatur der Verbrennungsluft	$\vartheta_{\text{L}} = 25\,°\text{C}$
	Temperatur des Brennstoffes	$\vartheta_{\text{BS}} = 25\,°\text{C}$
	Bezugstemperatur	$\vartheta_0 = 25\,°\text{C}$
	spezifischer Heizwert des Brennstoffes Holzkohle (Anhang A.4.2)	$\lvert\Delta_{\text{H}} h\rvert_{\text{N}} = 31\,000\,\frac{\text{kJ}}{\text{kg}_{\text{BS}}}$
	spezifische Wärmekapazität des Rauchgases	$c_{p,\text{RG}} = 1{,}1\,\frac{\text{kJ}}{\text{kg}_{\text{RG}}\cdot\text{K}}$
gesucht:	Luftzahl, bei der die Schmiedetemperatur mindestens erreicht wird	$\lambda_{\max}$

Lösung:

Die minimal notwendige Temperatur des Schmiedefeuers ist demnach

$$\vartheta_{\min} = \vartheta_{\text{Werkst.}} + \Delta\vartheta = 1\,250\,°\text{C} + 300\,\text{K}$$
$$\vartheta_{\min} = 1\,550\,°\text{C}$$

Die Temperatur $\vartheta_{\min}$ muss durch die Verbrennung von Holzkohle erreicht werden, also muss die adiabate Verbrennungstemperatur ϑ_{ad} mindestens so groß sein.

$$\vartheta_{\text{ad}} \geq \vartheta_{\min}$$

Nach Gleichung (12.235) ist die adiabate Verbrennungstemperatur

$$\vartheta_{\text{ad}} = \vartheta_0 + \frac{\dot{H}_{\text{BS}} + \dot{H}_{\text{L}} - \dot{H}_{\text{Asche}}}{\dot{m}_{\text{RG}} \cdot c_{p,\text{RG}}}$$

Es ist $\vartheta_0 = \vartheta_{\text{L}} = \vartheta_{\text{BS}} = 25\,°\text{C}$. Damit ist der anrechenbare Enthalpiestrom der Luftvorwärmung $\dot{H}_{\text{L}} = 0$, ebenso der der Brennstoffvorwärmung. Mit der Annahme, Holzkohle verbrenne rückstandsfrei, ist der Enthalpiestrom der ausgetragenen Asche $\dot{H}_{\text{Asche}} = 0$. Es bleibt also allein der vom Brennstoffmassestrom $\dot{m}_{\text{BS}}$ und seinem spezifischen Heizwert $\lvert\Delta_{\text{V}} h\rvert$ eingetragene Enthalpiestrom übrig. Nach Gleichung (12.236) ist das

$$\vartheta_{\text{ad}} \approx \vartheta_0 + \frac{\dot{m}_{\text{BS}} \cdot \lvert\Delta_{\text{H}} h\rvert_{\text{N}}}{\dot{m}_{\text{RG}} \cdot c_{p,\text{RG}}}$$

Umgestellt nach dem Massestromverhältnis $\frac{\dot{m}_{\text{RG}}}{\dot{m}_{\text{BS}}}$ der realen trockenen Rauchgasmenge R_{tr} ergibt sich

$$\frac{\dot{m}_{\text{RG}}}{\dot{m}_{\text{BS}}} \approx \frac{\lvert\Delta_{\text{H}} h\rvert_{\text{N}}}{(\vartheta_{\text{ad}} - \vartheta_0) \cdot c_{p,\text{RG}}} = \frac{31\,000\,\frac{\text{kJ}}{\text{kg}_{\text{BS}}}}{(1\,550 - 25)\,\text{K} \cdot 1{,}1\,\frac{\text{kJ}}{\text{kg}_{\text{RG}}\cdot\text{K}}}$$
$$\frac{\dot{m}_{\text{RG}}}{\dot{m}_{\text{BS}}} \approx 18{,}48\,\frac{\text{kg}_{\text{RG}}}{\text{kg}_{\text{BS}}} = R_{\text{tr}}$$

Entsprechend Gleichung (12.204) ist

$$R_{\text{tr}} = R_{\text{tr,min}} + (\lambda - 1) \cdot L_{\min}$$
$$R_{\text{tr}} = R_{\text{tr,min}} + (\lambda_{\max} - 1) \cdot L_{\min}$$

Umgestellt nach der maximalen Luftzahl ist dann

$$\lambda_{max} = \frac{R_{tr} - R_{tr,min}}{L_{min}} + 1$$

Die minimale trockene Rauchgasmenge $R_{tr,min}$ ist nach Gleichung (12.202)

$$R_{tr,min} = 3{,}67 \cdot \xi_C + 2 \cdot \xi_S + \xi_N + 0{,}77 \cdot L_{min}$$

Mit $\xi_C = 1$ und $\xi_S = \xi_N = 0$ (Holzkohle ist nahezu 100 % Kohlenstoff) bleibt

$$R_{tr,min} = 3{,}67 \cdot 1 + 0{,}77 \cdot L_{min}$$

Der theoretische Luftbedarf L_{min} ist mit Gleichung (12.200)

$$L_{min} = \frac{O_{min}}{0{,}232}$$

Der minimale Sauerstoffbedarf O_{min} ist nach Gleichung (12.199) mit $\xi_C = 1$ und $\xi_H = \xi_S = \xi_O = 0$

$$O_{min} = 2{,}67 \cdot \xi_C + 8 \cdot \xi_H + \xi_S - \xi_O$$
$$= 2{,}67 \cdot 1 \, \frac{kg_{O_2}}{kg_{BS}}$$
$$O_{min} = 2{,}67 \, \frac{kg_{O_2}}{kg_{BS}}$$

Dann ist

$$L_{min} = \frac{O_{min}}{0{,}232} = \frac{2{,}67 \, \frac{kg_{O_2}}{kg_{BS}}}{0{,}232 \, \frac{kg_{O_2}}{kg_L}}$$
$$L_{min} = 11{,}51 \, \frac{kg_L}{kg_{BS}}$$

Schließlich ist

$$R_{tr,min} = (3{,}67 \cdot 1 + 0{,}77 \cdot 11{,}51) \, \frac{kg_{RG}}{kg_{BS}}$$
$$R_{tr,min} = 12{,}53 \, \frac{kg_{RG}}{kg_{BS}}$$

Alle nun bekannten Größen in die Gleichung der maximalen Luftzahl eingesetzt, ergibt

$$\lambda_{max} = \frac{18{,}48 \, \frac{kg_{RG}}{kg_{BS}} - 12{,}53 \, \frac{kg_{RG}}{kg_{BS}}}{11{,}51 \, \frac{kg_L}{kg_{BS}}} + 1$$
$$\lambda_{max} = 1{,}52$$

Damit ist die maximal mögliche Luftzahl $\lambda_{max} = 1{,}52$, um die für den Schmiedevorgang notwendige Temperatur des Werkstückes auch zu erzielen.

12

Anmerkung: Hier ließe sich auch die Rauchgaszusammensetzung des trockenen Rauchgases berechnen (Gleichung (12.206)) Entsprechend diesem Ergebnis und mithilfe des Abschnitts 4.7 ist es möglich, die spezifische Wärmekapazität des Rauchgases bei adiabater Verbrennungstemperatur von ca. 1 500 °C zu ermitteln. Da hier auch ein Einfluss auf die reale trockene Rauchgasmenge besteht, muss iterativ vorgegangen werden. Der Einfachheit halber wurde deshalb $c_{p,\mathrm{RG}} = 1{,}1\,\frac{\mathrm{kJ}}{\mathrm{kg_{RG}\cdot K}}$ vorgegeben.

12.8 Übungsaufgaben[2]

12.8.1 Brennwert und Heizwert

Bei der Verbrennung von 1 m^3 Brenngas (Steinkohlengas, gemischt mit Wassergas) entstanden 0,895 m^3 Wasserdampf im Normzustand.

Wie groß ist der volumenspezifische Heizwert, wenn die volumenspezifische Verbrennungsenthalpie im Normzustand 16 700 $\frac{\mathrm{kJ}}{\mathrm{m^3}}$ betrug?

12.8.2 Heizwert eines gasförmigen Brennstoffes aus seiner Zusammensetzung

Die Analyse eines Mischgases ist in Masseanteilen gegeben.

Masseanteil H_2 im Mischgas $\xi_{\mathrm{H_2}} = 0{,}005$
Masseanteil CH_4 im Mischgas $\xi_{\mathrm{CH_4}} = 0{,}012$
Masseanteil CO im Mischgas $\xi_{\mathrm{CO}} = 0{,}289$
Masseanteil N_2 im Mischgas $\xi_{\mathrm{N_2}} = 0{,}615$
Masseanteil CO_2 im Mischgas $\xi_{\mathrm{CO_2}} = 0{,}079$

Wie groß ist der massespezifische Heizwert dieses Brenngases?

[2] Die Lösungen finden Sie in der Kategorie „Extras“ unter *http://www.hanser-fachbuch.de/9783446442795*.

13 Wärmetransport

13.1 Allgemeines und Grundlagen

Worum geht es in dem Kapitel?

Wärmeleitung, Wärmedurchgang, Wärmeübergang, Wärmestrahlung, Wärmeübertrager, Betriebsweisen

Anwendungsgebiete:

Dieser Abschnitt wendet die Grundlagen der vorherigen Kapitel an und beschäftigt sich mit dem Transport von Wärme und der Auslegung von Wärmeübertragern.

Siehe auch:

3 Stoffeigenschaften, 4 Energie und Energieerhaltung, 5 Zustandsänderung ohne Änderung des Aggregatzustandes, 8 Zustandsänderungen mit Änderung des Aggregatzustands, 12.2 Vollständige Verbrennung und Luftüberschuss

Vorbetrachtungen:

Die Wärmeübertragung ist der Transport von Wärme aufgrund einer **Temperaturdifferenz**. Diese muss nicht an einen Stofftransport gekoppelt sein und kann über Systemgrenzen, auch die eines geschlossenen Systems, stattfinden.

Nicht von Wärmeübertragung spricht man beim Transport von Wärme durch die Bewegung eines Mediums, beispielsweise mit einem strömenden Fluid.

Der Transport von Wärme über die Systemgrenzen unterliegt bestimmten Gesetzmäßigkeiten.

Die **Wärmeübertragung** kann durch Wärmeleitung, Konvektion und Wärmestrahlung erfolgen. Dafür benötigt man in der Praxis Apparate, die die Wärmeübertragung in und zwischen Körpern und Stoffen ermöglichen, die sogenannten Wärmeübertrager.

Entsprechend dem zweiten Hauptsatz der Thermodynamik erfolgt der Energiefluss vom höheren zum niedrigeren Temperaturniveau. Die **Temperaturdifferenz** ist dabei die **Triebkraft**.

Die **Wärmeleitung**, auch **Konduktion**, beruht auf der Weitergabe des Impulses zwischen benachbarten Teilchen eines Stoffes. Sie kann in Feststoffen und ruhenden Fluiden auftreten. Ein Transport der schwingenden Teilchen (Atome, Moleküle) erfolgt dabei nicht. Durch die Wechselwirkung der Teilchen untereinander wird Wärme übertragen.

Die **Konvektion**, auch **Wärmemitführung**, beschreibt die Wärmeübertragung zwischen einem Fluid und einem festen Körper. Im Gegensatz zur Wärmestrahlung werden bei der Konvektion Teilchen benötigt, die die Wärme transportieren. Dabei muss die Richtung der Wärmeübertragung nicht mit der Strömungsrichtung übereinstimmen. Ein Beispiel dafür ist das Abkühlen einer heißen Platte durch einen zu ihr parallel verlaufenden Luftstrom.

Der Mechanismus der **Wärmestrahlung**, auch **Radiation**, basiert hingegen auf elektromagnetischer Strahlung, die Körper absorbieren oder selbst emittieren. Erst bei einem thermischen Ungleichgewicht gibt es eine Differenz zwischen der Absorption und der Emission.

13.2 Mechanismen der Wärmeübertragung

13.2.1 Konduktion oder Wärmeleitung

Unter Wärmeleitung, auch Konduktion genannt, versteht man den Transport von Wärme durch Weitergabe des Teilchenimpulses. Sie ist an das Vorhandensein eines Stoffes gebunden. Wärmeleitung kann in einem ruhenden Fluid oder in einem Feststoff stattfinden, ist aber auch im bewegten Medium anderen Wärmetransportprozessen überlagert.

Durch *Fourier* wurde das Grundgesetz der Wärmeleitung formuliert (auch **Fourier'sches Erfahrungsgesetz der Wärmeleitung**).

$$Q = -\lambda \cdot A \cdot t \cdot \frac{\mathrm{d}\vartheta}{\mathrm{d}x} \tag{13.243}$$

Q Wärmemenge in J
λ Wärmeleitfähigkeit in $\frac{\mathrm{W}}{\mathrm{m \cdot K}}$ oder $\frac{\mathrm{J}}{\mathrm{s \cdot m \cdot K}}$
A von der Wärmemenge durchdrungene Fläche in m^2
t Zeit in s
$\frac{\mathrm{d}\vartheta}{\mathrm{d}x}$ Temperaturgradient an einem bestimmten Ort in $\frac{\mathrm{K}}{\mathrm{m}}$

Leitet man Gleichung (13.243) nach der Zeit ab, ergibt sich der durch Wärmeleitung übertragene **Wärmestrom** $\dot{Q}$ (hier *Fourier*'sches Gesetz für planparallele Wände):

$$\dot{Q} = \lambda \cdot A \cdot \frac{\vartheta_1 - \vartheta_2}{\delta} \tag{13.244}$$

$\dot{Q}$ Wärmestrom in W
λ Wärmeleitfähigkeit in $\frac{\mathrm{W}}{\mathrm{m \cdot K}}$ oder $\frac{\mathrm{J}}{\mathrm{s \cdot m \cdot K}}$
A vom Wärmestrom durchdrungene (parallele) Flächen in m^2
ϑ_1 höhere Wandtemperatur in °C
ϑ_2 niedrigere Wandtemperatur in °C
δ senkrechter Abstand der parallelen Flächen in m

Die Berechnung der Wärmeleitung kann exakter mit der Angabe der **Wärmestromdichte** $\dot{q}$ beschrieben werden. Sie gibt an, welche Wärmemenge pro Zeit- und Flächeneinheit (oder welcher Wärmestrom pro Flächeneinheit) übertragen wird.

$$\dot{q} = \frac{\dot{Q}}{A} = -\lambda \cdot \frac{\mathrm{d}\vartheta}{\mathrm{d}x} \tag{13.245}$$

$\dot{q}$ Wärmestromdichte in $\frac{\mathrm{W}}{\mathrm{m}^2}$
$\dot{Q}$ Wärmestrom in W
A vom Wärmestrom durchdrungene Fläche in m^2
λ Wärmeleitfähigkeit in $\frac{\mathrm{W}}{\mathrm{m \cdot K}}$ oder $\frac{\mathrm{J}}{\mathrm{s \cdot m \cdot K}}$
$\frac{\mathrm{d}\vartheta}{\mathrm{d}x}$ Temperaturgradient an einem bestimmten Ort in $\frac{\mathrm{K}}{\mathrm{m}}$

Durch Trennung der Variablen, Integralbildung, das Einsetzen einer mittleren Wärmeleitfähigkeit und Lösen des Integrals mit $x_2 - x_1 = \delta$ kann man die Gleichung (13.245) in die Gleichung (13.244) für die Wärmeleitung durch eine ebene, planparallele Wand überführen.

Wärmestromdichte für die ebene, planparallele Wand $\dot{q}$ ist an jeder Stelle der Wand $x_1 \le x \le x_2$ gleich groß!

$$\dot{q} = \frac{\lambda}{\delta} \cdot (\vartheta_1 - \vartheta_2) = \frac{\lambda}{\delta} \cdot (\vartheta_i - \vartheta_a) \qquad (13.246)$$

$\dot{q}$ Wärmestromdichte in $\frac{\text{W}}{\text{m}^2}$
λ Wärmeleitfähigkeit in $\frac{\text{W}}{\text{m}\cdot\text{K}}$ oder $\frac{\text{J}}{\text{s}\cdot\text{m}\cdot\text{K}}$
δ senkrechter Abstand der parallelen Flächen in m
ϑ_i Wandtemperatur innen in °C
ϑ_a Wandtemperatur außen in °C

Die **Wärmestromdichte für die Zylinderwand** $\dot{q}(r)$ (Rohrwand) ist abhängig vom Radius r, an dem sie bestimmt werden soll, da mit zunehmendem Radius die Zylinderfläche wächst und damit die Wärmestromdichte abnimmt!

$$\dot{q}(r) = \frac{\lambda}{\ln\frac{r_a}{r_i}} \cdot \frac{1}{r} \cdot (\vartheta_i - \vartheta_a) \qquad (13.247)$$

$\dot{q}$ Wärmestromdichte in $\frac{\text{W}}{\text{m}^2}$
r Zylinderradius $r_i \le r \le r_a$ in m
λ Wärmeleitfähigkeit in $\frac{\text{W}}{\text{m}\cdot\text{K}}$ oder $\frac{\text{J}}{\text{s}\cdot\text{m}\cdot\text{K}}$
r_a Zylinderradius außen in m
r_i Zylinderradius innen in m
ϑ_i Wandtemperatur innen in °C
ϑ_a Wandtemperatur außen in °C

Ist das Verhältnis zwischen Wandstärke des Zylinders ($r_a - r_i = \delta$) und dem Radius r sehr klein und die Wärmeleitfähigkeit λ groß, d. h. praktisch dünnwandige Metallrohre mit großem Durchmesser, kann mit hinreichender Genauigkeit mit Gleichung (13.246) gerechnet werden.

Die **Wärmestromdichte für eine Hohlkugelwand** $\dot{q}(r)$ ist abhängig vom Kugelradius r, an dem sie bestimmt werden soll, da mit zunehmendem Radius die Kugelfläche wächst und damit die Wärmestromdichte abnimmt!

$$\dot{q}(r) = \frac{\lambda}{\frac{1}{r_i} - \frac{1}{r_a}} \cdot \frac{1}{r^2} \cdot (\vartheta_i - \vartheta_a) \qquad (13.248)$$

$\dot{q}$ Wärmestromdichte in $\frac{\text{W}}{\text{m}^2}$
r Kugelradius $r_i \le r \le r_a$ in m
λ Wärmeleitfähigkeit in $\frac{\text{W}}{\text{m}\cdot\text{K}}$ oder $\frac{\text{J}}{\text{s}\cdot\text{m}\cdot\text{K}}$
r_a Kugelradius außen in m
r_i Kugelradius innen in m
ϑ_i Wandtemperatur innen in °C
ϑ_a Wandtemperatur außen in °C

13

13.2.2 Konvektion oder Wärmemitführung

Geht die Wärme von einem bewegten fluiden Stoff an die feste Wandoberfläche eines von diesem Fluid berührten Körpers über – oder umgekehrt, so spricht man von Konvektion oder

Wärmemitführung. Ein Maß dafür ist der **Wärmeübergangskoeffizient** α in $\frac{\mathrm{W}}{\mathrm{m^2 \cdot K}}$. Er gibt an, welche Wärmemenge pro Flächeneinheit und Kelvin Temperaturdifferenz übergeht.

$$\dot{q} = \frac{\dot{Q}}{A} = \alpha \cdot \left(\vartheta_{\mathrm{Wand,m}} - \vartheta_{\infty,\mathrm{m}}\right) \tag{13.249}$$

$\dot{q}$ konvektive Wärmestromdichte in $\frac{\mathrm{W}}{\mathrm{m^2}}$
$\dot{Q}$ Wärmestrom durch Konvektion in W
A vom Wärmestrom durchdrungene Fläche in $\mathrm{m^2}$
α Wärmeübergangskoeffizient in $\frac{\mathrm{W}}{\mathrm{m^2 \cdot K}}$
$\vartheta_{\mathrm{Wand,m}}$ mittlere Wandtemperatur in °C
$\vartheta_{\infty,\mathrm{m}}$ Temperatur des (unbeeinflussten) Fluids in °C

Es wird in **erzwungene und freie Konvektion** unterschieden. Sie ist davon abhängig, ob dem Fluid mechanische Energie zugeführt und ihm damit eine Bewegung aufgezwungen wird (durch Pumpen, Ventilatoren oder große Fallhöhen) oder sich das Fluid aufgrund von inneren Dichteunterschieden, meist durch Temperaturdifferenzen verursacht, freiwillig, d. h. auf natürliche Weise, bewegt.

In der **Grenzschicht** zwischen der Wand des Festkörpers und dem bewegten Fluid bildet sich ein Geschwindigkeitsprofil zwischen der Geschwindigkeit an der Wand $w_{\mathrm{Wand}} = 0\,\frac{\mathrm{m}}{\mathrm{s}}$ und der Geschwindigkeit des ungestörten Fluids w_∞ aus.

Der Wärmeübergangskoeffizient α ist abhängig von den Geschwindigkeits- und Temperaturprofilen. Über die Bilanzierung eines Volumenelementes unter der Nutzung der Erhaltungssätze für Masse, Impuls und Energie könnte der Temperaturgradient im Fluid bestimmt werden. Dies ist jedoch sehr aufwendig. Eine einfachere Lösung bietet die Ähnlichkeitstheorie von *Nußelt* mit ihren **dimensionslosen Kennzahlen**.

Die wichtigsten dimensionslosen Ähnlichkeitskennzahlen für nachfolgend betrachtete Sachverhalte sind:

Nußelt-Zahl $$Nu = \frac{\alpha \cdot l_{\mathrm{ch}}}{\lambda} \qquad \frac{\text{Wärmeübergang}}{\text{Wärmeleitung}} \tag{13.250}$$

Reynolds-Zahl $$Re = \frac{w \cdot l_{\mathrm{ch}}}{\nu} = \frac{w \cdot l_{\mathrm{ch}} \cdot \varrho}{\eta} \qquad \frac{\text{Trägheitskraft}}{\text{innere Reibungskraft}} \tag{13.251}$$

Prandtl-Zahl $$Pr = \frac{c_p \cdot \eta}{\lambda} = \frac{c_p \cdot \varrho \cdot \nu}{\lambda} = \frac{\nu}{a} \qquad \frac{\text{innere Reibung}}{\text{Wärmeleitung}} \tag{13.252}$$

Grashof-Zahl $$Gr = \frac{\varrho^2 \cdot \gamma \cdot l_{\mathrm{ch}}^3 \cdot g \cdot |\Delta\vartheta|}{\eta^2} = \frac{\gamma \cdot l_{\mathrm{ch}}^3 \cdot g \cdot |\Delta\vartheta|}{\nu^2} \qquad \frac{\text{thermische Antriebskraft}}{\text{Trägheitskraft}} \tag{13.253}$$

α Wärmeübergangskoeffizient zwischen Wand und Fluid in $\frac{\mathrm{W}}{\mathrm{m^2 \cdot K}}$
l_{ch} charakteristische Abmessung, also die maßgeblich für den Wärmeübertrag verantwortliche geometrische Größe (Wandhöhe, Rohrlänge, Rohrdurchmesser) in m, bei Rohren und Kanälen auch der gleichwertige Durchmesser $d_{\mathrm{gl}} = 4 \cdot \frac{A}{U}$, in m (vgl. Bild 13.1),
λ Wärmeleitfähigkeit des Fluids in $\frac{\mathrm{W}}{\mathrm{m \cdot K}}$ oder $\frac{\mathrm{J}}{\mathrm{s \cdot m \cdot K}}$
w (mittlere) Geschwindigkeit des Fluids in $\frac{\mathrm{m}}{\mathrm{s}}$

ν kinematische Viskosität $\nu = \frac{\eta}{\varrho}$ in $\frac{\text{m}^2}{\text{s}}$, temperatur- und druckabhängig

ϱ (mittlere) Dichte des Fluids in $\frac{\text{kg}}{\text{m}^3}$

η dynamische Viskosität $\eta = \varrho \cdot \nu$ in $\frac{\text{kg}}{\text{m}\cdot\text{s}}$, temperaturabhängig, Umrechnung wegen Temperaturabhängigkeit siehe Anhang A.4.23

c_p spezifische isobare Wärmekapazität des Fluids in $\frac{\text{kJ}}{\text{kg}\cdot\text{K}}$

a Temperaturleitkoeffizient $a = \frac{\lambda}{c \cdot \varrho}$ in $\frac{\text{m}^2}{\text{s}}$

g Fallbeschleunigung, $g = 9{,}807\ \frac{\text{m}}{\text{s}^2}$

$|\Delta\vartheta|$ Betrag der Differenz zwischen der (mittleren) Wandtemperatur und der Temperatur des (unbeeinflussten) Fluids, $|\Delta\vartheta| = \vartheta_{\text{Wand}} - \vartheta_\infty$, in K

γ isobarer Volumenausdehnungskoeffizient in $\frac{1}{\text{K}}$, bei idealen Gasen ist $\gamma = \frac{1}{273{,}16\,\text{K}}$

Eine ausführliche Darstellung dimensionsloser Ähnlichkeitskennzahlen ist im Anhang A.5.1 zu finden.

Die für die Wärmeübertragung relevanten Stoffwerte und Kennzahlen sind Anhang A.4.22 zu entnehmen und auf die arithmetische Mitteltemperatur $\left(\vartheta_0 = \frac{\vartheta_{\text{Wand}} + \vartheta_\infty}{2}\right)$ von Wandtemperatur ϑ_{Wand} und Temperatur des unbeeinflussten Fluids ϑ_∞ zu beziehen. In den meisten Fällen der Praxis ist die mittlere Temperatur des strömenden Stoffes ausreichend.

Die mathematischen Beziehungen der einzelnen Größen untereinander, sowohl in den zugeschnittenen Größengleichungen für den Wärmeübergangskoeffizienten als auch in der *Nußelt*-Gleichung, lassen sich meist nur durch Versuche finden.

Der **Wärmeübergangskoeffizient** α wird schließlich durch Umstellen der Gleichung (13.250) nach α ermittelt.

Da der Wärmeübergang innerhalb der Grenzschicht zwischen ruhendem oder sich bewegendem fluidem Stoff und fester Wand erfolgt, ist die Art der Strömung, ob laminar oder turbulent, für die Größenordnung des Wärmeübergangskoeffizienten von entscheidender Bedeutung. Mithilfe der *Reynolds*-Zahl, Gleichung (13.251), kann ermittelt werden, ob turbulente oder laminare Strömung vorliegt.

Anmerkung: Im geraden Rohr mit kreisförmigem Querschnitt, eine der am häufigsten auftretenden Geometrien im Apparatebau, liegt turbulente Strömung vor, wenn $Re \geqq 2\,300$ ist, während bei $Re \leqq 2\,300$ laminare Strömung vorherrscht. Die in der Apparatepraxis am häufigsten auftretende Strömungsart ist die turbulente.

Für Überschlagsrechnungen werden oft zugeschnittene Größengleichungen verwendet. Tabelle 13.1 zeigt eine kleine Auswahl.

Spezifischere Gleichungen als die in Tabelle 13.1 dargestellten sind im Anhang A.5.2 zusammengetragen. Dabei ist zu beachten, dass die Gültigkeit nur für den Wärmeübergang durch Konvektion gegeben ist. Ausnahmen sind besonders gekennzeichnet.

Bei **freier Strömung** an heißen Außenflächen von Apparaten kann die Wärmeübertragung durch Strahlung beträchtliche Werte annehmen. Der Anteil dieser Strahlung lässt sich sehr schwer in Versuchen für den Wärmeübergangskoeffizienten bestimmen. Die Vernachlässigung und der damit verbundene Fehler im Wärmeübergangskoeffizienten gibt eine zusätzliche Sicherheit bei der Ermittlung der notwendigen Heizfläche (vgl. auch Abschnitt 13.2.3). Die in der Praxis für diesen Teil der Wärmeübertragung (freie Strömung an Außenflächen) gebräuchlichen Wärmeübergangskoeffizienten sind empirisch ermittelt worden und trotzdem hinreichend genau.

Tabelle 13.1 Auswahl an Überschlagsgleichungen für den Wärmeübergangskoeffizienten α und den Wärmedurchgangskoeffizienten k

Gase an einer Wand	$\alpha = 2{,}3 + 11{,}6 \cdot \sqrt{w}$	α ... Wärmeübergangskoeffizient in $\frac{\text{W}}{\text{m}^2 \cdot \text{K}}$ w ... Strömungsgeschwindigkeit in $\frac{\text{m}}{\text{s}}$
Flüssigkeiten an einer Wand	$\alpha = 350 + 2100 \cdot \sqrt{w}$	
Vorausberechnung für Oberflächenkondensatoren	$k = 3490 \cdot \sqrt{w}$	k ... Wärmedurchgangskoeffizient in $\frac{\text{W}}{\text{m}^2 \cdot \text{K}}$ w ... Strömungsgeschwindigkeit des Wassers in den Rohren in $\frac{\text{m}}{\text{s}}$

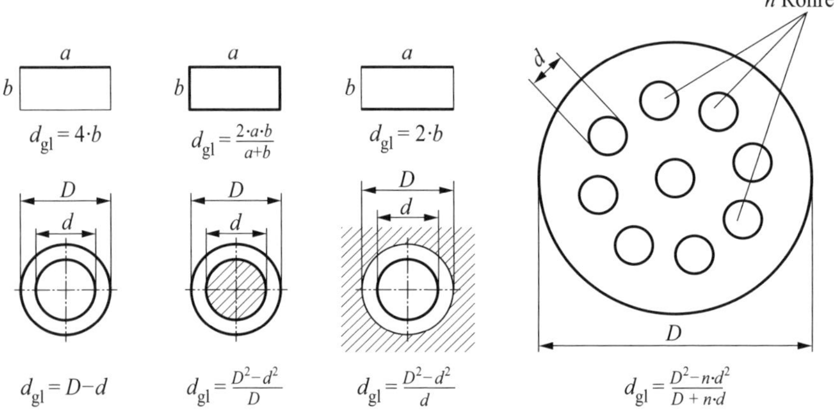

Bild 13.1 Darstellung verschiedener gleichwertiger Durchmesser

Gleichwertiger Durchmesser

Für die Strömung von Gasen, Dämpfen und Flüssigkeiten in nicht runden, geraden Rohren kann in die Gleichungen für den Wärmeübergang als charakteristische Abmessung l_{ch} ein **gleichwertiger Durchmesser** d_{gl} eingesetzt werden.

$$d_{gl} = 4 \cdot \frac{A}{U} \qquad (13.254)$$

d_{gl} gleichwertiger Durchmesser in m
A vom Fluid durchflossene Querschnittsfläche in m^2
U wärmeübertragender (benetzter) Umfang mit einheitlicher Temperatur in m

Einige Beispiele für den gleichwertigen Durchmesser d_{gl} enthält Bild 13.1, wobei die Strömungsrichtung senkrecht zur Bildebene verläuft und der Wärmetransport senkrecht zur Strömungsachse stattfindet.

Die folgende kleine Auswahl an *Nußelt-Gleichungen* liefert über die Fläche mittlere *Nußelt*-Zahlen bei konstanten, auch mittleren Wandtemperaturen.

Für turbulent strömende Flüssigkeiten im Rohr ist die **Nußelt-Zahl** Nu

$$Nu = 0{,}032 \cdot Re^{0{,}8} \cdot Pr^{n} \cdot \left(\frac{l}{d}\right)^{-0{,}054} \qquad (13.255)$$

Nu — *Nußelt*-Zahl
Re — *Reynolds*-Zahl
Pr — *Prandtl*-Zahl
n — Exponent
$n = 0{,}37$ für Aufheizung und
$n = 0{,}3$ für Abkühlung der im Rohr strömenden Flüssigkeit
l — Länge des Rohres in m
d — Innendurchmesser des Rohres in m

Gültigkeitsbereich:

$$Pr = 0{,}7 \ldots 370$$

$$Re = 4\,500 \ldots 90\,000 \quad \text{bei Öl}$$

$$Re \leq 500\,000 \quad \text{bei Wasser}$$

Nur für Gase und Dämpfe im Rohr bei turbulenter Strömung gilt für die **Nußelt-Zahl** *Nu*:

$$Nu = 0{,}024 \cdot Re^{0{,}786} \cdot Pr^{0{,}45} \cdot \left[1 + \left(\frac{d}{l}\right)^{\frac{2}{3}}\right] \tag{13.256}$$

Nu — *Nußelt*-Zahl
Re — *Reynolds*-Zahl
Pr — *Prandtl*-Zahl
l — Länge des Rohres in m
d — Innendurchmesser des Rohres in m

Gültigkeitsbereich: $Re \geq 2\,300$

Bei quer angeströmten, versetzten und fluchtenden Rohrbündeln und $600 < Re < 4\,000$ ist die **Nußelt-Zahl** *Nu*:

für Flüssigkeiten und Gase:

$$Nu = 0{,}33 \cdot Re^{0{,}6} \cdot Pr^{1/3} \tag{13.257}$$

für Luft:

$$Nu = 0{,}295 \cdot Re^{0{,}6}$$

Nu — *Nußelt*-Zahl
Re — *Reynolds*-Zahl
Pr — *Prandtl*-Zahl

Bei der Berechnung von *Re* ist der äußere Rohrdurchmesser d_a und als Geschwindigkeit w die des strömenden Stoffes zwischen den Rohrreihen einzusetzen.

Gültigkeitsbereich: $600 < Re < 4\,000$

Bei der Strömung von Wasser in längeren Rohrleitungen mit d_i = (10...100) mm ist der **Wärmeübergangskoeffizient** α nach *Schack* näherungsweise

$$\alpha \approx 3370 \cdot w^{0{,}85} \cdot (1 + 0{,}014 \cdot \vartheta_{\mathrm{m}}) \tag{13.258}$$

α Wärmeübergangskoeffizient in $\frac{\mathrm{W}}{\mathrm{m^2 \cdot K}}$
w Geschwindigkeit des strömenden Wassers in $\frac{\mathrm{m}}{\mathrm{s}}$
ϑ_{m} mittlere Temperatur des Wassers in °C

Gültigkeitsbereich: d_i = (10...100) mm

Konvektion bei Kondensation

Kondensiert Dampf auf einer festen Oberfläche, so stellen sich dort sehr hohe und üblicherweise um etwa ein bis zwei Zehnerpotenzen höhere Wärmeübergangskoeffizienten ein als beim Wärmeübergang von Flüssigkeiten oder nicht kondensierenden Gasen (Luft) an feste Stoffe. Aus diesem Grund ist auch schon kurzer Kontakt zwischen Haut und Dampf (Dampfreiniger, -bügeleisen, Wasserkocher, Kochtopf) besonders schmerzhaft und folgenreich. Auch hier sei nochmals auf die spezifischen Gleichungen des Abschnitts A.5.2.4 hingewiesen.

Für ein **waagerechtes Rohr** bzw. für die erste waagerechte Rohrreihe bei **Oberflächenkondensatoren** und wenn die Rohranordnung so gestaltet ist, dass das Kondensat nicht auf die anderen Rohrreihen tropft (sechs Rohrreihen in einem Bündel sind anzustreben), gilt für Wasserdampf der **Wärmeübergangskoeffizient** α:

$$\alpha = 7{,}03 \cdot \sqrt[4]{\frac{\Delta h_{\mathrm{V}} \cdot \varrho^2 \cdot \lambda^3}{D \cdot \eta \cdot (\vartheta_{\mathrm{S}} - \vartheta_{\mathrm{Wand}})}} \tag{13.259}$$

α Wärmeübergangskoeffizient in $\frac{\mathrm{W}}{\mathrm{m^2 \cdot K}}$
Δh_{V} spezifische Kondensationsenthalpie des Sattdampfes in $\frac{\mathrm{kJ}}{\mathrm{kg}}$ (Anhang A.4.11)
ϱ Dichte des Kondensates (hier Wasser) in $\frac{\mathrm{kg}}{\mathrm{m^3}}$ (Anhang A.4.22)
λ Wärmeleitfähigkeit des Kondensates (hier Wasser) in $\frac{\mathrm{W}}{\mathrm{m \cdot K}}$ (Anhang A.4.22)
D Außendurchmesser des Rohres in m
η dynamische Viskosität des Kondensates (hier Wasser) in $\frac{\mathrm{kg}}{\mathrm{m \cdot s}}$ (Anhang A.4.22
ϑ_{s} Temperatur des Sattdampfes in °C
$\vartheta_{\mathrm{Wand}}$ Temperatur der äußeren (Rohr-)Wand, an der kondensiert wird, in °C

13.2.3 Radiation oder Wärmestrahlung

Die Übertragung der Wärme durch Strahlung erfordert keine stofflichen Träger, ist also auch im leeren Raum möglich. Die Fortpflanzungsgeschwindigkeit der Wärmestrahlung ist gleich der der Lichtgeschwindigkeit im jeweils durchstrahlten Medium. Die Strahlung kann emittiert, reflektiert, transmittiert, gebrochen und absorbiert werden. Emission von Wärmestrahlung kühlt, Absorption wärmt den Körper, wobei Reflexion und Transmission (Durchleitung) keine Wirkung auf seine Temperatur haben.

Der größte Teil der fühlbaren Wärmestrahlung, bestehend aus elektromagnetischen Wellen etwa ab Wellenlänge $\lambda = 0{,}7\,\mu\mathrm{m}$ bis zu $\lambda = 100\,\mu\mathrm{m}$, liegt im für das menschliche Auge unsichtbaren infraroten Bereich des Spektrums. Vergleiche hierzu Bild 13.2.

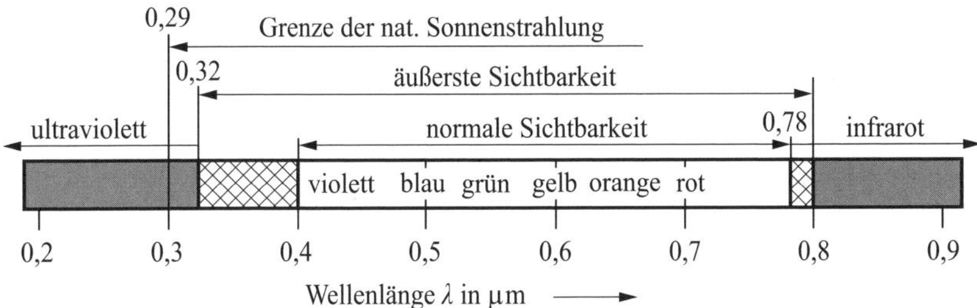

Bild 13.2 Strahlenspektrum

Die Änderung der Temperatur eines Körpers durch Strahlung hat seine Ursache in der Änderung der kinetischen Energie der Atome bzw. Moleküle der Substanz des Körpers. Der Einfluss des elektromagnetischen Feldes, der Wärmestrahlung, beschleunigt die schwingenden Ladungen der Moleküle oder freien Elektronen der Metalle. Einmal in Bewegung (und das ist ab Temperaturen > 0 K der Fall!), senden sie selbst ein elektromagnetisches Feld aus, verlieren damit kinetische Energie, verlangsamen ihre Ladungsbewegung und kühlen so aus. Voraussetzung für solche Wechselwirkungen ist jedoch, einen Korrespondenten zu finden, der die jeweilige Energiemenge auf geeignetem Weg aufnehmen bzw. abgeben kann.

Es werden hier deshalb folgende Festlegungen getroffen:

- ein **schwarzer Körper** absorbiert sämtliche auftreffende Wärmestrahlung,
- ein **weißer Körper** reflektiert sämtliche auftreffende Wärmestrahlung,
- ein **grauer Körper** absorbiert von allen Wellenlängen den gleichen Anteil und
- ein **farbiger Körper** absorbiert alle Wellenlängen bis auf diejenigen, in deren Farbe er uns erscheint, denn nur diese werden reflektiert.

Wird das Wort „Körper" durch das Wort „Strahler" ersetzt, so gilt unter umgekehrten Vorzeichen sinngemäß das Gleiche. Von besonderer Bedeutung für die Gesetzmäßigkeiten des Strahlungsaustausches ist aber der „**schwarze Strahler**".

> Ein schwarzer Strahler sendet Strahlung aus, die in Intensität und spektraler Verteilung nur von seiner Temperatur und nicht von seiner weiteren Beschaffenheit abhängt.

Der **spezifische Energiestrom** $\dot{e}_S$, der von 1 m^2 des schwarzen Strahlers abgestrahlt wird, beträgt nach dem *Stefan-Boltzmann*-Gesetz

$$\dot{e}_S(T) = \frac{\dot{E}_S(T)}{A} = C_S \cdot \left(\frac{T}{100}\right)^4 \tag{13.260}$$

$\dot{e}_S(T)$ spezifischer emittierter Energiestrom des schwarzen Strahlers in $\frac{\mathrm{W}}{\mathrm{m}^2}$
$\dot{E}_S(T)$ emittierter Energiestrom des schwarzen Strahlers in W
A Fläche der den Energiestrom emittierenden Wand in m^2
C_S Strahlungskoeffizient des schwarzen Strahlers, $C_S = 5{,}670\ \frac{\mathrm{W}}{\mathrm{m}^2 \cdot \mathrm{K}^4}$
T absolute Temperatur des schwarzen Strahlers in K

13

Für andere reale Strahler ist die Konstante des Strahlungsaustausches der **wirksame Strahlungskoeffizient** C, der Anhang A.4.17 entnommen werden kann. Es gilt

$$C = \varepsilon \cdot C_S \tag{13.261}$$

C wirksamer Strahlungskoeffizient des realen Strahlers in $\frac{\text{W}}{\text{m}^2 \cdot \text{K}^4}$
ε Gesamtemissionsgrad, vgl. Anhang A.4.17
C_S Strahlungskoeffizient des schwarzen Strahlers, $C_S = 5{,}670\,\frac{\text{W}}{\text{m}^2 \cdot \text{K}^4}$

Erfolgt ein Strahlungsaustausch zwischen zwei Flächen, so bestrahlt nicht nur die wärmere die kältere, sondern auch die kältere die wärmere. Deshalb ist es im Gegensatz zur Konduktion und Konvektion nur hier richtig, von „Austausch“ zu sprechen. Die so übertragene Wärme ist die Differenz der jeweils absorbierten Anteile dieser beiden Strahlungsbeträge! Da die Berechnung für reale Situationen recht schwierig ist, werden im Folgenden vier Lösungen einfacher geometrischer Bedingungen gezeigt, wobei sich **Index 1** auf **die strahlende** und **Index 2** auf **die angestrahlte Wand** bezieht:

1. Die beiden **Flächen** stehen sich **parallel** gegenüber und sind groß gegenüber ihrem Abstand:

$$C_{12} = \frac{1}{\frac{1}{C_1} + \frac{1}{C_2} - \frac{1}{C_S}} \tag{13.262}$$

C_{12} Strahlungsaustauschkoeffizient zwischen Fläche 1 und 2 in $\frac{\text{W}}{\text{m}^2 \cdot \text{K}^4}$
C_1 mittlerer Strahlungskoeffizient der strahlenden Wand 1 in $\frac{\text{W}}{\text{m}^2 \cdot \text{K}^4}$
C_2 mittlerer Strahlungskoeffizient der angestrahlten Wand 2 in $\frac{\text{W}}{\text{m}^2 \cdot \text{K}^4}$
C_S Strahlungskoeffizient des schwarzen Strahlers, $C_S = 5{,}670\,\frac{\text{W}}{\text{m}^2 \cdot \text{K}^4}$

2. **angestrahlte Fläche** A_2 **umgibt strahlende Fläche** A_1 **vollständig**:

$$C_{12} = \frac{1}{\frac{1}{C_1} + \frac{A_1}{A_2} \cdot \left(\frac{1}{C_2} - \frac{1}{C_S}\right)} \tag{13.263}$$

C_{12} Strahlungsaustauschkoeffizient zwischen Fläche 1 und 2 in $\frac{\text{W}}{\text{m}^2 \cdot \text{K}^4}$
C_1 mittlerer Strahlungskoeffizient der strahlenden Wand 1 in $\frac{\text{W}}{\text{m}^2 \cdot \text{K}^4}$
A_1 Fläche der strahlenden Wand 1 in m^2
A_2 Fläche der angestrahlten Wand 2 in m^2
C_2 mittlerer Strahlungskoeffizient der angestrahlten Wand 2 in $\frac{\text{W}}{\text{m}^2 \cdot \text{K}^4}$
C_S Strahlungskoeffizient des schwarzen Strahlers, $C_S = 5{,}670\,\frac{\text{W}}{\text{m}^2 \cdot \text{K}^4}$

3. **angestrahlte Fläche** A_2 ist **sehr groß gegenüber strahlender Fläche** A_1 (z. B. beheizende Rohrleitung im zu beheizenden Raum):

$$C_{12} \approx C_1 \tag{13.264}$$

C_{12} Strahlungsaustauschkoeffizient zwischen Fläche 1 und 2 in $\frac{\text{W}}{\text{m}^2 \cdot \text{K}^4}$
C_1 mittlerer Strahlungskoeffizient der strahlenden Wand 1 in $\frac{\text{W}}{\text{m}^2 \cdot \text{K}^4}$

4. Liegen die **etwa gleich großen Flächen** A_1 und A_2 **mit wenig unterschiedlichen Strahlungskoeffizienten** C_1 und C_2 beliebig zueinander im Raum, so kann nach *Nußelt* gesetzt werden:

$$C_{12} = \frac{C_1 \cdot C_2}{C_S} \tag{13.265}$$

C_{12} Strahlungsaustauschkoeffizient zwischen Fläche 1 und 2 in $\frac{\text{W}}{\text{m}^2 \cdot \text{K}^4}$
C_1 mittlerer Strahlungskoeffizient der strahlenden Wand 1 in $\frac{\text{W}}{\text{m}^2 \cdot \text{K}^4}$
C_2 mittlerer Strahlungskoeffizient der angestrahlten Wand 2 in $\frac{\text{W}}{\text{m}^2 \cdot \text{K}^4}$
C_S Strahlungskoeffizient des schwarzen Strahlers, $C_S = 5{,}670\,\frac{\text{W}}{\text{m}^2 \cdot \text{K}^4}$

Der nach den vorgenannten Gesetzmäßigkeiten der Ermittlung des Strahlungsaustauschkoeffizienten (nur dieser beschreibt die räumliche Situation des Wärmetransportes durch Strahlung) **abgestrahlte Wärmestrom** $\dot{Q}_S$ wird berechnet nach

$$\dot{Q}_S = A_1 \cdot C_{12} \cdot \left[\left(\frac{T_1}{100}\right)^4 - \left(\frac{T_2}{100}\right)^4\right] \tag{13.266}$$

$\dot{Q}_S$ durch Strahlung übertragener Wärmestrom in W bzw. $\frac{\text{J}}{\text{s}}$
A_1 Fläche der strahlenden Wand 1 in m^2
C_{12} Strahlungsaustauschkoeffizient zwischen Fläche 1 und 2 in $\frac{\text{W}}{\text{m}^2 \cdot \text{K}^4}$
T_1 absolute Temperatur der strahlenden Wand 1 in K
T_2 absolute Temperatur der angestrahlten Wand 2 in K

Findet Gleichung (13.245) Anwendung, ist

$$\dot{q}_S = \frac{\dot{Q}_S}{A_1} = C_{12} \cdot \left[\left(\frac{T_1}{100}\right)^4 - \left(\frac{T_2}{100}\right)^4\right]$$

Wenn mit α_S der **Wärmeübergangskoeffizient durch Strahlung** bezeichnet wird und in Analogie zu Gleichung (13.249)

$$\dot{q}_S = \alpha_S \cdot (T_1 - T_2)$$

ist, dann gilt, bezogen auf 1 m^2 Fläche,

$$\alpha_S \cdot (T_1 - T_2) = C_{12} \cdot \left[\left(\frac{T_1}{100}\right)^4 - \left(\frac{T_2}{100}\right)^4\right]$$

$$\alpha_S = C_{12} \cdot \frac{\left[\left(\frac{T_1}{100}\right)^4 - \left(\frac{T_2}{100}\right)^4\right]}{T_1 - T_2}$$

Der Quotient der Temperaturen wird als **Temperaturfaktor** β bezeichnet, es ist

$$\beta = \frac{\left(\frac{T_1}{100}\right)^4 - \left(\frac{T_2}{100}\right)^4}{T_1 - T_2} \tag{13.267}$$

β Temperaturfaktor in K^3, siehe Anhang A.4.18
T_1 absolute Temperatur der strahlenden Wand 1 in K
T_2 absolute Temperatur der angestrahlten Wand 2 in K

Dann gilt für den **Wärmeübergangskoeffizienten durch Strahlung** α_S

$$\alpha_S = \beta \cdot C_{12} \tag{13.268}$$

α_S Wärmeübergangskoeffizient durch Strahlung in $\frac{W}{m^2 \cdot K}$
β Temperaturfaktor in K^3, siehe Anhang A.4.18
C_{12} Strahlungsaustauschkoeffizient zwischen Fläche 1 und 2 in $\frac{W}{m^2 \cdot K^4}$

Der **durch Strahlung übertragene Wärmestrom** $\dot{Q}_S$ ist dann schließlich

$$\dot{Q}_S = A_1 \cdot \alpha_S \cdot (\vartheta_1 - \vartheta_2) \tag{13.269}$$

$\dot{Q}_S$ durch Strahlung übertragener Wärmestrom in W bzw. $\frac{J}{s}$
A_1 Fläche der strahlenden Wand 1 in m^2
α_S Wärmeübergangskoeffizient durch Strahlung in $\frac{W}{m^2 \cdot K}$
ϑ_1 Temperatur der strahlenden Wand 1 in °C
ϑ_2 Temperatur der angestrahlten Wand 2 in °C

13.3 Wärmedurchgang als kombinierter Vorgang

In den meisten Aufgabenstellungen geht es um die Berechnung von Wärmeströmen durch eine (Trenn-)Wand. Dieser Vorgang kann in der Praxis gewollt (Aufheizen von in Rohren geführten Medien) oder auch ungewollt (Abkühlen von geheizten Räumen durch kältere Außentemperaturen) erfolgen.

Dabei kühlt sich immer das wärmere Medium ab und das aufzuwärmende kältere Medium nimmt Wärme auf. Dieser Vorgang, bei dem Energie transportiert wird, heißt **Wärmedurchgang**. Diesem Wärmedurchgang können in Transportrichtung Widerstände entgegengesetzt werden, dann kommt es dort zu einem Temperaturabfall. Da keine Wärmespeicherung stattfindet, muss der Wärmestrom am jeweiligen Ort immer gleich groß sein. Eine Zusammenfassung solcher Widerstände für diesen kombinierten Vorgang liefert der **Wärmedurchgangswiderstand**.

Ganz allgemein bestimmt sich der **Wärmedurchgangskoeffizient** k durch

$$k = \frac{1}{\frac{1}{\alpha_1} + \frac{\delta}{\lambda} + \frac{1}{\alpha_2}} \tag{13.270}$$

k Wärmedurchgangskoeffizient in $\frac{W}{m^2 \cdot K}$
α_1 Wärmeübergangskoeffizient (z. B. an Innenseite der Wand) in $\frac{W}{m^2 \cdot K}$
δ (Wand-)Schichtdicke in m
λ Wärmeleitkoeffizient, Stoffwert aus Anhang A.4.19 und A.4.20, in $\frac{W}{m \cdot K}$
α_2 Wärmeübergangskoeffizient (z. B. an Außenseite der Wand) in $\frac{W}{m^2 \cdot K}$

Tabelle 13.2 Typische mittlere Wärmedurchgangskoeffizienten *k* des sauberen Wärmeübertragers

Aggregatzustand der am Wärmeübertrag beteiligten Medien	**Mittlerer Wärmedurchgangskoeffizient *k* in $\frac{W}{m^2 \cdot K}$ des sauberen Wärmeübertragers bei**	
Flüssigkeit/Flüssigkeit	zähen Medien	60... 300
	Wasser	250...2500
Gas/Flüssigkeit	Eigenkonvektion	6... 14
	erhöhter Gasgeschwindigkeit (rauchgasbeheizte Apparate)	12... 60
kondensierender Dampf/ Flüssigkeit	Ölen	60... 350
	anderen Flüssigkeiten	230... 800
	Wasser/ Dampf	2300...4000
kondensierende Dampf/ siedende Flüssigkeit	Ölen	350... 900
	Wasserdampf/Wasser	900...3500
Gas/siedende Flüssigkeit	rein konvektivem Wärmeübergang	100... 500
Gas/Gas	normalem bis leicht erhöhtem Druck	15... 50
	hohem Druck	180... 600

13.3.1 Wärmedurchgang durch eine ebene Wand

Der einfachste Anwendungsfall ist der Wärmedurchgang durch eine ebene Wand vom warmen Fluid 1 zum kalten Fluid 2 (siehe Bild 13.3). Dieser wird bestimmt durch:

- den Wärmeübergang vom Fluid 1 an die ebene Wand (mit Strahlungsanteil) mit dem Wärmeübergangskoeffizienten α_1,
- die Wärmeleitung durch die feste Wand selbst mit der Wärmeleitfähigkeit λ und der Dicke der Wand δ und
- den Wärmeübergang von der ebenen Wand an das Fluid 2 (mit Strahlungsanteil) mit dem Wärmeübergangskoeffizienten α_2.

Für einen beliebigen, aber konstanten Wärmestrom $\dot{Q}$, der die Fläche A passiert, ist

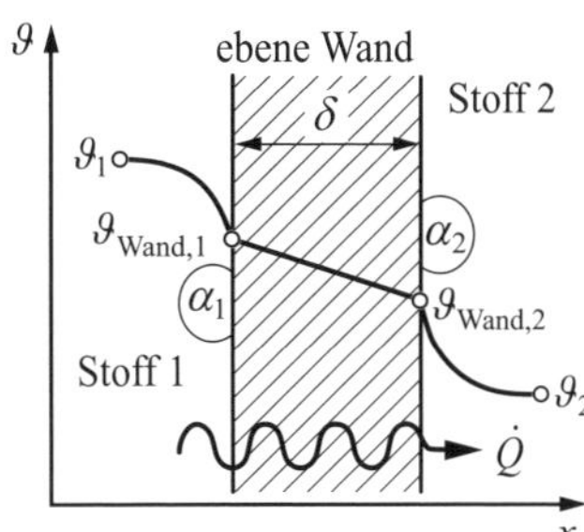

Bild 13.3 Wärmedurchgang durch eine ebene Wand

13

Wärmeübergang Fluid 1 → Wand (Gleichung (13.249)) $\dot{Q} = A \cdot \alpha_1 \cdot (\vartheta_1 - \vartheta_{\text{Wand1}})$

Wärmeleitung in der Wand (Gleichung (13.244)) $\dot{Q} = A \cdot \frac{\lambda}{\delta} \cdot (\vartheta_{\text{Wand1}} - \vartheta_{\text{Wand2}})$

Wärmeübergang Wand → Fluid 2 (Gleichung (13.249)) $\dot{Q} = A \cdot \alpha_2 \cdot (\vartheta_{\text{Wand2}} - \vartheta_2)$

dann strukturiert, zusammengefasst und unter Anwendung der Gleichung (13.270) ist das

$$\begin{aligned}
\vartheta_1 - \vartheta_{\text{Wand1}} &= \frac{\dot{Q}}{A} \cdot \frac{1}{\alpha_1} \\
+\vartheta_{\text{Wand1}} - \vartheta_{\text{Wand2}} &= \frac{\dot{Q}}{A} \cdot \frac{\delta}{\lambda} \\
+\vartheta_{\text{Wand2}} - \vartheta_2 &= \frac{\dot{Q}}{A} \cdot \frac{1}{\alpha_2}
\end{aligned}$$

$$\begin{aligned}
\vartheta_1 - \vartheta_2 &= \frac{\dot{Q}}{A} \cdot \left(\frac{1}{\alpha_1} + \frac{\delta}{\lambda} + \frac{1}{\alpha_2} \right) \\
&= \frac{\dot{Q}}{A \cdot k} \\
\vartheta_1 - \vartheta_2 &= \dot{Q} \cdot R_k
\end{aligned}$$

Der **Wärmedurchgangswiderstand** R_k ist somit

$$R_k = \frac{1}{A \cdot k} = \frac{1}{A} \cdot \left(\frac{1}{\alpha_1} + \frac{\delta}{\lambda} + \frac{1}{\alpha_2} \right) \tag{13.271}$$

R_k Wärmedurchgangswiderstand in $\frac{\text{K}}{\text{W}}$
A vom Wärmestrom durchdrungene Fläche in m^2
k Wärmedurchgangskoeffizient in $\frac{\text{W}}{\text{m}^2 \cdot \text{K}}$
α_1 Wärmeübergangskoeffizient 1 in $\frac{\text{W}}{\text{m}^2 \cdot \text{K}}$
δ (Wand-)Schichtdicke in m
λ Wärmeleitkoeffizient, Stoffwert aus Anhang A.4.19 und A.4.20, in $\frac{\text{W}}{\text{m} \cdot \text{K}}$
α_2 Wärmeübergangskoeffizient 2 in $\frac{\text{W}}{\text{m}^2 \cdot \text{K}}$

In diesem Sinn lassen sich zur Vereinfachung von Rechnungen und zur Verbesserung der Übersicht folgende **Teilwiderstände** R_α und R_λ sowie die **Wärmedurchlässigkeit** Λ definieren:

$$R_\alpha = \frac{1}{A \cdot \alpha} \tag{13.272}$$

R_α Wärmeübergangswiderstand in $\frac{\text{K}}{\text{W}}$
A vom Wärmestrom durchdrungene Fläche in m^2
α Wärmeübergangskoeffizient in $\frac{\text{W}}{\text{m}^2 \cdot \text{K}}$

$$R_\lambda = \frac{\delta}{A \cdot \lambda} = \frac{1}{A \cdot \Lambda} \tag{13.273}$$

mit

$$\frac{1}{\Lambda} = \frac{\delta}{\lambda} \qquad (13.274)$$

R_λ Wärmeleitwiderstand in $\frac{\mathrm{K}}{\mathrm{W}}$
A vom Wärmestrom durchdrungene Fläche in m^2
λ Wärmeleitkoeffizient, Stoffwert aus Anhang A.4.19 und A.4.20, in $\frac{\mathrm{W}}{\mathrm{m \cdot K}}$
Λ Wärmedurchlässigkeit der Wand in $\frac{\mathrm{W}}{\mathrm{m^2 \cdot K}}$, in der Praxis U-Wert eines Bauteils genannt

Sind mehrere (Wand-)Schichten vorhanden, die der Wärmestrom durchdringt, so gilt für den **Wärmedurchgangskoeffizienten** k **einer mehrschichtigen Wand**:

$$\frac{1}{k} = \frac{1}{\alpha_1} + \sum_{i=1}^{n} \frac{\delta_i}{\lambda_i} + \frac{1}{\alpha_2} \qquad (13.275)$$

$$\frac{1}{k} = \frac{1}{\alpha_1} + \sum_{i=1}^{n} \frac{1}{\Lambda_i} + \frac{1}{\alpha_2}$$

k Wärmedurchgangskoeffizient in $\frac{\mathrm{W}}{\mathrm{m^2 \cdot K}}$
α_1 Wärmeübergangskoeffizient (z. B. innen) in $\frac{\mathrm{W}}{\mathrm{m^2 \cdot K}}$
δ_i (Wand-)Schichtdicke i in m
λ_i Wärmeleitkoeffizient i der (Wand-)Schicht i in $\frac{\mathrm{W}}{\mathrm{m \cdot K}}$
i Nummer der Schicht, $i = 1, 2, 3, \ldots, n$
α_2 Wärmeübergangskoeffizient (z. B. außen) in $\frac{\mathrm{W}}{\mathrm{m^2 \cdot K}}$
Λ_i Wärmedurchlässigkeit i der (Wand-)Schicht i in $\frac{\mathrm{W}}{\mathrm{m^2 \cdot K}}$

Der **Wärmestrom** $\dot{Q}$ durch eine ebene Wand ist damit

$$\dot{Q} = A \cdot k \cdot (\vartheta_1 - \vartheta_2) \qquad (13.276)$$

$\dot{Q}$ Wärmestrom durch eine ebene Wand in W bzw. $\frac{\mathrm{J}}{\mathrm{s}}$
A vom Wärmestrom durchdrungene Fläche in m^2
k Wärmedurchgangskoeffizient in $\frac{\mathrm{W}}{\mathrm{m^2 \cdot K}}$
ϑ_1 Temperatur des Fluids 1 (z. B. innen) in °C
ϑ_2 Temperatur des Fluids 2 (z. B. außen) in °C

13.3.2 Wärmedurchgang durch die Rohrwand

Im Unterschied zur ebenen Wand muss beim Rohr (Hohlzylinder) berücksichtigt werden, dass sich durch die Krümmung der Wandfläche die vom Wärmestrom durchdrungene Fläche ändert. Vom Innen- zum Außendurchmesser vergrößert sie sich ständig. Bei geringen Wandstärken spielt diese Änderung bei der Berechnung eine geringe Rolle, vgl. hierzu auch Gleichung (13.247) und nachfolgende Ausführungen.

Eine typische Anwendung dieser Betrachtung sind Rohr-in-Rohr-Wärmeübertrager, Rohrbündel-Wärmeübertrager oder mehrschichtige Rohrwände, wie man sie zum Beispiel bei erdverlegten Fernwärmeleitungen vorfindet.

Es ist der **Wärmedurchgangskoeffizient** k_R, bezogen auf 1 m **Rohrlänge**,

$$k_\mathrm{R} = \frac{\pi}{\frac{1}{\alpha_\mathrm{i} \cdot d} + \frac{1}{2 \cdot \lambda} \cdot \ln \frac{D}{d} + \frac{1}{\alpha_\mathrm{a} \cdot D}} \tag{13.277}$$

k_R Wärmedurchgangskoeffizient, bezogen auf 1 m Rohrlänge, in $\frac{\mathrm{W}}{\mathrm{m \cdot K}}$
α_i Wärmeübergangskoeffizient innen in $\frac{\mathrm{W}}{\mathrm{m^2 \cdot K}}$
d Innendurchmesser in m
λ Wärmeleitkoeffizient des Rohrmaterials, Stoffwert aus Anhang A.4.19, in $\frac{\mathrm{W}}{\mathrm{m \cdot K}}$
D Außendurchmesser in m
α_a Wärmeübergangskoeffizient außen in $\frac{\mathrm{W}}{\mathrm{m^2 \cdot K}}$

Bei mehreren Schichten $i = 1 \ldots n$ (z. B. Rohr mit Verschmutzung und/oder Wärmedämmung mit schalenförmiger Ausbildung der Schichten) gilt für den **Wärmedurchgangskoeffizienten** k_R, bezogen auf 1 m **Rohrlänge**,

$$k_\mathrm{R} = \frac{\pi}{\frac{1}{\alpha_\mathrm{i} \cdot d_1} + \sum_{i=1}^{n} \left(\frac{1}{2 \cdot \lambda_i} \cdot \ln \frac{D_i}{d_i} \right) + \frac{1}{\alpha_\mathrm{a} \cdot D_n}} \tag{13.278}$$

k_R Wärmedurchgangskoeffizient, bezogen auf 1 m Rohrlänge, in $\frac{\mathrm{W}}{\mathrm{m \cdot K}}$
α_i Wärmeübergangskoeffizient innen in $\frac{\mathrm{W}}{\mathrm{m^2 \cdot K}}$
d_i Innendurchmesser der jeweiligen Schicht i in m
λ_i Wärmeleitkoeffizient des Materials der jeweiligen Schicht i, Stoffwert aus Anhang A.4.19 und A.4.20, in $\frac{\mathrm{W}}{\mathrm{m \cdot K}}$
D_i Außendurchmesser der jeweiligen Schicht i in m
i Nummer der Schicht, $i = 1, 2, 3, \ldots, n$, von innen nach außen
α_a Wärmeübergangskoeffizient außen in $\frac{\mathrm{W}}{\mathrm{m^2 \cdot K}}$

Für ein ebenso aufgebautes, mehrschaliges Rohr, jedoch bezogen auf 1 m^2 **Außenfläche des Rohres,** gilt dann für den **Wärmedurchgangskoeffizienten** k_a

$$k_\mathrm{a} = \frac{1}{\frac{1}{\alpha_\mathrm{i}} \cdot \frac{D_1}{d_1} + \frac{D_n}{2} \cdot \sum_{i=1}^{n} \left(\frac{1}{\lambda_i} \cdot \ln \frac{D_i}{d_i} \right) + \frac{1}{\alpha_\mathrm{a}}} \tag{13.279}$$

k_a Wärmedurchgangskoeffizient, bezogen auf 1 m^2 Rohraußenfläche, in $\frac{\mathrm{W}}{\mathrm{m^2 \cdot K}}$
α_i Wärmeübergangskoeffizient innen in $\frac{\mathrm{W}}{\mathrm{m^2 \cdot K}}$
d_i Innendurchmesser der jeweiligen Schicht i in m
λ_i Wärmeleitkoeffizient des Materials der jeweiligen Schicht i, Stoffwert aus Anhang A.4.19 und A4.20, in $\frac{\mathrm{W}}{\mathrm{m \cdot K}}$
D_i Außendurchmesser der jeweiligen Schicht i in m
i Nummer der Schicht, $i = 1, 2, 3, \ldots, n$, von innen nach außen
α_a Wärmeübergangskoeffizient außen in $\frac{\mathrm{W}}{\mathrm{m^2 \cdot K}}$

und bezogen auf **1 m^2 Innenfläche** des Rohres ist der **Wärmedurchgangskoeffizient** k_i dann

$$k_\mathrm{i} = \frac{1}{\frac{1}{\alpha_\mathrm{i}} + \frac{d_1}{2} \cdot \sum_{i=1}^{n} \left(\frac{1}{\lambda_i} \cdot \ln \frac{D_i}{d_i} \right) + \frac{1}{\alpha_\mathrm{a}} \cdot \frac{d_n}{D_n}} \tag{13.280}$$

k_i Wärmedurchgangskoeffizient, bezogen auf 1 m^2 Rohrinnenfläche, in $\frac{\mathrm{W}}{\mathrm{m}^2\cdot\mathrm{K}}$
α_i Wärmeübergangskoeffizient innen in $\frac{\mathrm{W}}{\mathrm{m}^2\cdot\mathrm{K}}$
d_i Innendurchmesser der jeweiligen Schicht i in m
λ_i Wärmeleitkoeffizient des Materials der jeweiligen Schicht i, Stoffwert aus Anhang A.4.19 und A.4.20, in $\frac{\mathrm{W}}{\mathrm{m}\cdot\mathrm{K}}$
D_i Außendurchmesser der jeweiligen Schicht i in m
i Nummer der Schicht, $i = 1, 2, 3, \ldots, n$, von innen nach außen
α_a Wärmeübergangskoeffizient außen in $\frac{\mathrm{W}}{\mathrm{m}^2\cdot\mathrm{K}}$

Der die Rohrwand durchdringende **Wärmestrom** $\dot{Q}$ berechnet sich dann bei Anwendung der Gleichungen (13.277) und (13.278) zu

$$\dot{Q} = l \cdot k_\mathrm{R} \cdot (\vartheta_1 - \vartheta_2) \tag{13.281}$$

$\dot{Q}$ Wärmestrom durch die Rohrwand in W bzw. $\frac{\mathrm{J}}{\mathrm{s}}$
l Länge des Rohres in m
k_R Wärmedurchgangskoeffizient, bezogen auf 1 m Rohrlänge, in $\frac{\mathrm{W}}{\mathrm{m}\cdot\mathrm{K}}$
ϑ_1 Temperatur des Fluids 1 (z. B. innen) in °C
ϑ_2 Temperatur des Fluids 2 (z. B. außen) in °C

und bei Anwendung der Gleichungen (13.279) und (13.280) zu

$$\dot{Q} = A_{\mathrm{a/i}} \cdot k_{\mathrm{a/i}} \cdot (\vartheta_1 - \vartheta_2) \tag{13.282}$$

$\dot{Q}$ Wärmestrom durch die Rohrwand in W bzw. $\frac{\mathrm{J}}{\mathrm{s}}$
$A_{\mathrm{a/i}}$ Außen- bzw. Innenfläche des Rohres in m^2
$k_{\mathrm{a/i}}$ Wärmedurchgangskoeffizient, bezogen auf 1 m^2 Rohraußen- bzw. -innenfläche, in $\frac{\mathrm{W}}{\mathrm{m}^2\cdot\mathrm{K}}$
ϑ_1 Temperatur des Fluids 1 (z. B. innen) in °C
ϑ_2 Temperatur des Fluids 2 (z. B. außen) in °C

Anmerkung 1: Wenn die Wanddicke bei Metallrohren klein gegenüber dem Innendurchmesser ist ($\delta \ll d$), so ist die Berechnung für den Wärmedurchgang nach den Gleichungen (13.270) bzw. (13.274) hinreichend genau.

Anmerkung 2: Die äußere Rohroberfläche wird bei der Ermittlung der Wärmeübertragerfläche dann eingesetzt, wenn α_a klein gegenüber α_i ist und entsprechend umgekehrt. Sind beide α-Werte etwa gleich groß ($\alpha_\mathrm{a} \approx \alpha_\mathrm{i}$), dann ist der mittlere Durchmesser $\left(d_\mathrm{m} = \frac{D+d}{2}\right)$ einzusetzen. Vergleichende Angaben sind immer auf denselben Durchmesser zu beziehen!

13.4 Wärmeübertrager als Apparate zur Übertragung von Wärme zwischen Stoffströmen

Die für die Wärmeübertragung notwendigen Apparate sind **Wärmeübertrager**, welche in unterschiedlichsten Ausführungsformen und verschiedenen Materialien in der Praxis in einer sehr großen Anzahl vorhanden sind. Unterteilt werden können diese z. B. in Platten-, Rohr- oder regenerative Wärmeübertrager. Zur Verbesserung des Volumen-Leistungsverhältnisses können die Oberflächen der Wärmeübertrager berippt, beschichtet, aufgeraut oder anderweitig bearbeitet sein.

Ein konkretes Beispiel hierfür ist ein thermisches Kraftwerk. In diesem sind eine Vielzahl von Wärmeübertragern verbaut. Gerade auch bei einem solarthermischen Kraftwerk wird man Apparate finden, welche sowohl mit Strahlung als auch mit Konvektion und Wärmeleitung arbeiten.

Dabei unterscheidet man in Apparate mit getrennter Medienführung (**Rekuperatoren**) und solche, in denen die Medien gemischt werden (Mischwärmeübertrager).

In diesem Kapitel werden ausschließlich Rekuperatoren betrachtet, das heißt, der Wärmedurchgang erfolgt durch eine Wand mit der Wärmeübertragung zwischen zwei Medien.

Der Vollständigkeit halber sollen als weitere Art von Wärmeübertragern die **Regeneratoren** erwähnt werden. Diese leiten, zeitlich getrennt, zwei Fluide an ein und derselben Speichermasse mit möglichst großer Oberfläche vorbei, während sich diese periodisch erwärmt bzw. abgekühlt. Hierbei kommt es zwangsläufig zu einer (ungewollten) teilweisen Vermischung der am Wärmeübertrag beteiligten Medien.

Um eine funktionelle, effektive, aber auch materialsparende Ausführung der Apparate zu konzipieren, sind vorher Berechnungen zu Wärmeübertragerflächen, zur Materialauswahl, zum Wärmeübergang, zu Strömungsgeschwindigkeiten und Strömungsarten nötig.

Anhand des Wärmestromes, der logarithmischen Temperaturdifferenz und des Wärmedurchgangskoeffizienten lassen sich die benötigten Flächen berechnen. Diese praktische **bilanzielle Methode** wird im folgenden Abschnitt vorgestellt.

Sind hingegen Temperaturverläufe im Wärmeübertrager gefragt, muss das **NTU-Verfahren** mit den Wärmekapazitätsströmen genutzt werden. NTU steht hierbei für Number of Transfer Units.

13.4.1 Grundlagen

Bei der Berechnung der benötigten Apparate wird unterschieden, ob der Apparat erstmalig berechnet, also ausgelegt wird, oder ob der Apparat rechnerisch überprüft werden soll.

Bei der **Auslegung** werden die zur optimalen Funktion notwendige Fläche berechnet und die Materialien bestimmt, während man bei einer **Überprüfung** den Apparat als unveränderbar gegeben ansieht und demnach die entsprechenden Fluidtemperaturen bestimmt.

Hinsichtlich der Strömungsführung der Medien im Apparat wird in **Gleichstrom-**, **Gegenstrom-** und **Kreuzstromwärmeübertrager** (auch Querstromwärmeübertrager) unterschieden. In der

Realität sind es meist Kombinationen dieser Strömungsführungen, wobei man die Hauptströmungsführung als namensgebend betrachtet. Ein Beispiel hierfür ist der Einsatz von Leitblechen in einem Rohrbündelwärmeübertrager, in welchem es dann Zonen von Gleichstrom und Kreuzstrom, bei mehrgängiger Ausführung sogar von Gegenstrom gibt.

Zur exakten Berechnung wäre die Differenzierung in einzelne Abschnitte notwendig, jedoch genügt es meist mit hinreichender Genauigkeit, die Hauptströmungsführung zu betrachten.

Der im Apparat von den aneinander vorbeiströmenden Fluiden übertragene **Wärmestrom** $\dot{Q}$ beträgt ganz allgemein in Analogie zur Gleichung (13.276)

$$\dot{Q} = k \cdot A \cdot \Delta\vartheta_{\mathrm{m}} \tag{13.283}$$

$\dot{Q}$ zwischen den Fluiden übertragener Wärmestrom in W bzw. $\frac{\mathrm{J}}{\mathrm{s}}$
k Wärmedurchgangskoeffizient in $\frac{\mathrm{W}}{\mathrm{m}^2 \cdot \mathrm{K}}$
A effektive, Wärme übertragende Fläche in m^2
$\Delta\vartheta_{\mathrm{m}}$ mittlere logarithmische Temperaturdifferenz in K

Zur Beschreibung der Apparate und bei nachfolgenden Rechnungen gelten folgende Festlegungen:

- ϑ_1 bezeichnet Temperaturen des meist wärmeabgebenden Fluids 1,
- ϑ_2 bezeichnet Temperaturen des meist wärmeaufnehmenden Fluids 2,
- ϑ' bezeichnet die Eintrittstemperatur des jeweiligen Fluids in den Apparat,
- ϑ'' bezeichnet die Austrittstemperatur des jeweiligen Fluids aus dem Apparat,
- $a_{\mathrm{WÜ}}$ ist die an der Stelle 0 beginnende und bis Stelle A fortlaufende wärmeübertragende Fläche in m^2, also ist $0 \leq a_{\mathrm{WÜ}} \leq A$.

Bei Rekuperatoren erfolgt die Ermittlung der **mittleren logarithmischen Temperaturdifferenz** $\Delta\vartheta_{\mathrm{m}}$ zwischen den Fluidströmen mithilfe der Temperaturdifferenzen $\Delta\vartheta_0$ und $\Delta\vartheta_{\mathrm{A}}$ entsprechend Bild 13.4 oder Bild 13.5.

$$\Delta\vartheta_{\mathrm{m}} = \frac{\Delta\vartheta_0 - \Delta\vartheta_{\mathrm{A}}}{\ln \frac{\Delta\vartheta_0}{\Delta\vartheta_{\mathrm{A}}}} \tag{13.284}$$

$\Delta\vartheta_{\mathrm{m}}$ mittlere logarithmische Temperaturdifferenz in K
$\Delta\vartheta_0$ Temperaturdifferenz zwischen den Fluiden an Stelle 0 in K
$\Delta\vartheta_{\mathrm{A}}$ Temperaturdifferenz zwischen den Fluiden an Stelle A in K

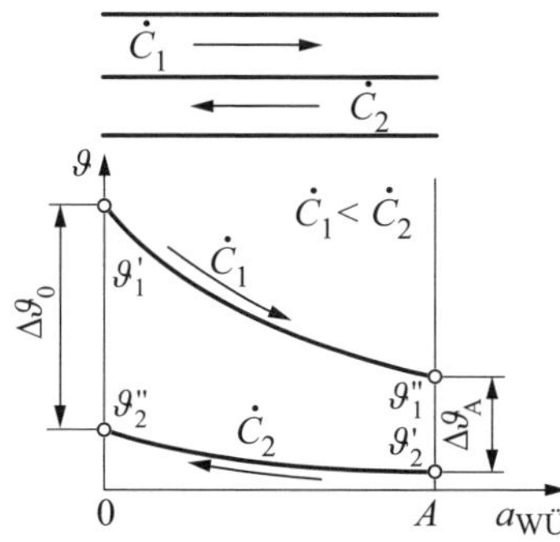

Bild 13.4 Temperatur-Heizflächen-Schaubild des Gegenstromapparates mit den Kapazitätsströmen $\dot{C}_1$ und $\dot{C}_2$

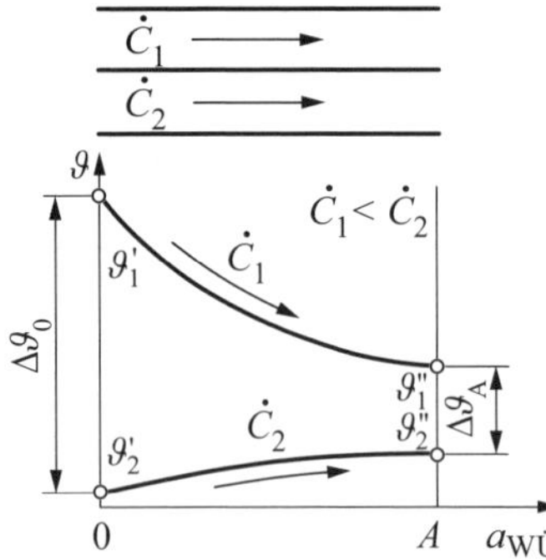

Bild 13.5 Temperatur-Heizflächen-Schaubild des Gleichstromapparates mit den Kapazitätsströmen $\dot{C}_1$ und $\dot{C}_2$

Gegenstromwärmeübertrager

Die Fluide strömen in ihrer Richtung gleich, jedoch in ihrem Richtungssinn gegeneinander durch den Apparat. Diese Bau- und Schaltungsart wird Gegenstromwärmeübertrager oder Gegenstromapparat genannt. Demnach gilt entsprechend Bild 13.4:

$$\Delta\vartheta_0 = \vartheta_1' - \vartheta_2'' \quad \text{und} \quad \Delta\vartheta_A = \vartheta_1'' - \vartheta_2'$$

Gleichstromwärmeübertrager

Die Fluide strömen in ihrer Richtung und auch in ihrem Richtungssinn gleich durch den Apparat. Diese Bau- und Schaltungsart wird Gleichstromwärmeübertrager oder Gleichstromapparat genannt. Somit gilt entsprechend Bild 13.5:

$$\Delta\vartheta_0 = \vartheta_1' - \vartheta_2' \quad \text{und} \quad \Delta\vartheta_A = \vartheta_1'' - \vartheta_2''$$

Anmerkung: Beim Gleichstromwärmeübertrager kann unter Umständen für die mittlere logarithmische Temperaturdifferenz $\Delta\vartheta_m$ nach Gleichung (13.284) die **mittlere Temperaturdifferenz** $\Delta\vartheta_m$, also die Differenz der arithmetischen Mitteltemperaturen, gesetzt werden mit

$$\Delta\vartheta_m = \frac{\vartheta_1' + \vartheta_1''}{2} - \frac{\vartheta_2' + \vartheta_2''}{2} \tag{13.285}$$

wenn $0{,}5 \leqq \frac{\Delta\vartheta_0}{\Delta\vartheta_A} \leqq 2$ erfüllt ist.

Kreuz- oder Querstromwärmeübertrager

Die Fluide strömen sowohl in ihrer Richtung als auch in ihrem Richtungssinn nicht gleich durch den Apparat. Diese Bau- und Schaltungsart wird Kreuz- bzw. Querstromwärmeübertrager oder Kreuz- bzw. Querstromapparat genannt. Bei Kreuz- und Querstrom (Bild 13.6) ist die zur Berechnung notwendige **mittlere Temperaturdifferenz** $\Delta\vartheta_m$ über das räumliche Koordinatensystem zu bestimmen.

Mit hinreichender Genauigkeit kann die **mittlere Temperaturdifferenz** $\Delta\vartheta_m$ entsprechend den Differenzen $\Delta\vartheta_0$ und $\Delta\vartheta_A$ ermittelt werden.

$$\Delta\vartheta_m \approx \frac{\Delta\vartheta_0 + \Delta\vartheta_A}{2} \tag{13.286}$$

$\Delta\vartheta_m$ mittlere Temperaturdifferenz in K
$\Delta\vartheta_0$ Temperaturdifferenz zwischen den Fluiden an Stelle 0 in K
$\Delta\vartheta_A$ Temperaturdifferenz zwischen den Fluiden an Stelle A in K

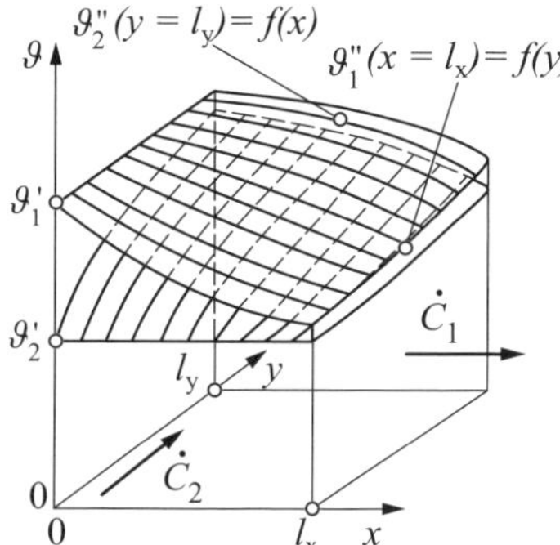

Bild 13.6 Temperatur-Heizflächen-Schaubild des Kreuz- bzw. Querstromapparates mit den Kapazitätsströmen $\dot{C}_1$ und $\dot{C}_2$

13.4.2 Wichtige technische Beispiele von Wärmeübertragern

In der Praxis sind Wärmeübertrager als Apparate in verschiedensten Anwendungen anzutreffen. Ein komplexes technisches System als Anordnung und Verschaltung von solchen Apparaten ist ein thermisches Kraftwerk. Dabei spielt es keine Rolle, ob dieses thermische Kraftwerk fossil oder regenerativ betrieben wird.

Wird ein Wasser/Dampf-Kreislauf oder ein anderes Wärmeträger-System genutzt, sind Apparate zur Erwärmung, Verdampfung, Überhitzung und auch zur anschließenden Kondensation und Unterkühlung nach der Auskoppelung mechanischer Energie notwendig.

Typische Ausführungen sind der Kessel im Kraftwerk mit seinen **Heizflächen** (Flossenwände genannt), die im Wasser/Dampf-Kreislauf davorgeschalteten **Niederdruck- und Hochdruckvorwärmer** in **Rohrbündelbauart** oder der nach der Entspannung des Dampfes in der Turbine angeordnete **Kondensator**, ebenfalls in Rohrbündelbauart (vgl. auch Kapitel 9).

Plattenwärmeübertrager haben ein wesentlich günstigeres Verhältnis von übertragener Wärme zu Bauvolumen, werden massenhaft in recht feinen Stufungen in Serie gefertigt und sind größtenteils Lagerware. Sie können aber nicht unter extremen Druck- und Temperaturbedingungen eingesetzt werden. Hauptgrund dafür ist die Medienführung in sehr flachen Kanälen aus sehr dünnem Metall (Plattenstapel) anstatt üblichen Rohren (Rohrbündel) und die sich aus der jeweiligen Geometrie des Strömungskanals ergebenden Festigkeitsgesichtspunkte. Die Entwicklung von Plattenwärmeübertragern geht dennoch hin zu höheren Drücken und Temperaturen. Sonderbauformen können heute schon bei Kapselung – unter Druckbeaufschlagung von außen – sehr hohen Mediendrücken standhalten.

13.5 Beispiele

13.5.1 Wärmedurchgangskoeffizient ebene Wand

In einem Lufterhitzer ist der Koeffizient für den Wärmedurchgang von kondensierendem Wasserdampf durch eine ebene Wand, jeweils aus

a) 3 mm Stahl- und

b) 1 mm Kupferblech,

an Luft zu ermitteln. Der Wärmeübergangskoeffizient Metall/Luft beträgt 9,3 $\frac{\text{W}}{\text{m}^2\cdot\text{K}}$.

gegeben:	Wärmeübergangskoeffizient kondensierender Dampf/ Metall (Anhang A.5.2.4, Gleichung (A.340))	$\alpha_1 = 11\,600\,\frac{\text{W}}{\text{m}^2\cdot\text{K}}$
	Wärmeübergangskoeffizient Metall/Luft	$\alpha_2 = 9{,}3\,\frac{\text{W}}{\text{m}^2\cdot\text{K}}$
a)	Dicke Stahlwand	$\delta_{\text{St}} = 3\,\text{mm} = 0{,}003\,\text{m}$
	Wärmeleitkoeffizient Stahl (Anhang A.4.19)	$\lambda_{\text{St}} = 48\,\frac{\text{W}}{\text{m}\cdot\text{K}}$
b)	Dicke Kupferwand	$\delta_{\text{Cu}} = 1\,\text{mm} = 0{,}001\,\text{m}$
	Wärmeleitkoeffizient Kupfer (Anhang A.4.19)	$\lambda_{\text{Cu}} = 394\,\frac{\text{W}}{\text{m}\cdot\text{K}}$
gesucht:	Wärmedurchgangskoeffizient	k in $\frac{\text{W}}{\text{m}^2\cdot\text{K}}$

Lösung:

Die Teilwiderstände sind nach den Gleichungen (13.270) ff. für $A = 1\,\text{m}^2$ wärmeübertragende Fläche:

$$R_{\alpha_1} + R_\lambda + R_{\alpha_2} = \frac{1}{A}\cdot\left(\frac{1}{\alpha_1} + \frac{\delta}{\lambda} + \frac{1}{\alpha_2}\right) = R_k = \frac{1}{A\cdot k}$$

a) Stahlblech:

Die Teilwiderstände sind dann

- Wärmeübergangswiderstand 1, kondensierender Wasserdampf/Metall:

$$R_{\alpha_1} = \frac{1}{A\cdot\alpha_1} = \frac{1}{1\,\text{m}^2\cdot 11\,600\,\frac{\text{W}}{\text{m}^2\cdot\text{K}}} = 0{,}000\,086\,2\,\frac{\text{K}}{\text{W}}$$

- Wärmeleitwiderstand der Wand:

$$R_{\lambda,\text{St}} = \frac{\delta_{\text{St}}}{A\cdot\lambda_{\text{St}}} = \frac{0{,}003\,\text{m}}{1\,\text{m}^2\cdot 48\,\frac{\text{W}}{\text{m}\cdot\text{K}}} = 0{,}000\,062\,5\,\frac{\text{K}}{\text{W}}$$

- Wärmeübergangswiderstand 2, Metall/Luft:

$$R_{\alpha_2} = \frac{1}{A\cdot\alpha_2} = \frac{1}{1\,\text{m}^2\cdot 9{,}3\,\frac{\text{W}}{\text{m}^2\cdot\text{K}}} = 0{,}107\,5\,\frac{\text{K}}{\text{W}}$$

b) Kupferblech:

$$R_{\alpha_1} = \frac{1}{A\cdot\alpha_1} = \frac{1}{1\,\text{m}^2\cdot 11\,600\,\frac{\text{W}}{\text{m}^2\cdot\text{K}}} = 0{,}000\,086\,2\,\frac{\text{K}}{\text{W}}$$

$$R_{\lambda,\text{Cu}} = \frac{\delta_{\text{Cu}}}{A\cdot\lambda_{\text{Cu}}} = \frac{0{,}001\,\text{m}}{1\,\text{m}^2\cdot 394\,\frac{\text{W}}{\text{m}\cdot\text{K}}} = 0{,}000\,002\,54\,\frac{\text{K}}{\text{W}}$$

$$R_{\alpha_2} = \frac{1}{A\cdot\alpha_2} = \frac{1}{1\,\text{m}^2\cdot 9{,}3\,\frac{\text{W}}{\text{m}^2\cdot\text{K}}} = 0{,}107\,5\,\frac{\text{K}}{\text{W}}$$

Die Summe der jeweiligen Einzelwiderstände $R_{\alpha_1} + R_\lambda + R_{\alpha_2}$ ergibt den Wärmedurchgangswiderstand R_k zu

$$R_{k,\text{St}} = 0{,}107\,63\,\frac{\text{K}}{\text{W}} = \frac{1}{A \cdot k_{\text{St}}} \qquad R_{k,\text{Cu}} = 0{,}107\,58\,\frac{\text{K}}{\text{W}} = \frac{1}{A \cdot k_{\text{Cu}}}$$

Damit ist der Wärmedurchgangskoeffizient $k_{\text{St/Cu}}$ schließlich

$$k_{\text{St}} = \frac{1}{A \cdot R_{k,\text{St}}} = \frac{1}{1\,\text{m}^2 \cdot 0{,}107\,63\,\frac{\text{K}}{\text{W}}} \qquad k_{\text{Cu}} = \frac{1}{A \cdot R_{k,\text{Cu}}} = \frac{1}{1\,\text{m}^2 \cdot 0{,}107\,58\,\frac{\text{K}}{\text{W}}}$$

$$k_{\text{St}} = 9{,}3\,\frac{\text{W}}{\text{m}^2 \cdot \text{K}} \qquad k_{\text{Cu}} = 9{,}3\,\frac{\text{W}}{\text{m}^2 \cdot \text{K}}$$

Ergebnisdiskussion: Das Beispiel zeigt, dass ein mit kondensierendem Wasserdampf beheizter Lufterhitzer ebenso gut aus kostengünstigerem, nur mäßig wärmeleitendem Stahl (hier praxisfremd, weil zu Beispielzwecken mit der dreifachen Wandstärke vertreten) als auch aus sehr gut wärmeleitendem, dünnem Kupfer gefertigt werden kann. Der größte und deshalb maßgebende Wärmeübergangswiderstand ist der von Metall an Luft. Dementsprechend sind die anderen Widerstände von untergeordneter Bedeutung und beeinflussen die Rechnung kaum.

13.5.2 Vergleich Wärmedurchgang Rohrwand mit ebener Wand

In einem waagerechten Stahlrohr $d = 100\,\text{mm}$, $D = 110\,\text{mm}$, mit einer Länge von 20 m strömt gesättigter Wasserdampf mit einer Temperatur von 180 °C. Die umgebende Luft im Raum hat eine Temperatur von 20 °C.

a) Welche Wärme wird von dem Rohr abgegeben?

Die Rechnung ist sowohl mit Gleichung (13.277) (Wärmedurchgangskoeffizient, bezogen auf 1 m Rohrlänge) als auch mit Gleichung (13.270) (Wärmedurchgangskoeffizient, bezogen auf 1 m^2 ebene Wand) durchzuführen. Die Ergebnisse sind miteinander zu vergleichen!

b) Welche Wärme gibt das Rohr ab, wenn es zusätzlich mit einer 50 mm starken Schicht Mineralwolle, $\lambda_{\text{MW}} = 0{,}045\,\frac{\text{W}}{\text{m}\cdot\text{K}}$, umgeben ist?

Die Rechnungen sind mit den Gleichungen (13.278) und (13.274) durchzuführen und die Ergebnisse miteinander zu vergleichen!

Anmerkung: Die jeweiligen Wärmeübergangskoeffizienten sind mithilfe der Formelsammlung Anhang A.5.2 zu bestimmen.

gegeben:	Durchmesser Stahlrohr außen	$D = 110\,\text{mm} = 0{,}11\,\text{m}$
	Durchmesser Stahlrohr innen	$d = 100\,\text{mm} = 0{,}1\,\text{m}$
	Länge Stahlrohr	$l = 20\,\text{m}$
	Temperatur Wasserdampf	$\vartheta_\text{i} = \vartheta_1 = 180\,°\text{C}$
	Wärmeübergangskoeffizient kondensierender Dampf (Anhang A.5.2.4, Gleichung (A.340))	$\alpha_\text{i} = 11\,600\,\frac{\text{W}}{\text{m}^2\cdot\text{K}}$
	Wärmeleitkoeffizient Stahl (Anhang A.4.19)	$\lambda_{\text{St}} = \lambda_1 = 48\,\frac{\text{W}}{\text{m}\cdot\text{K}}$
	Temperatur Umgebungsluft	$\vartheta_\text{a} = \vartheta_\text{L} = \vartheta_2 = 20\,°\text{C}$
b)	Schichtdicke Mineralwolle	$\delta_{\text{MW}} = \delta_2 = 50\,\text{mm} = 0{,}05\,\text{m}$
	Wärmeleitkoeffizient Mineralwolle	$\lambda_{\text{MW}} = \lambda_2 = 0{,}045\,\frac{\text{W}}{\text{m}\cdot\text{K}}$
gesucht:	jeweils abgegebene Wärme	$\dot{Q}$ in W

13

Lösung:

Das Stahlrohr hat demnach eine Wandstärke von

$$\delta_{St} = \frac{D-d}{2} = \frac{(0{,}11 - 0{,}1)\,\text{m}}{2}$$

$$\delta_{St} = 0{,}005\,\text{m} = 5\,\text{mm} = \delta_1$$

Seine Wandstärke ist also viel kleiner als sein Innendurchmesser, $\delta_{St} \ll d$.

a) vom ungedämmten Rohr abgegebener Wärmestrom $\dot{Q}$:

Die Ermittlung des äußeren Wärmeübergangskoeffizienten α_a kann mit Gleichung (A.329) (Gas – Luft – in freier Strömung – um waagerechtes Rohr) erfolgen.

$$\alpha_a = 9{,}5 + 0{,}008\,52 \cdot (\vartheta_W - \vartheta_L)^{1{,}33}$$

Bei einer Wandstärke des Stahlrohres von $\delta_{St} = 5\,\text{mm}$, guter Wärmeleitfähigkeit des Rohrmaterials Stahl und an der Innenseite kondensierendem Wasserdampf kann in guter Näherung davon ausgegangen werden, dass die äußere Wandtemperatur ϑ_W des Rohres gleich der Dampftemperatur $\vartheta_1 = 180\,°\text{C}$ ist. Damit ist dann

$$\alpha_a = \left(9{,}5 + 0{,}008\,52 \cdot \left(180\,°\text{C} - 20\,°\text{C}\right)^{1{,}33}\right) \frac{\text{W}}{\text{m}^2 \cdot \text{K}}$$

$$\alpha_a = 16{,}776\,\frac{\text{W}}{\text{m}^2 \cdot \text{K}}$$

Nach Gleichung (13.277) ist der Wärmedurchgangskoeffizient, bezogen auf 1 m Rohrlänge, k_R des ungedämmten Stahlrohres

$$k_R = \frac{\pi}{\frac{1}{\alpha_i \cdot d} + \frac{1}{2 \cdot \lambda} \cdot \ln\frac{D}{d} + \frac{1}{\alpha_a \cdot D}}$$

$$= \frac{\pi}{\frac{1}{11\,600\,\frac{\text{W}}{\text{m}^2\cdot\text{K}} \cdot 0{,}1\,\text{m}} + \frac{1}{2 \cdot 48\,\frac{\text{W}}{\text{m}\cdot\text{K}}} \cdot \ln\frac{0{,}11\,\text{m}}{0{,}1\,\text{m}} + \frac{1}{16{,}776\,\frac{\text{W}}{\text{m}^2\cdot\text{K}} \cdot 0{,}11\,\text{m}}}$$

$$k_R = 5{,}778\,\frac{\text{W}}{\text{m} \cdot \text{K}}$$

Auf einer Rohrlänge von $l = 20\,\text{m}$ wird nach Gleichung (13.281) demnach eine Wärmeleistung $\dot{Q}_R$ an die Raumluft abgegeben von

$$\dot{Q}_R = l \cdot k_R \cdot (\vartheta_1 - \vartheta_2)$$

$$= 20\,\text{m} \cdot 5{,}778\,\frac{\text{W}}{\text{m} \cdot \text{K}} \cdot (180 - 20)\,\text{K}$$

$$\dot{Q}_R = 18{,}488\,\text{kW} \approx 18{,}5\,\text{kW}$$

Die Vergleichsrechnung des Wärmedurchgangskoeffizienten, bezogen auf $1\,\text{m}^2$ ungedämmte ebene Wand, k_W ist mit Gleichung (13.270)

$$k_W = \frac{1}{\frac{1}{\alpha_i} + \frac{\delta_1}{\lambda_1} + \frac{1}{\alpha_a}}$$

$$= \frac{1}{\frac{1}{11\,600\,\frac{\text{W}}{\text{m}^2\cdot\text{K}}} + \frac{0{,}005\,\text{m}}{48\,\frac{\text{W}}{\text{m}\cdot\text{K}}} + \frac{1}{16{,}776\,\frac{\text{W}}{\text{m}^2\cdot\text{K}}}}$$

$$k_W = 16{,}723\,\frac{\text{W}}{\text{m}^2 \cdot \text{K}}$$

Da α_a klein gegenüber α_i ist, wird zur Ermittlung der Wärmeübertragerfläche die äußere Rohroberfläche eingesetzt. Die äußere, Wärme abgebende Oberfläche A des 20 m langen Rohres beträgt

$$A = \pi \cdot D \cdot l = \pi \cdot 0{,}11\,\text{m} \cdot 20\,\text{m} = 6{,}912\,\text{m}^2$$

Die abgegebene Wärme $\dot{Q}_W$ beträgt dann nach Gleichung (13.276)

$$\begin{aligned}\dot{Q}_W &= A \cdot k_W \cdot (\vartheta_1 - \vartheta_2)\\ &= 6{,}912\,\text{m}^2 \cdot 16{,}723\,\frac{\text{W}}{\text{m}^2 \cdot \text{K}} \cdot (180 - 20)\,\text{K}\\ \dot{Q}_W &= 18{,}494\,\text{kW} \approx 18{,}5\,\text{kW}\end{aligned}$$

Ergebnisdiskussion: Die Gegenüberstellung der Ergebnisse von $\dot{Q}_R$ und $\dot{Q}_W$ zeigt keinen großen Unterschied, sodass dann, wenn die Wandstärke bei einem Rohr klein gegenüber dem Innendurchmesser ist, auch Gleichung (13.270) verwendet werden kann. Das heißt, die Berechnung kann analog einer ebenen Wand durchgeführt werden (vgl. Abschnitt 13.3.2).

b) vom gedämmten Rohr abgegebener Wärmestrom $\dot{Q}$:

Die Dämmschicht hat folgende Maße:

Innendurchmesser: $d_{MW} = D = 110\,\text{mm} = 0{,}11\,\text{m} = d_2$

Außendurchmesser: $D_{MW} = d_{MW} + 2 \cdot \delta_{MW} = 110\,\text{mm} + 2 \cdot 50\,\text{mm} = 210\,\text{mm} = 0{,}21\,\text{m} = D_2$

Die hinzugekommene Dämmschicht macht es notwendig, mit dem Formelwerk für mehrschichtige Wände zu rechnen. Außerdem ist wegen der schlechten Wärmeleitung der Dämmschicht die äußere Wandtemperatur nicht bekannt und muss mittels Iterationsrechnung bestimmt werden.

Anmerkung: Als erster Anhaltspunkt kann der im Teil a) berechnete äußere Wärmeübergangskoeffizient $\alpha_a = 16{,}776\,\frac{\text{W}}{\text{m}^2\cdot\text{K}}$ dienen. Auch dieser wird sich wegen der zu erwartenden geringeren äußeren Oberflächentemperatur hier ändern, nämlich verkleinern. Es ist deshalb sinnvoll, anfangs mit $\alpha_a = 10\,\frac{\text{W}}{\text{m}^2\cdot\text{K}}$ zu rechnen.

Der äußere Wärmeübergangskoeffizient α_a an der Stelle Mineralwolle/Luft wird mit Gleichung (A.330) (Gas – Luft – in freier Strömung – um wärmegedämmtes Rohr) berechnet.

$$\alpha_a = 9{,}4 + 0{,}052 \cdot (\vartheta_{Wand} - \vartheta_L) \left(\text{in } \frac{\text{W}}{\text{m}^2 \cdot \text{K}}\right)$$

Um eine erste Vorstellung zu haben, kann mit der Annahme von $\alpha_a = 10\,\frac{\text{W}}{\text{m}^2\cdot\text{K}}$ durch Umstellen eine hierzu korrespondierende Wandtemperatur ϑ_W ermittelt werden.

$$\begin{aligned}\vartheta_{Wand} &= \frac{\alpha_a - 9{,}4}{0{,}052} + \vartheta_L\\ &= \frac{10\,\frac{\text{W}}{\text{m}^2\cdot\text{K}} - 9{,}4}{0{,}052} + 20\,^\circ\text{C}\\ \vartheta_{Wand} &= 31{,}5\,^\circ\text{C}\end{aligned}$$

Da nun mehrere Schichten vorhanden sind, muss der Wärmedurchgangskoeffizient, bezogen auf 1 m Rohrlänge, k_R mit Gleichung (13.278) für $n = 2$ gerechnet werden.

$$k_R = \frac{\pi}{\frac{1}{\alpha_i \cdot d_1} + \sum_{i=1}^{n}\left(\frac{1}{2\cdot\lambda_i}\cdot\ln\frac{D_i}{d_i}\right) + \frac{1}{\alpha_a \cdot D_n}} = \frac{\pi}{\frac{1}{\alpha_i \cdot d_1} + \frac{1}{2\cdot\lambda_1}\cdot\ln\frac{D_1}{d_1} + \frac{1}{2\cdot\lambda_2}\cdot\ln\frac{D_2}{d_2} + \frac{1}{\alpha_a \cdot D_2}}$$

$$= \frac{\pi}{\frac{1}{11600\,\frac{W}{m^2\cdot K}\cdot 0{,}1\,m} + \frac{1}{2\cdot 48\,\frac{W}{m\cdot K}}\cdot\ln\frac{0{,}11\,m}{0{,}1\,m} + \frac{1}{2\cdot 0{,}045\,\frac{W}{m\cdot K}}\cdot\ln\frac{0{,}21\,m}{0{,}11\,m} + \frac{1}{10\,\frac{W}{m^2\cdot K}\cdot 0{,}21\,m}}$$

$$k_R = 0{,}410\,\frac{W}{m\cdot K}$$

Die abgegebene Wärme $\dot{Q}_R$ für $l = 20\,m$ Rohrlänge ist mit Gleichung (13.281)

$$\dot{Q}_R = l\cdot k_R\cdot(\vartheta_1 - \vartheta_2)$$

$$= 20\,m\cdot 0{,}410\,\frac{W}{m\cdot K}\cdot(180-20)\,K$$

$$\dot{Q}_R = 1312{,}0\,W \approx 1{,}3\,kW$$

Bisher wurde mit der Annahme für den äußeren Wärmeübergangskoeffizienten $\alpha_a = 10\,\frac{W}{m^2\cdot K}$ gerechnet. Dieser hängt jedoch von der äußeren Oberflächentemperatur ab. Um diese nun in Abhängigkeit von $\dot{Q}_R$ zu berechnen, muss der äußere Wärmeübergang berechnet werden und ist nach Gleichung (13.249) für diese Stelle

$$\dot{Q}_R = A_{MW,a}\cdot\alpha_a\cdot(\vartheta_{Wand} - \vartheta_L)$$

Umgestellt nach der äußeren Wandtemperatur ϑ_{Wand} ist diese

$$\vartheta^*_{Wand} = \frac{\dot{Q}_R}{A_{MW,a}\cdot\alpha_a} + \vartheta_L = \frac{\dot{Q}_R}{\pi\cdot D_{MW}\cdot l\cdot\alpha_a} + \vartheta_L$$

$$= \frac{1312\,W}{\pi\cdot 0{,}21\,m\cdot 20\,m\cdot 10\,\frac{W}{m^2\cdot K}} + 20\,°C$$

$$\vartheta^*_{Wand} = 29{,}9\,°C$$

Die Temperatur ϑ^*_{Wand} liegt nahe der Annahme von $\vartheta_{Wand} = 31{,}5\,°C$, der $\alpha_a = 10\,\frac{W}{m^2\cdot K}$ zugrunde lag. Wird mit ϑ^*_{Wand} nun der äußere Wärmeübergangskoeffizient α^*_a neu berechnet, ist dieser

$$\alpha^*_a = \left(9{,}4 + 0{,}052\cdot\left(\vartheta^*_{Wand} - \vartheta_L\right)\right)\frac{W}{m^2\cdot K}$$

$$= (9{,}4 + 0{,}052\cdot(29{,}9-20)\,K)\,\frac{W}{m^2\cdot K}$$

$$\alpha^*_a = 9{,}915\,\frac{W}{m^2\cdot K}$$

Bei dieser sehr geringen Abweichung bringt eine neuerliche Rechnung keinen Erkenntnisgewinn und kann deshalb hier unterbleiben.

Nun wird zum Vergleich der Wärmedurchgangskoeffizient, bezogen auf 1 m² ebene, gedämmte Wand, k_W mit Gleichung (13.274) für $n = 2$ berechnet:

$$\frac{1}{k_W} = \frac{1}{\alpha_1} + \sum_{i=1}^{n} \frac{\delta_i}{\lambda_i} + \frac{1}{\alpha_2} = \frac{1}{\alpha_i} + \frac{\delta_1}{\lambda_1} + \frac{\delta_2}{\lambda_2} + \frac{1}{\alpha_a}$$

$$\frac{1}{k_W} = \frac{1}{11\,600\,\frac{W}{m^2 \cdot K}} + \frac{0{,}005\,m}{48\,\frac{W}{m \cdot K}} + \frac{0{,}05\,m}{0{,}045\,\frac{W}{m \cdot K}} + \frac{1}{10\,\frac{W}{m^2 \cdot K}} = 1{,}211\,\frac{m^2 \cdot K}{W}$$

$$k_W = 0{,}826\,\frac{W}{m^2 \cdot K}$$

Auch hier ist α_a klein gegenüber α_i. Deshalb wird zur Ermittlung der Wärmeübertragerfläche wiederum die äußere Rohroberfläche eingesetzt. Die äußere Oberfläche A des 20 m langen, wärmegedämmten Rohres ist

$$A = \pi \cdot D_{MW} \cdot l = \pi \cdot 0{,}21\,m \cdot 20\,m = 13{,}195\,m^2$$

Die abgegebene Wärme ist mit Gleichung (13.276)

$$\begin{aligned} \dot{Q}_W &= A \cdot k_W \cdot (\vartheta_1 - \vartheta_2) \\ &= 13{,}195\,m^2 \cdot 0{,}826\,\frac{W}{m^2 \cdot K} \cdot (180 - 20)\,K \\ \dot{Q}_W &= 1\,743{,}851\,W \approx 1{,}75\,kW \end{aligned}$$

Anmerkung: Bei der Gegenüberstellung der unter b) ermittelten Ergebnisse $\dot{Q}_R$ und $\dot{Q}_W$ ist eine deutliche Differenz festzustellen. Hier versagt also das unter a) angewandte Verfahren. Grund dafür ist die gegenüber dem Innendurchmesser des Rohres $d = 10\,mm$ sehr große Gesamtwandstärke $\delta = \delta_{St} + \delta_{MW} = 5\,mm + 50\,mm = 55\,mm$. Die Bedingung $\delta \ll d$ ist nicht erfüllt!

Ergebnisdiskussion: Gegenüberstellung der Ergebnisse von a) und b) der Berechnung mit dem Wärmedurchgangskoeffizienten, bezogen auf 1 m Rohrlänge, k_R: Durch die aufgebrachte, nur 50 mm dicke Dämmung wird die Wärmeabgabe an den Raum wesentlich vermindert. Die wirtschaftlichste Dämmschichtdicke kann erst nach einer Kostenermittlung festgelegt werden. Bei der Ermittlung der einzelnen Wärmewiderstände ist ersichtlich, dass der Wärmestrom $\dot{Q}$ bei diesem Beispiel im Wesentlichen von der Dämmung bzw. vom äußeren Wärmeübergangskoeffizienten bestimmt wird. Der innere Wärmeübergang und die Wärmeleitung durch die Rohrwand sind von untergeordneter Bedeutung.

13.5.3 Wärmeübergang und Wärmedurchgang

In einem Rohr mit einem Durchmesser von 50 mm und einer Länge von 8 m strömt Wasser mit einer mittleren Temperatur von 60 °C und einer Geschwindigkeit von $1\,\frac{m}{s}$.

Wie groß ist der Wärmeübergangskoeffizient, wenn das Wasser abgekühlt werden soll? Dabei ist die Rechnung mit den verschiedenen Gleichungen nach *Nußelt* (Gleichung (13.255)), *Kraußold* (Gleichung (A.307)) und der Grenzschichttheorie nach (Gleichung (A.308)) durchzuführen. Anschließend ist die Überschlagsgleichung auf Brauchbarkeit zu überprüfen.

gegeben:	Durchmesser des Rohres	$d = 50\,\text{mm} = 0{,}05\,\text{m}$
	Länge Rohr	$l = 8\,\text{m}$
	mittlere Temperatur des Wassers	$\vartheta_\text{m} = 60\,°\text{C}$
	Geschwindigkeit des Wassers	$w = 1\,\frac{\text{m}}{\text{s}}$
gesucht:	Wärmeübergangskoeffizient	α in $\frac{\text{W}}{\text{m}^2\cdot\text{K}}$

Lösung:

Zunächst sind die notwendigen Stoffwerte des Wassers bei $\vartheta_\text{m} = 60\,°\text{C}$ aus Anhang A.4.10 zu entnehmen:

Wärmeleitkoeffizient: $\lambda = 0{,}65076\,\frac{\text{W}}{\text{m}\cdot\text{K}}$

kinematische Viskosität: $\nu = 0{,}0004740 \cdot 10^{-3}\,\frac{\text{m}^2}{\text{s}}$

Prandtl-Zahl: $Pr = 3{,}00$

Um die Art der Strömung bestimmen zu können, ist die *Reynolds*-Zahl mit Gleichung (13.251) zu berechnen, wobei hier die charakteristische Abmessung $l_\text{ch} = d$ ist.

$$Re = \frac{w \cdot l_\text{ch}}{\nu} = \frac{w \cdot d}{\nu}$$

$$= \frac{1\,\frac{\text{m}}{\text{s}} \cdot 0{,}05\,\text{m}}{0{,}0004740 \cdot 10^{-3}\,\frac{\text{m}^2}{\text{s}}}$$

$$Re = 105\,485$$

Der Vergleich $Re > 2300$ zeigt, dass hier sicher turbulente Strömung vorliegt.

1. Für turbulent strömende Flüssigkeit ist mit Gleichung (13.255) die *Nußelt*-Zahl.

$$Nu = 0{,}032 \cdot Re^{0{,}8} \cdot Pr^n \cdot \left(\frac{l}{d}\right)^{-0{,}054}$$

Mit $n = 0{,}3$ für Abkühlung der im Rohr strömenden Flüssigkeit und unter Kontrolle der Gültigkeitsbereiche $0{,}7 < Pr = 3 < 370$ und $Re = 105\,485 < 500\,000$ ist

$$Nu = 0{,}032 \cdot 105\,485^{0{,}8} \cdot 3{,}00^{0{,}3} \cdot \left(\frac{8\,\text{m}}{0{,}05\,\text{m}}\right)^{-0{,}054}$$

$$Nu = 352{,}9$$

Der Wärmeübergangskoeffizient α_1 ist aus umgestellter Gleichung (13.250) mit $l_\text{ch} = d$

$$Nu = \frac{\alpha \cdot l_\text{ch}}{\lambda} = \frac{\alpha \cdot d}{\lambda}$$

$$\alpha_1 = \frac{Nu \cdot \lambda}{d} = \frac{352{,}9 \cdot 0{,}65076\,\frac{\text{W}}{\text{m}\cdot\text{K}}}{0{,}05\,\text{m}} = 4593{,}0\,\frac{\text{W}}{\text{m}^2 \cdot \text{K}}$$

2. Mit Gleichung (A.307) aus Anhang A.5.2.1.1 ist die *Nußelt*-Zahl nach *Kraußold*

$$Nu = 0{,}024 \cdot Re^{0{,}8} \cdot Pr^{0{,}37}$$

$$= 0{,}024 \cdot 105\,485^{0{,}8} \cdot 3{,}00^{0{,}37}$$

$$Nu = 376{,}1$$

Die Gültigkeitsparameter sind mit $100 < \frac{l}{d} = 160 < 400$, $0{,}7 < Pr = 3 < 100$ und $Re = 105\,485 > 10\,000$ erfüllt.

Aus Gleichung (13.250) ist dann der Wärmeübergangskoeffizient α_2

$$\alpha_2 = \frac{Nu \cdot \lambda}{d} = \frac{376{,}1 \cdot 0{,}650\,76\,\frac{\text{W}}{\text{m}\cdot\text{K}}}{0{,}05\,\text{m}} = 4\,895{,}0\,\frac{\text{W}}{\text{m}^2\cdot\text{K}}$$

3. Nach der Grenzschichttheorie ist die *Nußelt*-Zahl nach Gleichung (A.308), Anhang A.5.2.1.1, vereinfacht

$$Nu = 0{,}039\,65 \cdot \frac{Re^{0{,}75} \cdot Pr}{1 + 0{,}35 \cdot (Pr - 1)}$$
$$= 0{,}039\,65 \cdot \frac{105\,485^{0{,}75} \cdot 3{,}00}{1 + 0{,}35 \cdot (3{,}00 - 1)}$$
$$Nu = 409{,}6$$

Auch hier ist nach Gleichung (13.250) der Wärmeübergangskoeffizient α_3

$$\alpha_3 = \frac{Nu \cdot \lambda}{d} = \frac{409{,}6 \cdot 0{,}650\,76\,\frac{\text{W}}{\text{m}\cdot\text{K}}}{0{,}05\,\text{m}} = 5\,331{,}0\,\frac{\text{W}}{\text{m}^2\cdot\text{K}}$$

Diskussion: Zusammenstellung der Ergebnisse:

- nach *Nußelt*, Gleichung (13.255): $\alpha_1 = 4\,593{,}0\,\frac{\text{W}}{\text{m}^2\cdot\text{K}}$
- nach *Kraußold*, Gleichung (A.307): $\alpha_2 = 4\,895{,}0\,\frac{\text{W}}{\text{m}^2\cdot\text{K}}$
- nach der Grenzschichttheorie, Gleichung (A.308): $\alpha_3 = 5\,331{,}0\,\frac{\text{W}}{\text{m}^2\cdot\text{K}}$

Die Mittelwertbildung ergibt einen mittleren Wärmeübergangskoeffizienten α_m zu

$$\alpha_\text{m} = \frac{\alpha_1 + \alpha_2 + \alpha_3}{3} = \frac{(4\,593{,}0 + 4\,895{,}0 + 5\,331{,}0)\,\frac{\text{W}}{\text{m}^2\cdot\text{K}}}{3} = 4\,939{,}7\,\frac{\text{W}}{\text{m}^2\cdot\text{K}}$$

Nach der Überschlagsgleichung aus Tabelle 13.1 ergibt sich

$$\alpha = 350 + 2\,100 \cdot \sqrt{w} = 350 + 2\,100 \cdot \sqrt{1}\,(\text{in}\,\frac{\text{W}}{\text{m}^2\cdot\text{K}})$$
$$\alpha = 2\,450\,\frac{\text{W}}{\text{m}^2\cdot\text{K}}$$

und wäre damit nicht brauchbar, da nur halb so groß wie das gemittelte Ergebnis aus den spezifischen Gleichungen.

13.6 Übungsaufgaben[1]

13

Anmerkung: In allen Aufgaben ist zunächst zu ermitteln, welche Strömungsart welcher Medien vorliegt. Dann ist die für den jeweiligen Fall zweckmäßigste Gleichung den Tabellen des Kapitels 13 und der Formelsammlung Anhang A.5.2 zu entnehmen. Alle dort angegebenen Gültigkeitsbedingungen müssen erfüllt sein.

[1] Die Lösungen finden Sie in der Kategorie „Extras" unter *http://www.hanser-fachbuch.de/9783446442795*.

13.6.1 Wärmedurchgangskoeffizient ebene Wand

Eine 3 mm dicke, als eben anzunehmende Stahlwand eines großen Rührkessels ist einerseits zur Beheizung mit kondensierendem Wasserdampf und andererseits mit bewegtem, nicht siedendem Wasser beaufschlagt. Der Wärmeübergangskoeffizient wird dort mit 2 900 $\frac{\mathrm{W}}{\mathrm{m^2 \cdot K}}$ angenommen.

Es ist der Wärmedurchgangskoeffizient k zu berechnen für:

a) die Stahlwand und

b) für eine 2 mm dicke Messingwand, die als Optimierungsmaßnahme vorgeschlagen wurde.

Die Ergebnisse sind miteinander zu vergleichen und zu diskutieren.

13.6.2 Wärmedurchgangskoeffizient Ziegelwand

Wie groß ist der Wärmedurchgangskoeffizient für eine 38 cm dicke $\left(1\,\frac{1}{2}\right.$ – steinige$\left.\right)$ Außenwand aus Vollziegel-Mauerwerk, beiderseits mit 1,5 cm Putz versehen?

Der Innenputz ist Kalk-Gips-Putz und der Außenputz ein Zementputz. Die Wärmeübergangskoeffizienten sind innen 8 $\frac{\mathrm{W}}{\mathrm{m^2 \cdot K}}$ und außen 23 $\frac{\mathrm{W}}{\mathrm{m^2 \cdot K}}$.

13.6.3 Wärmedurchgangskoeffizient einer gedämmten Ziegelwand

Eine 12 cm dicke ($\frac{1}{2}$-steinige) Wand aus Vollziegeln, beidseitig mit 1,5 cm Zementputz versehen, soll nachträglich mit einer Platte aus Polyurethan-Hartschaum versehen werden, sodass die Wärmedurchlässigkeit dann der $1\frac{1}{2}$-steinigen Wand wie in Aufgabe 13.6.2 entspricht.

Es ist die Dicke der Polyurethan-Hartschaum-Platte zu ermitteln.

13.6.4 Wärmedurchgangskoeffizient für verschmutzte ebene Wand

Auf der einen Seite einer 2 mm dicken ebenen Wand aus V2A-Stahl eines Warmwassererzeugers wird kondensierender Wasserdampf eingeblasen. Auf der anderen Seite befindet sich zu erwärmendes, ruhendes, nicht siedendes Wasser.

a) Es ist der Wärmedurchgangskoeffizient k im sauberen Zustand und

b) der Wärmedurchgangskoeffizient k zu berechnen, wenn durch Verschmutzung und Ansatz eine zusätzliche Schicht aus Fett der Dicke 0,2 mm auf der Wasserseite zu berücksichtigen ist.

13.6.5 Wärmedurchgangskoeffizient verschmutzte mehrschichtige ebene Wand

In einem Heißwassererzeuger berühren die Heizgase mit einer mittleren Temperatur von 950 °C den Kessel aus Kesselstahl mit einer Wassertemperatur von 180 °C ($\alpha_{1,\mathrm{Heizgas/Wand}} =$

$17\,\frac{\mathrm{W}}{\mathrm{m^2 \cdot K}}$; $\alpha_{2,\,\text{Wand/siedendes Wasser}} = 5200\,\frac{\mathrm{W}}{\mathrm{m^2 \cdot K}}$). Auf der dem Heizgas zugewandten Außenseite des 18 mm dicken ebenen Stahlbleches befindet sich eine 1,5 mm dicke Rußschicht, darüber eine 3 mm dicke Flugascheschicht. Die wasserseitige Innenfläche ist mit einer 5 mm dicken Kesselsteinschicht und einer 0,25 mm dicken Ölschicht bedeckt. Die Heizfläche beträgt $A = 25\,\mathrm{m^2}$.

Wie groß ist der übertragene Wärmestrom?

13.6.6 Wandtemperaturen beim Wärmestrom von Wasserdampf an Wasser

Es sind die beiden Wandtemperaturen beim Wärmedurchgang von einerseits kondensierendem Wasserdampf mit einer Temperatur von 150 °C an andererseits nicht siedendes Wasser mit einer Temperatur von 50 °C bei einer Wanddicke des Kesselstahls von 4 mm zu ermitteln. Die Wand sei eben und die Heizfläche betrage 1 m^2.

13.6.7 Wärmedurchgangskoeffizient zur Schwitzwasservermeidung

In einem Raum hat die Luft eine Temperatur von $\vartheta_1 = 20\,°\mathrm{C}$ mit einer relativen Luftfeuchte $\varphi = 0{,}6$. Der Luftdruck beträgt 1 013,25 mbar, die Außentemperatur $\vartheta_2 = -15\,°\mathrm{C}$ und der Wärmeübergangskoeffizient innen $\alpha_1 = 8\,\frac{\mathrm{W}}{\mathrm{m^2 \cdot K}}$.

Welchen Wärmedurchgangskoeffizienten muss die Außenwand haben, wenn der Taupunkt an der Innenseite der Wand nicht unterschritten und damit Schwitzwasserbildung vermieden werden soll?

13.6.8 Berechnung der Dämmplattendicke

Die Lufttemperatur eines Raumes einer Bergstation beträgt $\vartheta_1 = 20\,°\mathrm{C}$ bei einer relativen Feuchtigkeit von 80 %. Der Wärmeübergangskoeffizient auf der Innenseite der beidseitig verputzten Wand sei $8\,\frac{\mathrm{W}}{\mathrm{m^2 \cdot K}}$ und die Außentemperatur liegt bei $\vartheta_2 = -25\,°\mathrm{C}$. Der Wärmedurchgangskoeffizient dieser Wand ist $3{,}6\,\frac{\mathrm{W}}{\mathrm{m^2 \cdot K}}$. Der Luftdruck beträgt im Jahresmittel 0,76 bar.

Um Schwitzwasserbildung zu vermeiden, soll die Wand mit einer Polystyrol-Hartschaum-Platte versehen werden. Wie dick muss diese sein?

13.6.9 Vergleich Gleichstrom- und Gegenstromwärmeübertrager

An der Heizfläche eines Speisewasservorwärmers kühlen sich Rauchgase von 450 °C auf 150 °C ab. Das aufzuwärmende Wasser tritt mit einer Temperatur von 40 °C ein und verlässt den Vorwärmer mit 120 °C.

Wie groß ist die übertragene Wärme, bezogen auf 1 m^2 Wärmeübertragerfläche, wenn der Wärmedurchgangskoeffizient $10\,\frac{\mathrm{W}}{\mathrm{m^2 \cdot K}}$ ist,

a) beim Gegenstrom- und

b) beim Gleichstromapparat.

13.6.10 Berechnung Wärmeübergangskoeffizient

In einem Rohr mit einem Innendurchmesser von 50 mm und einer Länge von 8 m strömt trockene Luft mit einer Temperatur von 100 °C bei einem Druck von 1 bar und der Geschwindigkeit von 20 $\frac{m}{s}$.

Wie groß ist der Wärmeübergangskoeffizient von der Luft an die innere Rohrwand? Die Rechnung ist mit verschiedenen Gleichungen des Anhangs A.5.2 durchzuführen.

13.6.11 Berechnung der Wärmeleistung pro Flächeneinheit

Die Rauchgastemperatur vor einem mit diesem Rauchgas beheizten Vorwärmer, der als Rohrbündel-Wärmeübertrager ausgeführt ist, beträgt 300 °C und danach 200 °C. Der Luftdruck ist 1 bar. Die Rohranordnung wird mit drei Rohrreihen, versetzt zueinander, beschrieben. Das Rohrmaterial ist Stahl ⌀39,75/48,25 mm, glatt. Die Rauchgasgeschwindigkeit zwischen den Rohrreihen beträgt bei Queranströmung 6 $\frac{m}{s}$.

Welche Wärme wird von 1 m^2 Heizfläche abgegeben, wenn die Temperatur des Wassers in den Rohren bei einer Strömungsgeschwindigkeit von 0,6 $\frac{m}{s}$ von 50 °C am Eintritt auf 80 °C am Austritt steigt?

13.6.12 Verbrennung, Taupunkt, Wärmedurchgang, Heizwert

Auf einem Planrost werden stündlich 250 kg Braunkohle (Brennstoffanalyse: C: 53 %, H: 4,5 %, S: 1 %, O: 17 %, N: 1 %, H_2O: 15 %, Rest: Asche) verbrannt. Die Rauchgase haben im Fuchs, der waagerechten Leitung zum Schornstein, eine Temperatur von 300 °C. Ein Teil der Rauchgaswärme soll künftig zur Vorwärmung von Wasser genutzt werden. Um den natürlichen Zug zu gewährleisten, darf die Rauchgastemperatur von 180 °C nicht unterschritten werden.

Die Feuerung wird mit einem Luftüberschuss von 50 % betrieben. Die Lufttemperatur im Kesselhaus beträgt 20 °C bei einer relativen Luftfeuchtigkeit von 70 % und einem Luftdruck von 1,013 bar.

a) Wie hoch muss die Eintrittstemperatur des Wassers in den künftig einzubauenden Vorwärmer sein, wenn der Taupunkt des Rauchgases bei vollkommener Verbrennung der Braunkohle nicht unterschritten werden soll?

b) Welcher Wassermassestrom lässt sich so im Vorwärmer um 30 K erwärmen?

c) Welche Länge hat das eingebaute Rohrsystem, wenn glattes Stahlrohr mit einem Innendurchmesser von 39,75 mm und einem Außendurchmesser von 48,25 mm eingesetzt wird und das Rauchgas mit einer Geschwindigkeit von 6 $\frac{m}{s}$ zwischen den versetzt angeordneten Rohren im Querstrom geführt wird? Die Wassergeschwindigkeit in den Rohren beträgt 0,6 $\frac{m}{s}$.

d) Wie groß ist der Wirkungsgrad der Kesselanlage nach dem Einbau des Vorwärmers, wenn vor dem Umbau eine Brennstoffausnutzung von 60 % vorhanden war?

13.6.13 Heizflächenberechnung

Für eine Kesselanlage mit einem Dampfdurchsatz von 1,5 $\frac{t}{h}$ ist die Heizfläche für einen Überhitzer ohne Berücksichtigung der anfallenden Verluste zu bestimmen. Jeweils vier Stahlrohre mit einem Innendurchmesser von 25 mm und einem Außendurchmesser von 33 mm sind versetzt in einem Bündel anzuordnen. Der Rauchgasstrom wird quer zur Heizfläche geführt. Für die Berechnung der Fläche ist Gegenstrom anzunehmen. Der Luft- und Rauchgasdruck beträgt 1 bar.

Dampfseite: Der Dampf hat beim Eintritt in den Überhitzer einen Wassergehalt von 5 %. Die Dampfgeschwindigkeit in den Rohren beträgt 12 $\frac{m}{s}$. Die Solltemperatur der Überhitzung liegt bei 280 °C bei einem Druck von 10 bar.

Rauchgasseite: Es werden stündlich 300 kg Kohle verbrannt. Die spezifische Rauchgasmasse dieser Kohle beträgt 10 $\frac{kg_{RG}}{kg_{BS}}$. Die Dichte des Rauchgases im Normzustand ist $\varrho_{RG,N} = 1{,}34\ \frac{kg_{RG}}{m^3}$. Die spezifischen Wärmekapazitäten sind auf trockene Luft zu beziehen. Die Rauchgastemperatur vor dem Überhitzer beträgt 500 °C und die Rauchgasgeschwindigkeit zwischen den Rohren 5 $\frac{m}{s}$.

13.6.14 Spezifische Wärmeleistung Kondensator

In einem Kondensator für Wasserdampf mit waagerecht versetzter Rohranordnung herrscht ein Druck von 0,1 bar. Das Kühlwasser bewegt sich mit einer Geschwindigkeit von 1,6 $\frac{m}{s}$ durch die Messingrohre mit dem inneren Durchmesser von 19 mm und dem Außendurchmesser von 23 mm und erwärmt sich dabei von 10 °C auf 30 °C.

Welche Wärme wird so von 1 m Rohr übertragen?

13.6.15 Überprüfung eines k-Wertes

Ein 16 m langes Mantelrohr mit einem Innendurchmesser von 42 mm und einem Außendurchmesser von 48 mm wird mit einem gleich langen Innenrohr ⌀20/25 mm versehen. Im so entstandenem Ringraum soll mit einer Geschwindigkeit von 20 $\frac{m}{s}$ trockene Druckluft strömen und sich von 70 °C auf 30 °C abkühlen. Der Druck beträgt 10 bar.

Im Innenrohr fließt Kühlwasser, das sich dabei von 20 °C auf 40 °C erwärmt. Es ist zu untersuchen, ob im Mittel 64,4 $\frac{m^3}{h}$ Luft mit der gegebenen Geometrie bei den herrschenden Temperaturverhältnissen im Gegenstrom gekühlt werden können. Somit ist der k-Wert zu überprüfen.

13

13.6.16 Berechnung Wärmeübergangskoeffizient

In einem Wärmeübertrager von 2 m Länge, dessen Mantelrohr einen inneren Durchmesser von 0,45 m hat, sind 100 Rohre der Abmessung ⌀21/25 mm untergebracht. Die dort im Mantelraum zu kühlende trockene Luft hat eine mittlere Temperatur von 50 °C bei einem Druck von 1 bar. Die Luftgeschwindigkeit beträgt in der Nähe der Rohre 12 $\frac{m}{s}$. In den Rohren soll Kühlwasser fließen.

Wie groß ist der Wärmeübergangskoeffizient Luft/Rohrwand?

13.6.17 Strahlungswärme Kessel/Wand

Ein Raum hat eine Oberfläche von 80 m^2. Die Wandtemperatur beträgt 20 °C. Im Raum befindet sich ein Kessel mit einer Oberfläche von 6 m^2 und einer Oberflächentemperatur von 200 °C.

Wie groß ist die vom Kessel abgestrahlte Wärmeleitung?

13.6.18 Wärmeverlust einer Rohrleitung

Eine nicht wärmegedämmte waagerechte Rohrleitung von ⌀70/76 mm Durchmesser und 12 m Länge aus Stahl, roh, hat eine Oberflächentemperatur von 100 °C. Die Lufttemperatur im umgebenden Raum beträgt 20 °C.

Wie groß ist der durch die Rohroberfläche abgegebene Wärmestrom?

13.6.19 Dynamische Viskosität (Vorübung)

Trockene Luft hat eine Temperatur von 300 °C bei einem Druck von 1 bar.

Wie groß ist ihre dynamische Viskosität?

13.6.20 Wärmeabgabe eines Kachelofens

In der Literatur wird die Wärmeabgabe von Kachelöfen bei Volllast (Oberflächentemperatur 70...90 °C) im Mittel mit 700 $\frac{W}{m^2}$ angegeben.

Welche Wärmeabgabe haben Öfen mit weiß glasierten Kacheln bei einer Oberflächentemperatur von 60 °C, einer Ofenhöhe von 2 m und einer Raumtemperatur von 20 °C, wenn die Temperatur der verputzten Umfassungswände 18 °C und der Luftdruck 1 bar betragen?

14 Gas-Dampf-Gemische, feuchte Luft

14.1 Allgemeines und Grundlagen

Worum geht es im Kapitel?

Mischungen aus Gasen und mindestens einer dampfförmigen Komponente in der Nähe zum Phasenübergang zur flüssigen Phase, feuchte Luft als Beispiel

Anwendungsgebiete:

Prozesse mit „realer“ Luft außer solchen bei Temperaturen deutlich oberhalb des Siedepunktes des Wassers; meteorologische Phänomene, Klimatechnik, Druckluftbereitstellung, Luft als Trocknungsmittel in der Trocknungstechnik

Siehe auch:

3.3 Eigenschaften von Gasmischungen, 5 Zustandsänderung ohne Änderung des Aggregatzustandes, 8 Zustandsänderungen mit Änderung des Aggregatzustands

14.2 Zustandseigenschaften

Die Gas-Dampf-Gemische stellen, wie die Gemische idealer Gase, einen Sonderfall der Gasmischungen dar. Dabei sind die Gas-Dampf-Gemische dadurch gekennzeichnet, dass mindestens eine Komponente nicht als ideales Gas vorliegt, sondern vielmehr so nah am Phasenübergang zur flüssigen Phase ist, dass ein Einfluss der Nähe des Phasenübergangs zu berücksichtigen ist beziehungsweise Zustandsänderungen bis in den Kondensationsbereich dieser Komponente führen können. Die Zusammenhänge sollen im Weiteren am Beispiel der **feuchten Luft**, einem Gemisch aus Luft, die selbst ein Gemisch mehrerer als ideal anzunehmender Gase ist, und Wasserdampf, betrachtet werden. Dabei gilt alles grundlegend, nicht jedoch in den einzelnen Kenngrößen, auch für andere Gas-Dampf-Gemische.

Auch für diese Gemische kann man in guter erster Näherung das **Dalton'sche Gesetz** als gültig annehmen, wonach sich die Komponenten ideal vermischen und sich so verhalten, als würden sie allein das ganze Gemischvolumen ausfüllen. Damit besitzt jede Komponente i einen Partialdruck, der sich zum Druck des Gemisches wie der Volumenanteil verhält.

Die im Gemisch enthaltene Masse Wasser, bezogen auf die Masse der trockenen Luft, ergibt die **absolute Feuchte** x_W, auch **Wassergehalt** genannt:

$$x_W = \frac{m_W}{m_L} \tag{14.287}$$

x_W absolute Feuchte in $\frac{kg_W}{kg_L}$
m_W Masse Wasser in der feuchten Luft in kg_W
m_L Masse trockener Luft in der feuchten Luft in kg_L

Damit ergibt sich folgender Zusammenhang für die **Masse der feuchten Luft** m_f:

$$m_f = m_L + m_W = m_L \cdot (1 + x_W) \tag{14.288}$$

m_f Masse der feuchten Luft in kg
m_L Masse trockener Luft in der feuchten Luft in kg_L
m_W Masse Wasser in der feuchten Luft in kg_W
x_W absolute Feuchte in $\frac{kg_W}{kg_L}$

Erreicht in der Mischung der Partialdruck des Wassers den Siededruck für die jeweilige Temperatur, so beginnt das Wasser sich flüssig auszuscheiden. Damit ist der maximale Wasseranteil im Gemisch begrenzt. Der Volumenanteil Wasser kann für eine bestimmte Temperatur maximal so groß werden wie der Quotient aus dem Siededruck des Wassers für diese Temperatur (maximal möglicher Partialdruck des Wassers) und dem Druck der Gasmischung. Diese Abscheidung flüssigen Wassers heißt, in Abhängigkeit davon, ob sie im Volumen oder an einer Oberfläche vonstattengeht, **Nebel-** oder **Taubildung**. Umgekehrt tritt Wasser aus dem an das Gasgemisch grenzenden flüssigem Wasser in das Gasgemisch über, wenn der Partialdruck des Wassers im Gasgemisch kleiner ist als der Siededruck des Wassers für die jeweilige Temperatur. Dieser Vorgang wird **Verdunstung** genannt.

Für die feuchte Luft und damit die Gas-Dampf-Gemische lassen sich daraus spezielle Kenngrößen ableiten. Wichtig ist dabei vor allem die **relative Feuchte** $\varphi(\vartheta)$:

$$\varphi(\vartheta) = \frac{p_D}{p_{D,S}(\vartheta)} \tag{14.289}$$

$\varphi(\vartheta)$ relative Feuchte bei der Temperatur ϑ
p_D Partialdruck des Wasserdampfes in der feuchten Luft in kPa
$p_{D,S}(\vartheta)$ Siededruck des Wassers bei der Temperatur ϑ in kPa

Eine alternative Angabe zur relativen Feuchte ist der **Sättigungsgrad** $\psi_W(\vartheta)$:

$$\psi_W(\vartheta) = \frac{x_W}{x_{W,max}(\vartheta)} \tag{14.290}$$

$\psi_W(\vartheta)$ Sättigungsgrad bei der Temperatur ϑ
x_W absolute Feuchte in $\frac{kg_W}{kg_L}$
$x_{W,max}(\vartheta)$ bei der Temperatur ϑ maximal mögliche absolute Feuchte (vgl. Gleichung (14.291)) in $\frac{kg_W}{kg_L}$

Damit gibt die relative Feuchte das Verhältnis zwischen vorhandener und möglicher Dampfmenge dem Volumen nach und der Sättigungsgrad der Masse nach an.

Für kleine maximal mögliche Dampfmengen bzw. kleine maximal mögliche Partialdrücke und damit kleine Temperaturen gilt $\varphi(\vartheta) \approx \psi_W(\vartheta)$.

Das Molmasseverhältnis zwischen Wasserdampf und trockener Luft

$$\frac{M_D}{M_L} = \frac{18{,}016\,\frac{kg_W}{kmol}}{28{,}964\,\frac{kg_L}{kmol}} = 0{,}622\,\frac{kg_W}{kg_L} \quad \text{bzw.} \quad \frac{M_L}{M_D} = \frac{28{,}964\,\frac{kg_L}{kmol}}{18{,}016\,\frac{kg_W}{kmol}} = 1{,}608\,\frac{kg_L}{kg_W}$$

verbindet nachfolgende funktionale Zusammenhänge.

Die bei der Temperatur ϑ **maximal mögliche absolute Feuchte** $x_{W,max}(\vartheta)$ **(Sättigungszustand)** errechnet sich dabei nach

$$x_{W,max}(\vartheta) = 0{,}622\,\frac{kg_W}{kg_L} \cdot \frac{p_{D,S}(\vartheta)}{p - p_{D,S}(\vartheta)} \tag{14.291}$$

$x_{W,max}(\vartheta)$ bei der Temperatur ϑ maximal mögliche absolute Feuchte in $\frac{kg_W}{kg_L}$
$p_{D,S}(\vartheta)$ Siededruck des Wassers bei der Temperatur ϑ in kPa
p Druck der feuchten Luft (Gesamtdruck) in kPa

Die absolute Feuchte errechnet sich aus der relativen Feuchte nach

$$x_W = 0{,}622\,\frac{kg_W}{kg_L} \cdot \varphi \cdot \frac{p_{D,S}(\vartheta)}{p - \varphi \cdot p_{D,S}(\vartheta)} \tag{14.292}$$

x_W absolute Feuchte in $\frac{kg_W}{kg_L}$
φ relative Feuchte
$p_{D,S}(\vartheta)$ Siededruck des Wassers bei der Temperatur ϑ in kPa
p Druck der feuchten Luft (Gesamtdruck) in kPa

Für die feuchte Luft weicht das **spezifische Volumen der feuchten Luft** v_f von dem der trockenen Luft ab. Es kann mit der folgenden Gleichung, einer Näherung für kleine Wassergehalte, berechnet werden [11].

$$v_f \approx \frac{1 + 1{,}608\,\frac{kg_L}{kg_W} \cdot x_W}{1 + x_W} \cdot v_{tr} \tag{14.293}$$

v_f spezifisches Volumen der feuchten Luft in $\frac{m^3}{kg}$
x_W absolute Feuchte in $\frac{kg_W}{kg_L}$
v_{tr} spezifisches Volumen der trockenen Luft unter gleichen Bedingungen in $\frac{m^3}{kg_L}$

beziehungsweise

$$v_f \approx \frac{1 + 1{,}608\,\frac{kg_L}{kg_W} \cdot x_W}{1 + x_W} \cdot \frac{T \cdot R_L}{p} \tag{14.294}$$

v_f spezifisches Volumen der feuchten Luft in $\frac{m^3}{kg}$
x_W absolute Feuchte in $\frac{kg_W}{kg_L}$
T absolute Temperatur des Gemisches, also der feuchten Luft, in K
R_L spezifische Gaskonstante der trockenen Luft in $\frac{kJ}{kg_L \cdot K}$
p Druck der feuchten Luft in $\frac{N}{m^2}$

Damit ist die **Dichte** ϱ_f der feuchten Luft:

$$\varrho_\mathrm{f} = \frac{1}{v_\mathrm{f}} \tag{14.295}$$

ϱ_f Dichte der feuchten Luft in $\frac{\mathrm{kg}}{\mathrm{m}^3}$
v_f spezifisches Volumen der feuchten Luft in $\frac{\mathrm{m}^3}{\mathrm{kg}}$

das heißt:

$$\varrho_\mathrm{f} = \frac{1 + x_\mathrm{W}}{1 + 1{,}608\,\frac{\mathrm{kg_L}}{\mathrm{kg_W}} \cdot x_\mathrm{W}} \cdot \varrho_\mathrm{tr} \tag{14.296}$$

ϱ_f Dichte der feuchten Luft in $\frac{\mathrm{kg}}{\mathrm{m}^3}$
x_W absolute Feuchte in $\frac{\mathrm{kg_W}}{\mathrm{kg_L}}$
ϱ_tr Dichte der trockenen Luft in $\frac{\mathrm{kg_L}}{\mathrm{m}^3}$

beziehungsweise

$$\varrho_\mathrm{f} = \frac{1 + x_\mathrm{W}}{1 + 1{,}608\,\frac{\mathrm{kg_L}}{\mathrm{kg_W}} \cdot x_\mathrm{W}} \cdot \frac{p}{T \cdot R_\mathrm{L}} \tag{14.297}$$

ϱ_f Dichte der feuchten Luft in $\frac{\mathrm{kg}}{\mathrm{m}^3}$
x_W absolute Feuchte in $\frac{\mathrm{kg_W}}{\mathrm{kg_L}}$
p Druck der feuchten Luft in $\frac{\mathrm{N}}{\mathrm{m}^2}$
T absolute Temperatur des Gemisches, also der feuchten Luft, in K
R_L Gaskonstante der trockenen Luft in $\frac{\mathrm{kJ}}{\mathrm{kg_L} \cdot \mathrm{K}}$

Anmerkung: Aus Gleichung (14.296) ist ersichtlich, dass feuchte Luft immer leichter ist als trockene Luft. Das ist ein Effekt, der u. a. bei der Wolkenbildung eine Rolle spielt.

14.3 Enthalpie der feuchten Luft

Für die folgenden Betrachtungen soll noch einmal in Erinnerung gerufen werden, dass die Enthalpienullpunkte bei Normaldruck p_N für:

- trockene Luft: $h_\mathrm{L} = 0\,\frac{\mathrm{kJ}}{\mathrm{kg_L}}$ bei $\vartheta_\mathrm{L} = 0\,°\mathrm{C}$ bzw. $T_\mathrm{L} = 273{,}15\,\mathrm{K}$ und
- Wasser: $h_\mathrm{W} = 0\,\frac{\mathrm{kJ}}{\mathrm{kg_W}}$ bei $\vartheta_\mathrm{W} = 0\,°\mathrm{C}$ bzw. $T_\mathrm{W} = 273{,}15\,\mathrm{K}$

gesetzt sind, damit die Bezugstemperatur für die zu bildenden Temperaturdifferenzen $T_0 = 273{,}15\,\mathrm{K}$ wäre, somit hier Celsius-Temperaturen beim Rechnen gleich als Temperaturdifferenzen anzusehen sind und mit der Einheit Kelvin verwendet werden können.

Betrachtet man die feuchte Luft als Gas-Dampf-Gemisch, so ergibt sich für seine **spezifische Enthalpie** h_{1+x}:

$$h_{1+x} = c_{p,L} \cdot \vartheta + x_W \cdot \left(\Delta h_{V,0} + c_{p,D} \cdot \vartheta\right) \tag{14.298}$$

h_{1+x} spezifische Enthalpie der feuchten Luft, bezogen auf 1 kg trockene Luft, in $\frac{kJ}{kg_L}$
$c_{p,L}$ spezifische Wärmekapazität der trockenen Luft in $\frac{kJ}{kg_L \cdot K}$
ϑ Gemischtemperatur, also Temperatur der feuchten Luft, in °C
x_W absolute Feuchte in $\frac{kg_W}{kg_L}$
$\Delta h_{V,0}$ spezifische Verdampfungsenthalpie des Wassers bei 0 °C in $\frac{kJ}{kg_W}$
$c_{p,D}$ spezifische Wärmekapazität des Dampfes in $\frac{kJ}{kg_W \cdot K}$

Die **spezifische Enthalpie für den Sättigungszustand** $h_{1+x,s}$ ist somit:

$$h_{1+x,s} = c_{p,L} \cdot \vartheta + x_{W,max} \cdot \left(\Delta h_{V,0} + c_{p,D} \cdot \vartheta\right) \tag{14.299}$$

$h_{1+x,s}$ spezifische Enthalpie der feuchten Luft für den Sättigungszustand, bezogen auf 1 kg trockene Luft, in $\frac{kJ}{kg_L}$
$c_{p,L}$ spezifische Wärmekapazität der trockenen Luft in $\frac{kJ}{kg_L \cdot K}$
ϑ Gemischtemperatur, also Temperatur der feuchten Luft, in °C
$x_{W,max}$ maximal für die Temperatur ϑ mögliche absolute Feuchte (Sättigungszustand) in $\frac{kg_W}{kg_L}$
$\Delta h_{V,0}$ spezifische Verdampfungsenthalpie des Wassers bei 0 °C in $\frac{kJ}{kg_W}$
$c_{p,D}$ spezifische Wärmekapazität des Dampfes in $\frac{kJ}{kg_W \cdot K}$

Übersättigung der feuchten Luft

Würde die absolute Feuchte bei einer Temperatur ϑ theoretisch größer sein als die bei dieser Temperatur mögliche absolute Feuchte (Sättigungszustand), so kondensiert flüssiges Wasser in Form von Nebeltröpfchen, die nicht ausfallen. Diese nur theoretisch mögliche absolute Feuchte ist die absolute Feuchte des Nebels x_{Ne}. Man spricht von übersättigter feuchter Luft.

Für die **Enthalpie des Nebels** gilt dann:

$$h_{Ne} = c_{p,L} \cdot \vartheta + x_{W,max} \cdot \left(\Delta h_{V,0} + c_{p,D} \cdot \vartheta\right) + \left(x_{Ne} - x_{W,max}\right) \cdot c_{p,W} \cdot \vartheta \tag{14.300}$$

h_{Ne} spezifische Enthalpie des Nebels, bezogen auf 1 kg trockene Luft, in $\frac{kJ}{kg_L}$
$c_{p,L}$ spezifische Wärmekapazität der trockenen Luft in $\frac{kJ}{kg_L \cdot K}$
ϑ Gemischtemperatur, also Temperatur der feuchten Luft, in °C
$x_{W,max}$ maximal für die Temperatur ϑ mögliche absolute Feuchte (Sättigungszustand) in $\frac{kg_W}{kg_L}$
$\Delta h_{V,0}$ spezifische Verdampfungsenthalpie des Wassers bei 0 °C in $\frac{kJ}{kg_W}$
$c_{p,D}$ spezifische Wärmekapazität des Dampfes in $\frac{kJ}{kg_W \cdot K}$
x_{Ne} absolute Feuchte des Nebels (theoretische absolute Feuchte) in $\frac{kg_W}{kg_L}$
$c_{p,W}$ spezifische Wärmekapazität flüssigen Wassers in $\frac{kJ}{kg_W \cdot K}$

Anmerkung: Bei Temperaturen unter 0 °C treten anstelle von Nebeltröpfchen gefrorene Wassertröpfchen auf. Dafür ist Gleichung (14.300) nicht anwendbar, wohl aber der grafische Lösungsweg nach Abschnitt 14.4.

14.4 Das h_{1+x},x_W-Diagramm für feuchte Luft

Entsprechend dem in Abschnitt 8.3.3 zu den Siede- und Verdampfungsvorgängen Ausgeführten bietet sich auch für die Behandlung von Vorgängen mit Gas-Dampf-Gemischen, wie der feuchten Luft, die Verwendung von grafischen Hilfsmitteln an. Diese erleichtern nicht nur das Arbeiten, es sind bei der Anwendung von Diagrammen auch weniger Vereinfachungen notwendig, da Besonderheiten realer Stoffe auf der Basis von Messwerten ohne Idealisierungen dargestellt werden können. Eine weitere Möglichkeit bietet Berechnungssoftware mit hinterlegten Realstoffdaten, auf deren Anwendung hier nicht näher eingegangen werden soll.

Für die Vorgänge mit feuchter Luft ist die Anwendung eines h_{1+x}, x_W**-Diagramms** üblich. Diese Diagramme werden für einen bestimmten Druck des Gemisches, z. B. 1 bar, dargestellt, jedoch ist eine Umrechnung auf andere Drücke möglich. Im h_{1+x}, x_W-Diagramm ist die spezifische Enthalpie der feuchten Luft h_{1+x}, bezogen auf 1 kg trockene Luft, über der absoluten Feuchte (Wassergehalt) aufgetragen. Allerdings handelt es sich entgegen der Gewohnheit nicht um ein rechtwinkliges, sondern um ein schiefwinkliges Koordinatensystem. Diese Darstellung wurde gewählt, um den Bereich des echten Gas-Dampf-Gemisches gegenüber dem Nebelgebiet zu strecken. Dazu wird die x-Achse so weit im Uhrzeigersinn gedreht, bis die Isotherme $\vartheta = 0\,°\text{C}$ im ungesättigten Gebiet der feuchten Luft waagerecht liegt. Damit verlaufen alle Linien konstanter spezifischer Enthalpie h_{1+x}, Isenthalpen genannt, von links oben nach rechts unten. Alle Isothermen für $\vartheta > 0\,°\text{C}$ verlaufen für das echte Gas-Dampf-Gemisch (Einphasengebiet) leicht schräg nach oben, für das Zweiphasengebiet (z. B. Nebel) schräg nach unten. Die Linien konstanter absoluter Feuchte verlaufen entsprechend dem Grundaufbau senkrecht, da die absolute Feuchte die Größe auf der waagrechten Achse (Abszisse) ist.

Die Abszisse, auf welcher die absolute Feuchte oder der Wassergehalt x_W abgetragen ist, wird aus praktischen Gründen nicht durch den Koordinatenursprung verlaufend dargestellt. Vielmehr ist eine waagerechte Skale des Wassergehalts am Diagrammrand üblich.

Als zweite x-Achse kann der Partialdruck des Wasserdampfes angegeben werden, da dieser nur vom Wassergehalt x_W und vom Luftdruck p abhängig ist. An der senkrechten Achse (Ordinate)

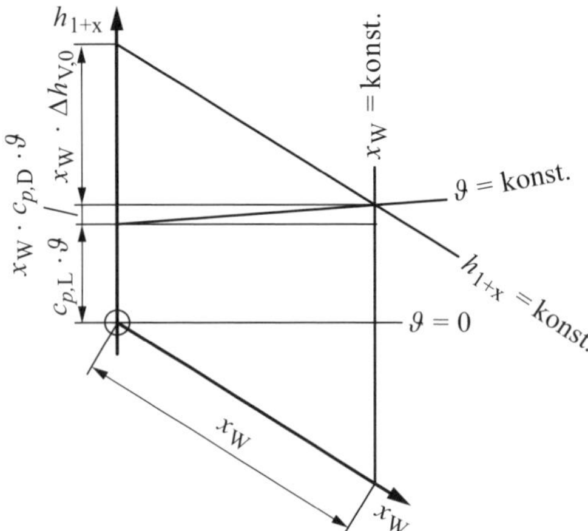

Bild 14.1 Aufbau des h_{1+x},x_W-Diagramms

wird die spezifische Enthalpie h_{1+x} aufgetragen. Die Temperatur, die Dichte der feuchten Luft und die relative Feuchte sind im Diagramm als Kurvenscharen angegeben. Unterhalb der Linie $\varphi = 1 = 100\,\%$ liegt das Nebelgebiet, oberhalb der Linie das Gebiet der echten Gas-Dampf-Gemische.

Bei einigen Diagrammen ist umlaufend ein Randmaßstab mit dem Verhältnis Änderung der spezifischen Enthalpie zur Änderung der Wasserbeladung $\frac{\Delta h_{1+x}}{\Delta x_W}$ dargestellt. Der Randmaßstab erleichtert die Betrachtung von Fällen, bei denen sich gleichzeitig die Enthalpie und der Wassergehalt ändern, etwa die Dampfbefeuchtung (Einblasen von Wasserdampf zur Anhebung des Wassergehaltes).

Für eine **Umrechnung auf einen anderen Druck** als denjenigen, für den das Diagramm dargestellt ist, gilt:

$$\varphi_{tat} = \varphi_{Dia} \cdot \frac{p_{tat}}{p_{Dia}} \tag{14.301}$$

φ_{tat} tatsächliche relative Feuchte für den Druck p_{tat}
φ_{Dia} aus dem Diagramm abgelesene relative Feuchte
p_{tat} tatsächlicher Druck der feuchten Luft in kPa
p_{Dia} Gemischdruck der feuchten Luft, für den das Diagramm dargestellt ist, in kPa

Zustandsänderungen feuchter Luft im h_{1+x}, x_W-Diagramm

In Bild 14.2 sind einige Zustandsänderungen im h_{1+x}, x_W-Diagramm dargestellt.

Wichtige Zustandsänderungen sind dabei:

- 1–2: Zufuhr von Enthalpie (Wärmeaufnahme) ohne Zu- oder Abfuhr von Wasser; im Diagramm eine Senkrechte;
- 1–6: Abfuhr von Enthalpie (Wärmeabgabe) ohne Zu- oder Abfuhr von Wasser; im Diagramm eine Senkrechte;

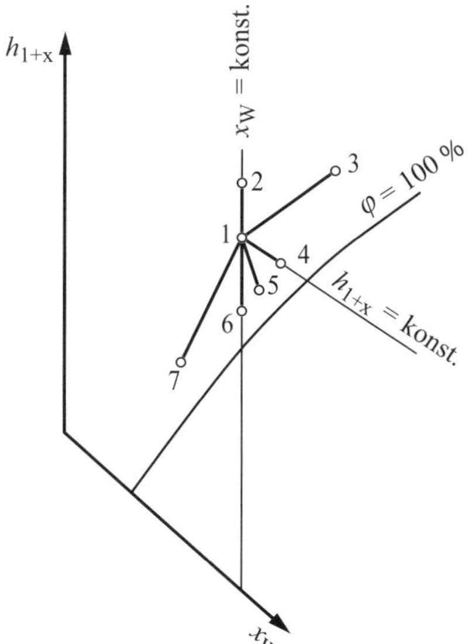

Bild 14.2 Zustandsänderungen im h_{1+x}, x_W-Diagramm

14

- 1–4: Wasseraufnahme oder Wasserabgabe ohne Enthalpieänderung ($h_4 = h_1$), verläuft entlang einer Isenthalpen, z. B. Zerstäuben von Wasser mit 0 °C;
- 1–3: Wärmeaufnahme mit gleichzeitiger Wasseraufnahme ($h_3 > h_1$; $x_{W,3} > x_{W,1}$);
- 1–5: Wärmeabgabe mit gleichzeitiger Wasseraufnahme ($h_5 < h_1$; $x_{W,5} > x_{W,1}$);
- 1–7: Wärmeabgabe mit gleichzeitiger Wasserabgabe ($h_7 < h_1$; $x_{W,7} < x_{W,1}$).

Im Folgenden sollen dazu einige wichtige **Anwendungsfälle** kurz erläutert werden:

Erwärmen oder Kühlen von feuchter Luft ohne Unterschreiten der Sättigungslinie:

Hier ist x_W = konstant, damit liegt die Zustandsänderung auf einer Senkrechten. Durch die Wärmezu- oder -abfuhr ändern sich die Enthalpie, die Temperatur und die relative Feuchte.

Entfeuchten feuchter Luft:

Es erfolgt eine Wärmeabfuhr bei x_W = konstant bis in das Nebelgebiet. Das hierbei entstehende flüssige Wasser wird anschließend abgetrennt. Dies ist ein isothermer Prozess, da die bloße Wasserabscheidung weder Temperatur noch Enthalpie ändert. Am Ende der Wasserabscheidung ist die Sättigungslinie erreicht, $\varphi = 1$. Die absolute Feuchte ist nun deutlich geringer als im Ausgangszustand. Bei einer anschließenden Erwärmung bis auf die Ausgangstemperatur ist dann die relative Feuchte deutlich geringer als am Anfang. ($\varphi_E < \varphi_A$ für $\vartheta_E = \vartheta_A$).

Befeuchtung mittels Wasserzugabe (Verdunstungskühlung):

Solange die zu befeuchtende Luft in der Lage ist, das ihr fein verteilt zugegebene Wasser aufzunehmen, folgt diese Zustandsänderung nahezu einer Isenthalpen, also bei $h \approx$ konstant, so lange bis der Sättigungszustand ($\varphi = 1$) erreicht ist, was beim Einsatz technischer Geräte jedoch selten der Fall ist. Grund dafür ist sowohl die begrenzte Verweilzeit der zu befeuchtenden Luft als auch die zum Stoffübertrag zur Verfügung stehende limitierte Fläche im Apparat.

Die Luft wird also feuchter ($x_{W,E} < x_{W,A}, \varphi_E < \varphi_A$), aber auch kühler ($\vartheta_E > \vartheta_A$) und damit schließlich schwerer ($\varrho_E < \varrho_A$)! In Natur und Technik wird dieser Vorgang als Verdunstungskühlung bezeichnet.

Befeuchtung mittels Dampfzugabe:

Wird trocken gesättigter Wasserdampf zum Zweck der Befeuchtung von Luft eingesetzt, so verläuft diese Art der Zustandsänderung nahezu auf einer Isothermen, also bei $\vartheta \approx$ konstant. Es kommt kaum zu einer Temperaturerhöhung der Luft. Diese Art der Befeuchtung ist aufgrund der Dampftemperatur, die im technischen Regelfall über 100 °C liegt, die hygienischere. Die Vermehrung pathogener Mikroorganismen wird hierdurch gehemmt, aber nicht völlig unterbunden. Diese Art der Befeuchtung ist energetisch aufwendig.

Auch hier wird die Luft feuchter ($x_{W,E} < x_{W,A}, \varphi_E < \varphi_A$), jedoch im Gegensatz zur Befeuchtung mit Wasser kaum kälter ($\vartheta_E \approx \vartheta_A$). Die spezifische Enthalpie nimmt zu ($h_E < h_A$), die Dichte der Luft ab ($\varrho_E > \varrho_A$).

Erfolgt die Bedampfung mit Heißdampf, so steigt auch die Temperatur der befeuchteten Luft deutlich an. Die Ursache liegt im hohen Enthalpiegehalt des Heißdampfes.

Taupunkt von Rauchgasen

Der **Taupunkt von Rauchgasen** wird aus der Zusammensetzung des feuchten Rauchgases ermittelt. Aus dem Volumenanteil des Wassers ψ_{H_2O} und dem Druck p wird der Partialdruck des Wasserdampfes p_D bestimmt. Die zu diesem Druck gehörende Siedetemperatur ϑ_S ist die Taupunkttemperatur ϑ_T des Rauchgases.

Bei schwefelhaltigen Brennstoffen können sich in den Rauchgasen schweflige Säure und Schwefelsäure bilden. Für sie kann der Taupunkt deutlich höher als der für das Wasser im Rauchgas sein, bis 150 °C und mehr sind möglich. Die Kondensation dieser Substanzen ist eine schwerwiegende Ursache für Schornsteinschäden.

14.5 Mischen feuchter Luft

Werden zwei feuchte Luftmassen gemischt, so gelten die Energie- und die Stoffbilanz. Daraus sind eine grafische und eine rechnerische Betrachtung ableitbar.

Trägt man die beiden Ausgangszustände 1 und 2 der Luftmassen in das h_{1+x}, x_W-Diagramm ein, so kann gezeigt werden, dass der Mischzustand (Index mix) nur auf der Verbindungslinie von 1 nach 2 liegen kann (siehe Bild 14.3a). Für die genaue Lage des **Mischzustandes** auf dieser Verbindungslinie lässt sich ableiten:

$$\frac{l_{2,\text{mix}}}{l_{1,\text{mix}}} = \frac{m_{L,1}}{m_{L,2}} \tag{14.302}$$

$l_{2,\text{mix}}$ Streckenlänge im h_{1+x}, x_W-Diagramm vom Zustand 2 zum Mischzustand mix in mm
$l_{1,\text{mix}}$ Streckenlänge im h_{1+x}, x_W-Diagramm vom Zustand 1 zum Mischzustand mix in mm
$m_{L,1}$ Masse der trockenen Luft 1 in kg_L
$m_{L,2}$ Masse der trockenen Luft 2 in kg_L

Sind die beiden trockenen Luftmassen $m_{L,1}$ und $m_{L,2}$ bekannt, ist es möglich, den Mischzustand im **Mischpunkt** mix **grafisch** im h_{1+x}, x_W-Diagramm zu ermitteln, so wie im Bild 14.3b dargestellt:

- Mischungsgerade zwischen den Zustandspunkten 1 und 2 einzeichnen,
- beliebigen geometrischen Maßstab $\frac{m_{L,1}}{m_{L,2}}$ festlegen,
- in Punkt 1 senkrecht nach oben entsprechende Länge für $m_{L,2}$ auftragen (a),
- in Punkt 2 senkrecht nach unten entsprechende Länge für $m_{L,1}$ auftragen (b),
- die Punkte (a) und (b) mit einer Gerade verbinden,
- der Schnittpunkt dieser Gerade mit der Mischungsgerade ist der Mischpunkt mix.

Entsprechend Bild 14.3a lassen sich nun h_{mix}, x_{mix} und ϑ_{mix} aus dem Diagramm ablesen.

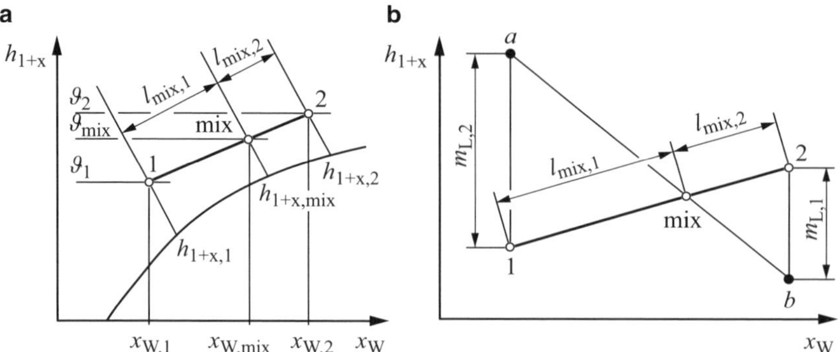

Bild 14.3 Mischpunkt im h_{1+x},x_W-Diagramm

Diese Methode, den Mischpunkt zu ermitteln, gilt auch für das gesättigte Gebiet.

Liegt der Mischpunkt im Nebelgebiet (gesättigter Zustand) oder liegt eine der beiden an der Mischung beteiligen Luftmassen $m_{L,1}$ und $m_{L,2}$ bereits vor der Mischung im Nebelgebiet, so ist der Mischpunkt nur auf diesem grafischen Weg zu finden.

Damit ist der Mischzustand exakt festgelegt und Zustandsgrößen wie Temperatur, Enthalpie, absolute und relative Feuchte sind im h_{1+x}, x_W-Diagramm ablesbar.

Rechnerisch ist eine Ermittlung nur einfach möglich, wenn im Mischzustand die Sättigung (das Nebelgebiet) nicht erreicht wird.

Dann gilt für die **spezifische Enthalpie der Mischung** $h_{1+x,mix}$:

$$\frac{m_{L,1}}{m_{L,2}} = \frac{h_{1+x,2} - h_{1+x,mix}}{h_{1+x,mix} - h_{1+x,1}}$$
$$h_{1+x,mix} = \frac{m_{L,1} \cdot h_{1+x,1} + m_{L,2} \cdot h_{1+x,2}}{m_{L,1} + m_{L,2}} \tag{14.303}$$

$h_{1+x,mix}$ spezifische Enthalpie der Mischung in $\frac{kJ}{kg_L}$
$m_{L,1}$ Masse der trockenen Luft 1 in kg_L
$h_{1+x,1}$ spezifische Enthalpie der feuchten Luft 1 in $\frac{kJ}{kg_L}$
$m_{L,2}$ Masse der trockenen Luft 2 in kg_L
$h_{1+x,2}$ spezifische Enthalpie der feuchten Luft 2 in $\frac{kJ}{kg_L}$

Die **absolute Feuchte der Mischung** x_{mix} ist dann:

$$\frac{m_{L,1}}{m_{L,2}} = \frac{x_{W,2} - x_{W,mix}}{x_{W,mix} - x_{W,1}}$$
$$x_{mix} = \frac{m_{L,1} \cdot x_{W,1} + m_{L,2} \cdot x_{W,2}}{m_{L,1} + m_{L,2}} \tag{14.304}$$

x_{mix} absolute Feuchte der Mischung in $\frac{kg_W}{kg_L}$
$m_{L,1}$ Masse der trockenen Luft 1 in kg_L
$x_{W,1}$ absolute Feuchte der feuchten Luft 1 in $\frac{kg_W}{kg_L}$

$m_{L,2}$ Masse der trockenen Luft 2 in kg_L
$x_{W,2}$ absolute Feuchte der feuchten Luft 2 in $\frac{kg_W}{kg_L}$

Kann man davon ausgehen, dass die spezifische Wärmekapazität der Luft annähernd konstant bleibt (das ist bei kleinen Temperaturdifferenzen der Fall), gilt weiterhin für die **Gemischtemperatur** ϑ_{mix}:

$$\vartheta_{mix} \approx \frac{m_{L,1} \cdot \vartheta_1 + m_{L,2} \cdot \vartheta_2}{m_{L,1} + m_{L,2}} \tag{14.305}$$

ϑ_{mix} Temperatur der Mischung in °C
ϑ_1 Temperatur der feuchten Luft 1 in °C
ϑ_2 Temperatur der feuchten Luft 2 in °C
$m_{L,1}$ Masse der trockenen Luft 1 in kg_L
$m_{L,2}$ Masse der trockenen Luft 2 in kg_L

Hat man bereits die spezifische Enthalpie der Mischung $h_{1+x,mix}$ (14.303) und die absolute Feuchte der Mischung x_{mix} (14.304) ermittelt, so lässt sich die **Gemischtemperatur** ϑ_{mix} **exakt** errechnen mit:

$$\vartheta_{mix} = \frac{h_{1+x,mix} - \Delta h_{V,0} \cdot x_{W,mix}}{c_{p,L} + c_{p,D} \cdot x_{W,mix}} \tag{14.306}$$

ϑ_{mix} Temperatur der Mischung in °C
$h_{1+x,mix}$ spezifische Enthalpie der Mischung in $\frac{kJ}{kg_L}$
$\Delta h_{V,0}$ spezifische Verdampfungsenthalpie des Wassers bei 0 °C in $\frac{kJ}{kg_W}$
$x_{W,mix}$ absolute Feuchte der Mischung in $\frac{kg_W}{kg_L}$
$c_{p,L}$ spezifische Wärmekapazität der trockenen Luft in $\frac{kJ}{kg_L \cdot K}$
$c_{p,D}$ spezifische Wärmekapazität des Dampfes in $\frac{kJ}{kg_W \cdot K}$

14.6 Beispiele

14.6.1 Zustandsgrößen feuchter Luft

In einem Raum mit einem Volumen von 30 m³ befindet sich Luft mit einer Temperatur von 20 °C und einer relativen Luftfeuchtigkeit von 80 % bei einem Luftdruck von 1 013,25 mbar.

Wie groß ist die Enthalpie der Raumluft?

a) rechnerisch und

b) mithilfe des h_{1+x}, x_W-Diagramms (Anhang A.7.4)

gegeben:	Temperatur	$\vartheta = 20\,°C$, $T = 293{,}15\,K$
	Druck der feuchten Luft	$p = 1013{,}25\,mbar = 101\,325\,Pa = 101\,325\,\frac{N}{m^2}$
	relative Luftfeuchte	$\varphi = 0{,}80 = 80\,\%$
	Volumen	$V = 30\,m^3$
gesucht:	Enthalpie der Luft	H in kJ

14

Lösung:

a) rechnerische Bestimmung der Enthalpie der Raumluft:

Aus der Wassertafel (Anhang A.4.10) wird der Sättigungspartialdruck des Wasserdampfes bei 20 °C entnommen zu

$$p_{D,s}\left(20\,°C\right) = 0{,}0234\,\text{bar}$$

Der absolute Wassergehalt der Luft ist nach Gleichung (14.292)

$$x_W = 0{,}622\,\frac{kg_W}{kg_L}\cdot\varphi\cdot\frac{p_{D,s}(\vartheta)}{p-\varphi\cdot p_{D,s}(\vartheta)} = 0{,}622\,\frac{kg_W}{kg_L}\cdot\varphi\cdot\frac{p_{D,s}(20\,°C)}{p-\varphi\cdot p_{D,s}(20\,°C)}$$

$$= 0{,}622\,\frac{kg_W}{kg_L}\cdot 0{,}8\cdot\frac{0{,}0234\,\text{bar}}{1{,}01325\,\text{bar} - 0{,}8\cdot 0{,}0234\,\text{bar}}$$

$$x_W = 0{,}01171\,\frac{kg_W}{kg_L}$$

In Anhang A.4.1 wird die spezifische Gaskonstante trockener Luft mit $R_L = 287{,}1\,\frac{J}{kg_L\cdot K} = 287{,}1\,\frac{Nm}{kg_L\cdot K}$ gefunden.

Das spezifische Volumen der feuchten Luft ist nach Gleichung. (14.294)

$$v_f \approx \frac{1+1{,}608\,\frac{kg_L}{kg_W}\cdot x_W}{1+x_W}\cdot\frac{T\cdot R_L}{p}$$

$$\approx \frac{1+1{,}608\,\frac{kg_L}{kg_W}\cdot 0{,}01171\,\frac{kg_W}{kg_L}}{1+0{,}01171\,\frac{kg_W}{kg_L}}\cdot\frac{293{,}15\,K\cdot 287{,}1\,\frac{N\cdot m}{kg_L\cdot K}}{101325\,\frac{N}{m^2}}$$

$$v_f \approx 0{,}836\,\frac{m^3}{kg}$$

Die Dichte der feuchten Luft lässt sich bestimmen aus Gleichung (14.295)

$$\varrho_f = \frac{1}{v_f} = \frac{1}{0{,}836\,\frac{m^3}{kg}}$$

$$\varrho_f = 1{,}196\,\frac{kg}{m^3}$$

Die Masse der feuchten Luft im Raum ist somit nach Gleichung (2.1), wenn diese nach der Masse umgestellt wird,

$$m_f = V\cdot\varrho_f = 30\,m^3\cdot 1{,}196\,\frac{kg}{m^3}$$

$$m_f = 35{,}9\,kg$$

Damit ergibt sich für die trockene Luftmasse nach Gleichung (14.288)

$$m_f = m_L + m_W = m_L\cdot(1+x_W)$$

$$m_L = \frac{m_f}{1+x_W} = \frac{35{,}9\,kg}{1+0{,}01171\,\frac{kg_W}{kg_L}}$$

$$m_L = 35{,}5\,kg_L$$

Anmerkung: In der Raumluft befinden sich somit $m_W = m_f - m_L = 35{,}9\,\text{kg} - 35{,}5\,\text{kg}_L = 0{,}4\,\text{kg}_W$ Wasser!

Die spezifische Enthalpie h_{1+x} der feuchten Luft ist nach Gleichung (14.298)

$$h_{1+x} = c_{p,L} \cdot \vartheta + x_W \cdot \left(\Delta h_{V,0} + c_{p,D} \cdot \vartheta\right)$$

Für den Luftdruck $p = 1013{,}25\,\text{mbar}$ und die Raumlufttemperatur $\vartheta = 20\,°\text{C}$ ist nach Anhang A.4.15 die spezifische Wärmekapazität der trockenen Luft $c_{p,L} = 1{,}0064\,\frac{\text{kJ}}{\text{kg}_L \cdot \text{K}}$, aus Anhang A.4.10 die spezifische Verdampfungsenthalpie von Wasser bei 0 °C, $\Delta h_{V,0} = 2\,500{,}93\,\frac{\text{kJ}}{\text{kg}_W}$, und aus Anhang A.4.7 die spezifische Wärmekapazität des Wasserdampfes $c_{p,D} = 1{,}863\,\frac{\text{kJ}}{\text{kg}_W \cdot \text{K}}$ abzulesen.

Somit ergibt sich für die spezifische Enthalpie

$$h_{1+x} = 1{,}0064\,\frac{\text{kJ}}{\text{kg}_L \cdot \text{K}} \cdot 20\,°\text{C} + 0{,}01171\,\frac{\text{kg}_W}{\text{kg}_L} \cdot \left(2\,500{,}93\,\frac{\text{kJ}}{\text{kg}_W} + 1{,}863\,\frac{\text{kJ}}{\text{kg}_W \cdot \text{K}} \cdot 20\,°\text{C}\right)$$

$$h_{1+x} = 49{,}850\,\frac{\text{kJ}}{\text{kg}_L}$$

Die Enthalpie der Luft im Raum beträgt damit

$$H = m_L \cdot h_{1+x}$$

$$= 35{,}5\,\text{kg}_L \cdot 49{,}850\,\frac{\text{kJ}}{\text{kg}_L}$$

$$H = 1\,769{,}7\,\text{kJ}$$

b) Ermittlung der Enthalpie mithilfe des h_{1+x}, x_W-Diagramms für $p = 0{,}101\,325\,\text{MPa}$ aus Anhang A.7.4:

Bestimmung des Sättigungsdampfdruckes $p_{D,s}$:

Schneidet die Isotherme für $\vartheta = 20\,°\text{C}$ die Kurve für $\varphi = 100\,\%$, so wird entlang der senkrechten Isobare aufwärts am oberen waagerechten Maßstab der Sättigungsdampfdruck $p_{D,s} = 2{,}34\,\text{kPa} = 0{,}0234\,\text{bar}$ abgelesen (siehe Bild 14.4). Genauso für $\vartheta = 20\,°\text{C}$ und $\varphi = 80\,\%$, was einen Dampfdruck von $p_D = 1{,}87\,\text{kPa} = 0{,}0187\,\text{bar}$ ergibt.

Absoluter Wassergehalt und spezifische Enthalpie:

Der Schnittpunkt der Isothermen $\vartheta = 20\,°\text{C}$ mit der Kurve der relativen Luftfeuchte der Raumluft von $\varphi = 80\,\%$ ergibt senkrecht nach unten am unteren Maßstab den absoluten

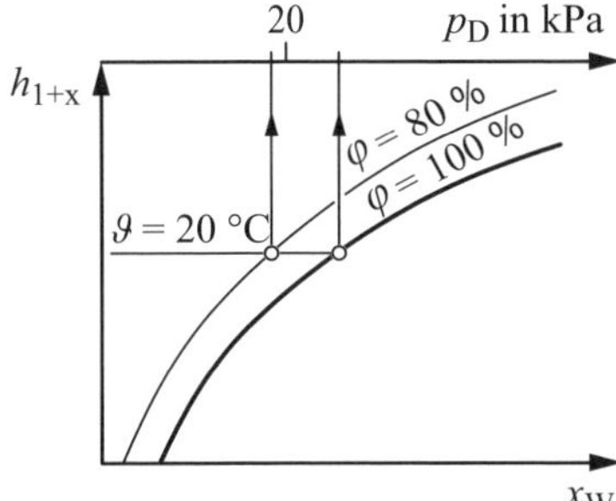

Bild 14.4 Dampfdruck und Sättigungsdampfdruck im h_{1+x}, x_W-Diagramm

14

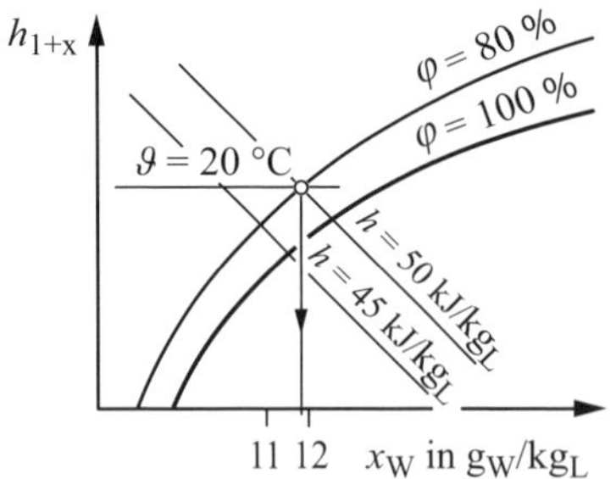

Bild 14.5 Absoluter Wassergehalt und spezifische Enthalpie im h_{1+x},x_W-Diagramm

Wassergehalt von $x_W = 11{,}8\,\frac{g_W}{kg_L}$. Außerdem verläuft durch diesen Schnittpunkt auch die von links oben nach rechts unten führende Isenthalpe von $h_{1+x} = 50{,}0\,\frac{kJ}{kg_L}$ (siehe Bild 14.5). Die Berechnung der Enthalpie der Raumluft erfolgt mit diesem Ablesewert zu

$$H = m_L \cdot h_{1+x}$$

$$= 35{,}5\,kg_L \cdot 50{,}0\,\frac{kJ}{kg_L}$$

$$H = 1\,775{,}0\,kJ$$

und ist damit hinreichend genau. Dieses Beispiel zeigt, wie schnell mithilfe des h_{1+x}, x_W-Diagramms die Fragestellung beantwortet werden konnte.

14.6.2 Taupunkt feuchter Luft

Bei einem Luftdruck von $p = 1\,013{,}25\,mbar$ ist bei einer Lufttemperatur von $\vartheta = 14\,°C$ die relative Luftfeuchtigkeit 80 %.

Unterhalb welcher Temperatur schlägt sich Wasser nieder, wird also der Taupunkt erreicht und unterschritten, wenn sich diese Luft abkühlt?

a) Lösung mithilfe des h_{1+x}, x_W-Diagramms (Anhang A.7.4)

b) rechnerische Lösung

Anmerkung: Die Taupunkttemperatur ist die Temperatur, ab deren Unterschreiten ein Niederschlag von Wasser stattfindet. Dies ist der Fall, wenn der Sättigungszustand erreicht wurde, also $\varphi = 1$ und $x_W = x_{W,max}(\vartheta)$ sind.

gegeben:	Lufttemperatur	$\vartheta = 14\,°C$, $T = 287{,}15\,K$
	Druck	$p = 1\,013{,}25\,mbar = 101\,325\,Pa$
	relative Luftfeuchte	$\varphi = 80\,\% = 0{,}80$
gesucht:	Taupunkttemperatur	ϑ_T in °C

Lösung:

a) Lösung mithilfe des h_{1+x}, x_W-Diagramms:

Am Schnittpunkt der Isotherme für $\vartheta = 14\,°C$ mit der Kurve der relativen Luftfeuchte von $\varphi = 80\,\%$ ist entlang der Senkrechten für den absoluten Wassergehalt von $x_W = x_{W,max}(\vartheta) = 8\,\frac{g_W}{kg_L}$ nach unten bis $\varphi = 100\,\%$ und an diesem Schnittpunkt wiederum nach links auf der

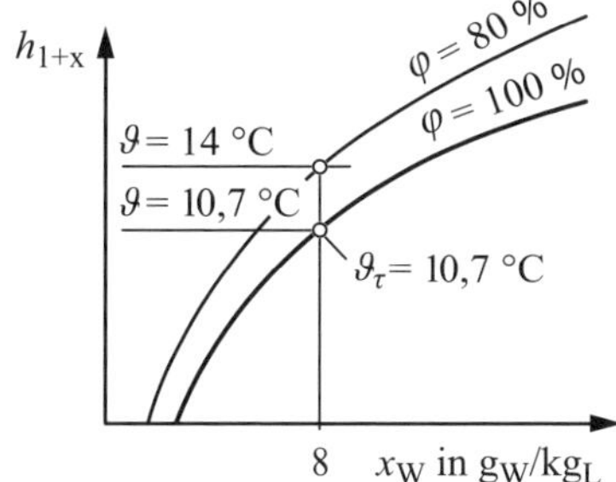

Bild 14.6 Taupunkttemperatur im h_{1+x}, x_W-Diagramm

zugehörigen Isotherme (nahezu waagerecht) zum linken Maßmaßstab der Temperatur zu gehen und $\vartheta = 10{,}7\,°C = \vartheta_\tau$ abzulesen (siehe Bild 14.6).

Die Taupunkttemperatur beträgt demnach $\vartheta_\tau = 10{,}7\,°C$. Unterhalb dieser Temperatur fällt Wasser aus der feuchten Luft aus.

b) rechnerische Lösung der Taupunkttemperatur:

Aus der Tafel der Zustandsgrößen für gesättigte feuchte Luft (Anhang A.4.14) werden der Sättigungspartialdruck und der maximale absolute Wassergehalt bei 14 °C entnommen zu

$$p_{D,s}(14\,°C) = 0{,}01605\,\text{bar} = 1\,605\,\text{Pa}$$

$$x_{W,max}(14\,°C, 1{,}013\,\text{bar}) = 0{,}0102\,\frac{\text{kg}_W}{\text{kg}_L}$$

Der absolute Wassergehalt der Luft ist nach Gleichung (14.292)

$$x_W = 0{,}622\,\frac{\text{kg}_W}{\text{kg}_L}\cdot\varphi\cdot\frac{p_{D,s}(\vartheta)}{p-\varphi\cdot p_{D,s}(\vartheta)} = 0{,}622\,\frac{\text{kg}_W}{\text{kg}_L}\cdot\varphi\cdot\frac{p_{D,s}(14\,°C)}{p-\varphi\cdot p_{D,s}(14\,°C)}$$

$$= 0{,}622\,\frac{\text{kg}_W}{\text{kg}_L}\cdot\frac{0{,}8\cdot 0{,}01605\,\text{bar}}{1{,}01325\,\text{bar}-0{,}8\cdot 0{,}01605\,\text{bar}}\,\frac{\text{kg}_W}{\text{kg}_L}$$

$$x_W = 0{,}00798\,\frac{\text{kg}_W}{\text{kg}_L}$$

Wird $x_W = x_{W,max}(\vartheta) = 0{,}00798\,\frac{\text{kg}_W}{\text{kg}_L}$, so ist in Anhang A.4.14 die Taupunkttemperatur ϑ_τ beim Druck $p = 1{,}013\,\text{bar}$ abzulesen.

Der Tafel ist $x_{W,max}(\vartheta) = 0{,}007667\,\frac{\text{kg}_W}{\text{kg}_L}$ für $\vartheta = 10\,°C$ und $x_{W,max}(\vartheta) = 0{,}008203\,\frac{\text{kg}_W}{\text{kg}_L}$ für $\vartheta = 11\,°C$ zu entnehmen.

Die lineare Interpolation ergibt für die Taupunkttemperatur dann

$$y(x) = \frac{y_2 - y_1}{x_2 - x_1}\cdot(x - x_1) + y_1$$

$$\vartheta_\tau\left(0{,}00798\,\frac{\text{kg}_W}{\text{kg}_L}\right) = \frac{(11-10)\,°C}{(0{,}008203-0{,}007667)\,\frac{\text{kg}_W}{\text{kg}_L}}\cdot(0{,}00798-0{,}007667)\,\frac{\text{kg}_W}{\text{kg}_L}$$

$$+\,10\,°C\;\vartheta_\tau\left(0{,}00798\,\frac{\text{kg}_W}{\text{kg}_L}\right) = 10{,}6\,°C$$

14

14.6.3 Luft als Arbeitsstoff in der Trocknung

Für einen Trockner werden bei einem Luftdruck von 1 000 mbar stündlich 250 m³ Luft von 15 °C mit $\varphi = 0{,}70$ angesaugt und auf 40 °C erwärmt.

a) Welche Wärmeleistung ist hierzu erforderlich? (Zustandsänderung 1–2)

b) Wieviel Kilogramm Wasser können von der Luft im Trockner pro Stunde aufgenommen werden, wenn sie diesen mit einer relativen Luftfeuchte von 90 % verlässt? (Zustand 3)

gegeben:	Temperatur der Luft im Zustand 1	$\vartheta_1 = 15\,°\text{C},\ T_1 = 288{,}15\,\text{K}$
	Temperatur der Luft im Zustand 2	$\vartheta_2 = 40\,°\text{C},\ T_2 = 313{,}15\,\text{K}$
	Druck der feuchten Luft	$p = 1\,000\,\text{mbar} = 100\,000\,\text{Pa}$
	relative Luftfeuchte im Zustand 1	$\varphi_1 = 0{,}70$
	relative Luftfeuchte im Zustand 3	$\varphi_3 = 90\,\% = 0{,}90$
	Volumenstrom	$\dot{V}_1 = 250\,\frac{\text{m}^3}{\text{h}} = 0{,}0694\,\frac{\text{m}^3}{\text{s}}$
gesucht:	erforderliche Wärmeleistung	$\dot{Q}$ in W
	transportierter Wassermassestrom	$\dot{m}_\text{W}$ in $\frac{\text{kg}_\text{W}}{\text{h}}$

Lösung:

a) erforderliche Wärmeleistung zum Aufheizen der feuchten Luft:

Aus Anhang A.4.10 ist der Sättigungspartialdruck des Wasserdampfes im Zustand 1 zu entnehmen.

$$p_{\text{D,s,1}}\left(15\,°\text{C}\right) = 17{,}10\,\text{mbar} = 1\,710\,\text{Pa}$$

Die notwendige Wärmeleistung berechnet sich aus der Differenz der Enthalpieströme (vgl. Gleichung (5.75), hier schon zeitspezifisch geschrieben)

$$\dot{Q}_{12} = \Delta\dot{H} = \dot{H}_2 - \dot{H}_1 = \dot{m}\cdot(h_2 - h_1)$$

Der hier benötigte Massestrom an trockener Luft, diese als ideales Gas angenommen, ist aus der Gasgleichung (5.49) mit zeitspezifischen Größen und nach dem Massestrom umgestellt mit den Größen des Zustandes 1

$$p\cdot\dot{V} = \dot{m}\cdot R\cdot T$$

$$\dot{m}_\text{L} = \frac{p_{\text{L},1}\cdot\dot{V}_1}{R\cdot T_1}$$

Der Partialdruck der trockenen Luft p_L (nicht der Druck der feuchten Luft p!) ist aus Gleichung (3.21)

$$p_\text{ges} = \sum_{i=1}^{k} p_\text{i} = p = p_{\text{L},1} + p_{\text{D},1}$$

$$p_{\text{L},1} = p - p_{\text{D},1}$$

Der Partialdruck des Wasserdampfes p_D ist wiederum aus Gleichung (14.289) und nach diesem umgestellt

$$\varphi(\vartheta) = \frac{p_\text{D}}{p_{\text{D,S}}(\vartheta)} = \varphi_1 = \frac{p_{\text{D},1}}{p_{\text{D,S},1}(\vartheta_1)}$$

$$p_{\text{D},1} = \varphi_1\cdot p_{\text{D,S},1}(\vartheta_1) = 0{,}70\cdot 1\,710\,\text{Pa}$$

$$p_{\text{D},1} = 1\,197\,\text{Pa}$$

Dann ist der Partialdruck der trockenen Luft im Zustand 1

$$p_{L,1} = p - p_{D,1}$$
$$= 100\,000\,\text{Pa} - 1\,197\,\text{Pa}$$
$$p_{L,1} = 98\,803\,\text{Pa}$$

Damit ist der Massestrom trockener Luft mit der spezifischen Gaskonstante für trockene Luft aus Anhang A.4.1, $R = 287{,}1\,\frac{\text{J}}{\text{kg}_\text{L}\cdot\text{K}} = 287{,}1\,\frac{\text{N}\cdot\text{m}}{\text{kg}_\text{L}\cdot\text{K}}$, dann

$$\dot{m}_L = \frac{98\,803\,\text{Pa}\cdot 0{,}0694\,\frac{\text{m}^3}{\text{s}}}{287{,}1\,\frac{\text{N}\cdot\text{m}}{\text{kg}_\text{L}\cdot\text{K}}\cdot 288{,}15\,\text{K}} = 0{,}08288\,\frac{\text{kg}_\text{L}}{\text{s}}\cdot\frac{3600\,\text{s}}{1\,\text{h}}$$
$$\dot{m}_L = 298{,}4\,\frac{\text{kg}_\text{L}}{\text{h}}$$

Die spezifischen Enthalpien h_{1+x} des Arbeitsstoffes „feuchte Luft" in den Zuständen 1 und 2 sind nach Gleichung (14.298)

$$h_{1+x} = c_{p,L}\cdot\vartheta + x_W\cdot\left(\Delta h_{V,0} + c_{p,D}\cdot\vartheta\right)$$

Zustand 1:

Aus Anhang A.4.15 wird die spezifische Wärmekapazität der trockenen Luft bei 15 °C aus den Werten von 10 °C und 20 °C interpoliert zu $c_{p,L,1}$ (15 °C; 1,0 bar) = $1{,}00625\,\frac{\text{kJ}}{\text{kg}_\text{L}\cdot\text{K}}$, aus Anhang A.4.10 die spezifische Verdampfungsenthalpie von Wasser bei 0 °C, $\Delta h_{V,0} = 2\,500{,}93\,\frac{\text{kJ}}{\text{kg}_\text{W}}$ abgelesen, und aus Anhang A.4.7 die spezifische Wärmekapazität des Wasserdampfes bei 15 °C aus den Werten von 0 °C und 20 °C interpoliert zu $c_{p,D,1}(15\,°\text{C}) = 1{,}862\,\frac{\text{kJ}}{\text{kg}_\text{W}\cdot\text{K}}$.
Die absolute Feuchte berechnet Gleichung (14.292)

$$x_{W,1} = 0{,}622\,\frac{\text{kg}_\text{W}}{\text{kg}_\text{L}}\cdot\varphi_1\cdot\frac{p_{D,S,1}(\vartheta_1)}{p - \varphi_1\cdot p_{D,S,1}(\vartheta_1)}$$
$$= 0{,}622\,\frac{\text{kg}_\text{W}}{\text{kg}_\text{L}}\cdot 0{,}70\cdot\frac{1\,710\,\text{Pa}}{100\,000\,\text{Pa} - 0{,}70\cdot 1\,710\,\text{Pa}}$$
$$x_{W,1} = 0{,}00754\,\frac{\text{kg}_\text{W}}{\text{kg}_\text{L}}$$

Damit ist dann die spezifische Enthalpie der feuchten Luft im Zustand 1

$$h_{1+x,1} = c_{p,L,1}\cdot\vartheta_1 + x_{W,1}\cdot\left(\Delta h_{V,0} + c_{p,D,1}\cdot\vartheta_1\right)$$
$$= 1{,}00625\,\frac{\text{kJ}}{\text{kg}_\text{L}\cdot\text{K}}\cdot 15\,°\text{C} + 0{,}00754\,\frac{\text{kg}_\text{W}}{\text{kg}_\text{L}}\cdot\left(2\,500{,}93\,\frac{\text{kJ}}{\text{kg}_\text{W}} + 1{,}862\,\frac{\text{kJ}}{\text{kg}_\text{W}\cdot\text{K}}\cdot 15\,°\text{C}\right)$$
$$h_{1+x,1} = 34{,}161\,\frac{\text{kJ}}{\text{kg}_\text{L}}$$

Zustand 2:

Aus Anhang A.4.15 wird die spezifische Wärmekapazität der trockenen Luft bei 40 °C aus den Werten von 30 °C und 50 °C interpoliert zu $c_{p,L,2}$ (40 °C; 1,0 bar) = $1{,}0072\,\frac{\text{kJ}}{\text{kg}_\text{L}\cdot\text{K}}$, aus Anhang A.4.10 die spezifische Verdampfungsenthalpie von Wasser bei 0 °C, $\Delta h_{V,0} = 2\,500{,}93\,\frac{kJ}{kg_W}$ abgelesen, und aus Anhang A.4.7 die spezifische Wärmekapazität des Wasserdampfes bei 40 °C aus den Werten von 20 °C und 50 °C interpoliert zu $c_{p,D,2}(40\,°C) = 1{,}868\,\frac{kJ}{kg_W \cdot K}$.

Anmerkung: Die absolute Feuchte ist hier die des Zustandes 1, da die Luft noch keinen Kontakt mit dem zu trocknenden Gut hatte!

$$x_{W,2} = x_{W,1} = 0{,}007\,54\,\frac{kg_W}{kg_L}$$

Die spezifische Enthalpie der feuchten Luft im Zustand 2 ist dann

$$\begin{aligned} h_{1+x,2} &= c_{p,L,2} \cdot \vartheta_2 + x_{W,2} \cdot \left(\Delta h_{V,0} + c_{p,D,2} \cdot \vartheta_2\right) \\ &= 1{,}0072\,\frac{kJ}{kg_L \cdot K} \cdot 40\,°C + 0{,}007\,54\,\frac{kg_W}{kg_L} \cdot \left(2\,500{,}93\,\frac{kJ}{kg_W} + 1{,}868\,\frac{kJ}{kg_W \cdot K} \cdot 40\,°C\right) \\ h_{1+x,1} &= 59{,}708\,\frac{kJ}{kg_L} \end{aligned}$$

Die notwendige Wärmeleistung, also die Enthalpieänderung von Zustand 1 nach Zustand 2, ist dann schließlich

$$\begin{aligned} \dot{Q}_{12} &= \dot{m}_L \cdot (h_2 - h_1) = \dot{m}_L \cdot \left(h_{1+x,2} - h_{1+x,1}\right) \\ &= 298{,}4\,\frac{kg_L}{h} \cdot (59{,}708 - 34{,}161)\,\frac{kJ}{kg_L} = 7\,623{,}2\,\frac{kJ}{h} \cdot \frac{1\,h}{3\,600\,s} \\ \dot{Q}_{12} &= 2{,}118\,kW \approx 2{,}2\,kW \end{aligned}$$

b) transportierter Wassermassestrom:

Anmerkung: Der transportierte Wassermassestrom berechnet sich aus dem Unterschied der absoluten Feuchten zwischen Zustand 2 und Zustand 3 und dem sie austragenden Massestrom an trockener Luft. Also

$$\dot{m}_W = \dot{m}_L \cdot \left(x_{W,3} - x_{W,2}\right)$$

Aus Anhang A.4.10 ist der Sättigungspartialdruck des Wasserdampfes im Zustand 3 zu entnehmen.

$$p_{D,S,3}\left(40\,°C\right) = 73{,}80\,mbar = 7\,380\,Pa$$

Die absolute Feuchte im Zustand 3 ist ebenfalls nach Gleichung (14.292)

$$\begin{aligned} x_{W,3} &= 0{,}622\,\frac{kg_W}{kg_L} \cdot \varphi_2 \cdot \frac{p_{D,S,3}(\vartheta_2)}{p - \varphi_2 \cdot p_{D,S,3}(\vartheta_2)} \\ &= 0{,}622\,\frac{kg_W}{kg_L} \cdot 0{,}90 \cdot \frac{7\,380\,Pa}{100\,000\,Pa - 0{,}90 \cdot 7\,380\,Pa} \\ x_{W,3} &= 0{,}044\,25\,\frac{kg_W}{kg_L} \end{aligned}$$

Dann ist der Wassermassestrom $\dot{m}_W$

$$\dot{m}_W = 298{,}4\,\frac{kg_L}{h} \cdot (0{,}044\,25 - 0{,}007\,54)\,\frac{kg_W}{kg_L}$$

$$\dot{m}_W = 10{,}95\,\frac{kg_W}{h}$$

Es werden demnach ca. 11 kg Wasser pro Stunde dem zu trocknenden Gut entzogen und mit der am Trocknereintritt auf 40 °C erwärmten feuchten Luft abtransportiert, sodass am Trockneraustritt die relative Feuchte der Luft 90 % nicht übersteigt.

14.6.4 Kühlen, Entfeuchten, Nachheizen, Konditionierung feuchter Luft

Es soll Luft bei einem Druck von 1 bar von 26 °C und einer relativen Luftfeuchte von 90 % (Zustand 1) derart konditioniert werden, dass sie im Endzustand eine relative Luftfeuchte von 78 % bei einer Temperatur von 20 °C hat.

Anmerkung zum Lösungsweg: Die Luft muss gekühlt werden, um Feuchte zu verlieren. Anschließend wird sie nachgeheizt. Der Ausgangszustand ist Zustand 1, nach Kühlung und Feuchteentzug Zustand 2 und der gewünschte Endzustand nach der Nachheizung bei gleichbleibender absoluter Feuchte ist Zustand 3. Der Vorgang ist in Bild 14.7 dargestellt.

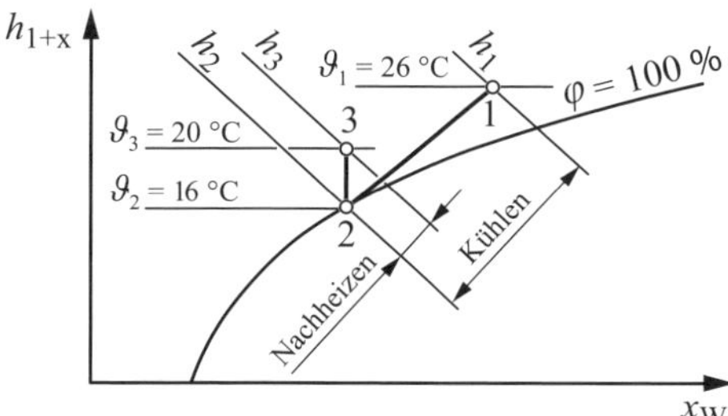

Bild 14.7 Kühlen/Entfeuchten und Nachheizen im h_{1+x},x_W-Diagramm

Entsprechend Bild 14.2 liegt zuerst die Zustandsänderung 1–7 und anschließend die Zustandsänderung 1–2 vor.

Die Kühlung der feuchten Luft erfolgt mittels eines Oberflächenkühlers. Je nach Temperatur der Oberfläche der vom Kühlmedium durchströmten Rohre kann ein Teil der Luft schon früher den Taupunkt erreichen. Durch anschließende Vermischung mit noch nicht so stark abgekühlter Luft und fortgesetzter Kühlung wird Zustand 2 erreicht. Der Verlauf der Kurve zwischen Zustand 1 und 2 ist von der Bauart des Kühlers (Glatt- oder Rippenrohr) und von der Führung des Feuchtluftstromes zum Kühlmedium im Kühler (Gleich-, Gegen- oder Kreuzstrom) abhängig. Siehe hierzu auch Abschnitt 13.4.

gegeben:	Temperatur Zustand 1	$\vartheta_1 = 26\,°C$, $T_1 = 299{,}15\,K$
	Temperatur Zustand 3	$\vartheta_3 = 20\,°C$, $T_3 = 293{,}15\,K$
	Druck der feuchten Luft	$p = 1\,bar = 100\,000\,Pa$
	relative Luftfeuchte Zustand 1	$\varphi_1 = 90\,\% = 0{,}90$
	relative Luftfeuchte Zustand 3	$\varphi_3 = 78\,\% = 0{,}78$
gesucht:	Werte, um Zustand 3 zu erreichen	a) Feuchteentzug b) Enthalpieminderung c) Enthalpiesteigerung

Lösung:

a) Feuchteentzug:

Der Sättigungspartialdruck des Wasserdampfes im Zustand 1 $p_{D,S,1}(\vartheta_1)$ und Zustand 3 $p_{D,S,3}(\vartheta_3)$ aus Anhang A.4.10 ist:

$$p_{D,S,1}(26\,°C) = 33{,}60\,mbar = 3\,360\,Pa$$
$$p_{D,S,3}(20\,°C) = 23{,}40\,mbar = 2\,340\,Pa$$

Die absolute Feuchte der Luft für die Zustände 1 und 3 ist nach Gleichung (14.292)

$$x_W = 0{,}622\,\frac{kg_W}{kg_L}\cdot\varphi\cdot\frac{p_{D,S}(\vartheta)}{p-\varphi\cdot p_{D,S}(\vartheta)}$$

$$x_{W,1} = 0{,}622\,\frac{kg_W}{kg_L}\cdot\varphi_1\cdot\frac{p_{D,S,1}}{p-\varphi_1\cdot p_{D,S,1}}$$

$$= 0{,}622\,\frac{kg_W}{kg_L}\cdot 0{,}90\cdot\frac{3\,360\,Pa}{100\,000\,Pa - 0{,}90\cdot 3\,360\,Pa}$$

$$x_{W,1} = 0{,}019\,4\,\frac{kg_W}{kg_L}$$

$$x_{W,3} = 0{,}622\,\frac{kg_W}{kg_L}\cdot\varphi_3\cdot\frac{p_{D,S,2}}{p-\varphi_3\cdot p_{D,S,2}}$$

$$= 0{,}622\,\frac{kg_W}{kg_L}\cdot 0{,}78\cdot\frac{2\,340\,Pa}{100\,000\,Pa - 0{,}78\cdot 2\,340\,Pa}$$

$$x_{W,3} = 0{,}011\,6\,\frac{kg_W}{kg_L}$$

Es muss demnach bei der Kühlung wegen Unterschreitung der Sättigungstemperatur die absolute Feuchte Δx_W ausgeschieden werden; diese ist dann

$$\Delta x_W = x_{W,1} - x_{W,3}$$

$$= (0{,}019\,4 - 0{,}011\,6)\,\frac{kg_W}{kg_L}$$

$$\Delta x_W = 0{,}007\,8\,\frac{kg_W}{kg_L}$$

Da der Feuchteentzug nur von Zustand 1 nach Zustand 2 stattfindet, ist also $x_{W,2} = x_{W,3}$. Die zur absoluten Feuchte $x_{W,2} = x_{W,3} = 0{,}011\,6\,\frac{kg_W}{kg_L}$ bei 1 bar Luftdruck zugehörige Sättigungstemperatur ist in Anhang A.4.14 mit etwa $\vartheta_s = \vartheta_2 = 16\,°C$ zu finden. Auf diese Temperatur muss also die feuchte Luft im Zustand 2 abgekühlt werden. Vergleiche auch Beispiel 14.6.2.

b) Enthalpieminderung 1–2 (Kühlung der feuchten Luft):

Die spezifische Enthalpie der feuchten Luft im Zustand 1 ist nach Gleichung (14.298)

$$h_{1+\mathrm{x}} = c_{p,\mathrm{L}} \cdot \vartheta + x_{\mathrm{W}} \cdot \left(\Delta h_{\mathrm{V},0} + c_{p,\mathrm{D}} \cdot \vartheta\right)$$

Aus Anhang A.4.15 wird die spezifische Wärmekapazität der trockenen Luft bei 26 °C aus den Werten von 20 °C und 30 °C interpoliert zu $c_{p,\mathrm{L},1}\,(26\,°\mathrm{C}; 1{,}0\,\mathrm{bar}) = 1{,}00658\,\frac{\mathrm{kJ}}{\mathrm{kg_L \cdot K}}$. Dies wird beispielhaft hier wiedergegeben.

$$y(x) = \frac{y_2 - y_1}{x_2 - x_1} \cdot (x - x_1) + y_1$$

$$c_{p,\mathrm{L}}\left(\vartheta = 26\,°\mathrm{C}\right) = \frac{c_{p,\mathrm{L,T2}} - c_{p,\mathrm{L,T1}}}{\vartheta_{\mathrm{T2}} - \vartheta_{\mathrm{T1}}} \cdot (\vartheta - \vartheta_{\mathrm{T1}}) + c_{p,\mathrm{L,T1}}$$

$$= \frac{(1{,}0067 - 1{,}0064)\,\frac{\mathrm{kJ}}{\mathrm{kg_L \cdot K}}}{30\,°\mathrm{C} - 20\,°\mathrm{C}} \cdot \left(26\,°\mathrm{C} - 20\,°\mathrm{C}\right) + 1{,}0064\,\frac{\mathrm{kJ}}{\mathrm{kg_L \cdot K}}$$

$$c_{p,\mathrm{L}}\left(\vartheta = 26\,°\mathrm{C}\right) = 1{,}00658\,\frac{\mathrm{kJ}}{\mathrm{kg_L \cdot K}}$$

Die spezifische Verdampfungsenthalpie von Wasser bei 0 °C, $\Delta h_{\mathrm{V},0} = 2\,500{,}93\,\frac{\mathrm{kJ}}{\mathrm{kg_W}}$, wird in Anhang A.4.10 abgelesen, und aus Anhang A.4.7 die spezifische Wärmekapazität des Wasserdampfes bei 26 °C aus den Werten von 20 °C und 50 °C interpoliert zu $c_{p,\mathrm{D},1}(26\,°\mathrm{C}) = 1{,}865\,\frac{\mathrm{kJ}}{\mathrm{kg_W \cdot K}}$.

Somit ist die spezifische Enthalpie der feuchten Luft im Zustand 1

$$h_{1+\mathrm{x},1} = c_{p,\mathrm{L},1} \cdot \vartheta_1 + x_{\mathrm{W},1} \cdot \left(\Delta h_{\mathrm{V},0} + c_{p,\mathrm{D},1} \cdot \vartheta_1\right)$$

$$= 1{,}00658\,\frac{\mathrm{kJ}}{\mathrm{kg_L \cdot K}} \cdot 26\,°\mathrm{C} + 0{,}0194\,\frac{\mathrm{kg_W}}{\mathrm{kg_L}} \cdot \left(2\,500{,}93\,\frac{\mathrm{kJ}}{\mathrm{kg_W}} + 1{,}865\,\frac{\mathrm{kJ}}{\mathrm{kg_W \cdot K}} \cdot 26\,°\mathrm{C}\right)$$

$$h_{1+\mathrm{x},1} = 75{,}63\,\frac{\mathrm{kJ}}{\mathrm{kg_L}}$$

Die spezifische Enthalpie im Zustand 2 ist ebenfalls nach Gleichung (14.298) zu berechnen.

Aus Anhang A.4.15 wird die spezifische Wärmekapazität der trockenen Luft bei 16 °C aus den Werten von 10 °C und 20 °C interpoliert zu $c_{p,\mathrm{L},2}\,(16\,°\mathrm{C}; 1{,}0\,\mathrm{bar}) = 1{,}00628\,\frac{\mathrm{kJ}}{\mathrm{kg_L \cdot K}}$. Es bleibt $\Delta h_{\mathrm{V},0} = 2\,500{,}93\,\frac{\mathrm{kJ}}{\mathrm{kg_W}}$ und aus Anhang A.4.7 ist die spezifische Wärmekapazität des Wasserdampfes bei 16 °C aus den Werten von 0 °C und 20 °C interpoliert zu $c_{p,\mathrm{D},2}\,(16\,°\mathrm{C}) = 1{,}8622\,\frac{\mathrm{kJ}}{\mathrm{kg_W \cdot K}}$. Dann ist

$$h_{1+\mathrm{x},2} = c_{p,\mathrm{L},2} \cdot \vartheta_2 + x_{\mathrm{W},2} \cdot \left(\Delta h_{\mathrm{V},0} + c_{p,\mathrm{D},2} \cdot \vartheta_2\right)$$

$$= 1{,}00628\,\frac{\mathrm{kJ}}{\mathrm{kg_L \cdot K}} \cdot 16\,°\mathrm{C} + 0{,}0116\,\frac{\mathrm{kg_W}}{\mathrm{kg_L}} \cdot \left(2\,500{,}93\,\frac{\mathrm{kJ}}{\mathrm{kg_W}} + 1{,}8622\,\frac{\mathrm{kJ}}{\mathrm{kg_W \cdot K}} \cdot 16\,°\mathrm{C}\right)$$

$$h_{1+\mathrm{x},2} = 45{,}46\,\frac{\mathrm{kJ}}{\mathrm{kg_L}}$$

Da hier gesättigter Zustand vorliegt, ist es möglich, $h_{1+\mathrm{x},2}$ direkt aus Anhang A.4.14 zu entnehmen. Es kann dort abgelesen werden: $h_\mathrm{s}\,(16\,°\mathrm{C}, 1\,\mathrm{bar}) = 45{,}38\,\frac{\mathrm{kJ}}{\mathrm{kg}}$.

Anmerkung: Die Wärme des ausfallenden Kondensates muss hier nicht durch die Luft abgeführt werden. Sie wird zusammen mit dem Kondensatmassestrom ausgetragen. Siehe hierzu auch Gleichung (3.10).

Es gilt demnach folgende Enthalpiebilanz:

Enthalpieentzug = spez. Enthalpie Zustand 1 – spez. Enthalpie Zustand 2
– spez. Enthalpie der abgeführten Kondensatmasse

$$\Delta h = h_{1+x,1} - h_{1+x,2} - \left(x_{W,1} - x_{W,2}\right) \cdot h'(\vartheta_2)$$

Aus der Wassertafel Anhang A.4.10 ist die spezifische Enthalpie des Kondensates bei $\vartheta_2 = 16\,°C$: $h' = 67{,}17\,\frac{kJ}{kg}$. Dann ist die spezifische Enthalpiedifferenz

$$\Delta h = 75{,}63\,\frac{kJ}{kg} - 45{,}46\,\frac{kJ}{kg} - (0{,}0194 - 0{,}0116)\,\frac{kg}{kg} \cdot 67{,}17\,\frac{kJ}{kg}$$

$$\Delta h = 29{,}65\,\frac{kJ}{kg}$$

Der feuchten Luft müssen demnach $29{,}65\,\frac{kJ}{kg}$ Wärme entzogen werden.

c) Enthalpiesteigerung 2–3 (Wärmezufuhr bei gleichbleibender absoluter Feuchte):

Die spezifische Enthalpie der feuchten Luft im Zustand 3 ist nach Gleichung (14.298) und den Stoffwerten für die spezifische Wärmekapazität der trockenen Luft aus Anhang A.4.15 $c_{p,L,3}(20\,°C; 1{,}0\,bar) = 1{,}0064\,\frac{kJ}{kg_L \cdot K}$, $\Delta h_{V,0} = 2\,500{,}93\,\frac{kJ}{kg_W}$ wird in Anhang A.4.10 abgelesen und aus Anhang A.4.7 die spezifische Wärmekapazität des Wasserdampfes bei 20 °C zu $c_{p,D,3}(20\,°C) = 1{,}863\,\frac{kJ}{kg_W \cdot K}$ beschafft.

$$h_{1+x,3} = c_{p,L,3} \cdot \vartheta_3 + x_{W,3} \cdot \left(\Delta h_{V,0} + c_{p,D,3} \cdot \vartheta_3\right)$$

$$= 1{,}0064\,\frac{kJ}{kg_L \cdot K} \cdot 20\,°C + 0{,}0116\,\frac{kg_W}{kg_L} \cdot \left(2\,500{,}93\,\frac{kJ}{kg_W} + 1{,}863\,\frac{kJ}{kg_W \cdot K} \cdot 20\,°C\right)$$

$$h_{1+x,3} = 49{,}57\,\frac{kJ}{kg_L}$$

Um die feuchte Luft von Zustand 2 nach Zustand 3 zu erwärmen, ist folgende Enthalpiesteigerung notwendig.

$$\Delta h = h_{1+x,3} - h_{1+x,2}$$

$$= 49{,}57\,\frac{kJ}{kg_L} - 45{,}46\,\frac{kJ}{kg_L}$$

$$\Delta h = 4{,}01\,\frac{kJ}{kg_L}$$

Der feuchten Luft im Zustand 2 müssen also ca. $4\,\frac{kJ}{kg_L}$ zugeführt werden, um die Konditionen des Zustandes 3 zu erfüllen. Die absolute Feuchte bleibt dabei die des Zustandes 2.

14.6.5 Mischen feuchter Luft

Für eine Klimatisierungsanwendung werden stündlich 5 000 kg feuchte Luft von 75 % relativer Feuchte und einer Temperatur von 17 °C gewünscht. Zur Verfügung steht Außenluft der Temperatur 5 °C mit einer relativen Feuchte von 90 % und Raumluft von 20 °C und 70 % relativer Feuchte. Es herrsche ein Luftdruck von 1 013,25 mbar.

Welche Masseströme an Raum- und Außenluft sind notwendig, um die gewünschte Mischung feuchter Luft herzustellen?

gegeben:	Temperatur der Mischluft	$\vartheta_{mix} = 17\,°C$
	Temperatur der Außenluft	$\vartheta_{AL} = 5\,°C$
	Temperatur der Raumluft	$\vartheta_{RL} = 20\,°C$
	Massestrom Mischluft	$\dot{m}_{f,mix} = 5\,000\,\frac{kg}{h}$
	Druck der feuchten Luft	$p = 1\,013{,}25\,mbar = 101\,325\,Pa$
	relative Feuchte der Mischluft	$\varphi_{mix} = 75\,\% = 0{,}75$
	relative Feuchte der Außenluft	$\varphi_{AL} = 90\,\% = 0{,}90$
	relative Feuchte der Raumluft	$\varphi_{RL} = 70\,\% = 0{,}70$
gesucht:	Masseströme der feuchten Raum- und Außenluft in der Mischung	$\dot{m}_{f,RL}, \dot{m}_{f,AL}$ in $\frac{kg}{h}$

Lösung:

Zunächst werden die Sättigungspartialdrücke des Wasserdampfes der beteiligten Luftzustände aus Anhang A.4.10 ermittelt.

$$p_{D,s,AL}\left(5\,°C\right) = 8{,}73\,mbar = 873\,Pa$$
$$p_{D,s,RL}\left(20\,°C\right) = 23{,}4\,mbar = 2\,340\,Pa$$
$$p_{D,s}\left(16\,°C\right) = 18{,}2\,mbar = 1\,820\,Pa$$
$$p_{D,s}\left(18\,°C\right) = 20{,}6\,mbar = 2\,060\,Pa$$

Der Sättigungspartialdruck des Wasserdampfes der Mischung $p_{D,s,mix}\,(\vartheta_{mix} = 17\,°C)$ muss mithlfe der linearen Interpolation bestimmt werden.

$$y\,(x) = \frac{y_2 - y_1}{x_2 - x_1} \cdot (x - x_1) + y_1$$
$$p_{D,s,mix}\left(17\,°C\right) = \frac{(2\,060 - 1\,820)\,Pa}{(18 - 16)\,°C} \cdot (17 - 16)\,°C + 1\,820\,Pa$$
$$p_{D,s,mix}\left(17\,°C\right) = 1\,940\,Pa$$

Die Berechnung der absoluten Feuchte der Luftzustände erfolgt nach Gleichung (14.292)

$$x_{W,AL} = 0{,}622\,\frac{kg_W}{kg_L} \cdot \varphi_{AL} \cdot \frac{p_{D,s,AL}\,(5\,°C)}{p - \varphi_{AL} \cdot p_{D,s,AL}\,(5\,°C)}$$
$$= 0{,}622\,\frac{kg_W}{kg_L} \cdot 0{,}90 \cdot \frac{873\,Pa}{101\,325\,Pa - 0{,}90 \cdot 873\,Pa}$$
$$x_{W,AL} = 0{,}004\,86\,\frac{kg_W}{kg_L}$$
$$x_{W,RL} = 0{,}622\,\frac{kg_W}{kg_L} \cdot \varphi_{RL} \cdot \frac{p_{D,s,RL}\,(20\,°C)}{p - \varphi_{RL} \cdot p_{D,s,RL}\,(20\,°C)}$$
$$= 0{,}622\,\frac{kg_W}{kg_L} \cdot 0{,}70 \cdot \frac{2\,340\,Pa}{101\,325\,Pa - 0{,}70 \cdot 2\,340\,Pa}$$

$$x_{\mathrm{W,RL}} = 0{,}01022\,\frac{\mathrm{kg_W}}{\mathrm{kg_L}}$$

$$x_{\mathrm{W,mix}} = 0{,}622\,\frac{\mathrm{kg_W}}{\mathrm{kg_L}} \cdot \varphi_{\mathrm{mix}} \cdot \frac{p_{\mathrm{D,s,mix}}(17\,^\circ\mathrm{C})}{p - \varphi_{\mathrm{mix}} \cdot p_{\mathrm{D,s,mix}}(17\,^\circ\mathrm{C})}$$

$$= 0{,}622\,\frac{\mathrm{kg_W}}{\mathrm{kg_L}} \cdot 0{,}75 \cdot \frac{1940\,\mathrm{Pa}}{101325\,\mathrm{Pa} - 0{,}75 \cdot 1940\,\mathrm{Pa}}$$

$$x_{\mathrm{W,mix}} = 0{,}00906\,\frac{\mathrm{kg_W}}{\mathrm{kg_L}}$$

Die trockene Mischluftmasse $\dot{m}_{\mathrm{L,mix}}$ ergibt sich aus Gleichung (14.288). Diese mit zeitspezifischen Größen geschrieben und umgestellt nach $\dot{m}_{\mathrm{L,mix}}$ ist

$$\dot{m}_{\mathrm{f}} = \dot{m}_{\mathrm{L}} \cdot (1 + x_{\mathrm{W}})$$

$$\dot{m}_{\mathrm{L,mix}} = \frac{\dot{m}_{\mathrm{f,mix}}}{1 + x_{\mathrm{W,mix}}} = \frac{5000\,\frac{\mathrm{kg}}{\mathrm{h}}}{1 + 0{,}00906\,\frac{\mathrm{kg_W}}{\mathrm{kg_L}}}$$

$$\dot{m}_{\mathrm{L,mix}} = 4955{,}1\,\frac{\mathrm{kg_L}}{\mathrm{h}}$$

Das Mischungsverhältnis der beiden trockenen Luftmassen ist mit Gleichung (14.304), hier schon mit zeitspezifischen Größen geschrieben

$$\frac{\dot{m}_1}{\dot{m}_2} = \frac{x_{\mathrm{W,2}} - x_{\mathrm{W,mix}}}{x_{\mathrm{W,mix}} - x_{\mathrm{W,1}}}$$

$$\frac{\dot{m}_{\mathrm{L,AL}}}{\dot{m}_{\mathrm{L,RL}}} = \frac{x_{\mathrm{W,RL}} - x_{\mathrm{W,mix}}}{x_{\mathrm{W,mix}} - x_{\mathrm{W,AL}}} = \frac{(0{,}01022 - 0{,}00906)\,\frac{\mathrm{kg_W}}{\mathrm{kg_L}}}{(0{,}00906 - 0{,}00486)\,\frac{\mathrm{kg_W}}{\mathrm{kg_L}}}$$

$$\frac{\dot{m}_{\mathrm{L,AL}}}{\dot{m}_{\mathrm{L,RL}}} = 0{,}276 = k$$

Für die trockenen Luftmasseströme gilt:

$\dot{m}_{\mathrm{L,mix}} = \dot{m}_{\mathrm{L,AL}} + \dot{m}_{\mathrm{L,RL}}$ und $\frac{\dot{m}_{\mathrm{L,AL}}}{\dot{m}_{\mathrm{L,RL}}} = k$, also $\frac{\dot{m}_{\mathrm{L,AL}}}{k} = \dot{m}_{\mathrm{L,RL}}$ und ineinander eingesetzt und $\dot{m}_{\mathrm{L,AL}}$ ausgeklammert, ist

$$\dot{m}_{\mathrm{L,mix}} = \dot{m}_{\mathrm{L,AL}} + \frac{\dot{m}_{\mathrm{L,AL}}}{k} = \dot{m}_{\mathrm{L,AL}} \cdot \left(1 + \frac{1}{k}\right)$$

Umgestellt nach der trockenen Außenluftmasse $\dot{m}_{\mathrm{L,AL}}$ ist dann

$$\dot{m}_{\mathrm{L,AL}} = \frac{\dot{m}_{\mathrm{L,mix}}}{1 + \frac{1}{k}} = \frac{4955{,}1\,\frac{\mathrm{kg_L}}{\mathrm{h}}}{1 + \frac{1}{0{,}276}}$$

$$\dot{m}_{\mathrm{L,AL}} = 1071{,}8\,\frac{\mathrm{kg_L}}{\mathrm{h}}$$

Die feuchte Außenluftmasse $\dot{m}_{f,AL}$ ergibt sich mit Gleichung (14.288) zu

$$\dot{m}_{f,AL} = \dot{m}_{L,AL} \cdot \left(1 + x_{W,AL}\right)$$

$$= 1\,071{,}8\,\frac{kg_L}{h} \cdot \left(1 + 0{,}004\,86\,\frac{kg_W}{kg_L}\right)$$

$$\dot{m}_{f,AL} = 1\,077{,}0\,\frac{kg}{h}$$

Die feuchte Raumluftmasse ist dann:

$$\dot{m}_{f,RL} = \dot{m}_{f,mix} - \dot{m}_{f,AL}$$

$$= (5\,000 - 1\,077)\,\frac{kg}{h}$$

$$\dot{m}_{f,RL} = 3\,923\,\frac{kg}{h}$$

Es müssen demnach $1\,077\,\frac{kg}{h}$ Außenluft und $3\,923\,\frac{kg}{h}$ Raumluft miteinander gemischt werden, um $5\,000\,\frac{kg}{h}$ Mischluft entsprechend geforderter Kondition zu erhalten.

14.6.6 Psychrometer

Bei einem Luftdruck von 1,013 25 bar zeigt das trockene Thermometer eines Psychrometers eine Temperatur von 25 °C, das gut belüftete (Luftgeschwindigkeit 2…3 $\frac{m}{s}$) feuchte Thermometer eine Temperatur von 20 °C an.

Wie groß ist die relative Luftfeuchte

a) rechnerisch ermittelt und

a) grafisch nach dem h_{1+x}, x_W-Diagramm (Anhang A.7.4)?

gegeben:	Temperatur des trockenen Thermometers	$\vartheta_{tr} = 25\,°C$
	Temperatur des feuchten Thermometers	$\vartheta_f = 20\,°C$
	Luftdruck	$p_L = 1{,}013\,25\,bar$
gesucht:	relative Luftfeuchte	φ in %

Lösung:

a) rechnerische Bestimmung der relativen Luftfeuchte φ:

Um die relative Luftfeuchte φ der Raumluft zu berechnen (Gleichung (14.292)), ist es notwendig, den Wassergehalt x_W der Raumluft zu kennen. Dieser wird u. a. in Gleichung (14.298) für die Enthalpie der Raumluft verwendet.

$$h_{1+x} = c_{p,L} \cdot \vartheta_{tr} + x_W \cdot \left(\Delta h_{V,0} + c_{p,D} \cdot \vartheta_{tr}\right)$$

Da hier der Wert der Enthalpie der feuchten Raumluft h_{1+x} unbekannt, jedoch aber die Temperatur des feuchten Thermometers bekannt ist (Sättigungszustand) und weitere Zustandsgrößen für gesättigte feuchte Luft aus Anhang A.4.14 entnommen werden können, bietet sich die Verwendung folgender Gleichung an, die die Enthalpie der feuchten Raumluft in Abhängigkeit der Zustandsgrößen des Sättigungszustandes der feuchten Luft zeigt.

$$h_{1+x} = h_{1+x,s,f} - c_{p,W} \cdot \vartheta_f \cdot \left(x_{W,max,f} - x_W\right)$$

Durch Gleichsetzen beider Ausdrücke, Umstellen und Ausklammern ist der absolute Wassergehalt x_{W} der feuchten Raumluft dann

$$h_{1+\mathrm{x,s,f}} - c_{p,\mathrm{W}} \cdot \vartheta_{\mathrm{f}} \cdot \left(x_{\mathrm{W,max,f}} - x_{\mathrm{W}}\right) = c_{p,\mathrm{L}} \cdot \vartheta_{\mathrm{tr}} + x_{\mathrm{W}} \cdot \left(\Delta h_{\mathrm{V},0} + c_{p,\mathrm{D}} \cdot \vartheta_{\mathrm{tr}}\right)$$

$$h_{1+\mathrm{x,s,f}} - c_{p,\mathrm{W}} \cdot \vartheta_{\mathrm{f}} \cdot x_{\mathrm{W,max,f}} + c_{p,\mathrm{W}} \cdot \vartheta_{\mathrm{f}} \cdot x_{\mathrm{W}} = c_{p,\mathrm{L}} \cdot \vartheta_{\mathrm{tr}} + x_{\mathrm{W}} \cdot \left(\Delta h_{\mathrm{V},0} + c_{p,\mathrm{D}} \cdot \vartheta_{\mathrm{tr}}\right)$$

$$h_{1+\mathrm{x,s,f}} - c_{p,\mathrm{W}} \cdot \vartheta_{\mathrm{f}} \cdot x_{\mathrm{W,max,f}} - c_{p,\mathrm{L}} \cdot \vartheta_{\mathrm{tr}} = -c_{p,\mathrm{W}} \cdot \vartheta_{\mathrm{f}} \cdot x_{\mathrm{W}} + x_{\mathrm{W}} \cdot \left(\Delta h_{\mathrm{V},0} + c_{p,\mathrm{D}} \cdot \vartheta_{\mathrm{tr}}\right)$$

$$h_{1+\mathrm{x,s,f}} - c_{p,\mathrm{W}} \cdot \vartheta_{\mathrm{f}} \cdot x_{\mathrm{W,max,f}} - c_{p,\mathrm{L}} \cdot \vartheta_{\mathrm{tr}} = x_{\mathrm{W}} \cdot \left(\Delta h_{\mathrm{V},0} + c_{p,\mathrm{D}} \cdot \vartheta_{\mathrm{tr}} - c_{p,\mathrm{W}} \cdot \vartheta_{\mathrm{f}}\right)$$

$$x_{\mathrm{W}} = \frac{h_{1+\mathrm{x,s,f}} - c_{p,\mathrm{W}} \cdot \vartheta_{\mathrm{f}} \cdot x_{\mathrm{W,max,f}} - c_{p,\mathrm{L}} \cdot \vartheta_{\mathrm{tr}}}{\Delta h_{\mathrm{V},0} + c_{p,\mathrm{D}} \cdot \vartheta_{\mathrm{tr}} - c_{p,\mathrm{W}} \cdot \vartheta_{\mathrm{f}}}$$

Die spezifischen Wärmekapazitäten von trockener Luft aus Anhang A.4.15 und gesättigtem Wasserdampf aus Anhang A.4.6 bei 25 °C sowie die spezifische Verdampfungsenthalpie des Wassers aus Anhang A.4.10 bei 0 °C sind:

$$c_{p,\mathrm{L}} = 1{,}006\,\frac{\mathrm{kJ}}{\mathrm{kg_L} \cdot \mathrm{K}}, \quad c_{p,\mathrm{D}} = 1{,}861\,\frac{\mathrm{kJ}}{\mathrm{kg_W} \cdot \mathrm{K}}, \quad \Delta h_{\mathrm{V},0} = 2\,500{,}93\,\frac{\mathrm{kJ}}{\mathrm{kg_W}}.$$

Außerdem wird der maximale Wassergehalt, die Enthalpie der gesättigten feuchten Luft (beides in Anhang A.4.14) bei 20 °C und schließlich die mittlere spezifische Wärmekapazität des Wassers bei 20 °C aus Anhang A.4.10 abgelesen zu:

$$x_{\mathrm{W,max,f}}\left(20\,^\circ\mathrm{C}\right) = 0{,}014\,76\,\frac{\mathrm{kg_W}}{\mathrm{kg_L}}, \quad h_{1+\mathrm{x,s,f}}\left(20\,^\circ\mathrm{C}\right) = 57{,}59\,\frac{\mathrm{kJ}}{\mathrm{kg_L}},$$

$$c_{p,\mathrm{W}}\left(20\,^\circ\mathrm{C}\right) = 4{,}185\,\frac{\mathrm{kJ}}{\mathrm{kg_W} \cdot \mathrm{K}}$$

Alle Stoffwerte und Zustandsgrößen eingesetzt, ergibt für den Wassergehalt der feuchten Luft

$$x_{\mathrm{W}} = \frac{57{,}59\,\frac{\mathrm{kJ}}{\mathrm{kg_L}} - 4{,}185\,\frac{\mathrm{kJ}}{\mathrm{kg_W \cdot K}} \cdot 20\,^\circ\mathrm{C} \cdot 0{,}014\,76\,\frac{\mathrm{kg_W}}{\mathrm{kg_L}} - 1{,}006\,\frac{\mathrm{kJ}}{\mathrm{kg_L \cdot K}} \cdot 25\,^\circ\mathrm{C}}{2\,500{,}93\,\frac{\mathrm{kJ}}{\mathrm{kg_W}} + 1{,}861\,\frac{\mathrm{kJ}}{\mathrm{kg_W \cdot K}} \cdot 25\,^\circ\mathrm{C} - 4{,}185\,\frac{\mathrm{kJ}}{\mathrm{kg_W \cdot K}} \cdot 20\,^\circ\mathrm{C}}$$

$$x_{\mathrm{W}} = 0{,}012\,67\,\frac{\mathrm{kg_W}}{\mathrm{kg_L}}$$

Zur Berechnung der relativen Luftfeuchte φ der Raumluft mit Gleichung (14.292) ist es notwendig, den Sättigungspartialdruck der feuchten Luft bei 1,013 25 bar und 25 °C aus Anhang A.4.14 zu ermitteln.

$$p_{\mathrm{D,s}}\left(25\,^\circ\mathrm{C}\right) = 3\,183\,\mathrm{Pa}$$

Durch Umstellen der Gleichung (14.292) nach der relativen Luftfeuchte φ und Einsetzen der Zustandsgrößen ist diese dann

$$x_{\mathrm{W}} = 0{,}622\,\frac{\mathrm{kg_W}}{\mathrm{kg_L}} \cdot \varphi \cdot \frac{p_{\mathrm{D,s}}(\vartheta)}{p - \varphi \cdot p_{\mathrm{D,s}}(\vartheta)}$$

$$\varphi = \frac{p_{\mathrm{L}} \cdot x_{\mathrm{W}}}{p_{\mathrm{D,s}} \cdot \left(0{,}622\,\frac{\mathrm{kg_W}}{\mathrm{kg_L}} + x_{\mathrm{W}}\right)}$$

$$= \frac{101\,325\,\mathrm{Pa} \cdot 0{,}012\,67\,\frac{\mathrm{kg_W}}{\mathrm{kg_L}}}{3\,183\,\mathrm{Pa} \cdot \left(0{,}622\,\frac{\mathrm{kg_W}}{\mathrm{kg_L}} + 0{,}012\,67\,\frac{\mathrm{kg_W}}{\mathrm{kg_L}}\right)}$$

$$\varphi = 0{,}635 = 63{,}5\,\%$$

Die relative Luftfeuchte der mit dem Psychrometer gemessenen Luft beträgt 63,5 %.

b) Bestimmung mithilfe des h_{1+x}, x_W-Diagramms (Anhang A.7.4) für $p_L = 1{,}01325\,\text{bar}$:

Die Nebelisotherme (Linien von links oben nach rechts unten) für $\vartheta_f = 20\,°C$ aus dem gesättigten Gebiet wird bis in das ungesättigte Gebiet (fast parallel zu den Isenthalpen) verlängert. Beim Schnittpunkt der Isotherme für $\vartheta_{tr} = 25\,°C$ (fast waagerecht) sind die relative Luftfeuchte $\varphi = 64\,\%$ und senkrecht nach unten die absolute Luftfeuchte $x_W = 0{,}0126\,\frac{kg_W}{kg_L}$ abzulesen.

Auch hier wird wieder deutlich, wie schnell diese Fragestellung mithilfe des h_{1+x}, x_W-Diagramms für feuchte Luft hinreichend genau gelöst werden konnte.

14.6.7 Taupunkt eines feuchten Rauchgases

Bei welcher Temperatur liegt der Taupunkt des feuchten Rauchgases bei einem Druck von $p =$ 980 mbar, wenn es sich wie folgt zusammensetzt?

gegeben:	Einzelmassen der jeweiligen Rauchgasbestandteile	$m_{H_2O} = 0{,}50\,\text{kg}$ $\quad m_{CO_2} = 2{,}86\,\text{kg}$ $m_{SO_2} = 0{,}03\,\text{kg}$ $\quad m_{N_2} = 12{,}62\,\text{kg}$ $m_{O_2} = 1{,}537\,\text{kg}$
	Gesamtmasse feuchtes Rauchgas	$m = 17{,}547\,\text{kg}$
	Druck	$p = p_{ges} = 980\,\text{mbar} = 98\,000\,\text{Pa}$
gesucht:	Taupunkttemperatur des feuchten Rauchgases	ϑ_τ in °C

Anmerkung zum Lösungsweg: Das feuchte Rauchgas ist eine Mischung aus trockenem Rauchgas (ebenfalls eine Mischung) und Wasserdampf. Der darin enthaltene Wassergehalt x_W wird gleichgesetzt dem Wassergehalt bei Sättigung $x_{W,s}$. Der Sättigungsdruck des Wasserdampfes $p_{D,s}$ als Partialdruck der Mischung wird mithilfe des *Dalton*'schen Gesetzes (Gleichung (3.21)) berechnet. Daraus lässt sich die zum Sättigungsdruck gehörende Temperatur, die Sättigungstemperatur ϑ_s, ermitteln. Diese Temperatur ist dann die gesuchte Taupunkttemperatur ϑ_τ.

Getrennt für Wasserdampf (H_2O) und trockenes Rauchgas (RG, tr) wird jeweils die Zustandsgleichung (5.48) aufgestellt.

$$p \cdot V = m \cdot R \cdot T$$

$$p_{H_2O} \cdot V = m_{H_2O} \cdot R_{H_2O} \cdot T$$

$$p_{RG,tr} \cdot V = \mathrm{m}_{RG,tr} \cdot R_{RG,tr} \cdot T$$

Setzt man diese ins Verhältnis zueinander, lässt sich der Wassergehalt x_W des feuchten Rauchgases unter Verwendung der Gleichung (14.287) wie folgt darstellen.

$$\frac{p_{H_2O} \cdot V}{p_{RG,tr} \cdot V} = \frac{m_{H_2O} \cdot R_{H_2O} \cdot T}{\mathrm{m}_{RG,tr} \cdot R_{RG,tr} \cdot T}$$

$$\frac{p_{H_2O}}{p_{RG,tr}} = \frac{m_{H_2O} \cdot R_{H_2O}}{\mathrm{m}_{RG,tr} \cdot R_{RG,tr}}$$

$$\frac{m_{H_2O}}{\mathrm{m}_{RG,tr}} = x_W = \frac{R_{RG,tr} \cdot p_{H_2O}}{R_{H_2O} \cdot p_{RG,tr}}$$

Nach Gleichung (3.21) und mit der Umzeichnung $p_{H_2O} = p_D$ ist

$$p_{ges} = \sum_{i=1}^{k} p_i = p_D + p_{RG,tr}$$

$$p_{RG,tr} = p_{ges} - p_D$$

14

Somit lässt sich die Gleichung für den Wassergehalt x_W schreiben

$$x_W = \frac{R_{RG,tr}}{R_{H_2O}} \cdot \frac{p_D}{p_{ges} - p_D}$$

Am Taupunkt ist der Partialdruck des Wasserdampfes p_D gleich dem Sättigungspartialdruck $p_{D,s}$, also $p_D = p_{D,s}$ und $x_W = x_{W,max}$.

Dies eingesetzt und umgestellt, ist der Sättigungspartialdruck des feuchten Rauchgases $p_{D,s}$ dann

$$p_{D,s} = \frac{p \cdot x_{W,max}}{\frac{R_{RG,tr}}{R_{H_2O}} + x_{W,max}}$$

wobei hier noch die spezifische Gaskonstante des trockenen Rauchgases $R_{RG,tr}$ ermittelt werden muss.

Lösung:

Berechnung der trockenen Rauchgasmasse $m_{RG,tr}$:

$$m_{RG,tr} = m - m_{H_2O} = 17{,}547\,\text{kg} - 0{,}5\,\text{kg}_W$$

$$m_{RG,tr} = 17{,}047\,\text{kg}_{RG,tr}$$

Die Masseanteile der Einzelgase ξ_i, bezogen auf das trockene Rauchgas, sind nach Gleichung (3.15)

$$\xi_i = \frac{m_i}{m_{ges}} = \frac{m_i}{m_{RG,tr}}$$

$$\xi_{CO_2} = \frac{m_{CO_2}}{m_{ges}} = \frac{2{,}86\,\text{kg}}{17{,}047\,\text{kg}_{RG,tr}} = 0{,}16777$$

$$\xi_{SO_2} = \frac{m_{SO_2}}{m_{ges}} = \frac{0{,}03\,\text{kg}}{17{,}047\,\text{kg}_{RG,tr}} = 0{,}00176$$

$$\xi_{N_2} = \frac{m_{N_2}}{m_{ges}} = \frac{12{,}62\,\text{kg}}{17{,}047\,\text{kg}_{RG,tr}} = 0{,}74031$$

$$\xi_{O_2} = \frac{m_{O_2}}{m_{ges}} = \frac{1{,}537\,\text{kg}}{17{,}047\,\text{kg}_{RG,tr}} = 0{,}09016$$

Zur Kontrolle die Summe der Masseanteile der Einzelgase ξ_i nach Gleichung (3.18)

$$\sum_{i=1}^{k} \xi_i = \xi_{CO_2} + \xi_{SO_2} + \xi_{N_2} + \xi_{O_2} = 0{,}16777 + 0{,}00176 + 0{,}74031 + 0{,}09016 = 1$$

Aus dem Anhang A.4.1 werden die spezifischen Gaskonstanten der Rauchgasbestandteile ermittelt.

$$R_{H_2O} = 461{,}5\,\frac{\text{J}}{\text{kg}\cdot\text{K}}, \quad R_{CO_2} = 188{,}9\,\frac{\text{J}}{\text{kg}\cdot\text{K}}, \quad R_{SO_2} = 129{,}8\,\frac{\text{J}}{\text{kg}\cdot\text{K}},$$

$$R_{N_2} = 296{,}8\,\frac{\text{J}}{\text{kg}\cdot\text{K}}, \quad R_{O_2} = 259{,}8\,\frac{\text{J}}{\text{kg}\cdot\text{K}}.$$

Die spezifische Gaskonstante des trockenen Rauchgases $R_{\mathrm{RG,tr}}$ ist nach Gleichung (3.24)

$$R_{\mathrm{ges}} = R_{\mathrm{RG,tr}} = \sum_{i=1}^{k} (\xi_i \cdot R_i)$$

$$R_{\mathrm{RG,tr}} = \xi_{\mathrm{CO_2}} \cdot R_{\mathrm{CO_2}} + \xi_{\mathrm{SO_2}} \cdot R_{\mathrm{SO_2}} + \xi_{\mathrm{N_2}} \cdot R_{\mathrm{N_2}} + \xi_{\mathrm{O_2}} \cdot R_{\mathrm{O_2}}$$

$$= 188{,}9\,\frac{\mathrm{J}}{\mathrm{kg \cdot K}} \cdot 0{,}16777 + \cdot 129{,}8\,\frac{\mathrm{J}}{\mathrm{kg \cdot K}} 0{,}00176 + \cdot 296{,}8\,\frac{\mathrm{J}}{\mathrm{kg \cdot K}} 0{,}74031$$

$$+ 259{,}8\,\frac{\mathrm{J}}{\mathrm{kg \cdot K}} \cdot 0{,}09016$$

$$R_{\mathrm{RG,tr}} = 275{,}1\,\frac{\mathrm{J}}{\mathrm{kg_{RG,tr} \cdot K}}$$

Der Wassergehalt x_{W} des feuchten Rauchgases ist

$$x_{\mathrm{W}} = \frac{m_{\mathrm{H_2O}}}{m_{\mathrm{RG,tr}}} = \frac{0{,}50}{17{,}047}\,\frac{\mathrm{kg_W}}{\mathrm{kg_{RG,tr}}}$$

$$x_{\mathrm{W}} = x_{\mathrm{W,max}} = 0{,}0293\,\frac{\mathrm{kg_W}}{\mathrm{kg_{RG,tr}}}$$

und wird gleich dem Wassergehalt im Sättigungszustand $x_{\mathrm{W,max}}$ gesetzt. Damit ist der Sättigungspartialdruck des feuchten Rauchgases $p_{\mathrm{D,s}}$

$$p_{\mathrm{D,s}} = \frac{p \cdot x_{\mathrm{W,max}}}{\frac{R_{\mathrm{RG,tr}}}{R_{\mathrm{H_2O}}} + x_{\mathrm{W,max}}}$$

$$p_{\mathrm{D,s}} = \frac{98\,000\,\mathrm{Pa} \cdot 0{,}0293\,\frac{\mathrm{kg_W}}{\mathrm{kg_{RG,tr}}}}{\frac{275{,}1\,\frac{\mathrm{J}}{\mathrm{kg_{RG,tr} \cdot K}}}{461{,}5\,\frac{\mathrm{J}}{\mathrm{kg_W \cdot K}}} + 0{,}0293\,\frac{\mathrm{kg_W}}{\mathrm{kg_{RG,tr}}}} = 4\,591{,}3\,\mathrm{Pa} = 0{,}04591\,\mathrm{bar}$$

Durch lineare Interpolation der Wertepaare aus Anhang A.4.10 erhält man die zugehörige Temperatur, welche die Taupunkttemperatur ist. Der Sättigungspartialdruck (Siededruck) $p_{\mathrm{D,s}} = 0{,}04591\,\mathrm{mbar}$ liegt zwischen den Tabellenwerten

$$p_{\mathrm{D,s,1}}(\vartheta_{\mathrm{S,1}} = 30\,^{\circ}\mathrm{C}) = 0{,}04247\,\mathrm{bar}$$

$$p_{\mathrm{D,s,2}}(\vartheta_{\mathrm{S,2}} = 32\,^{\circ}\mathrm{C}) = 0{,}04759\,\mathrm{bar}$$

Die Interpolation liefert

$$y(x) = \frac{y_2 - y_1}{x_2 - x_1} \cdot (x - x_1) + y_1$$

$$\vartheta_{\mathrm{S}} = \vartheta_{\tau} = \frac{\vartheta_{\mathrm{S,2}} - \vartheta_{\mathrm{S,1}}}{p_{\mathrm{D,s,2}} - p_{\mathrm{D,s,1}}} \cdot \left(p_{\mathrm{D,s}} - p_{\mathrm{D,s,1}}\right) + \vartheta_{\mathrm{S,1}}$$

$$= \frac{32\,^{\circ}\mathrm{C} - 30\,^{\circ}\mathrm{C}}{0{,}04759\,\mathrm{bar} - 0{,}04247\,\mathrm{bar}} \cdot (0{,}04591\,\mathrm{bar} - 0{,}04247\,\mathrm{bar}) + 30\,^{\circ}\mathrm{C}$$

$$\vartheta_{\tau} = 31{,}3\,^{\circ}\mathrm{C}$$

Die Taupunkttemperatur der feuchten Rauchgase beträgt somit $\vartheta_{\tau} = 31{,}3\,^{\circ}\mathrm{C}$, d. h., wird an irgendeiner Stelle des Rauchgaszuges (oder des Wärmeerzeugers) diese Temperatur annähernd erreicht bzw. unterschritten, so kondensiert dort Wasserdampf aus. In diesem Kondensat lösen sich dann Rauchgaskomponenten wie u. a. SO_2 und bilden saure Lösungen, die dem Material des Rauchgaszuges bzw. Wärmeerzeugers schaden können.

14.7 Übungsaufgaben[1]

14.7.1 Verdichtung feuchter Luft

20 m^3 feuchte Luft von 20 °C mit einer relativen Feuchte von 80 % werden von 1 bar auf 6 bar verdichtet. Nach der Verdichtung wird die Luft bis zum gesättigten Zustand auf 25 °C abgekühlt.

Welche Wassermasse wird ausgeschieden?

14.7.2 Befeuchtung mit Wasser oder Dampf, Konditionierung feuchter Luft

Bei konstantem Druck von 1 bar soll feuchte Luft von einer Temperatur $\vartheta_1 = 17\,°\mathrm{C}$ und einer relativen Luftfeuchte von $\varphi_1 = 0{,}50$ auf die Temperatur $\vartheta_2 = 21\,°\mathrm{C}$ und die relative Luftfeuchte $\varphi_2 = 0{,}80$ gebracht werden.

a) Auf welche Temperatur muss die Luft vom Zustand 1 gebracht werden, wenn die Befeuchtung durch Wasser mit einer Temperatur von $\vartheta_W = 10\,°\mathrm{C}$ erfolgt?

b) Welche spezifische Enthalpie muss einzublasender Dampf haben, wenn der Zustand 2 erreicht werden soll, ohne dass eine zusätzliche Erwärmung oder Befeuchtung der Luft stattfindet?

14.7.3 Mischen mit Nebelluft

100 kg Nebelluft (gesättigte Luft und Wassertröpfchen) der Temperatur 22 °C hat bei einem Luftdruck von 1,013 25 bar einen Wassergehalt von 21 g je kg trockene Luft.

a) Wie viel Kilogramm Feuchtluft von 20 °C und $\varphi_2 = 0{,}7$ sind beizumischen, bis sich der Nebel auflöst? Welche Temperatur und welcher Wassergehalt sind dann in dieser Mischluft vorhanden (grafische Lösung nach Abschnitt 14.5)?

a) Auf welche Temperatur ist die Nebelluft zu bringen, wenn sich ohne Mischung der Nebel auflösen soll, und wie groß ist dann die Enthalpieänderung (grafische Lösung)?

[1] Die Lösungen finden Sie in der Kategorie „Extras“ unter *http://www.hanser-fachbuch.de/9783446442795*.

Anhang

A.1 Benutzte Formelzeichen mit gebräuchlichen Einheiten und stoffunabhängige Konstanten

Zeichen	Wert und Einheit	Bezeichnung
A	m^2	Fläche, Querschnitt
a	$\frac{m^2}{s}$	Temperaturkoeffizient, Temperaturleitkoeffizient, Temperaturleitfähigkeit
$\dot{b}_{em}$	$\frac{kg}{kJ}, \frac{kg}{kWh}$	spezifischer gravimetrischer Brennstoffverbrauch
$\dot{b}_{ev}$	$\frac{m^3}{kJ}, \frac{m^3}{kWh}$	spezifischer volumetrischer Brennstoffverbrauch
C	1	Konstante, allgemein
C	K	Sutherland-Konstante
C	$\frac{J}{K}$	Wärmekapazität
C	$\frac{W}{m^2 \cdot K^4}$	wirksamer Strahlungskoeffizient eines realen Strahlers
c	1	Konstante, allgemein
c	$\frac{kJ}{kg \cdot K}$	spezifische Wärmekapazität, allgemein
c_i	$\frac{kmol}{m^3}, \frac{mol}{l}$	Stoffmengenkonzentration der Komponente i
c_n	$\frac{kJ}{kg \cdot K}$	angepasste spezifische Wärmekapazität bei polytroper Zustandsänderung
C_p	$\frac{J}{m^3 \cdot K}$	spezifische Wärmekapazität der Gase für 1 m^3 bei konstantem Druck
c_p	$\frac{kJ}{kg \cdot K}$	spezifische Wärmekapazität für 1 kg Gas bei konstantem Druck
C_s	$5{,}670 \frac{W}{m^2 \cdot K^4}$	Strahlungskoeffizient des schwarzen Strahlers
C_v	$\frac{J}{m^3 \cdot K}$	spezifische Wärmekapazität der Gase für 1 m^3 bei konstantem Volumen
c_v	$\frac{kJ}{kg \cdot K}$	spezifische Wärmekapazität für 1 kg Gas bei konstantem Volumen
C_{12}	$\frac{W}{m^2 \cdot K^4}$	Strahlungsaustauschkoeffizient zwischen Fläche 1 und Fläche 2
$\bar{c}_p$	$\frac{J}{mol \cdot K}, \frac{kJ}{kmol \cdot K}$	molare Wärmekapazität bei konstantem Druck
$\bar{c}_v$	$\frac{J}{mol \cdot K}, \frac{kJ}{kmol \cdot K}$	molare Wärmekapazität bei konstantem Volumen

Zeichen	Wert und Einheit	Bezeichnung
D	m	großer oder äußerer Durchmesser
d	m	kleiner oder innerer Durchmesser
E	$kJ = 10^3 N \cdot m = 10^3 W \cdot s$	Energie
$\dot{E}$	W	Energiestrom
$\dot{e}_S$	$\frac{W}{m^2}$	spezifischer Energiestrom, der von 1 m² des absolut schwarzen Strahlers emittiert wird
F	N	Kraft
g	$9{,}80665 \frac{m}{s^2} \approx 9{,}81 \frac{m}{s^2}$	Fallbeschleunigung
Gr	1	Grashof-Zahl
H	kJ	Enthalpie
h	m	Höhe
h	$\frac{kJ}{kg}$	spezifische Enthalpie, Wärmeinhalt
$\dot{H}$	W	Enthalpiestrom
h'	$\frac{kJ}{kg}$	spezifische Enthalpie der siedenden Flüssigkeit
h''	$\frac{kJ}{kg}$	spezifische Enthalpie des Sattdampfes
$i(p)$	$\frac{m^3}{kg}$	Beiwert, Berichtigungsglied
k	$\frac{W}{m^2 \cdot K}$	Wärmedurchgangskoeffizient
k_R	$\frac{W}{m \cdot K}$	Wärmedurchgangskoeffizient für 1 m Rohrlänge
L	$\frac{m_L^3}{m_{BS}^3}, \frac{m_L^3}{kg_{BS}}$	tatsächlicher Luftbedarf bei Verbrennung
l	m	Länge, Weg, Höhe, Hub
L_{min}	$\frac{m_L^3}{m_{BS}^3}, \frac{m_L^3}{kg_{BS}}$	theoretischer Luftbedarf bei Verbrennung, Mindestluftbedarf
M	$\frac{kg}{kmol}, \frac{g}{mol}$	molare Masse, Molmasse
m	kg	Masse
$\dot{m}$	$\frac{kg}{s}, \frac{t}{h}$	Massestrom
N_A	$6{,}0221409 \cdot 10^{26} \frac{1}{kmol}$	Avogadro-Konstante
n	$\frac{1}{s}, \frac{1}{min}$	Drehzahl, Drehfrequenz
n	1	Polytropen- oder Kompressionsexponent des Fluids
n	kmol	Stoffmenge, Molmenge
Nu	1	Nußelt-Zahl
O_{min}	$\frac{m_{O_2}^3}{m_{BS}^3}, \frac{m_{O_2}^3}{kg_{BS}}$	theoretischer Sauerstoffbedarf bei der Verbrennung
P	W	Leistung
p	$bar, Pa = \frac{N}{m^2}$	Druck
p_b	mbar = hPa	äußerer Druck, barometrischer Luftdruck
p_i	kPa	Partialdruck der Komponente i
p_N	101325 Pa = 1,01325 bar	Druck, Normzustand lt. DIN 1343
Pr	1	Prandtl-Zahl

Zeichen	Wert und Einheit	Bezeichnung
Q	kJ	Wärme
q	$\frac{\text{kJ}}{\text{kg}}$	spezifische Wärme
$\dot{Q}$	W	Wärmestrom, Wärmeleistung
$\dot{q}$	$\frac{\text{W}}{\text{m}^2}$	spezifischer Wärmestrom, Wärmestromdichte
R	$\frac{\text{m}^3_{\text{RG}}}{\text{m}^3_{\text{BS}}}, \frac{\text{kg}_{\text{RG}}}{\text{kg}_{\text{BS}}}$	Rauchgasmenge bei Verbrennung
R	$\frac{\text{kJ}}{\text{kg}\cdot\text{K}}$	spezifische Gaskonstante
R	$\frac{\text{K}}{\text{W}}$	(Wärme-) Widerstand
r	m	Radius
$\bar{R}$	$8{,}314460\,\frac{\text{kJ}}{\text{kmol}\cdot\text{K}}$	universelle (molare) Gaskonstante
Re	1	Reynolds-Zahl
S	$\frac{\text{kJ}}{\text{K}}$	Entropie
s	$\frac{\text{kJ}}{\text{kg}\cdot\text{K}}$	spezifische Entropie
s'	$\frac{\text{kJ}}{\text{kg}\cdot\text{K}}$	spezifische Entropie der siedenden Flüssigkeiten
s''	$\frac{\text{kJ}}{\text{kg}\cdot\text{K}}$	spezifische Entropie des trockenen gesättigten Dampfes
T	K	thermodynamische Temperatur (absolute Temperatur)
t	s, min, h	Zeit, Zeitpunkt, Dauer
T_N	$273{,}15\,\text{K} \mathrel{\widehat{=}} 0\,°\text{C}$	Temperatur, Normzustand lt. DIN 1343
U	kJ	innere Energie
U	m	Umfang
u	$\frac{\text{kJ}}{\text{kg}}$	spezifische innere Energie
V	m^3	Volumen, Rauminhalt
V_λ	m^3	tatsächlich angesaugtes Gasvolumen
v	$\frac{\text{m}^3}{\text{kg}}$	spezifisches Volumen
v_G	$\frac{\text{m}^3_{\text{L}}}{\text{m}^3_{\text{BS}}}, \frac{\text{m}^3_{\text{L}}}{\text{kg}_{\text{BS}}}$	Gemischverhältnis
$\dot{V}$	$\frac{\text{m}^3}{\text{s}}$	Volumenstrom, Durchsatz
$\bar{v}$	$\frac{\text{m}^3}{\text{kmol}}, \frac{\text{l}}{\text{mol}}$	Molvolumen
$\bar{v}_\text{N}$	$22{,}41\,\frac{\text{m}^3}{\text{kmol}}$	molares Normvolumen
W	$\text{kJ} = 10^3\,\text{N}\cdot\text{m}$	Arbeit
w	$\frac{\text{kJ}}{\text{kg}} = 10^3\,\frac{\text{m}^2}{\text{s}^2}$	spezifische Arbeit
w	$\frac{\text{m}}{\text{s}}$	Geschwindigkeit
W_Kr	kJ	Kreisprozessarbeit
w_Kr	$\frac{\text{kJ}}{\text{kg}}$	spezifische Kreisprozessarbeit
W_V	kJ	Volumenänderungsarbeit
$\dot{W} = P$	W	Leistung, Arbeit pro Zeiteinheit

Zeichen	Wert und Einheit	Bezeichnung
x	1	Dampf(masse)anteil, Dampfgehalt
x	m	Lauflänge
x_W	$\frac{kg_W}{kg_L}$	absolute Feuchtigkeit, Feuchte, Wassergehalt u. a. bei feuchter Luft
y	1	Flüssigkeitsmasseanteil, Flüssigkeitsgehalt
y_i	$\frac{kmol}{kmol}$	Stoffmengenanteil (Molenbruch) der Komponente i
Z	1	Zylinderanzahl
z_i	m	geodätische Höhe des Querschnitts i
α	$\frac{m}{m \cdot K} = \frac{1}{K}$	isobarer Längenausdehnungskoeffizient
α	$\frac{W}{m^2 \cdot K}$	Wärmeübergangskoeffizient
β	K^3	Temperaturfaktor
β_i	$\frac{kg}{m^3}, \frac{g}{l}$	Massekonzentration der Komponente i
γ	$\frac{m^3}{m^3 \cdot K} = \frac{1}{K}$	isobarer Volumenausdehnungskoeffizient
Δh_V	$\frac{kJ}{kg}$	spezifische Verdampfungsenthalpie, -wärme
ΔL	$\frac{m_L^3}{m_{BS}^3}, \frac{m_L^3}{kg_{BS}}$	Luftüberschuss bei der Verbrennung
δ	m	Schichtdicke, Abstand
$\lvert\Delta_H h\rvert$	$\frac{kJ}{kg}, \frac{kJ}{m^3}$	spezifischer Heizwert, unterer Heizwert, Heizwert
$\lvert\Delta_V h\rvert$	$\frac{kJ}{kg}, \frac{kJ}{m^3}$	spezifische Verbrennungsenthalpie, oberer Heizwert, Brennwert
$\lvert\Delta_H \bar{h}\rvert$	$\frac{kJ}{mol}$	molarer Heizwert
$\lvert\Delta_V \bar{h}\rvert$	$\frac{kJ}{mol}$	molare Verbrennungsenthalpie
ε	1	Druck-, Kompressions-, oder Verdichtungsverhältnis, Druckstufenverhältnis bei Kolbenmaschinen
ε	1	Gesamtemissionsgrad, Gesamtemissionsverhältnis
ε	1	Leistungszahl
η	$Pa \cdot s = \frac{kg}{m \cdot s} = \frac{N \cdot s}{m^2}$	dynamische Viskosität
η	1	Wirkungsgrad (der jeweilige Index kennzeichnet die Art des Wirkungsgrades)
η_C	1	Carnot-Wirkungsgrad, Carnot-Faktor
$\eta_{i,th}$	1	indizierter thermischer Wirkungsgrad
η_{is}	1	Gütegrad, indizierter Wirkungsgrad
η_W	1	Nutzwirkungsgrad, Nutzungsgrad, wirtschaftlicher Wirkungsgrad
ϑ	°C	Celsiustemperatur
ϑ_N	0 °C	Celsiustemperatur, Normzustand lt. DIN 1343
κ	1	Isentropenexponent des Fluids, auch Adiabatenexponent, -index, -koeffizient

Zeichen	Wert und Einheit	Bezeichnung
Λ	$\frac{W}{m^2 \cdot K}$	Wärmedurchlässigkeit, U-Wert eines Bauteiles
λ	1	Luftverhältnis, Luftzahl
λ	$\frac{W}{m \cdot K}$	Wärmeleitkoeffizient, Wärmeleitfähigkeit
λ	µm	Wellenlänge
λ_F	1	Füllungsgrad
λ_L	1	Liefergrad
μ	1	Kontraktionszahl
ν	$\frac{m^2}{s}$	kinematische Viskosität
$\xi_{f,x}$	$\frac{kg_x}{kg_{RG}}$	Masseanteil der Komponente *x* im feuchten Rauchgas
ξ_i	$\frac{kg_i}{kg}$	Masseanteil der Komponente *i*
$\xi_{tr,x}$	$\frac{kg_x}{kg_{RG}}$	Masseanteil der Komponente *x* im trockenen Rauchgas
π	3,141 59	Kreiskonstante, Pi
π	1	Verdichtungsverhältnis bei Strömungsmaschinen
ϱ	$\frac{kg}{m^3}$	Dichte
σ	$\frac{mN}{m}$	Oberflächenspannung
ς_i	1	Stöchiometriezahl des Reaktionspartners *i*
φ	1	Einspritz- oder Volldruckverhältnis bei Kolbenmaschinen
φ	1	Geschwindigkeitsbeiwert
φ	1	relative Feuchtigkeit u. a. bei feuchter Luft
φ_V	$\frac{kJ}{kg}$	spezifische innere Verdampfungsenthalpie oder -wärme
χ_i	$\frac{kg_i}{kg_{BS}}$	Masse eines Stoffes *i* im Rauchgas je kg Brennstoff
$\psi_{f,x}$	$\frac{m_x^3}{m_{RG}^3}$	Volumenanteil der Komponente *x* im feuchten Rauchgas
ψ_i	$\frac{m_i^3}{m^3}$	Volumenanteil oder Raumanteil der Komponente *i*
$\psi_{tr,x}$	$\frac{m_x^3}{m_{RG}^3}$	Volumenanteil der Komponente *x* im trockenen Rauchgas
ψ_V	$\frac{kJ}{kg}$	spezifische äußere Verdampfungsenthalpie oder -wärme
ψ_W	1	Sättigungsgrad, Sättigung bei feuchter Luft
ω_i	$\frac{m_i^3}{m_{BS}^3}$	Volumen eines Stoffes *i* im Rauchgas je 1 m^3 Brenngas

A.2 Indizes

Index	Bezeichnung
0	Bezugs-, Ursprungs-
1, 2, 3, ...	Zustand 1, 2, 3, ...; Medium 1, 2, 3, ...
A	Austritt aus dem Apparat
A	außen
Ab	abgeführt
Ad	adiabat, ohne Wärmeübertragung an die Umgebung
Asche	Asche-
Aufw	Aufwand, aufzuwenden
B	barometrisch
BS	Brennstoff
C	Carnot
Ch	charakteristisch, bei Ähnlichkeitskennzahlen
Chem	Chemisch
D	Dampf
DE	Dampferzeuger
Dia	Diagramm
Dis	Dissipations-, dissipiert
E	Eintritt in den Apparat
Eff	effektiv, unter Beachtung von Wirkungsgraden
Elt	elektrisch
F	Feuerung, Feuerungs-
F	Feucht
Fl	Fluid, Flüssigkeit
FO	Fort-, aus dem Bilanzraum strömend
FZ	Flugzeug
G	Gas, Gasstrahl
Ges	gesamt
Gl	gleichwertig
HD	Hochdruckteil
Hub	Kolbenhub, Hub
I	indiziert (gemessen)
I	innen
i	Laufvariable für Komponenten
is	isotherm
K	Kondensator, Kondensat
KM	Kältemaschine
Komp	Kompressor, Kompression
Konv	Konvektions-, konvektiv (beim Wärmeübergang)

Index	Bezeichnung
KP	kritischer Punkt
Kr	Kreisprozess
KW	Kühlwasser
L	trockene Luft
M	Maschine allgemein
m	Formelindex des Kohlenstoffs in der Summenformel
m	mittel
max	maximal
mech	mechanisch
mess	messbar, gemessen
min	minimal
mix	Mischung, Misch-
N	Normzustand
n	Formelindex des Wasserstoffs in der Summenformel
Ne	Nebel
ND	Niederdruckteil
NH_3	Ammoniak
Nutz	Nutz-, nutzbar
p	bei konstantem Druck, isobar
Proz	Prozess-
R	bezüglich Rohrlänge
RG	Rauchgas
real	Real-, realer
S	Siede-
S	Strahlung, Strahlungs- (beim Wärmeübergang)
s	Satt-, Sättigungs-, gesättigt
Sch	Schmelz-
So	Sole
SP	Speisewasserpumpe
Stö	stöchiometrisch
T	Turbine
t	technisch
Tat	tatsächlich, wirklich
Th	thermisch
Tr	trocken
U	Unter-, unterer
Ü	Über-, überhitzt, Überhitzung, Überhitzer, Überhitzungs-

Index	Bezeichnung
v	bei konstantem Volumen, isochor
V	Verdampfung
Verd	Verdichter, Verdichtung
vergl	Vergleichs-
Verl	Verlust-
VW	Vorwärmer
W	Wasser
Wand	Wand, Wand-
WP	Wärmepumpe
WÜ	Wärmeübertrager
ZK	Zwischenkühler
zu	zugeführt
ZÜ	Zwischenüberhitzer
α	konvektiv, den Wärmeübergang betreffend
λ	konduktiv, die Wärmeleitung betreffend
τ	Tau-, Taupunkt-
∞	unbeeinflusst, im (rück-)wirkungsfreien Abstand

A.3 Zeiger

Index	Bezeichnung
$\bar{}$	molar, Mol-
$\dot{}$	zeitspezifisch, -strom
$'$	siedende Flüssigkeit, Siedebeginn
$'$	Eintritt (am Wärmeübertrager)
$''$	trockener, gesättigter Dampf, Sattdampf, Siedeende
$''$	Austritt (am Wärmeübertrager)
*	vorläufig, innerhalb einer Iteration
d	Differenzial, linearisierter Zuwachs einer Variablen oder einer Funktion bei Änderung ihres Argumentes
Δ	Differenz, Änderung
$\lvert\ \rvert$	Betrag, Absolutwert

A.4 Stoffdatensammlung

A.4.1 Stoffeigenschaften wichtiger Gase

Gas	Formel	Molare Masse	Molvolumen bei 0 °C und 1 013,25 mbar	Dichte bei 0 °C und 1 013,25 mbar	Isentropen-exponent bei 0 °C	spezifische Gas-konstante
		M kg/kmol	$\overline{v}_N$ m³/kmol	ϱ_N kg/m³	$\kappa = \frac{c_p}{c_V}$ 1	R J/(kg · K)
Ammoniak	NH_3	17,032	22,079	0,771	1,32	488,2
Argon	Ar	39,948	22,392	1,784	1,648	208,1
Benzol (Benzen)	C_6H_6	78,108	22,000	3,550	1,10[1)]	106,4
Chlor	Cl_2	70,914	22,060	3,214	1,34	117,2
Chlorwasserstoff	HCl	36,465	22,246	1,639	1,42	228,0
Ethan (Äthan)	C_2H_6	30,068	22,168	1,356	1,22	276,5
Ethen (Äthylen)	C_2H_4	28,052	22,257	1,260	1,25	296,4
Ethin (Acetylen)	C_2H_2	26,036	22,236	1,171	1,23	319,3
Helium	He	4,003	22,489	0,178	1,63	2 077,1
Kohlendioxid	CO_2	44,010	22,262	1,977	1,31	188,9
Kohlenmonoxid	CO	28,011	22,408	1,250	1,401	296,8
Luft (trocken)	–	28,964	22,402	1,293	1,402	287,1
Methan	CH_4	16,042	22,379	0,717	1,30	518,3
Propan	C_3H_8	44,090	22,001	2,004	1,15	188,6
Sauerstoff	O_2	31,999	22,394	1,429	1,40	259,8
Schwefeldioxid	SO_2	64,060	21,890	2,926	1,27	129,8
Schwefelwasserstoff	H_2S	34,080	22,150	1,538	1,30	244,0
Stickstoff	N_2	28,016	22,404	1,250	1,40	296,8
Stickstoffdioxid	NO_2	46,010	22,370	2,005	1,28[2)]	180,7
Stickstoffmonoxid	NO	30,008	22,391	1,340	1,40	277,1
Distickstoffmonoxid	N_2O	44,020	22,260	1,978	1,28	188,9
Distickstofftetraoxid	N_2O_4	92,020	22,370	4,113	–	90,4
Wasserdampf[1)]	H_2O	18,016	22,400	0,597	1,34	461,5
Wasserstoff	H_2	2,016	22,432	0,090	1,41	4 124,2

[1)] bei 100 °C
[2)] bei 20 °C

A.4.2 Mittlere Zusammensetzung und spezifischer Heizwert fester und flüssiger Brennstoffe (typische Anhaltswerte)

Brennstoff			Anteile ξ_i für wasser- und aschefreie Substanz (waf)					Anteile ξ_i		spez. Heizwert (gerundet)
			C	H_2	O_2	N_2	S	Asche	H_2O	$\lvert\Delta_H h\rvert_N$
			Masse-%	Masse-%	Masse-%	Masse-%	Masse-%	Masse-%	Masse-%	kJ/kg
fossile Herkunft	fest	Braunkohle (roh, Leipziger Revier)	69,3	5,9	21,7	0,7	2,4	5,7	52,0	10400
		Braunkohlenbrikett (rhein.)	68,1	5,3	25,1	1,0	0,5	5,0	15,0	20400
		Braunkohlenhartkoks	95,5	1,1	2,0	0,2	1,0	10,0	2,0	30000
		Braunkohlenbrikett (Lausitz)	67,5	5,0	26,1	0,9	0,4	6,0	15,0	20000
		Fettkohle (Steinkohle)	88,0	4,9	5,1	0,9	1,1	6,0	2,0	32000
		Flammkohle (Steinkohle)	76,7	5,1	16,7	0,4	1,1	6,0	4,0	26700
		Gaskohle (Steinkohle)	81,3	5,5	11,5	0,5	1,0	6,0	3,0	29400
		Glanzkohle (Anthrazit)	93,5	2,7	2,5	0,2	1,1	6,0	1,0	32400
		Hausmüll	27,0	3,5	19,3	0,1	0,1	25,0	25,0	10000
		Magerkohle (Steinkohle)	90,3	4,3	4,0	0,3	1,1	6,0	1,0	32600
		Pechglanzkohle	76,5	8,2	11,2	0,6	3,5	6,0	9,0	28300
		Torf (lufttrocken)	56,0	6,0	34,0	4,0	1,0	3,0	28,0	14400
		Trockenbraunkohle TBK 12	65,8	5,3	26,1	0,7	2,0	7,2	12,0	20180
		Zechenkoks	96,7	0,5	1,4	0,1	1,1	8,0	1,0	31000
	flüssig	Benzin (Ottokraftstoff, Sprit)	85,4	14,5	0,0	0,1	0,0	0,0	0,0	43300
		Benzol (Benzen) C_6H_6	92,1	7,9	0,0	0,0	0,0	0,0	0,0	39500
		Braunkohlenteeröl	84,0	11,0	4,2	0,1	0,7	0,0	0,0	39200
		Dieselkraftstoff (Gasöl)	86,0	13,2	0,1	0,1	0,6	0,0	0,0	42400
		Erdöl (natürlich)	85,0	13,0	1,6	0,1	0,3	0,0	0,0	41600
		Ethanol (Weingeist) C_2H_5OH	52,3	13,1	31,6	0,0	0,0	0,0	0,0	27100
		Heizöl EL	86,2	13,3	0,0	0,5	0,0	0,0	0,2	42400
		Heizöl S	84,9	10,6	0,9	0,1	3,5	0,0	0,0	39800
		Hexan C_6H_{14}	83,6	16,4	0,0	0,0	0,0	0,0	0,0	45000
		Methanol (Holzgeist) CH_3OH	37,7	12,5	50,0	0,0	0,0	0,0	0,0	19400
		Pentan (n-) C_5H_{12}	83,3	16,7	0,0	0,0	0,0	0,0	0,0	44700
		Petroleum (typisch)	83,5	13,5	1,6	0,5	1,2	0,0	0,0	41600
		Steinkohlenteeröl	89,0	7,0	3,3	0,2	0,5	0,0	0,0	37200
biogene, regenerative Herkunft	fest	Energiekorn (Mittelwert)	45,0	6,5	46,3	2,0	0,2	4,6	14,0	13400
		Getreiderest	48,3	5,7	43,4	2,5	0,1	6,2	6,5	13500
		Heu (Landschaftspflege)	42,7	6,4	40,8	1,2	0,0	8,0	8,0	13700
		Holzbrikett	52,7	6,4	39,9	0,6	0,0	0,8	6,0	18600
		Holzhackschnitzel	48,8	5,5	45,0	0,7	0,0	2,8	12,1	14500
		Holzkoks (Holzkohle)	89,9	2,8	6,9	0,4	0,0	1,7	4,4	31000
		Holzpellets	53,0	6,5	40,4	0,1	0,0	0,5	10,0	17800
		Kleinkorn (Mittelwert)	46,3	6,2	44,9	2,4	0,2	1,6	10,2	15000
		Laubholz (frisch)	47,6	6,2	45,6	0,5	0,0	0,8	50,0	7400
		Laubholz (lufttrocken)	47,6	6,2	45,6	0,5	0,0	0,8	15,0	14400
		Laubholzrinde	51,4	6,2	41,5	0,8	0,1	3,4	45,0	8800
		Miscanthus (gehackt)	48,0	5,5	45,9	0,5	0,1	2,5	10,1	14600
		Nadelholz (frisch)	49,9	6,3	42,8	0,1	0,0	2,1	50,0	7700
		Nadelholz (lufttrocken)	49,9	6,3	42,8	0,1	0,0	2,1	15,0	15100
		Nadelholzrinde	51,6	5,7	39,7	0,5	0,1	3,7	45,0	8700
		Olivenrückstände (Trester)	49,0	5,0	44,8	1,1	0,1	11,0	35,0	8300
		Stroh (Durchschnittswert)	44,0	6,0	42,0	0,6	0,1	6,0	15,0	12600
		trop. Riesenschachtelhalm	50,2	5,9	42,7	1,0	0,1	3,5	5,7	16600
	flüssig	Bio-Ethanol C_2H_5OH	52,3	13,1	31,6	0,0	0,0	0,0	0,0	27100
		Pflanzenöle (typ.) $C_{12}H_{25}COOH$	72,8	12,2	15,0	0,0	0,0	0,0	0,0	35200
		Pyrolyseöl (Holzvergasung)	67,5	6,8	25,1	0,4	0,1	0,1	24,0	20100
		Rapsöl wesentl. $C_{21}H_{41}COOH$	77,6	11,8	10,5	0,0	0,0	0,0	0,1	37000
		Rapsölmethylester (RME)	77,0	12,3	10,5	0,0	0,0	0,0	0,0	37200
		Sonnenblumenöl $C_{17}H_{31}COOH$	77,1	11,5	11,4	0,0	0,0	0,0	0,0	36400
		tierisches Fett	76,7	12,1	11,1	0,1	0,0	0,0	0,9	36500
		Wachse (nat.) $C_{25}H_{51}COOH$	78,7	13,2	8,1	0,0	0,0	0,0	0,0	38900
			ggf. fehlender Rest zu 100 %: sonstige brennbare Bestandteile							**im Verwendungszustand bei $\vartheta_N = 0\,°C$ und p_N = 1013,25 mbar**

A.4.3 Mittlere Zusammensetzung und spezifischer Heizwert gasförmiger Brennstoffe (typische Anhaltswerte)

Brennstoff			Anteile ψ_i für trockenes Gas (wf)									Dichte	spez. Heizwert (gerundet)
			H_2	CH_4	C_2H_6	C_3H_8	C_4H_{10}	ΣC_mH_n	CO	CO_2	N_2	ϱ	$\lvert\Delta_H h\rvert_N$
			Vol.-%	Vol.-%	Vol.-%	Vol.-%	Vol.-%	Vol.-%	Vol.-%	Vol.-%	Vol.-%	kg/m³	kJ/m³
reine Gase		Wasserstoff H_2	100	–	–	–	–	–	–	–	–	0,0899	10780
		Methan CH_4	–	100	–	–	–	–	–	–	–	0,717	35870
		Ethan C_2H_6	–	–	100	–	–	–	–	–	–	1,355	64340
		Propan C_3H_8	–	–	–	100	–	–	–	–	–	2,011	93230
		Butan (n-) C_4H_{10}	–	–	–	–	100	–	–	–	–	2,697	125430
		Propen (Propylen) C_3H_6	–	–	–	–	–	100	–	–	–	1,914	87620
		Buten (n-, Butylen) C_4H_8	–	–	–	–	–	100	–	–	–	2,599	117790
		Ethin (Acethylen) C_2H_2	–	–	–	–	–	100	–	–	–	1,173	56490
		Kohlenmonoxid CO	–	–	–	–	–	–	100	–	–	1,2505	13100
Gas-Mischungen	fossile Herkunft	Autogas (LPG, Sommermix)	0,0	0,0	0,0	40,0	60,0	–	0,0	0,0	0,0	2,42	112500
		Autogas (LPG, Wintermix)	0,0	0,0	0,0	60,0	40,0	–	0,0	0,0	0,0	2,29	106100
		Flüssiggas (Dt., mit Propen)	0,0	0,0	0,0	95,0	0,0	5,0	0,0	0,0	0,0	2,01	92900
		Erdgas H – Nordsee #1	0,0	88,6	8,4	1,7	0,7	–	–	0,0	0,6	0,81	39700
		Erdgas H – Nordsee #2	0,0	83,0	11,6	3,1	0,5	–	–	0,3	1,5	0,85	40700
		Erdgas H – Russland	0,0	98,3	0,5	0,2	0,1	–	–	0,1	0,8	0,73	35900
		Erdgas L – Hannover Ost	0,0	79,5	1,1	0,1	0,0	–	–	0,7	18,6	0,83	29300
		Erdgas L – Niederlande #1	0,0	81,3	2,8	0,4	0,3	–	–	1,0	14,2	0,83	31700
		Erdgas L – Niederlande #2	0,0	82,9	3,7	0,7	0,3	–	–	1,3	11,1	0,83	33100
		Generatorgas aus Koks	0,0	0,0	–	–	–	0,0	25,0	4,0	70,0	1,27	3200
		Gichtgas (Eisenhütte)	2,0	0,0	0,0	0,0	0,0	–	22,0	18,0	58,0	1,36	3000
		Koksofengas (Kokereigas)	50,0	29,0	–	–	–	4,0	8,0	2,0	7,0	0,54	19600
		Leuchtgas (Stadtgas)	48,0	35,0	–	–	–	4,0	8,0	2,0	3,0	0,53	21500
		Mischgas (Wassergas)	12,0	3,0	–	–	–	0,0	28,0	3,0	54,0	1,12	6000
		Schwelgas aus Steinkohle	27,0	48,0	–	–	–	13,0	7,0	3,0	2,0	0,72	29600
		Wassergas aus Koks	49,4	0,2	–	–	–	0,0	38,4	6,8	5,2	0,73	10500
	biogene, regenerative Herkunft	Biogas (Kompogas, typisch)	0,5	62,0	–	–	–	–	–	30,0	5,0	1,10	22400
		Holzgas (allotherm, ohne Luft)	2,0	13,0	–	–	–	2,0	34,0	48,5	0,5	1,51	10600
		Holzgas (autotherm, IMBERT)	18,0	2,0	–	–	–	–	23,0	1,0	47,0	0,93	5600
		Holzgas (Carbo-V-Verg., O_2-Atm.)	40,1	0,0	–	–	–	–	39,2	20,1	0,2	0,93	9500
		Holzgas (IUTA-Vergaser)	7,0	1,5	–	–	–	–	22,0	8,0	61,5	1,22	4100
		Holzgas (LURGI-Vergaser)	7,9	2,2	–	–	–	–	7,9	17,8	64,3	1,27	2700
		Holzgas (UMSICHT-Vergaser)	15,6	4,4	–	–	–	–	17,8	14,4	47,8	1,15	5600
		Klärgas #1 (typisch)	0,2	64,0	0,0	0,0	0,0	–	0,0	34,6	1,2	1,16	23000
		Klärgas #2 (typisch)	0,2	75,0	0,0	0,0	0,0	–	0,0	22,0	2,7	1,01	26900
			ggf. fehlender Rest zu 100 %: sonstige Bestandteile									**bei ϑ_N = 0 °C und p_N = 1013,25 mbar**	

A.4.4 Zündeigenschaften verschiedener Brennstoffe (typische Anhaltswerte)

	Brennstoff	Formel	Zündpunkt (niedrigste Zündtemperatur)	maximale Ausbreitungsgeschwindigkeit laminarer Flammen	bei Konzentration in Luft	Zündgrenze mit Luft	
						untere	obere
			ϑ	w	ψ	ψ	ψ
			°C	m/s	Vol.-% Gas	Vol.-% Gas	Vol.-% Gas
Gase	Wasserstoff	H_2	560	2,85	42,4	4,0	75,0
	Butan (n-)	C_4H_{10}	365	0,39	3,5	1,4	9,4
	Ethan	C_2H_6	515	0,43	6,3	2,4	14,3
	Ethen (Ethylen)	C_2H_4	425	0,70	7,3	2,4	32,6
	Ethin (Acethylen)	C_2H_2	305	1,68	9,3	2,3	82,0
	Kohlenmonoxid	CO	620	0,15...0,52 [1)]	53,0	10,9	76,0
	Methan	CH_4	595	0,40	10,1	4,4	17,0
	Pentan (n-)	C_5H_{12}	260	0,55	4,3	1,4	7,8
	Propan	C_3H_8	470	0,42	4,3	1,7	10,8
	Propen	C_3H_8	455	0,46	5,0	1,8	11,2
	Autogas (LPG)	–	400	0,40	4,2	1,5	15,0
	Erdgas H (Nordsee)	–	635	0,44	9,6	4,0	15,8
	Erdgas H (Russland)	–	645	0,44	9,6	4,3	16,2
	Erdgas L	–	670	0,43	11,1	4,6	16,0
	Generatorgas aus Koks	–	600	0,40	43,0	19,0	71,0
	Gichtgas (Eisenhütte)	–	600	0,60	45,0	30,0	75,0
	Koksofengas (Kokereigas)	–	560	1,15	23,1	5,0	33,0
	Leuchtgas (Stadtgas)	–	560	1,10	25,2	4,0	40,0
	Wassergas aus Koks	–	600	1,65	44,0	6,0	72,0
Dämpfe der Flüssigkeiten	Benzol (Benzen)	C_6H_6	555	0,82	54,3	1,2	8,0
	Ethanol (Spiritus)	C_2H_5OH	425	0,44	52,0	3,5	15,1
	Methanol (Holzgeist)	CH_3OH	455	0,45	52,5	5,6	37,1
	Toluol	C_7H_8	535	0,65	54,5	1,2	8,0
	Benzin	–	300	0,30	54,4	0,6	8,7
	Dieselöl	–	220			0,6	6,5
	Erdöl (roh)	–	220			0,6	6,5
	Heizöl EL	–	250			0,5	6,5
	Kerosin (Jet-B)	–	230			1,3	8,2
	Petroleum	–	250			0,6	8,8
	Rapsöl	–	300				
	Rapsölmethylester (Bio-Diesel)	–	285				
	Terpentinöl	–	220			0,8	6,0
Ausgasungen der Feststoffe	Kohlenstoff	C	700	–	–	–	–
	Anthrazit	–	250...480	–	–	–	–
	Braunkohle (typisch)	–	230...240	–	–	–	–
	Getreidekorn (verschiedene S.)	–	245...325	–	–	–	–
	Holz (verschiedene Sorten)	–	245...310	–	–	–	–
	Holzkohle	–	300...340	–	–	–	–
	Papier	–	165...360	–	–	–	–
	Petrolkoks	–	420...460	–	–	–	–
	Steinkohle (typisch)	–	330	–	–	–	–
	Stroh	–	235...300	–	–	–	–
	Tabak	–	175	–	–	–	–
	Teere	–	480...510	–	–	–	–
	Torf	–	235	–	–	–	–
				bei ϑ = 20 °C und p_N = 1 013,25 mbar			

[1)] sehr stark abhängig von der Anwesenheit von H_2 und/oder H_2O_D

A.4.5 Spezifische Verbrennungsenthalpie und spezifischer Heizwert einiger Stoffe (Mittelwerte, gerundet)

Stoff	Formel		spezifische Verbrennungsenthalpie			spezifischer Heizwert		
	Ausgangsstoff	Reaktionsprodukt	$\lvert\Delta_V\bar{h}\rvert$	$\lvert\Delta_V h\rvert$	$\lvert\Delta_V h\rvert_N$	$\lvert\Delta_H\bar{h}\rvert$	$\lvert\Delta_H h\rvert$	$\lvert\Delta_H h\rvert_N$
			kJ/mol	kJ/kg	kJ/m^3	kJ/mol	kJ/kg	kJ/m^3
Ammoniak	NH_3	N_2, H_2O	381,0	22 400	17 300	313,0	18 400	14 200
Benzol	C_6H_6	CO_2, H_2O	3 280,0	42 000	36 800 000	521,1	40 700	35 673 500
Butan	C_4H_{10}	CO_2, H_2O	2 880,0	49 600	134 000	2 655,0	45 700	123 500
Ethanol	C_2H_5OH	CO_2, H_2O	1 373,3	29 800	23 515 000	581,7	26 800	21 145 000
Ethen (Äthylen)	C_2H_4	CO_2, H_2O	1 390,0	51 100	64 000	1 686,3	47 300	55 800
Ethin (Acetylen)	C_2H_2	CO_2, H_2O	1 306,3	50 400	59 000	1 265,0	48 600	56 900
Kohlenmonoxid	CO	CO_2	283,6	10 100	12 700	283,6	10 100	12 700
Kohlenstoff	C	CO_2	406,1	33 800	76 625 000	406,1	33 800	76 625 000
Kohlenstoff	C	CO	122,5	10 200	23 125 000	122,5	10 200	23 125 000
Methan	CH_4	CO_2, H_2O	890,9	55 600	39 900	802,0	49 900	35 900
Methanol	CH_3OH	CO_2, H_2O	715,5	22 300	17 660 000	614,9	19 700	15 600 000
Oleinsäure	$C_{17}H_{33}COOH$	CO_2, H_2O	11 200,0	39 700	35 340 000	10 400,0	36 800	32 750 000
Palmitinsäure	$C_{15}H_{31}COOH$	CO_2, H_2O	9 964,6	38 900	33 200 000	9 400,0	36 500	31 135 000
Propan	C_3H_8	CO_2, H_2O	2 222,0	50 400	101 800	2 041,0	46 400	93 600
Stearinsäure	$C_{17}H_{35}COOH$	CO_2, H_2O	11 258,3	39 600	33 540 000	10 600,0	37 200	31 510 000
Wasserstoff	H_2	H_2O	286,2	141 900	12 800	241,1	119 600	10 760

A.4.6 Mittlere spezifische Wärmekapazität $c_{p,m}$ von Gasen und Dämpfen zwischen 0 °C und ϑ bei konstantem Druck $p = 0$ bar

Temperatur	mittlere spezifische Wärmekapazität $c_{p,m}$ zwischen 0 °C und ϑ des Gases ...												
ϑ	H_2	He	N_2	O_2	CO_2	CO	SO_2	CH_4	C_2H_6	C_3H_8	n-C_4H_{10}	H_2O_D	$Luft_{trocken}$
°C	kJ/(kg · K)	kJ/(kg · K)	kJ/(kg · K)	kJ/(kg · K)	kJ/(kg · K)	kJ/(kg · K)	kJ/(kg · K)	kJ/(kg · K)	kJ/(kg · K)	kJ/(kg · K)	kJ/(kg · K)	kJ/(kg · K)	kJ/(kg · K)
0	14,194	5,193	1,039	0,915	0,817	1,039	0,608	2,174	1,648	1,554	1,588	1,859	1,004
20	14,241	5,193	1,039	0,916	0,828	1,040	0,613	2,193	1,686	1,597	1,630	1,861	1,004
50	14,297	5,193	1,040	0,918	0,844	1,040	0,622	2,228	1,746	1,664	1,695	1,864	1,005
100	14,360	5,193	1,040	0,923	0,868	1,041	0,636	2,295	1,850	1,776	1,806	1,872	1,007
200	14,423	5,193	1,043	0,935	0,913	1,046	0,663	2,455	2,062	2,000	2,025	1,893	1,012
300	14,455	5,193	1,049	0,950	0,952	1,053	0,687	2,632	2,268	2,210	2,231	1,918	1,019
400	14,482	5,193	1,057	0,965	0,986	1,063	0,708	2,813	2,462	2,404	2,420	1,947	1,029
500	14,512	5,193	1,066	0,979	1,016	1,074	0,726	2,991	2,643	2,581	2,592	1,977	1,039
600	14,550	5,193	1,076	0,993	1,043	1,086	0,742	3,165	2,811	2,744	2,749	2,008	1,050
700	14,596	5,193	1,087	1,005	1,067	1,098	0,755	3,331	2,967	2,894	2,894	2,041	1,061
800	14,650	5,193	1,098	1,016	1,088	1,109	0,767	3,489	3,111	3,032	3,026	2,074	1,071
900	14,713	5,193	1,108	1,026	1,108	1,120	0,778	3,639	3,245	3,159	3,148	2,108	1,082
1 000	14,784	5,193	1,118	1,035	1,126	1,131	0,787	3,781	3,369	3,276	3,260	2,142	1,092
1 100	14,861	5,193	1,127	1,045	1,142	1,140	0,795	3,915	3,484	3,385	3,363	2,176	1,103
1 200	14,944	5,193	1,136	1,057	1,156	1,149	0,802	4,040	3,591	3,485	3,458	2,210	1,110
1 300	15,031	5,193	1,145	1,060	1,170	1,158	0,809					2,243	1,118
1 400	15,121	5,193	1,153	1,066	1,182	1,166	0,815					2,275	1,126
1 500	15,213	5,193	1,160	1,072	1,193	1,173	0,820					2,307	1,133
1 600	15,306	5,193	1,167	1,078	1,203	1,180	0,825					2,337	1,142
1 700	15,400	5,193	1,174	1,083	1,213	1,186	0,829					2,367	1,146
1 800	15,494	5,193	1,180	1,090	1,222	1,192	0,834					2,396	1,152
1 900	15,587	5,193	1,186	1,095	1,230	1,198	0,837					2,423	1,158
2 000	15,679	5,193	1,191	1,100	1,238	1,203	0,841					2,450	1,162
Quellen	anorganische Verbindungen: Justi, E., Lüder, H.; Spez. Wärme, Entropie und Dissoziation techn. Gase und Dämpfe, Forsch. Ing.wesen, Bd. 6, Nr. 5, 1935 organische Verbindungen: Wagman, D., Kilpatrick, J., Taylor, W., Pitzer, K., Rossini, F.: J. Research Natl. Bur. Standards 35 (1945) 467												
	Die mittlere spezifische Wärmekapazität bei konstantem Volumen ist: $c_{v,m} = c_{p,m} - R$												
R	4,1247	2,0773	0,2968	0,2598	0,1889	0,2968	0,1298	0,5183	0,2765	0,1886	0,1431	0,4615	0,2871
spezifische Gaskonstante	kJ/(kg · K)	kJ/(kg · K)	kJ/(kg · K)	kJ/(kg · K)	kJ/(kg · K)	kJ/(kg · K)	kJ/(kg · K)	kJ/(kg · K)	kJ/(kg · K)	kJ/(kg · K)	kJ/(kg · K)	kJ/(kg · K)	kJ/(kg · K)
M	2,016	4,003	28,013	31,999	44,010	28,010	64,065	16,043	30,069	44,096	58,122	18,015	28,960
molare Masse	kg/kmol	kg/kmol	kg/kmol	kg/kmol	kg/kmol	kg/kmol	kg/kmol	kg/kmol	kg/kmol	kg/kmol	kg/kmol	kg/kmol	kg/kmol

A.4.7 Wahre spezifische Wärmekapazität c_p von Gasen und Dämpfen bei konstantem Druck $p = 0\,bar$

Temperatur	wahre spezifische Wärmekapazität c_p zwischen 0 °C und ϑ des Gases …												
ϑ	H_2	He	N_2	O_2	CO_2	CO	SO_2	CH_4	C_2H_6	C_3H_8	n-C_4H_{10}	H_2O_D	$Luft_{trocken}$
°C	kJ/(kg·K)	kJ/(kg·K)	kJ/(kg·K)	kJ/(kg·K)	kJ/(kg·K)	kJ/(kg·K)	kJ/(kg·K)	kJ/(kg·K)	kJ/(kg·K)	kJ/(kg·K)	kJ/(kg·K)	kJ/(kg·K)	kJ/(kg·K)
0	14,194	5,193	1,039	0,915	0,817	1,039	0,608	2,174	1,648	1,554	1,588	1,859	1,004
20	14,284	5,193	1,040	0,917	0,839	1,040	0,619	2,214	1,725	1,641	1,673	1,863	1,005
50	14,377	5,193	1,040	0,922	0,869	1,041	0,636	2,289	1,848	1,775	1,805	1,871	1,006
100	14,457	5,193	1,042	0,934	0,916	1,044	0,664	2,440	2,061	2,002	2,028	1,890	1,010
200	14,505	5,193	1,052	0,963	0,996	1,058	0,714	2,798	2,483	2,436	2,453	1,940	1,025
300	14,536	5,193	1,069	0,995	1,060	1,080	0,755	3,173	2,869	2,817	2,823	1,999	1,045
400	14,593	5,193	1,091	1,024	1,114	1,106	0,786	3,535	3,212	3,146	3,140	2,063	1,068
500	14,680	5,193	1,116	1,048	1,158	1,132	0,811	3,873	3,515	3,431	3,415	2,131	1,092
600	14,799	5,193	1,139	1,069	1,195	1,157	0,829	4,184	3,782	3,680	3,653	2,201	1,115
700	14,947	5,193	1,162	1,086	1,227	1,179	0,844	4,467	4,018	3,899	3,861	2,273	1,137
800	15,121	5,193	1,182	1,100	1,253	1,199	0,856	4,723	4,224	4,090	4,041	2,345	1,156
900	15,316	5,193	1,200	1,113	1,275	1,216	0,865	4,952	4,405	4,257	4,199	2,415	1,175
1 000	15,525	5,193	1,215	1,127	1,294	1,231	0,873	5,158	4,563	4,403	4,335	2,483	1,185
1 100	15,743	5,193	1,229	1,133	1,310	1,243	0,879	5,341	4,701	4,531	4,454	2,548	1,199
1 200	15,964	5,193	1,241	1,141	1,324	1,254	0,885	5,505	4,822	4,643	4,558	2,610	1,210
1 300	16,184	5,193	1,251	1,149	1,336	1,264	0,889					2,668	1,219
1 400	16,399	5,193	1,261	1,157	1,346	1,272	0,893					2,722	1,227
1 500	16,607	5,193	1,269	1,164	1,355	1,280	0,897					2,773	1,236
1 600	16,807	5,193	1,276	1,171	1,363	1,286	0,900					2,819	1,243
1 700	16,996	5,193	1,282	1,179	1,370	1,292	0,903					2,862	1,251
1 800	17,175	5,193	1,288	1,187	1,376	1,297	0,906					2,902	1,256
1 900	17,344	5,193	1,293	1,195	1,381	1,302	0,908					2,939	1,262
2 000	17,502	5,193	1,298	1,201	1,386	1,307	0,910					2,973	1,266
	errechnet aus Tabelle A.4.8												
	Die wahre spezifische Wärmekapazität bei konstantem Volumen ist: $c_v = c_p - R$												
R	4,1247	2,0773	0,2968	0,2598	0,1889	0,2968	0,1298	0,5183	0,2765	0,1886	0,1431	0,4615	0,2871
spezifische Gaskonstante	kJ/(kg·K)	kJ/(kg·K)	kJ/(kg·K)	kJ/(kg·K)	kJ/(kg·K)	kJ/(kg·K)	kJ/(kg·K)	kJ/(kg·K)	kJ/(kg·K)	kJ/(kg·K)	kJ/(kg·K)	kJ/(kg·K)	kJ/(kg·K)
M	2,016	4,003	28,013	31,999	44,010	28,010	64,065	16,043	30,069	44,096	58,122	18,015	28,960
molare Masse	kg/kmol	kg/kmol	kg/kmol	kg/kmol	kg/kmol	kg/kmol	kg/kmol	kg/kmol	kg/kmol	kg/kmol	kg/kmol	kg/kmol	kg/kmol

A.4.8 Wahre molare Wärmekapazität $\bar{c}_p$ von Gasen und Dämpfen bei konstantem Druck $p = 0\,\text{bar}$

Temperatur	wahre molare Wärmekapazität $\bar{c}_p$ zwischen 0 °C und ϑ des Gases ...											
ϑ	H_2	He	N_2	O_2	CO_2	CO	SO_2	CH_4	C_2H_6	C_3H_8	n-C_4H_{10}	H_2O_D	Luft$_{trocken}$
°C	kJ/(kmol · K)	kJ/(kmol · K)	kJ/(kmol · K)	kJ/(kmol · K)	kJ/(kmol · K)	kJ/(kmol · K)	kJ/(kmol · K)	kJ/(kmol · K)	kJ/(kmol · K)	kJ/(kmol · K)	kJ/(kmol · K)	kJ/(kmol · K)	kJ/(kmol · K)
0	28,612	20,786	29,114	29,273	35,967	29,115	38,946	34,872	49,545	68,537	92,282	33,488	29,070
20	28,795	20,786	29,123	29,354	36,910	29,127	39,661	35,527	51,874	72,362	97,219	33,561	29,093
50	28,981	20,786	29,142	29,514	38,258	29,157	40,739	36,717	55,555	78,280	104,89	33,708	29,142
100	29,142	20,786	29,199	29,876	40,318	29,250	42,509	39,144	61,959	88,298	117,89	34,046	29,262
200	29,239	20,786	29,467	30,820	43,814	29,638	45,728	44,889	74,669	107,42	142,55	34,953	29,670
300	29,302	20,786	29,952	31,831	46,658	30,251	48,341	50,904	86,282	124,22	164,06	36,018	30,260
400	29,416	20,786	30,576	32,758	49,010	30,974	50,370	56,704	96,583	138,71	182,52	37,171	30,942
500	29,593	20,786	31,252	33,550	50,970	31,711	51,929	62,127	105,69	151,30	198,47	38,391	31,638
600	29,832	20,786	31,918	34,208	52,610	32,406	53,131	67,117	113,73	162,29	212,33	39,657	32,302
700	30,130	20,786	32,541	34,751	53,986	33,031	54,071	71,660	120,80	171,91	224,40	40,948	32,919
800	30,481	20,786	33,104	35,205	55,143	33,581	54,818	75,763	127,02	180,34	234,90	42,238	33,453
900	30,874	20,786	33,604	35,630	56,120	34,058	55,421	79,448	132,46	187,71	244,03	43,506	33,913
1 000	31,296	20,786	34,044	35,965	56,947	34,469	55,915	82,745	137,21	194,16	251,97	44,734	34,332
1 100	31,735	20,786	34,428	36,258	57,652	34,824	56,328	85,691	141,37	199,79	258,89	45,909	34,709
1 200	32,181	20,786	34,763	36,509	58,256	35,132	56,677	88,323	145,00	204,72	264,91	47,021	35,044
1 300	32,624	20,786	35,057	36,760	58,775	35,400	56,976					48,067	35,295
1 400	33,058	20,786	35,315	37,011	59,226	35,635	57,235					49,043	35,546
1 500	33,477	20,786	35,542	37,263	59,620	35,843	57,463					49,950	35,797
1 600	33,879	20,786	35,744	37,472	59,966	36,028	57,665					50,789	36,006
1 700	34,261	20,786	35,924	37,723	60,273	36,193	57,847					51,565	36,216
1 800	34,622	20,786	36,085	37,974	60,547	36,342	58,012					52,281	36,383
1 900	34,962	20,786	36,230	38,225	60,794	36,476	58,164					52,942	36,551
2 000	35,281	20,786	36,361	38,435	61,018	36,597	58,304					53,552	36,676
Quellen	anorganische Verbindungen: Justi, E., Lüder, H.; Spez. Wärme, Entropie und Dissoziation techn. Gase und Dämpfe, Forsch. Ing.wesen, Bd. 6, Nr. 5, 1935 organische Verbindungen: Wagman, D., Kilpatrick, J., Taylor, W., Pitzer, K., Rossini, F.: J. Research Natl. Bur. Standards 35 (1945) 467												
	Die wahre molare Wärmekapazität bei konstantem Volumen ist: $\bar{c}_v = \bar{c}_p - \bar{R}$												
$\bar{R}$	8,314 472												
universelle Gaskonstante	kJ/(kmol · K)												
M	2,016	4,003	28,013	31,999	44,010	28,010	64,065	16,043	30,069	44,096	58,122	18,015	28,960
molare Masse	kg/kmol	kg/kmol	kg/kmol	kg/kmol	kg/kmol	kg/kmol	kg/kmol	kg/kmol	kg/kmol	kg/kmol	kg/kmol	kg/kmol	kg/kmol

A.4.9 Mittlere spezifische Wärmekapazität c_m fester und flüssiger Stoffe

Stoff		im Temperaturbereich $\vartheta_1 \ldots \vartheta_2$ °C	mittlere spezifische Wärmekapazität c_m kJ/(kg · K)
Aluminium		0…100	0,900
Antimon		0…100	0,209
Asbest		0…100	0,816
Beton		bei 20	0,880
Bimsstein		0…100	1,005
Blei		0…100	0,129
Dolomit		0…100	0,896
Eis		-20…0	2,100
Fette, beispielhaft		bei 20	2,520
feuerfeste Steine und Schlacken	Schamotte, allgemein	0…200	0,875
		0…600	1,010
		0…1 000	1,110
		0…1 200	1,156
		0…1 400	1,236
	Silika	0…200	0,913
		0…600	1,043
		0…1 000	1,136
		0…1 200	1,169
		0…1 400	1,194
	Aluminiumoxid Al_2O_3	0…200	0,913
		0…600	1,064
		0…1 000	1,144
		0…1 200	1,177
		0…1 400	1,207
	Hämatit Fe_2O_3	0…200	0,708
		0…600	0,842
		0…1 000	0,930
		0…1 200	0,968
		0…1 400	0,997
	Magnesit $MgCO_3$	0…200	0,960
		0…600	1,098
		0…1 000	1,182
		0…1 200	1,203
	Siliciumoxid SiO_2	0…200	0,851
		0…600	0,997
		0…1 000	1,081
		0…1 200	1,098
		0…1 400	1,106
	Calciumcarbonat $CaCO_3$	0…600	0,901
		0…1 000	1,056

Stoff		im Temperaturbereich $\vartheta_1 \ldots \vartheta_2$ °C	mittlere spezifische Wärmekapazität c_m kJ/(kg · K)
Flusseisen (0,5 % C)		0…100	0,473
Gips		bei 20	1,090
Glockenbronze (80 Cu, 20 Sn)		0…100	0,361
Gold		0…100	0,132
Grafit		bei 0	0,670
		20…100	0,810
		20…500	1,330
		20…1 000	1,520
Gummi		bei 20	2,010
Grauguss		0…100	0,498
Heizöl	EL	bei 20	1,880
	S	bei 20	1,800
		100…200	2,200
Hochofenschlacke		0…100	0,837
Holzkohle		bei 20	0,690
		0…100	0,796
		0…225	1,300
Kalk (CaO)		0…100	0,745
Kohlenasche		bei 20	0,670…0,780
Kohlensäure		0…100	0,816
Koks	10 % Asche	0…100	0,850
		20…500	1,230
		20…1 000	1,470
		20…1 200	1,520
	20 % Asche	20…100	0,810
		20…500	1,200
		20…1 000	1,360
		20…1 200	1,430
Kupfer		0…100	0,391
Magnesia		0…100	1,021
Mangan		0…100	0,510
Maschinenöl, Schmierstoff allg.		bei 20	1,675
Messing (60 Cu, 40 Zn)		0…100	0,384
Naphthalin $C_{10}H_8$, fest		20…80	1,490
Neusilber		0…100	0,396
Nickel, rein		bei 0	0,448
		0…100	0,461
		0…200	0,502
		0…1 200	0,587
Paraffin		bei 20	2,010

Stoff	im Temperaturbereich $\vartheta_1 \ldots \vartheta_2$ °C	mittlere spezifische Wärmekapazität c_m kJ/(kg · K)
Petroleum	0…100	2,093
Phosphor (roter)	0…100	0,712
Platin	0…100	0,136
Portlandzement	0…100	1,135
Quarz	0…100	0,783
	20…500	1,050
	20…1 000	1,072
Quecksilber	0…100	0,138
Sand, beispielhaft	bei 20	0,835
Sandstein	0…100	0,921
schmiedbarer Guss	15…100	0,482
Schnee, frisch	-5…0	2,090
Schwefelsäure	0…100	1,408
Silber, rein	0…100	0,234
Silicium	0…100	0,569
Spiegelglas	0…100	0,779
Stahl, allgemein	bei 0	0,469
	0…100	0,478
	0…600	0,570
	0…1 200	0,713
Steinkohle	0…100	1,298
Steinkohlenteer	bei 40	1,512
	bei 200	1,886
Talk	0…100	0,875
Ton	0…100	0,938
Tonerde, bindiger Boden	0…100	0,827
Wachse, beispielhaft	bei 20	3,430
Wasser	0…100	4,187
Wismut (Bismut)	0…100	0,127
Wolframit	0…100	0,410
Wolle, trocken	0…100	1,645
Zellulose, trocken	0…100	1,532
Zement	bei 20	1,092
Ziegel	0…100	0,900
Zink	0…100	0,392
Zinn	0…100	0,234

A.4.10 Wassertafel, Stoffwerte von idealem flüssigem Wasser (nach IAPWS-IF97)

Temperatur	Siededruck	Dichte	spez. Wärme-kapazität	spez. Enthalpie	spez. Verdampfungs-enthalpie	Wärmeleit-koeffizient	Volumen-ausdehnungs-koeffizient	dyn. Viskosität	kin. Viskosität	Temperatur-leitfähigkeit	Prandtl-Zahl	Oberflächen-spannung
ϑ	p_S	ϱ	c_p	h'	Δh_V	λ	γ	η	ν	a	Pr	σ
°C	bar	kg/m³	kJ/(kg · K)	kJ/kg	kJ/kg	W/(m · K)	10^{-3} 1/K	kg/(m·s) = Pa·s	10^{-3} m²/s	10^{-6} m²/s	–	mN/m
0	0,006 112	999,84	4,220	−0,041 59	2 500,93	0,561 97	−0,068 076	0,001 792 0	0,001 792 3	0,133 2	13,46	75,65
2	0,007 060	999,94	4,213	8,391 6	2 496,17	0,566 17	−0,032 746	0,001 673 7	0,001 673 9	0,134 4	12,46	75,37
4	0,008 135	999,97	4,208	16,813	2 491,42	0,570 26	0,000 267	0,001 567 4	0,001 567 6	0,135 5	11,57	75,08
5	0,008 726	999,97	4,205	21,019	2 489,05	0,572 27	0,015 99	0,001 518 3	0,001 518 4	0,136 1	11,16	74,94
6	0,009 354	999,94	4,203	25,224	2 486,68	0,574 25	0,031 23	0,001 471 6	0,001 471 8	0,136 6	10,77	74,80
8	0,010 73	999,85	4,199	33,626	2 481,94	0,578 13	0,060 37	0,001 384 8	0,001 385 1	0,137 7	10,06	74,51
10	0,012 28	999,70	4,196	42,021	2 477,21	0,581 92	0,087 89	0,001 306 0	0,001 306 4	0,138 7	9,42	74,22
12	0,014 03	999,50	4,193	50,410	2 472,48	0,585 61	0,113 96	0,001 234 1	0,001 234 8	0,139 7	8,84	73,93
14	0,015 99	999,25	4,191	58,794	2 467,75	0,589 21	0,138 73	0,001 168 4	0,001 169 3	0,140 7	8,31	73,63
15	0,017 06	999,10	4,189	62,984	2 465,38	0,590 97	0,150 67	0,001 137 6	0,001 138 7	0,141 2	8,06	73,49
16	0,018 19	998,94	4,188	67,173	2 463,01	0,592 72	0,162 33	0,001 108 1	0,001 109 4	0,141 7	7,83	73,34
18	0,020 65	998,60	4,187	75,548	2 458,28	0,596 14	0,184 88	0,001 052 7	0,001 054 2	0,142 6	7,39	73,04
20	0,023 39	998,21	4,185	83,920	2 453,55	0,599 47	0,206 47	0,001 001 6	0,001 003 5	0,143 5	6,99	72,74
22	0,026 45	997,77	4,184	92,289	2 448,81	0,602 73	0,227 19	0,000 954 4	0,000 956 6	0,144 4	6,63	72,43
24	0,029 86	997,30	4,183	100,66	2 444,08	0,605 90	0,247 12	0,000 910 7	0,000 913 2	0,145 3	6,29	72,13
25	0,031 70	997,05	4,182	104,84	2 441,71	0,607 46	0,256 81	0,000 890 0	0,000 892 7	0,145 7	6,13	71,97
26	0,033 64	996,79	4,182	109,02	2 439,33	0,609 00	0,266 33	0,000 870 1	0,000 873 0	0,146 1	5,97	71,82
28	0,037 83	996,24	4,181	117,38	2 434,59	0,612 01	0,284 87	0,000 832 4	0,000 835 6	0,146 9	5,69	71,51
30	0,042 47	995,65	4,180	125,75	2 429,84	0,614 95	0,302 81	0,000 797 2	0,000 800 7	0,147 8	5,42	71,19
32	0,047 59	995,03	4,180	134,11	2 425,08	0,617 82	0,320 19	0,000 764 4	0,000 768 3	0,148 6	5,17	70,88
34	0,053 25	994,38	4,179	142,47	2 420,32	0,620 61	0,337 06	0,000 733 7	0,000 737 9	0,149 3	4,94	70,56
35	0,056 29	994,04	4,179	146,64	2 417,94	0,621 98	0,345 31	0,000 719 1	0,000 723 5	0,149 7	4,83	70,40
36	0,059 47	993,69	4,179	150,82	2 415,56	0,623 33	0,353 45	0,000 705 0	0,000 709 5	0,150 1	4,73	70,24
38	0,066 32	992,97	4,179	159,18	2 410,78	0,625 98	0,369 39	0,000 678 0	0,000 682 9	0,150 9	4,53	69,92
40	0,073 84	992,22	4,179	167,54	2 406,00	0,628 56	0,384 93	0,000 652 7	0,000 657 9	0,151 6	4,34	69,60
42	0,082 09	991,44	4,179	175,90	2 401,21	0,631 08	0,400 09	0,000 628 9	0,000 634 4	0,152 3	4,16	69,27
44	0,091 12	990,64	4,179	184,26	2 396,42	0,633 52	0,414 90	0,000 606 5	0,000 612 2	0,153 0	4,00	68,94
45	0,095 94	990,22	4,179	188,44	2 394,02	0,634 72	0,422 18	0,000 595 8	0,000 601 7	0,153 4	3,92	68,78
46	0,101 0	989,80	4,179	192,62	2 391,61	0,635 90	0,429 38	0,000 585 3	0,000 591 4	0,153 7	3,85	68,61
48	0,111 8	988,94	4,179	200,98	2 386,80	0,638 21	0,443 55	0,000 565 4	0,000 571 7	0,154 4	3,70	68,28

Temperatur	Siededruck	Dichte	spez. Wärme-kapazität	spez. Enthalpie	spez. Verdampfungs-enthalpie	Wärmeleit-koeffizient	Volumen-ausdehnungs-koeffizient	dyn. Viskosität	kin. Viskosität	Temperatur-leitfähigkeit	Prandtl-Zahl	Oberflächen-spannung
ϑ	p_S	ϱ	c_p	h'	Δh_V	λ	γ	η	ν	a	Pr	σ
°C	bar	kg/m^3	kJ/(kg · K)	kJ/kg	kJ/kg	W/(m · K)	10^{-3} 1/K	kg/(m·s) = Pa·s	10^{-3} m^2/s	10^{-6} m^2/s	–	mN/m
50	0,1235	988,05	4,180	209,34	2381,97	0,64046	0,45744	0,0005465	0,0005531	0,1551	3,57	67,94
52	0,1363	987,13	4,180	217,70	2377,14	0,64265	0,47106	0,0005286	0,0005356	0,1557	3,44	67,61
54	0,1502	986,19	4,181	226,06	2372,30	0,64477	0,48442	0,0005117	0,0005189	0,1564	3,32	67,27
55	0,1576	985,71	4,181	230,24	2369,87	0,64581	0,49102	0,0005036	0,0005109	0,1567	3,26	67,10
56	0,1653	985,22	4,181	234,42	2367,44	0,64683	0,49756	0,0004957	0,0005032	0,1570	3,20	66,93
58	0,1817	984,23	4,182	242,79	2362,57	0,64883	0,51048	0,0004805	0,0004882	0,1576	3,10	66,58
60	0,1995	983,21	4,183	251,15	2357,69	0,65076	0,52319	0,0004660	0,0004740	0,1582	3,00	66,24
62	0,2187	982,17	4,184	259,52	2352,80	0,65264	0,53572	0,0004523	0,0004605	0,1588	2,90	65,89
64	0,2394	981,11	4,185	267,89	2347,89	0,65446	0,54806	0,0004392	0,0004477	0,1594	2,81	65,54
65	0,2504	980,57	4,185	272,08	2345,43	0,65535	0,55417	0,0004329	0,0004415	0,1597	2,76	65,37
66	0,2618	980,02	4,186	276,27	2342,97	0,65622	0,56024	0,0004267	0,0004355	0,1600	2,72	65,19
68	0,2860	978,91	4,187	284,64	2338,03	0,65793	0,57227	0,0004149	0,0004238	0,1605	2,64	64,84
70	0,3120	977,78	4,188	293,02	2333,08	0,65957	0,58415	0,0004035	0,0004127	0,1611	2,56	64,48
72	0,3400	976,63	4,190	301,40	2328,11	0,66116	0,59590	0,0003927	0,0004021	0,1616	2,49	64,12
74	0,3701	975,45	4,191	309,78	2323,13	0,66269	0,60752	0,0003824	0,0003920	0,1621	2,42	63,76
75	0,3860	974,86	4,192	313,97	2320,63	0,66344	0,61329	0,0003774	0,0003872	0,1624	2,38	63,58
76	0,4024	974,26	4,192	318,17	2318,13	0,66417	0,61903	0,0003725	0,0003824	0,1626	2,35	63,40
78	0,4370	973,04	4,194	326,56	2313,11	0,66559	0,63043	0,0003631	0,0003732	0,1631	2,29	63,04
80	0,4741	971,80	4,196	334,95	2308,07	0,66696	0,64174	0,0003540	0,0003643	0,1636	2,23	62,67
82	0,5139	970,55	4,197	343,34	2303,01	0,66827	0,65295	0,0003454	0,0003559	0,1640	2,17	62,31
84	0,5564	969,27	4,199	351,74	2297,93	0,66954	0,66408	0,0003371	0,0003478	0,1645	2,11	61,94
85	0,5787	968,62	4,200	355,95	2295,38	0,67015	0,66962	0,0003331	0,0003439	0,1647	2,09	61,75
86	0,6017	967,97	4,201	360,15	2292,83	0,67074	0,67514	0,0003291	0,0003400	0,1649	2,06	61,56
88	0,6502	966,65	4,203	368,56	2287,70	0,67190	0,68612	0,0003215	0,0003326	0,1654	2,01	61,19
90	0,7018	965,32	4,205	376,97	2282,56	0,67300	0,69705	0,0003142	0,0003255	0,1658	1,96	60,82
92	0,7568	963,96	4,207	385,38	2277,39	0,67405	0,70793	0,0003071	0,0003186	0,1662	1,92	60,44
94	0,8154	962,59	4,209	393,81	2272,20	0,67506	0,71875	0,0003004	0,0003120	0,1666	1,87	60,06
95	0,8461	961,89	4,211	398,02	2269,60	0,67554	0,72415	0,0002971	0,0003089	0,1668	1,85	59,87
96	0,8777	961,20	4,212	402,23	2266,98	0,67601	0,72954	0,0002939	0,0003057	0,1670	1,83	59,68
98	0,9439	959,78	4,214	410,66	2261,74	0,67691	0,74029	0,0002876	0,0002997	0,1674	1,79	59,30
100	1,014	958,35	4,217	419,10	2256,47	0,67776	0,75101	0,0002816	0,0002938	0,1677	1,75	58,91
105	1,209	954,71	4,223	440,21	2243,18	0,67967	0,77774	0,0002675	0,0002802	0,1686	1,66	57,94
110	1,434	950,95	4,230	461,36	2229,70	0,68128	0,80442	0,0002546	0,0002677	0,1694	1,58	56,96

A

Temperatur	Siededruck	Dichte	spez. Wärme-kapazität	spez. Enthalpie	spez. Verdampfungs-enthalpie	Wärmeleit-koeffizient	Volumen-ausdehnungs-koeffizient	dyn. Viskosität	kin. Viskosität	Temperatur-leitfähigkeit	Prandtl-Zahl	Oberflächen-spannung
ϑ	p_S	ϱ	c_p	h'	Δh_V	λ	γ	η	ν	a	Pr	σ
°C	bar	kg/m³	kJ/(kg · K)	kJ/kg	kJ/kg	W/(m · K)	10^{-3} 1/K	kg/(m·s) = Pa·s	10^{-3} m²/s	10^{-6} m²/s	–	mN/m
115	1,692	947,08	4,238	482,55	2 216,03	0,682 59	0,831 13	0,000 242 8	0,000 256 4	0,170 1	1,51	55,97
120	1,987	943,11	4,246	503,78	2 202,15	0,683 61	0,857 98	0,000 232 0	0,000 246 0	0,170 7	1,44	54,97
125	2,322	939,02	4,255	525,06	2 188,04	0,684 34	0,885 03	0,000 222 1	0,000 236 5	0,171 3	1,38	53,96
130	2,703	934,83	4,265	546,39	2 173,70	0,684 80	0,912 38	0,000 212 9	0,000 227 8	0,171 8	1,33	52,93
135	3,132	930,53	4,275	567,77	2 159,10	0,684 97	0,940 10	0,000 204 5	0,000 219 7	0,172 2	1,28	51,90
140	3,615	926,13	4,286	589,20	2 144,24	0,684 87	0,968 29	0,000 196 6	0,000 212 3	0,172 5	1,23	50,86
145	4,156	921,62	4,298	610,69	2 129,10	0,684 50	0,997 03	0,000 189 4	0,000 205 5	0,172 8	1,19	49,80
150	4,761	917,01	4,310	632,25	2 113,67	0,683 86	1,026 4	0,000 182 6	0,000 199 1	0,173 0	1,15	48,74
155	5,434	912,28	4,324	653,88	2 097,92	0,682 96	1,056 5	0,000 176 3	0,000 193 3	0,173 1	1,12	47,67
160	6,181	907,45	4,338	675,57	2 081,86	0,681 80	1,087 5	0,000 170 4	0,000 187 8	0,173 2	1,08	46,59
165	7,008	902,51	4,353	697,35	2 065,45	0,680 38	1,119 3	0,000 164 9	0,000 182 7	0,173 2	1,06	45,50
170	7,921	897,45	4,369	719,21	2 048,69	0,678 71	1,152 2	0,000 159 8	0,000 178 0	0,173 1	1,03	44,41
175	8,924	892,29	4,387	741,15	2 031,55	0,676 78	1,186 3	0,000 154 9	0,000 173 6	0,172 9	1,00	43,30
180	10,03	887,01	4,406	763,19	2 014,03	0,674 60	1,221 7	0,000 150 4	0,000 169 5	0,172 6	0,98	42,19
185	11,23	881,61	4,425	785,32	1 996,10	0,672 17	1,258 4	0,000 146 1	0,000 165 7	0,172 3	0,96	41,07
190	12,55	876,08	4,447	807,57	1 977,74	0,669 49	1,296 8	0,000 142 0	0,000 162 1	0,171 9	0,94	39,95
195	13,99	870,44	4,470	829,92	1 958,94	0,666 56	1,336 8	0,000 138 2	0,000 158 8	0,171 3	0,93	38,81
200	15,55	864,67	4,494	852,39	1 939,67	0,663 38	1,379	0,000 134 6	0,000 155 7	0,170 7	0,91	37,67
220	23,19	840,23	4,611	943,64	1 857,41	0,648 18	1,570	0,000 121 8	0,000 144 9	0,167 3	0,87	33,07
240	33,47	813,36	4,767	1 037,52	1 765,54	0,628 97	1,811	0,000 111 1	0,000 136 5	0,162 2	0,84	28,39
260	46,92	783,62	4,981	1 134,83	1 661,82	0,605 58	2,130	0,000 101 8	0,000 129 9	0,155 2	0,84	23,69
280	64,16	750,27	5,286	1 236,67	1 543,15	0,577 75	2,580	0,000 093 5	0,000 124 7	0,145 7	0,86	18,99
300	85,88	712,14	5,752	1 344,77	1 404,80	0,544 95	3,27	0,000 085 9	0,000 120 6	0,133 0	0,91	14,36
320	112,84	667,08	6,541	1 462,05	1 238,62	0,506 46	4,48	0,000 078 3	0,000 117 4	0,116 1	1,01	9,86
340	146,00	610,68	8,217	1 594,45	1 027,62	0,461 44	7,19	0,000 070 3	0,000 115 2	0,092 0	1,25	5,63
360	186,66	527,84	14,874	1 761,49	719,50	0,411 93	18,81	0,000 060 3	0,000 114 3	0,052 5	2,18	1,88
373,946	220,64	322,00	∞	2 087,55	–	0,810 59	∞	0,000 039 3	0,000 122 1	0	∞	0

A.4.11 Sattdampftafel – Zustandsgrößen von siedendem Wasser und Dampf bei Sättigung (nach IAPWS-IF97)

Druck	Siede-temperatur	spezifisches Volumen		Dampf-dichte	spezifische Enthalpie		spezifische Verdampfungsenthalpie			spezifische Entropie		spez. innere Energie		Isentropen-exponent
		des sied. Wassers	des Dampfes		des sied. Wassers	des Dampfes	gesamt	innere	äußere	des sied. Wassers	des Dampfes	des sied. Wassers	des Dampfes	des Dampfes
p	ϑ_S	v'	v''	ϱ''	h'	h''	Δh_V	ϕ_V	ψ_V	s'	s''	u'	u''	κ
bar	°C	m³/kg	m³/kg	kg/m³	kJ/kg	kJ/kg	kJ/kg	kJ/kg	kJ/kg	kJ/(kg · K)	kJ/(kg · K)	kJ/kg	kJ/kg	1
0,010	6,97	0,001 000 1	129,183	0,007 74	29,298	2 513,7	2 484,4	2 355,2	129,2	0,105 9	8,975	29,297	2 384,5	1,326
0,015	13,02	0,001 000 7	87,962	0,011 37	54,685	2 524,7	2 470,1	2 338,1	131,9	0,195 6	8,827	54,684	2 392,8	1,326
0,020	17,50	0,001 001 4	66,990	0,014 93	73,435	2 532,9	2 459,5	2 325,5	134,0	0,260 6	8,723	73,433	2 398,9	1,326
0,025	21,08	0,001 002 1	54,242	0,018 44	88,430	2 539,4	2 451,0	2 315,4	135,6	0,311 9	8,642	88,427	2 403,8	1,325
0,030	24,08	0,001 002 8	45,655	0,021 90	100,99	2 544,9	2 443,9	2 306,9	137,0	0,354 3	8,577	100,99	2 407,9	1,325
0,040	28,96	0,001 004 1	34,792	0,028 74	121,40	2 553,7	2 432,3	2 293,1	139,2	0,422 4	8,473	121,40	2 414,5	1,325
0,050	32,88	0,001 005 3	28,186	0,035 48	137,77	2 560,8	2 423,0	2 282,1	140,9	0,476 3	8,394	137,76	2 419,8	1,324
0,060	36,16	0,001 006 4	23,734	0,042 13	151,49	2 566,7	2 415,2	2 272,8	142,4	0,520 9	8,329	151,49	2 424,3	1,324
0,070	39,00	0,001 007 5	20,525	0,048 72	163,37	2 571,8	2 408,4	2 264,7	143,7	0,559 1	8,275	163,36	2 428,1	1,323
0,080	41,51	0,001 008 5	18,099	0,055 25	173,85	2 576,2	2 402,4	2 257,6	144,8	0,592 5	8,227	173,84	2 431,4	1,323
0,090	43,76	0,001 009 4	16,200	0,061 73	183,26	2 580,3	2 397,0	2 251,2	145,8	0,622 3	8,186	183,25	2 434,5	1,323
0,10	45,81	0,001 010 3	14,671	0,068 16	191,81	2 583,9	2 392,1	2 245,4	146,7	0,649 2	8,149	191,80	2 437,2	1,323
0,12	49,42	0,001 011 9	12,359	0,080 92	206,91	2 590,3	2 383,4	2 235,1	148,3	0,696 3	8,085	206,90	2 442,0	1,322
0,15	53,97	0,001 014 0	10,020	0,099 80	225,94	2 598,3	2 372,4	2 222,1	150,3	0,754 8	8,007	225,92	2 448,0	1,322
0,20	60,06	0,001 017 1	7,648	0,130 8	251,40	2 608,9	2 357,5	2 204,6	152,9	0,832 0	7,907	251,38	2 456,0	1,321
0,25	64,96	0,001 019 8	6,203	0,161 2	271,93	2 617,4	2 345,5	2 190,5	155,1	0,893 1	7,830	271,90	2 462,4	1,321
0,30	69,10	0,001 022 2	5,229	0,191 3	289,23	2 624,6	2 335,3	2 178,5	156,8	0,943 9	7,767	289,20	2 467,7	1,320
0,40	75,86	0,001 026 4	3,993	0,250 4	317,57	2 636,1	2 318,5	2 158,8	159,7	1,026	7,669	317,53	2 476,3	1,319
0,50	81,32	0,001 029 9	3,240	0,308 6	340,48	2 645,2	2 304,7	2 142,8	162,0	1,091	7,593	340,42	2 483,2	1,318
0,60	85,93	0,001 033 1	2,732	0,366 1	359,84	2 652,9	2 293,0	2 129,2	163,8	1,145	7,531	359,77	2 488,9	1,318
0,70	89,93	0,001 035 9	2,365	0,422 9	376,68	2 659,4	2 282,7	2 117,3	165,5	1,192	7,479	376,61	2 493,9	1,317
0,80	93,49	0,001 038 5	2,087	0,479 1	391,64	2 665,2	2 273,5	2 106,6	166,9	1,233	7,434	391,56	2 498,2	1,317
0,90	96,69	0,001 040 9	1,869	0,534 9	405,13	2 670,3	2 265,2	2 097,0	168,2	1,269	7,394	405,03	2 502,1	1,316
1,0	99,61	0,001 043 1	1,694	0,590 3	417,44	2 674,9	2 257,5	2 088,2	169,3	1,303	7,359	417,33	2 505,5	1,315
1,1	102,29	0,001 045 3	1,550	0,645 3	428,77	2 679,2	2 250,4	2 080,1	170,3	1,333	7,327	428,66	2 508,7	1,315
1,2	104,78	0,001 047 3	1,428	0,700 1	439,30	2 683,1	2 243,8	2 072,5	171,3	1,361	7,298	439,17	2 511,6	1,314

Druck	Siede-temperatur	spezifisches Volumen		Dampf-dichte	spezifische Enthalpie		spezifische Verdampfungsenthalpie			spezifische Entropie		spez. innere Energie		Isentropen-exponent
		des sied. Wassers	des Dampfes		des sied. Wassers	des Dampfes	gesamt	innere	äußere	des sied. Wassers	des Dampfes	des sied. Wassers	des Dampfes	des Dampfes
p	ϑ_S	v'	v''	ϱ''	h'	h''	Δh_V	ϕ_V	ψ_V	s'	s''	u'	u''	κ
bar	°C	m³/kg	m³/kg	kg/m³	kJ/kg	kJ/kg	kJ/kg	kJ/kg	kJ/kg	kJ/(kg · K)	kJ/(kg · K)	kJ/kg	kJ/kg	1
1,3	107,11	0,001 049 2	1,325	0,754 5	449,13	2 686,6	2 237,5	2 065,4	172,2	1,387	7,271	449,00	2 514,3	1,314
1,4	109,29	0,001 051 0	1,237	0,808 6	458,37	2 690,0	2 231,6	2 058,6	173,0	1,411	7,246	458,22	2 516,9	1,313
1,5	111,35	0,001 052 7	1,159	0,862 5	467,08	2 693,1	2 226,0	2 052,3	173,7	1,434	7,223	466,92	2 519,2	1,313
1,6	113,30	0,001 054 4	1,091	0,916 2	475,34	2 696,0	2 220,7	2 046,2	174,5	1,455	7,201	475,17	2 521,4	1,313
1,8	116,91	0,001 057 6	0,977 5	1,023	490,67	2 701,4	2 210,7	2 035,0	175,8	1,494	7,162	490,48	2 525,5	1,312
2,0	120,21	0,001 060 5	0,885 7	1,129	504,68	2 706,2	2 201,6	2 024,6	176,9	1,530	7,127	504,47	2 529,1	1,311
2,2	123,25	0,001 063 3	0,810 1	1,234	517,62	2 710,6	2 193,0	2 015,0	178,0	1,563	7,095	517,38	2 532,4	1,310
2,4	126,07	0,001 065 9	0,746 7	1,339	529,64	2 714,6	2 185,0	2 006,0	179,0	1,593	7,066	529,38	2 535,4	1,309
2,6	128,71	0,001 068 5	0,692 8	1,443	540,88	2 718,3	2 177,4	1 997,6	179,8	1,621	7,039	540,61	2 538,2	1,309
2,8	131,19	0,001 070 9	0,646 3	1,547	551,46	2 721,7	2 170,3	1 989,6	180,7	1,647	7,015	551,16	2 540,8	1,308
3,0	133,53	0,001 073 2	0,605 8	1,651	561,46	2 724,9	2 163,4	1 982,0	181,4	1,672	6,992	561,13	2 543,2	1,307
3,2	135,74	0,001 075 4	0,570 2	1,754	570,93	2 727,9	2 156,9	1 974,8	182,1	1,695	6,970	570,59	2 545,4	1,306
3,4	137,85	0,001 077 5	0,538 7	1,856	579,96	2 730,6	2 150,7	1 967,9	182,8	1,717	6,950	579,59	2 547,5	1,306
3,6	139,85	0,001 079 6	0,510 5	1,959	588,57	2 733,3	2 144,7	1 961,3	183,4	1,738	6,931	588,18	2 549,5	1,305
3,8	141,77	0,001 081 6	0,485 2	2,061	596,81	2 735,7	2 138,9	1 954,9	184,0	1,758	6,913	596,40	2 551,3	1,305
4,0	143,61	0,001 083 6	0,462 4	2,163	604,72	2 738,1	2 133,3	1 948,8	184,5	1,777	6,895	604,29	2 553,1	1,304
4,5	147,91	0,001 088 2	0,413 9	2,416	623,22	2 743,4	2 120,2	1 934,4	185,8	1,821	6,856	622,73	2 557,1	1,302
5,0	151,84	0,001 092 6	0,374 8	2,668	640,19	2 748,1	2 107,9	1 921,1	186,9	1,861	6,821	639,64	2 560,7	1,301
6,0	158,83	0,001 100 6	0,315 6	3,169	670,50	2 756,1	2 085,6	1 897,0	188,7	1,931	6,759	669,84	2 566,8	1,299
7,0	164,95	0,001 108 0	0,272 8	3,666	697,14	2 762,7	2 065,6	1 875,4	190,2	1,992	6,707	696,37	2 571,8	1,296
8,0	170,41	0,001 114 8	0,240 3	4,161	721,02	2 768,3	2 047,3	1 855,9	191,4	2,046	6,662	720,13	2 576,0	1,294
9,0	175,36	0,001 121 2	0,214 9	4,654	742,72	2 773,0	2 030,3	1 837,9	192,4	2,094	6,621	741,72	2 579,7	1,293
10,0	179,89	0,001 127 2	0,194 3	5,145	762,68	2 777,1	2 014,4	1 821,2	193,2	2,138	6,585	761,56	2 582,8	1,291
11,0	184,07	0,001 133 0	0,177 4	5,636	781,20	2 780,7	1 999,5	1 805,5	193,9	2,179	6,552	779,95	2 585,5	1,289
12,0	187,96	0,001 138 5	0,163 2	6,126	798,50	2 783,8	1 985,3	1 790,7	194,5	2,216	6,522	797,13	2 587,9	1,288
13,0	191,61	0,001 143 8	0,151 2	6,615	814,76	2 786,5	1 971,7	1 776,7	195,0	2,251	6,494	813,28	2 590,0	1,287
14,0	195,05	0,001 148 9	0,140 8	7,104	830,13	2 788,9	1 958,8	1 763,3	195,5	2,284	6,468	828,52	2 591,8	1,285
15,0	198,30	0,001 153 9	0,131 7	7,593	844,72	2 791,0	1 946,3	1 750,5	195,8	2,315	6,443	842,99	2 593,5	1,284
16,0	201,38	0,001 158 7	0,123 7	8,082	858,61	2 792,9	1 934,3	1 738,2	196,1	2,344	6,420	856,76	2 594,9	1,283

Druck	Siede-temperatur	spezifisches Volumen		Dampf-dichte	spezifische Enthalpie		spezifische Verdampfungsenthalpie			spezifische Entropie		spez. innere Energie		Isentropen-exponent
		des sied. Wassers	des Dampfes		des sied. Wassers	des Dampfes	gesamt	innere	äußere	des sied. Wassers	des Dampfes	des sied. Wassers	des Dampfes	des Dampfes
p	ϑ_S	v'	v''	ϱ''	h'	h''	Δh_V	ϕ_V	ψ_V	s'	s''	u'	u''	κ
bar	°C	m³/kg	m³/kg	kg/m³	kJ/kg	kJ/kg	kJ/kg	kJ/kg	kJ/kg	kJ/(kg · K)	kJ/(kg · K)	kJ/kg	kJ/kg	1
17,0	204,31	0,001 163 4	0,116 7	8,571	871,89	2 794,5	1 922,6	1 726,3	196,4	2,371	6,398	869,91	2 596,2	1,282
18,0	207,12	0,001 167 9	0,110 4	9,061	884,61	2 796,0	1 911,4	1 714,8	196,5	2,398	6,378	882,51	2 597,3	1,281
19,0	209,81	0,001 172 4	0,104 70	9,551	896,84	2 797,3	1 900,4	1 703,7	196,7	2,423	6,358	894,62	2 598,3	1,280
20,0	212,38	0,001 176 8	0,099 58	10,042	908,62	2 798,4	1 889,8	1 693,0	196,8	2,447	6,339	906,27	2 599,2	1,279
22,0	217,26	0,001 185 2	0,090 70	11,026	930,98	2 800,2	1 869,2	1 672,3	196,9	2,492	6,304	928,37	2 600,7	1,277
24,0	221,80	0,001 193 4	0,083 24	12,013	951,95	2 801,5	1 849,6	1 652,7	196,9	2,534	6,271	949,09	2 601,8	1,275
26,0	226,05	0,001 201 4	0,076 90	13,004	971,74	2 802,5	1 830,7	1 633,9	196,8	2,574	6,241	968,62	2 602,5	1,274
28,0	230,06	0,001 209 1	0,071 43	14,000	990,50	2 803,0	1 812,5	1 615,9	196,6	2,611	6,213	987,12	2 603,0	1,272
30,0	233,86	0,001 216 7	0,066 66	15,001	1 008,4	2 803,3	1 794,9	1 598,6	196,3	2,646	6,186	1 004,7	2 603,3	1,270
32,0	237,46	0,001 224 1	0,062 47	16,006	1 025,5	2 803,2	1 777,8	1 581,8	196,0	2,679	6,160	1 021,5	2 603,3	1,269
34,0	240,90	0,001 231 4	0,058 76	17,018	1 041,8	2 803,0	1 761,1	1 565,5	195,6	2,710	6,136	1 037,6	2 603,2	1,268
36,0	244,19	0,001 238 5	0,055 45	18,035	1 057,6	2 802,5	1 744,9	1 549,7	195,1	2,740	6,113	1 053,1	2 602,9	1,266
38,0	247,33	0,001 245 6	0,052 47	19,059	1 072,8	2 801,8	1 729,0	1 534,4	194,6	2,769	6,091	1 068,0	2 602,4	1,265
40,0	250,36	0,001 252 6	0,049 78	20,090	1 087,4	2 800,9	1 713,5	1 519,4	194,1	2,797	6,070	1 082,4	2 601,8	1,264
42,0	253,27	0,001 259 5	0,047 33	21,127	1 101,6	2 799,9	1 698,2	1 504,7	193,5	2,823	6,049	1 096,3	2 601,1	1,263
44,0	256,07	0,001 266 3	0,045 10	22,172	1 115,4	2 798,7	1 683,2	1 490,4	192,9	2,849	6,029	1 109,8	2 600,2	1,262
46,0	258,78	0,001 273 0	0,043 06	23,224	1 128,8	2 797,3	1 668,5	1 476,3	192,2	2,874	6,010	1 122,9	2 599,2	1,260
48,0	261,40	0,001 279 7	0,041 18	24,283	1 141,8	2 795,8	1 654,0	1 462,5	191,5	2,898	5,992	1 135,7	2 598,2	1,259
50,0	263,94	0,001 286 4	0,039 45	25,351	1 154,5	2 794,2	1 639,7	1 448,9	190,8	2,921	5,974	1 148,1	2 597,0	1,258
55,0	269,97	0,001 302 9	0,035 64	28,057	1 184,9	2 789,7	1 604,8	1 415,9	188,9	2,976	5,931	1 177,8	2 593,7	1,256
60,0	275,59	0,001 319 3	0,032 45	30,818	1 213,7	2 784,6	1 570,8	1 384,1	186,8	3,027	5,890	1 205,8	2 589,9	1,254
65,0	280,86	0,001 335 6	0,029 73	33,639	1 241,2	2 778,8	1 537,7	1 353,1	184,5	3,076	5,852	1 232,5	2 585,6	1,251
70,0	285,83	0,001 351 9	0,027 38	36,524	1 267,4	2 772,6	1 505,1	1 322,9	182,2	3,122	5,815	1 258,0	2 580,9	1,249
75,0	290,54	0,001 368 2	0,025 33	39,477	1 292,7	2 765,8	1 473,1	1 293,4	179,7	3,166	5,779	1 282,4	2 575,8	1,247
80,0	295,01	0,001 384 7	0,023 53	42,503	1 317,1	2 758,6	1 441,5	1 264,4	177,1	3,208	5,745	1 306,0	2 570,4	1,245
85,0	299,27	0,001 401 3	0,021 93	45,608	1 340,7	2 751,0	1 410,3	1 235,8	174,5	3,248	5,712	1 328,8	2 564,6	1,243
90,0	303,35	0,001 418 1	0,020 49	48,797	1 363,7	2 742,9	1 379,2	1 207,6	171,7	3,287	5,679	1 350,9	2 558,4	1,241
95,0	307,25	0,001 435 2	0,019 20	52,076	1 386,0	2 734,4	1 348,4	1 179,6	168,8	3,324	5,647	1 372,4	2 552,0	1,239
100,0	311,00	0,001 452 6	0,018 03	55,452	1 407,9	2 725,5	1 317,6	1 151,8	165,8	3,360	5,616	1 393,3	2 545,1	1,238

Druck	Siede-temperatur	spezifisches Volumen		Dampf-dichte	spezifische Enthalpie		spezifische Verdampfungsenthalpie			spezifische Entropie		spez. innere Energie		Isentropen-exponent
		des sied. Wassers	des Dampfes		des sied. Wassers	des Dampfes	gesamt	innere	äußere	des sied. Wassers	des Dampfes	des sied. Wassers	des Dampfes	des Dampfes
p	ϑ_S	v'	v''	ϱ''	h'	h''	Δh_V	ϕ_V	ψ_V	s'	s''	u'	u''	κ
bar	°C	m³/kg	m³/kg	kg/m³	kJ/kg	kJ/kg	kJ/kg	kJ/kg	kJ/kg	kJ/(kg · K)	kJ/(kg · K)	kJ/kg	kJ/kg	1
110,0	318,08	0,001 488 5	0,015 99	62,524	1 450,3	2 706,4	1 256,1	1 096,6	159,6	3,430	5,555	1 433,9	2 530,5	1,235
120,0	324,68	0,001 526 3	0,014 27	70,082	1 491,3	2 685,6	1 194,3	1 041,3	152,9	3,496	5,494	1 473,0	2 514,4	1,233
130,0	330,86	0,001 566 5	0,012 79	78,216	1 531,4	2 662,9	1 131,5	985,6	145,8	3,561	5,434	1 511,0	2 496,7	1,232
140,0	336,67	0,001 609 7	0,011 49	87,041	1 570,9	2 638,1	1 067,2	928,9	138,3	3,623	5,373	1 548,3	2 477,2	1,232
150,0	342,16	0,001 657 0	0,010 340	96,711	1 610,2	2 610,9	1 000,7	870,5	130,2	3,684	5,311	1 585,3	2 455,8	1,234
160,0	347,36	0,001 709 5	0,009 308	107,43	1 649,7	2 580,8	931,1	809,6	121,6	3,746	5,246	1 622,3	2 431,9	1,237
170,0	352,29	0,001 769 3	0,008 369	119,48	1 690,0	2 547,4	857,4	745,2	112,2	3,808	5,179	1 660,0	2 405,1	1,241
180,0	356,99	0,001 839 5	0,007 499	133,36	1 732,0	2 509,5	777,5	675,6	101,9	3,872	5,106	1 698,9	2 374,6	1,247
190,0	361,47	0,001 925 5	0,006 673	149,87	1 776,9	2 465,4	688,5	598,3	90,2	3,940	5,025	1 740,3	2 338,6	1,253
200,0	365,75	0,002 038 6	0,005 858	170,70	1 827,1	2 411,4	584,3	507,9	76,4	4,015	4,930	1 786,3	2 294,2	1,262
210,0	369,83	0,002 211 9	0,004 988	200,49	1 889,4	2 337,5	448,1	389,9	58,3	4,109	4,806	1 842,9	2 232,8	1,277
220,0	373,71	0,002 705 7	0,003 570	280,07	2 013,4	2 163,2	149,9	130,8	19,0	4,298	4,529	1 953,8	2 084,7	1,352
220,64 (krit. Pkt.)	373,95	0,003 106		322,00	2 087,5		0	0	0	4,412		2 019,0		1,444

A.4.12 Mittlere spezifische Wärmekapazität c_p des überhitzten Wasserdampfes (Heißdampf) (nach IAPWS-IF97)

Druck p bar	0,1	0,5	1	2	4	6	8	10	12	14	16	18	20	22	24	26	28
Siedetemperatur ϑ_s °C	45,81	81,32	99,61	120,21	143,61	158,83	170,41	179,89	187,96	195,05	201,38	207,12	212,38	217,26	221,80	226,05	230,06
bei $\vartheta = \vartheta_s$	1,941	2,016	2,076	2,175	2,340	2,480	2,603	2,715	2,819	2,917	3,011	3,102	3,190	3,277	3,362	3,446	3,530
Temperatur des überhitzten Wasserdampfes $\vartheta_ü$ °C																	
100	1,911	1,990	2,075														
120	1,910	1,976	2,043														
140	1,910	1,968	2,024	2,126													
160	1,912	1,963	2,011	2,097	2,266	2,470											
180	1,915	1,961	2,003	2,077	2,215	2,357	2,517	2,713									
200	1,918	1,960	1,997	2,062	2,180	2,296	2,416	2,543	2,683	2,844							
220	1,921	1,960	1,994	2,052	2,155	2,254	2,353	2,454	2,558	2,669	2,787	2,915	3,058	3,220			
240	1,925	1,961	1,992	2,045	2,137	2,223	2,308	2,393	2,480	2,568	2,659	2,755	2,854	2,960	3,072	3,193	3,324
260	1,930	1,963	1,992	2,040	2,122	2,199	2,274	2,348	2,422	2,497	2,574	2,652	2,732	2,815	2,901	2,990	3,083
280	1,934	1,966	1,993	2,037	2,112	2,181	2,248	2,313	2,378	2,444	2,510	2,577	2,645	2,714	2,785	2,858	2,933
300	1,939	1,969	1,994	2,035	2,104	2,167	2,227	2,286	2,344	2,402	2,460	2,519	2,578	2,638	2,699	2,761	2,824
320	1,944	1,972	1,996	2,034	2,098	2,156	2,211	2,264	2,317	2,369	2,421	2,473	2,525	2,578	2,632	2,686	2,741
340	1,949	1,976	1,999	2,035	2,094	2,148	2,198	2,247	2,295	2,342	2,389	2,436	2,483	2,531	2,578	2,626	2,675
360	1,954	1,981	2,002	2,036	2,092	2,142	2,188	2,233	2,277	2,321	2,364	2,406	2,449	2,492	2,535	2,578	2,622
380	1,960	1,985	2,005	2,038	2,090	2,137	2,181	2,222	2,263	2,303	2,343	2,382	2,421	2,460	2,499	2,538	2,578
400	1,965	1,990	2,009	2,040	2,090	2,134	2,175	2,214	2,252	2,289	2,325	2,362	2,398	2,434	2,470	2,506	2,542
420	1,971	1,995	2,013	2,043	2,090	2,132	2,170	2,207	2,242	2,277	2,311	2,345	2,378	2,412	2,445	2,478	2,512
440	1,977	2,000	2,018	2,046	2,091	2,130	2,167	2,201	2,235	2,268	2,300	2,331	2,362	2,393	2,424	2,455	2,486
460	1,982	2,005	2,023	2,049	2,093	2,130	2,165	2,197	2,229	2,260	2,290	2,320	2,349	2,378	2,407	2,436	2,465
480	1,988	2,010	2,027	2,053	2,095	2,130	2,163	2,195	2,225	2,254	2,282	2,310	2,338	2,365	2,392	2,420	2,447
500	1,994	2,016	2,032	2,057	2,097	2,131	2,163	2,193	2,221	2,249	2,276	2,302	2,328	2,354	2,380	2,406	2,431
520	2,000	2,022	2,038	2,062	2,100	2,133	2,163	2,191	2,219	2,245	2,271	2,296	2,321	2,345	2,370	2,394	2,418
540	2,006	2,027	2,043	2,066	2,103	2,135	2,164	2,191	2,217	2,242	2,267	2,291	2,314	2,338	2,361	2,384	2,407
560	2,013	2,033	2,048	2,071	2,107	2,137	2,165	2,191	2,216	2,240	2,264	2,287	2,309	2,332	2,354	2,376	2,397
580	2,019	2,039	2,054	2,076	2,111	2,140	2,167	2,192	2,216	2,239	2,262	2,284	2,305	2,327	2,348	2,369	2,389
600	2,025	2,045	2,060	2,081	2,115	2,143	2,169	2,193	2,216	2,239	2,260	2,281	2,302	2,323	2,343	2,363	2,383
620	2,032	2,051	2,065	2,086	2,119	2,147	2,172	2,195	2,217	2,239	2,259	2,280	2,300	2,319	2,339	2,358	2,377
640	2,038	2,057	2,071	2,092	2,124	2,150	2,174	2,197	2,219	2,239	2,259	2,279	2,298	2,317	2,336	2,354	2,372
660	2,045	2,064	2,077	2,097	2,128	2,154	2,178	2,200	2,220	2,240	2,260	2,279	2,297	2,315	2,333	2,351	2,368
680	2,051	2,070	2,083	2,103	2,133	2,158	2,181	2,202	2,222	2,242	2,260	2,279	2,297	2,314	2,331	2,348	2,365
700	2,058	2,076	2,089	2,109	2,138	2,163	2,185	2,205	2,225	2,244	2,262	2,279	2,297	2,314	2,330	2,347	2,363

mittlere spezifische Wärmekapazität $c_p|_{\vartheta_s}^{\vartheta_ü}$ des überhitzten Wasserdampfes in kJ/(kg · K) $\quad c_p|_{\vartheta_s}^{\vartheta_ü} = \frac{h_ü - h_s}{T_ü - T_s} = \frac{h_ü - h_s}{\vartheta_ü - \vartheta_s}$

A

mittlere spezifische Wärmekapazität $c_p|_{\vartheta_s}^{\vartheta_ü}$ des überhitzten Wasserdampfes in kJ/(kg · K) $\quad c_p|_{\vartheta_s}^{\vartheta_ü} = \frac{h_ü - h_s}{T_ü - T_s} = \frac{h_ü - h_s}{\vartheta_ü - \vartheta_s}$

Druck p in bar	30	32	34	36	38	40	45	50	60	70	80	90	100	125	150	175	200
Siedetemperatur ϑ_s in °C	233,86	237,46	240,90	244,19	247,33	250,36	257,44	263,94	275,59	285,83	295,01	303,35	311,00	327,82	342,16	354,67	365,75
bei $\vartheta = \vartheta_s$	3,612	3,694	3,776	3,858	3,940	4,022	4,228	4,438	4,877	5,354	5,883	6,476	7,147	9,335	12,982	20,386	45,676
Temperatur des überhitzten Wasserdampfes $\vartheta_ü$ in °C																	
100																	
120																	
140																	
160																	
180																	
200																	
220																	
240	3,468	3,627															
260	3,181	3,284	3,393	3,508	3,631	3,763	4,140										
280	3,010	3,090	3,173	3,258	3,348	3,441	3,692	3,976	4,687								
300	2,889	2,955	3,023	3,093	3,164	3,238	3,433	3,645	4,134	4,747	5,564						
320	2,797	2,854	2,912	2,971	3,031	3,093	3,253	3,424	3,805	4,252	4,791	5,465	6,354				
340	2,724	2,774	2,824	2,876	2,928	2,981	3,118	3,263	3,576	3,931	4,340	4,821	5,399	7,621			
360	2,665	2,710	2,755	2,800	2,846	2,893	3,013	3,138	3,405	3,700	4,031	4,407	4,840	6,305	8,895	15,574	
380	2,618	2,658	2,698	2,739	2,780	2,822	2,928	3,038	3,271	3,524	3,803	4,112	4,458	5,559	7,234	10,196	17,385
400	2,578	2,614	2,651	2,688	2,725	2,763	2,859	2,957	3,164	3,386	3,626	3,889	4,179	5,062	6,305	8,232	11,836
420	2,545	2,578	2,612	2,646	2,680	2,714	2,801	2,890	3,076	3,273	3,485	3,714	3,963	4,702	5,692	7,124	9,531
440	2,517	2,548	2,579	2,610	2,642	2,673	2,753	2,835	3,003	3,181	3,370	3,573	3,791	4,427	5,250	6,391	8,200
460	2,494	2,522	2,551	2,580	2,609	2,639	2,712	2,787	2,942	3,104	3,275	3,457	3,651	4,210	4,915	5,863	7,312
480	2,474	2,501	2,528	2,555	2,582	2,609	2,677	2,747	2,889	3,038	3,194	3,359	3,535	4,033	4,649	5,461	6,670
500	2,456	2,482	2,507	2,533	2,558	2,583	2,648	2,712	2,845	2,982	3,126	3,277	3,437	3,886	4,434	5,144	6,181
520	2,442	2,466	2,490	2,514	2,538	2,562	2,622	2,682	2,806	2,934	3,067	3,206	3,353	3,762	4,256	4,887	5,794
540	2,430	2,452	2,475	2,497	2,520	2,543	2,599	2,656	2,772	2,892	3,016	3,145	3,281	3,657	4,106	4,673	5,481
560	2,419	2,440	2,462	2,483	2,505	2,526	2,580	2,634	2,743	2,855	2,971	3,092	3,219	3,566	3,978	4,494	5,221
580	2,410	2,430	2,451	2,471	2,492	2,512	2,563	2,614	2,717	2,823	2,932	3,046	3,164	3,487	3,868	4,340	5,002
600	2,402	2,422	2,441	2,461	2,480	2,500	2,548	2,597	2,695	2,795	2,898	3,004	3,115	3,418	3,771	4,208	4,815
620	2,396	2,414	2,433	2,452	2,470	2,489	2,535	2,581	2,675	2,770	2,867	2,968	3,073	3,357	3,687	4,093	4,653
640	2,390	2,408	2,426	2,444	2,462	2,480	2,524	2,568	2,657	2,747	2,840	2,936	3,035	3,302	3,612	3,991	4,512
660	2,386	2,403	2,420	2,437	2,454	2,471	2,514	2,556	2,641	2,728	2,816	2,907	3,001	3,254	3,546	3,901	4,387
680	2,382	2,399	2,415	2,432	2,448	2,465	2,505	2,546	2,627	2,710	2,794	2,881	2,970	3,211	3,487	3,821	4,277
700	2,379	2,395	2,411	2,427	2,443	2,459	2,498	2,537	2,615	2,694	2,775	2,858	2,943	3,172	3,433	3,749	4,179

A.4.13 Heißdampftafel – Zustandsgrößen für überhitzten Wasserdampf (nach IAPWS-IF97)

Druck	Siede-temperatur	spez. Volumen spez. Enthalpie spez. Entropie Isentropenexponent		Temperatur des überhitzten Wasserdampfes (Heißdampf)													
p	ϑ_S			$\vartheta_ü$ in °C													
bar	°C			250	300	350	400	450	500	510	520	530	540	550	600	650	700
1	99,61	$v_ü$	m³/kg	2,406	2,639	2,871	3,103	3,334	3,566	3,612	3,658	3,704	3,751	3,797	4,028	4,259	4,490
		$h_ü$	kJ/kg	2974,5	3074,5	3175,8	3278,5	3382,8	3488,7	3510,1	3531,5	3553,0	3574,6	3596,3	3705,6	3816,6	3929,4
		$s_ü$	kJ/(kg·K)	8,035	8,217	8,387	8,545	8,694	8,836	8,864	8,891	8,918	8,944	8,971	9,100	9,223	9,342
		$\kappa_ü$	–	1,306	1,300	1,294	1,288	1,282	1,276	1,275	1,274	1,273	1,272	1,271	1,265	1,260	1,255
2	120,21	$v_ü$	m³/kg	1,199	1,316	1,433	1,549	1,665	1,781	1,805	1,828	1,851	1,874	1,897	2,013	2,129	2,244
		$h_ü$	kJ/kg	2971,3	3072,1	3173,9	3277,0	3381,5	3487,6	3509,1	3530,5	3552,1	3573,7	3595,4	3704,8	3815,9	3928,8
		$s_ü$	kJ/(kg·K)	7,710	7,894	8,064	8,223	8,373	8,515	8,543	8,570	8,597	8,624	8,650	8,779	8,903	9,022
		$\kappa_ü$	–	1,305	1,300	1,294	1,288	1,282	1,276	1,275	1,274	1,273	1,272	1,271	1,265	1,260	1,255
5	151,84	$v_ü$	m³/kg	0,4744	0,5226	0,5701	0,6173	0,6642	0,7109	0,7203	0,7296	0,7389	0,7483	0,7576	0,8041	0,8506	0,8970
		$h_ü$	kJ/kg	2961,1	3064,6	3168,1	3272,3	3377,7	3484,4	3505,9	3527,5	3549,2	3570,9	3592,6	3702,5	3813,9	3927,0
		$s_ü$	kJ/(kg·K)	7,273	7,461	7,635	7,795	7,946	8,089	8,117	8,144	8,171	8,198	8,225	8,354	8,478	8,598
		$\kappa_ü$	–	1,303	1,299	1,293	1,288	1,282	1,277	1,275	1,274	1,273	1,272	1,271	1,266	1,260	1,255
10	179,89	$v_ü$	m³/kg	0,2327	0,2580	0,2825	0,3066	0,3304	0,3541	0,3588	0,3635	0,3683	0,3730	0,3777	0,4011	0,4245	0,4478
		$h_ü$	kJ/kg	2943,2	3051,7	3158,2	3264,4	3371,2	3479,0	3500,7	3522,5	3544,3	3566,2	3588,1	3698,6	3810,5	3924,1
		$s_ü$	kJ/(kg·K)	6,927	7,125	7,303	7,467	7,620	7,764	7,792	7,819	7,847	7,874	7,901	8,031	8,156	8,275
		$\kappa_ü$	–	1,300	1,297	1,293	1,288	1,282	1,277	1,275	1,274	1,273	1,272	1,271	1,266	1,261	1,256
15	198,30	$v_ü$	m³/kg	0,1520	0,1697	0,1866	0,2030	0,2192	0,2352	0,2383	0,2415	0,2447	0,2479	0,2510	0,2668	0,2825	0,2981
		$h_ü$	kJ/kg	2924,0	3038,3	3148,0	3256,4	3364,7	3473,6	3495,5	3517,4	3539,4	3561,4	3583,5	3694,6	3807,2	3921,2
		$s_ü$	kJ/(kg·K)	6,711	6,920	7,104	7,271	7,426	7,572	7,600	7,628	7,655	7,682	7,709	7,840	7,966	8,086
		$\kappa_ü$	–	1,297	1,296	1,292	1,287	1,282	1,277	1,276	1,274	1,273	1,272	1,271	1,266	1,261	1,256
20	212,38	$v_ü$	m³/kg	0,1115	0,1255	0,1386	0,1512	0,1635	0,1757	0,1781	0,1805	0,1829	0,1853	0,1877	0,1996	0,2115	0,2233
		$h_ü$	kJ/kg	2903,2	3024,3	3137,6	3248,2	3358,1	3468,1	3490,2	3512,3	3534,5	3556,6	3578,9	3690,7	3803,8	3918,2
		$s_ü$	kJ/(kg·K)	6,547	6,769	6,958	7,129	7,286	7,433	7,462	7,490	7,518	7,545	7,572	7,704	7,830	7,951
		$\kappa_ü$	–	1,293	1,294	1,291	1,287	1,282	1,277	1,276	1,275	1,274	1,272	1,271	1,266	1,261	1,256
30	233,86	$v_ü$	m³/kg	0,07062	0,08118	0,09056	0,09938	0,1079	0,1162	0,1178	0,1195	0,1211	0,1227	0,1244	0,1324	0,1405	0,1484
		$h_ü$	kJ/kg	2856,5	2994,3	3116,1	3231,6	3344,7	3457,0	3479,5	3502,0	3524,5	3547,0	3569,6	3682,8	3797,0	3912,3
		$s_ü$	kJ/(kg·K)	6,289	6,541	6,745	6,923	7,085	7,236	7,264	7,293	7,321	7,349	7,377	7,510	7,637	7,759
		$\kappa_ü$	–	1,283	1,290	1,290	1,286	1,282	1,277	1,276	1,275	1,274	1,273	1,272	1,267	1,262	1,257
40	250,36	$v_ü$	m³/kg		0,05887	0,06647	0,07343	0,08004	0,08644	0,08770	0,08896	0,09021	0,09146	0,09270	0,09886	0,10494	0,11097
		$h_ü$	kJ/kg		2961,7	3093,3	3214,4	3331,0	3445,8	3468,7	3491,6	3514,5	3537,3	3560,2	3674,8	3790,2	3906,4
		$s_ü$	kJ/(kg·K)		6,364	6,584	6,771	6,938	7,092	7,121	7,150	7,179	7,207	7,235	7,370	7,499	7,621
		$\kappa_ü$	–		1,286	1,288	1,286	1,282	1,277	1,276	1,275	1,274	1,273	1,272	1,267	1,262	1,258

Druck	Siede-temperatur	spez. Volumen spez. Enthalpie spez. Entropie Isentropenexponent		Temperatur des überhitzten Wasserdampfes (Heißdampf)													
p	ϑ_S			$\vartheta_\text{ü}$ in °C													
bar	°C			250	300	350	400	450	500	510	520	530	540	550	600	650	700
50	263,94	$v_\text{ü}$	m³/kg		0,045 35	0,051 97	0,057 84	0,063 32	0,068 58	0,069 62	0,070 64	0,071 66	0,072 68	0,073 69	0,078 70	0,083 64	0,088 51
		$h_\text{ü}$	kJ/kg		2 925,6	3 069,3	3 196,6	3 317,0	3 434,5	3 457,8	3 481,1	3 504,3	3 527,5	3 550,8	3 666,8	3 783,3	3 900,5
		$s_\text{ü}$	kJ/(kg·K)		6,211	6,452	6,648	6,821	6,978	7,008	7,037	7,066	7,095	7,124	7,260	7,390	7,514
		$\kappa_\text{ü}$	–		1,281	1,286	1,285	1,282	1,277	1,276	1,275	1,274	1,273	1,273	1,268	1,263	1,258
60	275,59	$v_\text{ü}$	m³/kg		0,036 19	0,042 25	0,047 42	0,052 17	0,056 67	0,057 55	0,058 43	0,059 30	0,060 16	0,061 02	0,065 26	0,069 43	0,073 54
		$h_\text{ü}$	kJ/kg		2 885,5	3 043,9	3 178,2	3 302,8	3 422,9	3 446,7	3 470,4	3 494,0	3 517,6	3 541,2	3 658,8	3 776,4	3 894,5
		$s_\text{ü}$	kJ/(kg·K)		6,070	6,336	6,543	6,722	6,882	6,913	6,943	6,973	7,002	7,031	7,169	7,300	7,425
		$\kappa_\text{ü}$	–		1,274	1,283	1,284	1,281	1,277	1,277	1,276	1,275	1,274	1,273	1,268	1,264	1,259
70	285,83	$v_\text{ü}$	m³/kg		0,029 49	0,035 27	0,039 96	0,044 19	0,048 16	0,048 93	0,049 70	0,050 46	0,051 21	0,051 97	0,055 66	0,059 28	0,062 85
		$h_\text{ü}$	kJ/kg		2 839,8	3 016,8	3 159,1	3 288,2	3 411,3	3 435,5	3 459,6	3 483,6	3 507,6	3 531,5	3 650,6	3 769,4	3 888,5
		$s_\text{ü}$	kJ/(kg·K)		5,934	6,230	6,450	6,635	6,800	6,831	6,861	6,892	6,921	6,950	7,091	7,223	7,349
		$\kappa_\text{ü}$	–		1,266	1,281	1,283	1,281	1,278	1,277	1,276	1,275	1,274	1,274	1,269	1,265	1,260
80	295,01	$v_\text{ü}$	m³/kg		0,024 28	0,029 98	0,034 35	0,038 20	0,041 77	0,042 46	0,043 15	0,043 83	0,044 50	0,045 17	0,048 46	0,051 67	0,054 83
		$h_\text{ü}$	kJ/kg		2 786,4	2 988,1	3 139,3	3 273,2	3 399,4	3 424,1	3 448,6	3 473,1	3 497,5	3 521,8	3 642,4	3 762,4	3 882,4
		$s_\text{ü}$	kJ/(kg·K)		5,794	6,132	6,366	6,558	6,726	6,758	6,789	6,820	6,850	6,880	7,022	7,156	7,282
		$\kappa_\text{ü}$	–		1,254	1,278	1,283	1,281	1,278	1,277	1,277	1,276	1,275	1,274	1,270	1,265	1,261
90	303,35	$v_\text{ü}$	m³/kg			0,025 82	0,029 96	0,033 53	0,036 80	0,037 43	0,038 05	0,038 67	0,039 28	0,039 89	0,042 86	0,045 75	0,048 59
		$h_\text{ü}$	kJ/kg			2 957,2	3 118,8	3 257,9	3 387,3	3 412,5	3 437,6	3 462,5	3 487,2	3 511,9	3 634,2	3 755,4	3 876,4
		$s_\text{ü}$	kJ/(kg·K)			6,038	6,287	6,487	6,660	6,692	6,724	6,755	6,786	6,816	6,960	7,095	7,223
		$\kappa_\text{ü}$	–			1,276	1,282	1,282	1,279	1,278	1,277	1,276	1,276	1,275	1,271	1,266	1,262
100	311,00	$v_\text{ü}$	m³/kg			0,022 44	0,026 44	0,029 78	0,032 81	0,033 39	0,033 97	0,034 54	0,035 10	0,035 66	0,038 38	0,041 02	0,043 59
		$h_\text{ü}$	kJ/kg			2 924,0	3 097,4	3 242,3	3 375,1	3 400,8	3 426,3	3 451,7	3 476,9	3 501,9	3 625,8	3 748,3	3 870,3
		$s_\text{ü}$	kJ/(kg·K)			5,946	6,214	6,422	6,599	6,632	6,665	6,697	6,728	6,758	6,905	7,041	7,170
		$\kappa_\text{ü}$	–			1,273	1,281	1,282	1,279	1,279	1,278	1,277	1,276	1,276	1,271	1,267	1,263
150	342,16	$v_\text{ü}$	m³/kg			0,011 48	0,015 67	0,018 48	0,020 83	0,021 27	0,021 70	0,022 12	0,022 54	0,022 95	0,024 92	0,026 80	0,028 62
		$h_\text{ü}$	kJ/kg			2 693,0	2 975,5	3 157,8	3 310,8	3 339,5	3 367,8	3 395,7	3 423,2	3 450,5	3 583,3	3 712,4	3 839,5
		$s_\text{ü}$	kJ/(kg·K)			5,443	5,882	6,143	6,348	6,385	6,421	6,456	6,490	6,523	6,680	6,824	6,958
		$\kappa_\text{ü}$	–			1,255	1,281	1,285	1,284	1,283	1,283	1,282	1,282	1,281	1,277	1,273	1,269
200	365,75	$v_\text{ü}$	m³/kg				0,009 950	0,012 72	0,014 79	0,015 17	0,015 53	0,015 88	0,016 23	0,016 57	0,018 18	0,019 69	0,021 13
		$h_\text{ü}$	kJ/kg				2 816,8	3 061,5	3 241,2	3 273,6	3 305,2	3 336,1	3 366,4	3 396,2	3 539,2	3 675,6	3 808,2
		$s_\text{ü}$	kJ/(kg·K)				5,552	5,904	6,145	6,186	6,226	6,265	6,303	6,339	6,508	6,660	6,799
		$\kappa_\text{ü}$	–				1,293	1,296	1,293	1,293	1,292	1,291	1,290	1,290	1,285	1,281	1,276
220	373,71	$v_\text{ü}$	m³/kg				0,008 255	0,011 12	0,013 14	0,013 49	0,013 84	0,014 18	0,014 51	0,014 83	0,016 35	0,017 76	0,019 09
		$h_\text{ü}$	kJ/kg				2 735,8	3 019,0	3 211,8	3 245,9	3 279,0	3 311,3	3 342,9	3 373,8	3 521,2	3 660,6	3 795,5
		$s_\text{ü}$	kJ/(kg·K)				5,405	5,812	6,070	6,114	6,156	6,197	6,236	6,274	6,448	6,603	6,745
		$\kappa_\text{ü}$	–				1,307	1,303	1,299	1,298	1,297	1,296	1,295	1,294	1,289	1,284	1,280

A.4.14 Zustandsgrößen für gesättigte feuchte Luft im Temperaturbereich –20...95 °C (nach IAPWS-IF97)

Temperatur	Sättigungspartialdruck über ...		Sattdampfdichte bei	spez. Enthalpie gesättigter Feuchtluft bei		spez. Volumen gesättigter Feuchtluft bei		Wassergehalt (absolute Feuchte) der gesättigten Feuchtluft bei	
	p = 1 013,25 mbar		$p = p_{D,s}$	p = 1 000 mbar	p = 1 013,25 mbar	p = 1 000 mbar	p = 1 013,25 mbar	p = 1 000 mbar	p = 1 013,25 mbar
ϑ_s	$p_{D,s}$		$\varrho''_{D,s}$	$h_s = h_{1+x,s}$	$h_s = h_{1+x,s}$	v_s	v_s	$x_{W,max}$	$x_{W,max}$
°C	mbar		g/m³	kJ/kg	kJ/kg	m³/kg	m³/kg	g_W/kg_L	g_W/kg_L
–20	1,037	ebener Eisoberfläche	0,89	–18,52	–18,55	0,726	0,717	0,646	0,637
–19	1,141		0,97	–17,35	–17,38	0,729	0,720	0,711	0,701
–18	1,255		1,07	–16,17	–16,20	0,732	0,723	0,781	0,771
–17	1,378		1,17	–14,97	–15,01	0,735	0,726	0,859	0,847
–16	1,513		1,28	–13,76	–13,79	0,738	0,728	0,943	0,931
–15	1,660		1,39	–12,52	–12,56	0,741	0,731	1,034	1,021
–14	1,820		1,52	–11,27	–11,31	0,744	0,734	1,134	1,119
–13	1,994		1,66	–9,99	–10,04	0,747	0,737	1,243	1,226
–12	2,182		1,81	–8,69	–8,74	0,750	0,740	1,361	1,343
–11	2,388		1,97	–7,37	–7,42	0,753	0,743	1,489	1,469
–10	2,610		2,15	–6,01	–6,07	0,756	0,746	1,628	1,607
–9	2,851		2,34	–4,63	–4,69	0,759	0,749	1,779	1,756
–8	3,113		2,54	–3,21	–3,28	0,762	0,752	1,942	1,917
–7	3,396		2,76	–1,76	–1,83	0,765	0,755	2,120	2,092
–6	3,703		3,00	–0,27	–0,35	0,768	0,758	2,312	2,282
–5	4,034		3,26	1,25	1,17	0,771	0,760	2,520	2,487
–4	4,393		3,54	2,83	2,73	0,774	0,763	2,745	2,709
–3	4,781		3,83	4,44	4,34	0,777	0,766	2,988	2,949
–2	5,199		4,15	6,11	6,00	0,780	0,769	3,251	3,208
–1	5,650		4,50	7,83	7,71	0,783	0,772	3,535	3,489
0	6,137	ebener Wasseroberfläche	4,87	9,61	9,48	0,786	0,775	3,841	3,791
1	6,598		5,21	11,35	11,21	0,789	0,778	4,132	4,077
2	7,089		5,58	13,14	12,99	0,792	0,781	4,441	4,383
3	7,612		5,97	14,98	14,82	0,795	0,784	4,771	4,709
4	8,169		6,39	16,88	16,71	0,798	0,787	5,123	5,056
5	8,761		6,82	18,84	18,65	0,801	0,790	5,498	5,426
6	9,392		7,29	20,86	20,66	0,804	0,793	5,898	5,820
7	10,06		7,78	22,94	22,73	0,807	0,796	6,323	6,239
8	10,77		8,30	25,10	24,87	0,810	0,799	6,775	6,686
9	11,53		8,85	27,33	27,08	0,813	0,803	7,256	7,160
10	12,33		9,44	29,63	29,37	0,816	0,806	7,767	7,665
11	13,18		10,05	32,02	31,74	0,820	0,809	8,310	8,201
12	14,09		10,70	34,50	34,20	0,823	0,812	8,887	8,770
13	15,04		11,39	37,07	36,75	0,826	0,815	9,500	9,374
14	16,05		12,11	39,74	39,39	0,829	0,818	10,15	10,02
15	17,13		12,88	42,51	42,14	0,832	0,821	10,84	10,70
16	18,26		13,68	45,38	44,99	0,836	0,825	11,57	11,42
17	19,46		14,53	48,38	47,96	0,839	0,828	12,35	12,18

Temperatur	Sättigungspartialdruck über ... ebener Wasseroberfläche	Sattdampfdichte bei	spez. Enthalpie gesättigter Feuchtluft bei		spez. Volumen gesättigter Feuchtluft bei		Wassergehalt (absolute Feuchte) der gesättigten Feuchtluft bei	
	p = 1 013,25 mbar	$p = p_{D,s}$	p = 1 000 mbar	p = 1 013,25 mbar	p = 1 000 mbar	p = 1 013,25 mbar	p = 1 000 mbar	p = 1 013,25 mbar
ϑ_s	$p_{D,s}$	$\varrho''_{D,s}$	$h_s = h_{1+x,s}$	$h_s = h_{1+x,s}$	v_s	v_s	$x_{W,max}$	$x_{W,max}$
°C	mbar	g/m³	kJ/kg	kJ/kg	m³/kg	m³/kg	g_W/kg_L	g_W/kg_L
18	20,73	15,43	51,49	51,04	0,842	0,831	13,17	12,99
19	22,07	16,37	54,73	54,25	0,846	0,834	14,04	13,85
20	23,49	17,36	58,10	57,59	0,849	0,838	14,96	14,76
21	24,99	18,40	61,62	61,07	0,852	0,841	15,94	15,73
22	26,56	19,50	65,28	64,70	0,856	0,844	16,98	16,75
23	28,23	20,65	69,10	68,48	0,859	0,848	18,07	17,83
24	29,98	21,86	73,09	72,43	0,863	0,851	19,23	18,97
25	31,83	23,13	77,25	76,55	0,866	0,855	20,45	20,18
26	33,78	24,47	81,60	80,85	0,870	0,858	21,75	21,46
27	35,83	25,87	86,14	85,34	0,873	0,862	23,12	22,81
28	37,99	27,34	90,88	90,03	0,877	0,865	24,57	24,24
29	40,27	28,87	95,84	94,94	0,881	0,869	26,10	25,74
30	42,66	30,49	101,03	100,07	0,884	0,873	27,72	27,34
31	45,17	32,18	106,46	105,43	0,888	0,876	29,43	29,03
32	47,81	33,95	112,15	111,05	0,892	0,880	31,23	30,81
33	50,58	35,80	118,09	116,93	0,896	0,884	33,14	32,69
34	53,49	37,73	124,33	123,08	0,900	0,888	35,16	34,67
35	56,55	39,76	130,86	129,53	0,904	0,892	37,28	36,77
36	59,75	41,88	137,70	136,29	0,908	0,896	39,53	38,98
37	63,11	44,09	144,88	143,38	0,912	0,900	41,91	41,32
38	66,64	46,40	152,40	150,81	0,916	0,904	44,41	43,79
39	70,33	48,82	160,30	158,60	0,920	0,908	47,06	46,40
40	74,20	51,34	168,59	166,78	0,925	0,912	49,86	49,16
41	78,25	53,97	177,29	175,37	0,929	0,917	52,81	52,07
42	82,49	56,72	186,43	184,39	0,934	0,921	55,93	55,14
43	86,93	59,58	196,04	193,86	0,938	0,926	59,23	58,38
44	91,58	62,56	206,14	203,82	0,943	0,930	62,71	61,81
45	96,43	65,67	216,76	214,29	0,948	0,935	66,39	65,43
46	101,5	68,91	227,94	225,30	0,953	0,940	70,28	69,26
47	106,8	72,29	239,70	236,89	0,958	0,944	74,39	73,30
48	112,3	75,80	252,09	249,10	0,963	0,949	78,74	77,58
49	118,1	79,45	265,14	261,95	0,968	0,955	83,33	82,10
50	124,2	83,26	278,90	275,50	0,973	0,960	88,20	86,89
55	158,5	104,7	360,05	355,33	1,002	0,988	117,2	115,4
60	200,6	130,5	467,74	461,12	1,034	1,020	156,1	153,6
65	251,9	161,4	613,81	604,29	1,072	1,056	209,5	205,8
70	313,9	198,2	817,95	803,85	1,116	1,100	284,6	279,2
75	388,3	241,6	1 115,80	1 093,86	1,169	1,151	394,8	386,5
80	476,9	292,6	1 579,20	1 542,40	1,233	1,213	567,0	553,1
85	581,6	351,9	2 378,19	2 308,35	1,311	1,290	864,7	838,3
90	704,7	420,4	4 036,64	3 868,86	1,411	1,386	1 484	1 421
95	848,1	499,2	9 352,85	8 619,30	1,539	1,510	3 470	3 195

A.4.15 Zustandsgrößen und Stoffwerte für trockene Luft als ideales Gas im Temperaturbereich –20 … 700 °C

Druck p	spez. Volumen, spez. Enthalpie, spez. Entropie, spez. Wärmekapazität, Wärmeleitkoeffizient, dyn. Viskosität, Temperaturleitfähigkeit, Prandtl-Zahl		Temperatur der trockenen Luft ϑ													
bar			°C													
			–20	–10	0	10	20	30	50	100	200	300	400	500	600	700
	v	m^3/kg	1,453	1,511	1,568	1,626	1,683	1,741	1,856	2,143	2,717	3,292	3,866	4,440	5,015	5,589
	h	kJ/kg	–19,95	–9,907	0,141	10,19	20,24	30,30	50,43	100,87	202,60	306,07	411,75	519,81	630,24	742,89
	s	kJ/(kg · K)	0,288 6	0,327 5	0,365 0	0,401 2	0,436 1	0,469 8	0,534 1	0,679 2	0,920 7	1,119	1,289	1,439	1,573	1,695
0,5	c_p	kJ/(kg · K)	1,004 6	1,004 7	1,004 9	1,005 2	1,005 5	1,005 9	1,007 0	1,011 0	1,024 9	1,045 2	1,068 6	1,092 6	1,115 6	1,136 9
	λ	10^{-3} W/(m · K)	22,79	23,57	24,34	25,10	25,86	26,60	28,07	31,61	38,24	44,41	50,23	55,79	61,13	66,31
	η	10^{-6} kg/m · s = 10^{-6} (Pa · s)	16,19	16,71	17,21	17,71	18,20	18,68	19,63	21,89	26,04	29,81	33,28	36,53	39,59	42,51
	a	10^{-6} m^2/s	32,97	35,44	37,98	40,60	43,28	46,03	51,72	66,99	101,38	139,87	181,74	226,74	274,80	325,97
	Pr	1	0,713 7	0,712 0	0,710 5	0,709 0	0,707 7	0,706 4	0,704 2	0,700 2	0,698 0	0,701 5	0,708 0	0,715 4	0,722 5	0,728 9
	v	m^3/kg	0,726 2	0,755 0	0,783 8	0,812 6	0,841 4	0,870 2	0,927 7	1,071 5	1,358 9	1,646 2	1,933 4	2,220 6	2,507 8	2,795 0
	h	kJ/kg	–20,11	–10,05	0,00	10,06	20,13	30,19	50,33	100,80	202,57	306,06	411,75	519,83	630,27	742,91
	s	kJ/(kg · K)	0,089 1	0,128 1	0,165 6	0,201 8	0,236 7	0,270 4	0,334 8	0,480 0	0,721 6	0,919 9	1,090	1,240	1,374	1,496
1,0	c_p	kJ/(kg · K)	1,005 7	1,005 8	1,005 9	1,006 1	1,006 4	1,006 7	1,007 7	1,011 5	1,025 2	1,045 4	1,068 8	1,092 7	1,115 7	1,137 0
	λ	10^{-3} W/(m · K)	22,81	23,59	24,36	25,12	25,87	26,62	28,08	31,62	38,25	44,42	50,24	55,80	61,14	66,31
	η	10^{-6} kg/(m · s) = 10^{-6} Pa · s	16,20	16,71	17,22	17,72	18,21	18,69	19,64	21,90	26,05	29,81	33,28	36,53	39,60	42,52
	a	10^{-6} m^2/s	16,47	17,71	18,98	20,29	21,63	23,01	25,85	33,50	50,70	69,95	90,89	113,39	137,42	163,02
	Pr	1	0,714 3	0,712 6	0,711 0	0,709 5	0,708 1	0,706 8	0,704 5	0,700 4	0,698 1	0,701 6	0,708 0	0,715 4	0,722 6	0,729 0
	v	m^3/kg	0,716 7	0,745 1	0,773 5	0,802 0	0,830 4	0,858 8	0,915 6	1,057 5	1,341 1	1,624 7	1,908 2	2,191 6	2,475 0	2,758 4
	h	kJ/kg	–20,12	–10,06	0,00	10,06	20,12	30,19	50,33	100,80	202,57	306,06	411,75	519,83	630,27	742,91
	s	kJ/(kg · K)	0,085 3	0,124 3	0,161 8	0,198 0	0,232 9	0,266 7	0,331 0	0,476 2	0,717 8	0,916 1	1,086	1,236	1,370	1,492
1,013 25	c_p	kJ/(kg · K)	1,005 8	1,005 8	1,005 9	1,006 1	1,006 4	1,006 7	1,007 7	1,011 5	1,025 2	1,045 4	1,068 8	1,092 7	1,115 7	1,137 0
	λ	10^{-3} W/(m · K)	22,81	23,59	24,36	25,12	25,87	26,62	28,08	31,62	38,25	44,42	50,24	55,80	61,14	66,31
	η	10^{-6} kg/(m · s) = 10^{-6} Pa · s	16,20	16,71	17,22	17,72	18,21	18,69	19,64	21,90	26,05	29,81	33,28	36,53	39,60	42,52
	a	10^{-6} m^2/s	16,255	17,476	18,733	20,024	21,348	22,706	25,516	33,058	50,036	69,033	89,699	111,91	135,63	160,88
	Pr	1	0,714 3	0,712 6	0,711 0	0,709 5	0,708 1	0,706 8	0,704 6	0,700 4	0,698 1	0,701 6	0,708 0	0,715 4	0,722 6	0,729 0

Druck p bar	spez. Volumen, spez. Enthalpie, spez. Entropie; spez. Wärmekapazität, Wärmeleitkoeffizient, dyn. Viskosität, Temperaturleitfähigkeit, Prandtl-Zahl		Temperatur der trockenen Luft ϑ °C													
			−20	−10	0	10	20	30	50	100	200	300	400	500	600	700
5,0	v	m^3/kg	0,144 7	0,150 6	0,156 4	0,162 2	0,168 0	0,173 8	0,185 4	0,214 4	0,272 1	0,329 7	0,387 3	0,444 8	0,502 2	0,559 7
	h	kJ/kg	−21,38	−11,23	−1,089	9,047	19,18	29,31	49,57	100,26	202,31	305,97	411,78	519,94	630,44	743,13
	s	kJ/(kg · K)	−0,377 0	−0,337 7	−0,299 8	−0,263 4	−0,228 2	−0,194 2	−0,129 5	0,016 3	0,258 6	0,457 3	0,627 4	0,777 1	0,911 5	1,034
	c_p	kJ/(kg · K)	1,015 4	1,014 5	1,013 9	1,013 4	1,013 0	1,012 9	1,012 9	1,015 2	1,027 4	1,046 7	1,069 7	1,093 4	1,116 2	1,137 4
	λ	10^{-3} W/(m · K)	22,97	23,74	24,50	25,26	26,01	26,75	28,20	31,72	38,33	44,48	50,29	55,84	61,18	66,35
	η	10^{-6} kg/(m · s) = 10^{-6} Pa · s	16,27	16,78	17,28	17,78	18,26	18,75	19,69	21,95	26,09	29,85	33,31	36,56	39,62	42,54
	a	10^{-6} m^2/s	3,274	3,523	3,780	4,043	4,314	4,590	5,163	6,699	10,151	14,011	18,206	22,714	27,527	32,650
	Pr	1	0,719 1	0,716 9	0,715 0	0,713 2	0,711 5	0,710 0	0,707 3	0,702 4	0,699 3	0,702 4	0,708 6	0,715 8	0,722 9	0,729 2
10,0	v	m^3/kg	0,072 1	0,075 0	0,078 0	0,080 9	0,083 9	0,086 8	0,092 7	0,107 3	0,136 3	0,165 2	0,194 0	0,222 8	0,251 5	0,280 3
	h	kJ/kg	−22,96	−12,69	−2,447	7,785	18,00	28,21	48,62	99,59	202,00	305,87	411,82	520,08	630,65	743,40
	s	kJ/(kg · K)	−0,581 0	−0,541 2	−0,503 0	−0,466 2	−0,430 7	−0,396 5	−0,331 3	−0,184 7	0,058 4	0,257 6	0,427 9	0,577 8	0,712 3	0,834 5
	c_p	kJ/(kg · K)	1,027 6	1,025 6	1,023 9	1,022 5	1,021 5	1,020 6	1,019 6	1,019 9	1,030 1	1,048 5	1,070 9	1,094 2	1,116 9	1,137 8
	λ	10^{-3} W/(m · K)	23,18	23,94	24,70	25,44	26,18	26,91	28,36	31,85	38,42	44,56	50,36	55,90	61,23	66,39
	η	10^{-6} kg/(m · s) = 10^{-6} Pa · s	16,35	16,86	17,36	17,86	18,34	18,82	19,76	22,01	26,14	29,89	33,35	36,59	39,65	42,57
	a	10^{-6} m^2/s	1,626	1,751	1,881	2,014	2,150	2,289	2,578	3,350	5,083	7,019	9,122	11,38	13,79	16,35
	Pr	1	0,725 0	0,722 3	0,719 9	0,717 6	0,715 6	0,713 8	0,710 5	0,704 8	0,700 7	0,703 3	0,709 3	0,716 3	0,723 3	0,729 5
20,0	v	m^3/kg	0,035 7	0,037 3	0,038 8	0,040 3	0,041 8	0,043 3	0,046 3	0,053 7	0,068 4	0,082 9	0,097 4	0,111 8	0,126 2	0,140 6
	h	kJ/kg	−26,10	−15,60	−5,134	5,293	15,69	26,06	46,75	98,27	201,39	305,69	411,92	520,38	631,10	743,96
	s	kJ/(kg · K)	−0,790 0	−0,749 3	−0,710 3	−0,672 8	−0,636 7	−0,601 9	−0,535 8	−0,387 6	−0,142 8	0,057 2	0,228 0	0,378 1	0,512 8	0,635 1
	c_p	kJ/(kg · K)	1,052 7	1,048 2	1,044 3	1,041 1	1,038 4	1,036 2	1,032 8	1,029 2	1,035 4	1,051 9	1,073 2	1,095 9	1,118 1	1,138 8
	λ	10^{-3} W/(m · K)	23,65	24,39	25,12	25,85	26,57	27,28	28,70	32,13	38,64	44,73	50,50	56,01	61,33	66,48
	η	10^{-6} kg/(m · s) = 10^{-6} Pa · s	16,55	17,05	17,54	18,03	18,51	18,99	19,92	22,14	26,25	29,98	33,43	36,66	39,71	42,62
	a	10^{-6} m^2/s	0,803	0,867	0,933	1,001	1,070	1,141	1,287	1,677	2,551	3,524	4,581	5,714	6,922	8,207
	Pr	1	0,736 5	0,732 8	0,729 4	0,726 3	0,723 6	0,721 1	0,716 8	0,709 3	0,703 4	0,705 1	0,710 5	0,717 2	0,724 0	0,730 1
50,0	v	m^3/kg	0,014 0	0,014 7	0,015 3	0,016 0	0,016 6	0,017 3	0,018 5	0,021 6	0,027 6	0,033 5	0,039 4	0,045 2	0,051 0	0,056 8
	h	kJ/kg	−35,33	−24,08	−12,949	−1,924	9,015	19,88	41,43	94,59	199,74	305,26	412,31	521,34	632,48	745,66
	s	kJ/(kg · K)	−1,082 9	−1,039 3	−0,997 7	−0,958 1	−0,920 1	−0,883 7	−0,814 9	−0,661 9	−0,412 2	−0,209 9	−0,037 8	0,113 2	0,248 4	0,371 1
	c_p	kJ/(kg · K)	1,132 5	1,118 8	1,107 5	1,098 0	1,089 9	1,083 0	1,072 2	1,056 4	1,050 7	1,061 6	1,080 0	1,100 8	1,121 8	1,141 7
	λ	10^{-3} W/(m · K)	25,41	26,03	26,65	27,30	27,95	28,59	29,89	33,11	39,35	45,28	50,95	56,40	61,66	66,77
	η	10^{-6} kg/(m · s) = 10^{-6} Pa · s	17,29	17,75	18,21	18,66	19,11	19,56	20,45	22,59	26,59	30,26	33,67	36,87	39,89	42,78
	a	10^{-6} m^2/s	0,314	0,341	0,369	0,397	0,426	0,456	0,517	0,678	1,035	1,431	1,858	2,316	2,803	3,321
	Pr	1	0,770 4	0,763 0	0,756 5	0,750 5	0,745 4	0,740 9	0,733 4	0,720 8	0,710 0	0,709 5	0,713 6	0,719 6	0,725 8	0,731 5

A.4.16 Sattdampftafel für Ammoniak (NH_3) – Zustandsgrößen von siedendem Ammoniak und Ammoniak-Dampf bei Sättigung

Temperatur	Siededruck	spezifisches Volumen		spezifische Enthalpie		spezifische Verdampfungswärme			spezifische Entropie		spezifische innere Energie		Isentropenexponent	spezifische Wärmekapazität	
		(1)	(2)	(1)	(2)	gesamt	innere	äußere	(1)	(2)	(1)	(2)	(2)	(1)	(2)
ϑ_S	p_S	v'	v''	h'	h''	Δh_V	ϕ_V	ψ_V	s'	s''	u'	u''	κ	c_p'	c_p''
°C	bar	$10^{-3}m^3/kg$	m^3/kg	kJ/kg	kJ/kg	kJ/kg	kJ/kg	kJ/kg	kJ/(kg·K)	kJ/(kg·K)	kJ/(kg·K)	kJ/(kg·K)	1	kJ/(kg·K)	kJ/(kg·K)
–75	0,0751	1,3697	12,823	–131,97	1346,23	1478,20	1473,99	962,55	–0,4148	7,0452	–131,98	1249,97	1,319	4,217	2,070
–70	0,1094	1,3798	9,0073	–110,81	1355,55	1466,37	1462,12	985,41	–0,3094	6,9087	–110,83	1257,00	1,319	4,245	2,086
–65	0,1563	1,3904	6,4519	–89,510	1364,73	1454,24	1449,96	1007,89	–0,2058	6,7806	–89,532	1263,92	1,318	4,274	2,104
–60	0,2189	1,4013	4,7055	–68,062	1373,73	1441,80	1437,49	1029,94	–0,1040	6,6602	–68,092	1270,71	1,317	4,303	2,125
–55	0,3015	1,4126	3,4894	–46,467	1382,56	1429,03	1424,69	1051,50	–0,0040	6,5467	–46,509	1277,37	1,316	4,332	2,150
–50	0,4084	1,4243	2,6277	–24,727	1391,19	1415,91	1411,55	1072,50	0,0945	6,4396	–24,786	1283,88	1,315	4,360	2,178
–45	0,5449	1,4364	2,0071	–2,8473	1399,59	1402,44	1398,05	1092,87	0,1914	6,3384	–2,9256	1290,23	1,313	4,387	2,209
–40	0,7169	1,4490	1,5533	19,170	1407,76	1388,59	1384,18	1112,54	0,2867	6,2425	19,066	1296,41	1,312	4,414	2,244
–35	0,9310	1,4619	1,2168	41,321	1415,68	1374,35	1369,91	1131,44	0,3806	6,1516	41,185	1302,40	1,310	4,439	2,283
–30	1,1943	1,4753	0,96397	63,603	1423,31	1359,71	1355,24	1149,48	0,4730	6,0651	63,427	1308,19	1,308	4,465	2,326
–25	1,5147	1,4891	0,77168	86,013	1430,65	1344,64	1340,15	1166,61	0,5641	5,9827	85,787	1313,77	1,306	4,489	2,373
–20	1,9008	1,5035	0,62373	108,55	1437,68	1329,13	1324,61	1182,72	0,6538	5,9041	108,26	1319,12	1,304	4,514	2,425
–15	2,3617	1,5183	0,50868	131,22	1444,37	1313,15	1308,61	1197,75	0,7421	5,8289	130,86	1324,23	1,302	4,538	2,481
–10	2,9071	1,5336	0,41830	154,01	1450,70	1296,69	1292,13	1211,61	0,8293	5,7569	153,56	1329,10	1,299	4,564	2,542
–5	3,5476	1,5495	0,34664	176,94	1456,67	1279,73	1275,14	1224,21	0,9152	5,6877	176,39	1333,70	1,296	4,589	2,608
0	4,2939	1,5660	0,28930	200,00	1462,24	1262,24	1257,62	1235,47	1,0000	5,6210	199,33	1338,02	1,293	4,617	2,680
5	5,1575	1,5831	0,24304	223,21	1467,39	1244,19	1239,54	1245,31	1,0837	5,5568	222,39	1342,05	1,290	4,645	2,758
10	6,1505	1,6009	0,20543	246,57	1472,11	1225,55	1220,87	1253,62	1,1664	5,4946	245,58	1345,77	1,287	4,676	2,841
15	7,2853	1,6195	0,17461	270,09	1476,38	1206,29	1201,58	1260,31	1,2481	5,4344	268,91	1349,17	1,283	4,709	2,932
20	8,5748	1,6388	0,14920	293,78	1480,16	1186,37	1181,63	1265,28	1,3289	5,3759	292,38	1352,22	1,280	4,745	3,030
25	10,032	1,6590	0,12809	317,67	1483,43	1165,76	1160,98	1268,43	1,4089	5,3188	316,00	1354,92	1,276	4,784	3,135
30	11,672	1,6802	0,11046	341,76	1486,17	1144,41	1139,58	1269,64	1,4881	5,2631	339,80	1357,24	1,272	4,828	3,250
35	13,508	1,7024	0,09563	366,07	1488,34	1122,27	1117,39	1268,78	1,5666	5,2086	363,77	1359,16	1,267	4,877	3,375
40	15,554	1,7258	0,08310	390,64	1489,91	1099,27	1094,34	1265,73	1,6446	5,1549	387,95	1360,65	1,263	4,932	3,510
45	17,827	1,7505	0,07245	415,48	1490,84	1075,36	1070,37	1260,33	1,7220	5,1020	412,35	1361,68	1,258	4,994	3,659
50	20,340	1,7766	0,06335	440,62	1491,07	1050,46	1045,39	1252,43	1,7990	5,0497	437,01	1362,22	1,253	5,064	3,823
55	23,111	1,8044	0,05554	466,10	1490,57	1024,47	1019,33	1241,84	1,8758	4,9977	461,93	1362,22	1,248	5,143	4,005
60	26,156	1,8340	0,04880	491,97	1489,27	997,30	992,06	1228,37	1,9523	4,9458	487,17	1361,63	1,243	5,235	4,208
65	29,491	1,8658	0,04296	518,26	1487,09	968,82	963,48	1211,77	2,0288	4,8939	512,76	1360,41	1,238	5,341	4,438
70	33,135	1,9000	0,03787	545,04	1483,94	938,90	933,43	1191,79	2,1054	4,8415	538,75	1358,46	1,233	5,465	4,699
75	37,105	1,9371	0,03342	572,38	1479,72	907,35	901,74	1168,11	2,1823	4,7885	565,19	1355,73	1,227	5,610	5,001
80	41,420	1,9776	0,02951	600,34	1474,31	873,97	868,18	1140,35	2,2596	4,7344	592,15	1352,08	1,222	5,784	5,355
85	46,100	2,0221	0,02606	629,04	1467,53	838,49	832,49	1108,07	2,3377	4,6789	619,72	1347,40	1,218	5,993	5,777
90	51,167	2,0714	0,02300	658,61	1459,19	800,58	794,33	1070,70	2,4168	4,6213	648,01	1341,52	1,214	6,250	6,291
95	56,643	2,1269	0,02027	689,19	1449,01	759,82	753,25	1027,55	2,4973	4,5612	677,14	1334,20	1,210	6,573	6,933

Bezugszustand: Bei $\vartheta_S = 0$ °C wurde $h' = 200{,}0$ kJ/kg und $s' = 1{,}0$ kJ/(kg·K) gesetzt. (1) der siedenden Flüssigkeit (2) des Dampfes

A

A.4.17 Strahlungskoeffizient C und Gesamtemissionsgrad ε verschiedener Oberflächen bei 0...200 °C

Oberfläche	Strahlungskoeffizient	Gesamtemissionsgrad	Oberfläche	Strahlungskoeffizient	Gesamtemissionsgrad
	C	ε		C	ε
	$W/(m^2 \cdot K^4)$	1		$W/(m^2 \cdot K^4)$	1
Allgemeines			**Anstriche**		
absolut schwarzer Körper	5,67	1,00	Aluminiumlack	2,00...2,40	0,35...0,42
			Emaillelack, weiß	5,20	0,90
edle Metalle, hochglanzpoliert	0,09...0,29	0,016...0,050	Heizkörperlack, weiß...grau...braun...schwarz	5,24...5,35	0,925...0,93
unedle Metalle, hochglanzpoliert	0,15...0,41	0,026...0,071	Ölfarben, beliebige, auch weiß	5,10...5,60	0,88...0,97
			Schmelzemaille, weiß	5,20...5,22	0,90...0,92
Metalle			Spirituslack, schwarz glänzend	4,80	0,83
Aluminium, roh	0,41...0,50	0,071...0,087			
Aluminium, walzblank	0,23	0,04	**Verschiedenes**		
Blei, grau, oxidiert	1,63	0,28	Beton, rau	5,33	0,94
Chrom, poliert	0,33	0,058	Dachpappe	5,20	0,90
Edelstahl, Blech	0,85	0,15	Eichenholz, gehobelt	5,10	0,88
Eisen, Stahl, frisch abgeschmirgelt	1,40...2,60	0,24...0,45	Eis, glatt	5,30	0,92
Eisen, Stahl, ganz rot verrostet	4,00	0,69	Gips	5,20	0,90
Eisen, Stahl, matt verzinnt	0,50	0,09	Glas, glatt	5,50	0,95
Eisen, Stahl, roh mit Walz- oder Gusshaut	4,30...4,70	0,75...0,81	Gummi, weich	5,00	0,87
Eisen, Stahl, verzinkt	1,30...1,60	0,23...0,28	Hartgummi, glatt, schwarz	5,30	0,92
Gold, poliert	0,14	0,025	Holz, allgemein	5,33	0,94
Gusseisen	4,54	0,80	Kachel, weiß glasiert	5,00	0,87
Kupfer, geschabt	0,53	0,092	Kohle	4,70	0,81
Kupfer, poliert	0,17	0,03	Kunststoffe	5,13	0,89
Kupfer, schwarz oxidiert	4,50	0,78	Marmor, hellgrau, poliert	4,90	0,85
Messing, brüniert	2,40	0,42	Mörtel, Putz	5,27	0,93
Messing, frisch geschmirgelt	1,16	0,20	Öl	5,30	0,92
Messing, poliert	1,16	0,205	Papier	5,50	0,95
Messing, rohe Walzfläche	0,40	0,07	Porzellan, glasiert	5,30	0,92
Nickel, matt	0,23	0,04	Quarz, geschmolzen, rau	5,30	0,92
Nickel, poliert	0,26	0,045	Reif	5,68	0,984
Platin, poliert	0,46	0,081	Schamotte	4,33	0,75
Silber, poliert	0,15	0,026	Schnee	4,71	0,83
Zink, blank	1,30	0,23	Wasser, glatter Spiegel	5,50	0,953
Zink, grau oxidiert	1,42	0,25	Ziegelstein, rot, rau	5,30...5,50	0,92...0,95

A.4.18 Temperaturfaktor β

$$\beta = \frac{\left(\frac{T_1}{100}\right)^4 - \left(\frac{T_2}{100}\right)^4}{T_1 - T_2}$$

ϑ_2	°C	−20	−10	0	10	20	50	100	200	300	400	500	600	700	800	900	1 000	1 250	1 500
	−10	0,688																	
	0	0,730	0,772																
	10	0,774	0,816	0,861															
	20	0,820	0,863	0,909	0,957														
	50	0,971	1,018	1,068	1,119	1,173													
	100	1,273	1,327	1,382	1,440	1,500	1,697												
	200	2,091	2,158	2,228	2,299	2,374	2,614	3,073											
	300	3,244	3,326	3,412	3,499	3,590	3,880	4,426	5,779										
ϑ_1	**400**	4,791	4,891	4,994	5,100	5,209	5,555	6,198	7,760	9,741									
	500	6,793	6,912	7,035	7,161	7,290	7,698	8,448	10,240	12,470	15,199								
	600	9,309	9,450	9,595	9,743	9,894	10,370	11,237	13,278	15,778	18,796	22,392							
	700	12,399	12,564	12,733	12,905	13,080	13,630	14,624	16,935	19,723	23,051	26,977	31,561						
	800	16,124	16,315	16,509	16,707	16,909	17,539	18,670	21,270	24,368	28,024	32,299	37,253	42,945					
	900	20,544	20,762	20,984	21,210	21,441	22,156	23,435	26,343	29,771	33,776	38,421	43,764	49,865	56,785				
	1 000	25,718	25,966	26,218	26,474	26,734	27,542	28,977	32,215	35,992	40,367	45,401	51,153	57,683	65,053	73,320			
	1 250	42,348	42,679	43,014	43,354	43,699	44,762	46,634	50,783	55,520	60,906	67,000	73,863	81,554	90,134	99,662	110,20		
	1 500	65,007	65,433	65,864	66,300	66,741	68,098	70,470	75,654	81,477	87,998	95,278	103,38	112,35	122,27	133,18	145,16	180,11	
	3 000	380,05	381,31	382,58	383,86	385,14	389,05	395,72	409,75	424,71	440,67	457,69	475,83	495,14	515,70	537,55	560,76	625,13	699,29
		Temperaturfaktor β in K^3																	

A.4.19 mittlere Wärmeleitfähigkeit λ und spezifische Wärmekapazität c von Metallen, Legierungen und Kunststoffen

Stoff	Dichte	Wärmeleitfähigkeit	spezifische Wärmekapazität	Stoff	Dichte	Wärmeleitfähigkeit	spezifische Wärmekapazität
	ϱ	λ	c		ϱ	λ	c
	kg/m³	W/(m · K)	kJ/(kg · K)		kg/m³	W/(m · K)	kJ/(kg · K)
Metalle				**Legierungen**			
Aluminium 99,5 %	2 700	235	0,92	Kesselstahl 1.0345, bis 400...450 °C	7 850	58	0,46
Blei	11 340	35	0,13	Neusilber 62 % Cu, 15 % Ni, 22 % Zn	8 700	25	0,39
Chrom	7 100	86	0,5	Nickelstahl 15 % Ni	7 700	22	0,45
Eisen 99,12 %	7 860	71	0,465	Nickelstahl 30 % Ni	7 900	15	0,45
Gold	19 300	313	0,5	Nickelstahl 5 % Ni	7 700	35	0,46
Kupfer, rein	8 900	394	0,39	Nickelstahl 50 % Ni	8 300	12	0,45
Magnesium, rein	1 740	170	1,01	Phosphorbronze 92,5 % Cu, 7 % Sn, 0,5 % P	8 800	64	0,37
Nickel 99,94 %	8 800	87	0,46	Rotguss CuSn 10 90 % Cu, 10 % Sn	8 740	59	0,377
Platin	21 400	71	0,134	Stahl 99,2 % Fe, 0,2 % C	7 850	48	0,46
Quecksilber 0 °C	13 600	10,5	0,138	V2A-Stahl 1.4301 (X5CrNi18-10)	7 880	15	0,5
Silber 99,9 %	10 500	429	0,238	Wolframstahl 1.3202 (Werkzeugstahl)	8 400	24,5	0,41
Wolfram	19 300	185	0,142	Woodsches Metall Bi50PbCdSn	9 600	13	1,465
Zink	7 140	112	0,376	**Kunststoffe**			
Zinn	7 280	63	0,23	Acrylnitril-Butadien-Styrol (ABS)	1 060	0,15	1,55
				Epoxidharz EP, beispielhaft	1 100	0,2	0,75
Legierungen				Polyamid PA	1 130	0,27	1,9
Aluminium AlCuMg 1/2	2 770	165	0,86	Polycarbonat	1 200	0,2	1,17
Aluminium AlSi 12	2 680	162	0,97	Polyethylen PE, vernetzt	940	0,43	2,1
Aluminiumbronze 91 % Cu, 9 % Al	7 500	61	0,35	Polyethylenterephthalat PET	1 380	0,24	1,1
Chromstahl 1.4003 (X6Cr13)	7 700	30	0,46	Polypropylen PP	910	0,22	1,7
Gusseisen 3 % C	7 200	60	0,54	Polysiloxan (Silicon), beispielhaft	1 150	0,25	1,5
Konstantan	8 900	22,7	0,41	Polystyrol PS, ungeschäumt	1 050	0,17	1,3
Magnesium MgAl6Zn 1/3	1 800	57,9	1,03	Polytetrafluorethylen PTFE	2 160	0,25	0,96
Messing 70 % Cu, 30 % Zn	8 800	112	0,39	Polyurethan PU, ungeschäumt	1 200	0,245	2,1
Monel 29 % Cu, 67 % Ni, 2 % Fe	8 830	22	0,427	Polyvinylchlorid PVC	1 390	0,17	0,98
	bei 20 °C	**zwischen 0 °C und 100 °C**	**bei 20 °C**		**bei 20 °C**	**zwischen 0 °C und 100 °C**	**bei 20 °C**

A.4.19.1 Temperaturabhängige Wärmeleitfähigkeit λ von Werkstoffen des Apparatebaus

		bei Temperatur ϑ in °C	0	20	50	100	150	200	250	300	350	400	450	500	550	600	700	800	900	1000
	Werkstoff	Bezeichnung	Wärmeleitfähigkeit λ in W/(m·K)																	
Ferrite, Austenite	1.0305	P235GH TC1 (1.0345) St 35.8/1				57		54		50		45		42		37				
Ferrite, Austenite	1.0425	P265GH H II (Kesselstahl) St 42.8/1 St 45.8/1		55		55		51		48		44		41						
Ferrite, Austenite	1.4301	X5CrNi18-10 304 V2A Supra		15		16		18		19		21		22		24	25	26	28	29
Ferrite, Austenite	1.4571	X6CrNiMoTi17-12-2 316Ti V4A Extra		14		15		17		18		20		21		22	24	25		
Ferrite, Austenite	1.4876	X10NiCrAlTi32-20 Nicrofer 3220/3220H Incoloy Alloy 800H		12		13		15		16		18		20		21	23	24	26	27
Ferrite, Austenite	1.7335	13CrMo4-5		44,1	44,4	44,4	44,4	44,1	43,3	42,2	40,9	39,8	38,6	37,2	35,8	34				
Nickellegierungen	2.4360	NiCu30Fe Monel Alloy 400	21,4			24,3		27,6		30,6		33,5		36,8		39,8	42,7	45,6	49	
Nickellegierungen	2.4610	NiMo16Cr16Ti Hastelloy C-4 Nicrofer 6616 hMo Alloy C4	9,6			11,2		13,2		14,9		16,8		18,5		20,4	22,7	24,7	26,8	
Nickellegierungen	2.4858	NiCr21Mo Inconel 622 Nicrofer 4221 Alloy 825	11,4			13,4		15,1		16,6		18,4		20		21,7	23,3	24,8	26,5	

A.4.20 Wärmeleitfähigkeit λ und Dichte ϱ ausgewählter Stoffe mit durchschnittlichem Feuchtegehalt bei 20 °C

A.4.20.1 Wärmdämmstoffe (Anhaltswerte)

Stoff	Dichte	Wärmeleitfähigkeit
	ϱ	λ
	kg/m³	W/(m · K)
Aerogel-Trockenmasse	50...100	0,020
Asbestwolle	100...300	0,058...0,093
Baumwolle-Matten	20...60	0,040
Blähton (FIBOTHERM, MEHATPOR)	300...700	0,10...0,16
Calciumsilicat-Platten (Epasit etp, PROMASIL)	200...800	0,050...0,065
Cellulose-Dämmplatten	80	0,040
Cellulose-Einlasdämmung	30...80	0,040...0,045
Glaswolle	20...150	0,035...0,045
Glaswolle-Matten	100...200	0,038...0,048
Haarfilz-Matten	270	0,035...0,081
Hobelspäne als Füllstoffschüttung	90...140	0,045...0,55
Holzfaserplatten (Nadelholz)	150...190	0,040...0,055
Holzwolle-Einblasdämmung	30...60	0,045
Kokosfaser-Matten	70...120	0,045...0,050
Korkplatten	100...220	0,045...0,060
Leichtbauplatten aus mineralisierter Holzwolle (HWL-Platte)	360...570	0,065...0,090
Mineralwolle, Steinwolle (Isover, Rockwool)	25...200	0,035...0,045
Naturbims	175...285	0,060...0,080
Perlit, Blähperlit	40...90	0,050...0,070
Polystyrol-Hartschaum (EPS), Styropor (BASF)	10...35	0,035...0,040
Polyurethan-Hartschaum-Platten (PUR)	30...35	0,020...0,030
Schafwolle-Matten	30...50	0,037
Schaumglas	100...165	0,040...0,060
Schilfrohr-Platten	225	0,055
Schlackenwolle	80...220	0,035...0,040
Stroh-Platten	150	0,055...0,115

Prinzipiell gilt: Je größer die Dichte, umso größer die Wärmeleitfähigkeit.
Als gute Näherung kann linearer Zusammenhang zwischen λ und ϱ angenommen werden.

A.4.20.2 Baustoffe (Anhaltswerte)

Stoff	Dichte	Wärmeleitfähigkeit
	ϱ	λ
	kg/m^3	W/(m · K)
Asphalt	2 100	0,75
Aluminium	2 710	208,0
Beton	2 200	1,60
Betonestrich	2 000	1,40
Bimskies als Füllstoffschüttung	600	0,33
Bitumen	1 200	0,17
Dachpappe	1 200	0,17
Faserzementplatten	2 000	0,70
Fensterglas	2 400	1,15
Fliesen	2 000	1,10
Gasbeton-Mauerwerk	800	0,29
Gips, Gipsputz	800	0,30
Gipskarton-Platten	900	0,21
Glas	2 500...2 600	0,81
Hartholz	800	0,20
Hohlziegel-Mauerwerk	1 000	0,45
Holzspan-Platten	700	0,13
Kalk-Gips-Putz	1 400	0,60
Kalkputz	1 600	0,70
Kalkstein	2 000...2 500	2,50
Kalkzementputz	1 700	0,60
Kies als Füllstoffschüttung	1 600...1 800	0,70...0,90
Linoleum	1 000	0,18
Marmor, Granit	2 300...3 000	3,50
Porenbeton	600	0,20
PVC-Bodenbelag	1 600	0,24
Sandstein	1 900...2 400	2,00
Schamotte	1 870	0,70
Schlacke als Füllstoffschüttung	750	0,35
Schlackenstein-, Zellenbetonsteinmauerwerk	600...1 200	0,41...0,66
Stahlbeton	2 500	2,30
Vollziegel-Mauerwerk	1 700	0,76
Wärmedämmziegel (Hochlochziegel) mit Leichtmauermörtel LM21	500... 750	0,09...0,14
Weichholz	600	0,15
Zementputz	1 700	0,85

Prinzipiell gilt: Je größer die Dichte, umso größer die Wärmeleitfähigkeit.
Als gute Näherung kann linearer Zusammenhang zwischen λ und ϱ angenommen werden.

A.4.20.3 Verschmutzungen und Beläge im Betriebszustand (Anhaltswerte)

Stoff	Wärmeleitfähigkeit λ W/(m · K)
Biofilm	(0,3)...0,5...0,7
Calciumcarbonat, $CaCO_3$, porös	0,35
Calciumcarbonat, $CaCO_3$, typisch	1,5...2,9
Calciumphosphat, $Ca_3(PO_4)_2$	2,6
Eis aus Wasser, kompakt	2,2
Fette und Öle in dünnen Schichten (bis ca. 0,5 mm)	0,10...0,15
Flugasche aus Kohle und Öl	0,07
Calciumsulfat, $CaSO_4$, im Dampferzeuger	0,8...2,2
Kesselstein, kalkreich, im Dampferzeuger	2,3
Kesselstein, silicatreich, im Dampferzeuger	0,08...0,18
Kohlestaub, trocken	0,11
Koksstaub, trocken	0,3...0,9
Kühlwasser-Ablagerungen	1,4...3,2
Magnesiumhydrogenphosphat, $MgHPO_4 \cdot 3H_2O$	2,3
Milchbestandteile	0,5...0,7
Reif aus Wassereis, luftig	0,15
Ruß, trocken, in dünnen Schichten	0,09
Schnee, frisch	0,11

Prinzipiell gilt: Je größer die Dichte, umso größer die Wärmeleitfähigkeit.
Als gute Näherung kann linearer Zusammenhang zwischen λ und ϱ angenommen werden.

A.4.21 Wärmeleitfähigkeit λ von Wasser und Wasserdampf bei verschiedenen Temperaturen und Drücken

Druck p	Siedetemp. ϑ_S	Wärmeleitfähigkeit λ in W/(m · K) bei der Temperatur ϑ in °C									
bar	°C	ϑ_S	0	50	100	200	300	400	500	600	700
0	–	–	0,016 5	0,020 2	0,024 2	0,033 2	0,043 4	0,054 6	0,066 8	0,079 8	0,093 5
1	99,61	0,024 8	0,562 0	0,640 5	0,024 8	0,033 4	0,043 5	0,054 7	0,066 9	0,079 9	0,093 6
3	133,53	0,028 6	0,562 1	0,640 6	0,677 9	0,033 7	0,043 7	0,054 9	0,067 0	0,080 0	0,093 7
5	151,84	0,031 0	0,562 3	0,640 7	0,678 0	0,034 2	0,043 9	0,055 0	0,067 2	0,080 1	0,093 8
10	179,89	0,035 4	0,562 6	0,641 0	0,678 3	0,036 1	0,044 5	0,055 4	0,067 5	0,080 4	0,094 0
15	198,30	0,038 8	0,562 9	0,641 2	0,678 5	0,038 7	0,045 2	0,055 9	0,067 9	0,080 7	0,094 3
20	212,38	0,041 6	0,563 2	0,641 5	0,678 8	0,663 8	0,046 0	0,056 3	0,068 2	0,081 0	0,094 6
25	223,96	0,044 3	0,563 4	0,641 7	0,679 1	0,664 2	0,046 8	0,056 8	0,068 6	0,081 4	0,094 9
40	250,36	0,051 3	0,564 3	0,642 5	0,679 9	0,665 5	0,050 1	0,058 4	0,069 8	0,082 3	0,095 7
60	275,59	0,060 0	0,565 5	0,643 5	0,681 0	0,667 3	0,056 6	0,060 8	0,071 4	0,083 7	0,096 9
80	295,01	0,068 9	0,566 7	0,644 6	0,682 1	0,669 0	0,067 2	0,063 7	0,073 3	0,085 2	0,098 2
100	311,00	0,079 0	0,567 8	0,645 6	0,683 2	0,670 7	0,548 1	0,067 2	0,075 3	0,086 8	0,099 5
150	342,16	0,115 8	0,570 8	0,648 1	0,685 9	0,674 9	0,558 7	0,079 9	0,081 4	0,091 1	0,103 0
200	365,75	0,226 5	0,573 6	0,650 6	0,688 6	0,678 9	0,568 3				
220	373,71	0,679 3	0,574 8	0,651 6	0,689 7	0,680 5	0,572 0				
p_S	–	–	0,016 5	0,020 3	0,024 8	0,039 1	0,071 7	–	–	–	–
Siededruck p_S in bar		–	0,006 1	0,123 5	1,014	15,55	85,88	–	–	–	–
							Wasser	Wasserdampf			

A.4.22 Kennzeichnende Stoffwerte für die Wärmeübertragung (nach IAPWS-IF97, VDI-Wärmeatlas)

A.4.22.1 Flüssigkeiten (bei $p_N = 1\,013,25$ mbar bzw. bei Sättigungsdruck $p_{D,s}$)

Stoff	Temperatur	Dichte	spez. Wärme-kapazität	dyn. Viskosität	kin. Viskosität	Wärmeleit-koeffizient	Temperatur-leitfähigkeit	Prandtl-Zahl	Volumen-ausdehnungs-koeffizient	bei Druck
	ϑ	ϱ	c_p	η	ν	λ	a	Pr	γ	p
	°C	kg/m³	kJ/(kg·K)	10^{-5} kg/(m·s) = 10^{-5} Pa·s	10^{-6} m²/s	W/(m·K)	10^{-6} m²/s	–	10^{-3} 1/K	bar
Wasser	0	999,844	4,219	179,175	1,792	0,562	0,133	13,452	−0,0677	1,013
H_2O	10	999,702	4,195	130,590	1,306	0,582	0,139	9,414	0,0881	1,013
	20	998,206	4,185	100,160	1,003	0,600	0,144	6,991	0,2066	1,013
	30	995,652	4,180	79,722	0,801	0,615	0,148	5,419	0,3029	1,013
	40	992,224	4,179	65,273	0,658	0,629	0,152	4,339	0,3849	1,013
	50	988,047	4,180	54,652	0,553	0,641	0,155	3,566	0,4574	1,013
	60	983,211	4,183	46,604	0,474	0,651	0,158	2,995	0,5231	1,013
	70	977,779	4,188	40,356	0,413	0,660	0,161	2,562	0,5841	1,013
	80	971,803	4,196	35,406	0,364	0,667	0,164	2,227	0,6417	1,013
	90	965,319	4,205	31,418	0,325	0,673	0,166	1,963	0,6970	1,013
	100	958,354	4,217	28,159	0,294	0,678	0,168	1,752	0,7510	1,014
	130	934,832	4,265	21,294	0,228	0,685	0,172	1,326	0,9124	2,703
	150	917,007	4,310	18,261	0,199	0,684	0,173	1,151	1,0264	4,761
	200	864,668	4,494	13,459	0,156	0,663	0,171	0,912	1,3788	15,547
Kohlendioxid	−20	1 032	2,164	14,51	0,1406	0,1350	0,06048	2,325	4,747	19,70
CO_2	−10	982,9	2,306	12,39	0,1261	0,1230	0,05429	2,323	5,740	26,49
	0	927,4	2,542	10,47	0,1129	0,1110	0,04710	2,398	7,397	34,85
	10	861,0	2,996	8,654	0,1005	0,0989	0,03832	2,622	10,67	45,02
	20	773,4	4,266	6,807	0,0880	0,0871	0,02639	3,335	20,26	57,29
	30	593,3	35,11	4,373	0,0737	0,0947	0,004548	16,210	297,2	72,14
Ammoniak	−30	677,831	4,465	24,407	0,3601	0,6546	0,2163	1,665	1,85	1,194
NH_3	−20	665,136	4,514	21,441	0,3224	0,6220	0,2072	1,556	1,94	1,901
	−10	652,058	4,564	19,022	0,2917	0,5901	0,1983	1,471	2,05	2,907
	0	638,572	4,617	17,009	0,2664	0,5592	0,1897	1,404	2,16	4,294
	10	624,639	4,676	15,303	0,2450	0,5291	0,1812	1,352	2,30	6,150
	20	610,199	4,745	13,832	0,2267	0,4999	0,1726	1,313	2,45	8,575
	30	595,169	4,828	12,545	0,2108	0,4714	0,1640	1,285	2,64	11,672
	50	562,863	5,064	10,379	0,1844	0,4163	0,1461	1,262	3,16	20,340
	80	505,670	5,784	7,798	0,1542	0,3371	0,1153	1,338	4,75	41,420

Stoff	Temperatur	Dichte	spez. Wärmekapazität	dyn. Viskosität	kin. Viskosität	Wärmeleitkoeffizient	Temperaturleitfähigkeit	Prandtl-Zahl	Volumenausdehnungskoeffizient	bei Druck
	ϑ	ϱ	c_p	η	ν	λ	a	Pr	γ	p
	°C	kg/m³	kJ/(kg·K)	10^{-5} kg/(m·s) = 10^{-5} Pa·s	10^{-6} m²/s	W/(m·K)	10^{-6} m²/s	–	10^{-3} 1/K	bar
Schwefeldioxid	–20	1 485	1,273	46,5	0,313	0,223	0,118	2,65	1,78	1,013
SO_2	0	1 435	1,357	36,8	0,257	0,212	0,109	2,36	1,72	p_S
	20	1 383	1,390	30,4	0,22	0,199	0,103	2,14	1,94	p_S
Spindelöl	20	871	1,851	1 306	15	0,144	0,089	168	0,74	1,013
(exemplarisch)	40	858	1,934	681	7,93	0,143	0,086	92	0,75	1,013
niedrigviskoser	60	845	2,018	418	4,95	0,142	0,083	59,4	0,75	1,013
Schmierstoff	80	832	2,102	283	3,4	0,141	0,08	42,1	0,76	1,013
	100	820	2,186	200	2,44	0,14	0,078	31,4	0,77	1,013
	120	807	2,269	154	1,19	0,138	0,076	25,3	0,78	1,013
Transformatorenöl	20	866	1,892	3 161	36,5	0,124	0,076	481	0,69	1,013
(exemplarisch)	40	852	1,993	1 422	16,7	0,123	0,072	230	0,69	1,013
thermisch stabiles,	60	842	2,093	732	8,7	0,122	0,069	126	0,7	1,013
elektrisch isolierendes	80	830	2,198	432	5,2	0,120	0,066	79,4	0,71	1,013
Mineralöl	100	818	2,294	310	3,8	0,119	0,063	60,3	0,72	1,013

A.4.22.2 Gase (bei $p = 1{,}0\,\text{bar}$)

Stoff	Temperatur	Dichte	spez. Wärme-kapazität	dyn. Viskosität	kin. Viskosität	Wärmeleit-koeffizient	Temperatur-leitfähigkeit	Prandtl-Zahl
	ϑ	ϱ	c_p	η	ν	λ	a	Pr
	°C	kg/m³	kJ/(kg·K)	10^{-5} kg/(m·s) = 10^{-5} Pa·s	10^{-6} m²/s	W/(m·K)	10^{-6} m²/s	–
Wasserstoff	–50	0,108 6	13,813	0,746	68,67	0,150	99,96	0,687
H_2	0	0,088 8	14,194	0,855	96,37	0,176	139,95	0,689
	20	0,082 7	14,284	0,896	108,38	0,186	157,31	0,689
	50	0,075 0	14,377	0,956	127,36	0,199	184,76	0,689
	100	0,065 0	14,457	1,049	161,43	0,220	234,07	0,690
	200	0,051 2	14,505	1,220	238,13	0,257	345,18	0,690
	300	0,042 3	14,536	1,377	325,50	0,290	471,74	0,690
	400	0,036 0	14,593	1,523	422,90	0,322	612,70	0,690
Wasserdampf	100	0,589 6	2,074	1,223	20,75	0,024 8	20,26	1,024
H_2O	200	0,460 3	1,976	1,620	35,20	0,033 4	36,69	0,959
	300	0,379 0	2,012	2,031	53,60	0,043 5	57,04	0,940
	400	0,322 3	2,070	2,445	75,87	0,054 7	82,02	0,925
	600	0,248 3	2,203	3,261	131,34	0,079 9	146,08	0,899
	800	0,201 9	2,343	4,043	200,22	0,107 7	227,64	0,880
Luft, trocken	–50	1,563 2	1,006	1,461	9,35	0,020 4	12,98	0,720
	–10	1,324 5	1,006	1,671	12,62	0,023 6	17,71	0,713
	0	1,275 8	1,006	1,722	13,50	0,024 4	18,98	0,711
	10	1,230 6	1,006	1,772	14,40	0,025 1	20,29	0,709
	20	1,188 5	1,006	1,821	15,32	0,025 9	21,63	0,708
	50	1,077 9	1,008	1,964	18,22	0,028 1	25,85	0,705
	100	0,933 3	1,011	2,190	23,46	0,031 6	33,50	0,700
	200	0,735 9	1,025	2,605	35,39	0,038 2	50,70	0,698
	300	0,607 5	1,045	2,981	49,07	0,044 4	69,95	0,702

Stoff	Temperatur	Dichte	spez. Wärmekapazität	dyn. Viskosität	kin. Viskosität	Wärmeleitkoeffizient	Temperaturleitfähigkeit	Prandtl-Zahl
	ϑ	ϱ	c_p	η	ν	λ	a	Pr
	°C	kg/m³	kJ/(kg · K)	10^{-5} kg/(m · s) = 10^{-5} Pa · s	10^{-6} m²/s	W/(m · K)	10^{-6} m²/s	–
	400	0,517 2	1,069	3,328	64,35	0,050 2	90,89	0,708
	600	0,398 8	1,116	3,960	99,30	0,061 1	137,42	0,723
	800	0,324 5	1,157	4,532	139,67	0,071 3	190,14	0,735
	1000	0,273 5	1,192	5,063	185,14	0,081 1	248,74	0,744
Kohlendioxid	–50	2,372 0	0,761	1,120	4,72	0,012 3	6,82	0,693
CO_2	0	1,937 8	0,817	1,360	7,02	0,016 0	10,08	0,696
	20	1,805 6	0,839	1,452	8,04	0,017 5	11,54	0,697
	50	1,638 0	0,869	1,589	9,70	0,019 8	13,88	0,699
	100	1,418 5	0,916	1,807	12,74	0,023 6	18,17	0,701
	200	1,118 7	0,996	2,216	19,81	0,031 3	28,11	0,705
	300	0,923 5	1,060	2,593	28,08	0,038 9	39,70	0,707
	500	0,684 6	1,158	3,271	47,77	0,053 3	67,24	0,710
	800	0,493 2	1,253	4,151	84,17	0,072 9	118,02	0,713
	1000	0,415 7	1,294	4,674	112,43	0,084 7	157,42	0,714
Schwefeldioxid	0	2,820 9	0,608	1,254	4,44	0,011 1	6,46	0,688
SO_2	20	2,628 4	0,619	1,342	5,11	0,012 1	7,42	0,689
	50	2,384 4	0,636	1,472	6,17	0,013 6	8,95	0,690
	100	2,064 9	0,664	1,682	8,15	0,016 1	11,78	0,691
	200	1,628 5	0,714	2,079	12,77	0,021 4	18,39	0,694
	400	1,144 7	0,786	2,791	24,38	0,031 5	34,95	0,698
	500	0,996 6	0,811	3,114	31,25	0,036 1	44,72	0,699
	750	0,753 1	0,850	3,849	51,11	0,046 7	72,97	0,700

Stoff	Temperatur	Dichte	spez. Wärme-kapazität	dyn. Viskosität	kin. Viskosität	Wärmeleit-koeffizient	Temperatur-leitfähigkeit	Prandtl-Zahl
	ϑ	ϱ	c_p	η	ν	λ	a	Pr
	°C	kg/m³	kJ/(kg·K)	10^{-5} kg/(m·s) = 10^{-5} Pa·s	10^{-6} m²/s	W/(m·K)	10^{-6} m²/s	–
Stickstoff	–50	1,509 9	1,039	1,411	9,34	0,021 3	13,56	0,689
N_2	0	1,233 5	1,039	1,651	13,38	0,024 9	19,43	0,689
	20	1,149 3	1,040	1,741	15,15	0,026 3	21,99	0,689
	50	1,042 6	1,040	1,872	17,95	0,028 3	26,06	0,689
	100	0,902 9	1,042	2,078	23,01	0,031 4	33,39	0,689
	200	0,712 1	1,052	2,453	34,45	0,037 4	49,95	0,690
	300	0,587 8	1,069	2,792	47,50	0,043 2	68,78	0,691
	500	0,435 8	1,116	3,396	77,93	0,054 7	112,47	0,693
	800	0,314 0	1,182	4,184	133,26	0,071 0	191,46	0,696
	1 000	0,264 6	1,215	4,658	176,02	0,081 2	252,38	0,697
Sauerstoff	–50	1,724 7	0,911	1,641	9,51	0,021 7	13,81	0,689
O_2	0	1,409 0	0,915	1,927	13,67	0,025 6	19,85	0,689
	20	1,312 8	0,917	2,034	15,50	0,027 1	22,49	0,689
	50	1,191 0	0,922	2,190	18,39	0,029 3	26,68	0,689
	100	1,031 4	0,934	2,436	23,62	0,033 0	34,22	0,690
	200	0,813 4	0,963	2,884	35,46	0,040 2	51,25	0,692
	300	0,671 5	0,995	3,289	48,99	0,047 2	70,63	0,694
	500	0,497 8	1,048	4,010	80,57	0,060 4	115,70	0,696
	800	0,358 6	1,100	4,948	137,97	0,077 9	197,44	0,699
	1 000	0,302 3	1,123	5,511	182,31	0,088 4	260,52	0,700
Methan	–50	0,864 7	2,105	0,847	9,51	0,025 6	14,08	0,696
CH_4	0	0,706 4	2,174	1,014	13,67	0,031 6	20,57	0,697
	20	0,658 2	2,214	1,077	15,50	0,034 2	23,43	0,698
	50	0,597 1	2,289	1,169	18,39	0,038 2	27,98	0,700

Stoff	Temperatur	Dichte	spez. Wärmekapazität	dyn. Viskosität	kin. Viskosität	Wärmeleitkoeffizient	Temperaturleitfähigkeit	Prandtl-Zahl
	ϑ	ϱ	c_p	η	ν	λ	a	Pr
	°C	kg/m^3	kJ/(kg · K)	10^{-5} kg/(m · s) = 10^{-5} Pa · s	10^{-6} m^2/s	W/(m · K)	10^{-6} m^2/s	–
	100	0,517 1	2,440	1,316	23,62	0,045 7	36,21	0,703
	200	0,407 8	2,798	1,587	35,46	0,062 6	54,90	0,709
	300	0,336 6	3,173	1,833	48,99	0,081 5	76,31	0,713
	500	0,249 6	3,873	2,271	80,57	0,122 2	126,40	0,720
Ammoniak	–10	0,792 3	2,196	0,884	11,16	0,022 3	12,79	0,873
NH_3	0	0,761 2	2,178	0,919	12,08	0,023 0	13,84	0,872
	10	0,732 8	2,168	0,955	13,03	0,023 7	14,94	0,872
	20	0,706 6	2,164	0,991	14,03	0,024 6	16,11	0,871
	50	0,638 7	2,176	1,102	17,25	0,028 1	20,20	0,854
	100	0,551 3	2,238	1,293	23,45	0,038 0	30,77	0,762
	200	0,433 7	2,426	1,682	38,79	0,051 2	48,71	0,796

A.4.23 Dynamische Viskosität η verschiedener Gase und Dämpfe in Abhängigkeit der Temperatur mit Hilfe der Sutherland-Konstante C

Stoff	dynamische Viskosität η in kg/m·s mit				
	$\eta = \eta_0 \cdot \frac{T_0+C}{T+C} \cdot \left(\frac{T}{T_0}\right)^{3/2}$ oder $\eta = \eta_0 \cdot \sqrt{\frac{T}{T_0}} \cdot \frac{1+C/T_0}{1+C/T}$				
	η_0	T_0	C	gültig im Temperaturbereich	
	10^{-6} kg/(m·s) = 10^{-6} Pa·s	K	K	°C	
Wasserstoff	8,76	273,15	86,0	80... 200	Fehler < 2%
			234,0	700... 800	
	8,41	273,15	97,0	−50... 825	
Helium	18,64	273,15	79,4	−50... 1 225	
Stickstoff	16,64	273,15	107,0	−173... 1 225	
	17,80	273,15	104,7	20... 825	
Sauerstoff	20,17	273,15	125,0	15... 830	
Chlor	12,94	288,75	351,0	20... 500	
Argon	21,25	273,15	144,0	150... 1 225	
Luft, trocken	17,16	273,15	111,0	103... 1 625	
Ammoniak	9,81	273,15	503,0	20... 300	
Chlorwasserstoff	13,32	273,15	360,0	0... 250	
Distickstoffmonoxid	13,66	273,15	274,0	0... 100	
Kohlenmonoxid	17,54	273,15	101,2	20... 277	
Kohlendioxid	14,04	273,15	254,0	25... 280	
			213,0	300... 825	
Schwefeldioxid	12,45	273,15	395,6	20... 120	
			306,0	300... 825	
Schwefelwasserstoff	12,51	290,15	331,0	0... 100	
Stickstoffmonoxid	17,97	273,15	162,0	0... 100	
Wasserdampf	9,63	273,15	961,0	20... 406	
	12,55	373,15	673,0	100... 350	
Ethin (Acetylen)	10,20	289,15	198,2	20... 120	
Benzol-Dampf	7,35	273,15	447,5	130... 313	
Methan	10,87	273,15	162,0	20... 500	
Propan	7,94	273,15	290,0	25... 280	
	bei Bezugsdruck p_0 = 1 bar				

A.4.24 Schüttdichten ϱ wichtiger technischer Stoffe (Anhaltszahlen)

Stoff	Zustand, Eigenschaft	Schüttdichte ϱ in kg/m³
Aktivkohle	allgemein	300... 550
	zylindrisch gepresst	380... 400
Asche	allgemein	700... 900
	Koksasche	700
Braunkohle	Rohbraunkohle	500... 800
	Braunkohlenstaub	400... 500
	Trockenbraunkohlenstaub (0 bis 5 mm)	600
	Briketts, gestapelt	1 030
	Briketts, Industrieformat, geschüttet	725
	Schwelkoks je nach Körnung	500... 700
Erde	nass	1 800
	trocken	1 600
Gips	lose	1 200
Heu	lose	630... 670
Holzkohle		200... 400
Kalk	gebrannt, gemahlen	500
	stückig	1 000
Kalksteinschotter		1 340
Kies	nass	2 000
	trocken	1 700
Silicagel	engporig	700... 800
(Kieselgel, Kieselsäuregel)	weitporig	400... 800
Lehm	nass	2 100
	trocken	1 600
Natriumchlorid	je nach Körnung	780... 1 250
Sägespäne		210... 270
Sand	nass	2 100
	trocken	1 500... 1 650
Schlamm		1 800
Schnee	frisch	75
Schotter	typisch	1 300... 1 500
Steinsalz		800... 980
Steinkohle	Förderkohle	780... 890
	Koks	450... 500
Stroh	lose	45
	gepresst	280
Torf	feucht	550... 650
	lufttrocken	330... 400
Zement	lose	1 200
	gerüttelt	1 900

A.4.25 Längen- und Volumenausdehnungskoeffizienten α und γ wichtiger technischer Stoffe

A.4.25.1 Mittlere Längen- und Volumenausdehnungskoeffizienten α und γ

Stoff	mittlerer Längenausdehnungskoeffizient			mittlerer Volumenausdehnungskoeffizient	
	α_m in 1/K			γ_m in 1/K	
im Temperaturbereich	(0...100) °C	(0...200) °C	(−20...100) °C	(0...50) °C	(0...100) °C
Aluminium	$23{,}8 \cdot 10^{-6}$	$24{,}5 \cdot 10^{-6}$			
Blei	$31{,}3 \cdot 10^{-6}$		$29{,}2 \cdot 10^{-6}$		
Bronze	$17{,}5 \cdot 10^{-6}$				
Chromstahl	$10 \cdot 10^{-6}$				
Gips			$25 \cdot 10^{-6}$		
Glas, allg. technisches	$4{,}6 \cdot 10^{-6}$	$4{,}8 \cdot 10^{-6}$			
Glas, Jena 16 III	$7{,}9 \cdot 10^{-6}$				
Glas, Jena 59 III	$4{,}7 \cdot 10^{-6}$				
Glas, Labortherm S	$3{,}3 \cdot 10^{-6}$				
Glas, Quarz-	$0{,}55 \cdot 10^{-6}$	$0{,}6 \cdot 10^{-6}$			
Glas, Rasotherm	$3{,}3 \cdot 10^{-6}$				
Glycerin				$520 \cdot 10^{-6}$	
Grafit			$7{,}9 \cdot 10^{-6}$		
Gusseisen	$10{,}4 \cdot 10^{-6}$	$11{,}1 \cdot 10^{-6}$			
Holz, allg., längs zur Faser			$8 \cdot 10^{-6}$		
Holz, Birke, lufttrocken	$2{,}5 \cdot 10^{-6}$				
Holz, Eiche, lufttrocken	$7{,}5 \cdot 10^{-6}$				
Invar			$1{,}5...2 \cdot 10^{-6}$		
Kupfer	$16{,}5 \cdot 10^{-6}$	$16{,}9 \cdot 10^{-6}$			
Magnesium	$26 \cdot 10^{-6}$				
Messing (62 % Cu)	$18{,}4 \cdot 10^{-6}$	$19{,}3 \cdot 10^{-6}$			
Platin	$9{,}0 \cdot 10^{-6}$				
Polyamid (PA)	$110 \cdot 10^{-6}$				
Polyethylen	$20 \cdot 10^{-6}$				
Polystyrol, EH, EN	$60 \cdot 10^{-6}$				
Polystyrol, III, IV, V, EF	$80 \cdot 10^{-6}$				
Polyvinylchlorid (PVC)	$80 \cdot 10^{-6}$				
Porzellane	$3{,}2...4{,}0 \cdot 10^{-6}$		$3 \cdot 10^{-6}$		
Quecksilber				$182{,}2 \cdot 10^{-6}$	$182{,}6 \cdot 10^{-6}$
Silber	$19{,}7 \cdot 10^{-6}$				
Silicium	$7{,}6 \cdot 10^{-6}$				
Stahl (0,2...0,6 % C)	$11 \cdot 10^{-6}$	$12 \cdot 10^{-6}$			
Stahl, V2A			$16 \cdot 10^{-6}$		
Stahlbeton			$10...15 \cdot 10^{-6}$		
Ziegel	$8{,}0 \cdot 10^{-6}$		$3 \cdot 10^{-6}$		
Zinn			$27 \cdot 10^{-6}$		

A.4.25.2 Wahre Längen- und Volumenausdehnungskoeffizienten α und γ bei 20 °C (Anhaltswerte)

Stoff		wahrer Längenausdehnungskoeffizient α in 1/K	wahrer Volumenausdehnungskoeffizient γ in 1/K
Benzin	Flüssigkeiten		$1060 \cdot 10^{-6}$
Ethanol			$1100 \cdot 10^{-6}$
Glycerin			$490 \cdot 10^{-6}$
Methanol			$1100 \cdot 10^{-6}$
n-Hexan			$1350 \cdot 10^{-6}$
n-Pentan			$1600 \cdot 10^{-6}$
Olivenöl			$720 \cdot 10^{-6}$
Schwefelsäure			$570 \cdot 10^{-6}$
Tetrachlorkohlenstoff			$1230 \cdot 10^{-6}$
Wasser			$207 \cdot 10^{-6}$
Acryl	Feststoffe	$90 \cdot 10^{-6}$	
Aluminium, gewalzt		$23{,}2 \cdot 10^{-6}$	$27 \cdot 10^{-6}$
Beton		$6...12...14 \cdot 10^{-6}$	$36 \cdot 10^{-6}$
Blei		$29{,}3 \cdot 10^{-6}$	$87 \cdot 10^{-6}$
Bronze		$17{,}5 \cdot 10^{-6}$	
Eis		$51{,}0 \cdot 10^{-6}$ (bei 0 °C)	
Eisen, Stahl		$12{,}2 \cdot 10^{-6}$	$35 \cdot 10^{-6}$
Glas, allg. technisches		$7{,}6 \cdot 10^{-6}$	$27 \cdot 10^{-6}$
Glaskeramik		$< 0{,}1 \cdot 10^{-6}$	
Gummi, mit Ruß		$160{,}0 \cdot 10^{-6}$	
Gummi, vulkanisiert		$220{,}0 \cdot 10^{-6}$	
Kupfer		$16{,}5 \cdot 10^{-6}$	$50 \cdot 10^{-6}$
Marmor		$3 \cdot 10^{-6}$	$7 \cdot 10^{-6}$
Mauerwerk		$5{,}0 \cdot 10^{-6}$	
Natriumchlorid (NaCl)		$40{,}0 \cdot 10^{-6}$	
Silber		$19{,}5 \cdot 10^{-6}$	
Silicium		$2{,}0 \cdot 10^{-6}$	
Zink		$36{,}0 \cdot 10^{-6}$	
Zinn		$26{,}7 \cdot 10^{-6}$	

A.4.26 Spezifische Schmelzenthalpien und Schmelztemperaturen wichtiger technischer Stoffe (Anhaltswerte bei $p_N = 1013{,}25\,\text{mbar}$)

Stoff	bei $\vartheta_N = 20\,°C$	Schmelztemperatur ϑ_{Sch} °C	spezifische Schmelzenthalpie Δh_{Sch} kJ/kg
Ammoniak	gasförmig	−80	339
Methan	gasförmig	−182,5	58,6
Helium	gasförmig	−270,7	3,52
Buthan	gasförmig	−138,4	77,5
Wasserstoff	gasförmig	−259,2	58,6
Kohlendioxid	gasförmig	−56,6	184
Propan	gasförmig	−187,7	80
Chlor	gasförmig	−101,0	90,4
trockene Luft	gasförmig	−213	
Sauerstoff	gasförmig	−218,8	13,82
Stickstoff	gasförmig	−209,9	25,75
Aceton	flüssig	−94,9	98
Ethanol	flüssig	−114,5	108
Glyzerin	flüssig	18,4	201
Wasser	flüssig	0	335
Aluminium	fest	660	397
Blei	fest	327,4	23
Chrom	fest	1 857	280
Eisen	fest	1 536	277
Kupfer	fest	1 084	205
Magnesium	fest	649	368
Paraffine	fest	54...62	200...240
Platin	fest	1 772	111
Quecksilber	fest	−38,9	11,8
Silber	fest	960,8	104,5
Silicium	fest	1 412	164
Titan	fest	1 670	324
Zink	fest	420	113,7
Zinn	fest	231,9	59,6
Lebensmittel		–	–
Apfel, Birne		−2,0	281
Bier (bis 10 % Alkohol)		−2,2	300
Butter		−5,6	197
Eier		−1,0	226
Fisch, fett		−2,2	206
Geflügelfleisch		−2,8	247
Rindfleisch, mager		−1,5	255
Schweinefleisch, fett		−1,5	107
Vollmilch		−0,6	293
Zitrone		−1,45	285

A.5 Formelsammlung

A.5.1 Auswahl dimensionsloser Ähnlichkeitskennzahlen des konvektiven Wärmeübergangs

Nußelt-Zahl und Nußelt-Gleichung	kennzeichnet die Ähnlichkeit des Wärmeübertrags von geometrisch ähnlichen Gebilden dimensionsloser Wärmeübergangskoeffizient Verhältnis zwischen konduktivem und konvektivem Wärmetransport zu rein konduktivem Wärmetransport durch eine Fluidschicht der Stärke l_{ch} beschreibt die Effizienz des Wärmetransports von einer Wand in ein Fluid oder umgekehrt	$Nu = \alpha \cdot \frac{l_{ch}}{\lambda}$ (13.250) $Nu = C \cdot Re^m \cdot Pr^n \cdot Gr^p$ C situationsabhängige Konstante, dimensionslos m, n, p situationsabhängige Exponenten, dimensionslos allgemeiner Fall: $Nu = f(Re, Pr, Gr)$ künstliche oder erzwungene Konvektion: $Nu = f(Re, Pr)$ natürliche oder freie Konvektion: $Nu = f(Pr, Gr)$
Reynolds-Zahl	kennzeichnet die fluidmechanische Ähnlichkeit von Strömungen quantifiziert die Art der Strömung in einer oder um eine Geometrie, beschreibt das Verhältnis von Trägheits- zu inneren Reibungskräften, die an den Strömungsteilchen wirken	$Re = \frac{w \cdot l_{ch}}{\nu} = \frac{w \cdot l_{ch} \cdot \varrho}{\eta}$ (13.251) $Re < Re_k$: sicher laminare Strömung $Re \approx Re_k$: Beginn eines situationsabhängigen mehr oder weniger breiten Übergangsbereiches zur turbulenten Strömung $Re \gg Re_k$: sicher turbulente Strömung
Prandtl-Zahl	dimensionsloser Stoffwert kennzeichnet die thermische Ähnlichkeit von Strömungen Maß für das Verhältnis der Dicken von Strömungsgrenzschicht zur Temperaturgrenzschicht Verhältnis zwischen innerer Reibung und Wärmeleitstrom Verhältnis von der in der Strömung erzeugten Reibungswärme zur abtransportierten Wärme	$Pr = \frac{c_p \cdot \eta}{\lambda} = \frac{c_p \cdot \varrho \cdot \nu}{\lambda} = \frac{\nu}{a}$ (13.252) $Pr = \frac{Pe}{Re}$

A

Grashof-Zahl	quantifiziert Strömungen, die durch thermische Auftrieb infolge Dichteunterschieden verursacht werden, also natürliche oder freie Konvektion beeinflusst bei freier Konvektion maßgeblich den Wärmeübergang Analogie zur Reynolds-Zahl, die eine künstliche oder erzwungene Strömung beschreibt Verhältnis der thermischen Auftriebskraft zur inneren Trägheitskraft	$Gr = \frac{\varrho^2 \cdot \gamma \cdot l_{ch}^3 \cdot g \cdot \lvert\Delta\vartheta\rvert}{\eta^2} = \frac{\gamma \cdot l_{ch}^3 \cdot g \cdot \lvert\Delta\vartheta\rvert}{\nu^2}$ (13.253)

α Wärmeübergangskoeffizient zwischen Wand und Fluid in $\frac{W}{m^2 \cdot K}$

l_{ch} charakteristische Abmessung, also die maßgeblich für den Wärmeübertrag verantwortliche geometrische Größe (Wandhöhe, Rohrlänge, Rohr-, Tropfen-, Partikeldurchmesser) in m

λ Wärmeleitkoeffizient des Fluids in $\frac{W}{m \cdot K}$

w (mittlere) Geschwindigkeit des Fluids in $\frac{m}{s}$

ν kinematische Viskosität, $\nu = \frac{\eta}{\varrho}\cdot$, in $\frac{m^2}{s}$

η dynamische Viskosität, $\eta = \varrho \cdot \nu$, in $\frac{kg}{m \cdot s}$

ϱ (mittlere) Dichte des Fluids in $\frac{kg}{m^3}$

c_p spezifische isobare Wärmekapazität des Fluids in $\frac{kJ}{kg \cdot K}$

a Temperaturleitkoeffizient, $a = \frac{\lambda}{\varrho \cdot c_p}$, in $\frac{m^2}{s}$

γ isobarer Volumenausdehnungskoeffizient in $\frac{1}{K}$

g Fallbeschleunigung, $g = 9{,}80665\ \frac{m}{s^2}$

$\lvert\Delta\vartheta\rvert$ Betrag der Differenz zwischen der (mittleren) Wandtemperatur und der Temperatur des (unbeeinflussten) Fluids, $\lvert\Delta\vartheta\rvert = \vartheta_{Wand} - \vartheta_{\infty}$, in K

A.5.2 Anhaltswerte des Wärmeübergangskoeffizienten α und der Nußelt-Zahl *Nu*

Das Grundgerüst dieses Teiles der Formelsammlung entstammt [17], wurde aber verändert und erweitert. Die Formeln und zugeschnittenen Größengleichungen der Originalquellen wurden den SI-Einheiten entsprechend umgerechnet bzw. umgewertet.

Bei zugeschnittenen Größengleichungen ist der Wert in der jeweils dort angegebenen Einheit einzusetzen.

Die Größen (u. a. die Stoffwerte) sind, wenn nicht anders angegeben, für die mittlere Temperatur des strömenden Mediums ϑ_m bzw. für die Bezugstemperatur ϑ_{Bez} einzusetzen.

A.5.2.1 Für Flüssigkeiten

A.5.2.1.1 In erzwungener, turbulenter Strömung

Nr.	am Wärmeübergang beteiligte Medien	Strömung	Formel bzw. Anhaltswerte	Geltungsbereich	Quelle
(A.307)	beliebige Flüssigkeiten, überschläglich	im Rohr	$Nu = 0{,}024 \cdot Re^{0,8} \cdot Pr^{0,37}$	$Re > 10\,000$ $0{,}7 \le Pr \le 100$ $100 \le \frac{l}{d} \le 400$	Kraußold [18]
(A.308)	beliebige Flüssigkeiten	im Rohr	$Nu = 0{,}03956 \cdot \dfrac{Re^{0,75} \cdot Pr}{1 + 0{,}35 \cdot (Pr - 1)}$		Grenzschichttheorie
(A.309)	flüssige Metalle	im Rohr	$Nu = 5{,}3 + 0{,}025 \cdot (Re \cdot Pr)^{0,8}$	$Pr \leqq 0{,}1$	Elser [19]
(A.310)	beliebige Flüssigkeiten	im Rohr	$Nu = \dfrac{0{,}03956 \cdot Re^{0,75} \cdot Pr}{\left[1 + \frac{4}{7} \cdot \left(1 + \frac{0{,}2166}{0{,}289 + Pr}\right) \cdot \frac{Pr - 1}{(Pr+1)^{\frac{1}{6}}}\right] \cdot \left(\frac{Re}{2320}\right) \cdot \frac{1 - Pr}{8 \cdot \left[Pr + \ln\left(1{,}19 + \frac{2{,}96 \cdot Pr}{1{,}32^{\ln Pr}}\right)\right]}}$	für alle Prandtl-Zahlen	Altenkirch [20]

(A.311)	Kältemittel CO_2, NH_3, SO_2 usw.	im Rohr	$\alpha = 8{,}42 \cdot \lambda^{0{,}25} \cdot c_p^{0{,}75} \cdot \frac{\dot{m}^{0{,}75}}{d^{1{,}75}}$ α: $\frac{W}{m^2 \cdot K}$; λ: $\frac{W}{m \cdot K}$; c_p: $\frac{kJ}{kg \cdot K}$; $\dot{m}$: $\frac{kg}{s}$; d: m	Medien als Flüssigkeit	ten Bosch [21] aus der Ähnlichkeitstheorie vereinfachend abgeleitet
(A.312)	Flüssigkeiten und Gase	in Rohrschlangen bei Beheizung	$Nu = 0{,}032 \cdot \left(\frac{d}{l}\right)^{0{,}054} \cdot \left(1 + 24{,}6 \cdot \frac{d}{D}\right) \cdot Re^{0{,}8 - 0{,}265 \cdot \sqrt{\frac{d}{D}}} \cdot Pr^{0{,}33} \cdot \left(\frac{\eta_{Wand}}{\eta_{Fluid}}\right)^{0{,}16}$ d: m; D: m; η_{Wand}: $\frac{kg}{m \cdot s}$; η_{Fluid}: $\frac{kg}{m \cdot s}$	$Re_k < Re < 10^5$ d: Durchmesser des Rohres D: Durchmesser der Krümmung	Woschni [22]

A.5.2.1.2 In erzwungener laminarer Strömung

Nr.	am Wärmeübergang beteiligte Medien	Strömung	Formel bzw. Anhaltswerte	Geltungsbereich	Quelle
(A.313)	Flüssigkeiten, Gase	in langen Rohren	$Nu = Nu_m = 3{,}66 = \text{konstant}$	$Re < 2300$ $\frac{d}{l} \to 0$	Shah [23]
(A.314)		in kurzen Rohren	$Nu = 0{,}644 \cdot \sqrt[3]{Pr} \cdot \sqrt{Re \cdot \frac{d}{l}}$ d: m; l: m	$Re < 2300$ $\frac{d}{l} \to \infty$	Stephan [24]
(A.315)	Flüssigkeiten, Gase	an ebenen Platten mit konstanter Wandtemperatur	$Nu = 0{,}664 \cdot \sqrt{Re} \cdot \sqrt[3]{Pr}$	$Re \leqq 3{,}5 \cdot 10^5$ $0{,}1 \leqq Pr \leqq 10^3$ $\vartheta_{Bez} = \frac{(\vartheta_\infty + \vartheta_{Wand})}{2}$ $\vartheta_{Wand} = \text{konst.}$	Grenzschichttheorie

A.5.2.1.3 In freier Strömung

Nr.	am Wärmeübergang beteiligte Medien	Strömung	Formel bzw. Anhaltswerte
(A.316)	Wasser	um Rohre	$\alpha = (350 \ldots 580)\ \frac{W}{m^2 \cdot K}$
(A.317)	Wasser	ruhend	$\alpha = (350 \ldots 580)\ \frac{W}{m^2 \cdot K}$
(A.318)	Wasser	bewegt	$\alpha = (580 \ldots 3500)\ \frac{W}{m^2 \cdot K}$
(A.319)	Flüssigkeiten allgemein	in Rohren	$Nu = 0{,}03956 \cdot \frac{Re^{3/4} \cdot Pr}{1 + 1{,}5 \cdot Pr^{-1/6} \cdot Re^{-1/8} \cdot (Pr - 1)}$
(A.320)	Flüssigkeiten	im Kreuzstrom am Einzelrohr	$Nu = 0{,}664 \cdot Re^{0{,}5} \cdot Pr^{0{,}33}$

A.5.2.1.4 Gemischte Konvektion

Nr.	am Wärmeübergang beteiligte Medien	Strömung	Formel bzw. Anhaltswerte	Geltungsbereich	Quelle
(A.321)	Flüssigkeiten allgemein	um: Einzelkörper, waagerechte Platte, Kugel, Zylinder im: senkrechten Rohr, waagerechten Rohr	$Nu = \left(\lvert Nu^n_{\text{erzw.}} \pm Nu^n_{\text{frei}} \rvert\right)^{\frac{1}{n}}$ $n = 3$ für senkrechte Umströmung von Einzelkörpern und an senkrechten Wänden $n = 3{,}5$ für Strömung an waagerechter Platte (positives Vorzeichen für beheizte Ober- oder gekühlte Unterseite, negatives Vorzeichen für gekühlte Ober- und beheizte Unterseite) $n = 4$ für quer angeströmte Kugeln und Zylinder $n = 3$ für Strömung im senkrechten und waagerechten Rohr bei konstanter Wandtemperatur $n = 6$ für Strömung im senkrechten und waagerechten Rohr für konst. spezifische Wärmestromdichte	laminarer Strömungsbereich gilt auch für Überlagerung der Wärmeübergangskoeffizienten α statt Nu, wenn nicht die gleiche charakteristische Abmessung gilt	Churchill [26]

A.5.2.2 Für Gase und überhitzte Dämpfe

A.5.2.2.1 In erzwungener turbulenter Strömung

Nr.	am Wärmeübergang beteiligte Medien	Strömung	Formel bzw. Anhaltswerte	Geltungsbereich	Quelle
(A.322)	Gase und Heißdämpfe	im Rohr	$\alpha = 8{,}26 \cdot \frac{\lambda}{d} \cdot \left(\frac{w \cdot c_p \cdot \varrho \cdot d}{\lambda}\right)^{0{,}786} \cdot \left(\frac{l}{d}\right)^{-0{,}054}$ α: $\frac{\text{W}}{\text{m}^2 \cdot \text{K}}$; λ: $\frac{\text{W}}{\text{m} \cdot \text{K}}$; d: m; w: $\frac{\text{m}}{\text{s}}$; c_p: $\frac{\text{kJ}}{\text{kg} \cdot \text{K}}$; ϱ: $\frac{\text{kg}}{\text{m}^3}$; l: m	$Re > 10\,000$ $0{,}7 \le Pr \le 100$ $100 \le \frac{l}{d} \le 400$ $\vartheta =$ (0…600…1 000) °C	Kraußold [18]
(A.323)	Gase und Heißdämpfe	in Rohren	$Nu = 0{,}024 \cdot Re^{0{,}786} \cdot Pr^{0{,}45} \cdot \left[1 + \left(\frac{d}{l}\right)^{\frac{2}{3}}\right]$	$Re > 10\,000$ $0{,}7 \le Pr \le 100$ $100 \le \frac{l}{d} \le 400$	Kraußold [18]
(A.324)	Gas, Luft, Heißdampf	in Rohren	$\alpha = 3{,}49 \cdot \frac{w_N^{0{,}8}}{d^{0{,}25}}$ α: $\frac{\text{W}}{\text{m}^2 \cdot \text{K}}$; w_N: $\frac{\text{m}}{\text{s}}$; d: m $w_N = \frac{V_N}{A}$ also bezogen auf das Normvolumen in m_N^3 (Normzustand)	Wärmestrom von der Wand an das Gas, also $\vartheta_{Wand} > \vartheta_{Fluid}$	Dubbel [27]
(A.325)	Gase allgemein	in Rohren	$Nu = 0{,}03956 \cdot \frac{Re^{3/4} \cdot Pr}{1 + 1{,}5 \cdot Pr^{-1/6} \cdot Re^{-1/8} \cdot (Pr - 1)}$		Grenzschichttheorie

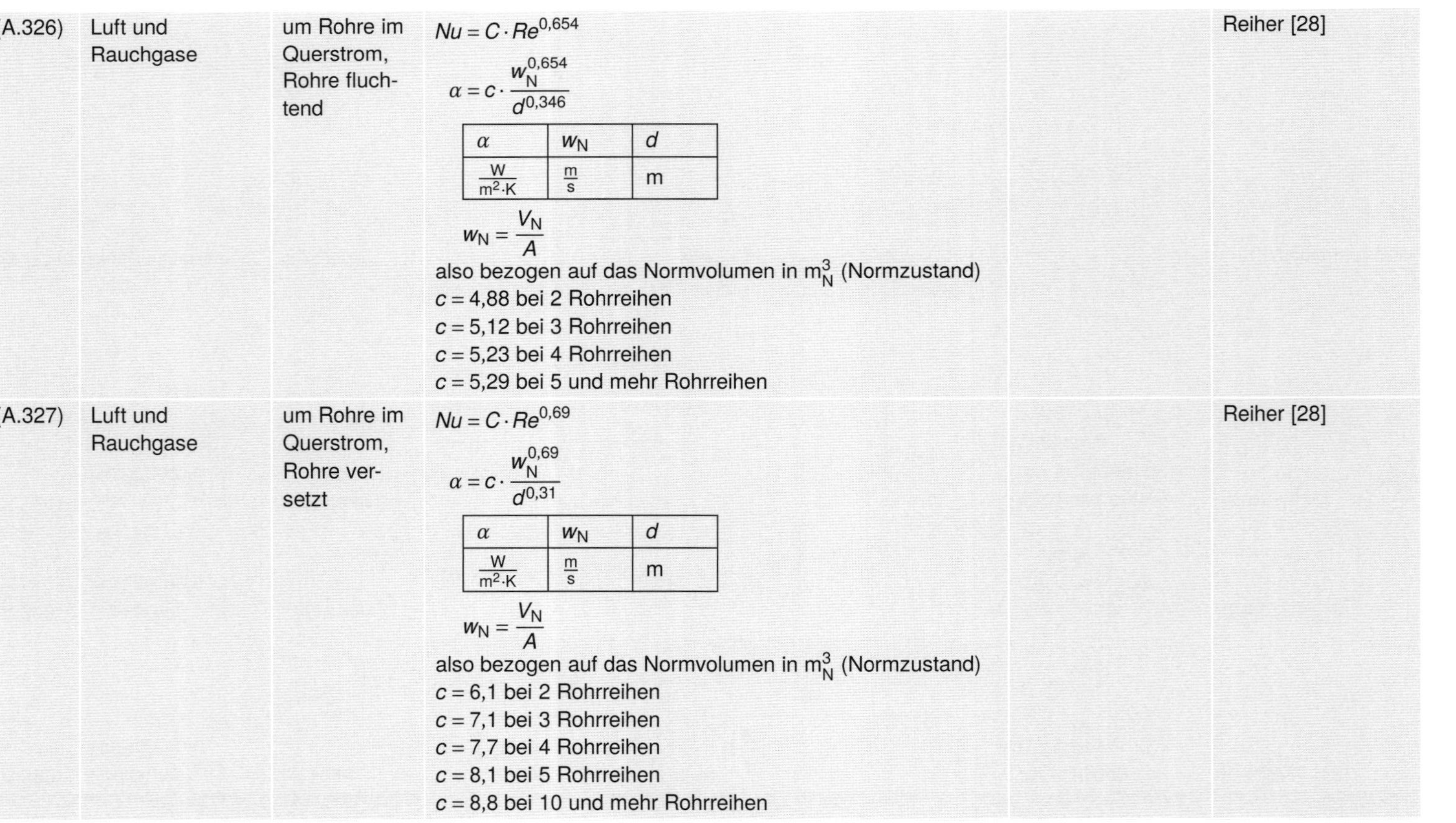

(A.326)	Luft und Rauchgase	um Rohre im Querstrom, Rohre fluchtend	$Nu = C \cdot Re^{0,654}$ $\alpha = c \cdot \frac{w_N^{0,654}}{d^{0,346}}$ $\begin{array}{\|c\|c\|c\|} \hline \alpha & w_N & d \\ \hline \frac{W}{m^2 \cdot K} & \frac{m}{s} & m \\ \hline \end{array}$ $w_N = \frac{V_N}{A}$ also bezogen auf das Normvolumen in m_N^3 (Normzustand) $c = 4,88$ bei 2 Rohrreihen $c = 5,12$ bei 3 Rohrreihen $c = 5,23$ bei 4 Rohrreihen $c = 5,29$ bei 5 und mehr Rohrreihen		Reiher [28]
(A.327)	Luft und Rauchgase	um Rohre im Querstrom, Rohre versetzt	$Nu = C \cdot Re^{0,69}$ $\alpha = c \cdot \frac{w_N^{0,69}}{d^{0,31}}$ $\begin{array}{\|c\|c\|c\|} \hline \alpha & w_N & d \\ \hline \frac{W}{m^2 \cdot K} & \frac{m}{s} & m \\ \hline \end{array}$ $w_N = \frac{V_N}{A}$ also bezogen auf das Normvolumen in m_N^3 (Normzustand) $c = 6,1$ bei 2 Rohrreihen $c = 7,1$ bei 3 Rohrreihen $c = 7,7$ bei 4 Rohrreihen $c = 8,1$ bei 5 Rohrreihen $c = 8,8$ bei 10 und mehr Rohrreihen		Reiher [28]

A.5.2.2.2 In erzwungener laminarer Strömung

Nr.	am Wärmeübergang beteiligte Medien	Strömung	Formel bzw. Anhaltswerte	Geltungsbereich	Quelle
(A.328)	Gase und Dämpfe allgemein	im geraden Rohr	$Nu = 3{,}66 + \dfrac{0{,}0677 \cdot \left(Pr \cdot Re \cdot \frac{d}{l}\right)^{1{,}33}}{1 + 0{,}1 \cdot Pr \cdot \left(Re \cdot \frac{d}{l}\right)^{0{,}83}}$ d: m; l: m	$Re < 2300$	Stephan [24]

A.5.2.2.3 In freier Strömung

Nr.	am Wärmeübergang beteiligte Medien	Strömung	Formel bzw. Anhaltswerte	Geltungsbereich	Quelle
(A.329)	Luft	um waagerechte und senkrechte Rohre	$\alpha = 9{,}5 + 0{,}00852 \cdot (\vartheta_{Wand} - \vartheta_L)^{1{,}33}$ α: $\frac{W}{m^2 \cdot K}$; ϑ_{Wand}: °C; ϑ_L: °C	Wärmeübergang durch Konvektion und Strahlung	Schack [29]
(A.330)	Luft	um gedämmte Rohrleitungen	$\alpha = 9{,}4 + 0{,}052 \cdot (\vartheta_{Wand} - \vartheta_L)$ α: $\frac{W}{m^2 \cdot K}$; ϑ_{Wand}: °C; ϑ_L: °C	Wärmeübergang durch Konvektion und Strahlung $(\vartheta_{Wand} - \vartheta_L) = (0 \ldots 150)\,K$	Cammerer [30]

(A.331)	Luft	um senkrechte Platten und Rohre	$\alpha = 3{,}49 + 0{,}093 \cdot (\vartheta_{Wand} - \vartheta_L)$ α [$\frac{W}{m^2 \cdot K}$], ϑ_{Wand} [°C], ϑ_L [°C]	$(\vartheta_{Wand} - \vartheta_L) < 15\,K$	Dubbel [27]
(A.332)	Luft		$\alpha = 2{,}56 \cdot \sqrt[4]{\vartheta_{Wand} - \vartheta_L}$ α [$\frac{W}{m^2 \cdot K}$], ϑ_{Wand} [°C], ϑ_L [°C]	$(\vartheta_{Wand} - \vartheta_L) \geqq 15\,K$	
(A.333)	Luft	um waagerechtes Rohr	$\alpha = 1{,}186 \cdot \sqrt[4]{\frac{\vartheta_{Wand} - \vartheta_L}{d}}$ α [$\frac{W}{m^2 \cdot K}$], ϑ_{Wand} [°C], ϑ_L [°C], d [m]	$d > 0{,}01\,m$	
(A.334)	Luft	um waagerechte Wand	$\alpha = 3{,}25 \cdot \sqrt[4]{\vartheta_{Wand} - \vartheta_L}$ α [$\frac{W}{m^2 \cdot K}$], ϑ_{Wand} [°C], ϑ_L [°C], d [m]		
(A.335)	Luft	um senkrechte ebene Wände und um senkrechte Rohre ($d > 0{,}01\,m$)	$Nu = 0{,}525 \cdot \sqrt[4]{Gr \cdot Pr}$ ▪ Stoffwerte bei Wandtemperatur ϑ_{Wand} ▪ $\Delta\vartheta = \vartheta_{Wand} - \vartheta$ ▪ für l ist die Wandhöhe bzw. Rohrlänge einzusetzen	für laminare Strömung: $10^4 < Gr < 10^9$	ten Bosch [21]
(A.336)	Luft	um senkrechte ebene Wände und um senkrechte Rohre ($d > 0{,}01\,m$)	$Nu = 0{,}0325 \cdot Gr^{0{,}4}$	für Turbulenzströmung: $Gr > 10^9$	

A.5.2.3 Für siedendes Wasser und Sattdampf

Nr.	am Wärmeübergang beteiligte Medien	Strömung	Formel bzw. Anhaltswerte	Geltungsbereich	Quelle
(A.337)	siedendes Wasser	in Rohren	$\alpha_S = (4600 \ldots 6900)\ \frac{W}{m^2 \cdot K}$	überschlägig	
(A.338)	siedendes Wasser	intensives Blasensieden im Behälter	$\alpha_S = 77{,}8 \cdot (T_{Wand} - T_S)^{2{,}57} \cdot p^{0{,}857}$ α: $\frac{W}{m^2 \cdot K}$; T_{Wand}: K; T_S: K; p: MPa	$p \approx (0{,}1 \ldots 50)$ bar $T_{Bez} = T_{Wand}$	Fritz [31]
(A.339)	siedendes Wasser	im Behälter	$\alpha = \left(\alpha_{Konv}^{2{,}5} + \alpha_S^{2{,}5}\right)^{0{,}4}$ α: $\frac{W}{m^2 \cdot K}$	Übergangsbereich von Konvektion zu Blasensieden	Fritz [31]

A.5.2.4 Für kondensierende Dämpfe

<table>
<tr><th>Nr.</th><th>am Wärmeübergang beteiligte Medien</th><th>Strömung</th><th>Formel bzw. Anhaltswerte</th><th>Geltungsbereich</th><th>Quelle</th></tr>
<tr><td>(A.340)</td><td>gesättigter Wasserdampf</td><td></td><td>$\alpha = 11\,600 \frac{\text{W}}{\text{m}^2 \cdot \text{K}}$</td><td>überschlägig</td><td></td></tr>
<tr><td>(A.341)</td><td>kondensierender gesättigter Dampf</td><td>laminarer Film an senkrechter Wand oder senkrechtem Rohr</td><td>$Nu = 0{,}943 \cdot \sqrt[4]{\frac{g \cdot \Delta h_V \cdot \varrho^2 \cdot \lambda^3}{\eta \cdot l \cdot (\vartheta_S - \vartheta_{Wand})}}$
<table>
<tr><td>g</td><td>λ</td><td>Δh_V</td><td>η</td><td>ϱ</td><td>l</td><td>ϑ</td></tr>
<tr><td>$\frac{\text{m}}{\text{s}^2}$</td><td>$\frac{\text{W}}{\text{m} \cdot \text{K}}$</td><td>$\frac{\text{kJ}}{\text{kg}}$</td><td>$\frac{\text{kg}}{\text{m} \cdot \text{s}}$</td><td>$\frac{\text{kg}}{\text{m}^3}$</td><td>m</td><td>°C</td></tr>
</table></td><td>$0 \frac{\text{m}}{\text{s}} \le w < 1 \frac{\text{m}}{\text{s}}$
l: senkrechte Kühlstrecke, Höhe Wand, Rohrlänge</td><td>Nußelt [32]</td></tr>
<tr><td>(A.342)</td><td>kondensierender gesättigter Dampf</td><td>laminarer Film an waagerechtem Rohr</td><td>$Nu = 0{,}725 \cdot \sqrt[4]{\frac{g \cdot \Delta h_V \cdot \varrho^2 \cdot \lambda^3}{\eta \cdot D \cdot (\vartheta_S - \vartheta_{Wand})}}$
<table>
<tr><td>g</td><td>λ</td><td>Δh_V</td><td>η</td><td>ϱ</td><td>D</td><td>ϑ</td></tr>
<tr><td>$\frac{\text{m}}{\text{s}^2}$</td><td>$\frac{\text{W}}{\text{m} \cdot \text{K}}$</td><td>$\frac{\text{kJ}}{\text{kg}}$</td><td>$\frac{\text{kg}}{\text{m} \cdot \text{s}}$</td><td>$\frac{\text{kg}}{\text{m}^3}$</td><td>m</td><td>°C</td></tr>
</table></td><td>D: Außendurchmesser des Rohres</td><td>Nußelt [32]</td></tr>
<tr><td>(A.343)</td><td>kondensierender gesättigter Dampf</td><td>turbulenter Film an senkrechter Wand oder Rohr</td><td>$\alpha = 0{,}003 \cdot \sqrt{\frac{g \cdot \varrho^2 \cdot \lambda^3 \cdot (\vartheta_S - \vartheta_{Wand}) \cdot l}{\eta^3 \cdot \Delta h_V}}$
<table>
<tr><td>α</td><td>g</td><td>λ</td><td>Δh_V</td><td>η</td><td>ϱ</td><td>l</td><td>ϑ</td></tr>
<tr><td>$\frac{\text{W}}{\text{m}^2 \cdot \text{K}}$</td><td>$\frac{\text{m}}{\text{s}^2}$</td><td>$\frac{\text{W}}{\text{m} \cdot \text{K}}$</td><td>$\frac{\text{kJ}}{\text{kg}}$</td><td>$\frac{\text{kg}}{\text{m} \cdot \text{s}}$</td><td>$\frac{\text{kg}}{\text{m}^3}$</td><td>m</td><td>°C</td></tr>
</table></td><td>große Temperaturunterschiede und hohe Wände
$300 < \frac{\alpha \cdot (\vartheta_S - \vartheta_{Wand}) \cdot l}{\eta \cdot \Delta h_V}$
α: Berechnung wie bei laminarer Kondensation
l: senkrechte Kühlstrecke</td><td>Grigull [33]</td></tr>
</table>

A.6 Umrechnung von Einheiten

A.6.1 Temperatureinheiten

Einheit	K	°C	°R(ank)	°F
x K =	$1 \cdot x$	$x - 273{,}15$	$1{,}8 \cdot x$	$1{,}8 \cdot (x - 273{,}15) + 32$
x °C =	$x + 273{,}15$	$1 \cdot x$	$1{,}8 \cdot (x + 273{,}15)$	$1{,}8 \cdot x + 32$
(Grad Celsius)				
x °R(ank) =	$x/1{,}8$	$x/1{,}8 - 273{,}15$	$1 \cdot x$	$x - 459{,}688$
(Grad Rankine)				
x °F =	$(x - 32)/1{,}8 + 273{,}15$	$(x - 32)/1{,}8$	$x + 459{,}688$	$1 \cdot x$
(Grad Fahrenheit)				

A.6.2 Druckeinheiten

Einheit	Pa	bar	kp/cm²	Torr	mmWS	atm	psi
1 Pa = 1 N/m² =	1	$1{,}0 \cdot 10^{-5}$	$1{,}0197 \cdot 10^{-5}$	$7{,}5006 \cdot 10^{-3}$	0,101 97	$9{,}8692 \cdot 10^{-6}$	$1{,}4504 \cdot 10^{-4}$
1 bar =	$1{,}0 \cdot 10^{5}$	1	1,019 72	750,062	$1{,}0197 \cdot 10^{4}$	0,986 92	14,503 8
1 kp/cm²=1 at =	$9{,}8066 \cdot 10^{4}$	0,980 66	1	735,559	$1{,}0 \cdot 10^{4}$	0,967 841	14,223 3
(technische Atmosphäre)							
1 Torr = 1 mmHgS =	133,33	0,001 333 3	$1{,}3595 \cdot 10^{-3}$	1	13,595	0,001 316	$1{,}9337 \cdot 10^{-2}$
(Quecksilbersäule (bei 0 °C))							
1 mmWS = 1 kp/m²=	9,806 6	$9{,}8066 \cdot 10^{-5}$	$1{,}0 \cdot 10^{-4}$	$7{,}3556 \cdot 10^{-2}$	1	$9{,}67841 \cdot 10^{-5}$	$14{,}2233 \cdot 10^{-4}$
(Wassersäule (bei 4 °C))							
1 atm =	$1{,}0133 \cdot 10^{5}$	1,013 3	1,033 3	760	10 333	1	14,696
(physikalische Atmosphäre)							
1 psi =	6 894,8	$6{,}8948 \cdot 10^{-2}$	$7{,}0309 \cdot 10^{-2}$	51,715	703,09	$6{,}8046 \cdot 10^{-2}$	1
(pounds per square inch)							

A.6.3 (Arbeits-) Energieeinheiten

Einheit	J	kpm	$kcal_{IT}$	kWh	PSh	SKE	RÖE	BTU_{IT}
1 J = 1 Nm = 1 Ws =	1	0,101 972	$2{,}3884 \cdot 10^{-4}$	$2{,}778 \cdot 10^{-7}$	$3{,}776 \cdot 10^{-7}$	$3{,}4121 \cdot 10^{-8}$	$2{,}3884 \cdot 10^{-8}$	$9{,}4782 \cdot 10^{-4}$
1 kpm =	9,806 65	1	$2{,}342 \cdot 10^{-3}$	$2{,}724 \cdot 10^{-6}$	$3{,}703 \cdot 10^{-6}$	$3{,}3464 \cdot 10^{-7}$	$2{,}3425 \cdot 10^{-7}$	$9{,}2949 \cdot 10^{-3}$
1 $kcal_{IT}$ =	4 186,84	426,9	1	$1{,}163 \cdot 10^{-3}$	$1{,}581 \cdot 10^{-3}$	$1{,}4286 \cdot 10^{-4}$	$1{,}0 \cdot 10^{-4}$	3,968 4
(Internat. Tafel-Kalorie (IT))								
1 kWh =	$3{,}6 \cdot 10^{6}$	$3{,}67 \cdot 10^{5}$	859,8	1	1,359	0,122 8	0,090 36	3 412,27
1 PSh =	$2{,}6845 \cdot 10^{6}$	$2{,}7 \cdot 10^{5}$	632,4	0,735 5	1	0,085 98	0,063 25	2 510,1
(metrische Pferdestärkenstunde)								
1 SKE =	$29{,}3076 \cdot 10^{6}$	$2{,}9883 \cdot 10^{6}$	7 000	8,141	11,067	1	0,7	27 779,71
(Steinkohleneinheit)								
1 RÖE =	$41{,}868 \cdot 10^{6}$	$4{,}269 \cdot 10^{6}$	10 000	11,63	15,81	1,428 5	1	39 684,19
(Rohöleinheit)								
1 BTU_{IT} =	1 055,055 8	107,586 2	0,251 99	$2{,}9306 \cdot 10^{-4}$	$3{,}9839 \cdot 10^{-4}$	$3{,}59975 \cdot 10^{-5}$	$2{,}5199 \cdot 10^{-5}$	1
(British thermal unit (IT))								

A.6.4 Leistungseinheiten

Einheit	W	kpm/s	$kcal_{IT}/h$	PS	BTU_{IT}/s
1 W = 1 Nm/s = 1 J/s =	1	0,101 972	0,859 84	$1{,}3596 \cdot 10^{-3}$	$9{,}4782 \cdot 10^{-4}$
1 kpm/s =	9,806 65	1	8,432	$1{,}333 \cdot 10^{-2}$	$9{,}2949 \cdot 10^{-3}$
1 $kcal_{IT}/h$ =	1,163 01	0,118 6	1	$1{,}581 \cdot 10^{-3}$	$1{,}1023 \cdot 10^{-3}$
(Internat. Tafel-Kalorie (IT)/h)					
1 PS	735,498 8	75	632,4	1	0,697 1
(metrische Pferdestärken)					
1 BTU_{IT}/s =	1 055,055 8	107,586 2	907,184 7	1,434 5	1
(British thermal unit (IT)/s)					

A.7 Beilagen

A.7.1 Mollier-*h*, *s*-Diagramm für Wasserdampf [34]

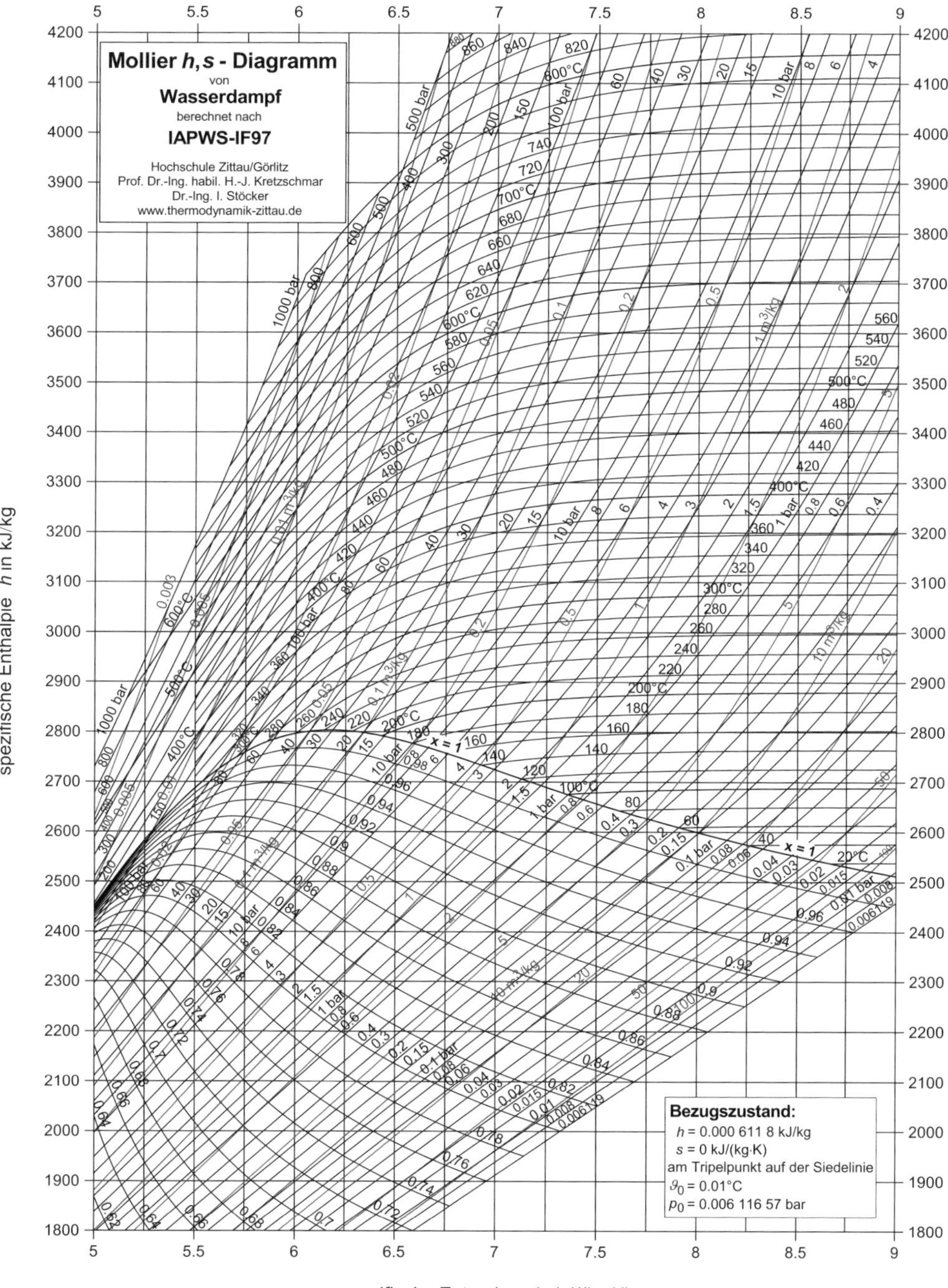

aus: Technische Thermodynamik in ausführlichen Beispielen

A.7.2 T, s-Diagramm für Wasserdampf [34]

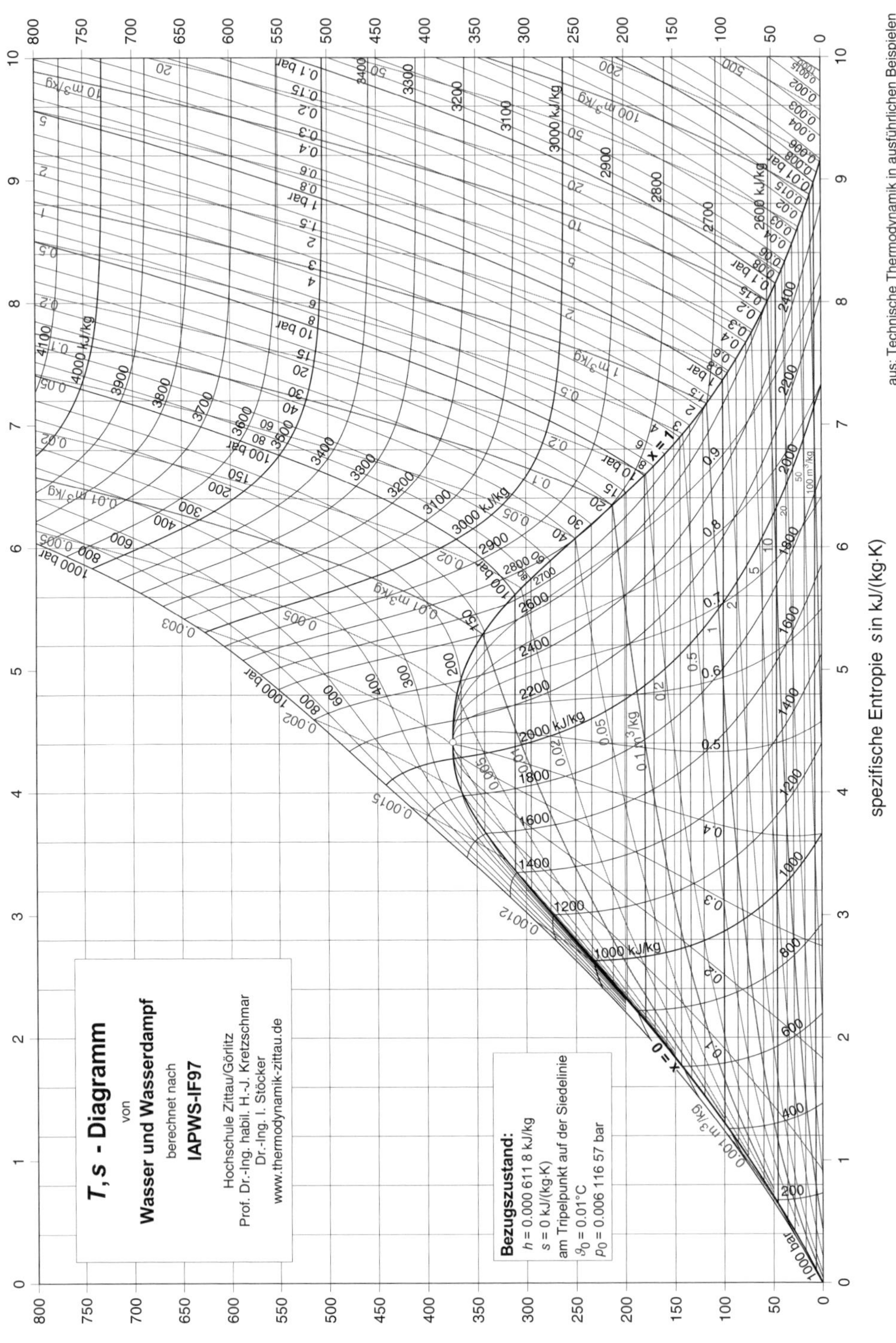

A.7.3 lg p, h-Diagramm für Ammoniak (NH_3) [34]

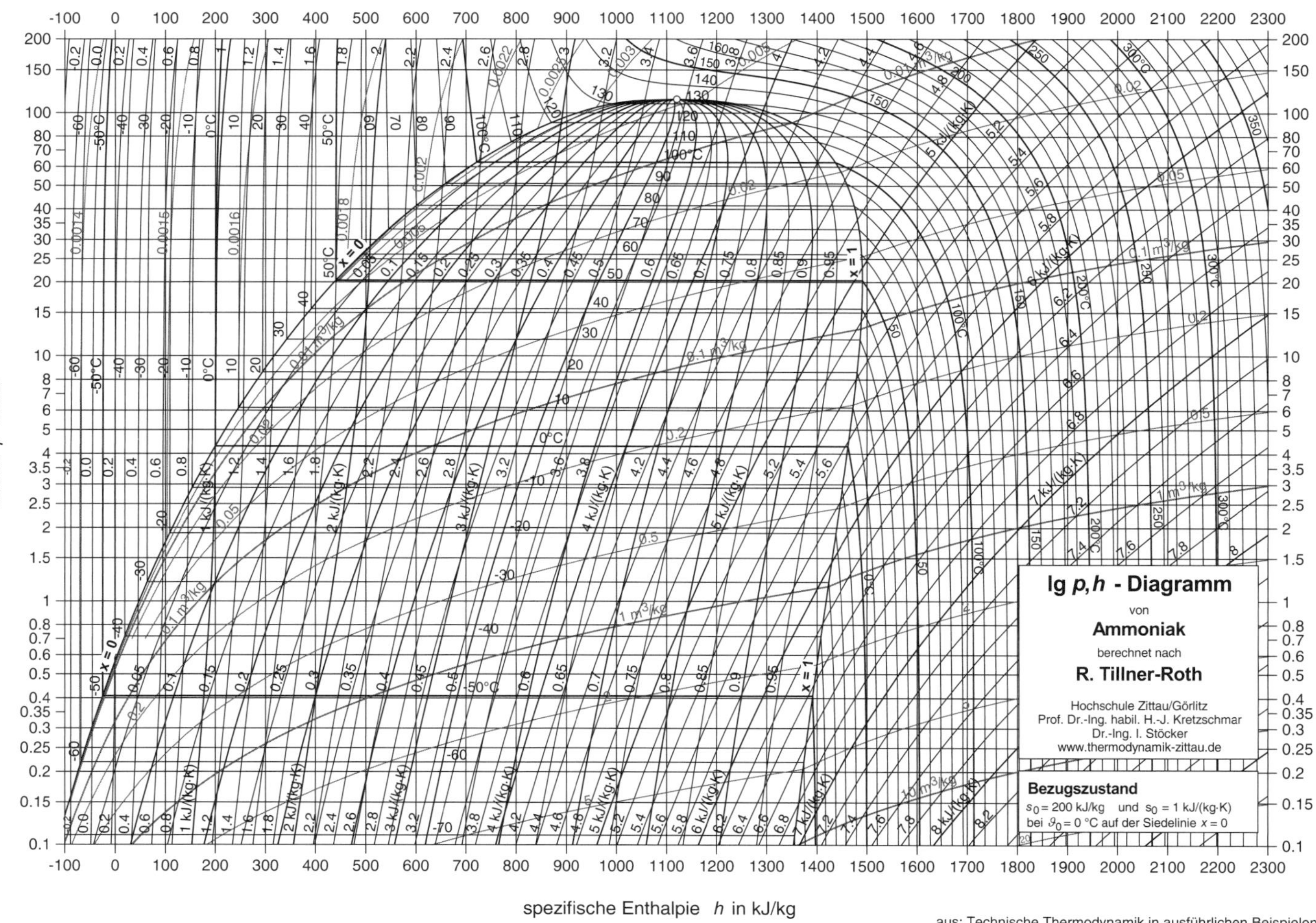

A.7.4 Mollier-h_{1+x}, x_W-Diagramm für feuchte Luft [34]

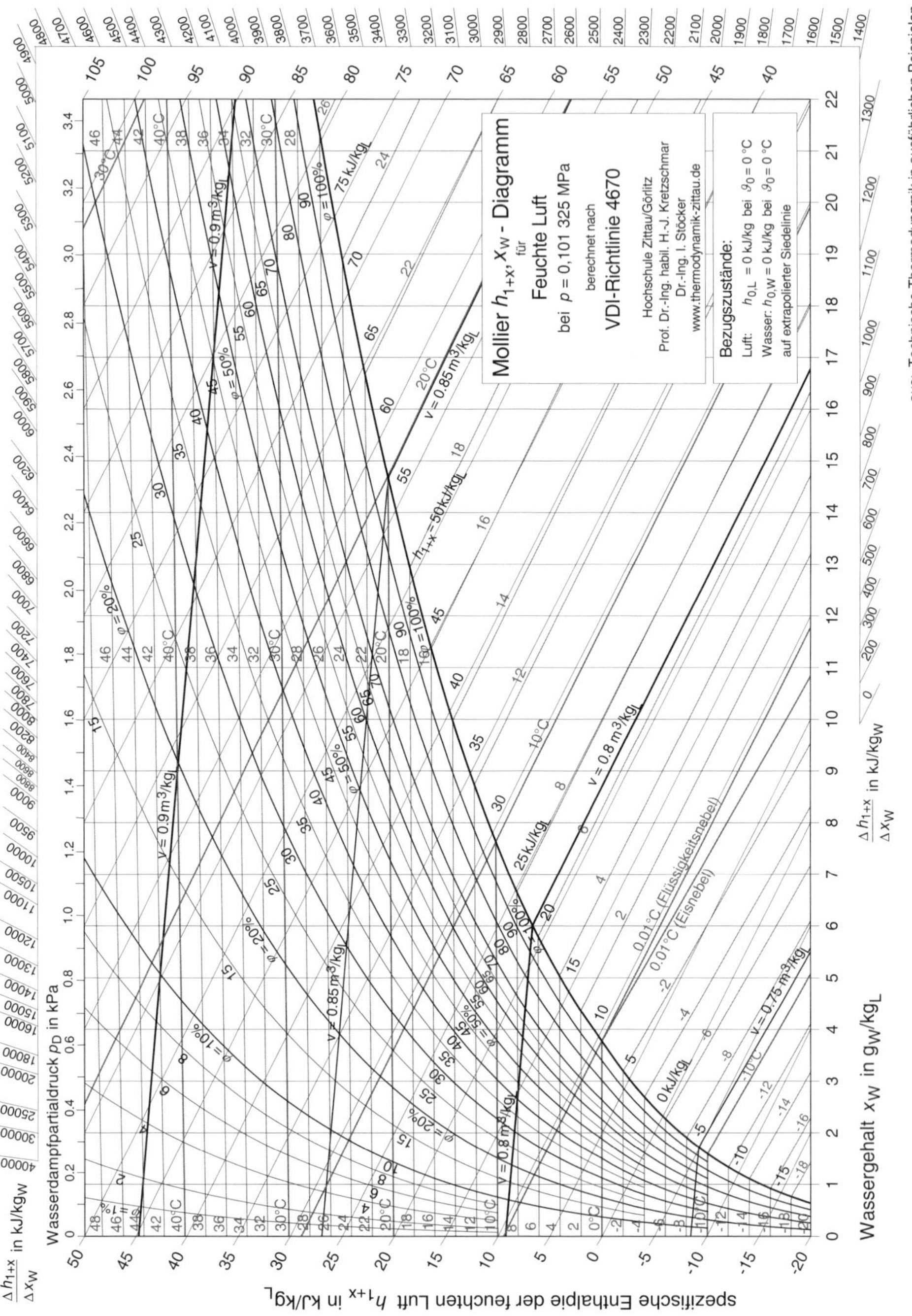

Literatur

[1] Meinert, Jens. Transport und Speicherung von Energie, Forschungsarbeiten zur Hochleistungsbauteilkühlung. Wissenschaftliche Zeitschrift der Technischen Universität Dresden. 2007, Bd. 56 , Heft 3–4.

[2] Geller, Wolfgang. Thermodynamik für Maschinenbauer – Grundlagen für die Praxis. 1. Aufl. Berlin, Heidelberg, New York: Springer-Verlag, 2000. ISBN 3-540-66750-4.

[3] Langeheinecke, Klaus, Jany, Peter, und Sapper, Eugen. Thermodynamik für Ingenieure – Ein Lehr- und Arbeitsbuch für das Studium. Wiesbaden: Friedr. Vieweg & Sohn Verlag, 2004. ISBN 3-528-44785-0.

[4] Elsner, Norbert. Grundlagen der Technischen Thermodynamik. 7. Auflage. Berlin: Akademie-Verlag, 1988. ISBN 3-05-500415-9.

[5] Cerbe, Günter, und Wilhelms, Gernot. Technische Thermodynamik – Theoretische Grundlagen und praktische Anwendungen. 18. Auflage. München: Carl Hanser Verlag, 2017.

[6] Dietzel, Fritz, und Wagner, Walter. Technische Wärmelehre. Würzburg: Vogel Buchverlag, 2006. ISBN 978-3-8343-3087-1.

[7] Labuhn, Dirk, und Romberg, Oliver. Keine Panik vor Thermodynamik! Wiesbaden: Friedr. Vieweg & Sohn Verlag, 2007. ISBN 978-3-8348-0306-1.

[8] Doering, Ernst, Schedwill, Herbert, und Dehli, Martin. Grundlagen der Technischen Thermodynamik – Lehrbuch für Studierende der Ingenieurwissenschaften. 7. Aufl. Wiesbaden: Springer Vieweg, 2012. ISBN 978-3-8348-8615-6.

[9] Strauß, Karl. Kraftwerkstechnik – zur Nutzung fossiler, nuklearer und regenerativer Energiequellen. Heidelberg, Dordrecht, London, New York: Springer Verlag, 2013. ISBN 978-3-642-32582-3.

[10] Puschmann, Gustav, und Drath, Raimund. Die Grundzüge der technischen Wärmelehre. Leipzig: VEB Fachbuchverlag Leipzig, 1968.

[11] Hahne, Erich. Technische Thermodynamik. Einführung und Anwendung. München: Oldenbourg Wissenschaftsverlag, 2010. ISBN 978-3-486-59231-3.

[12] Justi, E. und Lüder, H. Spez. Wärme, Entropie und Dissoziation techn. Gase und Dämpfe. Forsch. Ing.wesen. 1935, Bd. 6, 5.

[13] Wagmann, D., et al. J. Research Natl. Bur. Standards. 1945, Bd. 35, S. 467.

[14] Revised Release on the IAPWS Industrial Formulation 1997, IAPWS R7–97 (2012).

[15] Verein Deutscher Ingenieure. VDI 4670, Thermodynamische Stoffwerte von feuchter Luft und Verbrennungsgasen. Berlin: Beuth Verlag GmbH, 2016.

[16] Baehr, H. D., und Tillner-Roth, R. Thermodynamische Eigenschaften umweltverträglicher Kältemittel, Zustandsgleichungen und Tafeln für Ammoniak, R22, R134a, R152a und R123. Berlin, Heidelberg: Springer-Verlag, 1995.

[17] Faltin, Hans. Technische Wärmelehre. 4. Berlin: Akademie-Verlag, 1961.

[18] Kraußold, H. Forsch. Ing.wesen. 1, 1933, Bd. 4, S. 39.

[19] Elser, K. Allgemeine Wärmetechnik. 1951, Bd. 2, S. 206–211.

[20] Altenkirch, E. Eine allgemeine Gleichung für den Wärmeübergang im glatten Rohr. Z. Kältetechn. 1953, Bd. 5, S. 253–254.

[21] ten Bosch, M. Die Wärmeübertragung. 3. Aufl. Berlin: Springer-Verlag, 1936.

[22] Woschni, G. Untersuchung des Wärmeüberganges und des Druckverlustes in gekrümmten Rohren. Dresden: s. n., 1959. Diss.

[23] Shah, R. K., et al. Laminar Flow Forced Convection in Ducts. New York, San Francisco, London: Academic Press, 1978.

[24] Stephan, K. Chem.-Ing. Techn. 1959, Bd. 31, S. 773–778.

[25] Gnielinski, V. Forsch.-Ing.wesen. 5, 1975, Bd. 41, S. 145–153.

[26] Churchill, S. W., und Usagi, R. A general expression for the correlation of rates of transfer an other phenomena. A. I. Ch. E. J. 6, Bd. 16, S. 1121–1128.

[27] Dubbels Taschenbuch für den Maschinenbau. 10. Aufl. Berlin: Springer-Verlag, 1951. S. 292. Bd. 1.

[28] Reiher, H. Forschungsheft des VDI Nr. 269. 1925.

[29] Schack, A. Der industrieelle Wärmeübergang für Praxis und Studium mit grundlegenden Zahlenbeispielen. s. l.: Verlag Stahleisen m.b.H., 1929.

[30] Cammerer, J. S. Der Wärmeverlust isolierter Rohrleitungen. Mitteilungen aus dem Forschungsheim für Wärmeschutz. Heft 2, 1922.

[31] Fritz, W. Grundlagen der Wärmeübertragung beim Verdampfen von Flüssigkeiten. Chem.-Ing. Technik. 1963, Bd. 35, S. 753–764.

[32] Nußelt, Wilhelm. Z. VDI. 1916, S. 541.

[33] Grigull, U. Wärmeübergang bei Filmkondensation. Forsch.-Ing. Techn. 1952, Bd. 18, S. 10–12.

[34] Kretzschmar, Hans-Joachim, und Kraft, Ingo. Kleine Formelsammlung Technische Thermodynamik. 4. akt. Auflage. Leipzig: Fachbuchverlag Leipzig im Carl Hanser Verlag, 2016.

Index

T

U

V

W